STEINE & MINERALIEN

GESTEINE, MINERALIEN, EDELSTEINE, FOSSILIEN

STEINE & MINERALIEN

GESTEINE, MINERALIEN, EDELSTEINE, FOSSILIEN

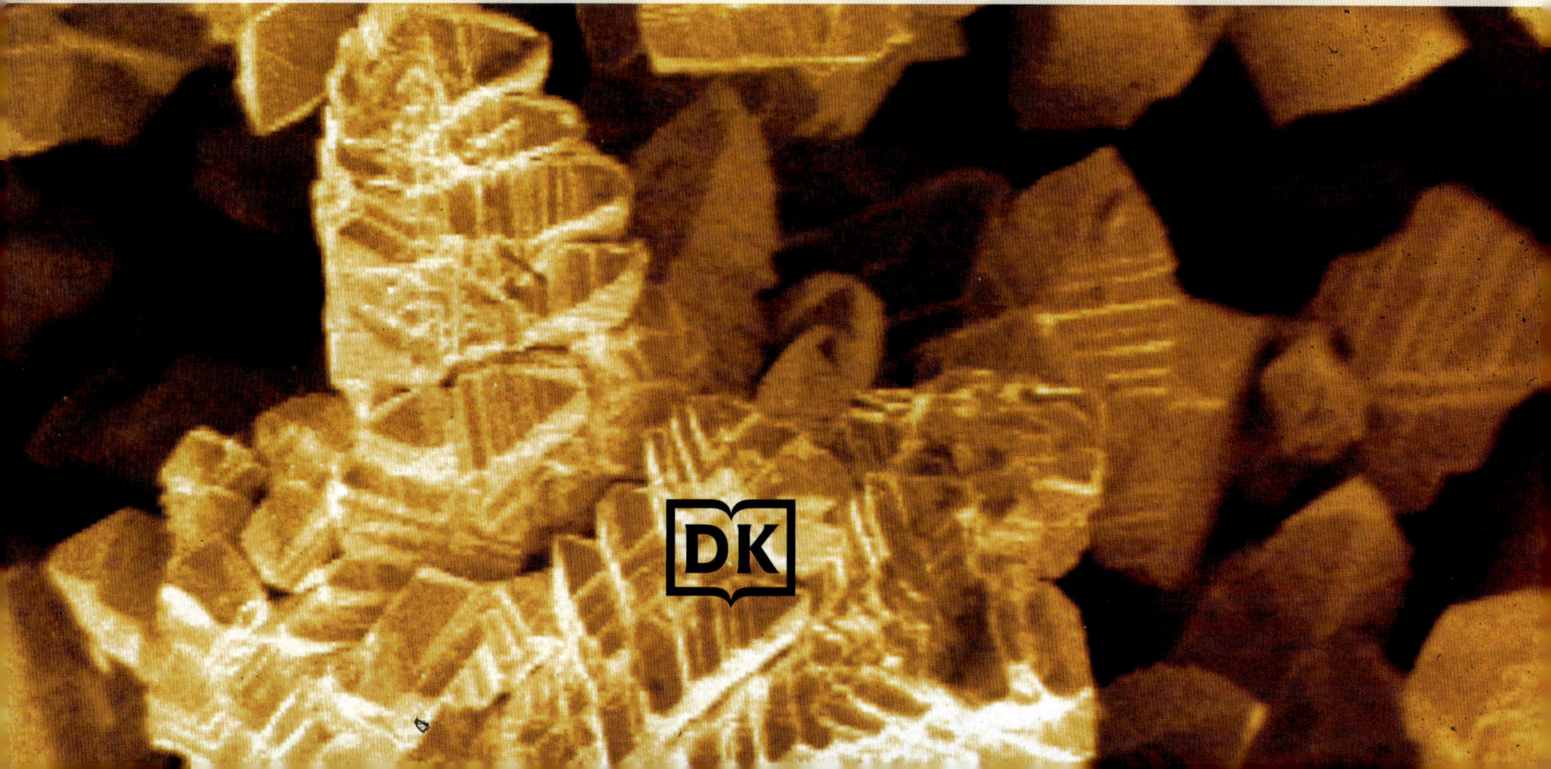

DK

DK | Penguin Random House

NEUAUSGABE
DK LONDON/DELHI

Lektorat Jonathan Metcalf, Liz Wheeler, Abigail Ellis, Fleur Star, Lindsay Kent, Glenda Fernandes, Saumya Agarwal, Saloni Singh
Gestaltung und Bildredaktion Jane Ewart, Michelle Baxter, Karen Self, Malavika Talukder, Pooja Pipil, Sudakshina Basu, Anita Yadav
Umschlaggestaltung Sophia MTT
Herstellung Andy Hilliard, Rachel Ng, Balwant Singh, Pankaj Sharma

ERSTAUSGABE
DK LONDON

Lektorat Jonathan Metcalf, Liz Wheeler, Angeles Gavira, Peter Frances
Gestaltung und Bildredaktion
Bryn Walls, Philip Ormerod, Ina Stradins, Paul Drislane, Peter Laws, John Goldsmid
Herstellung Melanie Dowland, Luca Frassinetti, Kevin Ward

Für Dorling Kindersley produziert von Grant Laing Partnership, London

Cheflektorat Jane Laing
Bildredaktion Christine Lacey, Alison Gardner, Miranda Harvey
Gestaltung Nick Avery, Vicky Short, Paul Ashby
Projektbetreuung Jane Simmonds
Redaktion Frank Ritter, Helen Ridge
Bildrecherche Jo Walton
Fotografien Linda Burgess, Gary Ombler
Illustrationen (Kristalle) Tim Loughead, Precision Illustration

Smithsonian Enterprises Kealy Gordon, Jill Corcoran, Brigid Ferrari, Carol LeBlanc

Text und Fachberatung Dr. Ronald L. Bonewitz, Margaret Carruthers, Richard Efthim

Für die neue deutsche Ausgabe:
Projektbetreuung Manuela Stern
Herstellungskoordination Bianca Isack
Herstellung Christine Rühmer

Titel der englischen Originalausgabe:
Rocks & Minerals – The definitive visual Guide

Erstausgabe
Übersetzung Karin Koch
Redaktion Ellen Astor

Neuausgabe
Übersetzung Dr. Stephan Matthiesen

ISBN 978-3-8310-4806-9
5902-333966-22790-03

Druck und Bindung Golden Prosperity Printing & Packaging (Heyuan) Co., Ltd.

FSC www.fsc.org MIX Papier | Fördert gute Waldnutzung FSC® C018179

Hinweis
Die Informationen und Ratschläge in diesem Buch sind vom Autor und vom Verlag sorgfältig erwogen und geprüft, dennoch kann eine Garantie nicht übernommen werden.
Eine Haftung des Autors bzw. des Verlags und seiner Beauftragten für Personen-, Sach- und Vermögensschäden ist ausgeschlossen.

INHALT

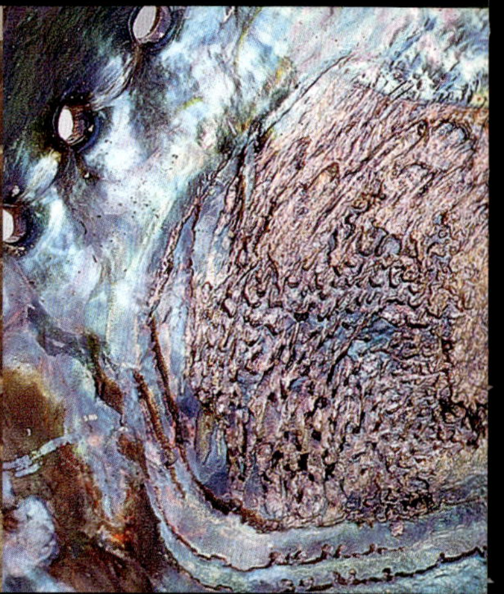

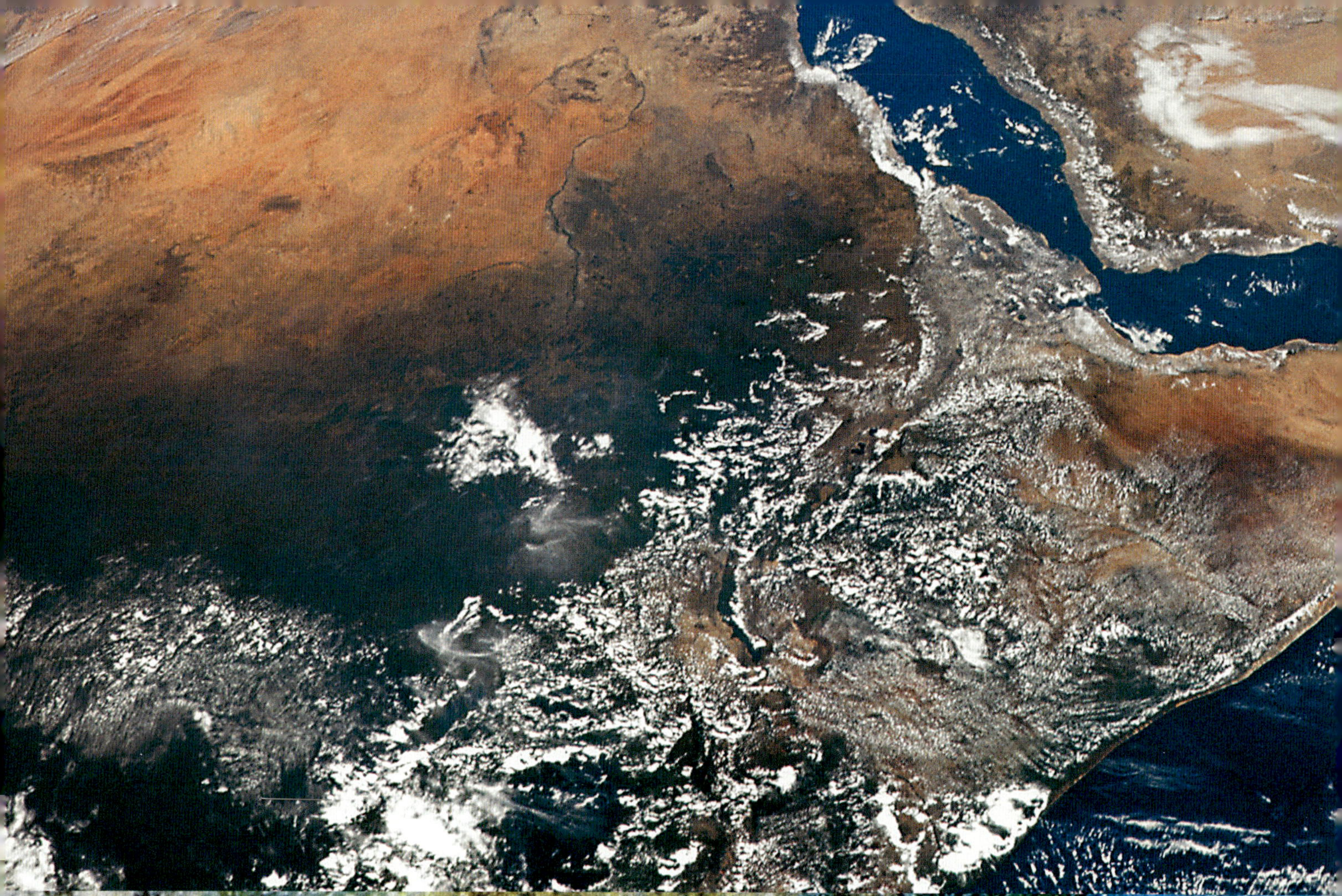

URSPRÜNGE

ERDGESCHICHTE | SAMMELN VON PROBEN

DIE ENTSTEHUNG DES UNIVERSUMS

WENN WIR HEUTE den Planeten Erde mit seinen Gesteinen und Mineralen betrachten, können wir uns kaum vorstellen, dass es eine Zeit gab, in der nichts davon vorhanden war – eine Zeit, in der es nicht einmal chemische Elemente, die Bausteine, aus denen Gesteine und Minerale zusammengesetzt sind, gab. Vor 13 bis 15 Milliarden Jahren bestand das gesamte Universum nur aus einem winzigen Energiepunkt. Dann wurde durch den Urknall eine Ereigniskette ausgelöst, die zur Bildung von Atomen und im Laufe von Jahrmillionen zur Entstehung von Galaxien und Sternen führte. Erst in den Sternen entstanden die Elemente, aus denen Minerale, Gesteine und Planeten zusammengesetzt sind.

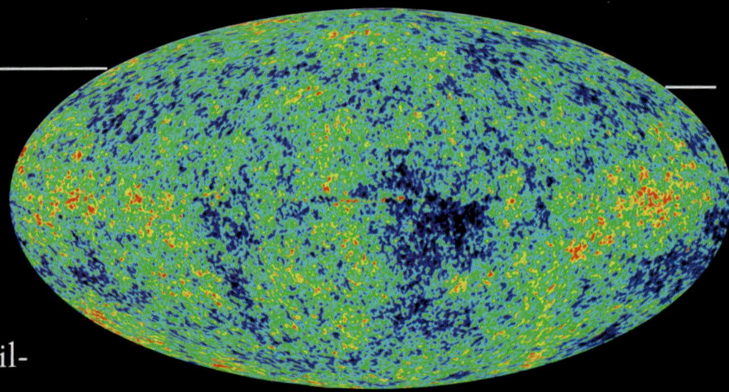

KOSMISCHE HINTERGRUNDSTRAHLUNG
Dieses Bild zeigt die kosmische Hintergrundstrahlung im Mikrowellenbereich, eine schwache Wärmestrahlung, die gleichmäßig von allen Punkten des Himmels ausgeht.

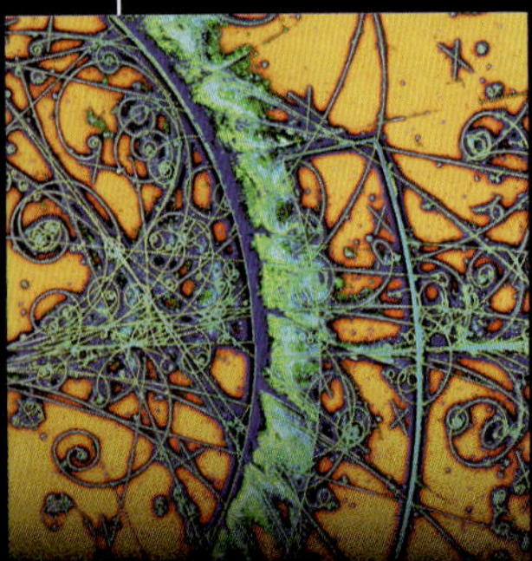

TEILCHENSPUREN
Aus den Spuren subatomarer Teilchen in einem Teilchenbeschleuniger können Wissenschaftler Erkenntnisse über die frühen Phasen des Urknalls gewinnen.

URKNALL

Nach der gängigsten Theorie über die Entstehung des Universums entspringt das gesamte Universum einem unendlich kleinen Punkt, in dem reine Energie unter extremem Druck und extremer Temperatur konzentriert war. Durch die rasche Expansion dieses Energiepunkts beim Urknall nahmen Dichte und Temperatur relativ schnell ab, und innerhalb von Sekunden bildeten sich verschiedene Elementarteilchen wie Elektronen, Photonen, Neutronen und Protonen. Dieses expandierende Plasma aus Energie und Teilchen war noch viel zu heiß, um Atome zu bilden. Die ersten Atome – Wasserstoff und Helium – entstanden erst nach etwa 300 000 Jahren Expansion und Abkühlung.

EDWIN HUBBLE

Der amerikanische Astronom Edwin Hubble (1889–1953) lieferte den Beweis, dass wir in einem expandierenden Universum leben. In den 1920er-Jahren erkannte er, dass außerhalb unserer Galaxie, der Milchstraße, noch weitere Galaxien existieren. Anhand von Verschiebungen der Wellenlänge von Licht aus diesen anderen Galaxien wies er nach, dass diese sich von der Milchstraße wegbewegen, und dass diese Fluchtgeschwindigkeit umso größer ist, je weiter eine Galaxie entfernt ist. Daraus schloss Hubble, dass das Universum als Ganzes expandiert. Seine Beobachtungen waren die direkte Grundlage der Urknalltheorie.

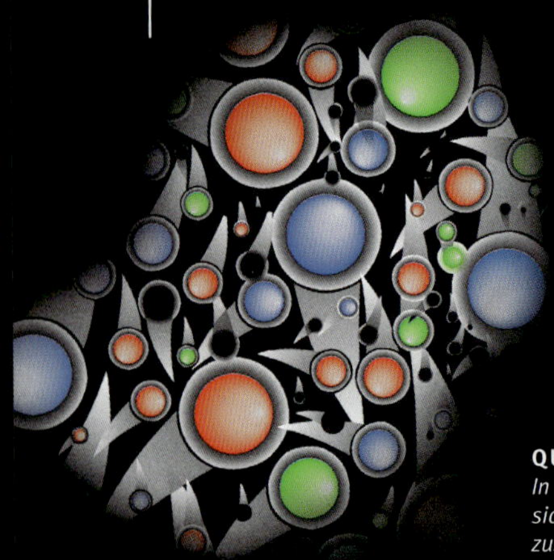

NACH DEM URKNALL
In der ersten milliardstel Sekunde nach dem Urknall bestand das Universum aus einer »Suppe« sehr verschiedener Teilchen und aus Strahlung.

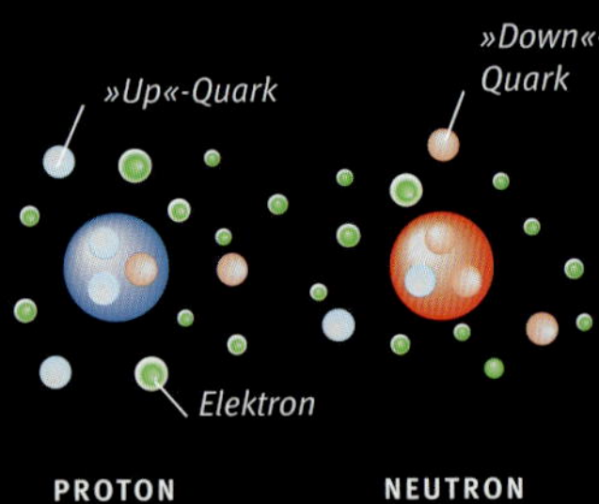

QUARKS VERBINDEN SICH
In den folgenden Sekunden begannen die Quarks, sich zu Protonen und Neutronen zusammenzuschließen. Ein »Down«-Quark und zwei »Up«-Quarks bildeten ein Proton, ein »Up«-Quark und zwei »Down«-Quarks ein Neutron.

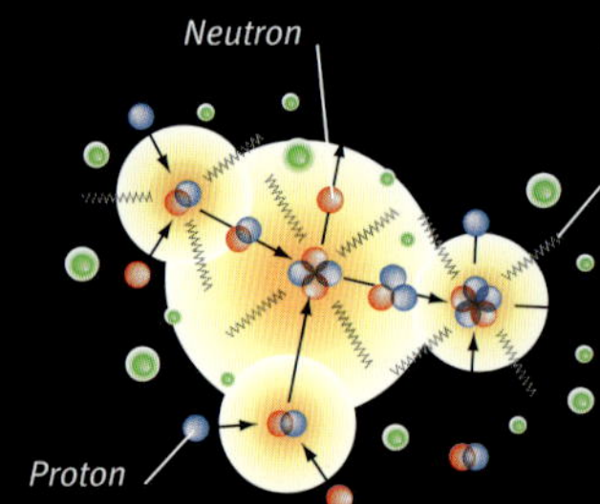

ATOMKERNE FORMIEREN SICH
Zwischen einer und 180 Sekunden nach dem Urknall entstanden durch Kollisionen zwischen Protonen und Neutronen die Atomkerne einiger leichter Elemente, vor allem Helium.

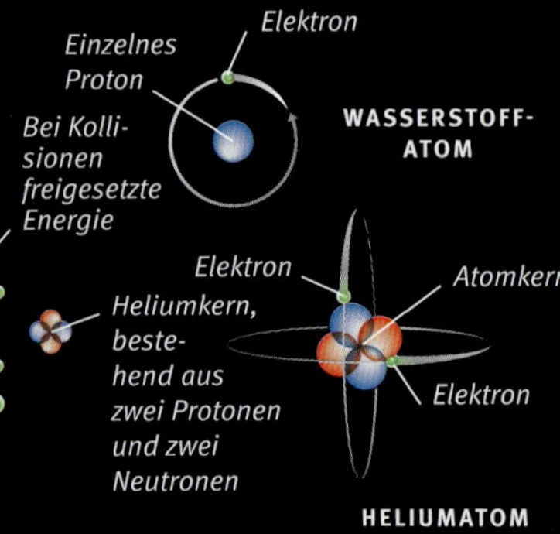

ATOME ENTSTEHEN
Nach etwa 300 000 Jahren begannen Heliumkerne, Elektronen einzufangen und Heliumatome zu bilden. Protonen fingen jeweils ein Elektron ein und wurden so zu Wasserstoffatomen.

GALAXIEN ENTSTEHEN

Wasserstoff- und Heliumgas sowie zwei weitere leichte Elemente, Lithium und Beryllium, waren mehrere hundert Millionen Jahre lang die einzigen chemischen Elemente im Universum. Schließlich bildeten sich durch Dichteunterschiede der Materie im expandierenden Universum kleine Bereiche höherer Gravitation (je dichter Materie wird, desto stärker wird ihre Anziehungskraft). Durch die Wirkung der Gravitation strömte Gas in diese Bereiche und ballte sich zu Wasserstoffwolken zusammen. In den riesigen Gaswolken oder Nebeln entstanden noch dichtere Bereiche, die noch mehr Gas anzogen. Schließlich stiegen im Zentrum der dichtesten Gasansammlungen Temperatur und Druck so stark an, dass Wasserstoffatome zu Helium verschmolzen. Durch diese Kernfusion wurde Licht und weitere Wärme erzeugt – so entstanden die ersten Sterne im neuen Universum. Jede Wolke aus neu entstandenen Sternen bildete eine Galaxie.

GEBURTSSTÄTTE VON STERNEN
Astronomische Nebel sind Wolken aus Gas und Staub, in denen Sterne entstehen. Dieser Nebel, der Schlüssellochnebel, leuchtet wegen der heißen, jungen Sterne in seinem Innern farbig.

SPIRALGALAXIEN
Galaxien kommen in fünf verschiedenen Formen vor, unter anderem als Spiralgalaxie. Eine typische Einzelgalaxie enthält etwa 100 Milliarden Sterne.

ERSTE MINERALE BILDEN SICH

In Sternen werden aus Wasserstoff schwerere Elemente erzeugt. Bei den hohen Temperaturen und Drücken im Innern von Sternen können Atomkerne mit solcher Wucht kollidieren, dass sie zu schwereren Elementen verschmelzen. Diese schwereren Elemente können dann mit weiteren Wasserstoffatomen oder mit neu entstandenen Atomkernen zu noch schwereren Kernen verschmelzen. Auf diese Weise entstanden Sauerstoff, Kohlenstoff und die meisten anderen Elemente bis zum Eisen. Noch schwerere Elemente entstehen durch einen Vorgang, bei dem Atomkerne Neutronen aufnehmen und radioaktiv zerfallen. Schließlich explodiert der Stern in einer Supernova. In Meteoriten wurden Minerale gefunden, die in so genannten Roten Riesen entstanden, und andere, die bei einer Supernova gebildet wurden.

SUPERNOVA
Ausgestoßene Materie einer ehemaligen Supernova bringt dieses Gas im Sternbild Schwan zum Leuchten.

OFFENER STERNHAUFEN
Der Quintuplet-Cluster ist der größte Sternhaufen in unserer Milchstraße. Diese Gruppe junger Sterne entstand vor 4 Millionen Jahren und enthält den hellsten Stern unserer Galaxie, den Pistolenstern.

STERNENGENERATIONEN

Aus dem Material, das bei der Explosion sterbender Sterne in den Weltraum geschleudert wird, entstehen neue Sterne. Unser Stern, die Sonne, ist ein Stern der dritten Generation und enthält Elemente, die bereits zwei Zyklen von Entstehung und Vergehen durchlaufen haben. Wie alle Sterne bestehen auch die der zweiten Generation überwiegend aus Helium, daneben enthalten sie aber auch Elemente, die in der ersten Sternengeneration entstanden sind. Diese nutzen sie als Bausteine für neue Isotope und Elemente. Solche Elemente der zweiten Generation finden wir in der Sonne und in ihren Planeten.

ULTRAVIOLETT-AUFNAHME DER SONNE
Unser Stern, die Sonne, hier durch ein UV-Filter aufgenommen, ist ein Stern der dritten Generation.

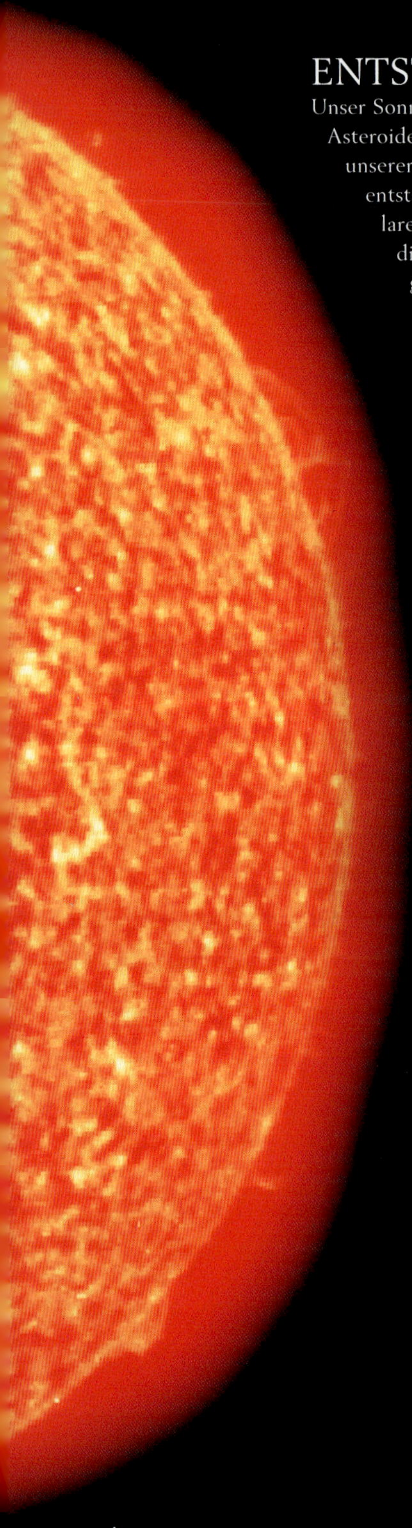

ENTSTEHUNG DER SONNE

Unser Sonnensystem besteht aus der Sonne, den Planeten, Monden, Asteroiden, Kometen und anderen Brocken, die aus der Frühzeit unserer Galaxie übrig geblieben sind. Das Sonnensystem entstand aus einer rotierenden Wolke aus interstellarem Gas und Staub am Rand der Milchstraße, die aus Überresten zweier früherer Sternengenerationen bestand. Vor etwa 4,6 Milliarden Jahren kollabierte der Nebel, möglicherweise bedingt durch Schockwellen einer Supernova, die sich in der Nähe ereignete. Durch den Kollaps nahm die Rotationsgeschwindigkeit zu, und die Wolke nahm allmählich die Gestalt einer flachen Scheibe (der so genannten protoplanetarischen Scheibe) an. Immer mehr Materie fiel aus dieser Scheibe ins Zentrum. Durch die Energie des Kollapses nahmen Temperatur und Druck im Zentrum zu. Schließlich waren sie so hoch, dass die Verschmelzung von Wasserstoffkernen zu Helium einsetzte und Energie in Form von Wärme und Licht abgestrahlt wurde. Unser Stern, die Sonne, war geboren.

MILCHSTRASSE
Die Milchstraße ist eine Spiralgalaxie. Ihr Zentrum besteht überwiegend aus alten roten und gelben Sternen; jüngere Sterne mit höherem Blauanteil bilden die Spiralarme, wo auch die Sonne zu finden ist.

ZUSAMMENSETZUNG DER SONNE
Die Sonne, das Zentrum des Sonnensystems, besteht zu etwa 75 Prozent aus Wasserstoff und zu 25 Prozent aus Helium. Andere Elemente haben einen Anteil von weniger als 1 Prozent. Sie können nur in den zwei vorausgehenden Sternengenerationen entstanden sein.

URSPRUNG DER PLANETEN

Nicht alle Materie im solaren Nebel wurde durch die Schwerkraft ins Zentrum gezogen, um die Sonne zu bilden. Ein Teil des Gases und Staubs rotierte weiter in der protoplanetarischen Scheibe. Hier ballten sich Staubpartikel zu immer größeren Brocken zusammen. Einige dieser Staubklumpen verschmolzen zu winzigen Gesteinen, die nicht einmal die Größe von Murmeln erreichten. Diese »Chondren« fanden sich wieder zu größeren Objekten zusammen, bis die Gravitationskräfte stark genug waren, um sie zusammenzuhalten. Die so entstandenen Himmelskörper werden als Planetesimale bezeichnet. Als sie einen Durchmesser von etwa einem Kilometer erreicht hatten, begannen sie, durch ihre Schwerkraft andere, ähnlich große Objekte anzuziehen.

In diesem Stadium nahm die Akkretion an Effizienz zu. Viele der Planetesimale schlossen sich zu Objekten von der Größe Merkurs oder der Erde zusammen. Der gesamte Prozess vom anfänglichen Kollaps des Nebels bis zur Entstehung der Planeten dürfte etwa 10 Millionen Jahre gedauert haben. Nicht alle Planetesimale sammelten sich in Planeten. Einige erreichten nur einen Durchmesser von wenigen Kilometern. Viele dieser kleinen Himmelskörper kreisen heute als Asteroiden im Asteroidengürtel zwischen Mars und Jupiter.

VOM SOLAREN NEBEL ZUM SONNENSYSTEM
Das Sonnensystem bildete sich aus einem riesigen Nebel, der sich zu einer rotierenden Scheibe mit der Protosonne im Zentrum verdichtete. Während die Sonne sich immer mehr verdichtete und die Kernfusion einsetzte, begann im äußeren Teil der Scheibe der Vorgang, durch den die Planeten entstanden.

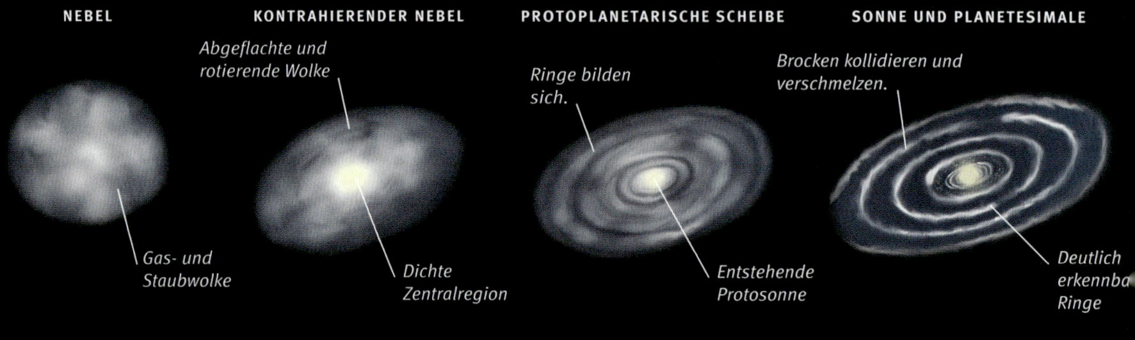

INNERE UND ÄUSSERE PLANETEN

Die protoplanetarische Scheibe heizte sich in der Nähe der Sonne stärker auf als in den Randbereichen. In den heißeren Bereichen verdampfte das vorhandene Eis. Ferner entwich aus dem Randbereich des Sonnensystems Gas ins All. Dieser Vorgang wurde vom Sonnenwind, einem von der Sonne ausgehenden Strom energiereicher Teilchen, begünstigt. Die Planeten in den inneren Regionen des Sonnensystems sind deshalb klein und bestehen aus Gesteinen. In den kälteren äußeren Regionen hingegen zogen die aus Gesteinen bestehenden Himmelskörper Eis an. Auf Grund der niedrigeren Temperaturen und größeren Masse konnten sie auch Gase wie Methan, Ammoniak, Wasserstoff und Helium halten. Auf diese Weise entstanden riesige Gasplaneten. Der Zwergplanet Pluto bildete sich zusammen mit ähnlichen eisigen Himmelskörpern weit draußen am Rand des Sonnensystems.

GASRIESE JUPITER
Jupiter und die anderen großen äußeren Planeten besitzen einen Kern aus Gestein. Den größten Teil ihrer Masse bilden aber gefrorene Gase.

KLEINER GESTEINSPLANET ERDE
Die vier inneren Planeten, zu denen auch die Erde zählt, bestehen vor allem aus Metall und Gestein.

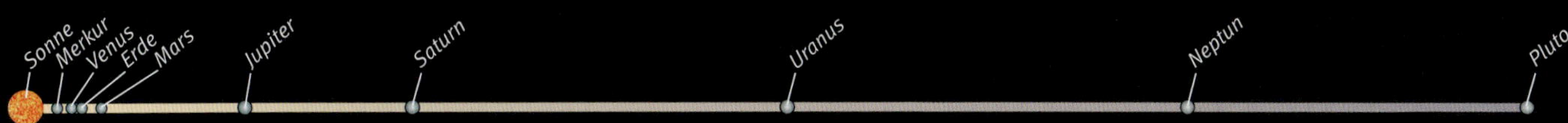

NAH UND FERN
Der Maßstab oben vermittelt einen Eindruck von den Abständen der Planeten zur Sonne. Die Gesteinsplaneten (Merkur, Venus, Erde und Mars) kreisen auf sonnennahen Bahnen, die Gasriesen (Jupiter, Saturn, Uranus und Neptun) umkreisen die Sonne in größerer Entfernung.

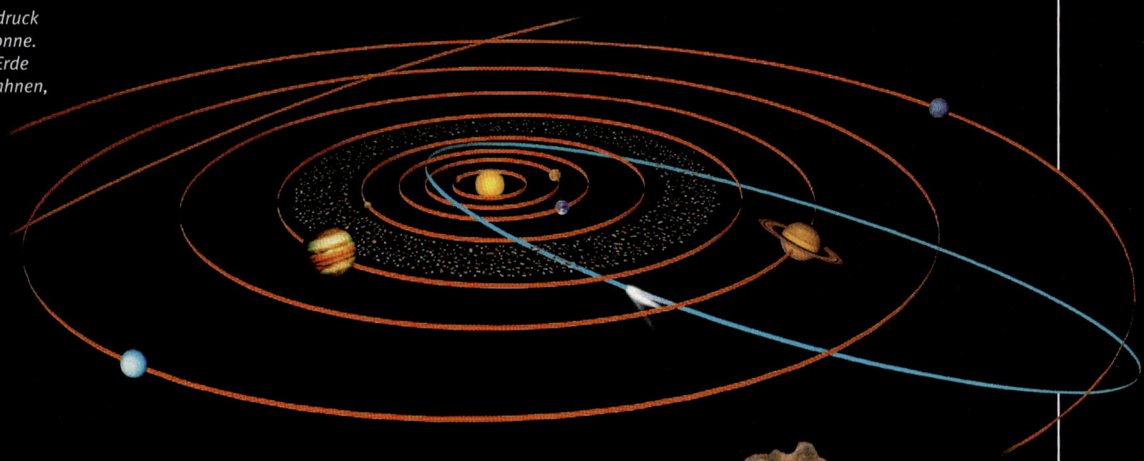

UMKREISUNG DER SONNE
Alle inneren Planeten umkreisen die Sonne auf elliptischen Bahnen in der gleichen Richtung und etwa in der gleichen Ebene. Die Bahn Plutos kreuzt die Neptunbahn, und die Umlaufbahnen von Kometen (blaue Linie) kann über die von Pluto hinausreichen.

GESTEINSBROCKEN AUS DEM ALL

Meteorite – auf die Erde fallende Gesteinsbrocken aus dem All – liefern wertvolle Informationen über den Ursprung des Sonnensystems. Man nimmt an, dass fast alle Meteorite von Asteroiden stammen. Dies sind Gesteinskörper, deren Größe sich im Bereich von über 900 km bis hinab zu winzigen Staubpartikeln bewegt. Die meisten umkreisen die Sonne in einem Gürtel zwischen Mars und Jupiter. Vermutlich sind sie etwa zur gleichen Zeit wie die Erde aus dem solaren Nebel entstanden. Die größeren Asteroiden sind Planetesimale, die es nicht zum Planeten geschafft haben. Bei Kollisionen zwischen Asteroiden entstehen als Meteoroide bezeichnete Trümmer, die zum Teil auf eine die Erdbahn kreuzende Bahn geschleudert werden und als Meteoriten auf die Erde fallen. Die verschiedenen Arten von Meteoriten werden auf Seite 74–75 vorgestellt.

ASTROBLEME
Meteoritenkrater wie der eindrucksvolle Tswaing-Krater bei Pretoria (Südafrika) werden als »Astrobleme« bezeichnet.

Durch Akkretion entstandenes Gestein

STEIN-EISEN-METEORIT
Meteorite lassen sich in drei Gruppen einteilen: Steinmeteorite, Eisenmeteorite und Stein-Eisen-Meteorite aus Silikaten und Nickel-Eisen-Legierungen.

DIE ENTSTEHUNG DER ERDE

DIE GESTEINE UND MINERALE auf der Erde sind das Produkt fortdauernder Vorgänge, die mit der Entstehung der Erde aus dem solaren Nebel vor über 4,5 Milliarden Jahren begannen und noch mindestens genauso lange in die Zukunft reichen.

ABGEPLATTETE KUGEL
Die Erde hat eine fast perfekte Kugelgestalt; auf Grund der Rotationsbewegung weist sie allerdings am Äquator eine leichte Ausbuchtung auf, während sie an den Polen abgeflacht ist.

DIE ERDE NIMMT GESTALT AN

Wie die anderen Planeten entstand auch die Erde durch die Akkretion von festen Materiebrocken aus der Scheibe des solaren Nebels *(siehe S. 10–11)*. Mit der Masse nahm auch die Schwerkraft zu. So wurden immer größere Planetesimale und andere Trümmer angezogen, und der Planet wuchs immer schneller. Anfangs hingen die Brocken nur locker zusammen. Doch bereits nach kurzer Zeit entwickelte die Erde unter dem Einfluss von Kollisionen mit Meteoriten und Planetesimalen eine feste und differenzierte Struktur. Beim Aufprall wurde Wärme freigesetzt, die Gesteine zum Schmelzen brachte. Die aufgeschmolzene Erde differenzierte sich in flüssiges Eisen und eine Silikatschmelze, wobei das leichtere Silikatmaterial auf dem dichteren metallischen Eisenkern schwamm. Etwas später differenzierte sich die Silikatschicht ebenfalls aus und bildete einen dichteren Erdmantel und eine weniger dichte Erdkruste. Der Akkretionsvorgang dauert immer noch an: Jedes Jahr fallen mehrere Tonnen Material aus dem Weltraum auf die Erde.

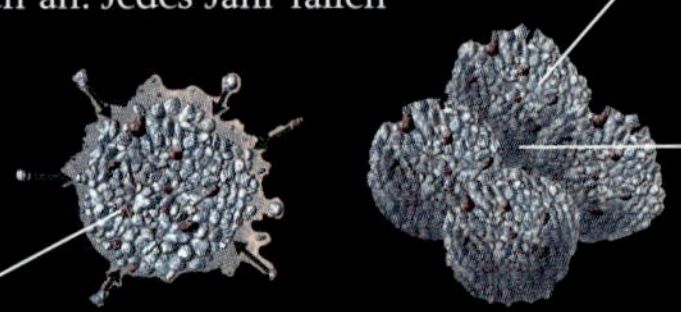

AKKRETION DER ERDE
Materie aus dem solaren Nebel ballte sich zu Brocken von Asteroidengröße zusammen. Diese Objekte fügten sich dann zu noch größeren Himmelskörpern zusammen. Schließlich entstand daraus die Erde.

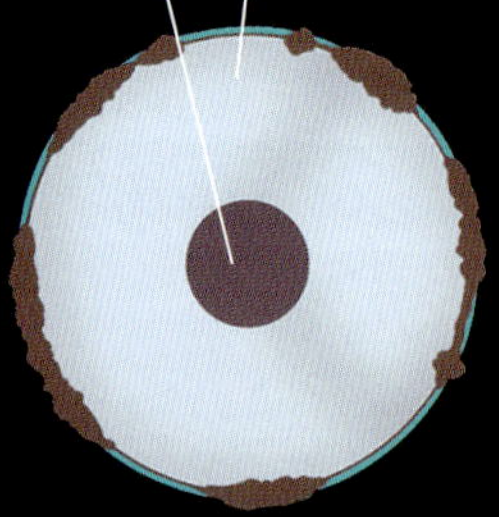

KERN UND MANTEL
Als sich immer mehr und immer größere Objekte zusammenfügten, begann die Aufschmelzung. Schwere Elemente wanderten in den Erdkern, leichtere bildeten den von einer Gesteinskruste umgebenen Erdmantel.

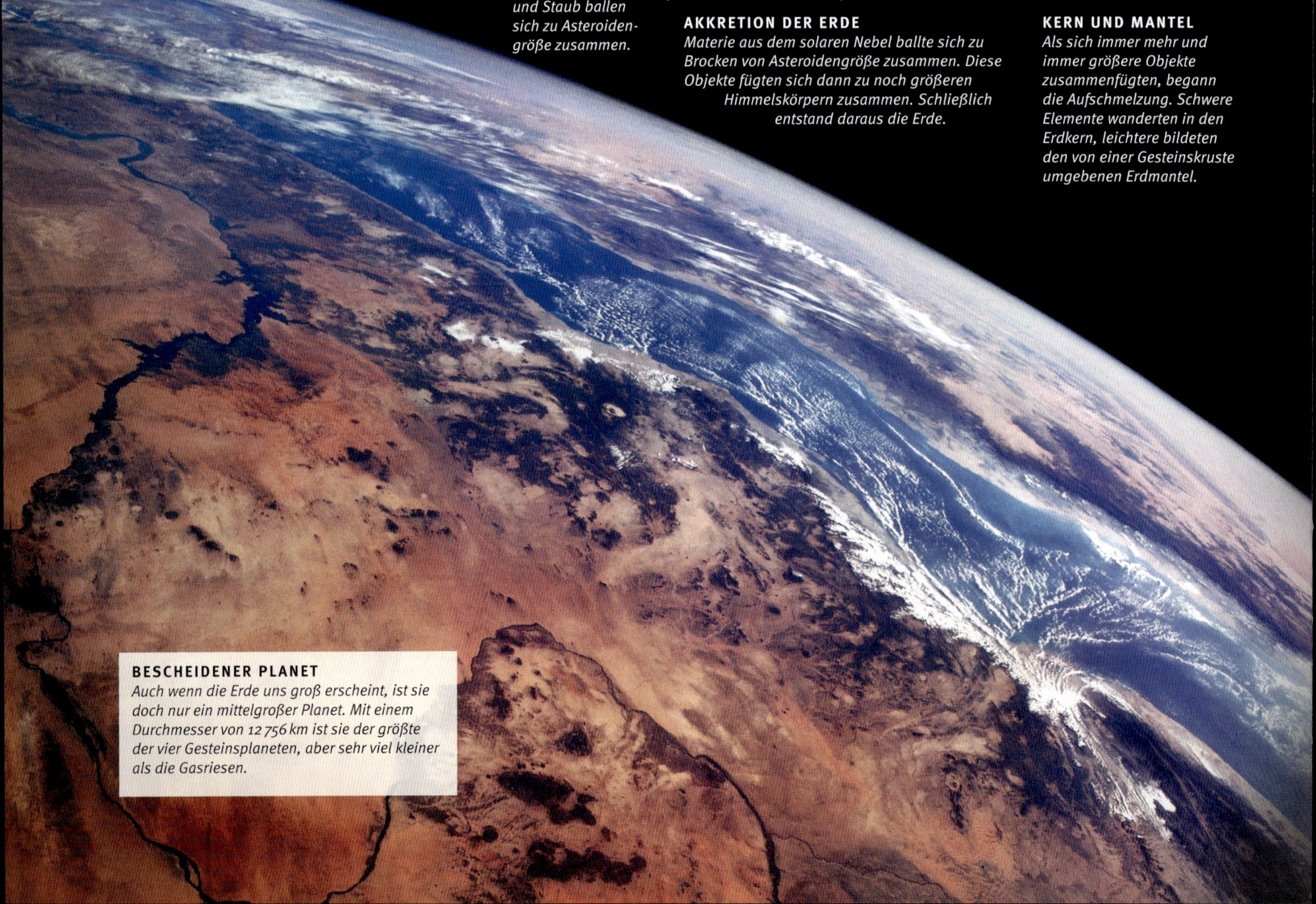

BESCHEIDENER PLANET
Auch wenn die Erde uns groß erscheint, ist sie doch nur ein mittelgroßer Planet. Mit einem Durchmesser von 12 756 km ist sie der größte der vier Gesteinsplaneten, aber sehr viel kleiner als die Gasriesen.

DIE ERDE ERHÄLT EINEN TRABANTEN

MONDOBERFLÄCHE
Die Mondoberfläche ist von Meteoritenkratern übersät. Einige wurden durch basaltische Lava aus Schichten tief unter der Mondkruste aufgefüllt und bilden die Maria.

Nach der gängigen Theorie entstand der Mond bei einer verheerenden Kollision in der Frühzeit der Erdgeschichte: Vor etwa 4,5 Milliarden Jahren traf ein sehr großer Planetesimal – etwa von der Größe des Mars – die Erde. Er drang tief in den Planeten ein und schlug eine ungeheure Menge an Materie heraus. Die Trümmer aus irdischem Material und Material des auftreffenden Himmelskörpers gelangten in eine Erdumlaufbahn. Hier entstand durch Akkretion der Mond. Untersuchungen von Spurenelementen in Mondgesteinen zeigten Übereinstimmungen mit denen aus dem Erdmantel. Daraus lässt sich folgern, dass die Erde zum Zeitpunkt der Kollision bereits in einen leichteren Mantel und einen dichteren Kern ausdifferenziert war. Nur die leichteren Mantelgesteine wurden in die Umlaufbahn geschleudert. Da die Altersbestimmung von Mondgesteinen ein ähnliches Alter wie das der Erde ergab, gehen die Wissenschaftler davon aus, dass die Entstehung von Planeten relativ schnell ablaufen muss. In vermutlich weniger als hundert Millionen Jahren ballte sich die Erde aus der protoplanetarischen Scheibe zusammen, entwickelte einen Erdmantel, erlebte eine verheerende Kollision mit dem Planetesimalen und erhielt einen Trabanten aus dem ausgeschleuderten Material.

AUFBAU DES MONDES
Wie die Erde besitzt auch der Mond einen Mantel und eine Kruste. Möglicherweise gibt es auch einen eisenreichen Kern, der dann aber ziemlich klein sein müsste. Der Mond selber ist mit einem Durchmesser von 5562 km nicht einmal halb so groß wie die Erde.

MONDGESTEIN
Die Zusammensetzung der Gesteinsproben vom Mond entspricht der Zusammensetzung von Gesteinen aus dem Erdmantel.

ENTSTEHUNG DES MONDES
Der Mond entstand aus Material, das beim Aufprall eines großen Planetesimalen zusammen mit dessen Trümmern aus der Erde herausgeschleudert wurde. Die Trümmer dieser Kollision wurden durch die Schwerkraft der Erde in eine Umlaufbahn gezwungen, wo sie abkühlten und miteinander verschmolzen. Dann entstand durch Akkretion der natürliche Trabant der Erde.

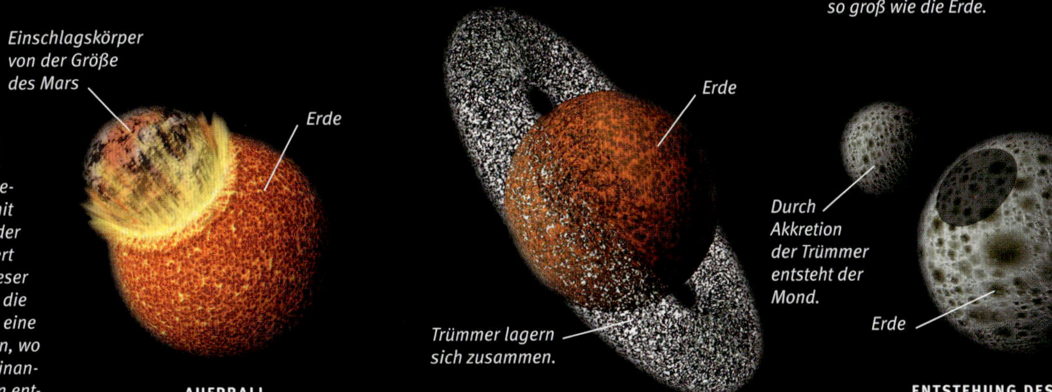

AUFPRALL AUF DER ERDE

TRÜMMER UMKREISEN DIE ERDE.

ENTSTEHUNG DES MONDES DURCH AKKRETION

ZUSAMMENSETZUNG DES ERDKERNS
Die Zusammensetzung von Eisen-Nickel-Meteoriten entspricht vermutlich in etwa der Zusammensetzung des Erdkerns.

FLÜSSIGES EISEN
Der äußere Teil des Erdkerns besteht wohl aus flüssigem Eisen, ähnlich wie wir es in einer Gießerei erzeugen.

ENTSTEHUNG DES ERDKERNS

Der Erdkern scheint sich recht früh in der Erdgeschichte gebildet zu haben, als die schwereren Elemente ins Zentrum absanken. Wissenschaftler haben einfallsreiche Methoden zur Erforschung der Zusammensetzung des Erdkerns entwickelt: Untersuchungen des Erdmagnetfelds, Interpretationen von Erdbebenwellen beim Durchgang durch die Erde, Messungen der Gesteinsdichte und Untersuchung von Meteoriten. Die Forschungsergebnisse legen nahe, dass die Erde einen festen inneren Kern und einen flüssigen äußeren Kern enthält. Der Erdkern besteht wahrscheinlich zum größten Teil aus Eisen und einem geringeren Anteil an Nickel sowie einem leichteren Element, möglicherweise Schwefel. Man nimmt an, dass sich der Kern durch chemische Interaktionen mit dem unteren Erdmantel noch weiter ausdifferenziert. Die Temperatur im inneren Erdkern dürfte ähnlich hoch sein wie an der Oberfläche der Sonne. Welche Eisenminerale sich bei solchen Temperaturen und Drücken bilden, ist nicht bekannt.

MINERALE DES ERDMANTELS UND DER ERDKRUSTE

Die große Hitze im Innern der jungen Erde begünstigte chemische Reaktionen zwischen dem eisenreichen Erdkern und dem umgebenden Material. Die meisten Elemente, die leicht Verbindungen mit Eisen eingehen, bildeten dichtere Minerale, die sich in einer dicken Schale um den Kern sammelten. Auf diese Weise entstand der untere Erdmantel. Leichtere Minerale entstanden aus Elementen, die sich eher mit Sauerstoff als mit Eisen verbinden. Diese bildeten Oxidverbindungen, vor allem Silikate. Da diese Verbindungen leichter waren, stiegen sie nach obenund bildeten dort den oberen Erdmantel und die Erdkruste, die aufdem dichteren unteren Mantel schwimmen.

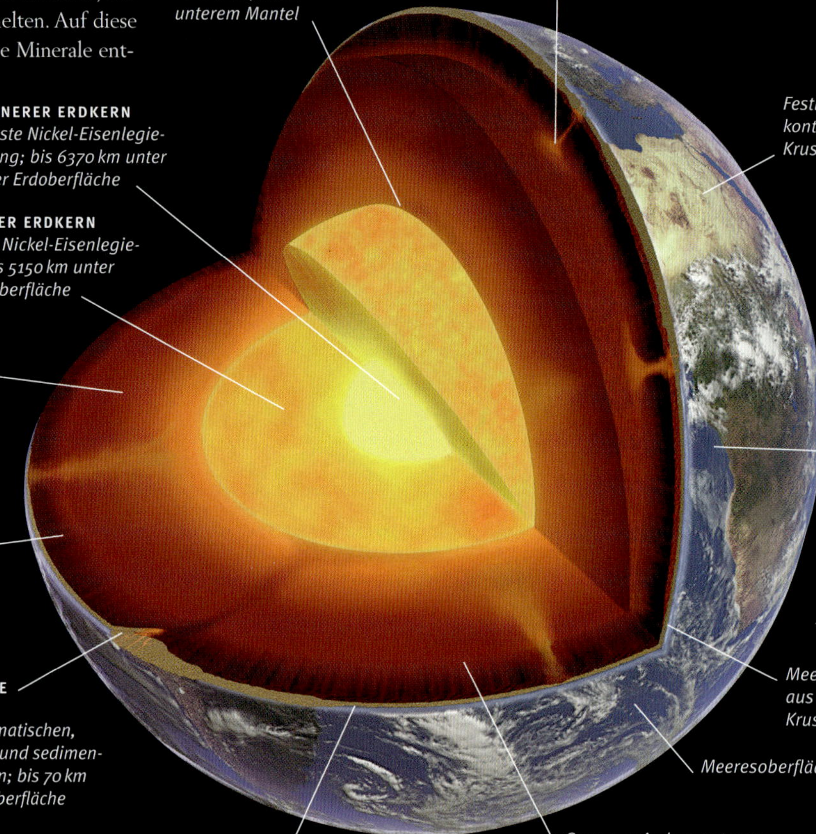

ERDKERN,ERDMANTEL UNDERDKRUSTE
Die Erde besteht aus drei Schalen: dem Erdkern, bestehend aus einem festen inneren und einem flüssigen äußeren Kern, die zusammen über die Hälfte des Erddurchmessers einnehmen; dem Erdmantel, einer Schicht aus dichten Mineralen, die fast den ganzen Rest des Erddurchmessers ausmachen; und der dünnen Erdkruste, bestehend aus Gesteinen und Mineralen, die sich chemisch von denen des Erdkerns und des Erdmantels unterscheiden.

XENOLITH AUS MANTELGESTEIN
Xenolithe sind Fragmente älterer Gesteine in jüngerem Gestein. Dieser Xenolith aus Frankreich besteht aus Peridotit aus dem oberen Erdmantel und gelangte in basaltischer Lava an die Erdoberfläche.

MEERESBODENGESTEINE
Tektonische Kräfte bringen manchmal ehemaligen Meeresboden an die Oberfläche. Dieser Peridotit aus Neufundland, von dem man annimmt, dass er eine ähnliche Zusammensetzung aufweist wie Mantelgesteine, lag früher einmal am Meeresgrund.

DAS ALTER DER ERDE

Einer der ersten Versuche, das Alter der Erde zu ermitteln, wurde im 17. Jahrhundert vom irischen anglikanischen Bischof Usher unternommen, der aus der Genealogie der Bibel ableitete, dass Erde und Universum im Oktober 4004 v. Chr. erschaffen wurden. Die erste zutreffende Abschätzung gelang 1956 dem Physiker Claire Patterson (unten), der die Radioisotopenmessungen von Meteoriten und irdischen Mineralen verglich und anhand dieser Daten auf ein Erdalter von 4,55 Milliarden Jahren kam (in jüngerer Zeit wurde diese Zahl auf 4,56 Milliarden Jahre korrigiert). Das höchste direkt gemessene Alter haben Zirkonkristalle vom Mount Narryer in Westaustralien. Sie entstanden vor 4,4–3,9 Milliarden Jahren.

CLAIRE PATTERSON

CHEMISCHE ZUSAMMENSETZUNG
Dieses Balkendiagramm zeigt den Anteil verschiedener chemischer Verbindungen in den wichtigsten Schalen der Erde.

DER SAUERSTOFF-FAKTOR

Auch wenn der Erdkern dichter ist als der Erdmantel und die Erdkruste, ist die Verteilung der verschiedenen chemischen Elemente in den einzelnen Schalen der Erde nicht notwendigerweise das Ergebnis der Dichte einzelner Elemente. Der primäre Faktor ist möglicherweise die Tendenz verschiedener Elemente, entweder mit Eisen oder Sauerstoff Verbindungen einzugehen. So besitzen Uran und Thorium eine sehr hohe Dichte und ein sehr hohes spezifisches Gewicht und sind dennoch in der Erdkruste konzentriert, vielleicht weil sie leicht mit Sauerstoff reagieren. Welche Rolle Sauerstoff in der Erdkruste spielt, ist daran zu erkennen, dass dieses Element bis zu 50 Prozent Anteil am Gewicht der Erdkruste hat.

ATMOSPHÄRE UND OZEANE

Die Entstehung der Atmosphäre und der Ozeane stand in direktem Zusammenhang mit der Entstehung der Erdkruste. Während der intensiven Akkretionsphase wurden beim Aufschmelzen und Umkristallisieren der Erde Wasserdampf und andere Gase freigesetzt. Diese bildeten zusammen mit anderen Gasen aus dem solaren Nebel die Uratmosphäre der Erde. Vor 3,8 Milliarden Jahren waren Erde und Mond einem intensiven Meteoritenbombardement ausgesetzt, bei der die Erde vermutlich ihre erste Atmosphäre verlor. Darauf folgende Vulkanaktivität setzte Stickstoff, Kohlendioxid und Wasserdampf frei. Letzterer wurde durch die UV-Strahlung in Wasserstoff, Sauerstoff und Ozon aufgespalten. Der Wasserdampf sammelte sich in Ozeanen, in denen sich Salze lösten. Es entstand eine neue Atmosphäre, die zuerst nur wenig Sauerstoff enthielt. Lebewesen, die sich in den Ozeanen entwickelten, gaben Sauerstoff in die Atmosphäre ab, so dass diese schließlich ihre heutige Zusammensetzung erreichte.

WETTERSYSTEM
Die Erdatmosphäre reicht mehrere hundert Kilometer hoch. Das Wettergeschehen spielt sich jedoch zum größten Teil in den untersten 15 km ab.

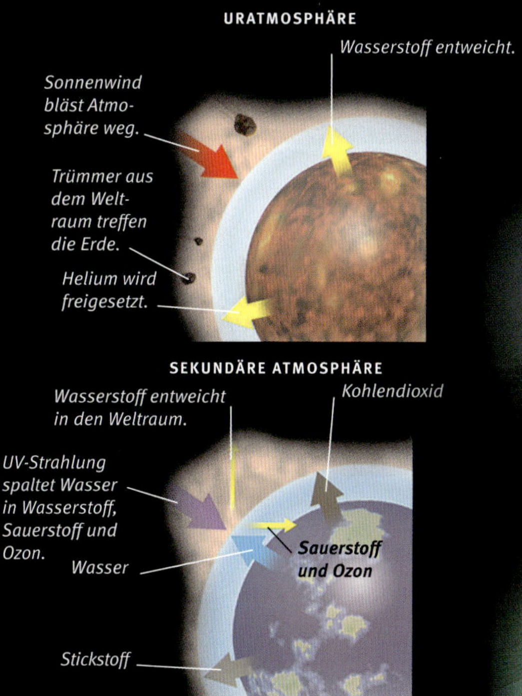

VERÄNDERTE ATMOSPHÄRE
Die erste Atmosphäre der Erde bestand aus Gasen, die bei der Kristallisation freigesetzt wurden oder aus dem solaren Nebel stammten. Diese Uratmosphäre wurde durch Meteoriteneinschläge und den Sonnenwind weggeblasen. Die sekundäre Atmosphäre bildete sich aus durch UV-Strahlung aufgespaltene vulkanischen Gase.

URTÜMLICHES LEBEN
Die von Bakterienkolonien geschaffenen Stromatolithen in der Shark Bay (Australien) sind »lebende Fossilien«. Stromatolithenhügel wie diese entstanden schon vor 3 Milliarden Jahren in Flachmeerzonen.

DIE ERDKRUSTE

EINES DER AUFFÄLLIGSTEN MERKMALE der Erdoberfläche ist die Trennung in Kontinente und Ozeanbecken. Sowohl ozeanische als auch kontinentale Kruste liegen über dem Mantel, sie unterscheiden sich aber grundlegend. Die leichtere, dickere kontinentale Kruste schwimmt höher auf dem Mantel als die dichtere, dünnere ozeanische Kruste. Etwa zwei Drittel der Erdoberfläche bestehen aus ozeanischer Kruste. Die kontinentale Kruste ist jedoch aus viel mehr Gesteinen zusammengesetzt.

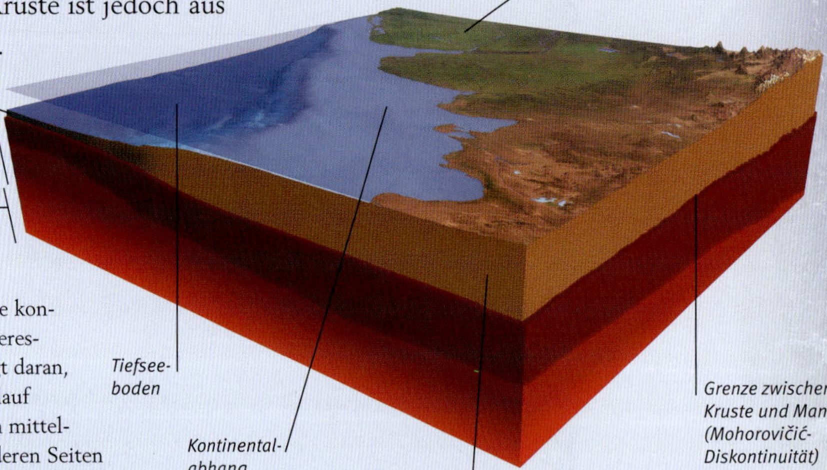

DRIFTENDE GESTEINE
Die Erdkruste bildet zusammen mit dem oberen Erdmantel die Lithosphäre. Diese schwimmt auf der Asthenosphäre.

OZEANISCHE KRUSTE

Die ozeanische Kruste ist wesentlich jünger als die kontinentale Kruste – selbst die ältesten Teile des Meeresbodens sind nur 200 Millionen Jahre alt. Dies liegt daran, dass die ozeanische Kruste einem ständigen Kreislauf unterliegt. Sie entsteht aus Mantelmaterial, das an mittelozeanischen Rücken aufsteigt und sich an deren Seiten ausbreitet. Die gleiche Menge an Material taucht in Subduktionszonen wieder in den Erdmantel ab. Die ozeanische Kruste besteht aus mehreren Schichten, wobei die oberste Schicht aus Sedimenten über einer Grundlage aus Basalt besteht. Die unteren Schichten bestehen überwiegend aus Gabbro.

WEIT VERBREITETES GESTEIN
Dieses schwarze Gestein ist ein Basalt, der an Land entstanden ist.

SCHWARZER RAUCHER
Schwarze Raucher sind in Verbindung mit Vulkanismus auftretende heiße Quellen auf dem Meeresboden, die mineralreiches Wasser mit einer Temperatur von 400 °C ausschütten. Sie treten vor allem in der Nähe der mittelozeanischen Rücken auf, wo neue ozeanische Erdkruste entsteht.

JOHN TUZO WILSON

In den 1960er-Jahren wurde der kanadische Geophysiker John Tuzo Wilson (1908–1993) zum Verfechter der Theorie, dass der Ozeanboden sich an den mittelozeanischen Rücken spreizt. Wilson leistete einen wichtigen Beitrag zu dieser Theorie, indem er vermutete, dass vulkanische Inselketten wie Hawaii in der Mitte von Ozeanen entstehen, indem der Meeresboden sich langsam über einen so genannten Hotspot – einen festen Punkt, an dem Magma im Mantel aufsteigt – hinweg bewegt.

OZEANISCHER RÜCKEN IN ISLAND
Ozeanische Erdkruste und mittelozeanische Rücken sind nur selten oberhalb des Meeresspiegels anzutreffen. In Island ragt jedoch der Mittelatlantische Rücken aus dem umgebenden Ozean auf.

GESTEIN AUS DEM ERDMANTEL
Die Gebirgskette der Sierra Nevada ist ein Batholith, eine Ansammlung von Intrusionen aus Mantelmaterial, das unter der Erdoberfläche abkühlte und später durch Hebung und Erosion zu Tage trat.

KONTINENTALE KRUSTE

Die kontinentale Erdkruste bedeckt etwa ein Drittel der Erdoberfläche und bildet die großen Landmassen und die Böden der Flachmeergebiete an ihrem Rand.

Die Dicke der kontinentalen Kruste schwankt zwischen 25 und 70 km und ist unter den Gebirgsketten am größten. In der Mitte jedes Kontinents befindet sich eine stabile Masse von kristallinen Gesteinen aus dem Präkambrium (vor 4,56 Milliarden bis 543 Millionen Jahren), die Tausende von Quadratkilometern bedecken. Dieser Festlandskern wird als Schild bezeichnet. Andere Gesteine der kontinentalen Erdkruste haben in jüngerer Zeit Prozesse aus dem Kreislauf der Gesteine (siehe S. 28–29) durchlaufen wie Erosion, Metamorphose und Sedimentation. Diese langsame Umwandlung im Laufe von Jahrmilliarden sorgt für die enorme Vielfalt.

KRUSTENGESTEINE
Metamorphe Gesteine wie dieser Gneis entstehen, wenn tektonische Kräfte auf Gesteine der kontinentalen Erdkruste einwirken.

AUSTRALISCHER SCHILD
Der zentrale Teil Westaustraliens ist Bestandteil des alten Festlandskerns von Australien – dem stabilen Schild.

ANSTEHENDER GRANIT
Diese Granitzinnen stehen im Ahaggar-Massiv (Algerien). Der aus siliciumdioxidreichen Mineralen wie Quarz und Feldspat bestehende Granit kommt in der kontinentalen Erdkruste massenhaft vor.

SCHWIMMENDES GESTEIN

Die Erdkruste verhält sich, als würde sie auf dem darunter liegenden dichteren, plastischen Gestein des Erdmantels schwimmen. Dies nennt man als »Isostasie«. Ähnlich wie ein Eisberg im Wasser erstreckt sich die Kruste weit nach unten in das Medium, auf dem sie schwimmt. Da die Erdkruste nicht überall gleich dicht ist, tauchen verschiedene Teile unterschiedlich tief in den Mantel ein. Unter großen Gebirgen wie dem Himalaja reicht die Kruste weiter in die Tiefe als im Flachland, da das Gewicht der Gebirge einen höheren Auftrieb und damit eine tiefere »Wurzel« erfordert. Etwa ein Drittel der kontinentalen Kruste ragt aus dem Mantel empor, die anderen zwei Drittel bilden die Wurzel.

TIEFE WURZELN
Der Mount Everest ist Teil des Himalaja, einer relativ jungen Gebirgskette, die durch die Kollision zweier Kontinentalplatten aufgefaltet wird. Solche Berge besitzen eine »Wurzel«, die viele Kilometer tief in den Mantel reicht.

PLATTENTEKTONIK

Mit dem Begriff »Tektonik« werden die Bildung und die Bewegungen der Erdkruste bezeichnet. Nach der Theorie der Plattentektonik liegen die Erdkruste und eine dünne Schicht des obersten Erdmantels auf einer Schicht aus heißem, geschmolzenem Mantelgestein, der Asthenosphäre. Die Lithosphäre besteht aus Kontinenten und Ozeanbecken. Sie ist in relativ starre »Platten« unterteilt, deren Relativbewegungen die großen Oberflächenformen der Erde hervorbringen und umgestalten.

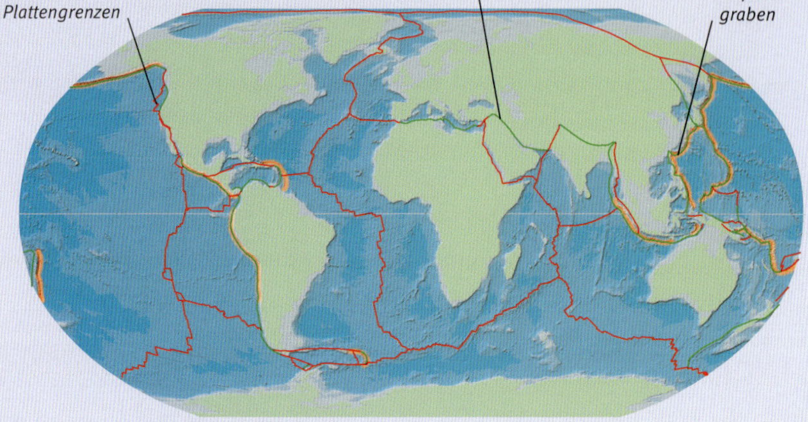

PLATTENGRENZEN
Die Erde ist in etwa ein Dutzend große tektonische Platten zerteilt. Einige bestehen aus kontinentaler und ozeanischer, andere nur aus ozeanischer Kruste.

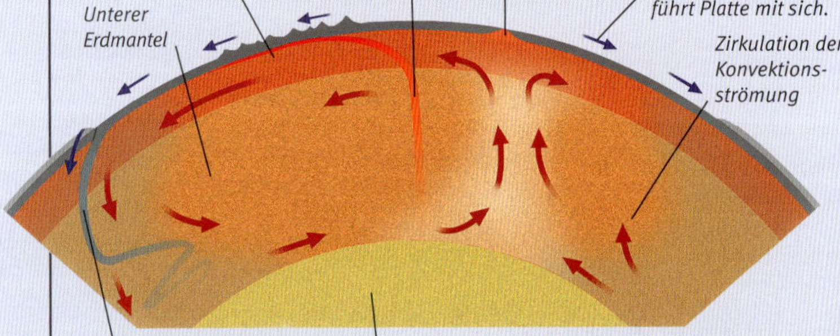

PLATTENBEWEGUNG
Die Bewegung der tektonischen Platten wird vermutlich durch vom Erdinnern aufsteigende Wärme angetrieben.

TREIBENDE KRAFT

Die Kräfte, die die Bewegungen der Lithosphärenplatten verursachen, sind noch nicht vollständig erforscht. Sie dürften aber auf Konvektionsströmen im Erdmantel beruhen, die durch die Wärme aus dem Erdinneren angetrieben werden. Durch Verschiebungen der Platten zueinander, durch Auseinanderdriften, Annäherung und seitliche Verschiebung finden an den Plattengrenzen bedeutende geologische Vorgänge statt. Viele Prozesse, die die Erdoberfläche formen, – zum Beispiel Erdbeben, Vulkanismus und die Auffaltung von Gebirgsketten – haben hier ihren Ursprung.

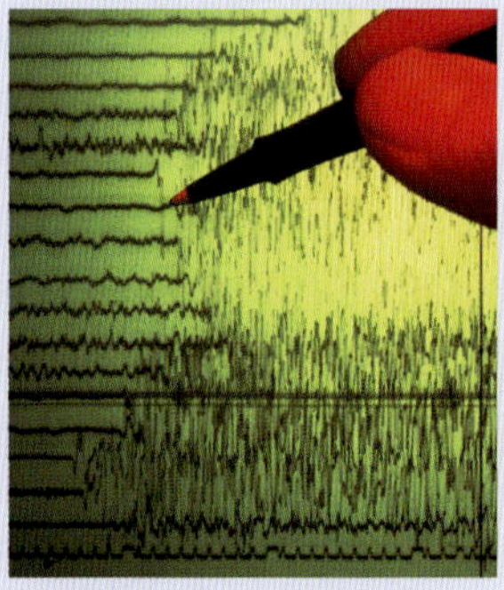

SEISMOGRAPHISCHE SPUREN
Die Energie tektonischer Bewegungen erzeugt Vibrationen in den Gesteinen der Erde. Diese können mit einem Seismographen gemessen und aufgezeichnet werden.

DIVERGENZZONEN

Wo Platten sich in einer Divergenzzone – meist einem mittelozeanischen Rücken – voneinander entfernen, bewirkt der nachlassende Druck eine teilweise Aufschmelzung des Erdmantels. Dadurch dringt Magma (aufgeschmolzenes Gestein) nach oben. Dieses in der Regel basaltische Magma erstarrt zu neuer, meist ozeanischer Erdkruste. Die damit verbundenen Plattenbewegungen verursachen durch wiederholtes Aufbrechen und Zusammenwachsen viele schwächere Erdbeben.

GRENZEN
An auseinander strebenden Plattengrenzen wie am Mittelatlantischen Rücken entsteht neue ozeanische Kruste. Transformstörungen treten auf, wo Platten aneinander vorbeigleiten.

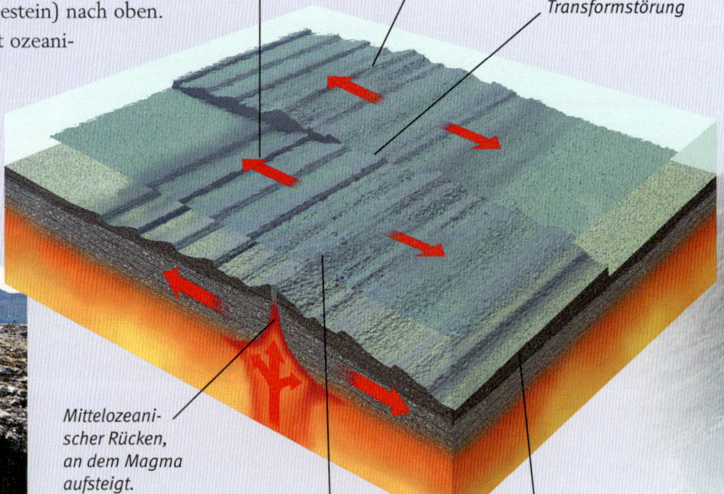

OZEANISCHER GRABEN
Die auseinander driftende Plattengrenze am Mittelatlantischen Rücken verläuft unter dem Ozean von der Arktis bis zur Antarktis. Nur in Island tritt sie als Graben an die Oberfläche.

KONVERGENZZONEN

An den Konvergenzzonen bewegen sich Platten aufeinander zu. Wo ozeanische Kruste auf ozeanische Kruste trifft, taucht eine der beiden Platten unter die andere ab. Dieser Vorgang wird als Subduktion bezeichnet. Die subduzierte Kruste wird im Erdmantel dem Recycling zugeführt. Auf diese Weise wird die ständige Neubildung ozeanischer Kruste in den Divergenzzonen kompensiert. Eine Subduktion findet auch statt, wenn ozeanische Kruste einer Platte auf kontinentale Kruste einer anderen Platte trifft. Der größere Auftrieb der kontinentalen Kruste verhindert deren Abtauchen, deshalb wird die Platte mit der ozeanischen Kruste subduziert. Die subduzierte ozeanische Kruste löst in der Tiefe eine Aufschmelzung aus. Das geschmolzene Gestein steigt durch die Kruste nach oben und tritt in explosiven Vulkanausbrüchen zu Tage. Die zahlreichen Vulkane an der Pazifikküste der USA, darunter auch der Mount Saint Helens, sind so entstanden. Wenn beide Platten mit kontinentaler Kruste kollidieren, kann keine abtauchen. In diesem Fall wird die Kruste nach oben aufgefaltet, und es entstehen Gebirgsketten.

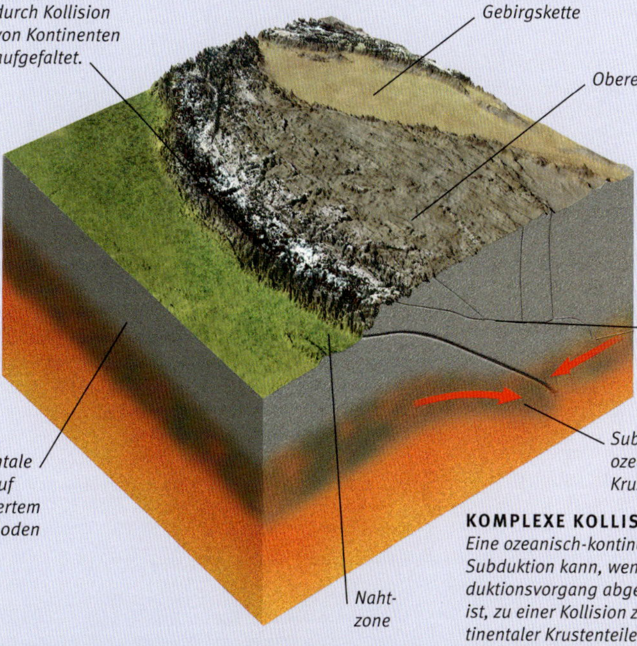

KOMPLEXE KOLLISION
Eine ozeanisch-kontinentale Subduktion kann, wenn der Subduktionsvorgang abgeschlossen ist, zu einer Kollision zweier kontinentaler Krustenteile werden.

HEBUNG
Der Himalaja, das höchste Gebirge der Welt, wird durch die anhaltende Konvergenz der Eurasischen mit der Indisch-Australischen Platte weiter nach oben gedrückt.

TRANSFORMSTÖRUNGEN

Neben Divergenz- und Konvergenzzonen gibt es eine dritte Art von Plattengrenzen, bei der zwei Platten aneinander vorbeigleiten, ohne dass neue Kruste gebildet oder bestehende zerstört wird. Eine solche Grenze wird als Transformstörung bezeichnet. Starke Erdbeben werden durch sich ständig aufbauenden und plötzlich nachlassenden Druck an Plattengrenzen verursacht. Die nordanatolische Verwerfung (Türkei) ist eine Transformstörung.

VERWERFUNG IN KALIFORNIEN
Die San-Andreas-Verwerfung in Kalifornien ist eine Transformstörung, an der die Pazifische Platte an der Nordamerikanischen Platte entlanggleitet.

FEUERGÜRTEL
Diese Vulkane in Java gehören zum »Feuergürtel« am Rand der Pazifischen Platte. Subduziertes Gestein führt zu einer Aufschmelzung, die sich als Vulkantätigkeit äußert.

GESTEINE UND MINERALE SAMMELN

GESTEINE VOM VESUV
Einige Sammlungen sind auf Funde von einem bestimmten Ort beschränkt.

DIE WELT DER GESTEINE, Minerale, Edelsteine und Fossilien bietet dem Hobbysammler fast unbegrenzte Möglichkeiten. Es bedarf nur geringer Kenntnisse – kaum mehr als die Fähigkeit, einige häufige Minerale voneinander zu unterscheiden –, um einige der schönsten Naturschätze zu genießen. Das populärste geologische Hobby ist wohl das Sammeln von Mineralen.

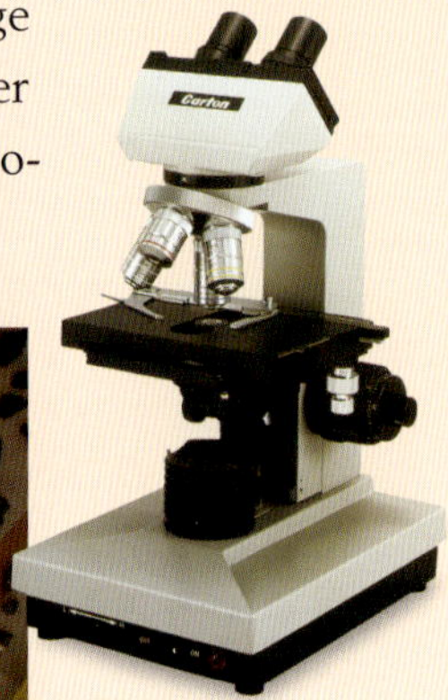

VERGRÖSSERUNG
Sammler kleiner Kristalle benötigen ein gutes Mikroskop, um ihre winzigen Proben zu betrachten.

ANLEGEN EINER SAMMLUNG

Die meisten Sammler beginnen einfach, Gesteine, Minerale und Fossilien unsystematisch zusammenzutragen. Wenn die Sammlung größer wird, gehen sie systematischer vor und bewahren nur die schöner gefärbten Exemplare oder interessanteren Kristallformen auf. Mit zunehmender Erfahrung spezialisieren sich die meisten Sammler. Eine Sammlung kann aus nur einem einzigen Mineral angelegt werden; andere Sammler konzentrieren sich auf Minerale von einem bestimmten Ort. Einige seltene Minerale sind sehr teuer, und Mineralsammlungen benötigen mitunter sehr viel Platz. Eine Lösung des Platzproblems könnte darin bestehen, dass man die Sammlung auf winzige Exemplare beschränkt, deren Form und Schönheit sich nur unter dem Mikroskop erschließt.

FASZINIERENDE FOSSILIEN
Auch Fossilien sind beliebte Sammelobjekte.

VERZWEIGTES CALCITAGGREGAT

SANDCALCIT

HUNDZAHN-CALCIT

CALCITKRISTALLE
Ein Mineral wie Calcit, das in vielen verschiedenen Kristallformen vorkommt, eignet sich für eine Sammlung von Exemplaren eines bestimmten Minerals.

PRAKTISCHE ERFAHRUNG
Das Sammeln von Gesteinen kann ein lebenslang gepflegtes Hobby sein, da der Sammler seinen Erfahrungsschatz ständig erweitert.

SICHERHEITSASPEKTE

Minerale sammeln ist normalerweise ein gefahrloses Hobby, doch einige Risiken darf man nicht übersehen. Gefährlich sind alte Bergwerke und Steinbrüche. Stollen sollte man keinesfalls betreten – Stützkonstruktionen aus Holz verrotten schnell, und Einstürze oder Steinschlag sind praktisch vorprogrammiert. Ohnehin gibt es in alten Bergwerken meist nicht viel zu holen. Was brauchbar aussah, wurde in der Regel von den Bergleuten mitgenommen. Bessere Chancen bieten Abraumhalden, wobei allerdings zu bedenken ist, dass diese oft nur lose aufgeschüttet sind und instabil sind. Beim Sammeln an Klippen, steilen Straßenrändern oder Rutschungen ist nicht nur auf lockeres Material unter den Füßen zu achten, sondern auch auf Steinschlag von oben. Jedes Jahr werden Sammler von herabfallenden Steinen verletzt. Und wenn Sie sich nicht absolut sicher sind, sollten Sie kleine Kinder zu Hause lassen.

VERLOCKENDE STOLLEN
Alte Bergwerke sind eine große Versuchung, aber äußerst gefährlich. Schönere Stücke findet man oft außerhalb in den Abraumhalden.

HELM

LEDERHAND-SCHUHE

SCHUTZBRILLE

SICHERHEITS-AUSRÜSTUNG
Sicherheitsausrüstung und das richtige Werkzeug sind ein Muss für Sammler.

GEOLOGENHAMMER

Gummi- oder Ledergriff

TASCHENMESSER

GEOLOGENMEISSEL

Pinsel zur sanften Reinigung

Kelle

Sieb

FÜR ALLE FÄLLE
Der erfahrene Sammler ist für alle Eventualitäten gerüstet. Viele Gegenstände wie Siebe, Pfannen sowie verschiedene Pinsel und Kellen können im Auto zurückgelassen werden, bis sie gebraucht werden.

GRUNDAUSRÜSTUNG

Auf den ersten Blick könnte man meinen, jeder Hammer sei geeignet, um Gestein auseinander zu schlagen. Doch weit gefehlt. Jedes Jahr werden Sammler verletzt, weil sie den falschen Hammer benutzen. Manche verlieren dabei das Augenlicht. Geologenhämmer bestehen aus besonderem Stahl, und die Seite, mit der geschlagen wird, ist abgeschrägt, damit keine Splitter wegfliegen. Aus dem gleichen Grund benutzen Geologen auch spezielle Meißel. Bei der Arbeit mit Hammer und Meißel sollte man eine Schutzbrille tragen. Je nach Gelände kann ein Helm oder eine Leuchtweste erforderlich sein. Ein Mobiltelefon – mit voll geladenem Akku – gehört ebenfalls zur Sicherheitsausrüstung. Nehmen Sie es mit, auch wenn Sie sich nur ein kurzes Stück vom Auto entfernen. Sie könnten an eine Stelle abrutschen, an der potenzielle Helfer Sie nicht sehen können. In Wüstengebieten sollten Sie unbedingt ausreichende Wasservorräte mitführen, und wenn Sie sich in Gelände wagen, wo es giftige Schlangen gibt, sollten Sie einen entsprechenden Notfallkoffer mitnehmen. An Wetter und Gelände angepasste Kleidung ist unerlässlich. Lassen Sie Sandalen und Turnschuhe zu Hause. Lederstiefel bieten besseren Schutz gegen Schlangenbisse, Kaktusstacheln, scharfkantige Steine, rostiges Metall und abrutschende Steine.

KLEINER MEISSEL
Ein Sammler benötigt einen kleinen Hammer und Meißel, um ein Fossil aus dem Gestein zu lösen.

GOLDWÄSCHER-PFANNE
Die Goldwäscherpfanne ist ein wichtiges Werkzeug. Mit ihr lassen sich auch viele Edelsteine aus Oberflächensedimenten gewinnen.

STRASSENDURCHBRUCH
Am Rand einer durch das Pegmatitgestein der Black Hills in North Dakota (USA) führenden Straße kann man riesige Feldspatkristalle finden.

FOSSILES BLATT

FUNDORTE

Für viele Länder gibt es Reiseführer, die gute Fundorte für Gesteine, Minerale und Fossilien beschreiben. Auch das Internet liefert Informationen. Veröffentlichungen und Websites von Experten informieren über neue Fundstätten. In mancher Hinsicht ist das Sammeln eigener Gesteinsproben heute schwieriger als früher. Aktive Bergwerke und Steinbrüche unterliegen strengen Vorschriften, wem Zugang gewährt werden darf. Alte Bergwerke werden immer gefährlicher, alte Abraumhalden haben Sammler schon seit Jahrzehnten durchsucht, und der Zugang zu Fundorten ist heute oft beschränkt – aus Sicherheitsgründen, aber auch aus Respekt vor den Landrechten indigener Bevölkerungen. Doch einige traditionelle Plätze wie durch Straßen angeschnittene Felsen oder erodierte Klippen bieten noch immer hervorragende Möglichkeiten. Immer mehr Fundorte sind gegen eine Eintrittsgebühr für jedermann geöffnet, und einige Liebhaberclubs besitzen eigene Sammlerstätten. Wer nicht alle Exemplare selber sammeln möchte, kann sie von zahlreichen Händlern kaufen, die oft interessante Stücke von neuen Fundorten anbieten.

SUCHE NACH FOSSILIEN
Ein Felsstrand auf der Insel Wight in Südengland hat Fossiliensammlern viel zu bieten.

SUCHE NACH GOLD
Dieser Mineralsammler hofft, mit der bewährten Methode des Auswaschens aus dem Sediment eines Flussbettes Goldnuggets zu finden.

MINERALFÜHRENDE GESTEINE
Der Sammler muss wissen, welche Gesteine die gesuchten Minerale enthalten. So findet man Chromit in Peridotit und Korund in umkristallisiertem Kalkstein.

KORUND

CHROMITKRISTALLE

GOLDNUGGET

ABRAUM
Dieser Sammler sucht im Abraum eines alten Bergwerksstollens in Cornwall nach schönen Stücken.

KARTE UND KOMPASS
Karte und Kompass sind unverzichtbare Hilfsmittel zum Suchen und Wiederauffinden von Fundstellen. Notieren Sie sich Landkartenangaben zu guten Fundstätten.

NOTIZEN

Angehende Sammler wissen oft nicht, wie wichtig Notizen über ihre Funde sind. Mit zunehmender Erfahrung merken sie, dass die Anschaffung eines Notizbuchs und der geringe Zeitaufwand für Notizen unverzichtbar ist. Auf jeden Fall sollte man den genauen Fundort dokumentieren. Es kann beträchtliche Zeit vergehen, bevor Sie wieder an den Ort zurückkommen, und wenn Sie keine Notizen angefertigt haben, finden Sie die Stelle vielleicht nicht mehr. Selbst wenn Sie sich auf Ihr Gedächtnis verlassen können, kann sich die Umgebung in der Zwischenzeit verändert haben. Das Gelände kann von Pflanzen überwuchert werden, Bäume können fallen, Wege können anders verlaufen, und die Jahreszeit kann Veränderungen mit sich bringen. Es ist erstaunlich, wie sehr sich vertraute Orte im Lauf der Zeit verändern können. Es kommt durchaus nicht selten vor, dass ein Sammler genau an der Stelle steht, die er sucht, und sie nicht wieder erkennt. Sollten Sie Exemplare aus Ihrer Sammlung verkaufen wollen, können präzise Informationen über den Fundort den Wert steigern. Machen Sie sich Notizen über den Ort selber, über Gefahren im Gelände, Orientierungspunkte und Entfernungen, Punkte auf Landkarten sowie Namen, Adressen und Telefonnummern von Personen, von denen Sie die Erlaubnis zum Sammeln erhalten haben. All dies vergisst man mit der Zeit. Nehmen Sie auch Ihre Kamera mit. Bewahren Sie alle alten Notizbücher auf und radieren Sie nichts aus. Vielleicht möchten Sie 20 Jahre später an den Ort zurückkehren oder Informationen abrufen.

ZEICHNUNGEN
Wenn Sie gut zeichnen können, fertigen Sie in Ihrem Notizbuch Skizzen von Fundorten und Fundstücken an. Vielleicht kommen Sie lange nicht mehr an diesen Ort zurück.

GEOLOGISCHES POTENZIAL
Geologische Karten – hier beim Vulkan Colima in Mexiko benutzt – sind ein wichtiges Hilfsmittel zum Auffinden von geeigneten Gesteinen.

BESCHRIFTUNG DER PROBEN

Die Gesteinsproben sollten immer gleich nach dem Sammeln beschriftet werden. Gleichzeitig sollten Notizen gemacht werden. Am einfachsten geht es, wenn man ein Stück Klebeband an der Probe befestigt und mit einer Nummer oder einer andere Kennung beschriftet. Diese Kennung schreibt man in das Notizbuch. Die meisten Sammler führen einen extra Katalog ihrer Proben, in dem der Inhalt der Sammlung aufgeführt ist. Wenn Sie Steine kaufen, sollten Sie die beigefügten Informationen aufbewahren. Falls Sie Stücke aus einer anderen Sammlung erwerben, ist es sinnvoll, alle Etiketten aufzubewahren. Sie können von wissenschaftlicher und historischer Bedeutung sein. Am Anfang erscheint dies vielleicht nicht so wichtig, aber wenn die Sammlung wächst, wird auch die Wahrscheinlichkeit, dass man Stücke verwechselt oder Fundorte vergisst, immer größer. Genaue Informationen steigern sowohl den finanziellen als auch den wissenschaftlichen Wert der Stücke.

FROSTIGE NOTIZEN
Notizen von Fundorten und Fundstücken sind auch unter schwierigen Bedingungen wichtig, wie hier im frostigen Klima der Arktis.

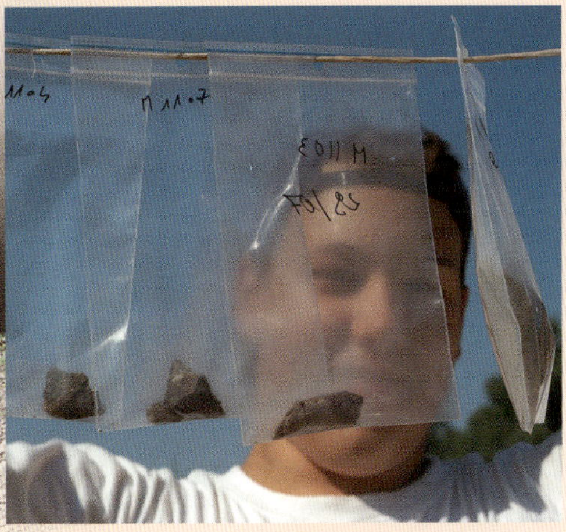

BESCHRIFTET UND AUFGEHÄNGT
Ein Sammler hängt in Tüten verpackte neue Fundstücke auf einer Wäscheleine auf. Jede Tüte ist eindeutig beschriftet.

TRANSPORT DER PROBEN

Auf dem Transport nach Hause werden Proben oft zerstört oder beschädigt. Man sollte sie daher sorgfältig verpacken, egal ob man sie im Rucksack oder mit dem Auto transportiert. Einige Sammler verwenden Stofftüten oder Plastikbeutel. Relativ unempfindliche Fundstücke können aber auch einfach in Zeitungspapier eingewickelt werden. In diesem Fall ist es aber ratsam, auch ein paar Papiertaschentücher im Rucksack mitzuführen. Empfindliche Stücke sollten zuerst in ein Papiertaschentuch und erst dann in Zeitungspapier eingewickelt werden. Nachdem Sie die Fundstücke einzeln verpackt haben, legen Sie sie in den Rucksack und füllen die Zwischenräume mit zerknülltem Papier, damit sie sich nicht gegenseitig beschädigen können. Wenn Sie mehr Stücke finden als erwartet und das Verpackungsmaterial ausgeht, können Sie es mit Laub, Gras oder Tannennadeln versuchen – das ist in jedem Fall besser als gar nichts.

Wenn Fundstücke in nassem Zustand verpackt werden, entfernen Sie die Verpackung, sobald sie nach Hause kommen, und lassen Sie die Stücke trocknen. Besonders empfindliche Stücke können Schaden nehmen, wenn sie lange in der Nässe liegen. Auch kann nasses und wieder getrocknetes Verpackungsmaterial unter Umständen schwer zu entfernen sein. Watte sollte nicht mit den Proben in Berührung kommen, da sich die Fasern kaum mehr entfernen lassen. Zellulose ist ebenfalls nicht empfehlenswert.

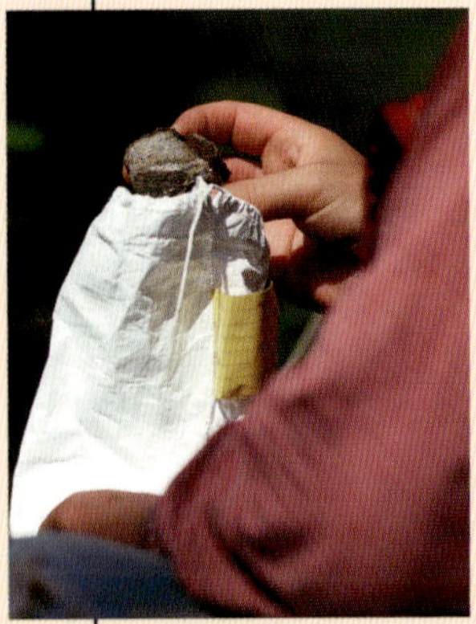

IM BEUTEL
Ein Sammler gibt eine Gesteinsprobe in einen Stoffbeutel. Empfindlichere Fundstücke benötigen unter Umständen eine aufwendigere Verpackung.

SCHLAMMIGE STEINE
Viele Gesteinsproben sind im Fundzustand schlammig oder schmutzig. Der größte Teil des Schmutzes lässt sich leichter entfernen, wenn er angetrocknet ist.

REINIGEN DER PROBEN

Gesteinsproben sollten möglichst wenig und möglichst sanft gereinigt werden. Probieren Sie das Reinigungsverfahren zuerst an einem weniger wertvollen Stück aus. Entfernen Sie zuerst mit einem Pinsel oder einem spitzen Gegenstand lose Erde und kleine Steinchen. Harte Gesteinsproben wie Gneis oder Granit werden wahrscheinlich auch gröbere Reinigungsversuche überstehen, doch empfindliche Minerale wie Calcitkristalle müssen unbedingt mit einem feinen Pinsel gereinigt werden. Abwaschen scheint ein naheliegendes Mittel zu sein, doch einige Minerale lösen sich im Wasser oder zerfallen. Verwenden Sie nie heißes Wasser; durch die Wärme könnten Risse entstehen. Zum Reinigen von Boraten, Nitraten und Sulfaten wird oft Alkohol verwendet, für andere Minerale eignen sich Säuren. So ist zum Beispiel schwach konzentrierte Salzsäure gut zum Reinigen von Silikaten geeignet. Bei der Verwendung von Säuren sollten Sie auf jeden Fall Informationen zu ihrer Verwendung aus Fachbüchern oder von anderen Sammlern nutzen und immer an die Risiken denken. Neben der Gefahr von Verätzungen können auch giftige Dämpfe auftreten. Seifen sind grundsätzlich zu vermeiden, und wenn ihre Verwendung unumgänglich ist, sind flüssige Geschirrspülmittel vorzuziehen. Von einer Reinigung mit Ultraschall ist abzuraten, da empfindliche Stücke selbst bei geringer Intensität zerbrechen können.

SCHWACHE SALZSÄURE

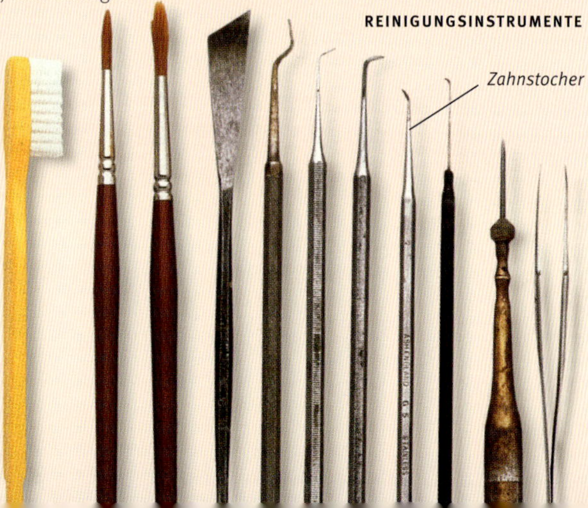

REINIGUNGSINSTRUMENTE

REINIGUNG
Das Entfernen von Gestein mit feinen Spezialwerkzeugen ist vor allem bei Fossilien erforderlich. Der Mineralsammler hingegen kann Schmutz oft mit dem Pinsel entfernen oder Kristalle aus dem Gestein herausmeißeln.

GROBE SORTIERUNG
Diese Fossilien wurden grob vorsortiert und warten auf eine eingehendere Untersuchung und Präparation.

AUFBEWAHRUNG VON MINERALEN

Einige Minerale können durch physikalische oder chemische Prozesse verändert oder sogar zerstört werden. Manchmal können davon auch andere mit ihnen zusammen aufbewahrte Minerale betroffen sein. Glücklicherweise sind diese Probleme und wirksame Gegenmaßnahmen bekannt.

Unter *Zerfließen* versteht man die Absorption von Wasser aus der Atmosphäre mit daraus resultierender Auflösung des Materials. Die Halogenidminerale, vor allem Halit, Carnallit und Sylvin, sind hierfür anfällig. Man muss die Proben trocken aufbewahren, eventuell in einem luftdicht verschlossenen Polyethylenbeutel zusammen mit einem Beutelchen Silicagel.

Ausblühung nennt man den Verlust von Wasser aus der Kristallstruktur bestimmter Minerale. Wenn die Probe nicht in einer feuchten Umgebung gelagert wird, bewirkt die Verdunstung von Wasser eine Entfärbung oder den Zerfall des Minerals. Besonders anfällig sind Chalcanthit, Borax, Melanterit und Laumontit.

BORAX

Lichteinfluss: Farbveränderungen. Bestimmte Minerale sind dafür bekannt, dass sie bei starker Beleuchtung ihre Farbe ändern. So verliert Topas aus Mexiko und dem US-Bundesstaat Utah seine Farbe völlig, wenn er längere Zeit dem Licht ausgesetzt ist. Da viele Minerale in unterschiedlichem Maße davon betroffen sind, sollten ausgestellte Stücke regelmäßig geprüft werden.

Lichteinfluss: Zersetzung. Einige Minerale reagieren auf Licht. Leuchtend roter Realgar wird zu goldgelbem, pulvrigem Auripigment. Andere Sulfide laufen an und verlieren ihren Glanz. Diese Minerale sind oft leuchtend bunt und attraktiv, und man ist versucht, sie effektvoll zu beleuchten. Legen Sie sie in einen Schaukasten, der normalerweise dunkel ist, und schalten Sie das Licht nur an, wenn Sie sie tatsächlich betrachten.

Pyritzerfall ist wohl das schwierigste Einzelproblem. Pyrit und Markasit zerfallen leicht zu einem Häufchen Pulver. Dabei wird Schwefelsäure freigesetzt, die andere Proben schädigen kann. Zudem entsteht Wärme, die ein Feuer entzünden kann. Prüfen Sie Pyrit und Markasit regelmäßig auf Zerfallserscheinungen. Am besten bewahrt man sie trocken auf.

AURIPIGMENT
Unter Lichteinfluss wird der orangerote Realgar zu gelbem, pulvrigem Auripigment.

AUFBEWAHRUNG UND AUSSTELLUNG

INFORMATIVER SCHAUKASTEN
Einige Sammler versehen ihre schönsten Stücke mit Informationen wie im Museum.

Nach der Reinigung müssen Proben aufbewahrt und die schönsten Stücke vielleicht auch ausgestellt werden. Zur Aufbewahrung legen die meisten Sammler ihre Stücke in flache Schubladen mit einer Einteilung aus Pappe. Jede Probe sollte mit einem Etikett versehen sein, auf dem möglichst viele Informationen stehen. Einige Sammler führen außerdem einen Katalog, in dem die gesamte Geschichte der Probe sowie deren Name, exakter Fundort, Sammeldatum, Begleitminerale und andere wichtige Informationen verzeichnet sind. Jede Probe wird mit einer Katalognummer versehen.

Zur Ausstellung ist eine stabile Vitrine oder ein Regal empfehlenswert. Regale müssen sich aber außerhalb der Reichweite von Kindern befinden. Viele Gäste möchten die Proben gern in die Hand nehmen. Oft wissen sie jedoch nicht, dass empfindliche Stücke durch unsachgemäße Berührung beschädigt werden können. Es ist deshalb am besten, wenn der Sammler seinen Gästen Proben in die Hand gibt, denn er weiß am besten, welche man gefahrlos anfassen kann. Ein Teppich um den Schaubereich verringert das Risiko, dass ein fallen gelassenes Stück zerbricht.

AUFBEWAHRUNGS-SCHACHTELN
Diese Proben werden in Schachteln mit einzelnen Fächern aufbewahrt. Sinnvollerweise sollten sie mit einer Katalognummer versehen werden.

VITRINE
Ein Teil der beeindruckenden Mineralsammlung des Naturhistorischen Museums in London ist unter Glas ausgestellt. Die gleichen Grundregeln gelten auch für private Sammlungen – die Stücke sollten übersichtlich in einer sicheren Vitrine ausgelegt werden.

GESTEINE

MAGMATISCH | SEDIMENTÄR | METAMORPH

GESTEINSBILDUNG

AN DER IN GEOLOGISCHEN DIMENSIONEN GEMESSENEN ZEIT eines Menschenlebens erscheinen Gesteine und Minerale dauerhaft und unveränderlich. Doch über längere Zeiträume werden alte Minerale und Gesteine abgebaut und neue entstehen. Was wir sehen, ist nur eine Momentaufnahme von einem Vorgang, der als Kreislauf der Gesteine bezeichnet wird.

KREISLAUF DER GESTEINE

Gesteine werden in magmatische, sedimentäre oder metamorphe Gesteine eingeteilt (siehe S. 30–31). Magmatische Gesteine entstehen durch aufsteigendes Magma. Tritt Magma aus, bezeichnet man das Gestein als Extrusivgestein, erstarrt es unterhalb der Erdoberfläche, als Intrusivgestein. Verwitterung und Erosion führen zur Bildung von Sedimentgesteinen, die durch veränderte Temperaturen und/oder Druck zu metamorphen Gesteinen werden können.

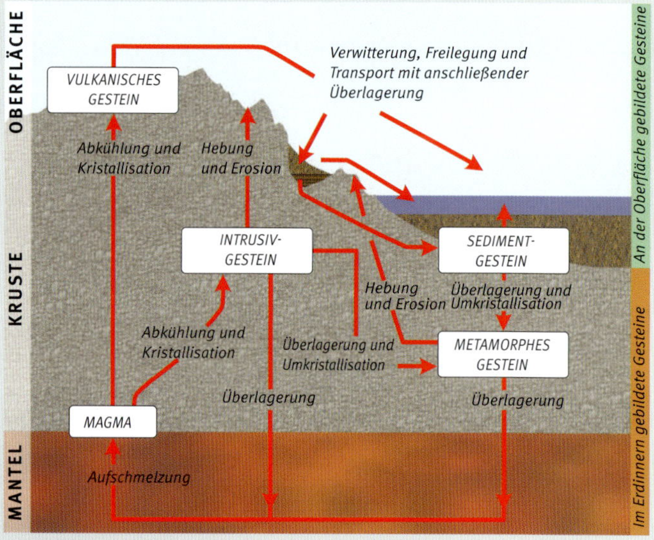

KREISLAUF IM DIAGRAMM
Im Diagramm sind die Vorgänge im Kreislauf der Gesteine und ihre Beziehungen untereinander dargestellt.

GESCHMOLZENES GESTEIN

Obwohl alle Vorgänge des Gesteinskreislaufs gleichzeitig und in verschiedener Reihenfolge ablaufen, kann man sich vorstellen, dass er mit dem Aufstieg von Magma aus der Erdkruste oder dem oberen Erdmantel beginnt. Magma erstarrt entweder zu Intrusiv- oder zu Extrusivgesteinen. Wenn Intrusivgesteine tief in der Erdkruste erstarren, bedarf es der Hebung und Erosion *(siehe gegenüberliegende Seite)*, um sie an die Oberfläche zu bringen, bevor die nächste Phase beginnt. Entstehen sie nahe an der Oberfläche, kann das Gestein auch ohne vorherige Hebung durch Erosion freigelegt werden.

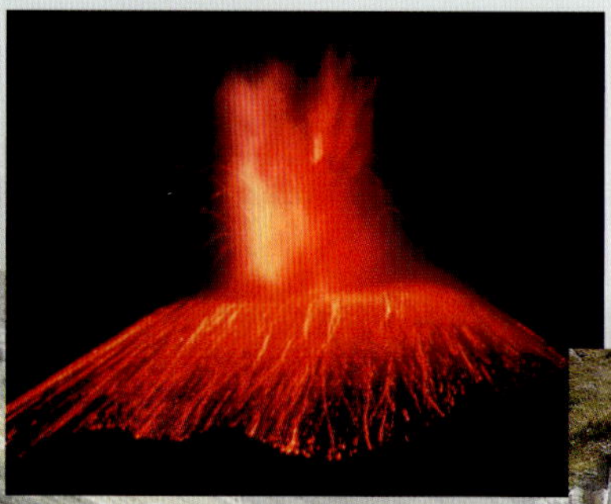

WACHSENDER VULKAN
Bei den Ausbrüchen von 1943 und 1952 wuchs der Vulkan Parícutin in Mexiko um mehr als 300 m.

PEGMATITGANG
Diese Pegmatitplatten in Schottland sind Intrusivgesteine aus erstarrtem Magma.

CAÑON IN SPANIEN
Im Añisclo-Cañon in den spanischen Pyrenäen sind drei Phasen des Kreislaufs zu erkennen: Verwitterung der Klippen, Erosion der darunter liegenden Hänge und Verfrachtung durch den Fluss im Tal.

HEBUNG

Als Hebung bezeichnet man eine nach oben gerichtete Bewegung der Lithosphäre. Sie kann langsam oder plötzlich erfolgen, wenn sich z.B. Spannungen an einer Verwerfung ruckartig lösen. Bei einer Hebung werden magmatische, sedimentäre und metamorphe Gesteine aus der Tiefe an die Oberfläche befördert und der Verwitterung und Erosion ausgesetzt.

Die Hebung kann auf plattentektonischen Vorgängen beruhen oder Folge einer Gewichtsentlastung durch Erosion oder abschmelzende Gletscher sein.

HEBUNG DER ANDEN
Stoßen Platten aufeinander, können Gebirgsketten wie die Anden gehoben werden.

ÜBERLAGERUNG

Durch Verwitterung und Erosion entstandene Sedimente werden schichtweise abgelagert. Mit der Zeit verfestigen sie sich zu festem Sedimentgestein. Da in der Erdkruste nicht nur Hebungsvorgänge, sondern auch Senkungen stattfinden, können manchmal auch mächtige Schichten aus Sedimentgesteinen tief ins Erdinnere gelangen und sich in tieferen Bereichen der Erdkruste ansammeln. Durch Verwerfungen und Auffaltung können sie schließlich wieder an die Oberfläche gebracht werden.

GEHOBENES SEDIMENT
Der Grand Canyon in Arizona ist Teil eines emporgehobenen Plateaus. Die neun erkennbaren Hauptgesteinsschichten entstanden als Meeressedimente.

VERWITTERUNG UND EROSION

Verwitterung findet statt, wenn Gesteine an der Erdoberfläche Wind, Wasser und lebenden Organismen ausgesetzt sind. Die Gesteine können dabei ohne Änderung der chemischen Struktur auseinander brechen, z.B. wenn sie durch gefrierendes Wasser bersten. In diesem Fall spricht man von physikalischer Verwitterung. Bei der chemischen Verwitterung werden einige Minerale im Gestein zerstört. Sie können sich in Wasser auflösen und zu leicht erodierbaren Mineralen werden. Eine biologische Verwitterung findet statt, wenn Organismen das Gestein direkt angreifen oder wenn Pflanzenwurzeln in Risse eindringen und das Gestein auseinander brechen. Erosion beinhaltet einen Abtransport der Gesteinstrümmer von dem Ort, an dem die Verwitterung stattgefunden hat. Ohne diesen Prozess würde sich der Gesteinsschutt an Ort und Stelle ansammeln. Die Hauptverursacher der Erosion sind Wind, Wasser und Gletscher, die die Landschaft ständig umgestalten. Auf Dauer gesehen bewirkt die Erosion eine Einebnung.

WASSEREROSION
Dieser Fluss im US-Bundesstaat New York verfrachtet Gesteinsschutt, der mit der Zeit eine Schlucht in das Gestein einschneidet.

VOM FROST GESPRENGT
Durch wechselndes Gefrieren und Auftauen wurde das Gestein auf dem exponierten Gipfel des Glyder Fach in Wales gesprengt.

VERFRACHTUNG UND ABLAGERUNG

Nachdem das Gestein erodiert oder aufgelöst worden ist, werden die Produkte an einen anderen Ort verfrachtet, wo sie sich zu neuem Gestein verfestigen. Eine Ausnahme bilden die Brekzien; sie bestehen aus Gesteinstrümmern, die sich in der Nähe des Ursprungsortes ansammeln und verfestigen. Vom Wind verfrachtete Gesteinskörner bilden Dünen oder fallen ins Wasser. Vom Wasser mitgerissene Gesteinsbruchstücke werden in Seen, Meeren oder Flussbetten abgelagert. Im Wasser gelöstes Gesteinsmaterial dringt in andere Sedimente ein. Gletscher transportieren Geröll in oder auf der Eisdecke. Auch Vulkane stoßen Asche und Staub aus, die an weit entfernten Orten niedergehen können.

DÜNEN
Diese Dünen in Colorado (USA) entstanden aus vom Wind verblasenen Körnern, die an anderer Stelle aus dem Gestein herausgewittert sind.

GLETSCHERSPUREN
Gletscher schleifen das darunter liegende Gestein ab und verfrachten vom Frost abgesprengte Trümmer talwärts.

METAMORPHOSE

Tief unter anderen Schichten begrabene sedimentäre oder magmatische Gesteine können unter Einwirkung tektonischer Kräfte ihre Struktur verändern. Manchmal werden sie bei hohen Temperaturen »verbacken«. In anderen Fällen werden sie durch extremen Druck gequetscht oder gefaltet. Wenn Druck und Hitze gleichzeitig einwirken, werden Gesteine umgebildet, ohne zu schmelzen. So entstehen metamorphe Gesteine und neue Minerale, die unter den veränderten Bedingungen stabil sind. Bei sehr hoher Temperatur und sehr hohem Druck kann das Gestein aufgeschmolzen werden, und der Kreislauf beginnt von neuem.

GEFALTETES GESTEIN
Die Faltung dieser sedimentär entstandenen Grauwacke zeigt, welch hohem Druck sie im Erdinnern ausgesetzt war. Das Bild wurde bei Mizen Head an der irischen Küste aufgenommen.

GESTEINSARTEN

GESTEINE SIND NATÜRLICH VORKOMMENDE, zusammenhängende Aggregate aus einem oder mehreren Mineralen. Einige Gesteine bestehen allerdings auch aus anderen Substanzen, so besteht Kohle aus zersetzter Pflanzenmaterie. Die drei großen Gesteinsklassen – magmatische, sedimentäre und metamorphe Gesteine – werden nach ihrer Zusammensetzung und ihrem Gefüge in Gruppen und Typen unterteilt.

MAGMATISCHE GESTEINE

Die Magmen (aufgeschmolzene Gesteine), aus denen magmatische Gesteine entstehen (siehe S. 28), erstarren entweder in der Tiefe zu Intrusivgesteinen (plutonischen Gesteinen) wie Granit, oder sie fließen an der Oberfläche aus und bilden Extrusivgesteine (vulkanische Gesteine) wie Basalt. Magmatische Gesteine weisen unterschiedliche Gefüge auf. Bei rascher Abkühlung entstehen winzige Kristalle oder amorphes Glas, bei langsamer Erstarrung bilden sich grobkörnige Gesteine. Die ozeanische Kruste besteht fast ausschließlich aus magmatischen Gesteinen.

BASALT IM DÜNNSCHLIFF

BASALT MIT KRISTALLGEFÜLLTEN VESIKELN

GESTEIN AUS LAVA
Vulkanische Gesteine wie hier auf der Keanae-Halbinsel auf Hawaii (rechts) sind Extrusivgesteine, die aus erstarrter Lava entstanden sind.

GRANITFELSEN
Der Granitbatholith der Sierra Nevada in Kalifornien ist ein Beispiel für ein Intrusivgestein.

LAVA AUF HAWAII
Aus dem Kilauea fließt basaltische Lava aus. Lava kann unterschiedlich zusammengesetzt sein – basaltische Lava beispielsweise enthält relativ wenig Kieselsäure und ist daher dünnflüssig.

ROSA GRANIT

GRANIT IM DÜNNSCHLIFF

SEDIMENTGESTEINE

Sedimentgesteine bestehen in der Regel aus Material, das durch Wasser, Wind oder Eis auf der Erdoberfläche abgelagert wurde. Die Ablagerung erfolgt fast immer in Schichten. Diese Schichtung bleibt auch bei der Verfestigung erhalten und ist ein Erkennungsmerkmal von Sedimentgesteinen. Im Gegensatz zu den anderen Gesteinsarten enthalten Sedimentgesteine häufig Fossilien. Einige Sedimentgesteine entstehen aus erodierten Bruchstücken anderer Gesteine, die auf verschiedene Weise verkittet werden. Sedimentgesteine werden nach Größe und Form der Gesteinsfragmente und nach der mineralogischen Zusammensetzung klassifiziert. Einige Sedimentgesteine entstehen durch den chemischen Prozess der Abscheidung aus einer Lösung, einige andere sind biochemischen Ursprungs und bestehen überwiegend aus Calciumcarbonat. Einige wenige sind aus organischem Material entstanden.

SANDSTEIN IM DÜNNSCHLIFF

SANDSTEIN

SEDIMENT-SCHICHTEN *Dieser Sandstein im Zion-Nationalpark (USA) weist die typische Schichtung auf. Die obersten Schichten sind die jüngsten, die untersten die ältesten.*

METAMORPHE GESTEINE

Metamorphe Gesteine entstehen, wenn vorhandene Gesteine extremen Temperaturen und/oder Drücken ausgesetzt sind, die zu einer Veränderung ihrer mineralogischen Zusammensetzung, ihres Gefüges und ihrer inneren Struktur führen. So ist Quarzit durch Metamorphose aus Sandstein hervorgegangen und Schiefer aus Mergel oder Schieferton. Solche Veränderungen finden meist tief in der Erdkruste statt und können durch Deformationen infolge von plattentektonischen Vorgängen hervorgerufen werden. Metamorphe Gesteine können sich aber auch an der Erdoberfläche beim Aufprall von Meteoriten oder dicht darunter in der unmittelbaren Umgebung magmatischer Intrusionen mit entsprechend hohen Temperaturen bilden. Zu den metamorphen Gesteinen zählen u.a. Schiefer und Gneis.

GNEIS

GNEIS IM DÜNNSCHLIFF

FELSKÜSTE *Diese Küstenfelsen bei Cape Breton in der kanadischen Provinz Nova Scotia bestehen überwiegend aus Schiefer und Gneis. Die rosa Linien bestehen aus Granit, der durch Risse in das metamorphe Gestein gepresst wurde.*

MAGMATISCHE GESTEINE

VULKANSCHLOT
Ein Vulkanschlot des Kilauea auf Hawaii stößt Lava aus, die zu magmatischem Gestein erstarrt.

MAGMATISCHE GESTEINE (MAGMATITE) werden, je nachdem, ob das Magma vor der Kristallisation an die Erdoberfläche gelangte, als Extrusiv- oder als Intrusivgesteine klassifiziert. Extrusivgesteine bilden sich an der Oberfläche, Intrusivgesteine im Erdinnern. Intrusivgesteine werden unterteilt in Tiefengesteine und Ganggesteine, die in geringer Tiefe erstarrt sind. Ein weiteres Klassifikationskriterium ist der Kieselsäure- bzw. Siliciumdioxidgehalt der Gesteine. Felsische Gesteine bestehen zu mehr als 65 Prozent, mafische zu 45–55 Prozent und ultramafische zu weniger als 45 Prozent aus Siliciumdioxid.

EXTRUSIVGESTEIN

Extrusivgesteine werden auch als vulkanische Gesteine oder Ergussgesteine bezeichnet. Die wichtigsten Vertreter sind Basalt, Obsidian, Rhyolith, Trachyt und Andesit. Sie entstehen aus Lava – so wird Magma bezeichnet, wenn es entweder an Land oder unter Wasser an die Oberfläche dringt. Andere Extrusivgesteine wie Tuff und Bims entstehen bei explosiven Eruptionen. Diese »pyroklastischen« Gesteine sind porös, da die vulkanischen Gase durch die Druckentlastung ein Aufschäumen der Lava bewirken. Das häufigste magmatische Gestein ist Basalt.

ABKÜHLENDE LAVA
Von Vulkanen ausgestoßenes Material kann eine unterschiedliche Zusammensetzung und Temperatur aufweisen. Diese basaltische Lava, die aus dem Ätna auf Sizilien ausfließt, ist heiß und kieselsäurearm. Sie erstarrt zu groben, rauen Strukturen.

BASALTSÄULEN
Basaltisches Magma, aus dem der größte Teil der ozeanischen Kruste besteht, ist bei Aldeyarfoss auf Island zu solchen fünfeckigen Säulen erstarrt.

GRANITSPITZEN
Wie alle Batholithe besteht auch die Sierra Nevada in Kalifornien aus vielen kleineren Intrusionen, die, von der Erosion angegriffen, ein abwechslungsreiches Bild geben.

TIEFENGESTEIN

Tiefengesteine erstarren tief in der Erdkruste und sind durch große Kristalle gekennzeichnet. Sie treten als Batholithe, Plutone und Lakkolithe auf. Ein Batholith ist ein großer Intrusivkörper mit einer Ausdehnung von mindestens 100 km² und einer Mächtigkeit von etwa 10 bis 15 km. Batholithe bilden den Kern großer Gebirgsketten wie den Rocky Mountains und der Sierra Nevada in Nordamerika. Sie sind in der Regel aus kleineren Intrusionen, die als Plutone bezeichnet werden, zusammengesetzt. Diese können aus verschiedenen Gesteinsarten bestehen. Lakkolithe sind kleinere Intrusionen, die eine charakteristische domartige Struktur mit meist horizontaler Unterseite bilden. Granit, Diorit, Peridotit, Syenit und Gabbro sind Tiefengesteine.

TEUFELSMURMELN
In Nordaustralien wurde ein Dom aus rotem Granit freigelegt, der zu Kugeln verwittert ist.

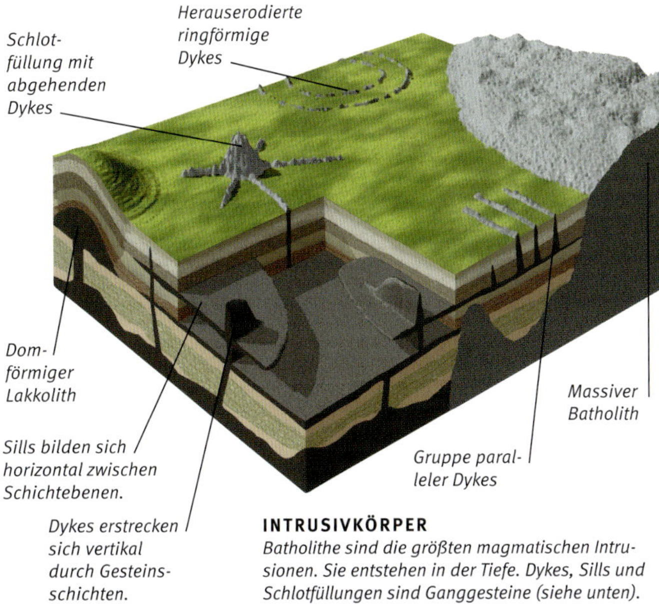

INTRUSIVKÖRPER
Batholithe sind die größten magmatischen Intrusionen. Sie entstehen in der Tiefe. Dykes, Sills und Schlotfüllungen sind Ganggesteine (siehe unten).

GANGGESTEINE

Die in geringer Tiefe gebildeten Ganggesteine sind durch kleine Kristalle gekennzeichnet. Sie sind in Dykes, Sills, Schlotfüllungen und anderen relativ kleinräumigen Formationen anzutreffen. Ein Dyke ist ein plattenartiges Gebilde, das das umgebende Gestein senkrecht oder in steilem Winkel durchzieht. Sie können wenige Zentimeter bis mehrere Meter dick und Hunderte von Kilometern lang sein. Sills sind ähnliche Gesteinsgänge, die aber nicht senkrecht, sondern parallel zum Umgebungsgestein zwischen den Schichten entstehen. Schlotfüllungen bestehen aus Magma, das im Vulkanschlot erstarrt ist.

DOLERITDYKE
Auf diesem Bild aus Namibia ragt ein harter Doleritdyke aus dem umgebenden Gestein heraus.

SCHLOTFÜLLUNG
Der Devils Tower im US-Bundesstaat Wyoming besteht aus Gestein, das in einem Vulkanschlot erstarrt ist und durch Erosion freigelegt wurde.

GRANIT

GRANITBLÖCKE, HAYTOR
Diese rundgeschliffenen Granitblöcke bei einem alten Granitsteinbruch bei Haytor in der englischen Grafschaft Devon waren einst Teil einer Bergkette.

GRANITSPITZEN
Hier bietet ein Bogen aus Sandstein einen ungewöhnlichen Blick auf das Granitmassiv der Sierra Nevada in den USA.

GRANIT ist das häufigste Intrusivgestein in der Erdkruste. Er ist als rosa, weiß, grau und schwarz gefleckter Zierstein bekannt. Das feinkörnige Äquivalent des mittel- bis grobkörnigen Granits ist der Rhyolith *(siehe S. 46)*. Die Hauptbestandteile von Granit sind Feldspat, Quarz und Glimmer in Form von dunklem Biotit und/oder silbergrauem Muskovit. Von diesen drei Mineralen stellt Feldspat den größten Anteil, Quarz den zweitgrößten (in der Regel mehr als 10 Prozent). Alkalifeldspate sind oft rosa (können aber auch weiß, beige oder grau sein) und verleihen dem als Zierstein für Gebäudefassaden und Fußböden beliebten rosa Granit seine Farbe.

Auch Plagioklasfeldspat kommt in Granit vor. Das Verhältnis von Plagioklas- zu Kalifeldspat bietet die Grundlage für die Klassifizierung von Granit. Wenn der Plagioklasanteil sehr viel höher ist als der Anteil an Kalifeldspat, wird das Gestein als Granodiorit eingestuft. Granit aus den östlichen, zentralen und südwestlichen Gebieten der USA, Südwestengland, dem Baltikum, West- und Zentralfrankreich sowie Spanien weisen meist einen niedrigen Plagioklasanteil auf, während in weiten Gebieten im Westen der USA Granite vorkommen, deren Plagioklasanteil höher ist als der Anteil an Kalifeldspat. Letztere sind Teil einer

EL CAPITAN, KALIFORNIEN
Wie eine Festung aus Granit erhebt sich El Capitan 1098 m hoch über den Talboden des Yosemite-Nationalparks.

ROSA GRANIT
In diesem Handstück sind die drei Hauptgemengteile aller Granite zu erkennen: Quarz, Kalifeldspat und Glimmer. Rosa Granit wird als Baumaterial verwendet. In Aberdeen (Schottland) verleiht er der ganzen Stadt einen rosa Farbton. Aberdeen ist der größte Granitexporteur Großbritanniens.

SPRICHWÖRTLICHE HALTBARKEIT

Granit ist seit mindestens 4000 Jahren ein beliebter Stein für Bildhauerarbeiten und Gebäude. Wo er verfügbar ist, war er schon immer die erste Wahl für exotische Bauwerke wie Tempel und profane Objekte wie Mühlsteine. Moderne Gebäudefassaden werden mit Granit verkleidet, sowohl aus optischen Gründen als auch wegen der Zeitlosigkeit dieses Baumaterials.

Granit war im Alten Ägypten für monumentale Skulpturen und ganz besonders für Obelisken sehr beliebt. Diese ragten oft viele Meter hoch auf und waren viele Tonnen schwer. Der rote Granit kam aus Steinbrüchen aus der Gegend um Assuan, wo heute der riesige Staudamm das Wasser des Nils zur Energieerzeugung nutzt. Auch für die inneren Kammern der Großen Pyramide wurden tonnenschwere Blöcke herangeschafft. Die Königsgruft wird von neun Granitblöcken mit einem Gewicht von über 50 Tonnen überdacht. Ein anderer Granitblock in der Pyramide wiegt etwa 70 Tonnen.

UNVOLLENDETER OBELISK
Im Granitsteinbruch von Assuan liegt ein halb fertiger ägyptischer Obelisk.

MOUNT RUSHMORE (USA)
Die 20 m hohen Köpfe der vier amerikanischen Präsidenten wurden aus dem Granit von Mount Rushmore in South Dakota herausgemeißelt.

EIGENSCHAFTEN

GESTEINSART Felsisch, plutonisch, magmatisch

HAUPTGEMENGTEILE Kaliumfeldspat, Quarz, Glimmer, Natrium

NEBENGEMENGTEILE Natriumplagioklas, Hornblende

FARBE Weiß, hellgrau, grau, rosa, rot

GEFÜGE Mittel- bis grobkörnig

großen Serie von Batholithen (riesigen Gesteinsmassen, die oft eine Fläche von Hunderten oder Tausenden Quadratkilometern bedecken), die sich von Alaska und British Columbia über Idaho und Kalifornien bis nach Mexiko erstreckt. Amphibole und Pyroxene sowie viele andere Minerale sind Nebengemengteile.

ENTSTEHUNG UND VERWENDUNG

Granit kristallisiert tief in der Erdkruste aus kieselsäurereichem Magma aus. Da Granit ein Tiefengestein ist, weist sein Vorkommen an der Oberfläche auf Hebungsvorgänge und Erosion der darüberliegenden mächtigen Gesteinsschichten hin. Viele bedeutende Minerallagerstätten bilden sich in der Umgebung auskristallisierender Granitkörper durch freigesetzte hydrothermale Lösungen. Auf diese Weise entstehen beispielsweise die in Pegmatiten auftretenden Edelsteine Topas, Bergkristall, Turmalin und Aquamarin sowie Gold-, Silber-, Blei- und Titanerze.

Wegen der hohen Nachfrage als Baumaterial war der Abbau von Granit früher ein bedeutender Wirtschaftszweig. Heute wird Granit nicht mehr in diesem Umfang eingesetzt. Sein Einsatz beschränkt sich weitgehend auf Fassadenverkleidungen öffentlicher Gebäude sowie Grabsteine und Küchenarbeitsplatten. In einigen Ländern wird Granit auch für Bordsteine verwendet.

GRANITSTEINBRUCH
Im Rock-of-Ages-Steinbruch von Barre im US-Bundesstaat Vermont stapeln sich Granitblöcke bis in schwindelerregende Höhe.

TRIUMPHBOGEN
Dieser Triumphbogen in Nordkorea wurde aus Granit errichtet.

DÜNNSCHLIFF
In diesem Dünnschliffpräparat sind Feldspat und Quarz miteinander verwachsen. Die Zwischenräume sind mit Glimmer aufgefüllt.

AQUÄDUKT
Das 728 m lange Aquädukt von Segovia (Spanien) wurde während der Regierungszeit des römischen Kaisers Trajan (98–117 n. Chr.) aus dem Granit der Sierra de Guadarrama erbaut. Es wird heute noch genutzt.

VARIETÄTEN
Einige der zahlreichen Granitvarietäten besitzen besondere Namen, die auf ihr Gefüge oder zusätzlich zu den Hauptgemengteilen vorhandenen Minerale Bezug nehmen. Andere werden informell nach ihrer Farbe benannt.

WEISSER GRANIT

GRANITPORPHYR

KUGELGRANIT

SCHRIFTGRANIT

HORNBLENDE-GRANIT

PEGMATITBÄNDER
Helle Pegmatitbänder heben sich hier von dunkleren Gneisbändern ab.

PEGMATIT

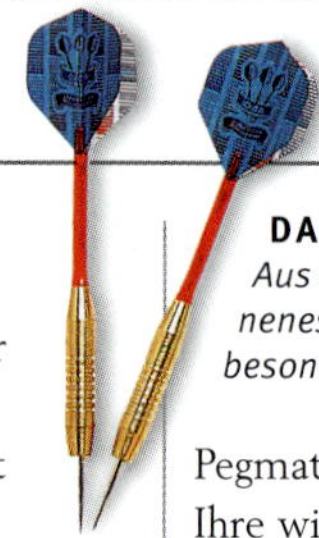

DARTPFEILE
Aus Pegmatiten gewonnenes Wolfram verleiht besondere Festigkeit.

PEGMATITE SIND sehr grobkörnige magmatische Gesteine. Sie bestehen wie Granit oder Syenit überwiegend aus Quarz und Feldspat, aber gelegentlich findet man intermediäre, mafische und ultramafische Pegmatite. Pegmatite bilden oft platten-, linsen- oder zigarrenförmige Gesteinskörper in großen Intrusionen, die im Wesentlichen aus den gleichen Mineralen bestehen. Die mittlere Größe beträgt etwa 8–10 cm, vereinzelt trifft man aber auch sehr große Kristalle an. Die großen Kristalle entstehen nicht durch langsame Abkühlung, sondern sind auf große Mengen Wasser im Magma zurückzuführen. In Hohlräumen der Pegmatite wachsende Kristalle können diesen sogar vollständig ausfüllen. Einige Pegmatite bestehen überwiegend aus einem einzigen Mineral und werden nach diesem benannt. Die Hauptgemengteile granitischer und syenitischer Pegmatite sind Quarz und siliciumdioxidreiche Feldspate. Ihre wirtschaftliche Bedeutung liegt im Abbau von Feldspat und Glimmer, aber auch von Edelsteinen. Dazu zählen Turmalin, Aquamarin, Smaragd, Bergkristall, Rauchquarz, Rosenquarz, Topas, Mondstein und Granat. Aus Pegmatiten werden auch andere Minerale gewonnen, die Beryllium, Lithium, Zinn, Titan, Molybdän, Wolfram, Tantal, Niob und andere seltene Elemente enthalten.

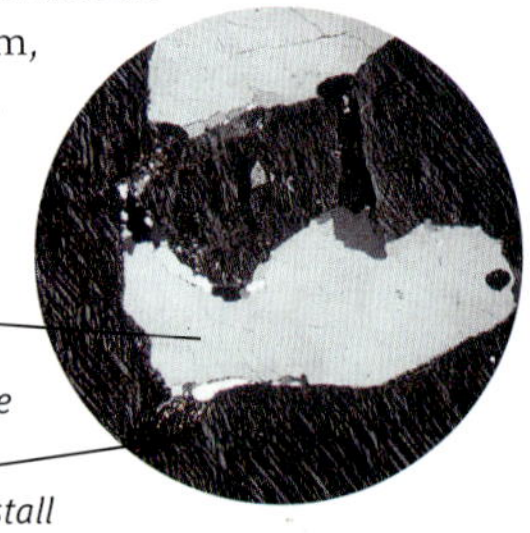

DÜNNSCHLIFF
Die Kristalle in diesem Pegmatit aus Scourie (Schottland) sind bis zu 1 m groß.

GEWINNUNG VON WOLFRAM

Aus Pegmatiten werden wichtige Minerale gewonnen. Diese sind wiederum Erze relativ seltener, aber wirtschaftlich bedeutender Metalle. Ein solches Metall ist auch Wolfram. Es wird für Raketendüsen (siehe S. 217), aber auch Alltagsobjekte wie Dartpfeile oder Kugelschreiberspitzen verwendet. Die Pegmatitminerale Wolframit (in Form von Hübnerit und Ferberit) und Scheelit sind die wichtigsten Wolframerze. Etwa die Hälfte der weltweiten Reserven liegt in China. Russland besitzt im nördlichen Kaukasus und am Baikalsee große Lagerstätten.

HIMALAYA-MINE
Die Himalaya-Mine in Kalifornien enthält Pegmatitgänge mit sehenswerten Turmalinen.

GRANITISCHER PEGMATIT
Rosa Feldspat, grauer Quarz, glitzernde Biotitaggregate und schwarze, nadelförmige Turmalinkristalle sind die Bestandteile dieses Pegmatits.

TOPAS IN PEGMATIT

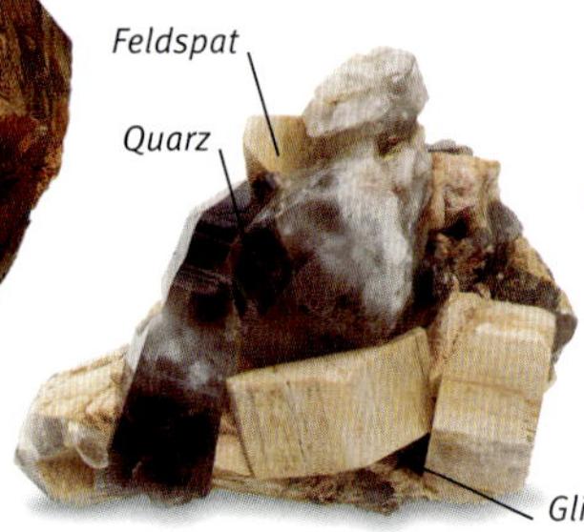

KRISTALLGRUPPE IN GRANITISCHEM PEGMATIT

GLIMMER-PEGMATIT

FELDSPAT-PEGMATIT

PEGMATITARTEN
Der Begriff »Pegmatit« wird oft durch das vorherrschende Mineral, z. B. Glimmerpegmatit, oder durch den Ursprung, z. B. granitischer Pegmatit, näher bezeichnet.

EIGENSCHAFTEN

GESTEINSART Felsisch, plutonisch, magmatisch
HAUPTGEMENGTEILE Quarz, Feldspat, Glimmer
NEBENGEMENGTEILE Turmalin, Topas
FARBE Hell
GEFÜGE Sehr grobkörnig

ALPEN
In den höheren Regionen der österreichischen Alpen steht Granodiorit an.

GRANODIORIT

GRANODIORIT ist ein häufiges Tiefengestein. Er ist wie Feldspat mittel- bis grobkörnig und im Wesentlichen aus den gleichen Mineralen zusammengesetzt, allerdings überwiegt Plagioklas gegenüber Orthoklas. Granodiorit kann rosa oder weiß gefärbt sein, erscheint durch den hohen Plagioklasanteil aber meist dunkler als Granit. Die häufig vorhandenen Gemengteile Hornblende und Biotit verleihen ihm ein gesprenkeltes Aussehen. Plagioklas-Zwillingskristalle sind manchmal vollständig von Orthoklas umschlossen. Der Quarzanteil ist grau bis weiß gefärbt.

EIGENSCHAFTEN

GESTEINSART Felsisch, plutonisch, magmatisch
HAUPTGEMENGTEILE Plagioklas, Kalifeldspat, Quarz, Glimmer
NEBENGEMENGTEILE Hornblende, Augit
FARBE Grau, weiß, rosa
GEFÜGE Mittel- bis grobkörnig

BAUMATERIAL

Granodiorit ist hart und widerstandsfähig. Er wird deshalb als Straßenschotter und für Bordsteine verwendet. Früher wurden auch Pflastersteine aus Granodiorit hergestellt. Heute wird Granodiorit wegen seiner Zähigkeit und seinem attraktiven Aussehen auch gesägt und poliert als Bodenbelag, Fassadenverkleidung und Arbeitsplatte eingesetzt. Er ist als »schwarzer Granit« auf dem Markt.

STEINSCHLÄGER
Als Straßenbaumaterial wird Granodiorit oft mit Hammer und Meißel in Form gebracht.

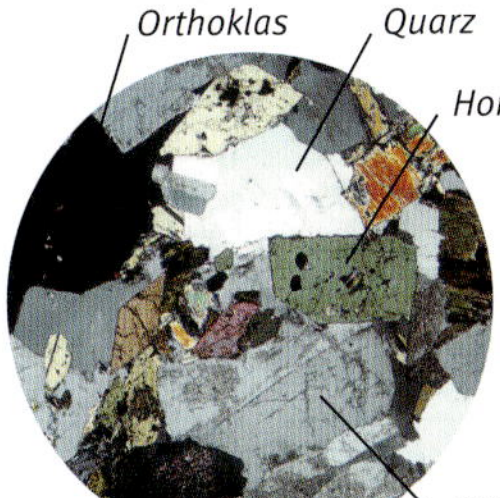

DÜNNSCHLIFF
In diesem Dünnschliff aus Strontian (Schottland) sind Oligoklas, Quarz, Orthoklas, Biotit, Hornblende und Titanit zu erkennen.

GESPRENKELTER GRANODIORIT
»Weißer« Granodiorit erhält durch dunkle Minerale wie Glimmer und Hornblende ein gesprenkeltes Aussehen.

DIORITKLIPPEN
Diese Klippen in County Antrim (Nordirland) bestehen aus Diorit.

DIORIT

ALS ÜBERGANGSGESTEIN zum Granit ist Diorit nicht ganz klar definiert. In der Regel ist dieses mittel- bis grobkörnige Tiefengestein aber dunkler als Granit. Er besteht meist zu etwa zwei Dritteln aus Plagioklasfeldspat und zu einem Drittel aus dunklen Mineralen wie Hornblende oder Biotit. Im Unterschied zu Gabbros, in denen calciumreiche Plagioklase (Labradorit oder Bytownit) dominieren, können die Plagioklase in Diorit natriumreich sein (Oligoklas oder Andesin). Diorit kann eine einheitliche Korngröße aufweisen, aber auch große Phänokristalle aus Plagioklas oder Hornblende enthalten. Er kann als großer Intrusivkörper oder als kleinerer Gang auftreten. Der meiste Diorit ist an Kontinentalrändern eingedrungen. Der manchmal auch als »schwarzer Granit« angebotene Diorit wird selten als Zierstein oder Baumaterial eingesetzt.

VERWENDUNG

Diorit war im alten Ägypten hoch geschätzt. Aus ihm wurden Statuen, Säulen und Sarkophage hergestellt. Auch die Grabkammern in einigen Pyramiden wurden mit Diorit ausgekleidet.

JOCH AUS DIORIT
Dieses Joch aus Südamerika wurde zwischen 300 und 900 n. Chr. hergestellt.

CHEPHRENSTATUE
Diese Statue von Pharao Chephren (2650–2134 v. Chr.) wurde aus Diorit gemeißelt.

EIGENSCHAFTEN

GESTEINSART Übergangsgestein, plutonisch, magmatisch
HAUPTGEMENGTEILE Hornblende, natriumreicher Plagioklas
NEBENGEMENGTEILE Biotit
FARBE Schwarz-dunkelgrün und grau oder weiß gefleckt
GEFÜGE Mittel- bis grobkörnig

FARBKONTRAST
Der Kontrast zwischen hellem Plagioklas und dunkler Hornblende verleiht diesem Diorit ein interessantes Aussehen.

DÜNNSCHLIFF
In diesem Dünnschliff aus Glen Doll (Schottland) ist überwiegend Andesin und Hornblende mit etwas Quarz und Biotit zu erkennen.

ANORTHOSIT

ANSTEHENDES GESTEIN
Dieses Anorthositgestein liegt in Südafrika.

DAS TIEFENGESTEIN ANORTHOSIT besteht zu mindestens 90 Prozent aus calciumreichem Plagioklasfeldspat, überwiegend Labradorit und Bytownit. Die übrigen 10 Prozent entfallen auf Olivin, Pyroxen, Granat und Eisenoxide. Anorthosit ist kein besonders häufiges Gestein, doch stellenweise bildet er riesige Massen oder Schichten zwischen mafischen und ultramafischen Gesteinen wie Gabbro und Peridotit. Große anorthosithaltige Gesteinskörper sind in den US-Bundesstaaten New York und Montana sowie im Osten Kanadas und in Südafrika anzutreffen. Viele Anorthosite weisen ein interessantes Gefüge auf, in dem sich gut ausgeformte Kristalle wie in einem Sediment aus dem flüssigen Magma abgesetzt haben. Anorthosit ist eines der häufigsten Gesteine auf dem Mond, vor allem auf der erdabgewandten Seite. Die alten, hellen Hochebenen auf dem Mond bestehen aus Anorthit und ähnlichen Gesteinen.

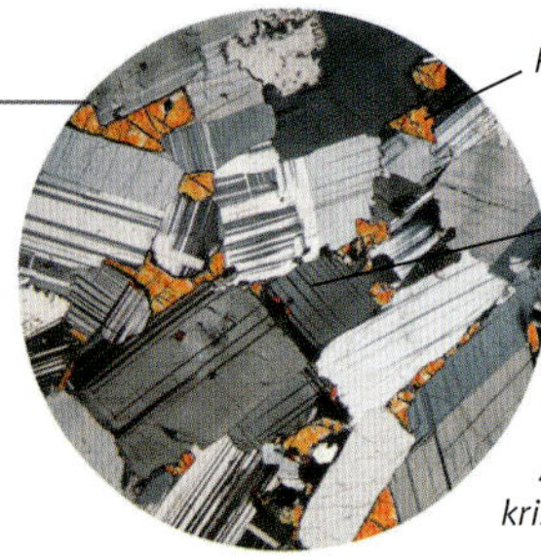

DÜNNSCHLIFF
Hier sind geringe Mengen an Pyroxenen zwischen Plagioklaskristallen eingeschlossen.

EIGENSCHAFTEN

GESTEINSART Ultramafisch, plutonisch, magmatisch
HAUPTGEMENGTEILE Calciumreicher Plagioklas
NEBENGEMENGTEILE Olivin, Pyroxen, Granat
FARBE Hellgrau bis weiß
GEFÜGE Mittel- bis grobkörnig

GROBER ANORTHOSIT
Dieser Anorthosit aus dem Bushveld Complex in Südafrika weist ein grobkörniges Gefüge auf.

ANORTHOSIT VOM MOND
Man nimmt an, dass feinkörniger Anorthosit als erstes Gestein aus dem »Magmameer« auskristallisierte, das den Mond in seiner Frühzeit bedeckte.

SYENIT

SYENIT-SCHICHTEN
Dieser geschichtete Syenit ist aus Südafrika.

SYENITE sehen manchmal Granit zum Verwechseln ähnlich, unterscheiden sich von diesem aber dadurch, dass kein oder nur sehr wenig Quarz vorhanden ist. Die Syenite sind eine Klassen von Gesteinen, die im Wesentlichen aus einem Kalifeldspat und/oder Natriumplagioklas und einem ferromagnetischen Mineral (meist Biotit, Hornblende oder ein Mineral aus der Pyroxengruppe) bestehen und kaum Quarz enthalten. Bei den Kalifeldspaten handelt es sich meist um Orthoklas oder Albit, seltener Mikroklin. Andere Minerale, die in geringen Mengen in Syenit vorkommen können, sind Titanit, Apatit, Zirkon, Magnetit und Pyrit. Quarzhaltige Syenite werden als Quarzsyenite bezeichnet. Wenn Quarz fehlt, können Feldspatoide wie Leucit, Cancrinit, Sodalith oder Nephelin vorhanden sein.

DÜNNSCHLIFF
Hier sind große Orthoklaskristalle mit einfachen Zwillingsbildungen sowie Hornblende und etwas Quarz zu erkennen.

ROSA SYENIT
Die rosa Färbung von Syenit ist auf Kalifeldspat zurückzuführen, der den größten Anteil an der Zusammensetzung hat.

EIGENSCHAFTEN

GESTEINSART Übergangsgestein, plutonisch, magmatisch
HAUPTGEMENGTEILE Kaliumfeldspat
NEBENGEMENGTEILE Natriumplagioklas, Biotit, **AMPHIBOL, PYROXEN**
FARBE Grau, rosa oder rot
GEFÜGE Mittel- bis grobkörnig

LARVIKIT
Diese schillernde Syenitvarietät enthält Feldspat, Pyroxen, Glimmer und Amphibol.

DOLERIT

DOLERITGANG
Ein dunklerer Doleritgang durchzieht hier helleren Granit.

DOLERIT ist gleich zusammengesetzt wie Basalt und Gabbro und steht von der Korngröße zwischen beiden. Das mittel- bis feinkörnige Gestein Dolerit besteht zu einem bis zwei Dritteln aus calciumreichem Plagioklasfeldspat, der Rest im Wesentlichen aus Pyroxenen. Dolerit weist einen Siliciumdioxidgehalt von unter 55 Prozent auf, wobei der Quarzgehalt in der Regel unter 10 Prozent liegt. Auch Magnetit und Olivin können enthalten sein. Wenn Olivin vorhanden ist, spricht man von Olivindolerit. Das extrem harte Gestein ist gangförmig in Rissen anderer Gesteine anzutreffen.

DUNKELGRAUER DOLERIT
Dieses Handstück ist ein typisches Beispiel für die mittlere Körnung und die dunkle Farbe von Dolerit, der auch als »schwarzer Granit« im Handel ist.

URALTER STEINKREIS

Die Dolerit-»Blausteine« im inneren Ring von Stonehenge wurden über eine Entfernung von 385 km von Wales nach Wiltshire in England transportiert. Sie wurden über das Meer, auf Flüssen und über das Land befördert. Welche Bedeutung die Erbauer diesem Gestein beimaßen ist nicht bekannt, doch muss der Wert in ihren Augen beträchtlich gewesen sein, sonst hätten sie keinen solchen Aufwand betrieben, um die Steine herzuschaffen. Stonehenge wurde zwischen 3000 und 2000 v. Chr. errichtet.

STONEHENGE
Der Blaustein im inneren Ring von Stonehenge kommt aus dem Steinbruch von Carn Meini in Wales.

EIGENSCHAFTEN

GESTEINSART Mafisch, plutonisch, magmatisch
HAUPTGEMENGTEILE Calciumreicher Plagioklas, Pyroxene
NEBENGEMENGTEILE Quarz, Magnetit, Olivin
FARBE Dunkelgrau bis schwarz, oft weiß gesprenkelt
GEFÜGE Mittel- bis feinkörnig

ANSTEHENDER DOLERIT
Der Tees River im Nordosten Englands bildet Wasserfälle wie in diesem harten Doleritgestein bei Whin Sill.

GABBRO

GABBRO-BERGE
Die Black Cuillin Hills auf der Insel Skye bestehen vollständig aus Gabbro.

DAS MITTEL- BIS GROBKÖRNIGE Gestein Gabbro besteht im Wesentlichen aus calicumreichem Plagioklasfeldspat und Pyroxenen, überwiegend Augit. Gabbro weist einen geringen Siliciumdioxidgehalt (meist unter 55 Prozent) auf. Quarz fehlt fast immer. Gabbro ist im Prinzip das intrusive Äquivalent zu Basalt und im Gegensatz zu diesem höchst variabel zusammengesetzt. Häufig weist er eine Schichtung aus helleren und dunkleren Mineralen auf, oft auch größere Mengen Olivin (Olivingabbro) oder einen relativ hohen Anteil an groben Plagioklaskristallen (Leukogabbro). Gabbro ist weit verbreitet, aber nicht allzu häufig auf der Erdoberfläche anzutreffen. Wie andere dunkle Gesteine wird er auch als »schwarzer Granit« verkauft. Sein wirtschaftlicher Wert liegt jedoch eher in den in ihm enthaltenen Erzen. Gabbro wird zum Teil zur Gewinnung von Nickel, Chrom und Platin abgebaut. Wenn Magnetit und Ilmenit vorhanden ist, wird er als Eisen- oder Titanerz genutzt.

CHRISTIAN LEOPOLD VON BUCH (1774–1852)
Der deutsche Geologe von Buch benannte Gabbro nach einer Stadt in Italien.

EIGENSCHAFTEN

GESTEINSART Mafisch, plutonisch, magmatisch
HAUPTGEMENGTEILE Calciumreicher Plagioklas, Pyroxene
NEBENGEMENGTEILE Olivin, Magnetit
FARBE Dunkelgrau bis schwarz
GEFÜGE Mittel- bis grobkörnig

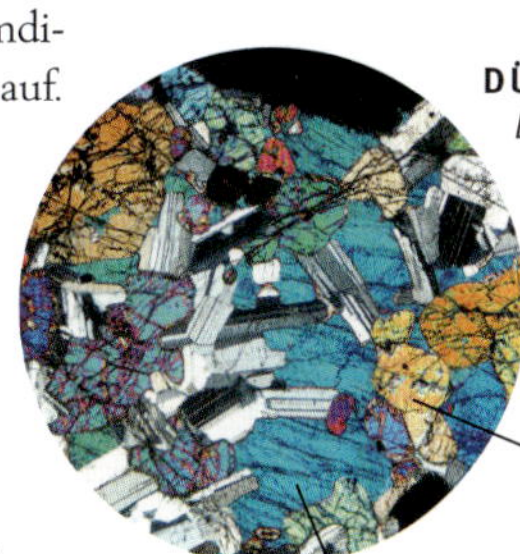

DÜNNSCHLIFF
Dieser Olivingabbro (Labradoritfeldspat, Augit und Olivin) stammt aus dem Duluth-Komplex in den USA.

GESCHICHTETER GABBRO
Dieses Exemplar ist aus abwechselnden Bändern von hellem Plagioklasfeldspat und dunklen ferromagnetischen Mineralen aufgebaut.

GROBKÖRNIGER GABBRO
Dieser grobkörnige Gabbro enthält helle Plagioklaskristalle und dunkle Pyroxenkristalle.

PERIDOTITBERGE
Der Semail-Ophiolith ragt aus dem Gebirgsgürtel bei Maskat (Oman) heraus. Er besteht aus Peridotit- und Gabbroschichten.

EIGENSCHAFTEN

GESTEINSART Ultramafisch, plutonisch, magmatisch
HAUPTGEMENGTEILE Olivin, Pyroxen
NEBENGEMENGTEILE Granat, Chromit
FARBE Dunkelgrün bis schwarz
GEFÜGE Gefüge

PERIDOTIT

PERIDOTIT ist eines der wirtschaftlich bedeutendsten Gesteine: Aus ihm stammen letztlich alle Chromerze, und die Varietät Kimberlit (siehe gegenüberliegende Seite) ist die Quelle aller natürlichen Diamanten. Frischer Peridotit enthält Olivin, Pyroxen und Chromit. Im Lauf der Zeit verwittert Peridotit zu Serpentinit, der die langfaserige Varietät Chrysotil enthält, sowie zu anderen Serpentinen und Talk. Früher wurde aus Peridotit das Mineral Magnesit (siehe S. 179) gewonnen. Peridot ist auch die wichtigste Quelle des Asbestminerals Chrysotil (siehe S. 258).

Das Intrusivgestein Peridotit ist grobkörnig, dunkel und dicht. Es enthält mindestens 40 Prozent Olivin. Peridotit weist eine Verwandtschaft mit dem Gestein Pyroxenit auf. Beide entstehen unter ähnlichen Bedingungen und bestehen zum großen Teil aus Olivin und Pyroxenen. Pyroxenit enthält mindestens 60 Prozent Pyroxene. Ebenfalls mit Peridotit verwandt ist Dunit, ein gelbgrünes Intrusivgestein, das fast ausschließlich aus Olivin besteht. Wie Peridotit ist auch Dunit eine bedeutende Chrom- oder Chromitquelle. Peridotit entsteht zusammen mit Schichten aus eisen- und magnesiumoxidreichen Gesteinen im unteren Bereich geschichteter Intrusivkörper, in denen zuerst dichtere Kristalle auskristallisiert sind und sich am Grund der noch flüssigen Masse abgesetzt haben. In Peridotitkörpern können Schichten aus Chromit (dem wichtigsten Chromerz), das früh auskristallisiert und sich absetzt, mehrere Meter mächtig werden. Peridotit ist auch in Gebirgsketten in Form unregelmäßiger olivinreicher Massen und in Dykes (vertikalen oder steil geneigten tafelartigen Gesteinskörpern, die oft die bestehenden Gesteinsstrukturen durchziehen) zu finden. Häufig ist Granat als Begleitmineral vorhanden. Verwitterte Peridotite können als Nickelerz genutzt werden. Ebenfalls von wirtschaftlicher Bedeutung ist die Varietät Kimberlit.

DER ERDMANTEL

Peridotit ist der Hauptbestandteil der Asthenosphäre, der oberen Mantelzone, auf der sich die tektonischen Platten befinden. Man nimmt an, dass die Mantelgesteine in einer Tiefe von 70–200 km eine Temperatur aufweisen, die knapp über ihrem Schmelzpunkt liegt, und dass ein kleiner Teil aufgeschmolzen sein kann. Dadurch ist der Erdmantel plastisch verformbar. Die basaltischen Magmen der ozeanischen Kruste haben ihren Ursprung in der Asthenosphäre. Ihre Zusammensetzung ist auch von der mineralischen Zusammensetzung des Peridotits abhängig.

LAVASTROM
Die tiefsten Magmareservoirs liegen im oberen Erdmantel.

MANTELXENOLITH
Peridotitblöcke aus dem Erdmantel können von Magmen aus großer Tiefe an die Oberfläche gefördert werden.

ANSTEHENDER PERIDOTIT
Im Gros Morne-Nationalpark in Neufundland (Kanada) ist Peridotit aus dem Erdmantel anzutreffen.

DÜNNSCHLIFF
Hier ist Harzburgit aus Neuseeland mit den Gemengteilen Olivin und Orthopyroxen zu sehen.

GRÜNER PERIDOTIT
Dieses Handstück von der kanarischen Insel Lanzarote ist durch den enthaltenen Olivin grün gefärbt.

DUNIT

PYROXENIT

VERWANDTE GESTEINE
Sowohl Pyroxen als auch Dunit sind mit Peridotit verwandt. Sie kommen aus großer Tiefe und enthalten viel Olivin.

KIMBERLIT

KIMBERLITRÖHRE
Die inzwischen erschöpfte Mine bei Kimberley (Südafrika) ist heute mit Wasser gefüllt. Kimberlitröhren haben nur eine geringe horizontale Ausdehnung, sind aber sehr tief.

EIGENSCHAFTEN

GESTEINSART Ultramafisch, vulkanisch, magmatisch
HAUPTGEMENGTEILE Olivin, Pyroxene, Glimmer
NEBENGEMENGTEILE Granat, Ilmenit, Diamant
FARBE Dunkelgrau
GEFÜGE Fein- bis grobkörnig, porphyrisch

DIE WICHTIGSTE DIAMANTQUELLE KIMBERLIT ist eine Varietät des Peridotit. Er enthält viel Glimmer, oft mit gut ausgeformten Kristallen des braunen Glimmerminerals Phlogopit. Weitere Minerale sind chrom- und pyropreicher Granat und chromhaltiger Diopsid, daneben können geringere Mengen an Ilmenit, Serpentin, Pyroxen, Calcit, Rutil, Perowskit, Magnetit und Diamant vorhanden sein.

Kimberlit tritt als Röhre – ein kreisförmiger Intrusivkörper mit praktisch senkrechten Wänden und einem Durchmesser von meist weniger als 1 km – und in Form anderer steilwandiger Intrusivkörper auf. Diese sind meist im durch Hebungsvorgänge nach oben gebrachten Zentrum kontinentaler Plattformen zu finden und scheinen mit diesen in der ausgehenden Kreide (vor 100 bis 65 Millionen Jahren) entstanden zu sein. Vermutlich ist Kimberlit in Schwächezonen der Erdkruste nicht als schmelzflüssiges Magma, das in den Röhren selber auskristallisiert, sondern als relativ kühle, zähe Kristallmasse aufgedrungen. Das umgebende Gestein weist kaum Anzeichen einer Kontaktmetamorphose auf. In Kimberliten kommen oft Xenolithe (Blöcke) aus Mantelgestein an die Oberfläche, aus denen sich Informationen über den Erdmantel gewinnen lassen. Diamanten entstehen nur bei einem Druck von mehr als 50 000 Atmosphären. Dies entspricht einer Tiefe von mindestens 150 km, mitten im oberen Peridotitmantel. Die genauere Betrachtung winziger Mineralkörner in wachsenden Diamanten enthüllt, dass die meisten Diamanten vor einer bis drei Milliarden Jahren entstanden sind. Danach bleiben sie Jahrmillionen lang im oberen Erdmantel liegen, bis sie in gewaltigen Vulkanausbrüchen mit Überschallgeschwindigkeit an die Oberfläche befördert werden. Jedoch ist es in den letzten 60 Millionen Jahren nicht zu einem Ausbruch von Kimberlitvulkanen gekommen. Wegen seiner Farbe wird Kimberlit auch als »blue ground« (blauer Boden) bezeichnet. Verwitterter Kimberlit ist gelb und wird deshalb auch als »yellow ground« (gelber Boden) bezeichnet. In solchem »yellow ground« wurden Diamanten zuerst in Südafrika, später auch in den US-Bundesstaaten Arkansas, Colorado und Wyoming entdeckt.

KIMBERLITABBAU

Diamanten wurden 1867 auf der De Kalk-Farm am Ufer des Oranje in Südafrika entdeckt. Das Ursprungsgestein wurde aber erst zwei Jahre später identifiziert. Zuerst wurden Diamanten im Tagebau aus verwittertem Kimberlit ausgewaschen. Mit zunehmender Tiefe der Gruben wurde das Gestein härter, und man musste zum Untertagebau übergehen. Dabei wird das Gestein gesprengt und zutage gefördert. Dann wird der nasse, zermalmte Kimberlit über mit Fett beschichtete Platten gespült. Da Wasser die Diamanten nicht benetzt, bleiben sie haften, während das Gestein weggespült wird (siehe S. 107). Die Diamantkristalle werden abgekratzt. Viele Lagerstätten sind inzwischen erschöpft, und Südafrika zählt heute nicht mehr zu den bedeutendsten Diamantenförderländern.

BOHRUNG
Bohrlöcher werden mit Sprengstoff gefüllt, um das Gestein zu sprengen.

ROHDIAMANT
Wertvolle Diamanten werden als oktaedrische Kristalle gefunden.

KIMBERLITBREKZIE
Dieses Handstück aus zertrümmertem dunklem, grobkörnigem Kimberlit ist typisch für das Gestein. Er ist nach Kimberley in Südafrika, dem ehemaligen Zentrum des südafrikanischen Diamantabbaus, benannt.

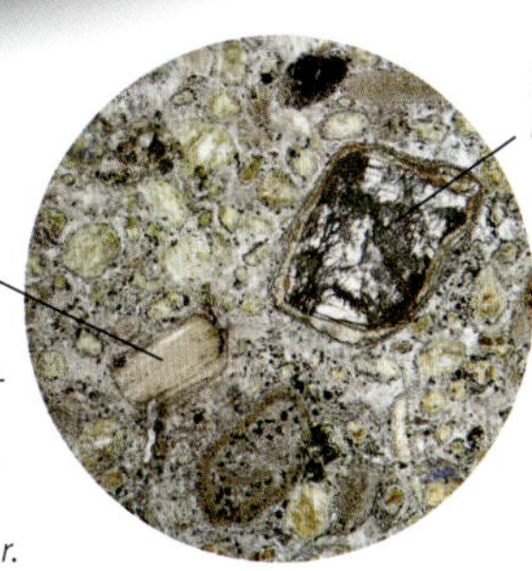

DÜNNSCHLIFF
In diesem Kimberlit aus der De Beer-Mine in Kimberley sitzen größere, korrodierte Phlogopit- und Pyroxenkristalle in einer stark veränderten Grundmasse aus Olivin und Glimmer.

VERWITTERTER KIMBERLIT
Dieser stark verwitterte Kimberlit aus Kimberley, Südafrika, enthält einen oktaedrischen Diamantkristall.

BASALT

BASALT ist das häufigste Vulkangestein der Erdoberfläche. Der größte Teil ist jedoch unter den Ozeanen verborgen. Aus untermeerischen Vulkanen fließt Basalt aus und es entstehen Vulkaninseln. An Land bilden die Basalte riesige Plateaus wie das Dekhan-Hochland in Indien, das Columbia-River-Gebiet im Nordwesten der USA und das Paraná-Becken in Südamerika. Die großen dunklen Maria auf dem Mond bestehen ebenfalls aus Basalt.

Die dunklen Basalte mit ihrem vergleichsweise hohen Anteil an Eisen und Magnesium bestehen zum größten Teil aus Pyroxenen und Olivin. Die meisten sind feinkörnig und kompakt, manchmal sogar glasartig. Viele sind auch porphyrisch, d.h., sie weisen erkennbare Kristalle in einer feinkörnigen Grundmasse auf. Die größeren Kristalle werden als Phänokristalle bezeichnet und bestehen meist aus Olivin, Augit oder Plagioklas. Feldspatoide (siehe S. 242–248) wie Nephelin und Leucit kommen in vielen mafischen Basalten vor. Nephelinbasalte sind in Deutschland, Libyen, der Türkei und im US-Bundesstaat New Mexico recht häufig. Leucitbasalte sind vor allem in Italien, Deutschland, Ostafrika, Australien und den USA zu finden.

Basaltische Lava enthält häufig größere Mengen an Wasser. Die erkalteten Gesteine sind deshalb porös. Basalte sind für Geologen besonders interessant, da sie durch eine partielle Aufschmelzung des Erdmantels entstehen. Dabei können nicht geschmolzene Blöcke aus dem Erdmantel (Xenolithe) nach oben mitgerissen werden. Diese bieten die einzige Möglichkeit, die Zusammensetzung des Mantels direkt zu untersuchen.

SÄULENBASALT
Durch unterschiedliche Kontraktion bei der Abkühlung bildet Basalt manchmal schöne polyedrische Säulen. Diese werden durch Erosion freigelegt.

KISSENBASALT
Kissenbasalt entsteht, wenn basaltische Lava unter Wasser ausfließt.

UNTERSUCHUNG EINES LAVASTROMS
Vulkanologen nehmen oft Gefahren auf sich, um ganz frische Lava untersuchen zu können.

BASALT

PORPHYRISCHER BASALT

BLASIGER BASALT

VARIETÄTEN
Basalt kommt in verschiedenen Varietäten vor, die nach ihrem Gefüge und der Kristallbildung benannt sind.

MANDELBASALT
Die durch Gasblasen entstandenen Hohlräume werden manchmal mit Mineralen aufgefüllt, in diesem Fall mit Zeolithkristallen.

DÜNNSCHLIFF
Dieser Dünnschliff eines Mondbasalts stammt aus dem Mare Imbrium.

DER STEIN VON ROSETTE

Der aus schwarzem Basalt bestehende Stein von Rosette wurde 1799 von den Truppen Napoleons in Rosette bei Alexandria (Ägypten) gefunden. Er enthält gleichbedeutende Inschriften in ägyptischen Hieroglyphen, demotischer Kursivschrift und Griechisch. Dies machte sich der Franzose Jean-François Champollion zuNutze, um die altägyptischen Hieroglyphen zu entziffern. Der Stein mit seiner Inschrift aus der Regierungszeit von Ptolemäus V. Epiphanes (205–180 v. Chr.) wird derzeit im Britischen Museum in London aufbewahrt. Er gelangte nach der Niederlage Napoleons in Ägypten als Kriegsbeute in britischen Besitz.

EIGENSCHAFTEN

GESTEINSART Mafisch, plutonisch, magmatisch

HAUPTGEMENGTEILE Olivin, Natrium-Plagioklas, Pyroxen

NEBENGEMENGTEILE Leucit, Nephelin

FARBE Dunkelgrau bis schwarz

GEFÜGE Feinkörnig bis porphyrisch

NEWBERRY-KRATER, USA
In diesem Krater in Oregon ist Obsidian aus zahlreichen Lavaströmen anzutreffen. Auch Basalt, Bims und Rhyolith sind in diesem Gebiet sehr häufig.

OBSIDIAN

OBSIDIAN ist vulkanisches Glas. Er entsteht, wenn sich die Lava so schnell abkühlt, dass sich keine Mineralkristalle bilden können. Der Name bezeichnet nur das glasige Gefüge, nicht die chemische Zusammensetzung, die recht unterschiedlich sein kann. Meist entspricht sie aber weitgehend der von Rhyolith. Obsidian ist auch häufig am Rand von Rhyolithdomen und -strömen anzutreffen. Wie Rhyolith kann auch Obsidian Fließstrukturen aufweisen. Obsidian trifft man auch an rasch abgekühlten Rändern von Gängen an. Er ist meist schwarz, kann aber auch durch Hämatit (Eisenoxid) rot oder braun gefärbt sein oder durch Einschluss winziger Gasbläschen einen goldenen Schimmer aufweisen.

Auch winzige Feldspatkristalle und größere Quarzkristalle können enthalten sein. Obsidian ist meist relativ jung, da mit der Zeit Minerale aus dem Glas auskristallisieren. So können nach dem Abkühlen des Gesteins kreisförmige Anordnungen nadeliger Kristalle entstehen, die schneeflockenähnliche Strukturen bilden. Pechstein ist ein Obsidian, der durch allmähliche Aufnahme von Wasser einen Harzglanz angenommen hat. Obsidian ist u.a. auf Island, den Liparischen Inseln vor der Küste Siziliens und am Obsidian Cliff im Yellowstone-Nationalpark im US-Bundesstaat Wyoming zu finden.

FABERGÉ-PFERD
Dieses Obsidianpferd besitzt goldene Hufe, Augen aus Rubin und mit Diamanten besetzte Zügel.

ALTER WERKSTOFF

Obsidian ist etwas härter als Fensterglas und lässt sich wegen seines muscheligen Bruchs in Stücke mit rasiermesserscharfen Kanten schlagen. Zahlreiche indigene amerikanische Völker fertigten Waffen, Werkzeuge und Schmuck aus Obsidian. Azteken und Griechen schätzten seine reflektierende Oberfläche als Spiegel. Obsidian war ein begehrtes Handelsgut. Durch viele Funde unterschiedlicher Obsidianwerkzeuge konnten die Abbaustellen und die alten Handelsrouten bestimmt werden. Das vulkanische Glas wird heute noch zu Schmuck verarbeitet.

MESSERKLINGE
Die auf 1325–1521 datierte Maskenverzierung aus Mexiko besteht aus weißem Feuerstein und grünem Obsidian.

ANTIKE ARTEFAKTE
Die olmekische Maske und das aztekische Messer zeigen unterschiedliche Bearbeitungsmethoden, um die weiche oder scharfe Seite von Obsidian zu betonen.

EIGENSCHAFTEN

GESTEINSART Felsisch, vulkanisch, magmatisch
HAUPTGEMENGTEILE Glas
NEBENGEMENGTEILE Hämatit, Feldspat
FARBE Schwarz, braun, rot
GEFÜGE Amorph

SCHWARZER OBSIDIAN
Dieser schwarze Obsidian weist den typischen muscheligen Bruch auf, der ihn zu einem hervorragenden Material für Steinwerkzeuge macht. Der Glasglanz lässt erkennen, warum Obsidian auch gern für Spiegel verwendet wurde.

OBSIDIAN MIT ROTEN FARBZONEN

SCHNEEFLOCKENOBSIDIAN

VARIETÄTEN
Die rote Färbung im Dünnschliff ganz rechts wird durch Hämatit (Eisenoxid) verursacht. Die »Schneeflocken« im anderen Exemplar sind kugelförmige Aggregate aus nadeligen Kristallen.

»APACHENTRÄNE«
Polierte Obsidiansteine werden als »Apachentränen« verkauft.

GIANT'S CAUSEWAY

DER GIANT'S CAUSEWAY IST EIN VORSPRUNG AUS BASALTSÄULEN AN EINER KLIPPE, DER WIE EINE TREPPE ZUM MEER HINABFÜHRT. ER ERWECKT SEIT DEM 17. JAHRHUNDERT DAS INTERESSE DER GEOLOGEN.

SÄULEN MIT FUGEN
Die Fugen zwischen den Säulen des Giant's Causeway verlaufen durch die gesamte Höhe der betreffenden Lavaströme. So entstanden Säulen von bis zu 25 m Höhe.

Der Giant's Causeway erstreckt sich in County Antrim, etwa 40 km nordöstlich von Derry/Londonderry, 6 km weit an der Küste Nordirlands entlang. Die vor 50–60 Millionen Jahren entstandene Formation besteht aus etwa 40 000 Steinsäulen mit unregelmäßig polygonalem Querschnitt (meist fünf- bis siebeneckig) und einer Höhe von bis zu 25 m.

ALTE BASALTSTRÖME

Die Säulenstruktur ist das Ergebnis mehrerer Lavaausflüsse, die beim Eintritt ins Meer abkühlten. Die durch Risse in den örtlichen Kreideformationen aufdringende basaltische Lava ist immer noch als eine Folge dunkler Bänder zu sehen, die dort, wo die Kreide durch Erosion verschwunden ist, ins Meer hinausragen. Die Basaltschichten bildeten Säulen, die heute wie Palisaden aussehen. Die Säulen weisen Fugen auf, die durch unterschiedlich schnelle Kontraktion beim Abkühlen entstanden. Ähnliche Fugen sind am Devils Tower in Wyoming, USA, zu sehen (siehe S. 48).

Die Oberseiten der Säulen bilden Stufen, die bis ins Wasser führen. Einer lokalen Sage nach wurde der Giant's Causeway von dem Riesen Finn MacCoul, einem legendären Krieger aus Ulster, gebaut. Dieser verliebte sich in eine Riesin aus Staffa, einer Hebrideninsel, und errichtete den Weg, damit sie zu ihm nach Ulster kommen konnte.

1692 stattete der Bischof von Derry dem Causeway einen Besuch ab. Danach wurde fast ein Jahrhundert lang heftig gestritten, ob der Causeway das Werk von Riesen, ein Naturphänomen oder vom Menschen erschaffen wurde. Erst 1774 wies der französische Vulkanologe Nicolas Desmarest (1725–1815) nach, dass die Säulenbasalte bei der Abkühlung flüssiger Lava entstanden.

SCHORNSTEINE
In einigen Bereichen des Giant's Causeway ist der Basalt erodiert und bröckelig. Einige Säulen sind zusammengefallen, andere sind wie Schornsteine stehen geblieben.

ANFANG DES GIANT'S CAUSEWAY
Die charakteristischen Säulen des Causeway sehen ähnlich aus wie die von Fingal's Cave auf der schottischen Insel Staffa. Die meisten haben einen sechseckigen Querschnitt, einige aber auch einen vier-, fünf-, sieben- oder achteckigen.

RHYOLITH-BERG
Dieses Rhyolithmassiv steht in Snowdon (Nordwales).

RHYOLITH

DAS RELATIV SELTENE VULKANGESTEIN Rhyolith kommt fast nur auf Kontinenten vor. Es ist das effusive Äquivalent zu Granit (siehe S. 34). Die meisten Rhyolithe sind porphyrisch mit größeren Kristallen (Phänokristallen) in einer feinkörnigen Grundmasse, deren Kristalle zu klein für das bloße Auge sind. Demnach setzte die Kristallisation bereits ein, bevor die Lava an die Oberfläche gelangte. Die Phänokristalle bestehen überwiegend aus Quarz und Sanidin, teils auch aus mafischen Mineralen wie Biotit, Amphibolen und Pyroxenen. In gebändertem Rhyolith sind kaum Phänokristalle zu finden. Rhyolith tritt meist zusammen mit Bims und Übergangsgesteinen wie Andesit auf.

PORPHYRISCHER RHYOLITH

RHYOLITHDOME

Rhyolithische Lava enthält so viel Kieselsäure, dass sie äußerst zäh ist und kaum die Oberfläche erreicht. Wenn sie doch austritt, fließt sie nicht von der Austrittsöffnung weg, sondern häuft sich auf und bildet steile Kegel oder Dome. Lavadome können einige hundert Meter hoch und über 900 m dick werden. Derzeit bildet sich im Explosionskrater des Mount Saint Helens im US-Bundesstaat Washington ein Lavadom.

PFROPFEN AUS RHYOLITH
Pfropfen wie hier bei Church Rock, Arizona (USA) sind verfestigte Austrittsöffnungen alter Vulkane, deren Aschekegel durch Erosion abgetragen wurden.

EIGENSCHAFTEN

GESTEINSART Felsisch, vulkanisch, magmatisch
HAUPTGEMENGTEILE Quarz, Kalifeldspat
NEBENGEMENGTEILE Glas, Biotit, Amphibole, Plagioklas
FARBE Sehr hell bis mittelgrau, hellrosa
GEFÜGE Feinkörnig oder porphyrisch

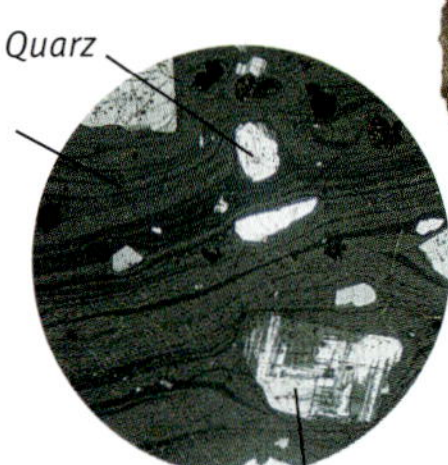

DÜNNSCHLIFF
Hier sieht man Phänokristalle aus Feldspat und Quarz.

GEBÄNDERTER RHYOLITH
In gebändertem Rhyolith fallen Fließstrukturen mit verwirbelten Farb- und Gefügeschichten ins Auge.

ANDEN
Andesit ist nach den südamerikanischen Anden, einer Subduktionszone und damit einer typischen Fundstätte, benannt.

ANDESIT

ANDESIT, das vulkanische Äquivalent zu Diorit (siehe S. 37), ist feinkörnig oder porphyrisch und besteht aus den Plagioklasfeldspaten Andesin und Oligoklas sowie einem oder mehreren dunklen ferromagnetischen Mineralen wie Pyroxen oder Biotit. Im Gegensatz zu Rhyolith enthält Andesit keinen Quarz. Mandelandesit bildet sich, wenn Gasblasen im erstarrenden Magma später mit Mineralen (oft aus der Zeolithgruppe) aufgefüllt werden. Porphyrischer Andesit entsteht, wenn sich in einer feinkörnigen Grundmasse große Phänokristalle aus Feldspat oder Pyroxen bilden. Andesit stammt aus explosiven Vulkanen und ist meist abwechselnd mit Schichten aus vulkanischer Asche anzutreffen. Die Vulkane des Pazifischen Inselbogens, der Karibik und des Mittelmeerraums bestehen zu einem großen Teil aus Andesit.

VULKANE

Andesitische Vulkane bilden sich auf kontinentaler oder ozeanischer Kruste über Subduktionszonen, in denen die ozeanische Platte unter eine andere Platte abtaucht. Alte Andesite sind ein Hinweis auf frühere Subduktionszonen. Die Soufrière-Berge der Antilleninsel Montserrat, der Krakatau in Indonesien, der Popocatépetl in Mexiko und die US-amerikanischen Vulkane Mount Shasta, Hood und Adams haben große Mengen andesitischer Gesteine ausgestoßen.

FUDSCHIJAMA
Der Fudschijama in Japan ist ein klassischer andesitischer Vulkan.

EIGENSCHAFTEN

GESTEINSART Übergangsgestein, vulkanisch, magmatisch
HAUPTGEMENGTEILE Plagioklas
NEBENGEMENGTEILE Pyroxen, Amphibol, Biotit
FARBE Hell- bis dunkelgrau, rötlich
GEFÜGE Feinkörnig, porphyrisch

PORPHYRISCHER ANDESIT
Hier sind helle Phänokristalle in einer dunklen Grundmasse eingeschlossen.

DÜNNSCHLIFF
Dieser Andesit vom Vulkan Hakone in Japan weist große Plagioklas- und Pyroxenkristalle in einer feinkörnigen Grundmasse auf.

FEINE KÖRNER
Dieser feinkörnige Andesit enthält kleine Phänokristalle aus hellerem Plagioklas.

PHONOLITH

CRIPPLE CREEK (USA)
Bei Cripple Creek im US-Bundesstaat Colorado ist Phonolith anzutreffen.

PHONOLITH IST EIN GESTEIN aus der Trachytgruppe (siehe unten), das statt Quarz Nephelin oder Leucit enthält. Er ist meist feinkörnig und kompakt und lässt sich in dünne Plättchen spalten, die beim Anschlagen mit dem Hammer klingen, daher auch der aus dem Griechischen abgeleitete Name, der soviel wie »Klingstein« bedeutet. Die wichtigsten dunklen Minerale sind die Pyroxene, meist in Form von Ägirin oder Augit. Phonolith kommt in der Eifel, am Laacher See, Deutschland, sowie in der Tschechischen Republik, im Mittelmeerraum und in Colorado und in den Black Hills in South Dakota (beide USA) vor. Der spektakuläre Devils Tower in Wyoming ist die bekannteste Phonolithformation (siehe S. 48).

EIGENSCHAFTEN

GESTEINSART Übergangsgestein, vulkanisch, magmatisch
HAUPTGEMENGTEILE Sanidin, Oligoklas
NEBENGEMENGTEILE Feldspatoide, Hornblende, Pyroxene, Biotit
FARBE Mittelgrau
GEFÜGE Mittel- bis feinkörnig, porphyrisch

KOMPAKTER PHONOLITH
Dieser Phonolith weist das typische feinkörnige Gefüge auf.

Dunkle Kristalle der Grundmasse

TRACHYT

TENERIFFA
Trachyt ist auf der kanarischen Insel Teneriffa weit verbreitet.

TRACHYT ist das vulkanische Äquivalent zu Syenit. Er ist meist porphyrisch. Einige porphyrische Trachyte enthalten bis zu 5 cm große Phänokristalle aus dem Mineral Sanidin. Auch dunkle, mafische Minerale wie Biotit, Amphibole und Pyroxene können in geringen Mengen vorhanden sein. Trachyt gleicht in seiner Farbe und Verbreitung dem Rhyolith, enthält aber kaum oder gar keinen Quarz. Quarzfreie Trachyte wie Phonolith (siehe oben) können Feldspatoide wie Leucit, Nephelin und Sodalith enthalten. Im Gegensatz zu Andesit enthält Trachyt keine Phänokristalle aus Plagioklas. Trachyt weist ein charakteristisches raues Gefüge auf. Sein Name ist vom griechischen Wort für »rau« abgeleitet.

Trachyt tritt mit anderen alkalireichen Vulkangesteinen auf Kontinenten und Ozeaninseln auf. Er ist u. a. auf der Insel Ascension (britisches Überseegebiet), bei Cripple Creek im US-Bundesstaat Colorado, in der französischen Auvergne und im Rheintal zu finden.

PFLASTERSTEIN

Belastbare und widerstandsfähige Vulkangesteine wie Trachyt finden schon seit Jahrtausenden als Pflastersteine Verwendung. Neben Trachyt sind auch Granit, Basalt und Gabbro als Straßenpflaster anzutreffen. Einzelne Steine sind im Lauf der Jahrhunderte mehrfach verwendet worden. An einigen Orten sind die alten Römerstraßen mit ihren von unzähligen Fahrzeugen aller Art eingegrabenen Spurrillen noch immer vorhanden. Die Pflastersteine sind zwar mühselig herzustellen, doch die gepflasterte Straße ist praktisch unverwüstlich.

PFLASTERSTRASSE
Die Trachytpflastersteine dieser Straße wurden im Lauf der Jahre durch Abnutzung glattgeschliffen.

Größere Kristalle in der Grundmasse

Dunkle Kristalle der Grundmasse

GRAUER TRACHYT
Dieses Handstück weist ein mittel- bis feinkörniges Gefüge und eine ziemlich gleichmäßige Struktur auf.

Sanidin

Dunkle Kristalle der Grundmasse

DÜNNSCHLIFF
Hier ist das typische Gefüge aus parallel ausgerichteten Sanidinkristallen zu sehen. Die größeren Kristalle weisen Zwillingsbildungen auf.

EIGENSCHAFTEN

GESTEINSART Übergangsgestein, vulkanisch, magmatisch
HAUPTGEMENGTEILE Sanidin, Oligoklas
NEBENGEMENGTEILE Feldspatoide, Quarz, Hornblende, Pyroxene, Biotit
FARBE Weißlich, grau, blassgelb, rosa
GEFÜGE Mittel- bis feinkörnig, porphyrisch

DEVILS TOWER

DIESER ALTE VULKANSTOTZEN ERHEBT SICH ÜBER DEN GREAT PLAINS VON WYOMING (USA). ER IST VIELEN ALS LANDEBAHN DES RAUMSCHIFFS IN STEVEN SPIELBERGS FILM *UNHEIMLICHE BEGEGNUNG DER DRITTEN ART* BEKANNT.

Der im Nordosten des US-Bundesstaates Wyoming, 14,5 km südlich der Stadt Hulett gelegene Devils Tower ist der Stotzen eines alten Vulkans, durch den das Magma an die Oberfläche trat. Nach dem Vulkanausbruch blieb ein großer Teil des Magmas im Innern des Berges zurück. Das Magma kühlte sich ab und erstarrte zu einer Struktur aus unzähligen gleichmäßig geformten Säulen. Im Laufe von Jahrmillionen wurden der Vulkankegel und die umgebenden Sedimentgesteine von Wind und Wetter und vom Fluss Belle Fourche, der sich am Fuß des Devils Tower entlang windet, abgetragen. Nur die Schlotfüllung aus härterem Gestein blieb übrig.

Der Devils Tower besteht aus Phonolith, einem kieselsäurearmen rhyolitischen Magmagestein (siehe S. 47). Phonolithe sind reich an Nephelin und Kalifeldspat und weisen meist ein feinkörniges, kompaktes Gefüge auf. Sie lassen sich in dünne Plättchen spalten, die beim Anschlag mit einem Hammer einen klingenden Ton erzeugen. Das wichtigste dunkle Mineral im Phonolith des Devils Tower ist das Pyroxenmineral Ägirin.

LUFTAUFNAHME
Der Devils Tower ragt 386 m über den Fluss Belle Fourche und 1560 m über den Meeresspiegel auf.

Den Namen »Devils Tower« (Teufelsturm, heute ohne Apostroph geschrieben) erhielt das Gebilde 1875 von Colonel Richard Dodge. Er eskortierte Forscher, die dort nach Gold suchten, obwohl dies die vertraglich zugesicherten Rechte der indigenen Bevölkerung verletzte. Dodge übersetzte einen der indigenen Namen, der »Turm des bösen Gottes« bedeutete, als »Teufelsturm«. Der häufigste indigene Name für den Berg ist heute Mateo Tepee oder »Bear Lodge« (Bärenbau). Dieser Name stammt aus einer Kiowa-Legende, nach der sieben im Wald spielende Mädchen von Bären gejagt wurden und im Devils Tower Zuflucht fanden. Die Bären versuchten ihnen nachzuklettern, schafften es aber nicht. Ihre Krallen hinterließen die Rillen, die die Fugen zwischen den Säulen bilden. Noch heute ist dieser Berg für viele indigene Amerikaner eine heilige Stätte.

VERTIKALE RILLEN
Als der aus Phonolith bestehende Vulkanstotzen abkühlte und erstarrte, bildeten sich vertikale Risse. Diese verleihen dem Berg sein heutiges Muster.

NATIONALDENKMAL
Der Devils Tower wurde am 24. September 1906 von Präsident Theodor Roosevelt zum Nationaldenkmal erklärt. Er wurde bei ambitionierten Felskletterern, die an den Rissen aufsteigen, sehr beliebt.

WAND AUS VULKANGESTEIN
Die Innenwand der Caldera von Santorin auf der griechischen Insel Thera ist von Tuff bedeckt. Der Ort Fira liegt auf dem Kamm.

EIGENSCHAFTEN
GESTEINSART Vulkanisch, eruptiv
FOSSILIEN In der Regel Abdrücke von Landpflanzen und -tieren, auch vom Menschen
HAUPTGEMENGTEILE Glasige Fragmente
NEBENGEMENGTEILE Kristalline Fragmente
FARBE Hell- bis dunkelbraun
GEFÜGE Feinkörnig

TUFF

TUFFE sind relativ weiche, poröse Gesteine aus verfestigtem pyroklastischem Material (Asche und andere von Vulkanen ausgestoßene Sedimente). Tuff ist nicht mit dem Sedimentgestein Kalktuff (siehe S. 55) zu verwechseln. Tuffe entstehen, wenn ein Vulkan aufschäumendes Magma als Gemisch aus heißen Gasen und glühenden Gesteinspartikeln ausstößt. Das lose pyroklastische Material verfestigt sich zu vulkanischem Tuffgestein. Wie der Tuff aussieht, hängt von den Bedingungen bei seiner Verfestigung ab. Ist das pyroklastische Material so heiß, dass es verschmilzt, bildet sich sofort ein verbackener Tuff. Andere Formen verfestigen sich langsam durch Verdichtung und Verkittung mit Calcit oder siliciumdioxidreichen Sedimentgesteinen. Durch Unterschiede in den Entstehungsbedingungen und dem Auswurfmaterial weisen Tuffgesteine verschiedene Gefüge und chemische sowie mineralogische Zusammensetzung auf. Viele Tuffe bestehen aus verschiedenen Fragmentgrößen und -arten: von feinem Staub und Asche (Aschetuffe) über mittelgroße Lapilli (Lapillituffe) bis zu großen vulkanischen Bomben (Bombentuffe). Glasige Tuffe bestehen überwiegend aus kleinen Fragmenten von vulkanischem Glas. Steintuffe enthalten verschiedene kristalline Gesteinsfragmente mit rhyolithischer, trachytischer oder andesitischer Zusammensetzung. In Kristalltuffen überwiegen Kristallfragmente aus teilweise erstarrtem Magma.

MOUNT SAINT HELENS, USA
1980 wurden beim Ausbruch des Mount Saint Helens Tausende von Tonnen pyroklastischer Trümmer ausgeschleudert, die sich später zu Tuff verfestigten.

TUFF MIT SORTIERUNG NACH KORNGRÖSSEN
In diesem Handstück aus Island hat sich das Material wie bei einem Sediment in einem stehenden Gewässer durch die Schwerkraft nach Gewicht sortiert. Ausgedehnte Tuffformationen gibt es in Neuseeland, Guatemala, Peru sowie in Nevada und im Yellowstone-Nationalpark in den USA.

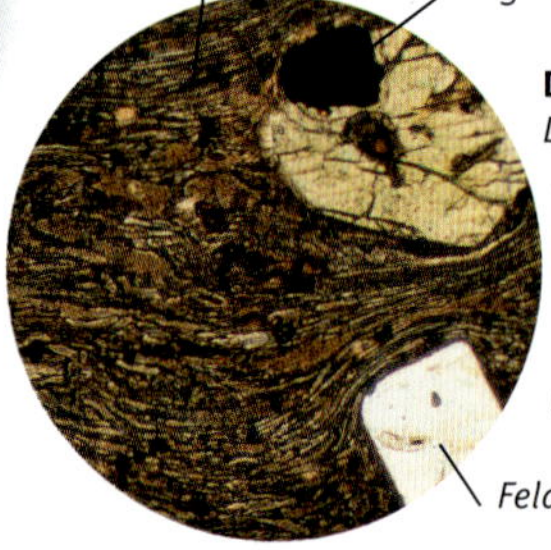

DÜNNSCHLIFF
Dieser verschmolzene Tuff besteht aus Fragmenten von vulkanischem Glas und einigen zerbrochenen Feldspatkristallen.

GLUTWOLKE

Eine Glutwolke ist eine glühende Masse vulkanischer Partikel, die von vulkanischen Gasen mitgerissen werden. Sie kann auch bei geringem Gefälle sehr hohe Geschwindigkeiten von bis zu 160 km/h erreichen. Eine Glutwolke kann 700 °C heiß sein. In ihr gibt es kein Überleben. Glutwolken sind charakteristisch für Vulkanausbrüche des Pelé-Typs – heftige, explosive Eruptionen, wie sie häufig im Pazifischen Feuergürtel auftreten. Eine Glutwolke besiegelte vor zweitausend Jahren das Schicksal der römischen Stadt Pompeji.

ABGUSS AUS POMPEJI
Hohlräume in der Asche werden mit Gips ausgegossen, um einen Körperabguss herzustellen.

SAINT-PIERRE
1902 kamen in einer Glutwolke des Mount Pelée auf der Antilleninsel Martinique alle 30 000 Einwohner ums Leben. Nur zwei Gefängnisinsassen überlebten.

MOAI-REIHE
Die Moai genannten Statuen auf der Osterinsel bestehen aus graugelbem Tuff.

BIMS

BIMSABBAU
In diesem alten Bimssteinbruch auf der italienischen Insel Lipari wird schon seit Jahrhunderten Bims abgebaut.

BIMS ist ein sehr poröses, schaumiges vulkanisches Glas, das entsteht, wenn mit Gasen gesättigtes Magma durch nachlassenden Druck aufschäumt wie Sekt beim Öffnen der Flasche und so rasch abkühlt, dass der Schaum zu einem blasigen Glas erstarrt. Die Hohlräume (Vesikel) in diesem Schaum können je nach Fließverhalten der erstarrenden Lava rundlich, länglich oder röhrenförmig sein. Das glasige Material in Bims kann aus Fäden, Fasern oder dünnen Trennwänden zwischen den Vesikeln bestehen. Bims hat auf Grund der zahlreichen luftgefüllten Poren eine sehr geringe Dichte. Er schwimmt deshalb auf Wasser, wenn er ins Meer geschleudert wird. Nach dem Ausbruch des Krakatau in Indonesien im Jahr 1883 schwamm eine 1,5 m dicke Bimsschicht auf dem Wasser. Im Gegensatz zu Tuff lagert sich Bims nicht als dicke Sedimentschicht ab, sondern bildet meist nur dünne Schichten auf der Oberfläche.

Bims besteht zum größten Teil aus Glas, zu einem geringeren Teil aus verschiedenen Mineralen, darunter Feldspat, Augit, Hornblende und Zirkon. In älterem Bims sind die Vesikel häufig mit Mineralen wie z.B. Zeolithen ausgefüllt, die sich aus einsickerndem Wasser abgeschieden haben. Unter günstigen Bedingungen können die meisten Laven Bims bilden, doch kieselsäurereiche Lava schäumt leichter auf als kieselsäurearme, da sie zäher ist und ihre flüchtigen Bestandteile nicht so leicht bereits vor dem Ausbruch verliert. Bims ist häufig von Obsidian begleitet, der unter ähnlichen Bedingungen, aber bei höherem Druck entsteht. Bims aus kieselsäurereicher Lava ist weiß, Bims aus Lava mit mittlerem Kieselsäuregehalt ist oft gelb oder braun, und die selteneren Bimssteine aus kieselsäurearmer Lava (wie auf Hawaii) sind schwarz. Bims ist als Polier- und Scheuermittel sowie Baumaterial von wirtschaftlicher Bedeutung.

BIMS-LANDSCHAFT
In Wüstenregionen können Bimsschichten durch Winderosion zu fantastischen Gebilden geformt werden.

PANTHEON, ROM
Der Dom des römischen Pantheons besteht aus mit Bims vermischtem Beton. Dieses Gemisch ist leicht und zugleich sehr belastbar.

RHYOLITHISCHER BIMS
An diesem Handstück ist die leichte, schaumige Struktur von Bims gut zu erkennen. Verschieden große Vesikel können sich zu durchgängigen Röhren verbinden.

EIGENSCHAFTEN

GESTEINSART Vulkanisch, eruptiv
HERKUNFT Extrusiv
HAUPTGEMENGTEILE Glas
NEBENGEMENGTEILE Feldspat, Augit, Hornblende, Zirkon
FARBE Weiß, gelb, braun, schwarz
GEFÜGE Feinkörnig

BIMSSTEIN
Bimssteine zum Abrubbeln rauer Hautstellen sind in vielen Badezimmern in Gebrauch. Bims ist weich und lässt sich leicht in Form bringen.

SEDIMENTGESTEINE

TRANSPORTMITTEL WASSER
Schnell fließendes Wasser wie an den Wasserfällen im Yellowstone-Nationalpark (USA) bewirkt zum einen eine Erosion und ist zum anderen das wichtigste Transportmittel für Sedimente, die an anderer Stelle abgelagert werden.

80 BIS 90 PROZENT aller oberflächlich anstehenden Gesteine sind Sedimentgesteine (Sedimentite). Dennoch haben sie nur einen geringen Anteil – etwa 8 Volumenprozent – an der Zusammensetzung der Erdkruste, die überwiegend aus magmatischen und metamorphen Gesteinen besteht. Sedimentgestein bildet sich an der Erdoberfläche entweder durch Akkumulation von Körnern oder durch Niederschlag aus Lösungen.

HERKUNFT DER SEDIMENTE

Die Entstehung von Sedimentgesteinen beginnt mit der Verwitterung anderer Gesteine. Physikalische Verwitterung ist das Zerbrechen von Gestein in kleinere Stücke. Bei der chemischen Verwitterung wird das Gestein teilweise aufgelöst. Dabei entstehen zwei völlig verschiedene Arten von Sedimenten und Sedimentgesteinen: klastische und chemische Sedimentgesteine (siehe gegenüberliegende Seite). Diese Verwitterungsprodukte werden durch fließendes Wasser, die Schwerkraft, Gletscher oder Wind verfrachtet und schließlich abgelagert. Oft werden die Klaste – Gesteinstrümmer und Mineralkörner – der Größe nach sortiert, so dass das Sedimentgestein am Ende eine relativ gleichmäßige Korngröße aufweist. Bei chemischen Sedimentgesteinen wird das gelöste Gesteinsmaterial im Wasser transportiert und an einem anderen Ort abgeschieden. Die Ausfällung aus der Lösung kann durch Verdunstung erfolgen.

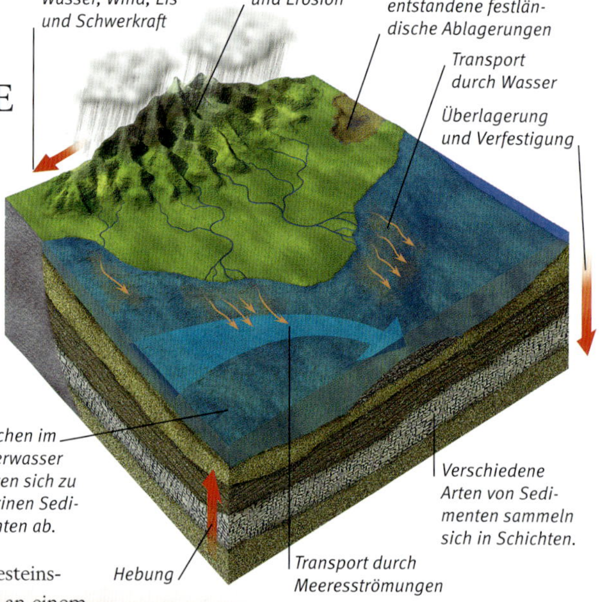

ENTSTEHUNG VON SEDIMENTGESTEINEN
Die Entstehung beginnt mit der Verwitterung und Erosion an Land. Dabei fallen Sedimente an, die ins Meer gelangen, wo sie abgelagert, von weiteren Sedimenten bedeckt und zu Gestein verfestigt werden.

ERODIERTE SCHLUCHT
Am Grand Canyon in Arizona (USA) hat sich der Colorado-Fluss ein 1,6 km tiefes Bett durch die aufgeschichteten Sedimentgesteine gegraben

VERFESTIGUNG

Damit aus losen Sedimentkörnern Sedimentgesteine entstehen, müssen sie verfestigt werden. Die Körner werden oft durch eine Art Zement verkittet, vor allem bei Sandsteinen und Konglomeraten. Der Kitt setzt sich in der Regel aus Lösungen ab, die durch die Sedimente sickern. Gelegentlich entsteht er aber auch - zumindest teilweise – aus den Gesteinspartikeln des Sediments selber. Der häufigste Zement ist Siliciumdioxid (meist Quarz), aber auch Calcit und andere Carbonate sowie Eisenoxide, Baryt, Anhydrit, Zeolithe und Tonminerale können Sedimente verkitten. Der Zement wird zu einem wichtigen Bestandteil des Sedimentgesteins. In einigen Fällen können klastische Sedimentgesteine (siehe unten) auch durch Verpressung unter extremem Druck entstehen, ohne sich in metamorphe Gesteine zu verwandeln.

Die Verfestigung kann unmittelbar nach der Ablagerung der Sedimente erfolgen, aber auch sehr viel später, vielleicht erst nach Millionen von Jahren. Viele durch Verwitterung entstandene Gesteinsfragmente sind deshalb nicht zu Gestein verfestigt, sondern liegen nur als Sediment vor.

BÄNDER IM FELS
Diese Felsklippen in Zion Canyon, Utah (USA) weisen Bänder aus Sedimenten auf, die ein Alter von 10 Millionen Jahre in den obersten Schichten und über 250 Millionen Jahre in den unteren Schichten haben.

VERFESTIGUNG
Von Wind und Wasser abgelagerte Mineralkörner bilden lockere Sedimente. Mit der Zeit werden diese verdichtet oder verkittet, bis sie zu festem Gestein geworden sind.

SANDSTEIN IM DÜNNSCHLIFF
In der Vergrößerung sind die einzelnen Mineralkörner, aus denen Sandstein besteht, zu erkennen. Die Körner sind beim Transport rund geschliffen worden.

KLASTISCHE SEDIMENTE

Klastische Sedimente oder Trümmergesteine können aus groben Brocken, aber auch aus winzigen Körnern bestehen. Sie können nach der Größe der Gesteinstrümmer klassifiziert werden. Große Trümmer wie z.B. Kiesel bilden Konglomerate und Brekzien, Sand wird zu Sandstein, und feinere Silt- und Tonpartikel bilden Siltstein, Tonstein, Mergel oder Schieferton. Die mineralische Zusammensetzung der Trümmergesteine kann sich mit der Zeit ändern. Zwischen Trümmern aus verschiedenen Mineralen, zwischen Trümmern und Zement oder zwischen Trümmern, Zement und Grundwasser können chemische Reaktionen ablaufen. Minerale aus dem Gestein können ausgelöst und anderweitig eingebaut werden.

KIESSTRAND
Die lockeren, rund geschliffenen Steine an diesem Strand in Maine (USA) können das Rohmaterial für ein Konglomerat bilden, wenn sie unter tiefen Schichten begraben und verkittet werden.

KONGLOMERAT
Konglomerate sind die grobkörnigsten Sedimentgesteine. Sie bestehen aus kieselgroßen Trümmern, die durch eine Zementmasse verkittet sind.

CHEMISCHE SEDIMENTE

Chemische Sedimente oder Verwitterungsneubildungen entstehen durch Abscheidung der durch chemische Verwitterung gelösten Stoffe. In einigen Fällen setzen sich die gelösten Minerale direkt als festes Gestein ab. Auf diese Weise entstehen beispielsweise Bändereisenerze, einige Kalksteinarten und Evaporite, d.h. Gesteine und Minerallagerstätten löslicher Salze wie Steinsalz (Halit), Gips und Anhydrit. Bei der Entstehung anderer Sedimentgesteine werden die gelösten Stoffe zuerst als Partikel ausgefällt. Diese setzen sich dann ab und werden verfestigt. Die meisten Kalksteinarten und Hornstein entstehen auf diese Weise.

WALD AUS STEINEN
In der chinesischen Provinz Yunnan sind Kalksteinschichten zu bizarren Zinnen erodiert.

EVAPORITLAGERSTÄTTEN
Im Death Valley (Kalifornien) entstehen durch Verdunstung ständig neue Sedimentlagerstätten. Wachsende Salzkristalle bilden durch gegenseitigen Druck wannenförmige Strukturen.

KALK-PFLASTER
In dieser Formation wurden die Risse freiliegender Kalksteinschichten durch Regen ausgewaschen.

KALKSTEIN

KALKSTEIN besteht zum grössten Teil aus Calcit und tritt in mächtigen, großflächigen Schichtenfolgen auf. Er bildet sich meist in warmen, flachen Meereszonen durch Abscheidung von Calciumcarbonat aus dem Meerwasser oder durch Anhäufungen von kalkhaltigen Schalen und Skeletten von Meerestieren. Er kann grobkörnig und fossilreich, aber auch sehr feinkörnig sein. Einige Kalksteinarten sind sehr kompakt, andere körnig oder bröckelig. Viele weisen Sedimentstrukturen wie versetzte Schichten und Rippelmarken auf.

VERWENDUNG

Kalkstein hat als vielseitig verwendbarer Rohstoff große wirtschaftliche Bedeutung: Er dient als Baumaterial, in gebranntem Zustand als Zement, als Rohmaterial zur Glasproduktion, als Flussmittel in der Metallurgie und als Bodenzusatz in der Landwirtschaft. Da sich Calcit in saurem Wasser auflöst, verwittern Kalksteinfassaden, Grabsteine und andere Bauwerke vor allem in Städten sehr schnell. (Siehe auch Höhlen, S. 56–57)

ZEMENTFABRIK
Diese Fabrik in Rugby (Großbritannien) verarbeitet Kalkstein.

EIGENSCHAFTEN

GESTEINSART Marin, chemisch, sedimentär
FOSSILIEN Wirbellose aus Meer und Süßwasser
HAUPTGEMENGTEILE Calcit
NEBENGEMENGTEILE Aragonit, Dolomit, Siderit, Quarz, Pyrit
FARBE Weiß, grau, rosa
GEFÜGE Mittel- bis feinkörnig, eckig bis abgerundet

FOSSILIEN-HALTIGER KALKSTEIN
Dieser Kalkstein aus Oxfordshire (England) enthält mehrere Fossilien.

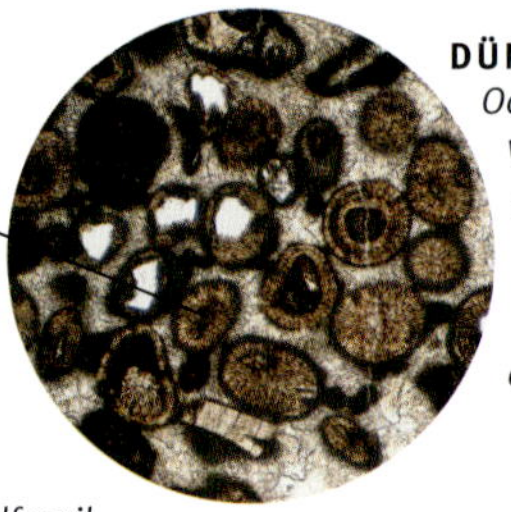

DÜNNSCHLIFF
Oolithkalk enthält viele kugelige Kalkgebilde, die als Oolithe bezeichnet werden. Dieses Präparat stammt aus Schottland.

OOLITHKALK

DOLOMITEN
Die Dolomiten in Südtirol bestehen zum größten Teil aus Dolomit.

DOLOMIT

DOLOMIT ist ein Gestein, das ausschließlich aus dem Mineral Dolomit (siehe S. 181) besteht. Man nimmt an, dass Dolomit meist aus Kalkstein entstanden ist, indem Calcit durch Dolomit ersetzt wurde. Diese Dolomitisierung kann bereits kurz nach der Ablagerung des Kalksteins durch Kontakt mit Meerwasser oder nach der Verfestigung durch Kontakt mit magnesiumhaltigen Lösungen einsetzen. Dolomit enthält weniger Fossilien als Kalkstein, da sie bei der Dolomitisierung zerstört werden. Von Kalkstein unterscheidet er sich dadurch, dass er in Salzsäure nicht so heftig aufbraust. Dolomit tritt in mächtigen oder dünnen Schichten oder als linsenförmiges Gebilde in Kalkstein auf. Frischer Dolomit ist kaum von Kalkstein zu unterscheiden. In verwittertem Zustand ist er gelbgrau.

EIGENSCHAFTEN

GESTEINSART Marin, chemisch, sedimentär
FOSSILIEN Wirbellose
HAUPTGEMENGTEILE Dolomit
NEBENGEMENGTEILE Calcit
FARBE Grau bis gelbgrau
GEFÜGE Mittel- bis feinkörnig, kristallin

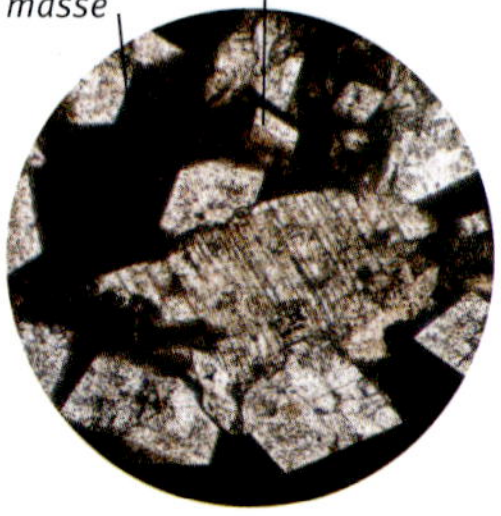

DÜNNSCHLIFF
Rhombische Kristalle aus sekundär gebildetem Dolomit entstehen bei der Ersetzung von feinkörnigem Calcit in Kalkstein.

REGELMÄSSIGES GEFÜGE
Dieses Handstück weist das recht regelmäßige Gefüge auf, das für Dolomit typisch ist. Bei der Dolomitisierung werden Strukturen des ursprünglichen Kalksteins (auch Fossilien) zerstört.

STAHLERZEUGUNG

Dolomit kommt in der Stahlproduktion als Flussmittel zum Einsatz. Flussmittel sind Substanzen, die im Hochofen Verunreinigungen binden und mit ihnen Schlacken bilden, die aus der Schmelze entfernt werden können. Dolomit ist umweltfreundlich, da die Schlacke selber einen wirtschaftlichen Wert besitzt und weiterverwendet wird. Dolomitschlacke ist nässebeständig und kann als leichtes Baumaterial eingesetzt werden. Es wird zu Betonblöcken und flüssigem Beton für Gebäudeoberflächen verwendet. Roher Dolomit wird auch anstelle von Kalkstein verschiedenen Zement- und Bitumenmischungen zugesetzt.

HOCHOFEN
Dolomit verbessert die Fließeigenschaften des Metalls bei der Stahlerzeugung.

KREIDEFELSEN VON DOVER
Diese bekannten weißen Klippen liegen in Kent (Südengland).

KREIDE

KREIDE ist eine weiche, feinkörnige Kalksteinvarietät, die leicht zu Pulver zerfällt. Das weiß bis grau gefärbte Gestein ist aus den Calcitschalen von Meereslebewesen aufgebaut. Oft sind geringe Mengen anderer Minerale vorhanden, z. B. Glaukonit, Apatit und Tonminerale. Auch Spuren von Siliciumdioxid aus Skelettnadeln von Schwämmen oder Skeletten von Diatomeen und Radiolarien sowie Knollen aus Hornstein und Feuerstein können enthalten sein. Feuerstein wurde früher abgebaut. Ausgedehnte Kreideformationen entstanden in der Kreidezeit (vor 142–65 Millionen Jahren) und gaben dieser Periode ihren Namen.

MIKROFOSSILIEN
Kreide besteht fast ausschließlich aus dem Calcit winziger Fossilien von Meereslebewesen. Diese sind oft so klein, dass sie nur unter dem Mikroskop zu erkennen sind

INDUSTRIEROHSTOFF

Wie andere Kalkgesteine nutzt man auch Kreide zur Herstellung von Kalk und Zement sowie als Dünger. Kreide wird in vielen verschiedenen Materialien als Füllstoff oder Farbpigment verwendet, etwa in Keramik, Spachtelmasse, Kosmetikartikeln, Buntstiften, Kunststoffen, Gummi, Papier, Farben und Linoleum. Tafelkreide wird heute meist nicht mehr aus natürlicher Kreide hergestellt. Früher wurde Kreide in großem Umfang zur Herstellung von Mörtel verwendet. Einige Gebäude, die vor 500 Jahren mit solchem Mörtel errichtet wurden, stehen noch heute.

GUMMISTIEFEL
Diese weiten, wasserdichten Gummistiefel basieren auf einem Design des ersten Herzogs von Wellington (1769–1852).

EIGENSCHAFTEN	
GESTEINSART	Marin, organisch, sedimentär
FOSSILIEN	Wirbellose, Wirbeltiere
HAUPTGEMENGTEILE	Calcit
NEBENGEMENGTEILE	Quarz, Glaukonit, Tone
FARBE	Weiß, grau, beige
GEFÜGE	Sehr feinkörnig, kantig bis abgerundet

FOSSIL IN KREIDE
Dieser gut erhaltene Seeigel (Tylocidaris) ist häufig als Fossil in Kreide zu finden.

SINTERKEGEL
Unter diesem Geysir im Yellowstonepark (USA) hat sich ein Sinterkegel gebildet.

KALKTUFF

KALKTUFF UND SINTER sind Sedimentgesteine, die sich aus dem Wasser abscheiden. Kalktuff ist ein weiches, poröses Gestein, das überwiegend aus Calciumcarbonat (Calcit) von Thermalquellen, Seen und Grundwasser besteht. Er ist oft durch Eisenoxide rot verfärbt. Kieselsinter besteht aus opalinem oder amorphem Siliciumdioxid, das um Thermalquellen und Geysire als feinkörnige Verkrustung ausgeschieden wird. Man nimmt an, dass in heißem Wasser lebende Algen an der Entstehung von Kieselsinter beteiligt sind. Sinter ist durch zahlreiche Röhren und Hohlräume gekennzeichnet. Diese entstehen oft durch Zersetzung organischer Substanzen. Die Varietät, die sich an Geysiren bildet, wird als Geysirit bezeichnet. Sie lagert sich terrassen- oder kegelförmig um die Austrittsstelle ab. Die Thermalquellen- und Geysirtätigkeit im Yellowstone-Nationalpark hat ihre Ursache in unterirdischen Magmakammern, die kieselsäurereiche hydrothermale Lösungen erzeugen. Diese steigen in periodischen Abständen an die Oberfläche. Da bei hoher Temperatur und hohem Druck mehr Kieselsäure im Wasser gelöst werden kann, wird der Überschuss beim Abkühlen an der Oberfläche als Geysirit ausgeschieden. Geysirit ist in Island und Neuseeland sowie im Yellowstone-Nationalpark in Wyoming und in Steamboat Springs, Colorado, in den USA anzutreffen.

EIGENSCHAFTEN	
GESTEINSART	Kontinental, chemisch, sedimentär
FOSSILIEN	Selten
HAUPTGEMENGTEILE	Calcit oder Siliciumdioxid
NEBENGEMENGTEILE	Aragonit
FARBE	Weiß
GEFÜGE	Fein, kristallin

KALKTUFF
Dieser durch Verdunstung von Wasser entstandene Kalktuff ist von Löchern durchsetzt und von unregelmäßiger Gestalt.

TUFFSTEINTÜRME
Diese auffälligen Tuffsteintürme ragen aus dem Mono Lake in Kalifornien heraus.

HÖHLEN

HÖHLEN ZÄHLEN ZU DEN SPEKTAKULÄRSTEN GEOLOGISCHEN ERSCHEINUNGEN. SIE ENTSTEHEN DURCH NATURKRÄFTE.

HÖHLENFORMATIONEN
Aus kalkhaltigem Wasser, das von oben in Höhlen einsickert, können sich eindrucksvolle Tropfsteinformationen abscheiden. Die von der Höhlendecke nach unten wachsenden Tropfsteine werden als Stalaktiten bezeichnet, die vom Boden nach oben wachsenden als Stalagmiten.

LAVA IN EINER RÖHRE
Durch diesen Lavatunnel am Kilauea auf Hawaii fließt immer noch frische Lava. Diese ist durch ein Loch an einer schwachen Stelle der Erstarrungskruste zu sehen.

DAS INNERE EINES STALAKTITEN
Stalaktiten weisen in ihrem Innern Strukturen auf, die an Jahresringe von Bäumen erinnern. Durch unterschiedliche Mineralzusammensetzung können Bänder mit verschiedener Färbung entstehen.

Die unterirdischen Hohlräume können durch verschiedene geologische Prozesse entstehen. Am größten und am häufigsten sind Karsthöhlen. Diese entstehen durch chemische Reaktionen zwischen dem zirkulierenden Grundwasser und darunter liegenden löslichen oder sonstigen leicht verwitternden Gesteinen. Weitere Höhlentypen sind Lavatunnels und Brandungshöhlen. Ein Höhle besteht entweder aus einer einzigen Kammer oder aus einem ausgedehnten System aus mehreren durch engere Passagen verbundenen Kammern.

KARSTHÖHLEN

Karsthöhlen entstehen meist durch chemische Auflösung von Kalkstein (siehe S. 54) oder gelegentlich von Dolomit (siehe S. 54). Kalkstein besteht zum großen Teil aus Calciumcarbonat (Calcit), der sich in Kohlensäure (H_2CO_3), einer schwachen Säure, die bei der Lösung von Kohlendioxid in Grundwasser entsteht, leicht auflöst. Dieses saure Wasser sickert durch die darüber liegenden Böden. Ein Teil des Wassers sammelt sich in Karstschächten, die sich bereits durch Auflösung im Kalkstein oder Dolomit gebildet haben, ein anderer Teil tropft durch Risse in das Gestein. Mit zunehmender Auflösung bilden sich miteinander verbundene röhrenartige Gänge, in denen das Wasser unterirdisch fließen kann.

Karsthöhlen sind Teile solcher unterirdischen Entwässerungssysteme. Einige sind vollständig mit Wasser gefüllt, andere sind inzwischen trocken, da die unterirdischen Flüsse sich tiefer eingegraben haben oder ganz verschwunden sind. Mit mehr als 500 km ist die Mammoth Cave im US-Bundesstaat Kentucky die längste bekannte Karsthöhle.

LAVATUNNELS

Lavatunnels sind röhrenartige Höhlen, die in fließenden Lavaströmen entstehen. An der Luft kühlt sich die Oberfläche des Lavastroms ab und erstarrt. Unter der festen Kruste fließt die flüssige Lava weiter. Wenn keine Lava mehr nachfließt, bleiben zylindrische Röhren zurück, die als Lavatunnels bezeichnet werden.

HARRISON'S CAVE
Durch diese faszinierende Karsthöhle in Barbados mit ihren noch immer wachsenden Stalagmiten und Stalaktiten fließt ein unterirdischer Fluss.

SALZHAUFEN
Das rohe Steinsalz wurde aus einer Salzpfanne gekratzt, nachdem das Wasser verdunstet war.

KUNST IM SALZSTOLLEN
Im Zweiten Weltkrieg versteckten die Nazis erbeutete Kunstwerke in ehemaligen Salzbergwerken.

STEINSALZ

STEINSALZ kommt in Schichten von etwa 1 m bis über 300 m Dicke vor. Es ist die massive Gesteinsform des Minerals Halit (siehe S. 170), das als Speisesalz bekannt ist. Steinsalz entsteht bei der Verdunstung von Salzwasser in teilweise abgeschlossenen Becken und liegt meist in einer Schichtenfolge mit Kalkstein, Dolomit, Schieferton und anderen Evaporiten wie Gips und Anhydrit vor. Ausgedehnte Lagerstätten gibt es im südöstlichen Russland, Frankreich, Indien, Kanada und in den westlichen und zentralen Gebieten der USA.

Salzlagerstätten werden in Europa schon seit der Jungsteinzeit bergmännisch abgebaut. Auf diese Weise sind riesige Salzhöhlen entstanden. Je nach Tiefe und Mächtigkeit der Steinsalzschichten werden diese auch heute noch in Bergwerken oder Steinbrüchen abgebaut. In einigen Lagerstätten (z.B. in Polen und den USA) ist das Salz so rein, dass es ohne weitere Verarbeitung auf den Markt gebracht werden kann. Heute wird Salz meist gewonnen, indem Wasser unter hohem Druck in tief gelegene Salzschichten gepumpt und die Sole nach oben gedrückt wird.

VERDUNSTUNG
Große Mengen Salz werden durch Verdunstung von Meerwasser in flachen Wannen, den Salzpfannen, gewonnen.

Steinsalz ist oft in Form von Salzdomen anzutreffen. Diese bestehen aus einem Salzkern, der von anderen Schichten umgeben ist. Salzdome liegen unter der Oberfläche und können bis zu 2 km dick und bis zu 10 km breit sein. Sie treten am Golf von Mexiko und im Nahen Osten gehäuft auf, oft in Verbindung mit Erdöllagerstätten. Dort dringt Erdöl aus Ölschiefer nach oben und sammelt sich unter einem Salzdom. Salz kann mit geophysikalischen Verfahren leicht aufgespürt werden. Dies hilft bei der Suche nach Erdöl.

EIGENSCHAFTEN

GESTEINSART Marin, Evaporit, sedimentär
FOSSILIEN Keine
HAUPTGEMENGTEILE Steinsalz
NEBENGEMENGTEILE Sylvin
FARBE Weiß, orangebraun, blau
GEFÜGE Grob- bis feinkristallin

MASSIVES STEINSALZ
Dieser Steinsalzbrocken besteht aus groben weißen und blauen Kristallen.

SALZTRANSPORT MIT KAMELEN
Auf diesem Foto aus dem Jahr 1926 ziehen Kamele Salzwagen auf Schienen am Roten Meer entlang.

WIRTSCHAFTLICHER WERT

Steinsalz ist ein wertvolles und vielseitig genutztes Mineral, das in großindustriellem Maßstab abgebaut wird. Salz ist nicht nur für die Ernährung des Menschen unverzichtbar, sondern auch für das Vieh, dem die Landwirte oft große Salzblöcke zum Lecken bereitstellen. In der chemischen Industrie wird Salz zur Herstellung von Natriumbicarbonat (Backpulver), Natriumhydroxid (Ätzsoda), Salzsäure, Chlor und vielen anderen Stoffen benötigt. Auch für die Produktion von Seife und Glasuren und als Flussmittel in der Hüttenindustrie werden große Mengen Salz benötigt.

SALZPLATTEN
Hier warten Salzplatten, die durch Eindampfung von Meerwasser gewonnen wurden, auf ihre Käufer.

GOLFPLATZ DES TEUFELS *Dicke Evaporitschichten z. B. aus Gipsstein können zerklüftete Krusten bilden. Ein Beispiel hierfür ist der Devil's Golf Course (»Golfplatz des Teufels«) im Death Valley (Kalifornien).*

GIPSSTEIN

GIPSSTEIN ist ein Sedimentgestein, das hauptsächlich aus dem Mineral Gips (siehe S. 212) besteht. Ausgedehnte Gipssteinschichten entstehen durch Verdunstung von Meerwasser und in Salzseen und Salzpfannen. Daneben kommt Gipsstein auch in Kalkstein, Dolomitkalkstein und einigen Schieferarten vor. Er ist meist mit anderen Evaporiten wie Steinsalz und Anhydrit vergesellschaftet. Gipsstein ist meist körnig, kann aber auch in faserigen Formen auftreten. Nicht verwitterter Gipsstein wird als Flussmittel, Dünger, Füllstoff in Papier und Textilien und zur Verzögerung der Abbindung in Portlandzement verwendet. Der überwiegende Teil des abgebauten Gipses – etwa drei Viertel der Gesamtproduktion – wird jedoch calciniert (das Mineral wird erhitzt, damit es einen Teil seines Kristallwassers verliert) und als gebrannter Gips in der Bauwirtschaft eingesetzt. Aus gebranntem Gips werden schon seit langer Zeit Zement und Stuck hergestellt, mit dem Decken und Gesimse verziert werden. In der Medizin nutzt man Verbände aus gebranntem Gips zur Ruhigstellung gebrochener Gliedmaßen. Bei Wasserzugabe rekristallisiert gebrannter Gips und härtet aus. Gebrannter Gips ist auch ein Hauptbestandteil anderer Baustoffe, wobei in der Regel Verzögerungsmittel oder Härter zugesetzt werden, um die gewünschten Eigenschaften zu erzielen.

DERBER GIPSSTEIN *Dieser Gipsstein stammt aus der Marblaegis-Mine in Nottinghamshire (England).*

EIGENSCHAFTEN

GESTEINSART Marin, Evaporit, sedimentär

FOSSILIEN Keine

HAUPTGEMENGTEILE Gips

NEBENGEMENGTEILE Anhydrit

FARBE Weiß, rosa, gelblich, grau

GEFÜGE Mittel- bis feinkristallin

STUCK-ORNAMENTE *Kunstvolle Stuckarbeiten von James Pettifer zieren die Decke über dem großen Treppenhaus von Sudbury Hall, Derbyshire (Großbritannien).*

RIGIPSPLATTEN

Die rohen Wände vieler Wohnhäuser und anderer Gebäude werden auf der Innenseite mit großen Wandplatten verkleidet. Diese bestehen meist aus einer dicken Gipsschicht zwischen zwei Pappschichten. Diese Baustoffplatten werden als Rigipsplatten bezeichnet. Sie sind feuerbeständig. Um ihre Eigenschaften zu verbessern, werden dem Gips Glasfasern zugesetzt. Für die Außenverkleidung stehen andere Gipsplatten zur Verfügung. Da Gips ein schlechter Wärmeleiter ist, eignet er sich nicht nur als Brandschutz, sondern auch als Dämmstoff.

GIPSSTATUE *Diese Statue, die Theseus im Kampf mit dem Zentauren zeigt, wurde 1805 von Antonio Canova aus Gips gegossen. Der von Bildhauern verwendete »Alabaster« ist in Wirklichkeit Gipsstein.*

KLASTISCHE GESTEINE

SANDSTEINSCHICHTEN
In Arizona (USA) wurden Sandsteinschichten verformt und von Gletschereis geglättet.

KLASTISCHE GESTEINE oder Trümmergesteine bestehen aus Gesteinstrümmern, die durch Verwitterung und Zerfall magmatischer, metamorpher oder sedimentärer Gesteine entstanden sind. Die Trümmer (Schutt) werden von Wasser, Wind, Eis oder der Schwerkraft verfrachtet, schließlich abgelagert und zu Gestein verfestigt. Klastische Sedimentgesteine werden nach ihren physikalischen und chemischen Eigenschaften klassifiziert. Nach der Korngröße werden sie eingeteilt in Konglomerat, Brekzie, Sandstein, Schieferton, Siltstein und Mergel. Die Einteilung nach der Mineralzusammensetzung und/oder der Art der Verkittung ist auf Seite 68–71 dargestellt. Klastische Sedimentgesteine liefern wichtige Informationen über das Ursprungsgestein und die Sedimentationsbedingungen.

KONGLOMERAT

ABLAGERUNG VON FLÜSSEN
Dieses Konglomerat in Südafrika wurde von einem Fluss abgelagert.

KONGLOMERATE bestehen aus abgerundeten Gesteinstrümmern mit einem Durchmesser von mehr als 2 mm. Sie können nach der Durchschnittsgröße der Bestandteile weiter unterteilt werden. Der Name kann auch durch Angabe des Gesteins oder Minerals der Bestandteile näher bezeichnet werden, z.B. Quarzkieselkonglomerat. Konglomerate werden nach den Sedimentationsbedingungen in zwei Kategorien unterteilt. In die erste Kategorie fallen Konglomerate mit relativ gleichmäßiger Größe und einheitlicher Gesteins- und Mineralart mit nur wenigen kleinen Partikeln zwischen den Steinen. Die zweite Kategorie bilden Konglomerate aus verschieden großen und verschieden zusammengesetzten Gesteinstrümmern mit höherem Anteil an kleinen Partikeln. Die einheitlicheren Konglomerate entstehen bei normaler Wasserströmung über einen langen Zeitraum, die uneinheitlichen bei rascher Ablagerung.

EIGENSCHAFTEN

GESTEINSART Marin, Süßwasser, glazial, sedimentär
FOSSILIEN Sehr selten
HAUPTGEMENGTEILE Alle harten Minerale möglich
NEBENGEMENGTEILE Alle harten Minerale möglich
FARBE Unterschiedlich
GEFÜGE Sehr grob, gerundete Gesteinstrümmer

PUDDINGSTEIN
Dieses Gestein aus Hertfordshire (England) besteht aus verkitteten Gesteinstrümmern, die zuvor vom Wasser zu Kieseln gerundet wurden.

Rundgeschliffene Gesteinstrümmer

Feinkörniges Sediment

Großes, teilweise abgerundetes Fragment

POLYGENETISCHES KONGLOMERAT
Diese Konglomerate können Trümmer aus magmatischen, metamorphen und Sedimentgesteinen und Mineralpartikel enthalten.

BREKZIE

BREKZIE IN WALES
Diese Brekzie stammt aus Pembrokeshire.

Kantige Bruchstücke

Graues, kieseliges Fragment

BREKZIE
Diese Brekzie weist große und kleine kantige Gesteinstrümmer ohne erkennbares Orientierungsmuster auf.

BREKZIEN sind verfestigte Sedimente, in denen die Gesteinstrümmer etwa gleich groß wie in den Konglomeraten, aber nicht abgerundet sind. Die kantige Form ist ein Hinweis darauf, dass die Trümmer nur über sehr kurze Entfernungen verfrachtet wurden. Brekzien können auf verschiedene Weise entstehen: Ein Gesteinskörper kann auseinander brechen und an seiner ursprünglichen Position verkittet werden. Gesteinsfragmente, die sich am Fuß einer Klippe ansammeln, können dort verkittet werden. An aktiven Verwerfungen neu abgebrochene Gesteinsteile können dort an Ort und Stelle oder nach Abrutschungen verfestigt werden.

EIGENSCHAFTEN

GESTEINSART Marin, Süßwasser, glazial, sedimentär
FOSSILIEN Sehr selten
HAUPTGEMENGTEILE Alle harten Minerale möglich
NEBENGEMENGTEILE Alle harten Minerale möglich
FARBE Unterschiedlich
GEFÜGE Sehr grobe, kantige Gesteinstrümmer

GRAPHOLIT-SCHIEFER
Dieser Schieferton steht in Pembrokeshire (Wales) an.

SCHIEFERTON

SCHIEFERTON ist eines der häufigsten Sedimentgesteine. Er besteht aus kleinen Partikeln (Ton und Schluff), die durch sanfte Strömungen verfrachtet und am Tiefseegrund, am Grund flacher Seen oder in Flussauen abgelagert wurden. Schieferton unterscheidet sich von Mergel durch die Spaltbarkeit in dünne Platten. Die meisten Schiefertone treten als ausgedehnte Schichten mit einer Mächtigkeit von mehreren Metern auf. Sie bestehen zu einem großen Teil aus Tonmineralen, aus Quarz und kleineren Mengen an Feldspat, Eisenoxiden, Carbonaten, Fossilien und organischen Substanzen. Rötliche und violette Schiefertone erhalten ihre Färbung von Hämatit und Goethit; blaue, grüne und schwarze durch zweiwertiges Eisen; graue oder gelbliche durch Calcit. Aus Schieferton werden Schindeln, Ziegel und Keramikgegenstände hergestellt.

EIGENSCHAFTEN

GESTEINSART Marin, Süßwasser, glazial, sedimentär
FOSSILIEN Wirbellose, Wirbeltiere, Pflanzen
HAUPTGEMENGTEILE Ton, Quarz, Calcit
NEBENGEMENGTEILE Pyrit, Eisenoxide, Feldspat
FARBE Grau
GEFÜGE Feinkörnig

ÖLSCHIEFER

Ölschiefer enthalten Kerogen, ein komplexes Gemenge fester Kohlenwasserstoffe aus pflanzlichem und tierischem Material. Bei starker Erhitzung tritt Öl aus dem Gestein aus. Versuche, wirtschaftlich rentable Verfahren zur Extraktion dieses Öls zu entwickeln, hatten bisher nur geringen Erfolg. Der Vorschlag, kleine nukleare Sprengkörper in den Schieferschichten zu zünden wurde, wegen der damit verbundenen Gefahren verworfen.

SPALTEN VON SCHIEFERTON
Schiefer lässt sich leicht in Schichten spalten, die in der Regel parallel zu der Richtung der Gesteinsschicht verlaufen.

RIFLE, COLORADO (USA)
Hier liegt eines der Zentren, in denen man versucht, Öl aus Schiefer zu extrahieren.

POLIERTER ÖLSCHIEFER
Der polierte Querschnitt enthält dunkle, kerogenreiche Schichten. Die dunklere Färbung ist auf die organische Substanz zurückzuführen.

FOSSILFÜHRENDER SCHIEFERTON
Dieser Schieferton aus Runswick Bay, Yorkshire (England) enthält Fossilien von Muscheln und Ammoniten.

VERSETZUNG
In diesem Siltstein erkennt man versetzte Schichten.

SILTSTEIN

SILTSTEIN besteht aus Partikeln, die kleiner als Sand, aber größer als Tonpartikel sind (Durchmesser 0,0039–0,063 mm). Er ist meist hart und widerstandsfähig und lässt sich kaum in dünne Schichten spalten. Siltstein kann versetzte Schichten, Rippelmarken und interne Schichtungen aufweisen. Er ist seltener als Schieferton oder Sandstein und bildet nur selten mächtige Schichten.

EIGENSCHAFTEN

GESTEINSART Marin, Süßwasser, glazial, sedimentär
FOSSILIEN Wirbellose, Wirbeltiere, Pflanzen
HAUPTGEMENGTEILE Quarz, Feldspat
NEBENGEMENGTEILE Glimmer, Chlorit, glimmerhaltige Tonminerale
FARBE Grau bis beige
GEFÜGE Feinkörnig, gerundet bis kantig

GRAUER SILTSTEIN
Die winzigen Körner, aus denen Siltstein besteht, sind nur unter dem Mikroskop zu erkennen.

MERGELHÜGEL
Auf diesem Hügel in Namibia steht eine Sandsteinsäule.

MERGEL

MERGEL besteht wie Schieferton aus Ton- und Siltpartikeln, ist aber auf Grund anderer Sedimentationsbedingungen nicht in dünne Platten spaltbar. Mergel weist die gleiche Farbskala auf wie Schieferton, wobei auch entsprechende Beziehungen zwischen Farbe und Mineralzusammensetzung bestehen. Mergel mit einem hohen Anteil an Calcit werden auch als Kalkmergel bezeichnet. Mergelschichten können mehrere Meter mächtig sein.

EIGENSCHAFTEN

GESTEINSART Marin, Süßwasser, glazial, sedimentär
FOSSILIEN Wirbellose, Wirbeltiere, Pflanzen
HAUPTGEMENGTEILE Tonminerale, Quarz
NEBENGEMENGTEILE Calcit
FARBE Grau, braun, schwarz
GEFÜGE Feinkörnig, nur unter dem Mikroskop erkennbar

FEINKÖRNIGER MERGEL
In diesem feinkörnigen Mergel sind Überreste von Pflanzen zu erkennen.

DIE TERRAKOTTA-ARMEE

DAS FORMEN VON TON ENTWICKELTE SICH BEREITS VOR TAUSENDEN VON JAHREN ZU EINER KUNSTFORM. DAS WOHL EINDRUCKSVOLLSTE BEISPIEL IST DIE TERRAKOTTA-ARMEE DES ERSTEN CHINESISCHEN KAISERS QIN SHI HUANGDI.

Bauern machten 1974 bei Brunnenarbeiten bei X'ian (China) eine Entdeckung, die sich als eine von drei Gruben mit über 7000 lebensgroßen Kriegern und Pferden aus Ton neben der Begräbnisstätte des ersten chinesischen Kaisers erweisen sollte. In der ersten Grube fand man 6000 Soldaten und einige Pferde und Wagen, in der zweiten 1400 Soldaten und Kavalleristen, und die dritte enthielt 68 Offiziere. Sie sind Bestandteil des Mausoleums von Qin Shi Huangdi, der 210 v. Chr. starb. Eine vierte Kammer war leer. Anscheinend wurde sie wegen des frühen Todes von Qin nicht fertiggestellt.

Qin Shi Huangdi war ein Tyrann, und viele Menschen starben für seine Vorhaben. Sein Grab wurde von 700 000 Zwangsarbeitern erbaut und ist noch nicht entdeckt. Es soll eine Decke mit Intarsien aus Perlen, einen Steinfußboden, der eine Landkarte des chinesischen Reichs mit 100 Flüssen aus Quecksilber bildet, und unvorstellbare, durch tödliche Fallen geschützte Schätze enthalten. Tatsächlich fand man hohe Quecksilbermengen im Boden der Umgebung.

SOLDATEN UND PFERDE
Die Soldaten scheinen nur noch auf den Befehl zum Angriff zu warten. In dem Grab wurden auch zahlreiche Waffen gefunden: Pfeile und Bogen, Speere und Schwerter sowie Zaumzeug aus Bronze und Leder, Gegenstände aus Jade und Knochen und landwirtschaftliche Gerätschaften aus Eisen.

AUFBAU DER ARMEE

Jede der hohlen, aus Ton geformten Statuen stand frei auf massiven Beinen. Dies war zuvor noch nie gelungen. Die Körperteile wurden in mehreren Negativformen hergestellt und dann zusammengefügt. Teile wie Ohren, Bärte und Rüstung wurden separat modelliert und angefügt. Die gesamte Figur wurde mit dünnen Tonschichten überzogen, aus denen man die letzten Details, die jedem Soldaten ein individuelles Aussehen verliehen, herausarbeitete. Die fertige Figur wurde bei hoher Temperatur gebrannt und anschließend bemalt und glasiert.

Zweitausend Jahre lagen die Tonfiguren in feuchtem Boden. Als sie aus der Erde gehoben wurden, begann die Glasur auszutrocknen und bröckelte mitsamt den Pigmenten ab. Mit einer chemischen Methode, die an der Universität München entwickelt wurde, hofft man, sie für kommende Generationen zu erhalten.

KONSERVIERUNG
Um die Figuren zu konservieren, wird jedes Objekt in einer Lösung, die Hydroxyethylmethacrylat (HEMA) enthält, getränkt. Diese dringt in winzige Poren in der Glasur ein. Dann wird die Figur in einem Teilchenbeschleuniger mit Elektronen beschossen, damit sich die Flüssigkeit zu einem starken Polymer verbindet, das die Glasur von innen zusammenhält, ohne ihr Aussehen zu verändern.

SANDSTEIN

KLIPPE BEI DORSET
An dieser Klippe in Dorset (England) sind abwechselnde Sandstein- und Schiefertonschichten zu erkennen.

SANDSTEIN ist nach Schieferton das zweithäufigste Sedimentgestein. Er hat einen Anteil von etwa 10 bis 20 Prozent an der Zusammensetzung der Erdkruste. Sandstein besteht aus verfestigtem Sand (Korngröße 0.063–2 mm) und ist für Geologen interessant, da er sehr häufig ansteht und ein breites Spektrum an Gefügearten und Mineralzusammensetzungen aufweist und damit wertvolle Hinweise auf Erosions- und Sedimentationsvorgänge liefert.

Sandstein besteht aus zwei Komponenten: den Körnern selber und den Zwischenräumen, die bei der Verfestigung mit einem Kitt aus Siliciumdioxid oder Calciumcarbonat aufgefüllt werden. Die körnige Komponente besteht überwiegend aus Quarz, Feldspat und kleinen Gesteinsfragmenten. Andere Minerale können in unterschiedlichen Mengen vorhanden sein. Ihre relativen Anteile geben Hinweise auf das Ursprungsgebiet und die Ablagerungsgeschwindigkeit.

FOSSILIEN
Fossilien wie der Ammonit oben rechts sind gelegentlich in Sandstein zu finden, allerdings meist nicht so gut erhalten wie in feinkörnigem Gestein. Der Fußabdruck eines Dinosauriers (oben) ist in feinkörnigem Sandstein in Namibia erhalten geblieben.

KLASSIFIKATION VON SANDSTEIN

Sandstein wird nach seinem Gefüge und seinen mineralogischen Eigenschaften klassifiziert. Von Bedeutung sind Orthoquarzit (fast reiner Quarz), Arkose (feldspatreich, überwiegend grobkörnig) und Grauwacke (feldspat- und quarzreich mit höherem Anteil an feinkörnigen Bestandteilen). Im Sandstein erhaltene Sedimentstrukturen können wichtige Indikatoren für die Entstehungsumgebung sein. Solche Strukturen sind z.B. Scherungen (durch Wind oder schnell fließendes Wasser), Rippelmarken, die durch seichtes, relativ langsam fließen-

PAINTED DESERT, ARIZONA
In der Painted Desert in Arizona (USA) bilden unterschiedlich gefärbte Sandsteinschichten ein faszinierendes Muster.

EIGENSCHAFTEN	
GESTEINSART	Kontinental, aus Geröll, sedimentär
FOSSILIEN	Wirbellose, Wirbeltiere, Pflanzen
HAUPTGEMENGTEILE	Quarz, Feldspat
NEBENGEMENGTEILE	Siliciumdioxid, Calciumcarbonat
FARBE	Cremeweiß bis rot
GEFÜGE	Mittel- bis feinkörnig, eckig bis abgerundet

STRUKTUREN IN SANDSTEIN
Dieser Sandstein aus Yorkshire (England) weist bestens erhaltene Sedimentstrukturen von Einbettung und Rutschungen auf.

DAS ROTE FORT IN DELHI (INDIEN)
Das aus rotem Sandstein erbaute Rote Fort (unten) wurde während der Regierungszeit des Mogulherrschers Shah Jahan in der Mitte des 17. Jahrhunderts erbaut. Das Gemälde aus dem 17. Jahrhundert (links) zeigt die Baustelle, die von den besten Baumeistern Shah Jahans beaufsichtigt wird.

des Wasser entstehen und die Strömungsrichtung anzeigen, Fossilspuren, Schrumpfungsrisse als Hinweis auf die Entstehung in aridem Klima, und Spuren von Rutschungen, meist in Verbindung mit einer Drehbewegung.

Sandsteinformationen zählen zu den eindrucksvollsten Naturwundern. Die meisten Sandsteinarten sind erosionsbeständig und bilden dort, wo sie auf weicherem Untergrund freiliegen, auffällige Rücken, Klippen und Plateaus. Der Canyonlands-Nationalpark im US-Bundesstaat Utah ist eine wilde Landschaft aus von Wasser und Wind erodierten Sandsteinspitzen, Schluchten und Plateaus.

BAUWERKE AUS SANDSTEIN

Sandstein ist schon seit langem ein bedeutendes Baumaterial. Seine Haltbarkeit als Baustoff und als Material für Skulpturen wird von keinem anderen Sedimentgestein übertroffen. Ein besonders schönes Beispiel für ein Sandsteinbauwerk ist das Rote Fort in Delhi (Indien), das seinen Namen den roten Sandsteinwänden verdankt. Mauern aus rotem Sandstein umschließen Paläste, Gärten, Kasernen und andere Gebäude.

PETRA
Das Schatzhaus gehört zu den bemerkenswertesten Gebäuden Petras.

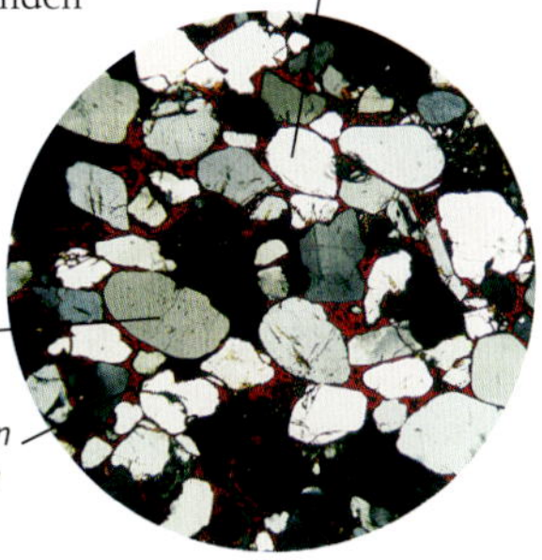

DÜNNSCHLIFF
Dieser Dünnschliff eines Wüstensandsteins aus dem Perm besteht aus vom Wind verblasenem Sand mit deutlich erkennbaren, aber nicht besonders stark abgerundeten Sandkörnern.

BEHAUENER SANDSTEIN

An zwei Orten ist die zeitlose Schönheit von behauenem Sandstein besonders eindrucksvoll zu sehen. Beide wurden in der natürlichen Umgebung aus massivem Gestein gehauen.

PETRA

Die antike Stadt Petra im heutigen Jordanien war in griechischer und römischer Zeit das Zentrum des Nabatäerreichs. Vom 4. Jahrhundert v. Chr. an war Petra ein florierendes Zentrum des Gewürzhandels, der bis nach China, Ägypten und Indien reichte. Die Stadt wurde im Jahr 106 n. Chr. von den Römern erobert und im 7. Jahrhundert aufgegeben. Zurück blieben die aus dem Sandstein gehauenen Gebäude im Wadi As-Sik. Die gut erhaltenen Gebäude sind heute eine der größten Touristenattraktionen.

ABU SIMBEL

In Abu Simbel in Ägypten stehen zwei Tempel, die unter Ramses II. (der von 1279–1213 v. Chr. regierte) erbaut wurden und von vier 20 m hohen Kolossalstatuen des Pharao geziert werden, die aus Sandstein vom Westufer des Nils gehauen wurden. In den 1960er-Jahren waren sie nach dem Bau des Assuan-Staudamms von der Überflutung bedroht. Der gesamte Komplex wurde in etwa 16 000 Blöcke zerlegt und an einer höher gelegenen Stelle wieder zusammengefügt.

ABU SIMBEL (ÄGYPTEN)
In einer technischen Meisterleistung des 20. Jahrhunderts wurde die Kolossalstatue von Ramses II. in 60 m Höhe über dem Assuanstausee versetzt.

ROTER SANDSTEIN

LIMONITSANDSTEIN

PAINTED DESERT

EINE DER EINDRUCKSVOLLSTEN UND FARBENPRÄCHTIGSTEN SEDIMENTFORMATIONEN DER WELT BEFINDET SICH IN DER HOCHGELEGENEN WÜSTENREGION NORDAMERIKAS, DIE ALS PAINTED DESERT BEKANNT IST.

SANDBILDER DER NAVAJO
Dieses zeitgenössische Sandbild wurde von einem Medizinmann der Navajo geschaffen. Sandbilder sind Bestandteil von Heilungszeremonien. Der Kranke liegt dabei auf dem Sandbild, und der Medizinmann reibt Sand über ihm. Am Ende der Zeremonie wird das Sandbild und mit ihr die Krankheit zerstört.

Der von der Regierung beauftragte Forscher Lieutenant Joseph C. Ives gab der im Bundesstaat Arizona gelegenen Wüste im Jahr 1858 ihren Namen. Er hielt den Namen Painted Desert (»Bemalte Wüste«) für eine zutreffende Beschreibung der farbenprächtigen Sedimentgesteine in der Wüstenlandschaft.

Die Painted Desert ist eine etwa 240 km lange, schmale, halbmondförmige Landschaft, die am Nordende in der Nähe des Grand Canyon 16 km und am Südende bei Holbrook 80 km breit ist. Die Höhenlage bewegt sich zwischen 1370 m und 1980 m. Die Landschaft ist mit einer jährlichen Niederschlagsmenge von nur 125 bis 230 mm sehr trocken. Die Temperaturen schwanken von -31 °C bis +41 °C. Der Pflanzenwuchs in dieser Region ist spärlich, und das Gelände ist zum Teil stark erodiert. An der Südspitze der Painted Desert liegt der Petrified Forest-Nationalpark (siehe S. 334–335).

DIE CHINLE-FORMATION

Bei dem freiliegenden Gestein in der Painted Desert handelt es sich um die Chinle-Formation aus der späten Trias (vor 200–250 Millionen Jahren), die aus Sandstein, Mergel und Schieferton besteht. In der Trias lag das nordöstliche Arizona in der Nähe des Äquators. Vor etwa 60 Millionen Jahren, nachdem die Chinle-Formation von jüngeren Schichten überdeckt worden war, wurde die Region mit dem Colorado-Plateau, in das der Colorado River den Grand Canyon eingrub, angehoben. Durch weitere Erosion traten die heute in der Painted Desert zu bewundernden Gesteine zu Tage.

VIELFARBIGE STREIFENMUSTER
Blaue, graue, violette und weiße Sedimentschichten wechseln sich in diesem erodierten Fels im südlichen Teil der Painted Desert ab. Die farbigen Felsen sind schon mit mehrschichtigen Torten verglichen worden.

Die Farbvielfalt der Formation ist das Resultat unterschiedlicher Mineralzusammensetzungen in den Sedimenten. Bei langsamer Ablagerung konzentrieren sich Eisenoxide (Hämatit) und Aluminiumoxide im Sediment und sorgen für rote, orange und rosa Farbtöne, wie sie am Nordende der Wüste auftreten. Im südlichen Teil wurde dem Sediment durch rasche Ablagerung Sauerstoff entzogen, so dass blaue, graue, weiße und violette Schichten entstanden.

Die am stärksten erodierten Gebiete der Painted Desert enthalten zahlreiche tiefe Abflussrinnen, die durch sägezahnähnliche Erhebungen getrennt sind, sowie flache Tafelberge und Spitzkuppen. Diese als Badlands (»Schlechtes Land«) bezeichneten Gegenden sind das Ergebnis heftiger Gewitterregen und plötzlicher Überflutungen. Der weiche Mergel erodiert rasch, und es entstehen Abflussrinnen. Hügel mit einer Deckschicht aus Sandstein oder Schieferton widerstehen der Erosion besser und bleiben als Erhebungen mit treppenartigem Profil stehen.

ROTE UND WEISSE SCHICHTEN
Entlang des Blue Canyon in der Painted Desert von Arizona sind rote und orangefarbene Sandsteinformationen von weißen Querstreifen aus Mergelschichten durchsetzt.

GLAUKONITSANDSTEIN

KLIPPEN AUS GRÜNSAND
Die Klippen liegen an der Südküste der englischen Insel Wight.

GLAUKONITSANDSTEIN (GRÜNSAND) ist ein Quarzsandstein mit einem hohen Anteil des grünen Glimmerminerals Glaukonit. Er entsteht in mariner Umgebung durch Ersetzung von Calcit oder durch primäre Ablagerung. Einige Glaukonitkörner sind biogenen Ursprungs: Sie stammen aus Fäkalien. Das Kalium ermöglicht eine radiometrische Altersbestimmung. Grünsand wird wegen seines Kalium- und Phosphorgehalts als Düngemittel und Wasserenthärter eingesetzt.

MARINER URSPRUNG
Glaukonitsandstein und andere Sedimentgesteine sind an der Atlantikküste Nordamerikas häufig anzutreffen.

DÜNNSCHLIFF
In diesem Dünnschliff sind runde Quarzkörner und grüner Glaukonit zu erkennen.

EIGENSCHAFTEN

GESTEINSART	Marin, aus Geröll, sedimentär
FOSSILIEN	Wirbellose, Wirbeltiere, Pflanzen
HAUPTGEMENGTEILE	Quarz, Glaukonit
NEBENGEMENGTEILE	Feldspat, Glimmer
FARBE	Grün
GEFÜGE	Mittelkörnig, kantig

GRAUWACKE

CORNWALL
Grauwacke in Cornwall (Südwestengland) wurde in tiefen Meereszonen abgelagert.

GRAUWACKE ist leicht mit Basalt zu verwechseln. Sie besteht aus grob- bis feinkörnigem Quarz, Feldspat und dunklen mafischen Mineralen wie Amphibolen und Pyroxenen, die durch eine Grundmasse aus Ton, Quarz oder Calcit verkittet sind. Grauwacke entsteht durch rasche Ablagerung in einer turbulenten Meeresströmung und kann mehrere Tausend Meter mächtig sein.

ALTES ÄGYPTEN
Im Alten Ägypten wurden aus Grauwacke Sarkophage, Gefäße und Statuen wie dieser Pharaonenkopf hergestellt.

EIGENSCHAFTEN

GESTEINSART	Marin, aus Geröll, sedimentär
FOSSILIEN	Selten
HAUPTGEMENGTEILE	Quarz, Feldspat, mafische Minerale
NEBENGEMENGTEILE	Chlorit, Biotit, Ton, Calcit
FARBE	Grau, grüngrau
GEFÜGE	Mittel- bis feinkörnig, kantig

SCHMUTZIGER SANDSTEIN
Dieses Exemplar von New Island (Kanada) zeigt das typische schmutzige und ungleichmäßige Aussehen.

DÜNNSCHLIFF
Hier sind verschiedene Korngrößen, Gesteinsfragmente und einzelne Mineralkörner zu sehen.

KALKMERGEL

FARBIGE STREIFEN
Die Painted Desert in Arizona besteht zum Teil aus Kalkmergel mit unterschiedlicher Mineralzusammensetzung.

ALS KALKMERGEL werden verschiedene Gesteine mit recht unterschiedlicher Zusammensetzung bezeichnet, die alle aus erdigen Gemengen feinkörniger Minerale bestehen. Die aus Tonmineralen und Calciumcarbonat bestehenden Gesteine entstehen sowohl im Meer als auch im Süßwasser. Der Calciumcarbonatanteil besteht häufig aus Schalenfragmenten von Meeres- oder Süßwasserorganismen oder aus Ausscheidungen von Algen. Grünsandmergel enthält das grüne Mineral Glaukonit, roter Kalkmergel enthält Eisenoxide. Kalkmergel ist in der Regel weißlich grau oder bräunlich.

ZIEGELFABRIK
Kalkmergel wird manchmal zermahlen, in Formen gefüllt und zu Ziegeln gebrannt.

EIGENSCHAFTEN

GESTEINSART	Marin/Süßwasser, aus Geröll, sedimentär
FOSSILIEN	Wirbellose, Wirbeltiere, Pflanzen
HAUPTGEMENGTEILE	Tonminerale, Calcit
NEBENGEMENGTEILE	Glaukonit, Hämatit
FARBE	Verschiedene
GEFÜGE	Feinkörnig, kantig

GRÜNSANDMERGEL
Kalkmergel kommt in unterschiedlichen Farben vor. Eine grüne Färbung wird durch Glaukonit oder Chlorit bewirkt.

ARKOSE

SEDIMENTE
Diese arkosehaltigen Sedimente wurden im Nordwesten Schottlands abgelagert.

ARKOSE ist ein relativ grober Sandstein, der überwiegend aus Quarz und Feldspatkörnern sowie einem geringen Glimmeranteil besteht. Sein hoher Feldspatanteil (über 25 Prozent der Sandkörner) unterscheidet ihn von anderen Sandsteinen. Die Körner sind grob nach Größe sortiert und eckig oder leicht abgerundet. Sie sind meist durch Calcit verkittet, gelegentlich aber auch durch Eisenoxide oder Siliciumdioxid. Arkose entsteht vermutlich aus Granit und ist wie dieser rosa oder grau gefärbt. Sandstein mit einem Feldspatanteil zwischen 5 Prozent und 25 Prozent wird als Subarkose bezeichnet.

DÜNNSCHLIFF
Dieser mittelkörnige Rotsandstein stammt aus präkambrischen Sedimenten bei Stoer (Schottland).

GRAUE ARKOSE
Die Bildung von Arkose weist entweder auf ein Klimaextrem oder auf eine rasche Hebung und große Höhe hin.

EIGENSCHAFTEN

GESTEINSART Terrestrisch, marin oder Süßwasser, aus Geröll, sedimentär
FOSSILIEN Selten
HAUPTGEMENGTEILE Quarz, Feldspat
NEBENGEMENGTEILE Glimmer
FARBE Rosa bis hellgrau
GEFÜGE Mittelkörnig, kantig

EISENSTEIN

HAMMERSLEY RANGE
Eisen verleiht diesem Gebirge in Australien seine rote Farbe.

EISENSTEIN ist ein Begriff für Sediment- und Metamorphgesteine, die zu über 15 Prozent aus Eisen bestehen. Sehr alte sedimentäre Eisenformationen aus dem Präkambrium bestehen meist aus Eisenmineralen wie Hämatit und Magnetit sowie Zwischenschichten aus Hornstein. Einige jüngere Eisensteinformationen aus dem Paläozoikum bestehen aus Oolithen (kleinen Kügelchen) von Hämatit und enthalten Fossilien. Auch in Sümpfen gibt es kleinere Eisensteinformationen. Mit Ausnahme von Raseneisenstein scheint heute kein Eisenstein mehr gebildet zu werden. Auch deshalb gibt die Entstehung von Eisenstein Rätsel auf. Einige Vorkommen sind anscheinend in der Frühzeit der Erde entstanden, als die Atmosphäre weniger Sauerstoff enthielt.

EIGENSCHAFTEN

GESTEINSART Marin/kontinental, chemisch, sedimentär
FOSSILIEN Keine oder Wirbellose
HAUPTGEMENGTEILE Hämatit, Goethit, Chamosit, Magnetit, Siderit, Limonit, Jaspis
NEBENGEMENGTEILE Pyrit, Pyrrhotin
FARBE Rot, schwarz, grau, gestreift
GEFÜGE Mittel- bis feinkörnig, kristallin bis kantig, oolithisch

BÄNDEREISENERZ
Diese gebänderten Eisensteinschichten sind in Ontario (Kanada) zu finden.

OOLITHISCHER EISENSTEIN
Die kleinen, runden Oolithe, aus denen dieses Gestein besteht, sind oft durch Calcit verkittet.

GLIMMERSANDSTEIN

GRAND CANYON (USA)
Im Gebiet des Grand Canyon ist Glimmersandstein anzutreffen.

GLIMMERSANDSTEIN enthält nicht nur Quarz, sondern auch größere Mengen an Glimmer und Feldspat. Bei den Glimmermineralen handelt es sich meist um Muskovit, seltener um Biotit. Dies ist vor allem dann zu erkennen, wenn das Gestein in Richtung der Schichtungsebene gebrochen wird. Dann sind zahlreiche glitzernde Flocken zu sehen.

Das Vorhandensein von Glimmer liefert einen wertvollen Hinweis auf die Ablagerungsbedingungen: Kleine Glimmerflocken sind sehr leicht und werden an Land leicht vom Wind weggeblasen. Glimmersandstein ist also wahrscheinlich in Wasser abgelagert worden.

EIGENSCHAFTEN

GESTEINSART Marin oder Süßwasser, aus Geröll, sedimentär
FOSSILIEN Wirbellose, Pflanzen, Wirbeltiere
HAUPTGEMENGTEILE Quarz, Feldspat, Glimmer
NEBENGEMENGTEILE Keine
FARBE Beige, grün, grau, rosa
GEFÜGE Mittelkörnig, kantig bis abgeflacht

KANTIGE KÖRNER
Glimmersandstein ist ein mittelkörniges Gestein mit guter Sortierung nach Korngröße. Die meisten Körner sind kantig, wobei der Glimmer in der Regel in Flocken auftritt.

DÜNNSCHLIFF
In diesem Dünnschliff aus Raasay auf den Inneren Hebriden sind leicht zerknitterte Muskovitflocken zu erkennen.

KNOLLEN IN MERGEL
Diese Knollen mit Calcitgrundmasse sind in Kalkmergel aus dem Tertiär eingebettet. Sie stammen aus Sizilien.

KNOLLEN UND KONKRETIONEN

KUGELIGE KNOLLE
Diese Pyritknolle besteht aus charakteristischen strahligen Pyritkristallen.

KNOLLEN UND KONKRETIONEN bilden sich bei oder nach der Entstehung eines Sedimentgesteins innerhalb der Sedimentschicht, auf dem Meeresboden aber auch über den angehäuften Sedimenten.

KNOLLEN

Eine Knolle ist eine rundliche Mineralmasse, die sich in ihrer Zusammensetzung vom umgebenden Gestein abhebt. Die meisten Knollen entstehen durch die Akkumulation von Kieselsäure und Verfestigung zu Siliciumdioxid in den Sedimenten. Knollen haben meist eine längliche Form mit einer unregelmäßigen Oberfläche. Eines der Minerale, das häufig als Knolle auftritt, ist Pyrit. Er bildet Kugeln oder rundliche Zylinder aus strahlig angeordneten Kristallen, auch flache, strahlige Scheiben, die an Sonnen erinnern. Toneisenstein aus Ton und Siderit tritt gelegentlich in Schichten aus dunkelgrauen bis braunen Knollen auf Kohleflözen auf. Knollen, die Mangan, Phosphor, Titan, Chrom und andere wertvolle Metalle enthalten, entwickeln sich am Meeresboden, ihr Abbau ist aber wegen der Tiefe und der geringen Konzentration nicht rentabel. Andere Knollen bilden sich um Überreste von Pflanzen und Tieren und sind in den Fossilisationsprozess einbezogen.

PYRIT-»SONNE«
Der Pyrit in dieser Knolle bildet eine flache, münzenähnliche Scheibe, besitzt aber immer noch die radiale Kristallstruktur. Solche Knollen werden oft als Pyrit-»Sonnen« verkauft.

HORNSTEIN UND FEUERSTEIN

Hornstein und Feuerstein tritt oft in Form dichter, strukturloser Knollen aus fast reinem kryptokristallinem Quarz in Kalkstein oder Kreide auf. Diese Knollen sind vermutlich das Ergebnis einer Ersetzung von Carbonat-

EIGENSCHAFTEN
GESTEINSART Kontinental/marin, aus Geröll, sedimentär
FOSSILIEN Wirbeltiere, Wirbellose, Pflanzen
HAUPTGEMENGTEILE Quarz, Feldspat
NEBENGEMENGTEILE Siliciumdioxid, Calciumcarbonat
FARBE Cremeweiß bis rot
GEFÜGE Fein- bis mittelkörnig, kantig bis abgerundet

FEUERSTEINKNOLLE
Diese Feuersteinknolle weist im Innern Farbunterschiede auf, die auf Fremdmaterial im Siliciumdioxid zurückzuführen sind. Ebenfalls deutlich zu erkennen ist der muschelige Bruch, der Feuerstein zu einem hervorragenden Material für Steinwerkzeuge macht.

WERKZEUGE UND WAFFEN AUS FEUERSTEIN

Hornstein und Feuerstein waren die wichtigsten Werkzeug- und Waffenmaterialien in der Steinzeit. Auf Grund der einheitlichen Korngröße, der Sprödigkeit und dem muscheligen Bruch von Feuerstein und Hornstein konnten relativ leicht Abschläge mit messerscharfen Kanten hergestellt werden. Moderne Experimente belegen, dass die Klinge eines Abschlags aus Feuerstein so scharf ist wie eine Stahlklinge.

Der Abbau von Feuerstein war vermutlich die erste Bergbautätigkeit des Menschen. Archäologen können aus der Verbreitung von Feuerstein aus einem bestimmten Abbaugebiet prähistorische Handelsrouten rekonstruieren. In der Neusteinzeit (8000–2000 v. Chr.) wurden in den weichen Kalkgesteinen Frankreichs und Großbritanniens bis zu 100 m tiefe Stollen gegraben, aus denen Feuerstein geborgen wurde. Bis ins 19. Jahrhundert hinein war der Feuersteinabbau zur Herstellung von Flinten ein lohnendes Geschäft.

PISTOLE MIT FEUERSTEINSCHLOSS
Ein auf Stahl schlagender Feuerstein schlug einen Funken, der das Schießpulver entzündete.

PFEILSPITZEN
Feuerstein kann zu äußerst scharfkantigen Formen behauen werden.

gestein durch Siliciumdioxid und enthalten oft Fossilien und Spurenfossilien wie Fraßgänge und Röhren.

Da sie hart und chemisch beständig sind, reichern sie sich bei der Verwitterung des umgebenden Carbonatgesteins im Boden an. Feuerstein und Hornstein enthalten meist Beimischungen anderer Minerale, die sie undurchsichtig erscheinen lassen. In der Regel wird weißlicher bis grauer Feuerstein in Knollen gefunden, hellbrauner bis schwarzer Hornstein manchmal auch als Einbettung.

KONKRETIONEN

Konkretionen unterscheiden sich von Knollen dadurch, dass sie aus dem gleichen Material bestehen wie das umgebende Sediment. Sie sind durch andere Minerale verkittet und widerstehen der Erosion oft besser als das umgebende Gestein. An manchen Stellen haben sich Konkretionen um pflanzliche und tierische Überreste gebildet und diese perfekt fossilisiert.

EISENSTEINKONKRETION
Diese Eisensteinkonkretion aus Mazon Creek im US-Bundesstaat Illinois hat sich um einen fossilen Farn gebildet.

BAUEN MIT FEUERSTEIN

In Gegenden, in denen es reichlich Feuerstein gibt, ist dieser ein beliebtes und haltbares Baumaterial. Mit Mörtel gemauerten Feuersteinwänden können Wind und Wetter praktisch nichts anhaben. In Südengland sind vom Acker aufgelesene Feuersteine einfach und günstig zu bekommen. In vielen Teilen Großbritanniens stehen heute noch Stadtmauern aus Feuerstein, die von den Römern erbaut wurden. Die Wände vieler mittelalterlicher Kathedralen und Burgen wurden aus einer inneren und äußeren Schicht aus behauenem Stein und einem Kern aus Feuerstein in Mörtel gebaut. Feuersteine können im Fundzustand mit Verwitterungskruste oder mit einer Bruchfläche aus schön gefärbtem, frischem Material verbaut werden. Feuersteinkiesel in noch feuchtem Verputz ergeben ebenfalls eine hübsche Fassade.

FEUERSTEINMAUER
Feuersteinmauern können aus unregelmäßigen Steinen oder aus behauenen Blöcken in attraktiven Mustern errichtet werden.

LANDHAUS AUS FEUERSTEIN
Aus Feuerstein gemauerte Landhäuser sind im Süden Englands anzutreffen, wo Feuersteinknollen auf Kreide zu finden sind.

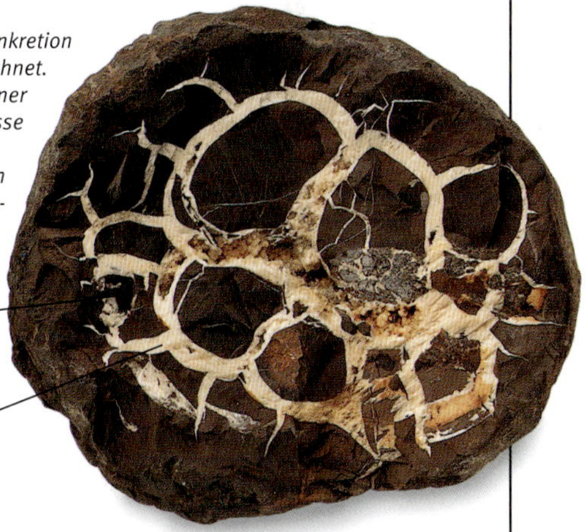

SEPTARIE
Eine ungewöhnliche Konkretion wird als Septarie bezeichnet. Sie entsteht, wenn in einer Knolle Schrumpfungsrisse auftreten, die mit aus einsickernden Lösungen abgeschiedenen Kristallen aufgefüllt werden.

WALFISCHRÜCKEN
Der Whaleback in Pennsylvania (USA) ist ein Gebiet, in dem Hunderte großer Konkretionen aus dem umgebenden Gestein herausgewittert sind. Die Verwitterung setzte nach einer Aufwölbung des Geländes ein.

HORNSTEIN

ZAPFENVERBINDUNG
Die Decksteine des Sandsteinkreises und die Trilithe sind durch Zapfenverbindungen stabilisiert. An der Spitze des stehenden Steins im Hintergrund ist der Zapfen zu erkennen.

STONEHENGE

STONEHENGE IST EINES DER BEDEUTENDSTEN MEGALITHMONUMENTE DER MENSCHHEITSGESCHICHTE. ES WURDE ZUR ZEIT DER SOGENANNTEN NEOLITHISCHEN REVOLUTION IN MEHREREN ABSCHNITTEN ERRICHTET. IN DIESER ZEIT LÖSTEN BAUWERKE AUS SORGFÄLTIG BEHAUENEN UND EINGEPASSTEN STEINEN DIE BISHERIGEN EINFACH AUFGESCHICHTETEN FORMEN AB.

Das etwa 30 km südlich von Avebury in Wiltshire (England) gelegene Stonehenge stellt einen bedeutenden Schritt in der Verwendung von Steinen als Baumaterial dar. Es zählt zu den ersten Monumentalbauten in Europa, die aus behauenen Steinen errichtet wurden, in Anlehnung an die bereits recht hoch entwickelte Holzbautechnik. Die Steinkreise waren möglicherweise ein Versammlungsort für religiöse Riten oder ein Observatorium zur Vorhersage astronomischer Ereignisse.

Auch wenn sich die Archäologen über den Zweck nicht einig sind, so doch über die Konstruktion. Stonehenge wurde von 3100 v. Chr. an in verschiedenen Abschnitten erbaut. Im ersten Abschnitt wurde ein ringförmiger Graben und Wall mit einem Durchmesser von etwa 98 m errichtet. An der Innenseite des Walls wurde ein Kreis aus 56 flachen Löchern gegraben. Auf der anderen Seite des Grabens im Nordwesten wurden zwei parallele Standsteine aufgestellt, die den Eingang markierten. Einer dieser Steine steht noch. In den 56 Löchern (den Aubrey-Löchern) wurde Asche von Feuerbestattungen gefunden. Zu dieser Zeit fanden hier also Begräbnisrituale statt.

Die Anlage wurde bis etwa 2600 v. Chr. genutzt, dann wurde sie aufgegeben. Um 2100 v. Chr. wurde sie wieder in Betrieb genommen und radikal umgestaltet. Etwa 80 Säulensteine aus Doleritblaustein (siehe S. 39) wurden aus den Preseli-Bergen in Südwestwales herangeschafft – über eine Entfernung von 385 km. Die

einzelnen Blöcke waren bis zu 4 Tonnen schwer und wurden auf dem See- und Landweg transportiert. Diese Doleritblöcke wurden im Zentrum der Anlage zu zwei konzentrischen Kreisen angeordnet. Die Steinkreise wurden jedoch nie fertig gestellt.

HAUPTBAUABSCHNITT

Um 2000 v. Chr. begann ein neuer Bauabschnitt. Die Doleritblausteine mussten einem Steinkreis mit Decksteinen weichen, und im Innern des Kreises wurde eine hufeisenförmige Steinsetzung aus großen Sandsteinen (Sarsensteinen) errichtet. Diese bis zu 9 m hohen und bis zu 50 Tonnen schweren Sandsteinblöcke beherrschen heute die Anlage. Sie bestehen aus Sandstein aus dem Tertiär und wurden von den Marlborough Downs 30 km nördlich der Anlage herbeigeschafft. Der Kreis besteht aus 30 aufrecht stehenden Steinen, die durch Querblöcke verbunden waren. Innerhalb dieses Kreises wurde eine hufeisenförmige Formation aus fünf Trilithen errichtet.

Die senkrechten Steine des Sarsenrings waren mit Steinhämmern in eine nach oben schmaler werdende Form gebracht worden. Die Decksteine wurden mit Zapfenverbindungen gesichert. Sie sind zu einem Kreis angeordnet und durch Nut- und Federverbindungen miteinander verbunden. Die Decksteine der Trilithen sind auf die gleiche Weise gesichert.

Zwischen 2000 und 1550 v. Chr. wurden einige der zuvor beseitigten Blausteine in einer hufeisenförmigen Anordnung innerhalb des Sandsteinhufeisens wieder aufgestellt. Zwischen 1550 und 1100 v. Chr. errichtete man dann zwischen dem Sandsteinkreis und dem Hufeisen ein Kreis aus Doleritsäulen. Schließlich wurde ein großer Block aus grünem Sandstein, den man heute Altarstein nennt, aus Südwales herangeschafft und im inneren Hufeisen aufgestellt.

POPULÄRE THEORIE

1963 schrieb der amerikanische Astronom Gerald Hawkins in der Zeitschrift Nature, die Steine seien Visiervorrichtungen zur Bestimmung von Sonnen- und Mondaufgang sowie Sommer- und Wintersonnwende gewesen, und die Aubrey-Löcher dienten der Vorhersage von Mondfinsternissen. Seine Theorie, dass Stonehenge ein astronomisches Zentrum war, in dem ein Kalender erstellt wurde und die Bewegungen von Sonne, Mond und Sternen aufgezeichnet wurden, gilt heute als sehr wahrscheinlich.

LUFTAUFNAHME
Diese Luftaufnahme zeigt die noch erhaltenen Teile des inneren und äußeren Kreises und die Trilithe. Der Graben ist nicht zu erkennen.

TEIL DES ÄUSSEREN STEINKREISES
Der größte noch stehende Teil des äußeren Steinkreises besteht aus vier Sarsensteinen mit Decksteinen. Ursprünglich waren 30 solche Steinsäulen mit ihren Decksteinen zu einem geschlossenen Kreis angeordnet.

METEORITE

MATERIE AUS DEM ALL
Die Akkretion der Erde dauert noch an, da immer noch Gesteinsbrocken aus dem solaren Nebel (siehe S. 11) als Meteorite auf die Erde fallen. Auf diese Weise nimmt die Masse der Erde jährlich zu.

METEORITE SIND GESTEINE, die von anderen Himmelskörpern im Sonnensystem stammen. Auf ihrer Kreisbahn um die Sonne können sie mit der Erde kollidieren. Ein großer Teil der Meteoritenmaterie bewegt sich mit so hoher Geschwindigkeit, dass sie beim Eintritt in die Erdatmosphäre durch die Reibungswärme vollständig verdampft. Diese Erscheinung kennt man als Meteore (Sternschnuppen). Sehr große (über 10 g schwere) oder sehr kleine Stücke (weniger als 1 Milligramm schwer) erreichen oft die Erdoberfläche. Meteorite können in drei Typen unterteilt werden: Eisenmeteorite, Stein-Eisen-Meteorite und Steinmeteorite. Obwohl einige Meteorite als »kosmische Sedimente« bezeichnet wurden, werden sie insgesamt weder zu magmatischen oder metamorphen noch zu sedimentären Gesteinen gezählt.

IDA UND DAKTYL
Meteorite kommen von Asteroiden. Der Asteroid Ida und sein Trabant Daktyl gehören zum Asteroidengürtel zwischen Mars und Jupiter. Der unregelmäßig geformte und von Kratern übersäte Ida ist 56 km lang.

PALLASIT
Pallasite sind relativ seltene Stein-Eisen-Meteorite. Sie bestehen zu etwa einem Drittel aus Olivin und zu zwei Dritteln aus Metall.

EISEN- UND STEIN-EISEN-METEORITE

Eisenmeteorite bestehen überwiegend aus metallischem Eisen, vermischt mit Anteilen an Nickel. Diese Elemente bilden die beiden Minerale Kamacit und Taenit, die auf der Erde außerhalb von Meteoritenansammlungen selten sind. Weitere Minerale, die in geringen Mengen in Meteoriten enthalten sind, sind Troilit (FeS), einige Silikate (meist Olivin und Pyroxen), Phosphide und Graphit. Man nimmt an, dass Eisenmeteorite im Kern großer Asteroiden entstanden sind. Da sie sich so stark von den meisten irdischen Gesteinen unterscheiden, werden sie häufiger als andere Meteoritenarten als solche erkannt.

Stein-Eisen-Meteorite bestehen aus Eisen und Silikatmineralen. Die häufigste Art sind die Pallasite; sie sehen aus wie Eisenmeteorite, die von zentimetergroßen durchscheinenden Olivinkristallen (oder – seltener – Pyroxenkristallen) durchsetzt sind. Pallasite sind vermutlich an der Grenze zwischen Eisenkern und Silikatmantel größerer Asteroiden entstanden.

EISENMETEORITE
Die miteinander verwachsenen Kamacit- und Taenitkristalle bilden die widmannstättenschen Figuren, die durch Ätzen sichtbar werden und für einige Eisenmeteorite typisch sind. Diese großen Kristalle können sich nur bei sehr langsamer Abkühlung bilden. Der Meteorit wurde in Namibia gefunden.

BARRINGER-KRATER
Dieser Einschlagskrater, der nach seinem Besitzer, Daniel Barringer, benannt ist, liegt in der Wüste von Arizona. Er hat einen Durchmesser von 1,2 km. Der Meteorit schlug vor etwa 50 000 Jahren ein und hatte einen Durchmesser von ungefähr 50 m. Beim Aufprall so großer Meteorite werden solche Energiemengen frei, dass die Meteorite fast vollständig verdampfen. Es bleiben riesige Krater, aber kaum Meteoritentrümmer zurück.

ANHÄNGER AUS MOLDAVIT
Dieser Moldavit (ein Tektit) wurde zusammen mit einem Topaskristall als Anhänger gefasst.

EIGENSCHAFTEN VON STEINMETEORITEN

GESTEINSART	Magmatisch, metamorph, sedimentär
FOSSILIEN	Nicht erkennbar
HAUPTGEMENGTEILE	Olivin, Pyroxene, Plagioklas
NEBENGEMENGTEILE	Versch.
FARBE	Grau, grünlich, gelbbraun oder schwarz
GEFÜGE	Fein- bis mittelkörnig

STEINMETEORITE

Bei den Steinmeteoriten unterscheidet man Chondrite und Achondrite. Die meisten auf die Erde auftreffenden Meteorite sind Chondrite. Sie sind nach Chondren (kleine rundliche Einschlüsse aus Silikat) benannt, einer Hauptkomponente der meisten Chondrite. Chondren sind maximal nur 1 cm groß und bestehen überwiegend aus Olivin und Pyroxen sowie geringeren Anteilen aus Glas oder Feldspat. Chondren sind winzige magmatische Gesteine, die bei der Geburt des Sonnensystems geschmolzen und auf ihrer Reise durch das All auskristallisiert sind. Viele Chondrite wurden auf dem Himmelskörper, von dem sie stammen, durch wässrige Flüssigkeiten oder Metamorphose geringfügig verändert. Achondrite sind Meteorite, die stärker geologisch verändert wurden. Die meisten bestehen aus Krusten- oder Mantelmaterial ausdifferenzierter Asteroiden und ähneln irdischen magmatischen Gesteinen und durch Stoßwellenmetamorphose entstandenen Gesteinen. Die meisten Achondrite scheinen von Asteroiden zu stammen. Etwa 20 wurden aber als Marsmeteorite identifiziert und weitere 20 als Mondgestein.

STEINMETEORIT
Dieser Steinmeteorit wurde in Haryana (Indien) gefunden.

STEIN-EISEN-METEORIT
Dieser Stein-Eisen-Meteorit, der in der Atacama-Wüste in Chile gefunden wurde, weist die konkaven »Fingerabdrücke« auf, die häufig durch Verdampfung von Materie auf dem Weg durch die Atmosphäre entstehen. Seine Oberfläche zeigt Verwitterungsspuren.

TEKTITE

Wenn ein großer Meteorit auf der Erde aufschlägt, wird manchmal das irdische Gestein aufgeschmolzen und in die Höhe geschleudert. Dabei kühlt es rasch zu Gesteinsglas ab. Diese Glasstücke werden als Tektite bezeichnet. Sie sind einige Millimeter bis Zentimeter groß und hantel- oder diskusförmig. Tektite wurden auf allen Kontinenten außer der Antarktis und Südamerika gefunden. Sie sind in der Regel auf ein umrissenes Gebiet beschränkt und können einem bestimmten Einschlagskrater zugeordnet werden. So stammen die hübschen Grünglastektite, die man in der Tschechischen Republik findet, anhand ihres Alters und ihrer chemischen Zusammensetzung vom Einschlag eines Meteoriten ins Nördlinger Ries in Bayern.

ANDERE IMPAKTITE

Bei Meteoriteneinschlägen wird das Gestein oft nicht aufgeschmolzen, sondern pulverisiert. Dadurch entsteht eine als Suevit bezeichnete Brekzie. Die Druckwelle des Aufpralls kann bewirken, dass sich die Mineralkörner im Gestein neu ausrichten. So entstehen Strahlenkegel, die je nach Stärke der Druckwelle, Gesteinsart und Korngröße millimeter- bis metergroß sind. Ihre Spitze zeigt immer zum Krater hin.

STRAHLENKEGEL

MOLDAVIT

DISKUSFÖRMIGE TEKTITE

HANTELFÖRMIGER TEKTIT

MARSMETEORITE

Eine als SNCs (Shergottite, Nakhlithe und Chassignite) bezeichnete Meteoritengruppe stammt vom Mars. Die Zusammensetzung kleiner Gaseinschlüsse in den Gesteinen entspricht der Zusammensetzung der Marsatmosphäre. Von einem Marsmeteoriten mit der Bezeichnung ALH84001 nehmen einige Forscher an, dass er Spuren von außerirdischem Leben enthält. Mikrobenähnliche röhrenförmige Strukturen könnten von fossilen Bakterien stammen. Kritiker halten sie für das Ergebnis der Mineralentstehung bei hohen Temperaturen.

MARSMETEORIT
Der Meteorit ALH84001 wird von einigen Wissenschaftlern als Indiz für Leben auf dem Mars betrachtet.

METAMORPHE GESTEINE

EINE METAMORPHOSE FINDET STATT, wenn ein bestehendes Gestein Drücken oder Temperaturen ausgesetzt wird, die sich von den bei seiner Entstehung herrschenden Bedingungen unterscheiden. Dabei ordnen sich die Atome und Moleküle um, ohne dass eine Aufschmelzung stattfindet. Das Ergebnis der Umwandlung wird als metamorphes Gestein oder Metamorphit bezeichnet. Man unterscheidet drei Formen der Metamorphose: dynamische Metamorphose, Kontaktmetamorphose (oder thermische Metamorphose) und Regionalmetamorphose.

DYNAMISCHE METAMORPHOSE

Die Metamorphose kann das Resultat großräumiger Bewegungen der Erdkruste sein. Dies ist vor allem an Verwerfungen und Kontinentalrändern der Fall, wo tektonische Platten kollidieren. Gesteinsmassen werden unter hohem Druck zusammengepresst. Die allein durch den Druck verursachte mechanische Deformation wird als dynamische Metamorphose bezeichnet. Die so entstandenen Gesteine weisen ein breites Formenspektrum von kantigen Bruchstücken bis hin zu feinkörnigen oder pulverisierten Gesteinen wie Mylonit auf. Sie sind durch eine Schieferung (Ausrichtung der Mineralkörner in parallelen Ebenen) gekennzeichnet und verformt worden.

GEFALTETES GESTEIN
Wenn Sedimentgesteine wie diese Grauwacke bei Mizen Head, Irland, unter starkem Druck gefaltet werden, kann auch bei niedriger Temperatur eine Metamorphose stattfinden.

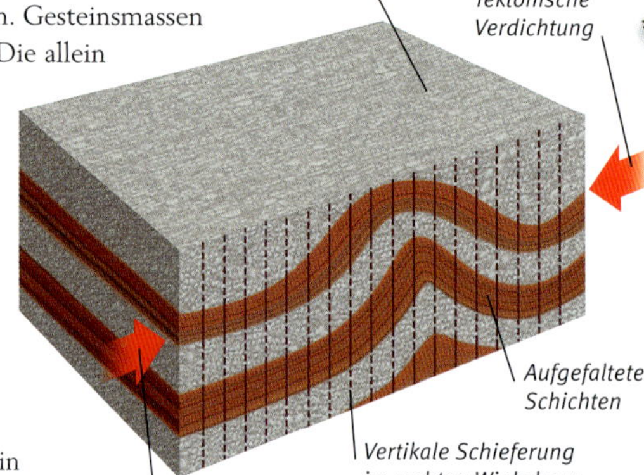

DYNAMISCHE METAMORPHOSE
Von einer dynamischen Metamorphose spricht man, wenn hoher Druck auf Sedimentgesteine ausgeübt wird. Dabei bilden sich Gesteinsschichten und schiefrige Bruchflächen.

VON SCHIEFERTON ZU GNEIS
Hier ist dargestellt, wie das Sedimentgestein Schieferton durch Einwirkung von Wärme und Druck umgewandelt werden kann. Relativ niedriger Druck reicht aus, um Schieferton in Tonschiefer zu verwandeln. Bei höheren Temperaturen und Drücken entstehen Phyllit und kristalliner Schiefer. Bei extremer Hitze und extremem Druck entsteht schließlich Gneis. Gneis ist ein typisches Produkt der Regionalmetamorphose.

KONTAKTMETAMORPHOSE

Eine Kontaktmetamorphose wird durch einen Temperaturanstieg ohne nennenswerte Druckerhöhung bewirkt. Sie findet häufig in der Umgebung magmatischer Intrusionen statt. Durch die Wärme der Intrusion wird das umgebende Gestein verändert. Da die nahe der Intrusion gelegenen Gesteine höheren Temperaturen ausgesetzt sind als die weiter entfernten, weisen sie auch andere Eigenschaften auf. Das Temperaturgefälle bewirkt, dass sich konzentrische Zonen aus bestimmten metamorphen Gesteinen bilden. Welche Minerale bei der Kontaktmetamorphose entstehen, hängt von der Zusammensetzung des Muttergesteins ab. So werden beispielsweise aluminiumhaltige Minerale wie der Feldspat in Arkosesandstein zu Glimmer und Granat; wenn Carbonatminerale wie z.B. Calcit vorhanden sind, entstehen hingegen Hornblende, Epidot und Diopsid.

KONTAKTMETAMORPHOSE
Eine große Intrusion aus magmatischem Gestein wie Granit gibt soviel Wärme an die umgebenden Gesteine ab, dass sich deren mineralogische Zusammensetzung ändert.

VERBACKENES SEDIMENT
Bei Salisbury Crag, Edinburgh (Schottland) hat eine dunkel gefärbte Intrusion aus Dolerit den helleren Sandstein »zusammengebacken«.

QUARZSCHIEFER
Oft ist ein Gestein nicht ohne weiteres als metamorphes Gestein zu erkennen. Dieser Quarz-Glimmerschiefer bei Kintyre in Schottland ist leicht mit Sandstein zu verwechseln.

REGIONAL-METAMORPHOSE

Die Entstehung von regionalmetamorphen Gesteinen hängt mit der Gebirgsbildung durch Kollision tektonischer Platten zusammen. Dabei kommt es zu einem großflächigen Temperatur- und Druckanstieg. Die wichtigsten regionalmetamorphen Gesteine sind Tonschiefer, kristalliner Schiefer und Gneis. Welches dieser Gesteine entsteht, hängt zum einen von der Temperatur und dem Druck, denen die vorhandenen Gesteine ausgesetzt wurden, zum andern von der Einwirkungsdauer dieser Bedingungen ab. Tonschiefer entsteht bei relativ niedrigen Temperaturen und Drücken. Bei besonders hohen Temperaturen und Drücken bildet sich Gneis. In Zonen mit mittleren Temperaturen und Drücken entsteht kristalliner Schiefer.

UMWANDLUNG VON MINERALEN

Wenn Temperatur und Druck relativ niedrig sind, spricht man von einer schwachen Metamorphose, wenn sie sehr hoch sind, von einer hochgradigen Metamorphose. Die Mineralzusammensetzung von Gesteinen wird vom Metamorphosegrad und der relativen Bedeutung von Druck und Temperatur bei der Reaktion beeinflusst. In einigen bei schwacher Metamorphose ablaufenden Reaktionen werden die Komponenten vorhandener Mineralzusammensetzungen einfach umverteilt. Auf diese Weise entstehen aus den eisenreichen Granatvarietäten Almandin und Magnesiumbiotit die magnesiumreichen Granatvarietäten Pyrop und Eisenbiotit. Das Eisen aus dem Almandin wandert in den Biotit und das Magnesium aus dem Biotit in den Granat. In anderen Reaktionen, die bei höheren Temperaturen und Drücken ablaufen, können Biotit und Granat völlig verschwinden, wenn ihre Bestandteile sich mit anderen Gesteinskomponenten zu ganz neuen Mineralen oder zu einer Flüssigkeit verbinden. Solche Reaktionen sind eher vom Druck als von der Temperatur abhängig. So entsteht zum Beispiel unter dem hohen Druck, der in Subduktionszonen herrscht, aus Albit Jadeit und Quarz. Jadeit besitzt eine wesentlich höhere Dichte als Albit, da die Atome unter dem hohen Druck dichter gepackt werden. Wegen der chemischen und mineralogischen Komplexität der Erdkruste können bei der Metamorphose viele verschiedene Reaktionen ablaufen.

GRANAT-AUGENGNEIS
Almandin, eine eisenreiche Granatvarietät, ist ein Mineral, das häufig in metamorphen Gesteinen wie Gneis anzutreffen ist. Der Granat kann große, augenförmige Körner (»Augen«) bilden.

ANTARKTISCHER MARMOR
Diese gefalteten Gesteine in der Royal Society Range in der Antarktis waren ursprünglich Kalksteinschichten. Sie durchliefen später eine Metamorphose, bei der sie zu Marmor umkristallisiert wurden.

MARMOR

MARMOR ist ein körniges metamorphes Gestein, das aus Kalkstein oder Dolomit (siehe S. 54) entstanden ist. Er bildet sich unter Wärme- und Druckeinwirkung und besteht aus ineinander greifenden Calcit- oder Dolomitkörnern. Marmor aus Dolomit wird als Dolomit-Marmor, Marmor mit hohem Anteil an Serpentinmineralen als Serpentin-Marmor oder Ophicalcit bezeichnet.

Marmor entsteht, wenn Kalkstein in älteren Schichten der Erdkruste von mächtigen Sedimentschichten überlagert und entsprechend hohen Drücken und Temperaturen ausgesetzt wird, oder durch Kontaktmetamorphose in der Umgebung von Intrusionen. Reiner Marmor besteht ausschließlich aus Calcit. Oft sind aber im ursprünglichen Kalkstein geringe Mengen anderer Minerale vorhanden, die bei der Metamorphose umkristallisieren und Fremdbestandteile im Marmor bilden. Die häufigsten Fremdbestandteile sind Quarz, Glimmer, Graphit, Eisenoxide und kleine Pyritkristalle. In anderen Marmorarten sind Kalk- oder Magnesiumsilikate vorhanden, z. B. Diopsid, Tremolit, Labradorit, Albit, Anorthit, Granat, Vesuvianit, Spinell, Zoisit, Epidot, Turmalin und Titanit. Viele dieser Minerale sind in ausreichender Menge vorhanden, um dem Marmor ein bestimmtes Muster zu verleihen.

MARMORARTEN

Reiner Marmor ist weiß. Da die Fremdbestandteile ursprünglich dünne Schichten anderer Minerale im Kalkstein waren, erscheinen sie als Bänder im Marmor. Serpentin, Tremolit, Brucit und Olivin geben dem Marmor einen grünlichen Farbton. Grauer Marmor entsteht meist aus relativ reinem Kalkstein und enthält wenige Fremdminerale. Geringe Mengen Graphit

SCHOTTISCHER MARMOR
Dieser Marmor kommt aus dem Ledmore-North-Steinbruch, Assynt, Sutherland, einer Region, die eher für den Granitabbau bekannt ist.

HAZRATBAL-MOSCHEE
Diese Moschee mit ihrer auffälligen Kuppel und ihrem Minarett steht in Kaschmir (Indien). Sie besteht aus weißem Marmor.

MARMORSTEINBRUCH
In Carrara (Italien) werden große Blöcke aus glitzerndem weißem Marmor aus dem Gestein geschnitten und abtransportiert.

ZICKZACK
Die Straße für den Abtransport der Marmorblöcke im Steinbruch von Carrara führt im Zickzack nach oben.

KONSTANTINSBOGEN
Dieser Triumphbogen aus Marmor steht in Rom (Italien). Er wurde im 4. Jahrhundert unserer Zeitrechnung erbaut und ist das Vorbild vieler moderner Bögen.

sind für die Färbung einiger grauer Marmorarten verantwortlich, größere Graphitanteile geben einigen schwarzen Marmoren ihre Farbe. Brauner Marmor enthält Granat und Vesuvianit. Geäderte und gemusterte Marmore entstehen oft durch Risse, die durch Calcit oder andere Minerale aufgefüllt werden. In nicht vollständig umgewandeltem Marmor können manchmal noch Fossilien aus dem ursprünglichen Kalkstein erhalten sein. Beispiele hierfür sind Carrara in Italien und Bergen in Norwegen. Wo eine vollständige Umkristallisation stattgefunden hat, sind alle fossilen Überreste verschwunden.

EIGENSCHAFTEN

GESTEINSART Regional- oder kontaktmetamorph
TEMPERATUR Hoch
DRUCK Niedrig bis hoch
STRUKTUR Kristallin
HAUPTGEMENGTEILE Calcit
NEBENGEMENGTEILE Diopsid, Tremolit, Aktinolith
FARBE Weiß, rosa
GEFÜGE Fein- bis grobkörnig
AUSGANGSGESTEIN Kalkstein, Dolomit

STATUEN AUS MARMOR

Abgesehen von Michelangelo war das goldene Zeitalter der Marmorskulpturen wohl die klassische Periode der griechischen Antike (um 480–330 v. Chr.). Die herausragenden Bildhauer dieser Epoche waren Praxiteles und Phidias. Anders als die majestätischen, aber emotionslosen Figuren seiner unmittelbaren Vorgänger drücken die Statuen von Praxiteles eine sanfte Anmut und Sinnlichkeit aus. Sein berühmtestes Werk ist die Aphrodite von Knidos, die vom römischen Schriftsteller Plinius dem Älteren als schönste Statue der Welt beschrieben wird. Diese Statue stellt die Göttin nackt dar, eine kühne Neuerung, auf die Aphrodite mit dem Aufschrei »Ach, wo hat Praxiteles mich nackt gesehen?« reagiert haben soll. Phidias betrieb die Bildhauerkunst in großem Maßstab: Er leitete die künstlerischen Arbeiten am Parthenon in Athen. Von Phidias und seinen Mitarbeitern stammen auch die Marmorfiguren auf dem Fries im Parthenontempel.

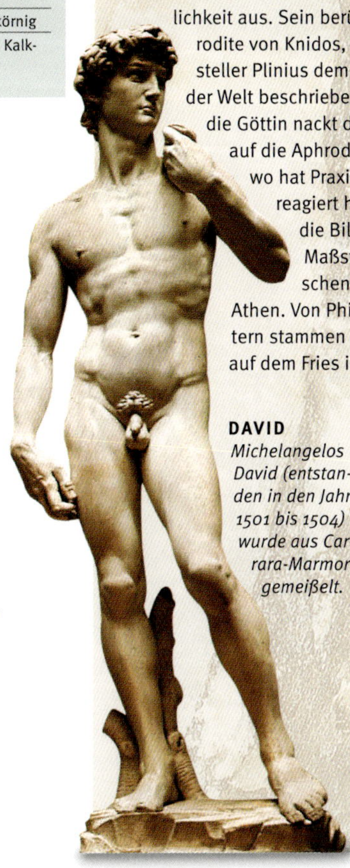

DAVID *Michelangelos David (entstanden in den Jahren 1501 bis 1504) wurde aus Carrara-Marmor gemeißelt.*

BILDHAUER *Die feine Körnung und makellose Färbung einiger Marmore ermöglicht filigrane Skulpturen wie diese Arbeit eines vietnamesischen Bildhauers.*

MARMORBREKZIE *Dieser Marmor von der griechischen Insel Skyros wurde zertrümmert. Die Risse wurden mit anderen Mineralen verfüllt und die Bruchstücke mit eisenreichem Kalkzement verkittet. Farbvariationen in der Äderung sind das Ergebnis von Zersetzungsprodukten ursprünglicher Fremdbestandteile des Marmors wie z. B. rötlicher Hämatit, brauner Limonit und blassgrüner Talk.*

DÜNNSCHLIFF *Dieser Forsteritmarmor (Forsterit und Calcit) aus Südafrika ist ein typisches Beispiel für einen hochgradig metamorphen Marmor.*

MARMORARTEN *Die vielen Farbvariationen, in denen Marmor vorkommt, entstehen durch Fremdminerale im Marmor.*

GRAUER MARMOR

OLIVIN-MARMOR

GRÜNER MARMOR

POLIERTER BLAUER MARMOR

TAJ MAHAL

DAS MARMORMAUSOLEUM IN AGRA (INDIEN), WURDE VOM MOGULHERRSCHER SHAH JAHAN ZUM GEDENKEN AN SEINE LIEBLINGSFRAU MUMTAZ MAHAL, DIE 1631 IM KINDBETT STARB, ERRICHTET.

PIETRA DURA
Edelsteine und Halbedelsteine wurden sorgfältig zu Ranken und Blumenmustern geschliffen und in Reihen in den weißen Marmor eingesetzt.

LIEBESPAAR
Shah Jahan brach das Herz, als seine Lieblingsfrau Mumtaz Mahal bei der Geburt ihres 14. Kindes starb. Er soll sich in seinen Gemächern eingeschlossen und acht Tage lang jede Nahrung verweigert haben. Als er schließlich wieder hervortrat, war sein schwarzer Bart schneeweiß geworden.

Der als schönstes Beispiel der Mogularchitektur berühmte Taj Mahal vereint Symmetrie und Harmonie zwischen allen Gebäudeteilen mit feinsten Ornamenten. Der leitende Architekt Ustad Ahmad Lahawri war vermutlich ein Inder persischer Abstammung.

Für den um 1632 in Angriff genommenen Bau wurden mehr als 20000 Arbeiter aus Indien, Persien, dem Osmanischen Reich und Europa beschäftigt. Die Fertigstellung des Mausoleumkomplexes dauerte 22 Jahre und kostete vier bis fünf Millionen Rupien. Das zentrale Mausoleum selber wurde um 1639 fertig gestellt, die Nebengebäude 1643 und die Dekorationen 1647.

MAKRANA-MARMOR

Das Mausoleum besteht aus Makrana-Marmor, einem ungewöhnlichen weißen Marmor, dessen Farbton sich je nach Intensität des Sonnen- oder Mondlichts ändert. Es ruht auf einem 7 m hohen Sockel und besteht aus vier fast identischen Seiten, die jeweils von einem zentralen Bogen von 33 m Höhe dominiert werden. Die Ecken sind abgekantet und von kleineren Bögen durchbrochen. Die Kuppel in der Mitte des Mausoleums erreicht eine Höhe von 73 m. Sie ist von vier kleineren Kuppeln umgeben. Die hervorragende Akustik in der Hauptkuppel wirft einen Flötenton fünf Mal zurück.

Der Innenraum beherbergt in der Mitte eine achteckige Marmorkammer, die mit Flachreliefs und Einlegearbeiten aus hartem Stein (pietra dura) verziert ist. Dort stehen die mit Halbedelsteinen besetzten Kenotaphe von Mumtaz Mahal und Shah Jahan, umgeben von einem Gitter aus filigran verziertem Marmor. Die Sarkophage liegen in Höhe der Gartenanlage.

DIE KENOTAPHE
Die Hauptkammer des Mausoleums enthält das Grabmal von Mumtaz Mahal (unten rechts), die unter dem Zentrum der Kuppel in Eingangsrichtung bestattet ist. Das Grab von Shah Jahan wurde später daneben eingepasst.

TAJ MAHAL
Das von vier großen Minaretten umrahmte Mausoleum liegt am Nordende einer geometrisch angelegten Gartenanlage mit langen Wasserflächen, in denen sich das Gebäude spiegelt.

TONSCHIEFER

STEINBRUCH
In Dinorwic (Wales) wurde bis 1969 blaugrauer Tonschiefer abgebaut.

TONSCHIEFER ist ein feinkörniges metamorphes Gestein mit »Schieferung«, d.h. es lässt sich in relativ dünne flache Platten spalten. Die Spaltbarkeit entsteht dadurch, dass die mikroskopisch kleinen Glimmerkristalle alle in der gleichen Ebene ausgerichtet sind. Tonschiefer entsteht, wenn Mergel, Schieferton oder felsische magmatische Gesteine von Sedimentschichten bedeckt werden und niedrigen Temperaturen und Drücken ausgesetzt sind. Tonschiefer ist weltweit in regionalmetamorphen Gebieten wie den Appalachen in den USA, dem Rheinischen Schiefergebirge in Westdeutschland oder den Taihang-Bergen in China anzutreffen. Er kann je nach Zusammensetzung und Oxidationsbedingungen des ursprünglichen Sediments unterschiedlich gefärbt sein. Schwarzer Tonschiefer entsteht in einer sauerstoffarmen Umgebung, roter in einer sauerstoffreichen. Viele Tonschiefer sind gesprenkelt oder gefleckt. Pflanzen- und Tierfossilien können erhalten sein. Tonschiefer wird für die Elektroindustrie, Arbeitsplatten, Wandtafeln und Bodenbeläge, in kleineren Stücken für Dächer abgebaut.

EIGENSCHAFTEN

GESTEINSART Regionalmetamorph
TEMPERATUR Niedrig
DRUCK Niedrig
STRUKTUR Blättrig
HAUPTGEMENGTEILE Quarz, Glimmer, Feldspat
NEBENGEMENGTEILE Pyrit, Graphit
FARBE Verschiedene
GEFÜGE Feinkörnig
AUSGANGSGESTEIN Mergel, Siltstein, Schieferton, felsische Vulkangesteine

DÜNNSCHLIFF
Dieser Tonschiefer enthält eine Ader aus gröberem Silt. Die Schieferung schneidet die Schichtungsebene in einem großen Winkel.

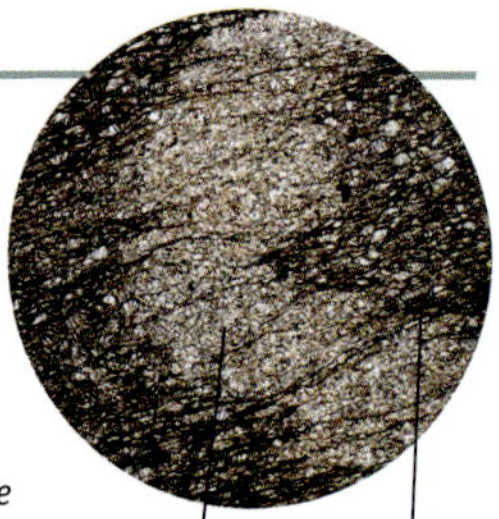

SCHIEFER AUS WALES
Dieser Tonschiefer kommt aus Wales, dem wichtigsten Abbaugebiet in Großbritannien. In den USA wird Tonschiefer in Pennsylvania und Vermont abgebaut.

SCHIEFERDÄCHER

Die Spaltbarkeit in dünne Platten mit parallelen Flächen macht Tonschiefer zu einem idealen Material zum Decken von Dächern. Abbau und Bearbeitung von Tonschiefer waren früher ein blühender Wirtschaftszweig. Spaltbarer Kalkstein wird ebenfalls als »Dachschiefer« verwendet, ist aber kein echter Schiefer.

DACH IM PIEMONT
Lokaler Tonschiefer wie hier in Italien gehört oft zur regionaltypischen Architektur.

PHYLLIT

PERU
In der gewaltigen Gebirgskette der peruanischen Anden ist reichlich Phyllit zu finden.

WIE TONSCHIEFER IST AUCH PHYLLIT ein feinkörniges metamorphes Gestein, das sich aus feinkörnigen Sedimentgesteinen wie Mergel oder Schieferton bildet, die überlagert und über lange Zeit relativ niedrigen Temperaturen und Drücken ausgesetzt werden. Durch die parallele Ausrichtung von Glimmermineralen neigt er ebenfalls zur Spaltung in Platten, ist aber grobkörniger als Tonschiefer. Aufgrund der größeren Glimmerkristalle glänzt Phyllit auch stärker.

Viele Phyllite enthalten so genannte Porphyroblasten, die bei der Metamorphose wachsen. Turmalin, Cordierit, Andalusit, Staurolith, Biotit und Pyrit sind Minerale, die häufig als Porphyroblasten in Phyllit anzutreffen sind. Phyllit tritt in regionalmetamorphen Gebieten sowohl in jungen als auch in alten, erodierten Gebirgsgürteln auf. Er wird manchmal als Pflasterstein verwendet.

DÜNNSCHLIFF
Dieser Dünnschliff lässt die dichte Anordnung gleich ausgerichteter Muskovitkristalle erkennen, die Phyllit glänzen lassen.

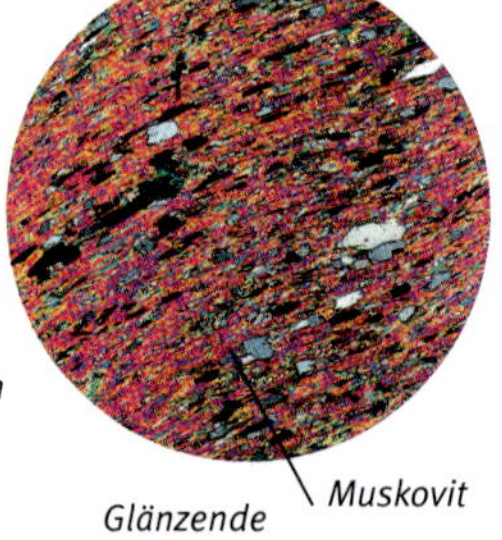

EIGENSCHAFTEN

GESTEINSART Regionalmetamorph
TEMPERATUR Niedrig bis mäßig
DRUCK Niedrig
STRUKTUR Blättrig
HAUPTGEMENGTEILE Quarz, Feldspat, Muskovit, Glimmer, Graphit, Chlorit
NEBENGEMENGTEILE Turmalin, Andalusit, Cordierit, Pyrit, Magnetit
FARBE Silbrig bis grüngrau
GEFÜGE Feinkörnig
AUSGANGSGESTEIN Mergel, Schieferton, Siltstein, felsische Vulkangesteine

GEOLOGISCHER INDIKATOR
Phyllit hat nur als Pflasterstein eine geringe wirtschaftliche Bedeutung, ist aber ein wertvoller Indikator für geologische Bedingungen.

KRISTALLINER SCHIEFER

FALTUNG
In den österreichischen Alpen steht kristalliner Schiefer an.

KRISTALLINER SCHIEFER ist ein blättriges metamorphes Gestein mit sichtbaren Mineralkristallen. Er weist meist eine deutliche Schichtung aus helleren und dunkleren Mineralen auf. Kristalliner Schiefer besteht überwiegend aus blättrigen Mineralen wie Muskovit, Chlorit, Talk, Biotit und Graphit. Die charakteristische Schieferung ist durch die parallele Ausrichtung dieser Mineralplättchen bedingt. Grünschiefer enthält reichlich grünen Chlorit, Aktinolith und Epidot, Blauschiefer viel blauen Glaukophan. Die Mineralzusammensetzung von kristallinem Schiefer hängt vom Ausgangsgestein und der Metamorphoseumgebung ab. Sie kann deshalb helfen, die Entstehungsbedingungen des ursprünglichen Gesteins und den Verlauf der Metamorphose zu ermitteln.

EIGENSCHAFTEN

GESTEINSART	Regionalmetamorph
TEMPERATUR	Niedrig bis mäßig
DRUCK	Niedrig bis mäßig
STRUKTUR	Blättrig
HAUPTGEMENGTEILE	Quarz, Feldspat, Glimmer
NEBENGEMENGTEILE	Granat, Aktinolith, Hornblende, Graphit, Kyanit
FARBE	Silbrig, grün, blau
GEFÜGE	Mittel
AUSGANGSGESTEIN	Mergel, Siltstein, Schieferton, felsische Vulkangesteine

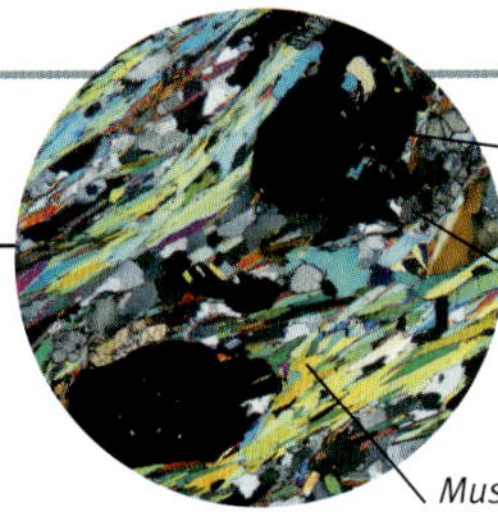

DÜNNSCHLIFF
Dieser typische Granat-Glimmer-Schiefer stammt aus den österreichischen Alpen.

MUSKOVITSCHIEFER
Das silbrige Aussehen ist auf einen hohen Anteil an Muskovitglimmer zurückzuführen.

GRANATSCHIEFER

KYANITSCHIEFER

VARIETÄTEN
Viele kristalline Schiefer enthalten Porphyroblasten: große Kristalle aus Mineralen wie Granat, die sich bei der Metamorphose bilden.

GNEIS

GNEISDOME
Diese Dome aus granitischem Gneis stehen in Südafrika.

BÄNDER AUS MINERALEN verschiedener Farbe und Korngröße sind für dieses metamorphe Gestein typisch. Meist sind sie gefaltet, manchmal sind die Falten allerdings so groß, dass sie in einem Handstück nicht erkennbar sind. Gneis weist eine mittlere bis grobe Körnung auf und unterscheidet sich von kristallinem Schiefer durch die stärker blättrige Struktur und das Fehlen der Spaltbarkeit an Schieferungsebenen. Die meisten Gneise enthalten viel Quarz und Feldspat sowie Porphyroblasten aus metamorphen Mineralen wie Granat. Sie bilden sich bei sehr hohen Temperaturen und Drücken aus sedimentären oder granitischen Gesteinen und bilden den Kern von Gebirgsketten. Manche Gneise enthalten stabförmige Minerale oder Mineralaggregate. In der Bauindustrie wird er als Granit klassifiziert.

SCHALE AUS GNEIS
Diese ägyptische Schale aus Dioritgneis entstand zwischen 2890 und 2686 v. Chr.

ABRAHAM WERNER
Der Mineraloge Werner (1741–1817) machte die alten Begriffe Gneis und Schiefer populär.

EIGENSCHAFTEN

GESTEINSART	Regionalmetamorph
TEMPERATUR	Hoch
DRUCK	Hoch
STRUKTUR	Schiefrig, kristallin
HAUPTGEMENGTEILE	Quarz, Feldspat
NEBENGEMENGTEILE	Biotit, Hornblende, Granat, Staurolith
FARBE	Grau, rosa, mehrfarbig
GEFÜGE	Grobkörnig
AUSGANGSGESTEIN	Granit, Schieferton, Granodiorit, Mergel, Siltstein, felsische Vulkangesteine

DÜNNSCHLIFF
Bänder aus hellen und dunklen Mineralen verleihen diesem Granodioritgneis aus den Hohen Tauern in den Österreichischen Alpen seine typische Textur.

GEFALTETER GNEIS

AUGENGNEIS

BIOTITGNEIS
Biotit ist eines der Minerale, die sich unter metamorphen Bedingungen bilden und kommt in großen Mengen in Biotitgneis vor.

GNEISVARIETÄTEN
Gneise weisen sehr unterschiedliche Formen und Zusammensetzungen auf.

ALPEN
In den österreichischen Alpen durchziehen Amphibolitschichten kristallinen Schiefer.

AMPHIBOLIT

DIE MEISTEN AMPHIBOLITE weisen eine gut ausgeprägte Schieferung auf. Sie bestehen hauptsächlich aus Mineralen der Amphibolgruppe wie Aktinolith (siehe Tremolit, S. 279) und enthalten oft mikroskopisch kleine Körner aus Feldspat, Pyroxen und Calcit. Einige enthalten auch makroskopische Kristalle von Mineralen wie Granat, ein Erkennungszeichen regionalmetamorpher Gesteine, die bei mäßigen Temperaturen und Drücken entstanden sind. Amphibolite bilden sich aus mafischen magmatischen Gesteinen wie Gabbro oder aus Sedimentgesteinen wie Grauwacke.

ZUSAMMENSETZUNG
Amphibolit besteht in erster Linie aus Mineralen der Amphibolgruppe, kann aber auch Feldspat, Granat, Pyroxene und Epidot enthalten.

EIGENSCHAFTEN

- **GESTEINSART** Regionalmetamorph
- **TEMPERATUR** Niedrig bis mäßig
- **DRUCK** Niedrig bis mäßig
- **STRUKTUR** Schiefrig, kristallin
- **HAUPTGEMENGTEILE** Hornblende, Aktinolith
- **NEBENGEMENGTEILE** Feldspat, Calcit, Pyroxen
- **FARBE** Grau, schwarz, grünlich
- **GEFÜGE** Grobkörnig
- **AUSGANGSGESTEIN** Basalt, Grauwacke, Dolomit

STRASSENBAU

Amphibolit wird im Straßenbau verwendet, wenn hohe Festigkeit und Beständigkeit gefordert sind. Daneben wird er auch in Platten als Fassadenverkleidung oder Fußbodenbelag eingesetzt. Manchmal wird Amphibolit unter der Bezeichnung »Schwarzer Granit« als Küchenarbeitsplatte oder Zierstein verkauft.

SCHOTTER
Schotter aus Amphibolit ist ein hochwertiges Straßenbaumaterial.

DÜNNSCHLIFF
Dieser fein gebänderte Amphibolit stammt vom Lewisian-Komplex bei Achmelvich (Schottland).

ALTER HORNFELS
Hornfels in Charnwood Forest (Großbritannien).

HORNFELS

HORNFELS ENTSTEHT DURCH Kontaktmetamorphose an magmatischen Intrusionen bei Temperaturen von 700–800 °C. Er kann sich aus fast jedem Gestein bilden. Seine Zusammensetzung hängt sowohl vom Ausgangsgestein als auch von der Temperatur und den vorhandenen Lösungen ab. Hornfels ist in der Regel dicht, hart, sehr feinkörnig sowie relativ homogen und weist einen muscheligen Bruch auf, der an Feuerstein erinnert. Manchmal ist eine Bänderung erkennbar. Hornfels wird oft durch die vorhandenen Minerale näher bezeichnet. Granathornfels ist durch seine Porphyroblasten (große Kristalle in einer Gesteinsgrundmasse) aus Granat gekennzeichnet. Dunkler Hornfels ist leicht mit Basalt zu verwechseln.

PYROXENHORNFELS

CHIASTOLITHHORNFELS

CORDIERITHORNFELS

VARIETÄTEN
Hornfelsvarietäten sind nach dem Vorhandensein von Porphyroblasten verschiedener Minerale benannt, z. B. Pyroxenhornfels, Chiastolithhornfels und Cordierithornfels.

GRANATHORNFELS
Die rote Färbung dieses Granathornfelses entsteht durch Granatkristalle im Gestein.

DÜNNSCHLIFF
Dieses Gestein entstand aus einem Mergel, der in der Umgebung einer Intrusion hohen Temperaturen ausgesetzt war.

EIGENSCHAFTEN

- **GESTEINSART** Kontaktmetamorph
- **TEMPERATUR** Mäßig bis hoch
- **DRUCK** Niedrig bis hoch
- **STRUKTUR** Kristallin
- **HAUPTGEMENGTEILE** Hornblende, Plagioklas, Andalusit, Cordierit und andere
- **NEBENGEMENGTEILE** Magnetit, Apatit, Titanit
- **FARBE** Dunkelgrau, braun, grünlich, rötlich
- **GEFÜGE** Mikrokristallin bis feinkörnig
- **AUSGANGSGESTEIN** Fast jedes Gestein

QUARZITDECKE
Der Gipfel von Stob Ban in Schottland besitzt eine Deckschicht aus Quarzit.

QUARZIT

DAS QUARZREICHE GESTEIN entsteht durch Überlagerung, Wärme und Druck aus Sandstein. Als Quarzit wird auch Gestein bezeichnet, das sich durch Niederschlag von Zement in Poren bildet. Solche Gesteine enthalten abgerundete Quarzkörner. Quarzit ist sehr hart und spröde mit muscheligem Bruch.

EIGENSCHAFTEN	
GESTEINSART	Regionalmetamorph
TEMPERATUR	Hoch
DRUCK	Niedrig bis hoch
STRUKTUR	Kristallin
HAUPTGEMENGTEILE	Quarz
NEBENGEMENGTEILE	Glimmer, Kyanit, Sillimanit
FARBE	Fast alle
GEFÜGE	Mittel
AUSGANGSGEST.	Sandstein

METAQUARZIT
Die metamorphe Varität besteht zu über 90 Prozent aus Quarz.

FELSEN
Die Tetons in Wyoming (USA) enthalten Granulit.

GRANULIT

GRANULIT entsteht wohl bei sehr hohen Temperaturen und Drücken im untersten Teil der Erdkruste. Er enthält meist sehr viel Pyroxen sowie geringere Mengen an Diopsid oder Hypersthen, Granat, Calciumplagioklas und Quarz oder Olivin. Granulit ist zäh, massiv und grobkörnig. Die »Granulitfazies« ist eine der Hauptgruppen der Klassifikation metamorpher Gesteine.

EIGENSCHAFTEN	
GESTEINSART	Regionalmetamorph
TEMPERATUR	Hoch
DRUCK	Hoch
STRUKTUR	Kristallin
HAUPTGEMENGTEILE	Feldspat, Quarz, Granat
NEBENGEMENGTEILE	Spinell, Korund
FARBE	Grau, rosa, bräunlich, gefleckt
GEFÜGE	Mittel- bis grobkörnig
AUSGANGSGESTEIN	Felsische Magmatite, Sedimentite

KEINE SCHIEFERUNG
Anders als viele andere regionalmetamorphe Gesteine weist Granulit keine Schieferung auf.

BLITZ
Wenn der Blitz in der Wüste einschlägt, verschmilzt Sand zu einem Fulgurit.

FULGURIT

FULGURIT entsteht durch Blitzschlag. Der Name ist vom lateinischen Wort für Blitz abgeleitet. Fulgurit kommt als Kruste oder als Röhre (»Blitzröhre«), manchmal mit baumartigen Verzweigungen vor. Die Röhren sind mit einer Schicht aus geschmolzenem Sand oder Glas ausgekleidet. An der Außenseite sorgt nur teilweise geschmolzener Sand für eine körnige Oberfläche. Theoretisch können sich Fulgurite aus jedem leicht schmelzbaren Gestein bilden, die meisten entstanden jedoch in Wüstengebieten aus Sand. Das umgebende lockere Material ist mit der Zeit wegerodiert.

EIGENSCHAFTEN	
GESTEINSART	Kontaktmetamorph
TEMPERATUR	Sehr hoch
DRUCK	Niedrig
STRUKTUR	Glasartig (amorph)
HAUPTGEMENGTEILE	Amorphes Siliciumdioxid
NEBENGEMENGTEILE	Versch.
FARBE	Grau, weiß
GEFÜGE	Glasartig bis sandig
AUSGANGSGESTEIN	Meist Sand

SANDFULGURIT
Sandfulgurite treten als Röhren aus geschmolzenem Sand auf, Gesteinsfulgurite als glasige Krusten.

BÄNDERUNG
Dunkle Schiefer- oder Gneisbänder durchziehen hellen Granit.

MIGMATIT

MIGMATITE ODER MISCHGESTEINE bestehen aus kristallinem Schiefer oder Gneis, der gangförmig von Granit durchzogen ist. Die Schichten können stark gefaltet sein. Migmatite treten oft in Gebieten hochgradiger Metamorphose auf. Die Granitbänder entstehen durch partielle Aufschmelzung des Gesteins bei Temperaturen unterhalb des Schmelzpunktes von Schiefer oder Gneis. Migmatite bilden sich auch in der Nähe großer Granitintrusionen, wenn ein Teil des Magmas in metamorphe Gesteine eindringt.

EIGENSCHAFTEN	
GESTEINSART	Regionalmetamorph
TEMPERATUR	Hoch
DRUCK	Hoch
STRUKTUR	Schiefrig, kristallin
HAUPTGEMENGTEILE	Quarz, Feldspat, Glimmer
NEBENGEMENGTEILE	Versch.
FARBE	Hell- und dunkelgrau, rosa, weiß gebändert
GEFÜGE	Grobkörnig
AUSGANGSGESTEIN	Verschiedene, u. a. Granit und Gneis

MISCHGESTEIN
In diesem Migmatit ist Gneis von gefalteten Granitadern durchzogen.

GEBÄNDERTER MIGMATIT
In diesem Handstück sind Bänder aus dunklem Schiefer und Gneis sowie aus hellerem Granit zu sehen.

MINERALE

MEHR ALS 350 MINERALE DER ERDE

WAS IST EIN MINERAL?

QUARZGEODE

MINERALE SIND DIE STOFFE, aus denen die Gesteine der Erde bestehen. Ein Mineral ist ein Feststoff mit einer bestimmten chemischen Zusammensetzung und Kristallstruktur. Minerale entstehen meist durch anorganische Vorgänge; einige Substanzen organischen Ursprungs wie z. B. Hydroxylapatit in Zähnen und Knochen werden aber auch zu ihnen gezählt. Substanzen wie Opal und Glas sind in ihrer chemischen Zusammensetzung und in ihrem Vorkommen ähnlich, besitzen aber keine regelmäßige innere Struktur. Sie werden als Mineraloide bezeichnet.

WORAUS BESTEHEN MINERALE?

Die meisten Minerale sind chemische Verbindungen aus zwei oder mehr Elementen. Einige wie z. B. Kupfer, Schwefel oder Gold kommen in elementarer Form (»gediegen«) vor. Ein Mineral ist durch seine chemische Formel und die Anordnung der Atome im Kristallgitter definiert. So hat z. B. Eisensulfid die chemische Formel FeS_2 (wobei Fe das chemische Symbol für Eisen und S das chemische Symbol für Schwefel ist). Eisensulfid kann aber in zwei verschiedenen Kristallformen auftreten. Wenn es im kubischen System (siehe S. 100) kristallisiert, wird es als Pyrit bezeichnet; kristallisiert es im orthorhombischen System (siehe S. 101), als Markasit.

KUPFERENTE

GEDIEGENE ELEMENTE
Gediegenes Kupfer war wahrscheinlich das erste Metall, das vom Menschen zur Herstellung von Werkzeugen oder Kunstgegenständen genutzt wurde. Dieser Entenkopf aus Kupfer entstand vor etwa 1900 Jahren in Nordafrika.

PYRIT

MARKASIT

EISENSULFIDE
Pyrit und Markasit weisen exakt die gleiche chemische Zusammensetzung auf – Eisensulfid (FeS_2) – werden aber auf Grund unterschiedlicher Kristallstrukturen als verschiedene Minerale klassifiziert.

ELEKTRISCHE LADUNG

Eine mineralische Verbindung basiert auf dem Ladungsausgleich zwischen einem positiv geladenen Teil (oft ein Metall) und einem negativ geladenen Teil. Diese Ladungsträger werden als Ionen bezeichnet. In vielen Mineralen ist der Träger der negativen Ladung kein Einzelatom, sondern eine Gruppe aus mehreren Atomen, ein so genanntes »Radikal«. So liegt z. B. der Schwefel in Pyrit als Disulfidgruppe (S_2) aus zwei Schwefelatomen vor. Die negative Ladung dieser Gruppe gleicht die positive Ladung eines Eisenatoms (Fe) aus. Das Disulfidradikal und das Eisenion bilden zusammen Eisendisulfid FeS_2, das als Pyrit oder Markasit auftreten kann. Ein anderes Beispiel ist die Verbindung von einem Kohlenstoffatom (C) und drei Sauerstoffatomen (O) zum CO_3-Radikal, das als negativ geladene Einheit auftritt. Die Träger der negativen Ladung bestimmen die Zugehörigkeit eines Minerals zu einer Mineralklasse (siehe S. 90). So werden Minerale mit zwei Schwefelatomen als Sulfide, Minerale nur mit Sauerstoff als Oxide, Minerale mit Kohlenstoff und Sauerstoff als Carbonate und Minerale mit Silicium und Sauerstoff als Silikate klassifiziert.

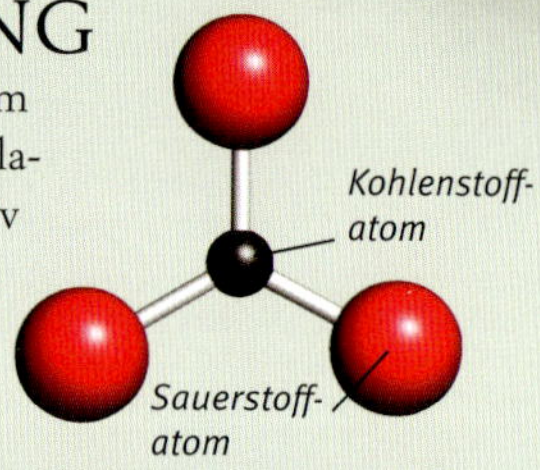

CARBONATE
Carbonate bestehen aus einem Kohlenstoff- und drei Sauerstoffatomen.

ELEMENTARER SCHWEFEL
Schwefel wird u. a. bei Kawah Ijen auf Java abgebaut. Vulkanische Gase, die aus kleinen Öffnungen im Boden (Fumarolen) entweichen, enthalten gelösten Schwefel, der sich als gelbe Kruste niederschlägt.

VULKANISCHER RHYOLITH
Die Rhyolitberge in Island bestehen, wie ihr Name besagt, aus Rhyolith, einem siliciumdioxidreichen Gestein, das durch Vulkantätigkeit entsteht.

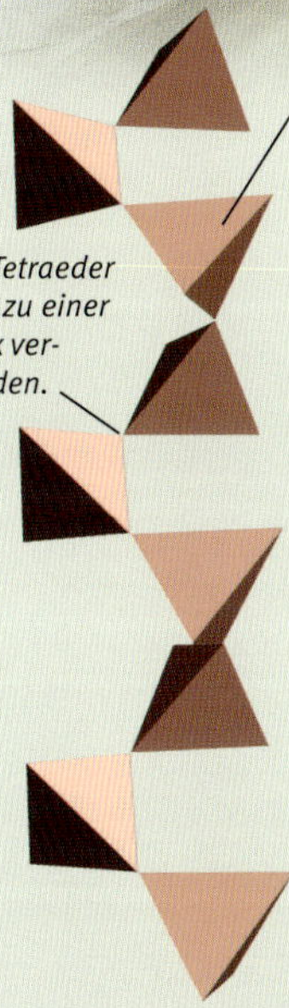

Jedes Siliciumatom verbindet sich mit vier Sauerstoffatomen zu einem Tetraeder.

Die Tetraeder sind zu einer Helix verbunden.

Kristallfläche

QUARZKRISTALL

STRUKTUR VON QUARZ
In Quarz und anderen Silikaten verbinden sich Tetraeder aus Siliciumdioxid miteinander.

HÄUFIGE MINERALE

Von den über 4000 bekannten Mineralen kommen nur etwa 100 relativ häufig vor. Silicium und Sauerstoff sind bei weitem die häufigsten Elemente in der Erdkruste. Sie machen etwa drei Viertel des Gewichts der Erdkruste aus, und Silikatminerale wie Quarz, Feldspat und Olivin sind mit Abstand die häufigsten Minerale in Gesteinen. Ihr Anteil beträgt etwa 90 Prozent. Carbonate spielen bei der Bildung von Sedimentgesteinen wie Kalkstein eine wichtige Rolle. Viele Sulfide wie z.B. Pyrit oder Bleiglanz und Oxide wie z.B. Hämatit sind ebenfalls weit verbreitet. Dasselbe gilt für einige elementare Minerale wie Kupfer.

SIERRA NEVADA
Die Gipfel der Sierra Nevada in Kalifornien bestehen aus Granit, einem Gestein, das zu etwa 70 Prozent aus Siliciumdioxid besteht.

MINERAL ODER KEIN MINERAL?

Der Begriff Mineral wird in Verbindung mit Bodenschätzen auch auf einige organische Substanzen wie Kohle, Erdöl und Erdgas angewandt, die man korrekt als Kohlenwasserstoffe bezeichnen sollte. Gase und Flüssigkeiten zählen nicht zu den Mineralen. So gilt zwar Eis, der feste Aggregatszustand von Wasser, als Mineral, flüssiges Wasser aber nicht. Genauso wenig rechnet man flüssiges Quecksilber, das manchmal in Quecksilbererz-Lagerstätten vorkommt, zu den Mineralen. Synthetisch hergestellte Edelsteine wie Smaragde und Diamanten sind im Gegensatz zu ihren natürlichen Pendants auch keine Mineralen. Auch die »Mineralstoffe« im Kontext der Ernährung sind keine Minerale im geologischen Sinne, sondern einzelne chemische Elemente wie Calcium oder Eisen.

SYNTHETISCHER SMARAGD

SYNTHETISCHER RUBIN

SYNTHETISCHE EDELSTEINE
Synthetisch hergestellte Smaragde und Rubine gelten nicht als Minerale.

ROHÖL
Erdöl zählt zwar zu den Bodenschätzen, ist aber kein Mineral, sondern ein Kohlenwasserstoff.

EISBERG
Das zu Kristallen gefrorene Wasser in einem Eisberg ist ein Mineral, das flüssige Wasser, in dem der Eisberg schwimmt, ist keines.

MINERALKLASSEN

Mineralogen klassifizieren Minerale nach ihrer chemischen Zusammensetzung (siehe S. 88–89). Im Folgenden werden die wichtigsten chemischen Gruppen mit einem typischen Vertreter vorgestellt. Innerhalb der chemischen Gruppen gibt es Untergruppen, die nach ihrem charakteristischen Mineral benannt sind. So zählen z. B. Gold, Silber, Platin und Kupfer zur chemischen Gruppe der gediegenen Elemente und innerhalb dieser Gruppe zur Goldgruppe, da sie alle eine identische Anordnung der Atome aufweisen.

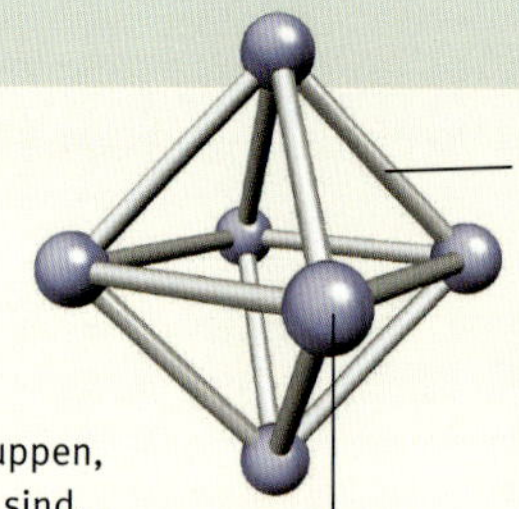

GOLDGRUPPE
Metalle der Goldgruppe weisen eine kubische Anordnung dicht gepackter Atome auf, die nach allen Seiten verbunden sind. Die Atome bilden einzelne Schichten, wobei die Atome einer Schicht in die Lücken der darüber und darunter liegenden Schichten passen. Jedes Atom besitzt somit 12 unmittelbare Nachbaratome.

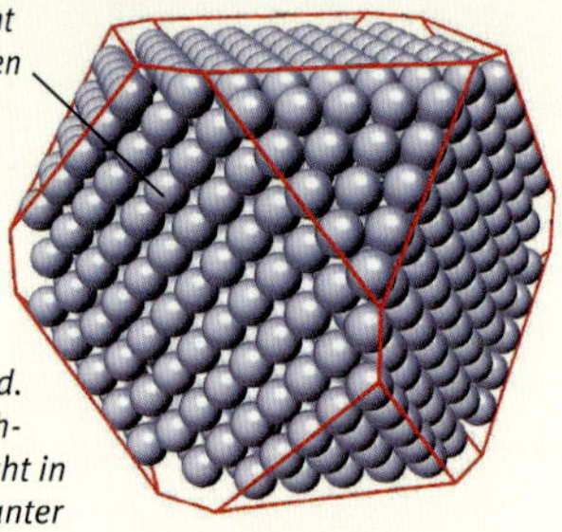

OKTAEDRISCHER GOLDKRISTALL

KUPFER

CHALKOSIN

RUBIN

GEDIEGENE ELEMENTE
Gediegene Elemente sind Minerale, die aus einem einzigen chemischen Element bestehen. Zu dieser Gruppe zählen Metalle wie Gold und Kupfer, aber auch einige Nichtmetalle wie Schwefel und Kohlenstoff.

SULFIDE
Sulfide entstehen, wenn sich ein Metall oder Halbmetall mit Schwefel verbindet. In Chalkosin (Kupferglanz) ist das Metall Kupfer.

OXIDE
Wenn Sauerstoff allein sich mit einem Metall oder Halbmetall verbindet, entsteht ein Oxidmineral. Korund und seine als Rubin bekannte rote Varietät ist chemisch gesehen Aluminiumoxid.

HYDROXIDE
Hydroxidminerale enthalten eine Hydroxylgruppe (aus Wasserstoff und Sauerstoff), die eine Verbindung mit einem metallischen Element eingegangen ist. Im Fall von Brucit ist das Metall Mangan.

BRUCIT

HALOGENIDE
Halogenide sind Verbindungen aus einem Element aus der Gruppe der Halogene (Chlor, Brom, Fluor, Jod) und einem Metall oder Halbmetall. Sylvin besteht aus Chlor und Kalium.

SYLVIN

SMITHSONIT

CARBONATE
Das aus Kohlenstoff und Sauerstoff bestehende Carbonatradikal verbindet sich mit einem Metall oder Halbmetall zu Carbonatmineralen. Im Fall von Smithsonit ist das Metall Zink.

ARSENATE, PHOSPHATE UND VANADATE
Bei diesen Mineralen verbindet sich ein Sauerstoffradikal und Arsen, Phosphor oder Vanadium mit einem Metall oder Halbmetall. Ein Mineral aus der Klasse der Phosphate ist Apatit.

APATIT

COLEMANIT

BORATE UND NITRATE
Diese Minerale enthalten Bor- und Sauerstoff- bzw. Stickstoff- und Sauerstoffradikale. Colemanit ist ein Borat, in dem Bor und Sauerstoff eine Verbindung mit Calcium und Wasser eingehen.

AMETHYST

BERNSTEIN

ORGANISCHE MINERALE
Organische Verbindungen mit ausgeprägter Kristallstruktur werden als Minerale klassifiziert. Bernstein entsteht aus Harz, weist eine amorphe Struktur auf und gehört eigentlich nicht zu den Mineralen.

COELESTIN

SULFATE, CHROMATE, WOLFRAMATE UND MOLYBDATE
Schwefel, Molybdän, Chrom oder Wolfram bilden mit Sauerstoff ein Radikal, das sich mit einem Metall oder Halbmetall verbindet. Coelestin ist ein Vertreter der Sulfate.

SILIKATE
In dieser Gruppe bilden Silicium und Sauerstoff ein tetraederförmiges Siliciumdioxidradikal, das sich mit verschiedenen Metallen oder Halbmetallen verbindet. Siliciumdioxid allein kommt als Quarz vor. Amethyst ist eine Varietät von Quarz.

OLIVINSAND
Der grüne Sand in dieser Bucht auf Hawaii besteht zum großen Teil aus Olivin, einem Mineral, das aus einer Mischreihe von Forsterit und Fayalit besteht.

MISCHREIHEN

Einige Minerale weisen keine feste chemische Zusammensetzung auf. Statt dessen sind sie homogene Gemische aus zwei Mineralarten. Diese homogenen Gemische werden als Mischreihen oder Mischkristallreihen bezeichnet. Ein Beispiel für eine solche Mischreihe ist die Olivingruppe, die aus den Mineralen Forsterit und Fayalit besteht. Forsterit ist Magnesiumsilikat (chemische Formel Mg_2SiO_4). Doch reiner Forsterit und reiner Fayalit sind selten. Die meisten Olivine sind homogene Gemische aus beiden Mineralen, wobei der relative Anteil von Magnesium und Eisen variiert. Diese Minerale werden daher als Teil einer Mischkristallreihe beschrieben, an deren Enden Forsterit und Fayalit stehen. Ein weiteres Beispiel für eine Mischreihe sind die Plagioklas-Feldspate (siehe S. 234).

FAYALIT
Das Olivinmineral Fayalit entsteht in magmatischen Gesteinen mit relativ hohem Siliciumdioxidanteil. Es ist ein Eisensilikat.

FORSTERIT
Das Olivinmineral Forsterit entsteht in siliciumdioxidarmen Magmatiten. Es ist ein Magnesiumsilikat.

PRIMÄR- UND SEKUNDÄRMINERALE

Ein Primärmineral ist ein Mineral, das direkt durch magmatische, sedimentäre oder metamorphe Prozesse auskristallisiert. Ein Sekundärmineral entsteht nachträglich durch chemische Veränderungen aus einem Primärmineral. Wenn beispielsweise kupferhaltige Primärminerale mit kohlensäurehaltigem Wasser in Berührung kommen, können sie sich in leuchtend blauen Azurit oder leuchtend grünen Malachit umwandeln. Azurit und Malachit sind Sekundärminerale.

MALACHIT
Malachit, die grüne Mineralkruste auf diesem Gestein aus der Eaglebrook Mine in Wales, ist ein aus Kupfererz entstandenes Sekundärmineral.

BRASILIANIT
Das Phosphatmineral Brasilianit ist ein Primärmineral, das überwiegend in Pegmatiten entsteht.

CHEMISCHE FORMELN

Die chemische Formel gibt an, welche Atome in welchem Verhältnis in einem Mineral vorhanden sind. In einigen Kristallstrukturen sind die Bestandteile und ihre Anteile genau festgelegt. Pyrit beispielsweise ist immer FeS_2, d. h., Eisen (Fe) und Schwefel (S) stehen im Verhältnis 1:2. In anderen Fällen, z. B. bei Mischreihen, können die Bestandteile variieren. In Olivin können Eisen und Magnesium (Mg) einander in beliebigem Verhältnis ersetzen. Die Formel lautet in diesem Fall $(Fe,Mg)_2SiO_4$.

CHEMISCHE ELEMENTE

Symbol	Name	Symbol	Name
Ac	Actinium	Mn	Mangan
Ag	Silber	Mo	Molybdän
Al	Aluminium	N	Stickstoff
Am	Americium	Na	Natrium
Ar	Argon	Nb	Niob
As	Arsen	Nd	Neodym
At	Astat	Ne	Neon
Au	Gold	Ni	Nickel
B	Bor	No	Nobelium
Ba	Barium	Np	Neptunium
Be	Beryllium	O	Sauerstoff
Bi	Wismut	Os	Osmium
Bk	Berkelium	P	Phosphor
Br	Brom	Pa	Protactinium
C	Kohlenstoff	Pb	Blei
Ca	Calcium	Pd	Palladium
Cd	Cadmium	Pm	Promethium
Ce	Cer	Po	Polonium
Cf	Californium	Pr	Praseodym
Cl	Chlor	Pt	Platin
Cm	Curium	Pu	Plutonium
Co	Kobalt	Ra	Radium
Cr	Chrom	Rb	Rubidium
Cs	Cäsium	Re	Rhenium
Cu	Kupfer	Rh	Rhodium
Dy	Dysprosium	Rn	Radon
Er	Erbium	S	Schwefel
Es	Einsteinium	Sb	Antimon
F	Fluor	Sc	Scandium
Fe	Eisen	Se	Selen
Fm	Fermium	Si	Silicium
Fr	Francium	Sm	Samarium
Ga	Gallium	Sn	Zinn
Gd	Gadolinium	Sr	Strontium
Ge	Germanium	Ta	Tantal
H	Wasserstoff	Tb	Terbium
He	Helium	Tc	Technetium
Hf	Hafnium	Te	Tellur
Hg	Quecksilber	Th	Thorium
Ho	Holmium	Ti	Titan
I	Jod	Tl	Thallium
In	Indium	Tu	Thulium
Ir	Iridium	U	Uran
K	Kalium	V	Vanadium
Kr	Krypton	W	Wolfram
La	Lanthan	Xe	Xenon
Li	Lithium	Y	Yttrium
Lu	Lutetium	Yb	Ytterbium
Lw	Lawrencium	Zn	Zink
Md	Mendelevium	Zr	Zirkonium
Mg	Magnesium		

MINERALE BESTIMMEN

SELBST FÜR FACHLEUTE ist die Bestimmung von Mineralen oft keineswegs einfach. Doch es gibt bestimmte durch die Kristallstruktur und die chemische Zusammensetzung bedingte physikalische Eigenschaften, die helfen können, Minerale auch ohne aufwendige Hilfsmittel zu bestimmen. Einige dieser Eigenschaften wie z. B. Härte und Dichte können objektiv gemessen werden, andere wie Farbe oder Glanz sind eher subjektiv zu beurteilen. Wo Minerale als Einzelkristalle anzutreffen sind, bieten sich weitere Eigenschaften als Bestimmungshilfen an (siehe S. 98–103).

GRÜNER FLUORIT

GELBER FLUORIT

VIOLETTER FLUORIT

FARBSPEKTRUM
Hier ist Fluorit in einigen verschiedenen Farben zu sehen. Die Farbe hängt von mehreren Faktoren ab, unter anderem davon, ob Spuren von Kohlenwasserstoffen vorhanden sind.

FARBE

Einige Minerale weisen eine bestimmte Farbe auf, andere nicht. Das leuchtende Blau von Azurit, das Gelb von Schwefel und das Grün von Malachit ermöglichen eine sofortige Bestimmung. Ganz anders liegt der Fall bei Fluorit, der praktisch in allen Farben vorkommt und daher nur anhand anderer Eigenschaften bestimmt werden kann.

Die Farbe in Mineralen kommt durch Absorption oder Brechung von Licht bestimmter Wellenlängen zustande. Dafür kann es verschiedene Gründe geben. Einer davon ist das Vorhandensein von Fremdatomen, die nicht zur chemischen Zusammensetzung des Minerals gehören, in der Kristallstruktur. Solche Fremdatome werden als Spurenelemente bezeichnet. Bereits drei oder vier Atome pro Million können in bestimmten Wellenlängenbereichen soviel Licht absorbieren, dass eine Farbwirkung entsteht. Welche Farbe ein Spurenelement hervorruft, hängt von der Zusammensetzung des Minerals ab. So ist Chrom sowohl für das Rot von Rubin als auch für das Grün von Smaragd verantwortlich. Farben können auch durch das Fehlen eines Atoms oder Ions an einer Gitterposition im Kristall hervorgerufen werden. Solche Fehlstellen bilden Farbzentren. Die violette Farbe einiger Fluoritvarietäten wird durch eine Fehlstelle verursacht.

Auch die Struktur des Minerals kann Farben erzeugen. So besteht Opal aus winzigen Siliciumdioxidkügelchen, die Licht brechen; Farbe und Schimmer von Mondstein hingegen entstehen durch abwechselnde dünne Schichten zweier verschiedener Feldspäte. In einigen Kristallen schwingt das Licht in verschiedenen Ebenen im Kristall. In diesem Fall scheint der Kristall, unabhängig von der eigentlichen Ursache seiner Färbung, aus unterschiedlichen Richtungen verschieden gefärbt. Dieser Effekt wird als Pleochroismus bezeichnet.

FARBENSPIEL
Die Regenbogenfarben in Opal (oben) werden durch mikroskopisch kleine Siliciumdioxidkügelchen in der Kristallstruktur hervorgerufen. In einer Elektronenmikroskopaufnahme (links) ist die zerklüftete Oberfläche von Opal zu erkennen.

IST ES EIN DIAMANT?
Ein Diamant kann anhand verschiedener Eigenschaften identifiziert werden: seiner unübertroffenen Härte, seinem Glanz, seiner vollkommenen Spaltbarkeit (die beim Edelsteinschleifen genutzt wird) und seinem Brechungsindex, der weißes Licht in seine Spektralfarben zerlegt.

GLANZ

Unter dem Glanz eines Minerals versteht man das allgemeine Erscheinungsbild seiner Oberfläche in reflektiertem Licht. Man unterscheidet grob zwischen Metallglanz und nichtmetallischem Glanz. Metallglanz ist der Glanz aller nicht angelaufenen Metalloberflächen wie Gold, Stahl oder Kupfer. Minerale mit Metallglanz sind immer undurchsichtig, selbst an dünnen Kanten. Minerale mit nichtmetallischem Glanz hingegen sind in der Regel heller und in einem gewissem Maße durchsichtig oder durchscheinend, wenn auch manchmal nur an einer dünnen Kante. Nichtmetallischer Glanz wird mit verschiedenen Begriffen genauer bezeichnet: Glasglanz bedeutet, dass das Mineral glänzt wie eine Glasscherbe. Diamantglanz bezeichnet den brillanten Glanz von Diamant, Harzglanz beschreibt den Glanz eines Harzklumpens. Perlmuttglanz erinnert an Perlmutt. Fettglanz bedeutet, dass das Mineral aussieht wie mit einem dünnen Ölfilm überzogen. Seidenglanz erinnert an Seide oder Satin. Matt bedeutet, dass das Mineral das Licht nicht oder nur schwach reflektiert, und von erdig spricht man, wenn das Mineral glanzlos ist wie Erde. Diese Unterschiede lassen sich in der Praxis leicht erkennen, aber nur schwer exakt quantifizieren.

METALLGLANZ
Das Sulfidmineral Bleiglanz weist einen Metallglanz und charakteristische Spaltflächen auf.

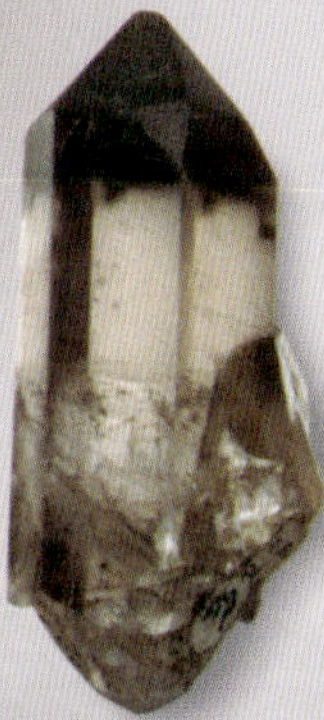

GLASGLANZ
Viele Silikatminerale wie z. B. dieser Quarzkristall haben einen Glasglanz und ähneln Glasoberflächen.

FETTGLANZ
Auripigment kann Fettglanz oder Harzglanz aufweisen. Die Unterscheidung ist subjektiv.

HARZGLANZ
Kristalle aus elementarem Schwefel werden durchsichtig oder durchscheinend und zeigen einen Harzglanz.

SEIDENGLANZ
Das Boratmineral Ulexit hat einen Seidenglanz, der an einen Satinstoff erinnert.

MATT
Ein mattes Mineral wie dieser Hämatit reflektiert das Licht nicht, ist aber nicht so körnig wie ein erdiges Mineral.

ERDIG
Erdige Minerale wie dieser feinkörnige Calcit sehen aus wie frische, trockene Erde.

STRICH

Der Strich ist die Farbe des Pulvers, das entsteht, wenn ein Mineral über eine Oberfläche aus unglasiertem Porzellan gestrichen wird. Sie ist ein sehr gutes Bestimmungsmerkmal, da die Strichfarbe eines Minerals bei weitem nicht so stark variiert wie seine Farbe. Anhand der Strichfarbe lassen sich Minerale unterscheiden, die sonst leicht verwechselt werden können. Das Eisenoxid Hämatit beispielsweise ergibt einen roten Strich, während Magnetit, ein anderes Eisenoxid, einen schwarzen Strich zeigt. Wenn ein Mineral so hart ist, dass es keinen Strich auf der Porzellantafel hinterlässt, kann seine Strichfarbe ermittelt werden, indem ein kleiner Teil der Probe pulverisiert wird.

BESTÄNDIGKEIT
Die Strichfarbe eines Minerals ändert sich nicht von Probe zu Probe, sofern die Oberfläche nicht verwittert ist.

SPALTBARKEIT

Unter Spaltbarkeit versteht man die Eigenschaft eines Minerals, entlang glatter Flächen zu brechen. Die Spaltung erfolgt an den Stellen der Kristallstruktur, an denen die Bindungskräfte zwischen den Atomen am schwächsten sind. Spaltflächen sind in der Regel glatt und reflektieren das Licht gleichmäßig. Die Spaltbarkeit wird durch die Richtung in Bezug auf die Kristallflächen (mit Begriffen wie kubisch, prismatisch, basal) und die Bereitschaft, mit der sie sich hervorrufen lässt, beschrieben. Wenn ein Mineral sich sehr leicht spalten lässt und die Spaltflächen glatt und glänzend sind, spricht man von vollkommener Spaltbarkeit. Eine weniger starke Spaltbarkeit beschreibt man als deutlich, unvollkommen und schwierig. Einige Minerale lassen sich gar nicht spalten. Die Spaltbarkeit ist eine unveränderliche Eigenschaft eines Minerals.

BERYLL
Unter dem Mikroskop weist ein Beryllkristall Brüche auf, die mit den potenziellen Spaltebenen zusammenfallen. Die Richtung der Spaltebenen und ihr Winkel zueinander ist ein gutes Bestimmungsmerkmal.

DEUTLICHE SPUREN
Die parallelen Spaltebenen dieses Barytkristalls sind deutlich zu erkennen. Baryt weist eine vollkommene Spaltbarkeit auf.

PERFEKTE GESTALT
Wenn die Calcitvarietät Islandspat (links) an einer Spaltebene bricht, entsteht ein perfekt rhombischer Kristallkörper. Islandspat ist auch an seiner Transparenz und seiner Doppelbrechung (siehe gegenüberliegende Seite) zu erkennen.

BRUCH

Einige Minerale brechen leichter in anderen Richtungen als den Spaltebenen. In diesem Fall spricht man von Bruch. Auch dieser ist ein gutes Bestimmungsmerkmal. Hakiger Bruch mit gezackten Kanten ist oft bei Metallen anzutreffen, während ein muscheliger Bruch für Quarz typisch ist. Andere Begriffe, mit denen der Bruch beschrieben wird, sind eben (rau, aber einigermaßen flach), uneben (rau und völlig unregelmäßig) und splittrig (mit teilweise losgelösten Fasern).

MUSCHELIG
Diese bronzezeitliche Axt aus Hornstein weist einen muscheligen Bruch auf, der an die Schale einer Muschel aus dem Meer erinnert.

HAKIG
Dieser Goldnugget zeigt einen hakigen Bruch mit scharfen Kanten und Spitzen.

UNEBEN
Dieser Chalkopyrit ist ein Beispiel für einen unebenen Bruch. Die Bruchflächen sind rau und völlig unregelmäßig.

ZÄHIGKEIT

Die Zähigkeit bezeichnet verschiedene physikalische Eigenschaften, die vom Zusammenhalt der Atome in der Mineralstruktur abhängig sind – z.B., ob sich ein Mineral hämmern oder ziehen lässt, oder ob es spröde ist. Gold, Silber und Kupfer sind hämmerbar, ohne dabei zu zerbrechen oder sich in Falten zu legen. Akanthit ist mit einem Messer schneidbar. Talk ist biegsam und behält die Biegung auch nach Einwirkung der Druckkraft bei. Weitere Begriffe sind ziehbar (wenn ein Mineral zu Draht gezogen werden kann), spröde (wenn es leicht zerbricht) und elastisch (wenn es verformt werden kann, aber bei Entlastung wieder die ursprüngliche Form annimmt).

BEARBEITUNG VON SILBER
Silber lässt sich leicht hämmern. Diese Eigenschaft wird bei der Herstellung von Silbergegenständen genutzt.

HÄRTE

Die Härte ist ein sehr zuverlässiges Bestimmungsmerkmal. Als Härte bezeichnet man die relative Bereitschaft eines Minerals, sich ritzen zu lassen. Ein härteres Mineral ritzt ein weicheres, aber ein weicheres kein härteres. Jedem Mineral kann eine Zahl auf der Mohsschen Härteskala zugeordnet werden, die seine Härte im Vergleich zu zehn Mineralen zunehmender Härte angibt. Die Skala reicht von 1 (weich wie Talk) bis 10 (hart wie Diamant). Die Härte darf nicht mit Zähigkeit oder Festigkeit verwechselt werden. Sehr harte Minerale (sogar Diamant) können recht spröde sein. Zwischen der Härte und der chemischen Zusammensetzung eines Mineral besteht generell ein Zusammenhang. Die meisten wasserhaltigen Minerale sind relativ weich, ebenso die Halogenide, Carbonate, Sulfate, Phosphate und die meisten Sulfide. Die meisten nicht wasserhaltigen Oxide und die Silicate sind relativ hart (über 5 auf der Mohs-Skala).

MOHSSCHE HÄRTESKALA

Härte	Mineral	Andere Materialen zum Prüfen der Härte
1	Talk	Lässt sich sehr leicht mit dem Fingernagel ritzen
2	Gips	Lässt sich mit dem Fingernagel ritzen
3	Calcit	Lässt sich gerade noch mit einer Kupfermünze ritzen
4	Fluorit	Lässt sich leicht, aber nicht so leicht wie Calcit, mit einem Messer ritzen
5	Apatit	Lässt sich nur schwer mit einem Messer ritzen
6	Orthoklas	Lässt sich nicht mit einem Messer ritzen, ritzt aber Glas gerade noch
7	Quarz	Ritzt Glas leicht
8	Topas	Ritzt Glas sehr leicht
9	Korund	Schneidet Glas
10	Diamant	Schneidet Glas

PRÜFUNG DER HÄRTE
Neben Spezialwerkzeugen kann man einen Fingernagel (ritzt Minerale mit einer Härte von weniger als 2½) oder eine Messerklinge (ritzt Minerale mit einer Härte unter 5½) verwenden.

NAGELPROBE

WERKZEUGE

BRECHUNGSINDEX

DOPPELBRECHUNG
Ein Calcitquader bricht das Licht zweifach, so dass ein Doppelbild entsteht.

Wenn Licht ein durchsichtiges oder durchscheinendes Mineral durchdringt, ändert es Richtung und Geschwindigkeit. Die Stärke dieser Brechung wird durch den Brechungsindex, das Verhältnis zwischen der Lichtgeschwindigkeit in der Luft und der Lichtgeschwindigkeit im Kristall, angegeben. Ein hoher Brechungsindex ist mit der Aufspaltung des Lichts in die Spektralfarben verknüpft. Dieser Effekt verleiht z.B. Diamant sein Feuer. Der Amateur kann den Brechungsindex mit Hilfe spezieller Flüssigkeiten ermitteln.

BRECHUNGSINDEX
Mit einem Refraktometer kann der Brechungsindex bestimmt werden.

SPEZIFISCHES GEWICHT

Das spezifische Gewicht misst die Dichte einer Substanz. Man versteht darunter das Verhältnis der Masse einer Substanz zu einem entsprechenden Wasservolumen. Ein Mineral mit einem spezifischen Gewicht von 2 ist doppelt so schwer wie das entsprechende Volumen Wasser. Das spezifische Gewicht kann mit speziellen Waagen oder mit Hilfe von Flüssigkeiten, auf denen Minerale bis zu einem bestimmten spezifischen Gewicht schwimmen, ermittelt werden. Bromoform beispielsweise kann zur Unterscheidung zwischen Quarz und Topas eingesetzt werden – Quarz schwimmt, während Topas untergeht. Mit etwas Erfahrung erhält man ein Gefühl für das spezifische Gewicht von Mineralen.

BLEIGLANZ

QUARZ

LEICHT, ABER HART
Obwohl Quarz wesentlich härter ist als das Sulfid Bleiglanz, besitzt es ein viel geringeres spezifisches Gewicht.

FLUORESZENZ

Einige Minerale weisen eine Fluoreszenz auf. Dies bedeutet, dass sie bei Bestrahlung mit UV-Licht verschiedenfarbiges Licht im sichtbaren Spektrum aussenden. Zur Feststellung der Fluoreszenz benötigt man nur eine UV-Lampe, die man im Fachhandel erwerben kann. Die Fluoreszenz allein ist kein besonders zuverlässiges Bestimmungsmerkmal für ein Mineral. Einige Exemplare eines Minerals weisen eine Fluoreszenz auf, andere wiederum nicht, obwohl sie vielleicht vom gleichen Fundort stammen und gleich aussehen. Das Phänomen der Fluoreszenz wird auf Seite 160–161 genauer erläutert.

FLUORESZIERENDER GIPS
Dieser weiße Gips fluoresziert unter UV-Licht rosarot. Er enthält Schichten aus anderen Mineralen, die keine Fluoreszenz aufweisen.

VERGESELLSCHAFTUNG

MINERALE kommen normalerweise in Gruppen oder »Gesellschaften« vor. Die Erforschung der Umstände, unter denen verschiedene Minerale miteinander vergesellschaftet wurden, liefert wichtige Informationen über die Entstehung der Gesteine. So wie Fossilien Zeugnis von der Geschichte des Lebens auf der Erde ablegen, enthalten Vergesellschaftungen von Mineralen eine Aufzeichnung über die geologische Erdgeschichte.

VERGESELLSCHAFTETE ZEOLITHE
Silikatminerale der Zeolithgruppe wie Apophyllit und Stilbit sind oft gemeinsam anzutreffen.

LOKALE GESELLSCHAFTEN

Einige Minerale sind fast immer großräumig zusammen anzutreffen, da sie in den gleichen Gesteinsarten vorkommen (siehe gegenüberliegende Seite). Andere Vergesellschaftungen sind auf Gänge, Hohlräume, Krusten oder dünne Schichten beschränkt. Die meisten lokalen Vergesellschaftungen sind über lange Zeiträume hinweg entstanden – die betreffenden Minerale entstanden nicht gleichzeitig. So kann man in einem Hohlraum (Geode), der durch eine Gasblase in der erstarrenden Lava entstanden ist, Achat, Amethyst und Calcit finden. Zuerst schied sich gelöstes Siliciumdioxid als Achatauskleidung an der Innenseite ab. Später entstanden durch eisenhaltige Siliciumdioxidlösungen Schichten aus Amethyst, und noch später wurde durch carbonatreiches Wasser Calcit abgeschieden.

BESTIMMUNG

Die Tatsache, dass bestimmte Minerale mit hoher Wahrscheinlichkeit zusammen anzutreffen sind, kann man sich beim Auffinden und Bestimmen zu Nutze machen. Bei der Suche nach Metallen ist es nützlich, zu wissen, dass Blei- und Zinkerze wie Bleiglanz und Zinkblende oft mit Calcit und Baryt vergesellschaftet sind, während Gold oft zusammen mit Quarz anzutreffen ist. Wenn Sie ein Mineral nicht gleich bestimmen können, aber ein damit vergesellschaftetes Mineral kennen, kann dies ein wertvoller Hinweis sein. So ist Bertrandit ein schwer zu bestimmendes Silikatmineral, das aber zusammen mit dem bekannten Beryll anzutreffen ist. Und wenn Sie ein Mineral als Zeolith identifiziert haben, ist ein mit ihm vergesellschaftetes Mineral wahrscheinlich ebenfalls ein Zeolith.

KRISTALLISATIONS-REIHENFOLGE
Aus der Vergesellschaftung können Schlüsse über die Reihenfolge, in der Minerale auskristallisiert sind, gezogen werden. In diesem Exemplar muss der Baryt nach dem Rauchquarz entstanden sein.

AMETHYSTGEODE
Der Amethyst in dieser Geode, einem Hohlraum in Vulkangestein, wurde aus eisenhaltigen Siliciumdioxidlösungen abgeschieden. Der Calcit setzte sich später aus carbonatreichem Wasser ab.

KUPFERLAGERSTÄTTEN

Bedeutende Erze wie diese Kupferlagerstätte in Bingham im US-Bundesstaat Utah werden oft anhand von Begleitmineralen entdeckt. In Kupferlagerstätten oxidieren die ursprünglichen (primären) Erze – zum Beispiel Chalkopyrit – an der Erdoberfläche zu Sekundärmineralen wie Malachit oder Azurit. Wenn man bei der Suche nach Erzen an der Oberfläche auf diese Erze trifft, weiß man, dass sich darunter eine hohe Konzentration an Kupfererzen befindet. Entsprechend entsteht aus Eisen- oder Manganerzen das Sekundärmineral Vivianit, dessen Auftreten an der Oberfläche auf eine Erzlagerstätte in der Tiefe schließen lässt.

WÄNDE AUS SCHIEFERTON
Im Tal des San Juan River im US-Bundesstaat Utah wurden durch Wassererosion Schichten aus Schieferton freigelegt. Unterschiedliche Gemengteile in verschiedenen Schichten liefern Informationen über die geologische Geschichte.

MINERALGEMENGE

Wenn Minerale mehr oder weniger gleichzeitig entstehen und gemeinsam in einer bestimmten Gesteinsart vorhanden sind, spricht man von einem Gemenge. So sind zum Beispiel Orthoklas, Albit, Quarz und Biotit Gemengteile von Granit; Plagioklas, Augit, Olivin und Magnetit Gemengteile von Gabbro. Aus welchen Mineralen ein Gestein besteht, hängt von den bei seiner Entstehung wirkenden Kräften ab. So besteht z. B. Schieferton, wenn er bei relativ niedriger Temperatur entstanden ist, aus Muskovit, Kaolin, Dolomit, Quarz und Feldspat, während ein bei hoher Temperatur entstandener Schieferton aus Granat, Sillimanit, Biotit und Feldspat besteht. Ein Basalt, der einer Metamorphose mit hohem Druck und niedriger Temperatur ausgesetzt ist, rekristallisiert zu einem Gestein, das Glaukophan und Albit enthält. Diese Minerale weisen einen bläulichen Farbton auf, und die daraus bestehenden Gesteine werden deshalb als Blauschiefer bezeichnet. Bei einer Metamorphose mit mäßigem Druck und mäßiger Temperatur entsteht aus dem gleichen Ausgangsgestein relativ viel Chlorit und Aktinolith, die beide eine grüne Färbung aufweisen. Das metamorphe Gestein wird deshalb als Grünschiefer bezeichnet.

SEDIMENTÄRER SCHIEFERTON
Schieferton ist ein Beispiel für ein sedimentäres Gemenge aus Tonmineralen, Quarz, Feldspat und Glimmer.

METAMORPHES GEMENGE
Aus dem Gemenge von Granit, Quarz und Glimmer können Geologen ableiten, dass sich dieses metamorphe Gestein bei mäßigem Druck und relativ niedriger Temperatur gebildet hat.

GRANITGEMENGE
Granit ist aus der vertrauten Mischung von Quarz, Feldspat und Glimmer zusammengesetzt.

FELSEN AUS KRISTALLINEM SCHIEFER
Grünschiefer wie hier im Hochland von Tibet ist ein metamorphes Gestein, das bei mäßigem Druck und mäßiger Temperatur entstanden ist.

WAS IST EIN KRISTALL?

ALLE MINERALE sind kristallin. Ein kristalliner Stoff ist ein Feststoff, in dem die Atome in einem sich wiederholenden dreidimensionalen Muster angeordnet sind. Dies zeigt sich äußerlich an ebenen Kristallflächen in geometrischen Formen. Einige Kristalle sind mit dem bloßen Auge sichtbar, andere sind so klein, dass sie nur unter einem sehr starken Mikroskop zu sehen sind. Doch alle Kristalle eines bestimmten Minerals, vom kleinsten bis zum größten, weisen die gleiche Atomanordnung auf. Die Kristallographie – die Untersuchung der geometrische Eigenschaften und der inneren Struktur von Kristallen – ist eine wesentliche Disziplin der Mineralogie.

UNTER DEM MIKROSKOP

STRUKTUR VON GOLD
Unter extremer Vergrößerung (ganz rechts) sind die einzelnen Goldatome des daneben abgebildeten Exemplars zu erkennen.

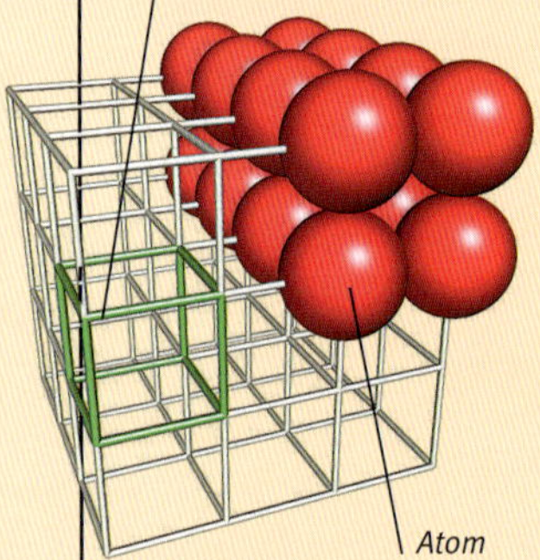

KRISTALLGITTER
Ein Gitter ist eine dreidimensionale Darstellung der inneren Struktur eines Kristalls.

ATOMSTRUKTUR

Ein Kristall ist aus vielen gleichartigen Struktureinheiten oder Zellen aufgebaut. Manche Kristalle bestehen nur aus wenigen Zellen, andere aus Millionen. Die Struktureinheit wiederholt sich in allen drei Dimensionen immer wieder und bildet auf diese Weise das Kristallgitter. Die Form der Struktureinheit und die Gittersymmetrie bestimmen Lage und Gestalt der Kristallflächen. Die Kristalle vieler Minerale besitzen Struktureinheiten, die die gleiche Form aufweisen, aber aus unterschiedlichen chemischen Elementen zusammengesetzt sind. Welche Kristallflächen schließlich an einem Kristall erscheinen, hängt sehr stark von den geologischen Bedingungen bei seiner Entstehung ab. Manche Kristallflächen treten stark in Erscheinung, andere verschwinden gänzlich. Die endgültige Form eines Kristalls wird als Habitus (siehe S. 102–103) bezeichnet.

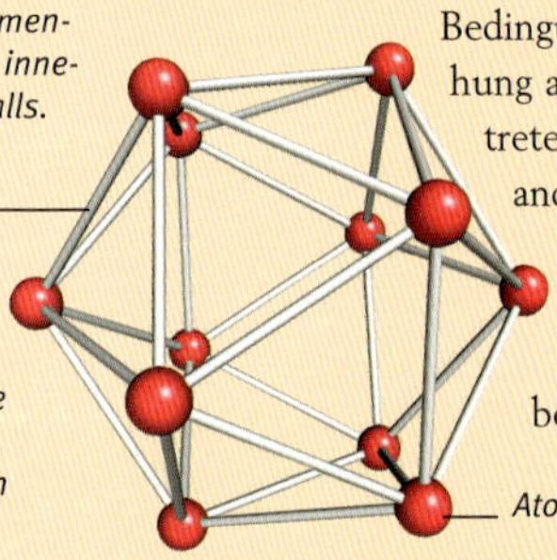

KRISTALL-STRUKTUR
Stab- und Kugelmodelle zeigen die Bindungen zwischen den Atomen in der Kristallstruktur.

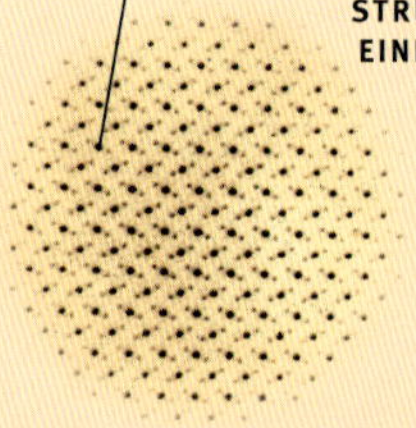

STRUKTUR VON MARKASIT
Markasitkristalle entstehen durch Aneinanderreihung von Struktureinheiten aus einem Eisen- und zwei Schwefelatomen.

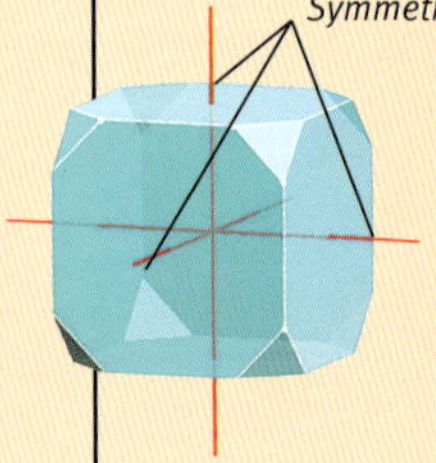

KUBISCHE SYMMETRIE
Alle kubischen Kristalle wie z. B. Halit (rechts) besitzen vier Dreifachsymmetrieachsen.

HALIT

KRISTALLSYMMETRIE

Da ein Kristall aus einer regelmäßigen geometrischen Anordnung von Struktureinheiten besteht, weisen alle Kristalle eine Symmetrie auf. Die Symmetrieformen werden in sechs Hauptgruppen, die Kristallsysteme (siehe S. 100–101), unterteilt. Das erste dieser Kristallsysteme ist das kubische, in dem alle Kristalle eine kubische Symmetrie aufweisen. Diese lässt sich wie folgt erklären. Wenn gegenüberliegende Punkte eines würfelförmigen kubischen Kristalls (z. B. Halit) zwischen Daumen und Zeigefinger gehalten werden und der Kristall um 360 Grad gedreht wird, ergibt sich drei Mal das gleiche Bild, nämlich immer, wenn die verschiedenen Flächen und Kanten ins Blickfeld treten. Alle kubischen Kristalle besitzen vier Achsen dreifacher Symmetrie. Daneben gibt es noch weitere Symmetrieachsen, die aber von Klasse zu Klasse verschieden sind.

HALITGITTER
Dieses Kugelmodell zeigt die kubische Anordnung von Natrium- und Chlorionen im Kristallgitter von Halit.

ZWILLINGSKRISTALLE

Wenn zwei oder mehr Kristalle des gleichen Minerals, z.B. Gips oder Fluorit, symmetrisch miteinander verwachsen sind, werden sie als Zwillingskristalle bezeichnet. Zwillingskristalle können durch Berührung oder Durchdringung entstehen. In Durchdringungszwillingen können die Einzelkristalle in einem Winkel zueinander stehen wie beim Staurolithkreuz oder parallel angeordnet sein wie beim Karlsbad-Zwilling von Orthoklas. Wenn drei oder mehr Einzelkristalle miteinander verwachsen sind, spricht man von einer Mehrfachbildung. Albit tritt oft in Mehrfachbildungen auf. Zwillingsbildungen kommen bei vielen Mineralen vor, sind aber für einige Arten (eine Gruppe chemisch ähnlicher Minerale) besonders typisch, so z.B. die Schwalbenschwanzzwillinge bei Gips oder die Durchdringungszwillinge bei Fluorit.

ANDREASKREUZ
Staurolith bildet üblicherweise zwei Arten von Durchdringungszwillingen, die beide einem Kreuz ähneln: ein Andreaskreuz (links) oder ein rechtwinkliges Kreuz.

SCHWALBENSCHWANZZWILLING
Die Gipsvarietät Selenit bildet manchmal schwalbenschwanzförmige Berührungszwillinge.

ZYKLISCHER ZWILLING
Eine Kristallgruppierung, die radial von einem gemeinsamen Zentrum ausgeht wie in diesem Cerussit, wird als zyklische Zwillingsbildung bezeichnet.

BERÜHRUNGSZWILLING BEI ALBIT

KARLSBAD-DURCHDRINGUNGSZWILLING (ORTHOKLAS)

FLUORITZWILLINGE
Viele der kubischen Fluoritkristalle in dieser Kristallgruppe sind Durchdringungszwillinge.

KRISTALLSYSTEME

HESSONIT
Die einzelnen Kristalle der abgebildeten Granatvarietät Hessonit gehören ins kubische System.

KRISTALLE WERDEN NACH DER MAXIMALEN SYMMETRIE ihrer Flächen in sechs verschiedene Systeme eingeteilt: das kubische, das tetragonale, das hexagonale und trigonale (in einem System zusammengefasst), das monokline, das orthorhombische und das trikline System. Jedes System ist durch die relativen Längen und Ausrichtungen der drei kristallographischen Achsen (bei verschiedener Länge mit den Buchstaben a, b und c bezeichnet) definiert. Diese Achsen sind imaginäre Linien durch das Zentrum eines idealen Kristalls. Kristallsysteme und die als Klassen bezeichneten Untergruppen sind ferner durch die Symmetrieachsen (siehe S. 98–99) definiert. Die Kristalle in einem Kristallsystem können unterschiedlich aussehen.

KUBISCH

Kubische Kristalle besitzen drei kristallographische Achsen, die gleich lang sind (a_1, a_2 und a_3) und senkrecht aufeinander stehen sowie vier Dreifachsymmetrieachsen. Die Hauptformen in diesem Kristallsystem sind Würfel, Oktaeder und rhombische Dodekaeder. Im kubischen System kristallisieren u.a. Halit, Kupfer, Gold, Silber, Platin, Eisen, Fluorit, Leucit, Diamant, Granat, Spinell, Pyrit, Bleiglanz und Magnetit. Das kubische System wird gelegentlich auch als isometrisches System bezeichnet.

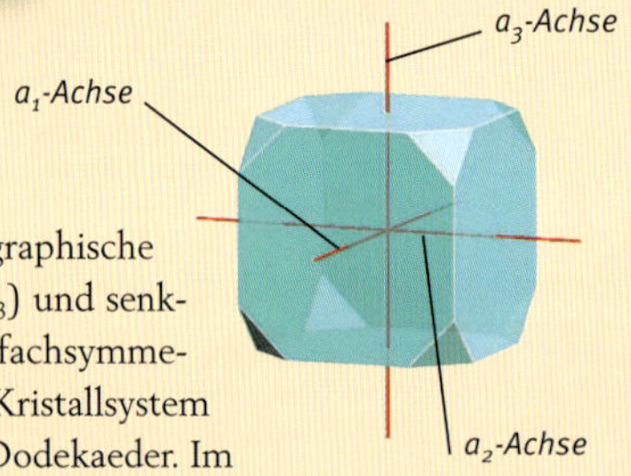

PYRITWÜRFEL
Pyritkristalle sind in der Regel würfelförmig, kommen aber gelegentlich auch als fünfeckige Dodekaeder und Oktaeder oder als Kombination dieser drei Formen vor.

TETRAGONAL

Tetragonale Kristalle besitzen drei kristallographische Achsen, die im rechten Winkel zueinander stehen. Zwei davon sind gleich lang (a_1 und a_2), die dritte ist länger oder kürzer. Sie weisen eine Vierfachsymmetrieachse als Hauptachse auf. Tetragonale Kristalle haben eine prismatische Form mit quadratischem Querschnitt. In diesem System kristallisieren u.a. Rutil, Kalomel, Zinnstein, Zirkon, Chalkopyrit und Wulfenit.

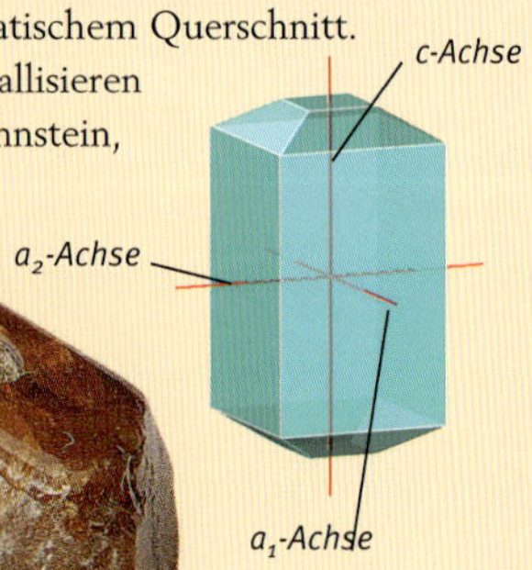

ZIRKON
Zirkon bildet tetragonale Kristalle. Bei diesem Kristall sind die Enden pyramidenförmig.

HEXAGONAL/TRIGONAL

Einige Kristallographen betrachten hexagonale und trigonale Kristalle als zu zwei verschiedenen Systemen gehörend. Normalerweise werden sie aber zu einem einzigen System zusammengefasst. Sowohl hexagonale als auch trigonale Kristalle weisen drei gleich lange kristallographische Achsen (a_1, a_2 und a_3) in einem Winkel von 120 Grad und eine senkrecht auf der Ebene der anderen drei Achsen stehende vierte Achse (c) auf. Doch während trigonale Kristalle nur eine dreifache Symmetrie aufweisen, ist es bei hexagonalen eine sechsfache Symmetrie. Im hexagonalen System kristallisieren u.a. Beryll (Smaragd und Aquamarin) und Apatit. Zum trigonalen System zählen u.a. Calcit, Quarz und Turmalin.

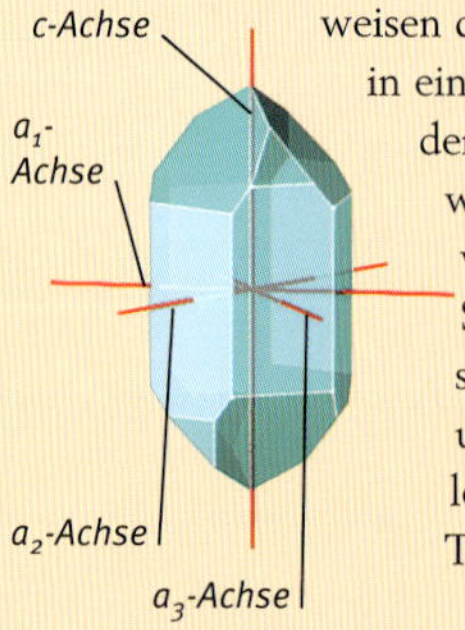

TURMALIN
Minerale der Turmalingruppe bilden trigonale Prismen.

APATIT
Apatit bildet hexagonale Prismen und weist insgesamt eine hexagonale Symmetrie auf.

MONOKLIN

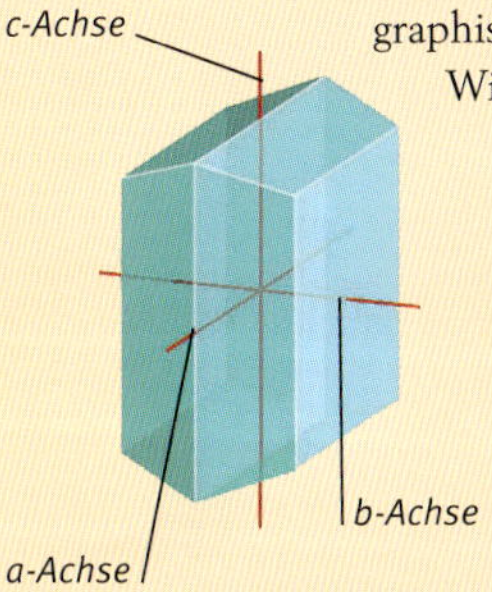

Monokline Kristalle besitzen drei ungleich lange kristallographische Achsen. Eine davon (c) steht im rechten Winkel zu den beiden anderen (a und b); diese stehen nicht senkrecht zueinander, liegen aber in der gleichen Ebene. Die Kristalle weisen eine Zweifachsymmetrieachse auf. Das monokline System ist das System, in dem die meisten Minerale kristallisieren. Das Wort monoklin bedeutet »eine Neigung«. Ins monokline System gehören u.a. Gips, Borax, Orthoklas, Muskovit, Klinopyroxen, Jadeit, Azurit, Malachit, Auripigment und Realgar.

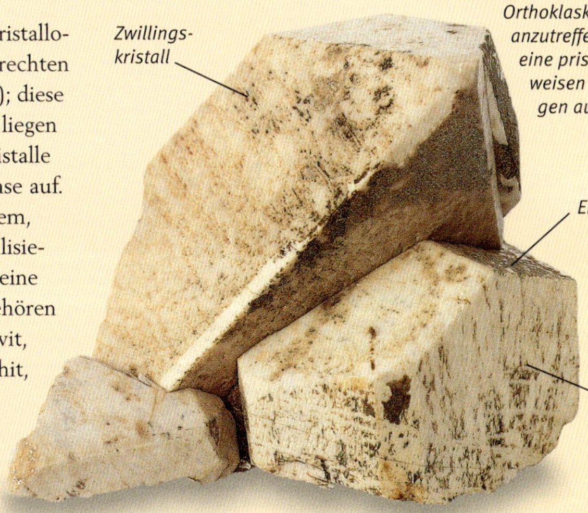

ORTHOKLAS
Orthoklaskristalle sind häufig anzutreffen. Sie haben meist eine prismatische Form und weisen oft Zwillingsbildungen auf.

GOLDENER BARYT
Diese orthorhombischen Barytkristalle stammen aus der Barrick Goldstrike Mine in Elko im US-Bundesstaat Nevada.

ORTHORHOMBISCH

Die Kristalle im orthorhombischen System sind durch drei kristallographische Achsen (a, b und c) gekennzeichnet, die im rechten Winkel zueinander stehen und ungleich lang sind. Die Kristalle weisen drei Zweifachsymmetrieachsen auf. Das Wort bedeutet »rechtwinkliges Parallelogramm«. Im orthorhombischen System kristallisieren u.a. Olivin, Aragonit, Topas, Markasit und Baryt.

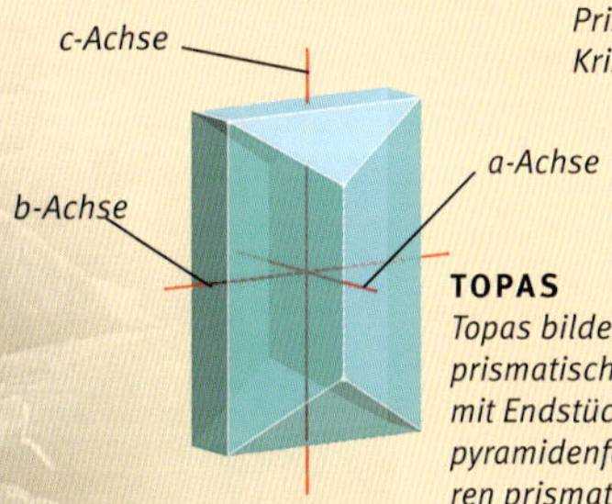

TOPAS
Topas bildet oft schöne prismatische Kristalle mit Endstücken in Doppelpyramidenform oder anderen prismatischen Formen.

TRIKLIN

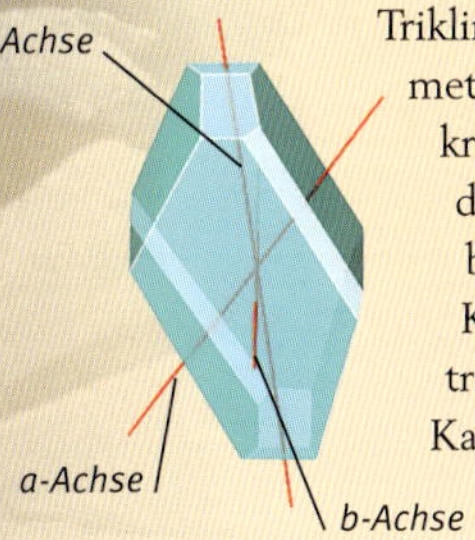

Trikline Kristalle sind die am wenigsten symmetrischen. Sie besitzen drei ungleich lange kristallographische Achsen (a, b und c), die einen Winkel von weniger als 90 Grad bilden. Die Orientierung eines triklinen Kristalls ist willkürlich. Minerale aus dem triklinen System sind u.a. Albit, Anorthit, Kaolin, Kyanit und Mikroklin.

KYANIT
Kyanit ist ein bedeutendes Mineral aus dem triklinen System, das oft Massen aus blauen, blättrigen Kristallen bildet.

HABITUS

DIE VOLLSTÄNDIGE BESCHREIBUNG der sichtbaren äußeren Form eines Kristalls wird als Habitus bezeichnet. Unter dem Habitus werden die Bezeichnungen der Kristallflächen, z.B. prismatisch oder pyramidal, und die Bezeichnung der Gestalt, z.B. kubisch oder oktaedrisch, angegeben. Daneben werden auch allgemeinere Beschreibungen wie blättrig oder dendritisch verwendet. Die Beschreibung des Habitus kann sich auf einen Einzelkristall oder auf ein Aggregat aus miteinander verwachsenen Kristallen beziehen. Aggregate werden mit Begriffen wie derb oder strahlig beschrieben.

KUGELFÖRMIG
Hier sitzen kugelige Aggregate aus Calcitkristallen auf winzigen Quarzkristallen.

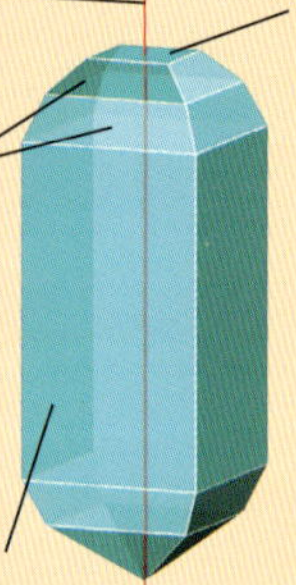

BENENNUNG VON KRISTALLFLÄCHEN
In diesem Beispiel sind alle drei Kristallflächenarten und ihre Beziehung zur c-Achse dargestellt.

KRISTALLFLÄCHEN

Bei den Kristallflächen unterscheidet man drei Formen, die durch die Beziehung zwischen den kristallographischen Achsen bestimmt sind: Prisma, Pyramide und Pinakoid. Prismenflächen liegen parallel zur c-Achse, Pyramidenflächen schneiden die c-Achse in einem beliebigen Winkel, und Pinakoidflächen liegen rechtwinklig zur c-Achse. Ein Kristall kann mehrere Pyramidenflächen in jeweils unterschiedlichem Winkel zur c-Achse und prismatische Haupt- und Nebenflächen mit parallelen Kanten besitzen. In den meisten Kristallen sind jedoch manche Flächen stärker entwickelt als andere. Beim Kristallwachstum verlieren sich die am schnellsten wachsenden Flächen schließlich, während die langsamer wachsenden immer stärker dominieren. Wenn Prismenflächen in einem Kristall dominieren, spricht man von einem prismatischen Habitus, bei Pyramidenflächen von einem pyramidalen Habitus und bei Pinakoidflächen von einem schuppigen Habitus. Eine Fläche am Ende eines Kristalls wird als Endfläche bezeichnet.

PRISMATISCH
In diesem langen Beryllkristall dominieren die Prismenflächen. Der Habitus wird deshalb als lang prismatisch oder langsäulig bezeichnet.

PYRAMIDAL
Wenn Pyramidenflächen in beiden Richtungen dominieren wie bei diesem Saphir, spricht man von einem dipyramidalen Habitus.

SCHUPPIG
Diese gelben Wulfenitkristalle können als schuppiger Habitus beschrieben werden.

KRISTALLFORMEN

Einige Habitusbezeichnungen leiten sich nur von der äußeren Form der Kristalle ab: z.B. kubisch, wenn das Mineral würfelförmige Kristalle bildet, dodekaedrisch, wenn das Mineral dodekaederförmige Kristalle bildet und rhomboedrisch, wenn das Mineral rhomboederförmige Kristalle bildet. Weisen Kristalle eines Systems eine Form auf, die zu einem anderen Kristallsystem zu gehören scheint, wird das Präfix »pseudo-« vorangestellt. So werden zyklische Zwillingsformen von orthorhombischem Aragonit, die wie hexagonale Prismen aussehen, als pseudohexagonal bezeichnet. Wenn die Endstücke eines Kristalls unterschiedlich sind, bezeichnet man den Kristall als hemimorph.

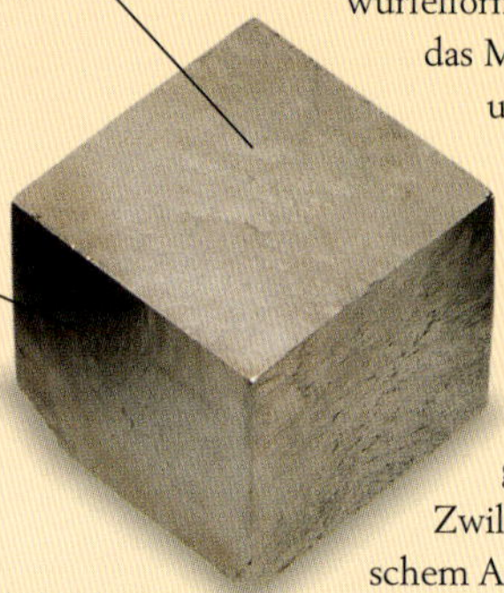

KUBISCH
Kristalle des kubischen Systems können wie dieser Pyrit eine perfekte Würfelform aufweisen.

OKTAEDRISCH
Dieser Magnetit ist als Oktaeder kristallisiert; sein Habitus kann deshalb als oktaedrisch bezeichnet werden.

DODEKAEDER
Diese Granatkristalle sind als Dodekaeder kristallisiert, weisen also einen dodekaedrischen Habitus auf.

AGGREGATE

Aggregate sind Gruppen miteinander verwachsener Kristalle. Sie unterscheiden sich von Clustern dadurch, dass in Clustern die Einzelkristalle zwar beieinander wachsen, aber nicht stark miteinander verwachsen, wie dies in Aggregaten der Fall ist. Die Form der Aggregate ist oft für eine Mineralart typisch. Zur Beschreibung von Aggregaten werden Begriffe wie körnig, faserig, strahlig, traubig, tropfsteinartig, konzentrisch, oolithisch oder derb verwendet.

FASERIG
Dieser Tremolit besteht aus schlanken, parallel oder strahlig angeordneten Kristallen.

STRAHLIG
Die Kristalle dieses Malachitaggregats gehen strahlenförmig von einem gemeinsamen Mittelpunkt aus. Malachit bildet manchmal auch sternförmige Gruppen.

TROPFSTEINARTIG
Tropfsteinartige Mineralaggregate wie dieser seltene grüne Aragonit aus einer Höhle in Frankreich erinnern an Eiszapfen.

TRAUBIG
Dieser Hämatit bildet runde Formen, die an Trauben erinnern. Das Aggregat wird deshalb als traubig bezeichnet.

GEODE
Eine Geode ist ein teilweise mit Mineralen wie Achat oder Amethyst aufgefüllter Hohlraum im Gestein.

KONZENTRISCH
Dieser Rhodochrosit bildet ein konzentrisches Aggregat mit fast kugelförmigen Schichten um einen gemeinsamen Mittelpunkt.

DERB
Eine Masse wie dieser Dumortierit, in dem die Einzelkristalle nicht als solche erkennbar sind, wird als derb bezeichnet.

ERSCHEINUNGSBILD

Einige Habitusbezeichnungen beziehen sich auf das allgemeine Erscheinungsbild eines Kristalls. So werden zum Beispiel Kristalle mit überwiegend großen, flachen, parallelen Flächen als tafelig, längliche und sehr flache Kristalle als blättrig und eiszapfenförmige Aggregate als tropfsteinartig oder stalaktitisch beschrieben.

LAMELLENFÖRMIG
Diese Glimmerkristalle werden als lamellenförmig bezeichnet. Die flachen Einzelkristalle haben die Form kleiner Plättchen und sind in Schichten angeordnet.

LINSENFÖRMIG
Die Kristalle dieser Selenitrose sind linsenförmig.

DENDRITISCH
Dendritische Aggregate wie dieses Kupfer weisen feine Verzweigungen auf, die an den Wuchs von Pflanzen erinnern.

BLÄTTRIG
Diese Kyanitkristalle sind länglich und flach wie Messerklingen. Ihr Habitus wird als blättrig bezeichnet.

NADELIG
Der Habitus dieser Masse aus schlanken, strahlig angeordneten Mesolithkristallen wird als nadelig bezeichnet.

WAS IST EIN EDELSTEIN?

DER BEGRIFF EDELSTEIN kann jedes Mineral bezeichnen, das wegen seiner Schönheit, Haltbarkeit und Seltenheit geschätzt wird. Meist versteht man darunter aber ein Mineral, das in irgendeiner Weise, meist durch Schleifen oder Polieren, bearbeitet und aufgewertet worden ist. Die meisten Edelsteine sind Kristalle (z.B. Diamant oder Saphir) oder Kristallaggregate (z.B. Malachit oder Jadeit) eines Minerals. Daneben werden auch ein paar nichtkristalline Stoffe organischen Ursprungs (wie Perlen und Bernstein) als so genannte organische Edelsteine klassifiziert.

ANTIKE BROSCHE
Diese hervorragend gearbeitete antike Goldbrosche ist mit geschliffenen Diamanten und Rubinen besetzt.

PERLENKETTE
Diese schönen, glänzenden rosa Perlen stammen aus einer Süßwasserperlenzucht. Dort konnten sie mehrere Jahre lang wachsen, bevor sie poliert und aufgefädelt wurden.

HINDU-HOCHZEIT
Beim hinduistischen Hochzeitsritual wird auch mit Edelsteinen besetzter Schmuck zur Schau gestellt.

SCHÖNHEIT

Die wichtigste Voraussetzung für einen Edelstein ist Schönheit. Diese kann durch verschiedene Eigenschaften bedingt sein: Farbtiefe oder Transparenz, Farbmuster wie bei Opal oder Achat, Brillanz oder Lichteffekte wie bei Sternsaphiren oder Katzenaugen. Die Schönheit muss auch dauerhaft sein und bei Bearbeitungsvorgängen wie z.B. beim Polieren erhalten bleiben.

Einige eigentlich schöne Steine sind zu weich oder zu spröde, um als Schmuck getragen zu werden, und werden deshalb nur für Sammler geschliffen. Von den über 4000 bekannten Mineralen werden nicht einmal 100 als Edelsteine verwendet. Und von diesen sind wiederum nur einige wenige wirklich von Bedeutung: Diamant, Korund (Saphir und Rubin), Beryll (Smaragd und Aquamarin), Chrysoberyll, Feldspate (Sonnenstein, Mondstein und Labradorit), Granat, Jadeit und Nephrit (Jade), Lasurit (Lapislazuli), Olivin (Peridot), Opal, Aragonit (Perlen), Quarz (in allen Varietäten), Spinell, Topas, Turmalin, Türkis und Zirkon. Edelsteine werden gewöhnlich in zwei Kategorien eingeteilt: die eigentlichen Edelsteine und die Halbedelsteine. Diamant, die beiden Korundvarietäten Saphir und Rubin sowie die tiefgrüne Beryllvarietät Smaragd gelten als echte Edelsteine.

MONDSTEIN-OHRRINGE
Diese modernen Ohrringe sind mit Cabochons aus blau schimmerndem Mondstein besetzt.

SAPHIRE
Auch wenn man sich unter Saphiren in der Regel blaue Steine vorstellt, kommt die als Saphir bezeichnete Korundvarietät in vielen verschiedenen Farben vor.

FRÜHGESCHICHTE

Die Verwendung von Edelsteinen hat eine lange Tradition: Bereits in der jüngeren Altsteinzeit (25 000–12 000 v. Chr.) schmückten sich Menschen mit Muschelschalen, Knochen, Zähnen und schönen Steinen. Zuerst übten leuchtende Farben oder schöne Muster eine Anziehungskraft auf die Menschen aus. Als die Bearbeitung von Steinen zu Schmuck aufkam, wählte man undurchsichtige, weiche Steine. Mit fortschreitender Bearbeitungstechnik – dem Anfang der Edelsteinschleiferei – konnten auch härtere Steine verwendet werden. Im mesopotamischen Jarmo (Irak) wurden bereits im 7. Jahrtausend vor Christus Perlen aus den relativ harten Quarzvarietäten Karneol und Bergkristall angefertigt. Der nächste große Schritt, die Erfindung gravierter Rollsiegel zur Kennzeichnung von Waren, fand ebenfalls in Mesopotamien statt. Wenn das Siegel über feuchten Ton gerollt wurde, hinterließ es einen eindeutigen Abdruck. Die Rollsiegel waren auch als Schmuckgegenstände und Statussymbol geschätzt. Schriftzeugnisse aus dieser Zeit bekunden erstmals den Glauben, dass die Steine selber einen »mystischen« Wert haben – dieser Glaube besteht in heutiger Zeit im Tragen von Glückssteinen oder in den Heilsteinen der Esoterikbewegung weiter. Ägypter, Babylonier und Assyrer glaubten an die Heilkraft farbiger Steine. Die Auswahl von Steinen und anderen heilenden Substanzen richtete sich nach den Farben, die die vermutete Krankheit im Körper verursachte: z. B. Gelbsucht, blaue Lippen, vom Fieber gerötete Haut. Andere farbige Materialien wie Pflanzen galten als ebenso wirksam, waren aber nicht so beständig wie Steine.

OBSIDIANMESSER
Dieses Obsidianmesser wurde aus vulkanischem Glas gefertigt. Es hat einen Griff aus Knochen und diente in prähistorischen Zeiten als Waffe.

SUMERISCHE OHRRINGE
Diese Ohrringe aus Gold und Lapislazuli wurden in einem Grab des Königsfriedhofs von Ur im heutigen Irak gefunden. Sie stammen aus der Zeit um 2500 v. Chr.

FRESKO IN SIGIRIYA
Auf diesen wundervollen Fresken in den Tempeln der befestigten Stadt Sigiriya in Sri Lanka sind einige der kostbaren Edelsteine zu sehen, die zur Zeit ihrer Entstehung, im 6. Jahrhundert, angefertigt wurden.

KARNEOLHALSKETTE AUS DEM IRAK
Diese Halskette aus dem heutigen Irak wurde um 2500 v. Chr. aus Lapislazuli, Karneol und geätztem Karneol angefertigt.

SIEGEL UND ABDRUCK
Im antiken Mesopotamien wurden Rollsiegel (rechts) mit komplizierten Motiven aus Halbedelsteinen wie Serpentin und Amethyst hergestellt. Über feuchten Ton gerollt, hinterließen sie einen Abdruck, der den Eigentümer identifizierte.

JANUAR GRANAT | FEBRUAR AMETHYST | MÄRZ AQUAMARIN | APRIL DIAMANT
MAI SMARAGD | JUNI PERLE | JULI RUBIN | AUGUST PERIDOT
SEPTEMBER SAPHIR | OKTOBER OPAL | NOVEMBER TOPAS | DEZEMBER TÜRKIS

KRISTALLE IN DER ESOTERIK

Edelsteine werden schon seit frühgeschichtlicher Zeit mit bestimmten Monaten in Zusammenhang gebracht. In der Astrologie sind jedem der 12 Tierkreiszeichen ein oder zwei Edelsteine zugeordnet, die mit dem Wesen der unter dem entsprechenden Zeichen Geborenen in Resonanz stehen und auf diese Weise Glück bringen sollen. Heftig umstritten zwischen Wissenschaftlern und Anhängern der Esoterikbewegung ist die Heilkraft von Edelsteinen. Die Heiler behaupten, dass bestimmte Kristalle – vor allem Quarz – heilende Energie abgeben, wenn man sie auf den Körper legt. Mineralogen bestreiten eine solche Wirkung, da die exakt ausgewogenen Kräfte, die einen Kristall erst einmal entstehen lassen, in diesem fest gebunden sind. Fallbeispiele sprechen jedoch dafür, dass tatsächlich eine Heilwirkung durch Steine erzielt werden kann. Neuere Ergebnisse aus der medizinischen Forschung legen nahe, dass der Immunstatus (und damit der Gesundheitszustand) stark von bewussten und unbewussten mentalen und emotionalen Faktoren beeinflusst wird. Vielleicht ist es der Glaube an die Heilkraft, der eine Heilung bewirkt, nicht der Kristall selbst.

MONATSSTEINE
Die Monatssteine, die den im betreffenden Monat Geborenen Glück bringen sollen, sind von Land zu Land und von Jahrzehnt zu Jahrzehnt verschieden. Das abgebildete Sortiment stammt aus Europa.

HEILSTEINE
Anhänger der Esoterikbewegung glauben, dass Kristalle heilende Wirkungen entfalten, wenn sie auf den Körper gelegt werden. Dieser Glaube geht auf die alten Ägypter, Babylonier und Assyrer zurück.

EDELSTEINABBAU

DIE TECHNIK DES EDELSTEINABBAUS hat sich im Verlauf der Jahrtausende bis in die jüngste Vergangenheit kaum verändert. Wie andere Minerale werden auch Edelsteine entweder aus dem Gestein, in dem sie entstanden sind, gewonnen oder aus verwitterten Trümmern, wo sie sich aus dem ursprünglichen Gesteinsverband gelöst haben. Im ersteren Fall spricht man von Bergbau, im letzteren von der Ausbeutung von Seifenlagerstätten. Beide Arten der Edelsteingewinnung können von Einzelpersonen oder von großen Unternehmen durchgeführt werden.

MOUNT MICA
Aus der Turmalinlagerstätte am Mount Mica (USA) wurden mehrere Tausend Karat Turmalin (siehe S. 288) in Edelsteinqualität gewonnen.

BERGBAU

Edelsteinlagerstätten entstehen unter verschiedenen geologischen Bedingungen. Bekannt sind die Kimberlitröhren, aus denen die meisten Diamanten gefördert werden (siehe S. 41). Fester Kimberlit wird bergmännisch abgebaut. Das Gestein wird dann zerkleinert, die Diamanten werden aus dem Gestein herausgeholt, sortiert und bewertet.

Diamanten werden aber auch aus Lamproitröhren gefördert, etwa in der Argyle-Mine in Westaustralien. 1979 führten Diamantfunde in nahe gelegenen Seifenlagerstätten zur Entdeckung der Lamproitröhre. Die Mine wurde 1985 eröffnet. Argyle ist ein Tagebauunternehmen, das mehr Diamanten liefert als jede andere Diamantabbaugesellschaft. Die Seifenlagerstätten sind nahezu erschöpft, der überwiegende Teil der Diamanten wird aus festem Gestein gewonnen. Etwa 5 Prozent der Fördermenge haben Edelsteinqualität. Darunter befinden sich 90–95 Prozent der Weltproduktion an natürlichen rosa Diamanten, die für 100 000 Dollar pro Karat angeboten werden.

Auch andere Edelsteine sind in ihrem Ursprungsgestein stark genug angereichert, um einen wirtschaftlichen Abbau zu rechtfertigen, u. a. verschiedene Quarzvarietäten, Turmalin, Topas, Opal, Smaragd, Aquamarin, einige Saphire und Rubine, Türkis, Lapislazuli und Chrysoberyll. Nur in wenigen Fällen sind dafür die aufwendigen Verfahren wie beim Diamantabbau erforderlich. Selbst in den größten Pegmatitlagerstätten, in denen viele Edelsteine und andere wertvolle Minerale zu finden sind, lohnt sich nur selten eine Extraktion mit modernstem Gerät wie beim Turmalinabbau am Mount Mica (siehe oben). Auf Bohren und Sprengen wird meist verzichtet, da viele Edelsteine empfindlich darauf reagieren. Viele Edelsteingänge befinden sich auch in verwittertem Gestein und sind oft selber verwittert. In solchen Lagerstätten erfolgt der Abbau im Wesentlichen mit Pickel und Schaufel.

BOHRUNG IN KIMBERLITMINEN
Nicht verwitterter Kimberlit ist ein hartes Gestein, das durch Bohrungen und Sprengungen abgebaut werden muss. Auf der Suche nach Diamanten werden riesige Gesteinsmengen aus dem Berg geholt.

SIBIRISCHE DIAMANTMINE
Der Kimberlit in dieser sibirischen Diamantmine ist stark verwittert, so dass ein Abbau im Tagebaubetrieb möglich ist.

GEWINNUNG AUS SEIFEN

Da viele Edelsteine hart, dicht und witterungsbeständig sind, können herausgewitterte Edelsteine oft von fließendem Wasser über weite Entfernungen transportiert werden, bis sie sich in Flussbetten, an Stränden oder auf dem Meeresboden anreichern. Solche Konzentrationen werden als Seifen bezeichnet.

Bei der Gewinnung von Edelsteinen aus Seifen wird der zur Entstehung der Lagerstätte führende Prozess nachgeahmt: Dichtere Minerale – einschließlich der Edelsteine – setzen sich aus fließendem Wasser ab. Am einfachsten ist das Herauswaschen mit der Goldwäscherpfanne (siehe rechts). Dabei bleiben die dichteren Minerale in der Mitte der muldenförmigen Pfanne zurück. Aus diesem Konzentrat werden die Edelsteine von Hand aussortiert. Ein anderes Verfahren besteht darin, den Kies mit fließendem Wasser durch eine Wanne mit Rillenboden zu leiten. Das leichtere Material wird weggeschwemmt, die dichteren Edelsteine bleiben in den Rillen zurück. Jade und einige Quarzedelsteine werden einfach aus Flussbetten oder im Wüstengelände aufgesammelt. Seit den 1990ern werden Diamanten, die in Konfliktgebieten zur Finanzierung bewaffneter Milizen abgebaut werden, insbesondere in Afrika, als »Blut-« oder »Konfliktdiamanten« bezeichnet. Oft müssen lokale Bergleute sie unter Zwang abbauen.

HERAUSWASCHEN
In Sri Lanka und Laos werden Rubine und Saphire gewonnen, indem edelsteinhaltiger Kies in Pfannen oder Körben aus dem Fluss geschöpft wird.

INDUSTRIELLER ABBAU IN NAMIBIA
Hier am Strand von Namibia werden mit schwerem Gerät Millionen Tonnen Sand bewegt, aus dem Diamanten mit einem Gesamtgewicht von mehreren Tausend Karat gewonnen werden.

SAPHIRKIES
Diese Saphire wurden in Montana aus einer Seifenlagerstätte in einem Flussbett gewonnen.

SORTIERUNG

Nach dem Zerkleinern des diamanthaltigen Gesteins werden die Diamanten auf mit Fett beschichteten Tischen extrahiert. Feuchter, zermahlener Kimberlit wird über einen leicht geneigten und dick mit Fett beschichteten Tisch geführt. Die nassen Gesteinspartikel bleiben nicht hängen, wohl aber die trockenen Diamanten (an denen das Wasser nicht haftet). Gelegentlich schabt man das Fett mit den anhaftenden Diamanten von den Tischen ab und säubert, sortiert und bewertet die Diamanten.

Mit Fett beschichtete Tische werden manchmal auch in Seifenlagerstätten eingesetzt. Im einfachsten Fall werden aber die Edelsteine aus den schon gefilterten Mineralen von Hand aussortiert.

FETTBESCHICHTETER TISCH
Der Tisch ist mit Fett beschichtet, in dem nur die trockenen Diamanten hängen bleiben.

ROHDIAMANTEN
Ungeschliffene Diamanten wie diese werden nach Eigenschaften wie Farbe und Lichtbrechung bewertet.

AFGHANISTAN
Aus diesen Bergen in Afghanistan kommen schon seit mindestens 7000 Jahren Edelsteine.

BERGBAU IN DER ANTIKE

Lapislazuli wurde schon vor 7000 Jahren in Badakhshan (Afghanistan) abgebaut, und der Abbau von Türkis auf der Sinaihalbinsel begann vor etwa 5000 Jahren. Etwa zur gleichen Zeit förderten die Ägypter Smaragde aus Minen in der Nähe von Assuan. Edelsteine waren hoch geschätzte Güter und wurden über weite Entfernungen gehandelt. Lapislazuli aus Badakhshan erreichte Ägypten bereits vor 3000 v. Chr., China, Indien und Griechenland um 2500 v. Chr. Bernstein aus dem Baltikum gelangte ins gesamte Mittelmeergebiet, und ägyptische Smaragde wurden in römischem Schmuck gefunden. Mit den Eroberungen Alexanders des Großen (356–323 v. Chr.) nahm der Handel und das Angebot an Edelsteinen aus dem Osten zu. In Nord- und Südamerika wurde Türkis im präkolumbischer Zeit extensiv abgebaut.

ABBAU UND BEARBEITUNG

Einige der in der Antike verwendeten Abbauverfahren werden auch heute noch eingesetzt. Das Auswaschen aus Flusskies hat sich fast unverändert gehalten. Beim Graben hat sich nur das Werkzeug verändert: aus Hirschgeweihen wurden Stahlgerätschaften. Als im 2. Jahrhundert v. Chr. Kupfer- und Bronzewerkzeuge in Gebrauch kamen, konnten auch Bergwerke in hartem Fels gebaut werden. In den Minen Kleopatras wurden ab 1500 v. Chr. Smaragde abgebaut (siehe S. 293). Auch beim Schleifen unterschied sich die Technik nur wenig von der heutigen: Der Edelstein wurde mit einer Reihe zunehmend härterer Steine immer feiner geschliffen.

ÄGYPTISCHE GOLDSCHMIEDE
In diesem Wandgemälde (um 1390–1336 v. Chr.) wiegen und schmelzen Goldschmiede das wertvolle Metall und präsentieren Schmuck.

ANTIKES MEISTERWERK
Dieser Brustschmuck aus dem Grab Tutanchamuns (um 1361–1352 v. Chr.) ist mit Gold, Lapislazuli, Karneol und anderen Halbedelsteinen besetzt.

EDELSTEINSCHLIFF

EDELSTEINE KÖNNEN AUF VERSCHIEDENE WEISE in Form gebracht werden. Undurchsichtige oder durchscheinende Halbedelsteine wie Achat oder Jaspis werden in der Trommel poliert, geschnitzt, graviert oder als Cabochon geschliffen. Durchsichtige Steine wie Amethyst, Diamant und Saphir werden meist in Facetten geschliffen, um eine höchstmögliche Brillanz und das geschätzte »Feuer« zu erzielen oder um die Farbe zu verstärken. Statt von Schleifen spricht man auch von Edelsteinschneiden.

BEGUTACHTUNG
Ein Steinschleifer betrachtet das Schleifen eines Diamanten unter der Lupe.

JADESCHNITZARBEIT
Diese Chinesin schnitzt Nephrit (Jade), einen Edelstein, der in China schon seit über 2000 Jahren bearbeitet wird. Seine Zähigkeit macht Nephrit so geeignet für Schnitzereien.

POLIEREN UND SCHNITZEN

Viele Halbedelsteine werden in einem rotierenden Zylinder mit immer feinerem Schleifmittel und Wasser gerundet. Edelsteine mit Schichtstruktur wie Onyx und Sardonyx werden schon seit 2000 Jahren zu Kameen und Intaglios geschnitten. In einer Kamee wird der Stein um das Motiv herum abgetragen, so dass sich dieses als Relief auf einem andersfarbigen Hintergrund erhebt. Bei einem Intaglio wird das Motiv vertieft herausgearbeitet, so dass es als Stempel oder Siegel verwendet werden kann.

ROHER UND POLIERTER UNAKIT
Unakit ist einer von vielen preiswerten Steinen, die in der Trommel poliert werden.

VENUSKAMEE
Diese Kamee aus dem 19. Jahrhundert mit der Geburt der Venus wurde aus Achat geschnitten.

SCHLEIFEN VON CABOCHONS

Farbe und andere optische Effekte undurchsichtiger oder durchscheinender Steine werden durch den Cabochonschliff mit einer runden Oberfläche und einer flachen Unterseite zur Geltung gebracht. Der Stein wird zuerst grob in Form geschliffen, dann wird die Oberseite mit immer feinerem Schleifmittel zu einer Kuppelform geschliffen und poliert. Einige Edelsteine weisen besondere Einschlüsse oder Strukturen auf: der Katzenaugeneffekt (Chatoyance) entsteht durch mikroskopisch kleine Fasern oder Röhrenstrukturen im Stein, der Sterneffekt (Asterismus) tritt auf, wenn Faserbündel in einem Winkel von etwa 90 oder 60 Grad zueinander stehen. Solche Effekte werden durch den Cabochonschliff sichtbar. Der sanfte Schimmer von Mondsteincabochons wird als Schillern bezeichnet.

PERLE

CABOCHON

SCHILLERNDER MONDSTEIN

CABOCHON MIT KATZENAUGE

STERN-CABOCHON

OPTISCHE EFFEKTE
Diese drei Cabochons zeigen die verschiedenen optischen Effekte, die durch Einschlüsse im Stein hervorgerufen werden.

FACETTENSCHLIFF

Die Schönheit durchsichtiger Edelsteine kommt am besten zur Geltung, wenn die Oberfläche in spiegelnde Flächen, die Facetten, geschliffen wird. Der Stein wird auf einer Halterung befestigt und an eine sich horizontal drehende Schleifscheibe gehalten. Die Facetten werden an bestimmten geometrischen Positionen und in bestimmten Winkeln geschliffen. Beim Schleifen geht viel Material verloren – manchmal über die Hälfte des ursprünglichen Steins -, doch der Wert steigt gewaltig. Der Facettenschliff ist eine recht komplexe Angelegenheit, da auf die richtige Ausrichtung des Steins geachtet werden muss, um die beste Farbe zu erzielen (oder bei Steinen mit Pleochroismus die schlechteste möglichst zu vermeiden), den Materialverlust gering zu halten und die höchste Brillanz zu erreichen. Die einzelnen Phasen beim Schleifen eines Diamanten zu einem Brillanten ist im Folgenden dargestellt.

1 Ein Rohdiamant in Edelsteinqualität – ein oktaedrischer Kristall – wird ausgewählt.

2 Ein Rohdiamant in Edelsteinqualität – ein oktaedrischer Kristall – wird ausgewählt.

3 Der Stein wird mit einem anderen Diamanten rundgeschliffen, und die Tafelfacette wird geschliffen.

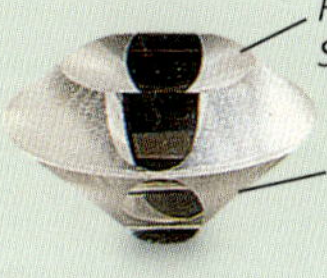

4 Oberhalb und unterhalb der Mitte werden Facettenpaare in die Schrägung geschliffen.

5 Nun werden die 16 »Hauptfacetten« oberhalb und unterhalb der Rondiste geschliffen.

6 Um die Tafelfacette werden acht kleine Sternfacetten geschliffen.

7 An der Unterseite der Rondiste werden 32 Facetten und die Kalette (Unterseite) geschliffen.

FERTIGER BRILLANTSCHLIFF
Durch den Brillantschliff werden die inneren Farben des Steins hervorgehoben und bringen ihn zum Funkeln. Er wird häufig für farblose Steine gewählt.

WERT VON EDELSTEINEN

Edelsteine werden nach Farbe, Klarheit, Schliff und Gewicht bewertet. Bei farblosen Diamanten sind Exemplare, die keinerlei Färbung aufweisen, am wertvollsten, bei farbigen Steinen wie Rubin oder Saphir bestimmen Reinheit und Farbintensität den Wert. Klarheit ist das Fehlen sichtbarer oder unsichtbarer Einschlüsse im Stein. Der Schliff wird nach der technischen Perfektion und der erzielten Brillanz beurteilt. Das Gewicht wird in Karat angegeben, wobei ein Karat einem fünftel Gramm entspricht. Auch das Gewicht eines Steins wirkt sich auf den Wert aus.

Neben diesen vier Kriterien gibt es noch einen weiteren Faktor, der den Preis mitbestimmt: die Seltenheit. So wird zum Beispiel ein noch so schöner Granat niemals den gleichen Preis erzielen wie ein gleich guter Rubin, da der Rubin einfach wesentlich seltener ist. Aus dem gleichen Grund ist ein synthetischer Rubin nicht so wertvoll wie ein natürlicher. In der Regel sind große Steine wesentlich seltener als kleine.

Bei einigen Steinen steigt der Preis mit zunehmendem Gewicht unverhältnismäßig stark, so dass ein Stein mit doppeltem Gewicht unter Umständen den vier- oder fünffachen Preis hat.

RUBIN

GRANAT

GILSON-TREPPENSCHLIFF

JUWELIERKUNST
In diesem Werk von Giovanni Antonio Guardi (1698–1760) ist das Schleifen von Edelsteinen und der Edelsteinhandel dargestellt.

SCHLIFFARTEN

Facettenschliffe kamen im 15. Jahrhundert bei Diamanten auf. Zuerst wurden nur die natürlichen Flächen der oktaedrischen Diamantkristalle poliert. Im 17. Jahrhundert wurde der Rosenschliff entwickelt, um 1700 der Brillantschliff (heute die beliebteste Schliffart farblose Edelsteine). Als der Markt mit Smaragden aus Amerika überschwemmt wurde, entwickelten die Edelsteinschleifer den Smaragdschliff, vor allem um das wertvolle Material möglichst gut auszunutzen, da der rechteckige Schliff gut zur Form der Smaragdkristalle passt. Heute ist die Vielfalt an Schliffarten kaum mehr überschaubar. Manche Steine werden in völlig freier Form geschliffen, andere in den vertrauten Formen, die rechts dargestellt sind.

TREPPEN-SCHLIFF **GEMISCHTER SCHLIFF** **BRILLANT-SCHLIFF**

FACETTENSCHLIFF
Treppenschliff (rechteckige Facetten), Brillantschliff (dreieckige Facetten) und gemischter Schliff (rechteckige und dreieckige Facetten).

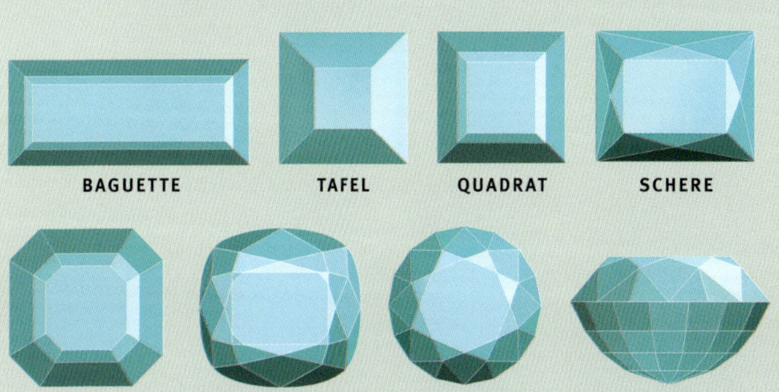

BAGUETTE **TAFEL** **QUADRAT** **SCHERE**
ACHTECK **KISSENFORM** **RUND** **GEMISCHT**

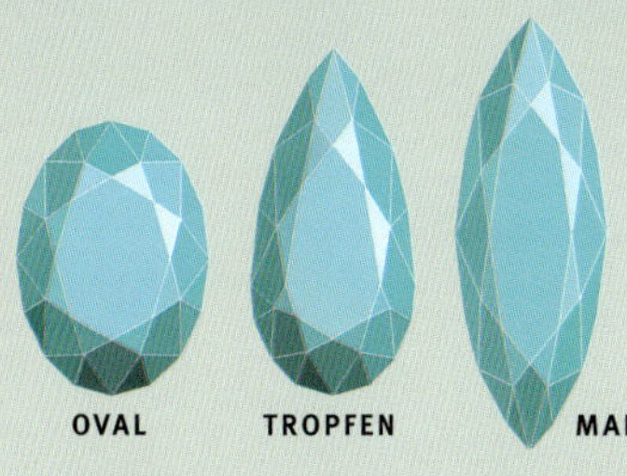

OVAL **TROPFEN** **MARQUISE**

EDELSTEINFORMEN
Für quadratische oder rechteckige Formen eignet sich der Treppenschliff, für runde oder ovale Formen. Der gemischte Schliff kann für beide Formen verwendet werden.

MEGASTEINE

DIE NATIONALE EDELSTEINSAMMLUNG DER SMITHSONIAN INSTITUTION IN DEN USA ENTHÄLT EINIGE DER GRÖSSTEN, WERTVOLLSTEN UND SCHÖNSTEN EDELSTEINE DER WELT. DIE SAMMLUNG IST IM NATURKUNDEMUSEUM VON WASHINGTON, DC UNTERGEBRACHT.

Besonders wertvolle Steine unterscheiden sich von anderen Edelsteinen vor allem durch ihre Größe und ihre Schönheit. Viele der Edelsteine in der Sammlung der Smithsonian Institution sind nach ihrem Stifter oder einer Person aus ihrer Geschichte benannt. Einige haben zwar keinen Namen, sind aber deshalb nicht weniger bemerkenswert.

Doch was macht einen besonders wertvollen Stein aus? Zunächst einmal die Größe; doch bei häufigen Mineralen wie Fluorit und Calcit sind auch große Steine recht häufig anzutreffen. In solchen Fällen muss zur Größe noch eine besonders hohe Qualität hinzukommen. Der zweite Faktor ist die Seltenheit. Der herzförmige blaue Diamant rechts ist im Vergleich zu Fluorit- oder Calcitsteinen klein, aber dennoch tausend Mal wertvoller. Kräftig blau gefärbte Diamanten sind sehr selten zu finden, und solche von der Größe und Form des blauen Herzens noch viel seltener. Ein relativ kleiner Stein aus einem besonders seltenen Material kann deshalb sehr wertvoll sein, während ein größerer Stein aus einem häufigeren Material vielleicht keinen großen Wert besitzt. Alle hier abgebildeten Steine sind sehr wertvoll, sowohl in Bezug auf die Größe als auch in Bezug auf die Qualität.

GOLDENER TOPAS AUS AMERIKA
Der 22 892 Karat oder 4,6 kg schwere Topas (Mitte) wurde in den späten 1980er-Jahren aus einem brasilianischen Kristall geschliffen. Daneben sind zwei der größten jemals gefundenen Topaskristalle, ebenfalls aus Brasilien, zu sehen.

GROSSULAR-GRANAT
Grossular ist eines von 15 Mineralen, die als Granat bezeichnet werden. Er kann rosa, orange, orangerot, gelb, braun oder grün gefärbt sein. Dieser 30-karätige Stein wurde 1991 in Sri Lanka gefunden.

PERIDOT
Dieser 311,8 Karat schwere Peridot aus Zabargad (Ägypten) ist einer der größten bekannten Peridot-Edelsteine. Peridot ist die Edelsteinvarietät des Minerals Forsterit. Die grüne Färbung wird durch Eisen hervorgerufen.

HELIODOR
Heliodor ist ein goldfarbener Beryll. Dieser 216-karätige Stein ist nicht der größte, doch es gibt nur wenige, die es mit seiner Schönheit aufnehmen können. Das Exemplar stammt aus Minas Gerais in Brasilien.

HOOKER-SMARAGD
Der Hooker-Smaragd mit 75,47 Karat ist außergewöhnlich makellos für einen Smaragd dieser Größe. Er wurde in Kolumbien gefunden. 1977 wurde er von Mrs J. A. Hooker gestiftet.

CALCIT
Der meist weiche und zerbrechliche Calcit eignet sich nur sehr bedingt als Edelstein. Dieses Exemplar aus Balmat im US-Bundesstaat New York wiegt 1800 Karat und ist vielleicht der schönste geschliffene Calcit der Welt

BLAUER HERZDIAMANT
Mit 30,82 Karat ist der blaue Herzdiamant etwas kleiner als der 45,52 Karat schwere Hope-Diamant (siehe S. 124–125), aber unverwechselbar. Er wurde 1909–1910 in Paris (Frankreich) geschliffen und stammt wahrscheinlich aus Südafrika. Wie der Hope-Diamant verdankt er seine blaue Farbe winzigen Spuren von Bor.

QUARZKUGEL
Diese makellose Quarzkugel wurde 1923–1924 in China aus einem vermutlich in Birma (heute Myanmar) gefundenen Kristall hergestellt. Sie hat einen Durchmesser von 33 cm.

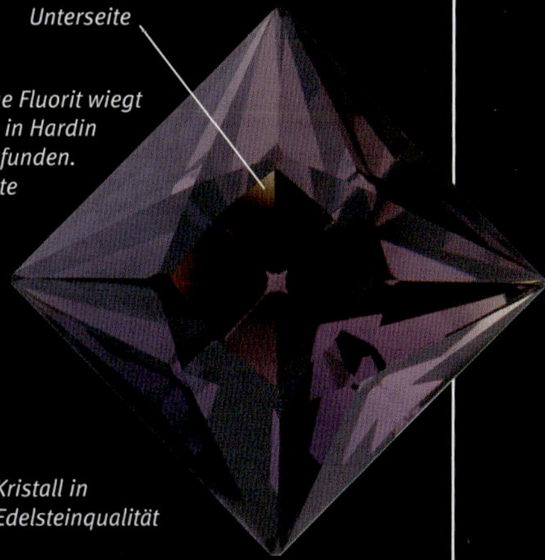

FLUORIT
Dieser wundervolle blaue Fluorit wiegt 3965,3 Karat und wurde in Hardin County, Illinois (USA) gefunden. Er ist der größte bekannte Fluoritedelstein.

TANZANIT
Dieser Tanzanit, Tansania hat ein Gewicht von 122,7 Karat. Im Spiegel ist der starke Pleochroismus, die Farbänderung bei Betrachtung aus verschiedenen Winkeln, gut zu erkennen.

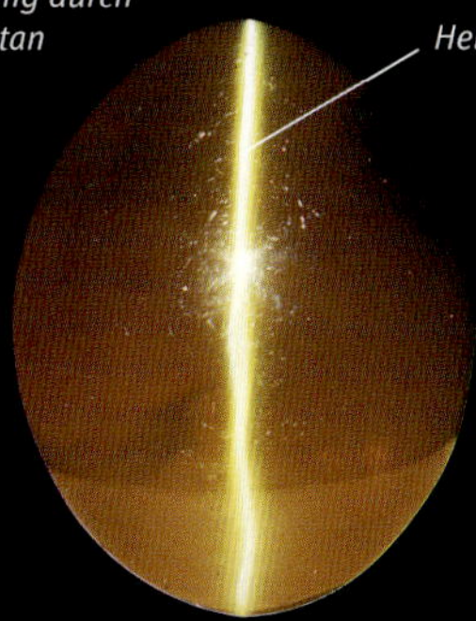

MAHARANI-KATZENAUGE
Das Maharani-Katzenauge aus Sri Lanka wiegt 58,2 Karat. Die Varietät des Minerals Chrysoberyll ist nach dem vertikalen Lichtstreifen benannt, der durch Reflexion an eingeschlossenen Titanoxidkristallen entsteht.

TOPAS
Der 93,6 Karat schwere Topas (unten) stammt aus Ouro Preto in Brasilien. Topas ist für seine riesigen Kristalle in Edelsteinqualität berühmt. Der große Kristall (links), wiegt 874,4 Karat.

GEDIEGENE ELEMENTE

GEDIEGENE ELEMENTE sind chemische Elemente, die in der Natur in reiner Form vorkommen. Sie werden in Metalle (Kupfer, Platin, Eisen, Gold, Silber), Halbmetalle (Arsen) und Nichtmetalle (Schwefel und Kohlenstoff) unterteilt. Weitere seltene Elemente sind Cadmium, Quecksilber, Nickel, Chrom, Zinn, Iridium, Palladium, Osmium, Antimon, Wismut, Tellur und Selen. Diese sind meist nur in Spuren anzutreffen und bilden oft Legierungen mit anderen Elementen. Gediegene Elemente können unter höchst unterschiedlichen physikalischen und chemischen Bedingungen und in vielen verschiedenen Gesteinsarten entstehen.

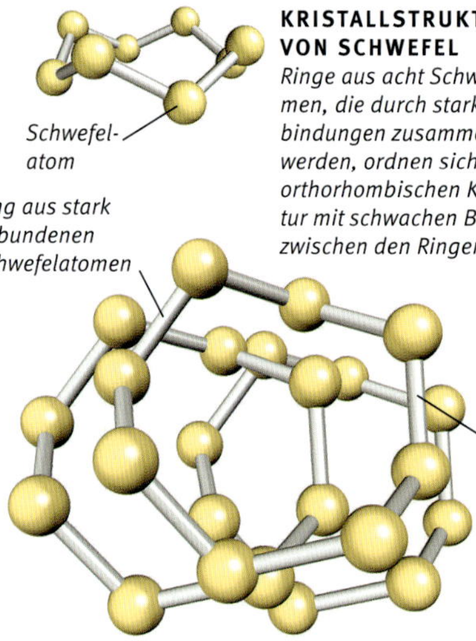

KRISTALLSTRUKTUR VON SCHWEFEL
Ringe aus acht Schwefelatomen, die durch starke Atombindungen zusammengehalten werden, ordnen sich zu einer orthorhombischen Kristallstruktur mit schwachen Bindungen zwischen den Ringen.

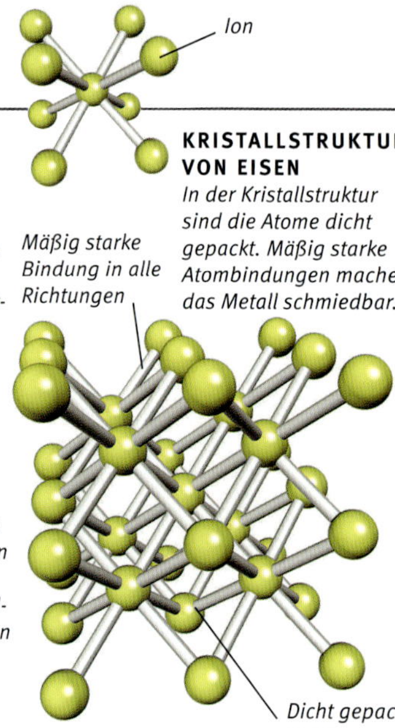

KRISTALLSTRUKTUR VON EISEN
In der Kristallstruktur sind die Atome dicht gepackt. Mäßig starke Atombindungen machen das Metall schmiedbar.

KUPFER

KEWEENAW-HALBINSEL
Hier in Michigan (USA) wurden bis zu 420 Tonnen schwere Massen aus gediegenem Kupfer gefunden.

NATÜRLICH VORKOMMENDES gediegenes Kupfer war wahrscheinlich das erste Metall, das von Menschen genutzt wurde. In der Jungsteinzeit um 8000 v. Chr. kamen die ersten Werkzeuge aus Kupfer auf. Um 4000 v. Chr. wurde Kupfer von den Ägyptern in Formen gegossen, und um 3500 v. Chr. gelang es, aus Kupfer und Zinn die Legierung Bronze herzustellen. Der Name Kupfer kommt vom lateinischen aes *Cyprium* (»Metall von Zypern«). Kupfer in wirtschaftlich bedeutenden Mengen ist in der Regel als derbes Aggregat mit einem Gewicht von manchmal mehreren Tonnen anzutreffen. Kristallines Kupfer besteht aus kubischen oder dodekaedrischen Kristallen, die oft baumartig verzweigte (dendritische) Formen bilden. Gediegenes Kupfer entsteht vermutlich sekundär, wenn kupferhaltige Lösungen durch eisenhaltige Minerale reduziert werden. Die größte Ansammlung von gediegenem Kupfer befindet sich wohl auf der Keweenaw-Halbinsel im US-Bundesstaat Michigan. Weitere Fundstätten liegen in Corocoro (Bolivien), dem Ural (Russland), Cornwall (England), in Australien, Deutschland und den USA.

WIKINGER-AMULETT
Dieses kupferne Medaillon aus Grotland, Schweden, enthält sterbliche Überreste einer Schlange, denen man magische Kräfte zuschrieb.

KUPFERFIGUR
Diese männliche Figur entstand zwischen 1000 und 1400 in Südamerika.

GEDIEGENES KUPFER
Dieser Kupferbrocken ist zum Teil kristallin und zum Teil derb. Das helle Begleitmineral ist Quarz.

EIGENSCHAFTEN	
GRUPPE	Gediegene Elemente
KRISTALLSYSTEM	Kubisch
ZUSAMMENSETZUNG	Cu
FARBE	Kupferrot bis braun
FORM/HABITUS	Derb
HÄRTE	2½–3
SPALTBARKEIT	Keine
BRUCH	Hakig, duktil
GLANZ	Metallglanz
STRICH	Rosa
SPEZIFISCHES GEWICHT	8,9
TRANSPARENZ	Undurchsichtig

BUSVELD COMPLEX
Dieser Komplex in Südafrika ist ein bedeutender Platinproduzent.

PLATINUM

PLATIN wird zwar schon seit langem genutzt, aber erst 1735 erkannte man, dass es sich um ein eigenes Metall handelt. Die erste dokumentierte Entdeckung erfolgte um 1500 in den Goldlagerstätten am Río Pinto (Kolumbien). Die spanischen Entdecker nannten das Metall *platina del Pinto* (*platina* bedeutet »kleines Silber«), weil sie es für ein verunreinigtes Silbererz hielten. Platin tritt als Flocken oder Körner, selten auch als Nugget, auf. Kristalle sind ebenfalls selten. Gediegenes Platin enthält fast immer Spuren von Eisen und anderen Metallen wie Iridium, Rhodium und Palladium. Platin kommt in mafischen und ultramafischen magmatischen Gesteinen und in Quarzgängen mit Hämatit, Chlorit und Pyrolusit vor. Es tritt zwar in Seifen konzentriert auf, aber der kommerzielle Abbau erfolgt meist aus primären Lagerstätten. Bedeutende Platinminen gibt es im Bushveld Complex (Südafrika), in Norilsk (Russland) und in den USA.

VERWENDUNG

Als Schmuck wird Platin etwa seit 1900 verwendet, aber erst in den 1920er-Jahren war die Technik so ausgereift, dass dieses Metall mit seinem hohen Schmelzpunkt (höher als der von Gold) leicht bearbeitet werden konnte. Heute ist Platin vor allem für die Industrie von Bedeutung. Es wird in Zündkerzen von Flugzeugen, in Erdölraffinerien und in Fahrzeugkatalysatoren verwendet. Auch Rasierklingen enthalten Platin. Seit einiger Zeit nutzt man Platinverbindungen auch als Medikamente für die Chemotherapie.

SCHMUCK
Da Platin einen sehr hohen Schmelzpunkt besitzt, sind zur Herstellung von Platinschmuck Spezialkenntnisse erforderlich.

PLATIN-NUGGET
Neben kleinen Körnern sind in Seifen gelegentlich auch größere Nuggets zu finden.

PLATINKRISTALLE
Die selten anzutreffenden Platinkristalle sind würfelförmig.

PLATINKÖRNER
Aus Seifen wird Platin meist in Form kleiner Körner gewonnen.

EIGENSCHAFTEN	
GRUPPE	Gediegene Elemente
KRISTALLSYSTEM	Kubisch
ZUSAMMENSETZUNG	Pt
FARBE	Helles Stahlgrau
FORM/HABITUS	Kubisch
HÄRTE	4–4 1/2
SPALTBARKEIT	Keine
BRUCH	Hakig
GLANZ	Metallglanz
STRICH	Helles Stahlgrau
SPEZ. GEWICHT	14.0–19.0
TRANSPARENZ	Undurchsichtig

INSEL DISKO
Hier in Grönland gibt es große Kamacitmassen.

EISEN

EISEN hat einen Anteil von fünf Prozent an der Zusammensetzung der Erdkruste und ist nach Sauerstoff, Silicium und Aluminium das vierthäufigste Element der Erde. Auch in der Sonne und anderen Sternen ist es relativ häufig. Gediegenes, metallisches Eisen ist in der Erdkruste selten und immer mit Nickel legiert. Eisen mit geringem Nickelgehalt (bis zu 7,5%) wird als Kamacit bezeichnet, Eisen mit hohem Nickelgehalt (bis zu 50%) als Taenit. Beide kristallisieren im kubischen System. Eine dritte Form von Eisen-Nickel, die vor allem in Meteoriten zu finden ist und im tetragonalen System kristallisiert, wird als Tetrataenit bezeichnet. Alle drei sind als verstreute Körner oder runde Massen anzutreffen. Bedeutende Kamacitlagerstätten sind Taimyr in Russland und Bühl in Deutschland. Kamacit ist der Hauptbestandteil der meisten Eisenmeteorite. Auch einige Mondgesteine enthalten winzige Kamacitkörner. Taenit und Tetrataenit kommen überwiegend in Meteoriten vor, oft zusammen mit Kamacit.

EIGENSCHAFTEN	
GRUPPE	Gediegene Elemente
KRISTALLSYSTEM	Kubisch
ZUSAMMENSETZUNG	Fe
FARBE	Stahlgrau/eisenschwarz
FORM/HABITUS	Kristalle sind selten
HÄRTE	4
SPALTBARKEIT	Basal
BRUCH	Hakig
GLANZ	Metallglanz
STRICH	Stahlgrau
SPEZ. GEWICHT	7,3–7,9
TRANSPARENZ	Undurchsichtig

GEDIEGENES EISEN
Metallisches Eisen ist größtenteils im Erdkern konzentriert. Eisen aus Meteoriten wird aber schon seit etwa 3000 v. Chr. vom Menschen genutzt.

ARMBAND AUS EISEN
Dieses filigrane Eisenarmband wurde im ausgehenden 19. Jahrhundert in Berlin gefertigt.

GOLD

GOLD erfreut sich seit jeher besonderer Wertschätzung. Seine Farbe und sein heller Glanz faszinieren die Menschen. Außerdem lässt sich Gold gut bearbeiten und ist in relativ reiner Form zu finden. Es ist reaktionsträge und verbindet sich nur mit sehr wenigen anderen Elementen. Deshalb läuft es auch nicht an. Gold wird schon seit mindestens 6000 Jahren genutzt. Bereits die frühen Hochkulturen in Ägypten und Mesopotamien kannten Gold. Damals wurde das Gold fast ausschließlich aus Flusssedimenten, den so genannten Seifen, gewonnen, in denen sich Goldkörner ansammelten, nachdem sie aus verwittertem Ursprungsgestein erodierten.

GOLDFUNDE

Gut ausgebildete (oktaedrische und dodekaedrische) Goldkristalle sind selten anzutreffen. Häufiger sind drahtförmige Aggregate, Körner (Nuggets) und plattige Formen zu finden. Kristalle mit einem Durchmesser von 2,5 cm wurden in Kalifornien gefunden. In Australien wurden Aggregate mit einem Gewicht von über 90 kg geborgen. Praktisch alle magmatischen Gesteine enthalten Spuren von Gold, meist als unsichtbare, verstreute Körner. Der Goldanteil in der Erdkruste wird auf etwa 0,005 ppm (Teilchen pro Million) geschätzt. Da Gold nicht leicht mit anderen Elementen reagiert, gibt es nur sehr wenige goldhaltige Minerale, die dann Verbindungen mit Tellur und Selen enthalten.

Ungewöhnlich hohe Konzentrationen dieser Goldminerale wurden in der berühmten Goldgräberstadt Cripple Creek in Colorado (USA), entdeckt. Große Gesteinsmassen mit ausreichender Goldkonzentration

WITWATERSRAND (SÜDAFRIKA)
Die riesigen Goldvorkommen in Witwatersrand liegen in einem Bett aus Konglomeraten.

MEXIKANISCHER GOLDSCHMUCK
Dieser Anhänger, der eine alte mexikanische Gottheit darstellt, wurde von den Mixteken hergestellt.

JUWEL ALFREDS DES GROSSEN
Dieses Lesezeichen aus Gold, Email und Bergkristall wurde im 9. Jahrhundert für den angelsächsischen König hergestellt.

SCHLANGENARMREIF
Dieser Armreif aus purem Gold wurde in den Ruinen der römischen Stadt Pompeji gefunden. Er wurde zwischen 100 v. Chr. und 100 n. Chr. angefertigt.

ÄGYPTISCHES AMULETT
Dieses Amulett aus dem alten Ägypten stellt das Auge des Horus dar. Es ist aus Gold, Lapislazuli und Email gearbeitet.

GOLD IN ÄGYPTEN
Gold war im alten Ägypten sehr begehrt und wurde kunstvoll verarbeitet. Auf diesem Relief (rechts) aus dem Grab des Wesirs Rekhmire sind Arbeiter beim Gravieren und Polieren von Gefäßen aus Gold und Silber dargestellt (etwa 1567–1320 v. Chr.).

GOLDPLÄTTCHEN
Dieses Handstück stammt aus Baita in Transsylvanien (Rumänien). In einer Grundmasse aus Quarz haben sich dünne Goldplättchen gebildet. Gold ist häufig auch zusammen mit Sulfiden zu finden.

GOLDRAUSCH

Die riesigen Goldfunde im Westen der USA und in Australien in den 1840er- und 1850er-Jahren überschwemmten den Weltmarkt so mit Gold, dass die meisten Länder ihre Goldreserven zur Stützung der Währung einsetzen mussten. Die Goldgräber selber wurden nur selten reich. Ihre Situation beschreiben zwei Sprichwörter, die sinngemäß lauten: »Mehr Geld wird in die Erde gesteckt als jemals wieder herauskommt.« Und: »Beim Goldschürfen kann man ein kleines Vermögen machen, wenn man zuerst ein großes investiert.« Der Goldrausch brachte auch große Migrationsbewegungen. Man erschloss neue Gebiete für die Landwirtschaft und entdeckte neben Gold weitere wertvolle Minerale. Dies hatte jedoch weitreichende Folgen für die indigene Bevölkerung dieser Gebiete.

GOLDWASCHEN
Mit der Goldpfanne gestaltet sich die Goldsuche zwar langsam, aber sehr gründlich.

GOLDRAUSCH IN NEVADA (USA)
1902 kam es nach Funden in dem später Goldfield genannten Ort in Nevada zu einem regelrechten Goldrausch.

GOLDKÖRNER
Das meiste Gold wurde in Form kleiner Plättchen und Körner aus dem Flusssand gewaschen.

für einen wirtschaftlichen Abbau sind selten. Dabei handelt es sich entweder um hydrothermale Gänge, wo das Gold mit Quarz und Pyrit (Katzengold) vergesellschaftet ist, oder um Seifen.

Manche Seifenlagerstätten sind nicht verfestigt, so dass man das Gold herauswaschen kann. Kleinere Mengen Gold finden sich oft in Kupfer- und Bleilagerstätten, wo es als Nebenprodukt dieser Metalle gewonnen wird.

Im Altertum kam das Gold vor allem aus dem Süden Ägyptens und aus Nubien (Sudan). Im Mittelalter kam das Gold in Europa vorwiegend aus Sachsen und Österreich. Die größten Golderzvorkommen der heutigen Zeit befinden sich in Witwatersrand (Südafrika). Die Hälfte der weltweiten Goldreserven liegt in Südafrika. Weitere bedeutende Lagerstätten befinden sich in Russland, Brasilien, Kanada, Australien und den USA.

DIE FARBE DES GOLDES

Gediegenes Gold ist immer goldgelb, aber zu weich für Schmuck. Daher wird es mit anderen Metallen legiert. Durch Zugabe von Silber, Platin, Nickel oder Zink entsteht das hellere Weißgold. Kupfer verleiht einen Rotton, Eisen einen Anflug von Blau. Den Goldanteil der Legierung gibt man in Karat an. 24 Karat entsprechen 100 % Gold. Ein neunkarätiger Schmuck besteht zu 9/24 (37 %) aus Gold.

GOLD ALS INDUSTRIEROHSTOFF

GOLDBESCHICHTETE FENSTER
Eine dünne Goldschicht auf Fensterglas reduziert in heißen Gegenden den Energieaufwand für Klimaanlagen.

Der bei weitem größte Teil des Goldes wird zu Schmuck verarbeitet, ein Teil geht aber auch in die Industrie. Gold ist ein guter elektrischer Leiter (71 % der Leitfähigkeit von Kupfer) und reagiert kaum mit anderen Elementen. Deshalb kommt es in der Elektronikindustrie als Beschichtung von Kontakten, Leiterplatinen und Halbleitersystemen zum Einsatz. Das Gold aus ausrangierten Computern wird heute recycelt. Eine Goldschicht, die nur ein einziges Atom dick ist, reflektiert bis zu 98 % der einfallenden Infrarotstrahlung. Solche feinen Beschichtungen dienen in Satelliten zur Temperaturregelung und auf dem Visier von Raumfahreranzügen als Schutzschicht. Die Fenster großer Bürogebäude sind oft mit Gold beschichtet, um den Klimatisierungsaufwand zu verringern. Auch Goldverbindungen werden genutzt, z. B. Natriumgoldchlorid zur Behandlung rheumatoider Arthritis und zur Dekoration von Porzellan- und Glasgegenständen.

SATELLIT
Goldbeschichtungen auf Satellitenteilen sind wichtig für die Temperaturregelung.

Andere Mineraleinsprengsel in Quarz

»Zu welchen Taten treibst du doch das menschliche Herz, du verfluchtes Streben nach Gold!«

VIRGIL, AENEIS

ERSCHEINUNGSFORMEN
Gold tritt in verschiedenen Erscheinungsformen auf: als kristalline Masse, flache Plättchen, Nuggets und Körner aus Flusssanden.

GOLDKRISTALLE

FLACHE GOLDPLÄTTCHEN

EIGENSCHAFTEN	
GRUPPE	Gediegene Elemente
KRISTALLSYSTEM	Kubisch
ZUSAMMENSETZUNG	Au
FARBE	Goldgelb
FORM/HABITUS	Oktaedrisch, dodekaedrisch, dendritisch
HÄRTE	$2^1/_2$–3
SPALTBARKEIT	Keine
BRUCH	Hakig
GLANZ	Metallglanz
STRICH	Goldgelb
SPEZ. GEWICHT	19.3
TRANSPARENZ	Undurchsichtig

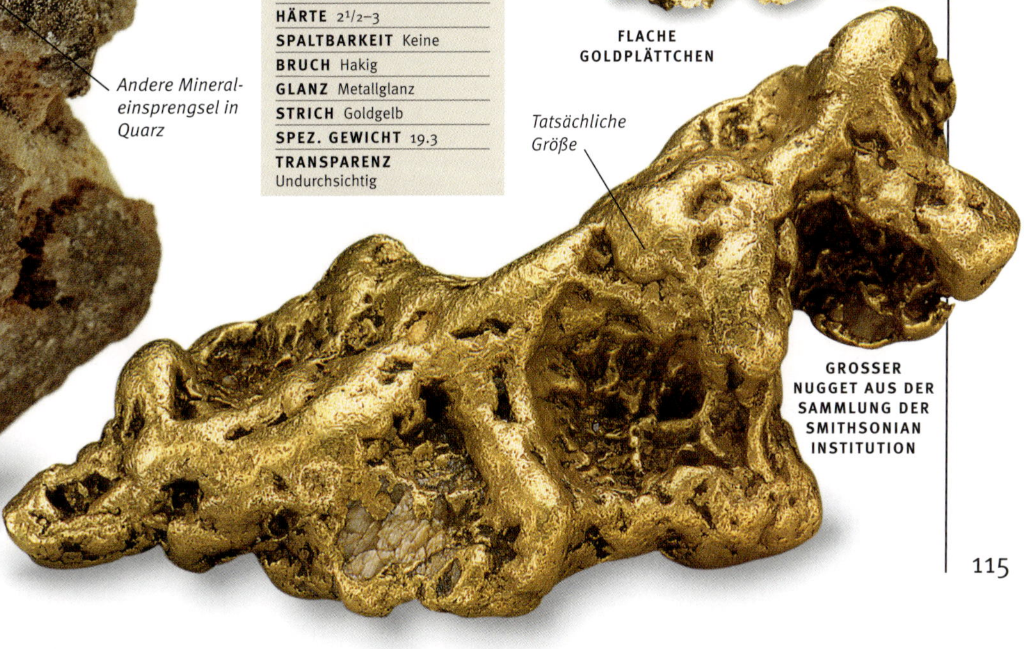

Tatsächliche Größe

GROSSER NUGGET AUS DER SAMMLUNG DER SMITHSONIAN INSTITUTION

GOLD IN ÄGYPTEN

ALS SYMBOL FÜR DIE SONNE WAR GOLD IN DER ALTÄGYPTISCHEN KULTUR, IN DER DER SONNENGOTT RE VEREHRT WURDE, EIN BEGEHRTER SCHMUCK FÜR LEBENDE UND TOTE.

TUTANCHAMUNS ZWEITER GOLDSARG
Jeder der drei Goldsärge ist mit Lapislazuli, Türkis und Karneol verziert und bildet Tutanchamun als Totengott Osiris ab.

1924 öffnete der britische Archäologe Howard Carter (1874–1959) den Deckel des letzten Schreins in der Grabkammer des Tutanchamun. Als er die Leinentücher entfernte, erblickte er ein meisterhaft gearbeitetes goldenes Abbild des Kindkönigs, das den ganzen Sarkophag ausfüllte. Dieser war der äußerste von drei Särgen. Der dritte und letzte Sarg bestand aus 110 kg massivem Gold. In diesem Sarg ruhte die Mumie von Tutanchamun. Sein Gesicht war bedeckt von einer Totenmaske aus Gold, die mit Intarsien aus Lapislazuli und farbigem Glas geschmückt war. Das Grab des Tutanchamun enthielt den größten Schatz, den jemals ein Archäologe gefunden hat.

Die Ägypter schätzten Gold und bunte Edelsteine schon lange vor der Regierungszeit des Tutanchamun (18. Dynastie – 1539–1292 v. Chr.). Die ersten Goldfunde waren vermutlich Nuggets, die der Nil von den Bergen Nubiens (im heutigen Sudan) flussabwärts geschwemmt hatte. Kunstgegenstände aus Gold, Silber und Kupfer wurden bereits in Gräbern aus vordynastischer Zeit in Negade bei Nubt, einem Zentrum des Goldhandels seit etwa 3100 v. Chr., gefunden. Nub ist das ägyptische Wort für »Gold«. Seit den Anfängen des Alten Reichs (2575–2134 v. Chr.) sandten die Pharaonen Expeditionen nach Nubien, um in den dortigen Quarzgängen Gold abzubauen. Sie bohrten tiefe Stollen in den Fels und zündeten Feuer an, um den Quarz zu zertrümmern. Dann zermalmten sie das Gestein und extrahierten das enthaltene Gold. Gegen Ende der 18. Dynastie waren die Goldminen ausgebeutet und die Ägypter mussten auf härteres Gestein in den östlichen Wüstengebieten ausweichen.

GOLDENER THRON
Der hölzerne Thron Tutanchamuns ist mit Gold überzogen und mit Lapislazuli, Karneol und Türkis verziert. Auf der Lehne ist Königin Anchesenamun beim Ordnen der Gewänder des Pharaos dargestellt.

Das praktisch unzerstörbare und leicht bearbeitbare Gold wurde entweder kalt gehämmert oder geschmolzen und gegossen. Die Werkstätten der Goldschmiede wurden vom Wesir des Pharaos streng kontrolliert. Alle Goldgegenstände gehörten dem Pharao. In der vierten Dynastie (etwa 2575–2465 v. Chr.) wurde Gold zu Gefäßen, Möbeln und Grabschmuck sowie zu kunstvollem Schmuck verarbeitet. Edelsteine wie Lapislazuli, Türkis und Karneol wurden für Intarsien, Perlen und in Gold gefasste Cabochons verwendet. Breite Halsbänder und Ohrringe kamen im Mittleren Reich (2040–1640 v. Chr.) auf. Im Neuen Reich (1550–1070 v. Chr.) wurde prächtiger, schwerer Brustschmuck hergestellt. Ohrringe wurden von Männern und Frauen getragen.

GEIERHALSSCHMUCK
Die Mumie Tutanchamuns trug diesen Halsschmuck aus Gold mit 250 eingelegten Glas- und Obsidianstücken. Jede Klaue umfasst ein Shen, ein Symbol für die Gesamtheit.

TOTENMASKE TUTANCHAMUNS
Die prachtvolle goldene Totenmaske Tutanchamuns ist mit Streifen aus Lapislazuli und farbigem Glas verziert. Das Gold symbolisierte den Sonnengott Re und der Lapislazuli den Gott Horus, der die Toten durch die Unterwelt geleitete.

SILBER

ASPEN, COLORADO (USA)
Dieser heute als Wintersport- und Freizeitparadies bekannte Ort in den Rocky Mountains wurde 1878 von Silberbergleuten gegründet. Hier wurden ergiebige Silberadern gefunden.

SILBER kommt zwar in der Natur verbreitet, im Vergleich zu anderen Metallen dennoch relativ selten vor. Die seltenen Kristalle bilden undeutliche Würfelformen oder drahtige Aggregate. Schuppige, dendritische und derbe Erscheinungsformen sind häufiger. Ein Großteil der weltweiten Silberproduktion fällt zwar als Nebenprodukt bei der Verhüttung von Blei, Kupfer und Zink an, aber auch Lagerstätten von gediegenem Silber sind von Bedeutung. Silber ist härter als Gold, aber weicher als Kupfer. Das chemische Symbol für Silber, Ag, kommt vom lateinischen Wort für Silber, argentum, das wiederum von einem Sanskrit-Wort mit der Bedeutung »weiß« und »glänzend« abgeleitet ist.

MEXIKANISCHER ANHÄNGER
Die alten mexikanischen Kulturen schätzten Silber und Gold gleichermaßen für sakrale Gegenstände.

ANTIKER ÄGYPTISCHER RING
Dieser silberne Ring gehörte Ramses IV. (1153–1147 v. Chr.).

VERWENDUNG

Die ältesten Silberornamente wurden in Gräbern aus der Zeit um 4000 v. Chr. gefunden. Silbermünzen kamen kurz nach Goldmünzen um 550 v. Chr. auf. Aber erst in unserer Zeit wurde Silber wegen seiner physikalischen Eigenschaften bedeutsam. Um 1960 überstieg die Nachfrage nach Silber die weltweite Fördermenge. Durch seine unübertroffene elektrische und Wärmeleitfähigkeit kommt Silber in elektrischen Schaltungen zum Einsatz. Für elektrische Kontakte wird es mit Nickel oder Palladium legiert. Als Katalysator hat Silber einzigartige Fähigkeiten, Ethylen in Ethylenoxid, ein Vorläufermolekül vieler organischer Verbindungen, umzuwandeln. Das meiste Silber wird aber für die Fotoindustrie benötigt, auf die 60 Prozent der Gesamtfördermenge entfallen. Die Verwendung für Dekorationsobjekte und Schmuck ist weiterhin von Bedeutung, während Silbermünzen nur noch in wenigen Ländern in Gebrauch sind. Reines Silber ist zu weich für Schmuck und wird deshalb mit anderen Metallen

RÖMISCHES ARMBAND
Dieses Silberarmband entstand gegen Ende des 1. Jahrhunderts unserer Zeitrechnung. Es wurde in Great Chesters, England, gefunden.

MÜNZEN
Neben Gold wird Silber schon seit der Antike zu Münzen geprägt. Die Abbildung zeigt eine Münze mit dem Portrait des englischen Königs Wilhelms des Eroberers (oben), einen jüdischen Silberschekel aus der Römerzeit (Mitte) und eine persische Münze aus dem 4. Jahrhundert mit einem Profil von Shapur II. (unten).

DRAHTFÖRMIGES SILBER
Dieses Exemplar kommt aus Kongsberg, Buskerud (Norwegen). Die dortigen Silberminen sind seit Jahrhunderten in Betrieb. Aus ihnen wurden außergewöhnliche Stücke geborgen. Die Oberfläche ist oxidiert.

DAGUERROTYPIE
Schon bei der 1839 erfundenen Daguerrotypie, dem ersten Fotografieverfahren, wurde Silber verwendet.

SILBER IN DER FOTOGRAFIE

Vor der Zeit der Digitalfotografie wären Aufnahmen ohne zwei lichtempfindliche Silberhalogenide – Silberchlorid und Silberbromid – nicht möglich gewesen. Auch heute noch gehen 25–40 % des industriellen Silbers in die Herstellung dieser Chemikalien. Eines der beiden Silberhalogenide wird auf eine Gelatineschicht aufgetragen. Wo dieser Film in der Kamera belichtet wird, bewirkt die Lichtenergie die chemische Reduktion des Silbers zu atomarem Silber. Entwicklungschemikalien greifen nur die genügend belichteten Silberhalogenidkristalle an. So entsteht durch Körner aus dunklem metallischem Silber ein Negativbild. Die unbelichteten Silberhalogenidkristalle werden in einem Fixierbad entfernt.

legiert. Sterlingsilber besteht zu 92,5 % aus Silber und zu 7,5 % aus einem anderen Metall, meist Kupfer.

Die ältesten bekannten Silberminen liegen im anatolischen Kappadokien (Türkei). Sie stammen aus vorhethitischer Zeit und wurden vielleicht schon um 4000 v. Chr. genutzt. Heute sind Peru, die USA, Kanada, Australien, Russland und Kasachstan die Zentren des Silberbergbaus. Das meiste Silber dürfte wohl aus Mexiko kommen, wo bereits seit 1500 Silber abgebaut wird.

VOLKSWEISHEIT

Silber wird mit dem Mond in Verbindung gebracht, der seinerseits für das weibliche Prinzip steht. Auch zur Königswürde besteht ein Bezug: Nach einer irischen Sage verlor König Nuada im Kampf einen Arm. Der Verlust von Gliedmaßen bedeutete auch den Verlust der Königswürde, doch der Gott der Heilkunst, Dian Cécht, gab ihm einen Arm aus Silber und er konnte auf den Thron zurückkehren. In vielen Kulturen symbolisiert Silber die Reinheit. In der christlichen Symbolik steht es für die göttliche Weisheit. Mystiker meinen, die Seele sei durch einen Silberfaden mit dem Körper verbunden. Beim Tod wird dieser Faden durchtrennt.

MODERNES BERGWERK IN MEXIKO
Mexiko ist immer noch der weltweit größte Silberproduzent. Hier beseitigen Arbeiter Gestein und Schutt in einer Silbermine in Taxco.

POLIERTE SCHEIBE AUS SILBER UND KUPFER

TIFFANY-TEEKANNE
Diese Art-déco-Teekanne aus den 1920er-Jahren wurde von Louis Comfort Tiffany als Teil eines Teeservices entworfen.

ERSCHEINUNGSFORMEN
Hier sind zwei verschiedene Erscheinungsformen von Silber zu sehen: einmal mit gediegenem Kupfer (oben), und einmal als dendritisch verzweigtes Aggregat (unten).

DENDRITISCHE KRISTALLE

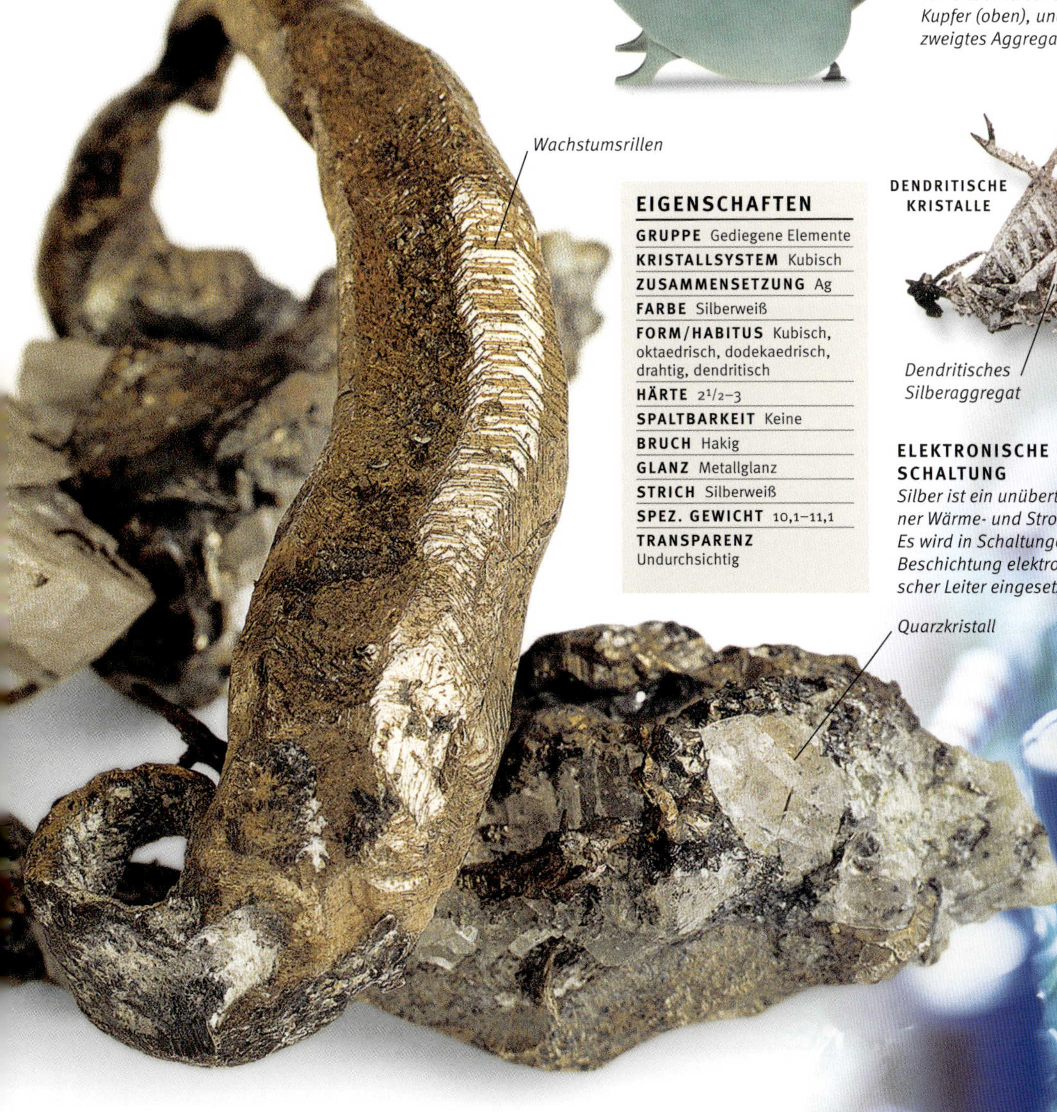

EIGENSCHAFTEN	
GRUPPE	Gediegene Elemente
KRISTALLSYSTEM	Kubisch
ZUSAMMENSETZUNG	Ag
FARBE	Silberweiß
FORM/HABITUS	Kubisch, oktaedrisch, dodekaedrisch, drahtig, dendritisch
HÄRTE	2 1/2–3
SPALTBARKEIT	Keine
BRUCH	Hakig
GLANZ	Metallglanz
STRICH	Silberweiß
SPEZ. GEWICHT	10,1–11,1
TRANSPARENZ	Undurchsichtig

ELEKTRONISCHE SCHALTUNG
Silber ist ein unübertroffener Wärme- und Stromleiter. Es wird in Schaltungen als Beschichtung elektronischer Leiter eingesetzt.

SCHWEFEL

SCHWEFELKRUSTE
Schwefelkrusten bilden sich an Fumarolen, an denen vulkanische Gase ausströmen.

SCHWEFEL ist schätzungsweise das neunthäufigste Element im ganzen Universum. Etwa 0,03 % der Erdkruste bestehen aus Schwefel. Nach Sauerstoff und Silicium ist Schwefel in Form von Sulfiden, Sulfaten und gediegenem Schwefel der dritthäufigste Bestandteil von Mineralen. Elementarer oder gediegener Schwefel ist seit dem Altertum bekannt. Er kann in 56 verschiedenen Erscheinungsformen auftreten, u. a. derb, stalaktitisch und nierenförmig. Schöne Schwefelkristalle entstehen meist bei der Sublimation vulkanischer Ausgasungen. Sie lagern sich als Krusten an Vulkanschloten und Fumarolen ab. In derber Form ist Schwefel oft in Sedimentgesteinen, vor allem in Verbindung mit Salzdomen, anzutreffen. Solche Lagerstätten sind in den Küstenregionen von Texas und Louisiana, USA, weit verbreitet. Der Schwefel aus diesen Ablagerungen wird nach dem Fraschverfahren gewonnen. Dabei wird überhitzter Wasserdampf durch Bohrlöcher in die Schwefel führende Schicht geblasen. Der durch die Hitze geschmolzene Schwefel wird an die Oberfläche gepumpt, wo er aufgefangen wird und in Trögen erstarrt. Die wichtigsten Erzeugerländer sind die USA, Kanada, Polen, Frankreich, Russland, Mexiko und Japan.

SCHWEFELMINE
Diese Schwefelhalden aus dem Untertagebau warten im Hafen von Vancouver (Kanada) auf den Transport und die Weiterverarbeitung.

NADELFÖRMIGE KRISTALLE
Schwefel kann Aggregate aus feinen, nadelförmigen Kristallen bilden.

Schwefel ist einer der wichtigsten Rohstoffe für die chemische Industrie. Er wird hauptsächlich zur Herstellung von Schwefelsäure verwendet, die ihrerseits zur Synthese zahlreicher Chemikalien benötigt wird.

Schwefel ist an seiner charakteristischen gelben Farbe leicht zu erkennen. Er ist ein schlechter Wärmeleiter und fühlt sich deshalb warm an. Bei der Verarbeitung und Lagerung von Schwefel ist Vorsicht geboten, da er Kontaktallergien hervorrufen kann. Feinkörniger Schwefel verbindet sich leicht mit dem Wasserdampf in der Luft zu Schwefelsäure, reizt die Haut und Atemwege und ist in hoher Konzentration giftig.

INDUSTRIEROHSTOFF

Schwefelverbindungen, insbesondere Schwefelsäure, sind von großer Bedeutung für die Industrie. Sie werden zur Herstellung von Düngemitteln, Reinigungsmitteln, Farben, Medikamenten und Sprengstoff benötigt. Synthetisch hergestellte organische Schwefelverbindungen sind Bestandteile von Medikamenten und Kosmetika, aber auch von Insektiziden und Lösungsmitteln.

TEXTILFARBEN
Schwefelverbindungen kommen bei der Herstellung von Textilfarben zum Einsatz.

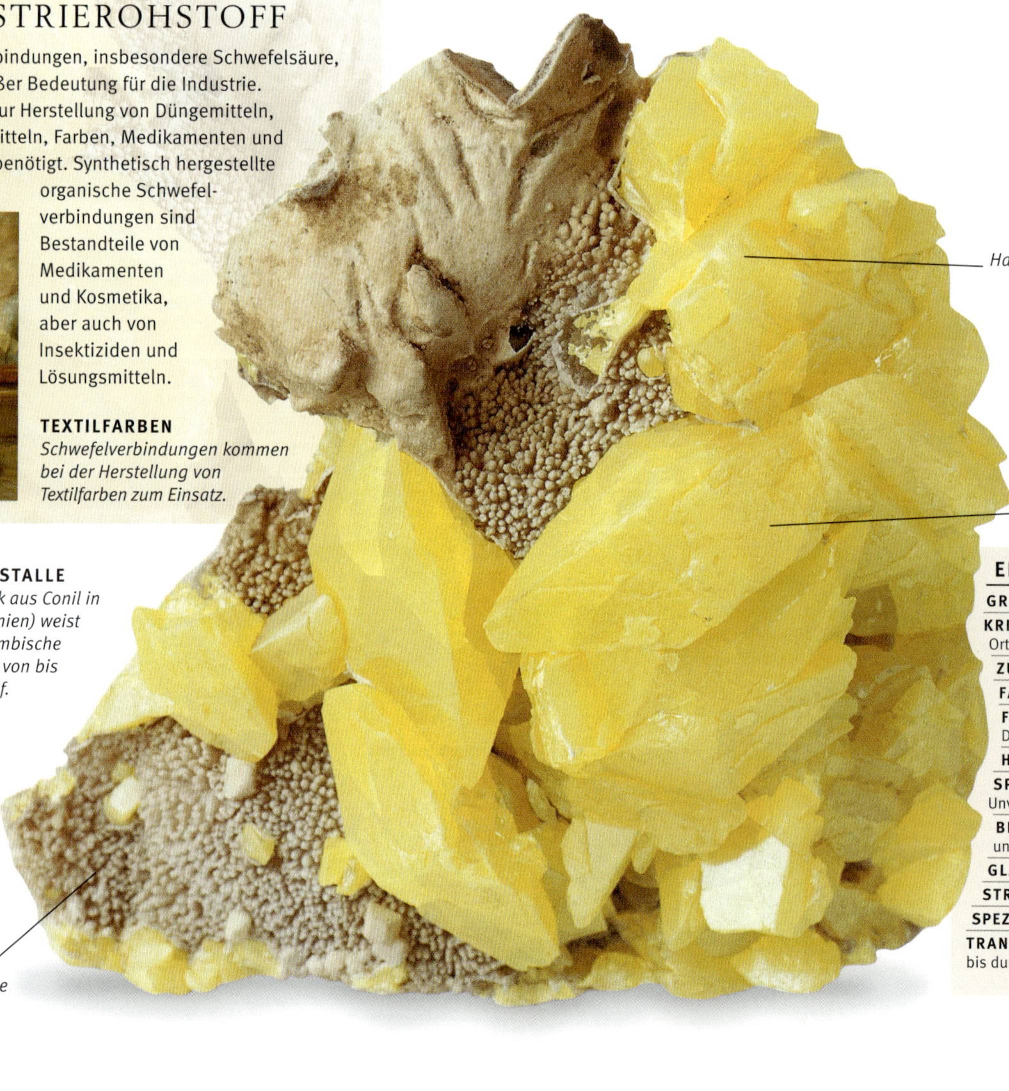

SCHWEFELKRISTALLE
Dieses Handstück aus Conil in Andalusien (Spanien) weist schöne orthorhombische Schwefelkristalle von bis zu 4 cm Länge auf.

EIGENSCHAFTEN

GRUPPE Gedieg. Elemente
KRISTALLSYSTEM Orthorhombisch
ZUSAMMENSETZUNG S
FARBE Gelb
FORM/HABITUS Dipyramidal, grob tafelig
HÄRTE $1\frac{1}{2}$–$2\frac{1}{2}$
SPALTBARKEIT Unvollkommen
BRUCH Muschelig bis uneben, spröde
GLANZ Harz- bis Fettglanz
STRICH Weiß
SPEZIFISCHES GEWICHT 2,1
TRANSPARENZ Durchsichtig bis durchscheinend

HARZ
Sankt Andreasberg im Harz ist neben Annaberg-Buchholz (Sachsen) eine der wichtigsten Arsenfundstellen.

ARSEN

DAS CHEMISCHE ELEMENT ARSEN war schon im Altertum bekannt. Der Name stammt vom griechischen *arsenicon*, mit dem das Arsensulfid Auripigment bezeichnet wurde (siehe S. 136). Arsen kommt in der Natur häufig vor, allerdings eher selten in gediegener Form. Chemisch gesehen zählt Arsen zu den Halbmetallen, d.h., es besitzt sowohl metallische als auch nichtmetallische Eigenschaften.

Frische Bruchflächen sind zinnweiß, laufen aber bald dunkelgrau an. Kristalle sind selten. Arsen tritt meist in derben, nieren- oder zapfenförmigen Aggregaten auf, die oft eine konzentrische Schichtenfolge aufweisen. Gediegenes Arsen ist in hydrothermalen Gängen meist zusammen mit antimon-, silber-, kobalt- und nickelhaltigen Mineralen zu finden. Fundstellen liegen in der Präfektur Fukui (Japan) und in Washington Camp, Arizona (USA).

Es gibt hochgiftige Arsenverbindungen. Bei Erhitzung sublimiert Arsen zu einem Dampf mit knoblauchähnlichem Geruch. Elementares Arsen verleiht Legierungen eine größere Festigkeit bei hohen Temperaturen. Arsen wird in der Arzneimittelherstellung verwendet.

EIGENSCHAFTEN	
GRUPPE	Gediegene Elemente
KRISTALLSYSTEM	Hexagonal/trigonal
ZUSAMMENSETZUNG	As
FARBE	Zinnweiß
FORM/HABITUS	Derb
HÄRTE	$3\frac{1}{2}$
SPALTBARKEIT	Vollkommen
BRUCH	Uneben, spröde
GLANZ	Metallglanz oder erdig matt
STRICH	Dunkelgrau
SPEZIFISCHES GEWICHT	5,7
TRANSP.	Undurchsichtig

VERWENDUNG IN PESTIZIDEN

Arsenverbindungen waren ein häufiger Bestandteil von Pestiziden. Arsensäure, Arsenpentoxid, Bleiarsenat und Calciumarsenat wurden auf Felder gesprüht und zur Sterilisation auf den Boden ausgebracht. Der regelmäßige Umgang mit diesen Chemikalien ist gefährlich, und Rückstände in den behandelten Pflanzen können für den Verbraucher schädlich sein.

SPRÜHFLUGZEUG
Arsenverbindungen stellen eine Gefahr für die Piloten von Sprühflugzeugen dar.

ANGELAUFENES ARSEN
Dieses derbe Aggregat aus Sankt Andreasberg im Harz weist eine dunkel angelaufene Oberfläche auf.

MADAGASKAR
Madagaskar ist ein wichtiges Graphiterzeugerland.

GRAPHIT

DER NAME GRAPHIT leitet sich vom griechischen Verb *graphein* (»schreiben«) ab, da Graphit auf Papier einen schwarzen Strich hinterlässt. Graphit kommt als hexagonale Kristalle, biegsame Blättchen und Schuppen oder große Aggregate vor und kann körnig, kompakt oder erdig sein. Graphit entsteht durch Metamorphose kohlenstoffhaltiger Sedimente (z.B. Kalkstein) und durch die chemische Reaktion von Kohlenstoffverbindungen mit hydrothermalen Lösungen. Er wird in Sabaragamuwa (Sri Lanka), Sonora (Mexiko), Ontario (Kanada), Nordkorea, auf Madagaskar und in New York (USA) abgebaut. Graphit nutzt man als Schmiermittel und in Kernreaktoren. Da er Strom leitet, ohne zu schmelzen, wird er auch in Bogenlampen, Batterien und Elektromotoren eingesetzt.

EIGENSCHAFTEN	
GRUPPE	Gediegene Elemente
KRISTALLSYSTEM	Hexagonal
ZUSAMMENSETZUNG	C
FARBE	Schwarz
FORM/HABITUS	Hexagonale Plättchen, schuppige Aggregate
HÄRTE	1
SPALTBARKEIT	Basal
BRUCH	Uneben
GLANZ	Metallglanz oder matt
STRICH	Schwarz bis stahlgrau, glänzend
SPEZ. GEWICHT	2,2
TRANSP.	Undurchsichtig

BLEISTIFTMINE
Bleistiftminen bestehen zum großen Teil aus Graphit. Die Verwendung von Graphit in Schreibgeräten wurde 1575 erstmals beschrieben.

DERBER GRAPHIT
Dieses derbe Graphitaggregat fühlt sich seifig oder fettig an.

KRISTALLSTRUKTUR

Graphit besteht wie Diamant aus reinem Kohlenstoff. Er sieht nicht nur völlig anders aus als Diamant, sondern steht auch auf der Härteskala ganz am anderen Ende. Die geringe Härte ist auf die Art der Atombindungen zurückzuführen. Graphit ist aus Schichten von Ringen aus jeweils sechs Kohlenstoffatomen aufgebaut. Innerhalb der Ringe sind die Atome stark gebunden, während zwischen den einzelnen Schichten nur schwache Bindungen bestehen. In Diamant werden die Kohlenstoffatome in allen drei Dimensionen durch starke Bindungen zusammengehalten.

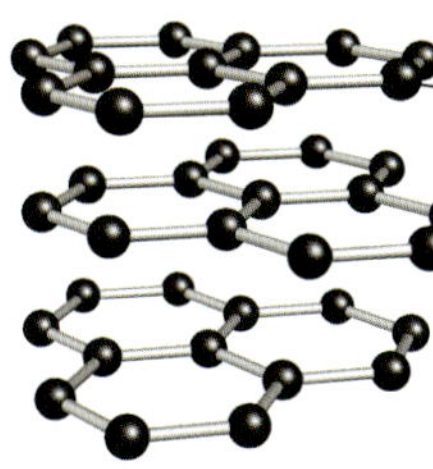

GRAPHIT

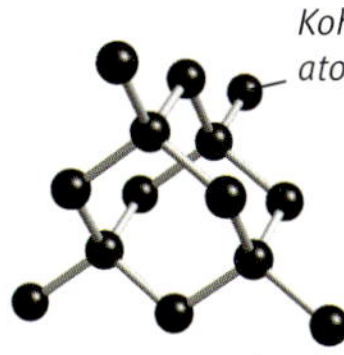

DIAMANT

NAMIBIA
An einigen Stränden in Namibia haben sich diamanthaltige Sedimente gebildet. Enorme Mengen Sand werden abgetragen, um an die darunter liegenden, auf dem Grundgestein konzentrierten Diamanten heranzukommen.

GELBER BRILLANT
Für die Färbung natürlicher gelber Diamanten sind meist Spuren von Stickstoff verantwortlich.

BRAUNER BRILLANT
Braune Diamanten kommen in der Natur vor, sind aber oft auch das Ergebnis einer künstlichen Bestrahlung.

ORANGER BRILLANT
Natürliche orange Diamanten sind äußerst selten. Die Färbung kann man künstlich erzeugen, muss dies aber deklarieren.

FARBLOSER BRILLANT
Seine hohe Dispersion macht Diamant zu einem der schönsten und feurigsten Edelsteine.

DIAMANT

DIADEM VON MARIE LOUISE
In diesem Diadem wurden 1006 Diamanten und 79 Türkise verarbeitet.

DIAMANT, das härteste Mineral auf der Erde, besteht aus reinem Kohlenstoff. Auf Grund der homogenen Anordnung der Kohlenstoffatome bilden Diamanten meist gut ausgebildete Kristalle in Oktaeder- oder Würfelform mit abgerundeten Kanten. Der Name ist in Anspielung auf seine Härte vom griechischen *adamas* (»ich nehme« oder »ich unterwerfe«) abgeleitet. Neben der kristallinen existieren noch zwei weitere Varietäten: eine unregelmäßige oder körnige schwarze Form, die als Bort bezeichnet wird, und eine als Carbonado bezeichnete mikrokristalline Form.

Diamantkristalle können durchsichtig, durchscheinend oder undurchsichtig sein und verschiedene Färbungen von Farblos bis Schwarz aufweisen, wobei Braun und Gelb am häufigsten sind. Farblose oder blassblaue Diamanten werden sehr oft als Edelsteine für Schmuck verwendet. Rote, grüne, orangene und violette Diamanten sind sehr selten und besonders wertvoll. Industriediamanten sind meist grau oder braun und durchscheinend oder undurchsichtig. Die Farbe von Diamanten kann durch Bestrahlung oder Wärmebehandlung verändert werden.

Im Kristallgitter von Diamant ist jedes Kohlenstoffatom mit seinen vier gleich weit entfernten Nachbarn verbunden. So entsteht ein engmaschiges, dichtes Gitter mit starken Bindungen zwischen den Atomen – die Voraussetzung für die Härte und viele andere Eigenschaften.

VORKOMMEN

Die meisten Diamanten kommen aus zwei seltenen vulkanischen Gesteinen: Lamproit und Kimberlit (siehe S. 41). Sie sind jedoch wesentlich älter als die Gesteine, in denen sie anzutreffen sind. Geeignete Kristallisationsbedingungen liegen im oberen Erdmantel unter alter Kontinentalkruste in einer Tiefe von über 150 km vor. Kimberlitmagma kommt aus besonders großer Tiefe und reißt beim Ausbruch Diamanten und anderes Material aus dem Mantelgestein mit. Beim Abkühlen des Magmas bildet sich ein röhrenartiger Gesteinskörper mit steilen Flanken. Die meisten natürlichen Diamanten werden aus Kimberlitröhren gewonnen.

OHRRINGE VON MARIE ANTOINETTE
Diese Diamantohrringe waren ein Geschenk von Ludwig XVI. an Marie Antoinette. Sie gingen in den Wirren der Französischen Revolution verloren und tauchten später in Russland wieder auf. Heute sind sie in der Smithsonian Institution in Washington D.C. (USA) zu bewundern.

DIAMANTKRISTALLE
Diese Gruppe von Diamantkristallen zeigt, wie unterschiedlich Farben und Formen sein können: von perfekten Oktaedern bis hin zu dunklen, unregelmäßig geformten, körnigen Klumpen, die als Industriediamanten Verwendung finden.

INDUSTRIEDIAMANTEN

Auch wenn man in der Industrie heute überwiegend synthetische Diamanten einsetzt, finden auch natürliche Diamanten noch Verwendung. Diamantpulver ist das einzige Material, mit dem man Diamanten schleifen oder schneiden kann, und es wird auch zur Bearbeitung anderer Edelsteine benutzt. Bohrer mit Diamantspitze verwendet man, um Löcher in hartes Material zu bohren. Die Diamanten sind dann entweder in die Spitze eingelassen, oder diese ist mit feinen Diamanten beschichtet.

BOHRER
Diamantsplitter bedecken diesen Erdölbohrer.

WERKZEUGMACHER
Hier wird ein diamantbesetztes Schneidwerkzeug hergestellt.

EIGENSCHAFTEN

GRUPPE Gediegene Elemente
KRISTALLSYSTEM Kubisch
ZUSAMMENSETZUNG C
FARBE Weiß bis schwarz, farblos, gelb, rosa, rot, blau, braun
FORM/HABITUS Oktaedrisch, kubisch
HÄRTE 10
SPALTBARKEIT Vollkommen nach Oktaederflächen
BRUCH Muschelig
GLANZ Diamantglanz
STRICH Ritzt Strichtafel
SPEZ. GEWICHT 3,4–3,5
TRANSPARENZ Durchsichtig bis undurchsichtig
BRECHUNGSINDEX 2,42

Diamanten sind auch in alluvialen Kieslagerstätten und im Schutt von Gletschermoränen zu finden. Solche Seifenlagerstätten entstehen, wenn Diamanten aus einer Kimberlitgrundmasse herauserodieren und sich an bestimmten Stellen anreichern. Da Diamanten äußerst hart und sehr beständig gegenüber chemischen Einflüssen sind, verwittern sie nicht und können vom Wasser über beträchtliche Entfernungen transportiert werden, bis sie in Flussbetten oder im Meer abgelagert werden. Da Diamanten in der Regel dichter sind als Silikatgestein, reichern sie sich im Kies oder Sand ab und können von dort gewonnen werden.

Der früheste Lieferant war Indien: Das Diamantenfeld von Golconda wurde vielleicht schon um 800 v. Chr genutzt. Nach der Eroberung Südamerikas durch die Spanier erlangte Brasilien die größte Bedeutung als Diamantlieferant. Die größten Vorkommen liegen heute in Botswana, Australien, Russland, Kongo und Angola. Viele Lagerstätten in Südafrika sind inzwischen ausgebeutet, so dass es nicht mehr zu den bedeutendsten Diamantenförderländern zählt. Industriediamanten kommen vor allem aus Australien, dem Kongo und Russland. In Zukunft werden wohl mindestens 15–20% der weltweiten Produktion aus Kanada kommen. Geringere Mengen wurden auch in den USA gefunden. Seit 1960 werden künstliche Diamanten hergestellt.

HALSKETTE VON NAPOLEON I.
Diese Halskette war ein Geschenk Napoleons an Kaiserin Marie-Louise anlässlich der Geburt ihres gemeinsamen Sohnes. Die Diamanten wiegen zusammen etwa 263 Karat.

KRONE DER KÖNIGINMUTTER

KOHINOOR-DIAMANT
Der Kohinoor wurde 1304 in Indien gefunden. Bei der Annexion des Pandschab im Jahr 1849 kam er in britischen Besitz. Der schlecht geschliffene, 191 Karat schwere Diamant wurde 1852 zu einem 109-karätigen ovalen Brillanten umgeschliffen. Er ist heute in der Krone der verstorbenen britischen Königinmutter im Tower von London zu besichtigen.

DIAMANTRINGE
Der viktorianische Fingerring (links) ist mit lauter kleinen Diamanten im Brillantschliff besetzt. Den eleganten Goldring (rechts) aus den 1920er-Jahren ziert ein einzelner Diamant.

DIAMANTABBAU

Diamanten findet man in Kimberlit- und Lamproitröhren sowie in Seifenlagerstätten. Kimberlitgestein ist nach Kimberley in Südafrika, dem Zentrum des südafrikanischen Diamantabbaus, benannt. Zuerst wurden Diamanten im Tagebau aus verwittertem Kimberlit ausgewaschen. Mit zunehmender Tiefe wurde das Gestein härter, und man ging zum Untertagebau über (siehe S. 41). Heute füllt man Bohrlöcher mit Sprengstoff und sprengt das Gestein. Das zu Tage geförderte Gestein wird dann über mit Schmierfett bestrichene Tische transportiert, an denen die Diamanten haften bleiben (siehe S. 107).

BULTFONTEIN (SÜDAFRIKA)
Die Mine in Bultfontein ist eine von mehreren um Kimberley (Südafrika). Aus Kimberlitröhren werden hochwertige Diamanten gewonnen.

GEWINNUNG AUS SEIFEN

Die Gewinnung aus Seifen nutzt das gleiche Prinzip, nach dem die Lagerstätte entstanden ist: das Absetzen schwererer Minerale – in diesem Fall Diamant – in fließendem Wasser. Beim Abbau im industriellen Maßstab lässt man diamanthaltigen Kies mit Wasser durch Wannen strömen. Schwere Minerale sinken ab und sammeln sich in Rillen im Wannenboden, während leichteres Material weggespült wird. Dann werden die Diamanten von Hand aussortiert.

Seit den 1990ern werden Diamanten, die in Konfliktgebieten zur Finanzierung bewaffneter Milizen abgebaut werden, vor allem in Afrika, als »Blut-« oder »Konfliktdiamanten« bezeichnet. Oft müssen lokale Bergleute sie unter Zwang abbauen.

SCHLEPPNETZE
Schleppkähne saugen mit riesigen Schläuchen Meeresbodensedimente ein, aus denen die Diamanten nach dem gleichen Verfahren gewonnen werden wie aus Seifen. So werden jährlich viele Tausend Karat Diamanten gefördert.

HOPE-DIAMANT

MIT 45,52 KARAT IST DER HOPE-DIAMANT EIN AUSSERGEWÖHNLICHER STEIN. AUCH SEINE GESCHICHTE IST FASZINIEREND UND GEHEIMNISVOLL.

Der Hope-Diamant wurde vermutlich in der Kollur-Mine im indischen Golconda-Gebiet entdeckt. Das genaue Funddatum ist nicht bekannt, aber ein französischer Edelsteinhändler namens Jean-Baptiste Tavernier verkaufte 1668 König Ludwig XIV. von Frankreich einen 112-karätigen blauen Diamanten aus Indien. Das im indischen Stil geschliffene Juwel wurde 1673 zu einem 67-karätigen, brillanteren Stück in Herzform umgeschliffen. 1749 ließ Ludwig XV. den Stein, der jetzt unter dem Namen French Blue bekannt war, in ein nur vom König getragenes zeremonielles Schmuckstück für den Orden des Goldenen Vlieses einsetzen.

Während der Französischen Revolution 1792 ging der Diamant verloren. 1812 fiel dem Londoner Juwelier John Francillon ein 44 Karat (nach dem heutigen metrischen System 45,5 Karat) schwerer blauer Diamant im Besitz des Londoner Diamantenhändlers Daniel Eliason auf. Dieser war wahrscheinlich aus dem verschollenen French Blue geschliffen worden.

MARIE ANTOINETTE
Auf diesem Portrait von Marie Antoinette (1750–1793), der Gemahlin von Ludwig XVI., trägt sie möglicherweise den French Blue auf der Brust.

VON FRENCH BLUE ZU HOPE

Wieder verschwand der Diamant von der Bildfläche, bis ihn 1820 der britische König George IV. erwarb. In dessen Besitz blieb er bis zu seinem Tod im Jahr 1830. Dann kaufte ihn der Londoner Bankier und Edelsteinsammler Henry Philip Hope, nach dem er heute benannt ist. Nach Hopes Tod 1839 wechselte der Diamant mehrmals den Besitzer, bis ihm 1909 Pierre Cartier erwarb. Dieser verkaufte den Stein 1920 für 180 000 Dollar an Evalyn Walsh McLean. Er sagte ihr, der Diamant bringe seinem Träger Unglück, aber das erzählte er möglicherweise nur, weil sie ihm gesagt hatte, Gegenstände, die anderen Unglück bringen, würden ihr Glück bringen. Evalyn McLean legte den Diamanten nie ab. Zwei Jahre nach ihrem Tod im Jahr 1947 kaufte der New Yorker Juwelier Harry Winston ihren gesamten Schmuck auf. Am 10. November 1958 übergab er den Diamanten der Smithsonian Institution für eine nationale Edelsteinsammlung. Er wurde in einem einfachen braunen Umschlag per Einschreiben verschickt. Die Versicherungssumme betrug 1 Million Dollar. Seither ist der Diamant ständig ausgestellt.

VORDER- UND RÜCKSEITE
Der Hope-Diamant ist 25,6 mm lang und 21,8 mm breit. Der asymmetrische Brillantschliff im antiken Stil weist 58 Facetten sowie zusätzliche Facetten an den Enden der Halbachsen auf.

ALTER DIAMANT IN NEUER FASSUNG
Die heutige Fassung des Hope-Diamanten wurde 1920 von Pierre Cardin entworfen. Der Diamant ist von 16 birnenförmig geschliffenen Diamanten umrahmt und in Platin gefasst. Er hängt an einer Kette mit 45 Diamanten.

SULFIDE

IN SULFIDMINERALEN IST SCHWEFEL mit einem oder mehreren Metallen vergesellschaftet. Viele ihrer Eigenschaften gleichen auch denen von Metallen, so zum Beispiel der Metallglanz und die elektrische Leitfähigkeit. Sie weisen meist eine einfache Struktur und hoch symmetrische Kristallformen auf. Viele Sulfide haben leuchtende Farben, die meisten eine geringe Härte und ein hohes spezifisches Gewicht. Sie bilden die Erze der meisten industriell genutzten Metalle wie Antimon, Wismut und Kupfer, aber auch von Gold, Silber und Platin. Sulfide kommen in allen Gesteinsarten vor und sind recht häufig. Mit den Sulfiden verwandt sind die Selenide, Telluride, Antimonide und Arsenide. Diese Mineralfamilien bestehen aus Verbindungen von Selen, Tellur, Antimon oder Arsen mit Metallen oder Halbmetallen. Sie sind relativ selten und kommen meist zusammen mit Sulfidmineralen vor.

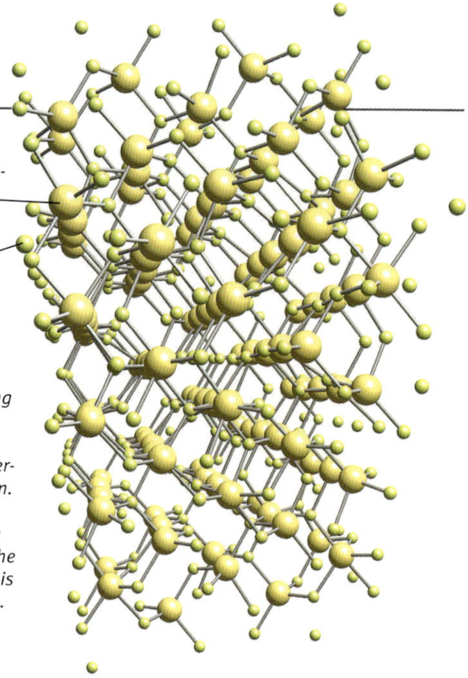

KRISTALLSTRUKTUR VON BORNIT
Bornit ist eine Verbindung aus Kupfer, Eisen und Schwefel. Die Atome dieser Elemente bilden Gitterstrukturen aus Tetraedern. Kupfer- und Eisenatome nehmen in Bezug auf die Schwefelatome die gleiche Position ein. Ihr Verhältnis kann sehr stark variieren.

ZACATECAS
In diesem mexikanischen Bundesstaat ist Akanthit zu finden.

AKANTHIT

AKANTHIT ist in Anspielung auf das dornige Aussehen einiger Kristalle nach dem griechischen Wort *akantha* (»Dorn«) benannt. Oberhalb von 177 °C kristallisiert das Silbersulfid im kubischen System, deshalb hielt man kubisches Silbersulfid, das als Argentit bezeichnet wurde, für ein eigenständiges Mineral. Heute weiß man, dass es die gleiche Zusammensetzung aufweist wie Akanthit, der bei niedrigerer Temperatur im monoklinen System kristallisiert. Akanthit ist das wichtigste Silbererz. Er entsteht in hydrothermalen Gängen mit gediegenem Silber, Pyrargyrit, Proustit und anderen Sulfiden wie Bleiglanz. Außerdem bildet er sich als Sekundärmineral aus primären Silbersulfiden. Er ist in den meisten Silbererzlagerstätten anzutreffen, so auch im Harz (Deutschland) und in Kongsberg (Norwegen).

COMSTOCK LODE

Comstock Lode war eine äußerst ergiebige Silberlagerstätte im US-Bundesstaat Nevada. Sie wurde 1859 entdeckt. Aus dieser Mine wurden solche Mengen an Silber gefördert, dass die staatliche Münzanstalt im nahe gelegenen Carson City eine Zweigstelle einrichtete. Um 1882 waren die Vorräte erschöpft und die Grube wurde geflutet. Die Silberader war in einer flachen hydrothermalen Ablagerung, einer epithermalen Ablagerung, entstanden. Neben Akanthit wurden auch Stephanit und Pyrargyrit gefunden.

COMSTOCK-MINE
Die Mine wurde nach Henry Comstock, auf dessen Grundstück die Ader entdeckt wurde, benannt.

SILBERNE FEDER
Dieser moderne indigen-amerikanische Schmuck besteht aus einer silbernen Feder mit Türkisperlen.

SILBERSCHNALLE
Diese Gürtelschnalle aus Silber enthält einen Türkis, der von einem Prägemuster umrahmt ist.

EIGENSCHAFTEN	
GRUPPE	Sulfide
KRISTALLSYSTEM	Monoklin
ZUSAMMENSETZUNG	Ag_2S
FARBE	Schwarz
FORM/HABITUS	Pseudokubisch
HÄRTE	2–2½
SPALTBARKEIT	Undeutlich
BRUCH	Schwach muschelig, schneidbar
GLANZ	Metallglanz
STRICH	Schwarz
SPEZ. GEWICHT	7,2–7,4
TRANSP.	Undurchsichtig

PSEUDOMORPHE FORM
Dieses Handstück ist ein Argentit, eine pseudomorphe Modifikation von Akanthit, die eine kubische Symmetrie aufweist.

CORNWALL (ENGLAND)
In Cornwall werden schon seit 3000 Jahren verschiedene Minerale abgebaut, darunter auch sehenswerte Chalkosinkristalle.

CHALKOSIN

CHALKOSIN ODER KUPFERGLANZ ist eines der bedeutendsten Kupfererze. Es tritt meist als derbe Masse auf, gelegentlich sind aber auch kurzsäulige oder tafelige Kristalle sowie pseudohexagonale Zwillingsformen anzutreffen. Der Name Chalkosin ist vom griechischen Wort für Kupfer abgeleitet. Unter diesem Namen wird das Mineral in der Systematik aufgeführt, im allgemeinen Sprachgebrauch ist die Bezeichnung Kupferglanz üblicher.

Chalkosin zählt zu einer Gruppen von Sulfidmineralen, die bei relativ geringer Temperatur oft sekundär aus anderen Kupfermineralen wie Bornit (siehe S. 128) entstehen. Stellenweise können sie ergiebiger sein als die primären Kupferlagerstätten. Die Alterationszonen, in denen Chalkosin entsteht, sind oft hydrothermale Gänge mit Mineralen wie Bornit, Quarz, Calcit, Covellin, Chalkopyrit, Bleiglanz und Zinkblende.

KUPFER ALS INDUSTRIEROHSTOFF

Kupfer wird überwiegend in der Elektrotechnik verwendet. Das Anwendungsspektrum reicht von massiven Generatoren bis zu Millionen Kilometern von Telefonleitungen. Noch immer laufen die meisten Telefongespräche über Kupferleitungen. Schiffschrauben werden aus massiven Kupferlegierungen hergestellt, Flugzeuge aus einer Aluminium-Kupfer-Legierung, die unter der Bezeichnung Duraluminium bekannt ist. Geringere Mengen Kupfer werden für Dächer, Braubottiche sowie Wasser- und Gasleitungen samt Armaturen benötigt. Zweifellos wäre das moderne Industriezeitalter ohne Kupfer praktisch nicht denkbar. Auch im Haushalt kommt Kupfer vielfach zur Anwendung (siehe S. 128).

KUPFERDRAHT
Kupfer wird überwiegend in der Elektrotechnik verwendet.

KUPFERDACH
Kupfer ermöglicht auch gekrümmte Dachformen.

AUSSCHMELZEN
In dieser Gießerei in Krasnojarsk (Russland) fliegen beim Ausschmelzen von Kupfer Funken.

DERBER CHALKOSIN
Dieser typische derbe Chalkosin kommt aus der Khusib Springs-Mine bei Otavi (Namibia).

EIGENSCHAFTEN
GRUPPE Sulfide
KRISTALLSYSTEM Monoklin
ZUSAMMENSETZUNG Cu_2S
FARBE Dunkel bleigrau
FORM/HABITUS Kurzsäulig, dick tafelig
HÄRTE $2^1/_2$–3
SPALTBARKEIT Undeutlich
BRUCH Muschelig
GLANZ Metallglanz
STRICH Dunkel bleigrau
SPEZIFISCHES GEWICHT 5,5–5,8
TRANSPARENZ Undurchsichtig

Chalkosin selbst verwittert zu gediegenem Kupfer und anderen Kupfererzen. Exemplare mit schön ausgeformten Kristallen fand man im Ural und in Cornwall. Die Fundorte in Cornwall werden seit der Bronzezeit ausgebeutet. Wirtschaftlich bedeutend sind Vorkommen in den USA bei Ely (Nevada), Morenci (Arizona) und Butte (Montana). Prächtige Kristalle kommen aus Bristol (Connecticut). Weitere Vorkommen liegen in Australien, Chile, der Tschechischen Republik, Norwegen, Peru, Russland und Spanien.

LANGSÄULIGE KRISTALLE

KURZSÄULIGE KRISTALLE

CHALKOSINKRISTALLE
Diese Exemplare sind Beispiele für zwei Formen der relativ seltenen Chalkosinkristalle.

TASMANIEN
Die vor der Südostküste Australiens gelegene große Insel Tasmanien liefert zahlreiche Minerale, darunter auch Bornit.

BORNIT

EINES DER BUNTESTEN MINERALE in der Natur ist das Kupfer-Eisen-Sulfidmineral Bornit, das als Kupfererz von wirtschaftlicher Bedeutung ist. Auf angelaufenen Bruchflächen kann es violett, blau und rot schillern, daher auch der umgangssprachlich bekanntere Name Buntkupferkies. Der offizielle Mineralname Bornit geht auf den österreichischen Mineralogen Ignaz von Born (1742–1791) zurück.

Bornitkristalle sind relativ selten anzutreffen. Sie sind pseudokubisch, dodekaedrisch oder oktaedrisch, oft mit gekrümmten oder rauen Flächen. In der Regel tritt Bornit aber kompakt, körnig oder derb auf. Er ist von Natur aus kupferrot, kupferbraun oder bronzefarben. Bornit verwittert leicht zu Kupferglanz (siehe S. 127) und anderen Kupfermineralen. Er entsteht überwiegend in hydrothermalen Gängen mit Mineralen wie Quarz, Kupferkies, Markasit und Pyrit, aber auch in einigen kieselsäurearmen Intrusionen, in Pegmatitgängen und in Kontaktmetamorphosezonen. Größere Lagerstätten gibt es in Tasmanien, Chile, Peru, Kasachstan, Kanada und den USA. Kristalle in hoher Qualität sind in britischen Lagerstätten zu finden.

EIGENSCHAFTEN

GRUPPE	Sulfide
KRISTALLSYSTEM	Tetragonal
ZUSAMMENSETZUNG	Cu_5FeS_4
FARBE	Kupferrot, braun
FORM/HABITUS	In der Regel derb
HÄRTE	3
SPALTBARKEIT	Schwach ausgeprägt
BRUCH	Uneben bis muschelig, spröde
GLANZ	Metallglanz
STRICH	Blasses Grauschwarz
SPEZ. GEWICHT	5,1
TRANSPARENZ	Undurchsichtig

BORNITKRISTALLE
Diese Gruppe gut ausgebildeter Bornitkristalle weist gekrümmte und raue Kristallflächen auf.

DERBER BORNIT
Dieser derbe, angelaufene Bornit mit gelbem Kupferkies ist ein schönes Beispiel für die bunten Oxidationsfarben, die dem Mineral den volkstümlichen Namen Buntkupferkies gegeben haben.

KUPFER IM HAUSHALT

Im Alltag ist Kupfer allgegenwärtig. Es zeichnet sich durch eine hohe Haltbarkeit aus, lässt sich leicht formen und ist ein unübertroffener Wärme- und Stromleiter. Der elektrische Strom in unseren Häusern fließt durch Kupferleitungen, das Wasser durch Kupferrohre, Armaturen sind aus Kupferlegierungen. Heizspiralen bestehen ebenfalls aus Kupfer. Die meisten Haushaltsgeräte enthalten Kupferteile. Kochgeschirr aus Kupfer oder mit Kupferboden hat den Vorteil, die Wärme gleichmäßig zu verteilen. Viele Münzen bestehen aus Kupfer oder Kupferlegierungen. Goldschmuck ist mit Kupfer legiert, weil er sonst zu weich und empfindlich wäre. Selbst um ins Haus zu gelangen, braucht man Kupfer – die meisten Schlüssel und Schlösser bestehen aus Kupferlegierungen. Auch in der Industrie ist Kupfer unverzichtbar (siehe S. 127).

HEIZSPIRALE
Kupfer ist ein unauffälliger Bestandteil vieler elektrischer Haushaltsgeräte.

ARMBAND
Kupferarmbänder sollen die Schmerzen bei Arthritis lindern.

TAL DES MISSISSIPPI
Eine der ergiebigsten Sphalerit-lagerstätten liegt im Grenzgebiet der US-Bundesstaaten Missouri, Arkansas und Kansas.

SPHALERIT

SPHALERIT ist nach dem griechischen Wort *sphaleros* (»trügerisch«) benannt, da er oft in Formen vorkommt, in denen er mit anderen Mineralen wie z.B. Galenit (siehe S. 130) verwechselt werden kann. Der Name Sphalerit wird in der mineralogischen Systematik verwendet. Besser bekannt ist das Mineral unter dem Namen Zinkblende. Der Namensbestandteil »Blende« leitet sich von »blenden« ab und spielt darauf an, dass Zinkblende aussieht wie Bleierz, aber kein Blei enthält.

Gut ausgebildete Kristalle dieses Minerals sind in den meisten Zinkerzlagerstätten zu finden. Zink kann bis zu einem Viertel durch Eisen ersetzt sein. Sphalerit ist das häufigste Zinkmineral und das wichtigste Zinkerz. Er ist zusammen mit Bleiglanz in den meisten bedeutenden Zinklagerstätten zu finden. Sphalerit ist in hydrothermalen Gängen und Kontaktmetamorphosezonen sowie als Ersetzungsmineral zusammen mit Chalkopyrit und Pyrit anzutreffen. Auch einige Meteorite und Mondgesteine enthalten geringe Mengen an Sphalerit. Bedeutende Lagerstätten befinden sich im Tal des Mississippi in den USA, außerdem in Kanada, Mexiko, Spanien und Russland.

Sphalerit wird nur gelegentlich für Sammler geschliffen, da er wegen seiner geringen Härte und seiner leichten Spaltbarkeit sehr schwer zu bearbeiten ist.

EIGENSCHAFTEN

GRUPPE Sulfide
KRISTALLSYSTEM Kubisch
ZUSAMMENSETZUNG ZnS
FARBE Braun, schwarz, gelb
FORM/HABITUS Tetraedrisch, dodekaedrisch
HÄRTE 3–4
SPALTBARKEIT Vollkommen in sechs Richtungen
BRUCH Muschelig
GLANZ Harzglanz bis Diamantglanz, Metallglanz
STRICH Braungelb bis hellgelb
SPEZ. GEWICHT 3,9–4,1
TRANSPARENZ Undurchsichtig bis durchsichtig
BRECHUNGSINDEX 2,36–2,37

SPHALERITKRISTALLE
Diese prächtigen Sphalerit-kristalle mit Pyrit und Quarz stammen aus Casapalca, Lima, Peru.

DERBER SPHALERIT

KRISTALLINER SPHALERIT

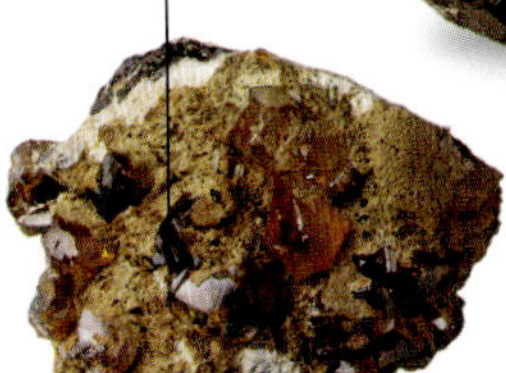

KRISTALLE IN GRUNDMASSE

RUBINROTER SPHALERIT

VARIETÄTEN
Sphalerit ist in verschiedenen Farben und Formen anzutreffen, u. a. auch als rubinrote kristalline Form (rechts).

ZINK

Sphalerit (Zinkblende) ist das wichtigste Zinkerz. Das Metall Zink wird vor allem zum Galvanisieren von Eisen und Stahl und zusammen mit Kupfer als Legierungsmetall für die Bronzeherstellung verwendet. Zinkoxid wird in Bildröhren von Fernsehgeräten und in Leuchtstoffröhren, in Kosmetikartikeln, Kunststoffen und Farben und als Katalysator bei der Herstellung von synthetischem Gummi eingesetzt.

FORMENBAU
Gussformen werden oft aus Zinklegierungen hergestellt.

BRILLANTSCHLIFF
Für diesen gelbbraunen Sphalerit wurde ein runder Brillantschliff gewählt. Der feurige Stein glitzert in Regenbogenfarben.

OVALER SCHLIFF
Der ovale Schliff betont die gelbbraune Farbe. Solche Steine werden für Sammler geschliffen.

SMARAGDSCHLIFF
Dieser gelbgrüne Sphalerit im Smaragdschliff stellt höchste Anforderungen an den Edelsteinschleifer.

BLEIGLANZMINE IN IDAHO
Die Abbildung zeigt eine der Bleiglanzminen in Shoshone County, Idaho (USA).

BLEIGLANZ

VON DEN ÜBER 60 BEKANNTEN bleihaltigen Mineralen ist Bleiglanz (Galenit, Bleisulfid) das wichtigste Bleierz. Bleiglanz war vielleicht das erste Erz, das geschmolzen wurde, um Metall zu gewinnen: Bleiperlen aus der Türkei wurden auf etwa 6500 v. Chr. datiert. Zum Schmelzen wird keine komplizierte Technik benötigt. Es reicht aus, das Erz in einem Lagerfeuer zu erhitzen und das Metall am Grund nach dem Erkalten einzusammeln.

Neben Blei enthält Bleiglanz oft geringe Mengen an Silber, Zink, Kupfer, Cadmium, Arsen, Antimon und Wismut. Bleiglanz kann so viel Silber enthalten, dass es an einer Lagerstätte das wichtigste Silbererz ist. Auch die anderen Metalle können abbauwürdig sein. Die Römer kannten effiziente Verfahren zur Trennung des Silbers vom geschmolzenen Blei – einige römische Bleibarren tragen die Inschrift *ex arg*, die darauf hinweist, dass das Silber daraus entfernt wurde. Der ebenfalls gebräuchliche Name Galenit kommt vom lateinischen *galena* (»Bleierz«).

Bleiglanz bildet kubische Kristalle, überwiegend in Würfel- und Oktaederform, die oft mehr als 2,5 cm lang sind. Durch Verwitterung entstehen sekundäre Bleiminerale wie Cerussit, Anglesit und Pyromorphit.

EIGENSCHAFTEN

GRUPPE Sulfide
KRISTALLSYSTEM Kubisch
ZUSAMMENSETZUNG PbS
FARBE Bleigrau
FORM/HABITUS Würfelig, kubisch-oktaedrisch
HÄRTE $2\frac{1}{2}$
SPALTBARKEIT Vollkommen
BRUCH Schwach muschelig
GLANZ Metallglanz
STRICH Bleigrau
SPEZ. GEWICHT 7,6
TRANSPARENZ Undurchsichtig

BLEIGLANZ KRISTALLE
Bleiglanz bildet meist würfelförmige Kristalle. Manchmal sind aber auch Oktaederflächen zu sehen wie in diesem Handstück.

VERWENDUNG VON BLEI

Mystische Assoziationen sind eher mit Blei als mit Bleiglanz verknüpft. Das Metall wurde von den Alchimisten mit Saturn in Zusammenhang gebracht. Bei den Versuchen, Blei in Gold zu verwandeln, ging es nicht nur darum, ein Metall aus einem anderen herzustellen – obwohl bestimmt niemand über einen Erfolg enttäuscht gewesen wäre –, sondern vor allem auch um den persönlichen Aufstieg vom Niedrigen zum Reinen. Aus Blei wurden früher viele Gegenstände von der Wasserleitung bis zum Kochtopf hergestellt. Einige der römischen Wasserleitungen aus Blei sind heute noch in Gebrauch, z. B. bei den Thermalquellen von Bath, England.

FRÜHER
Dieser römische Bleibarren (oben) und die Papstbulle (Siegel) bestehen aus Blei.

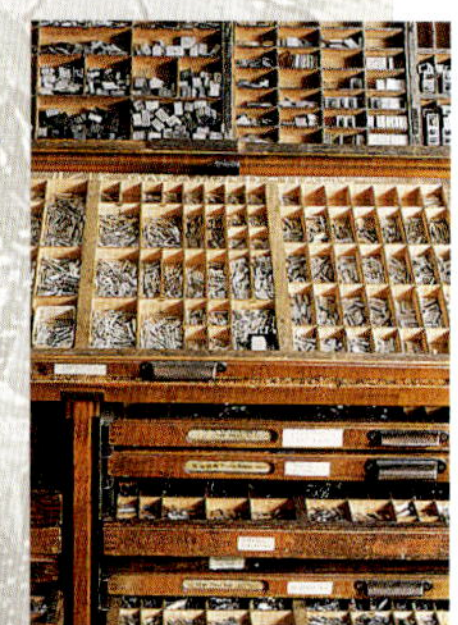

HEUTE
Bis zum Einzug der Elektronik wurden die Lettern für den Druck aus Blei hergestellt (oben). In Autobatterien wird auch heute noch Blei verwendet.

Häufig findet man einen Kern aus Bleiglanz umgeben von Schichten aus Anglesit und Cerussit. Bleiglanz ist in vielen Umgebungen anzutreffen: in hydrothermalen Gängen (hier ist der Silberanteil am höchsten), als Sekundärmineral in Kalkstein oder Dolomit und in Lagerstätten, die durch Kontaktmetamorphose entstanden sind. In den ausgedehnten Lagerstätten am Mississippi, aus denen 90 Prozent der Fördermenge in den USA stammen, ist Bleiglanz in Trümmern von Kalkstein und Hornstein zu finden. Gelegentlich verdrängt Bleiglanz organische Substanzen, auch in Kohlelagerstätten. Meist ist er mit Zinkblende, Pyrit und Markasit vergesellschaftet. Bedeutende Lagerstätten des weit verbreiteten Minerals befinden sich in Kanada, Mexiko, Deutschland, Großbritannien, Serbien, Italien, Russland, Australien und Peru.

WÜRFELFÖRMIGE KRISTALLE

HALBINSEL KOLA
Dieser Teil Russlands ist ein bedeutender Pentlanditlieferant.

PENTLANDIT

DAS NICKELEISENSULFID PENTLANDIT wurde 1856 nach seinem Entdecker, dem irischen Naturwissenschaftler Joseph Pentland, benannt. Es tritt meist in derber oder körniger Form auf. Kristalle sind mit dem bloßen Auge nicht sichtbar. Pentlandit kommt in siliciumarmen Intrusivgesteinen vor und wurde auch schon in Meteoriten entdeckt. Er ist fast immer mit Pyrrhotin (Magnetkies) und oft auch mit anderen Sulfiden wie Kupferkies und Pyrit vergesellschaftet. Pentlandit ist das wichtigste Nickelerz. Es ist relativ weit verbreitet, abbauwürdige Lagerstätten sind jedoch selten. Die bedeutendsten liegen in Sudbury, Ontario, Kanada, in Lillehammer und Bodø, Norwegen, auf der Halbinsel Kola, Russland, im Bushveld Complex, Südafrika, und in Stillwater, Montana, USA.

EIGENSCHAFTEN

GRUPPE	Sulfide
KRISTALLSYSTEM	Kubisch
ZUSAMMENS.	$(Ni, Fe)_9S_8$
FARBE	Bronzegelb
FORM/HABITUS	Derb
HÄRTE	$3^1/_2$–4
SPALTBARKEIT	Keine
BRUCH	Muschelig
GLANZ	Metallglanz
STRICH	Bronzebraun
SPEZ. GEWICHT	4,6–5,0
TRANSP.	Undurchsichtig

Unebener Bruch

Derber Habitus

DERBER PENTLANDIT
Dieses typische derbe Handstück enthält neben Pentlandit auch noch Pyrrhotin.

NICKEL AUS KANADA
Dieses Monument wurde zu Ehren des aus Nickel bestehenden kanadischen 5-Cent-Stücks errichtet.

AUSSCHMELZEN VON NICKEL
Zur Gewinnung von Nickel aus Nickelerz sind aufwändige Verfahren erforderlich. Dieses Hüttenwerk steht in Russland.

HEISSES NICKEL
Schmelzflüssiges Nickel wird hier in Barrenformen gegossen.

BUTTE, USA
Dieses Gebiet in Montana ist eine wichtige Covellinlagerstätte.

COVELLIN

COVELLIN, CHEMISCH KUPFERSULFID, wurde 1832 nach dem Italiener Nicolas Covelli benannt, der es erstmals beschrieb. Es ist derb oder pulverig. Die seltenen Kristalle bilden dünne, tafelige, sechseckige Blättchen, wobei sehr dünne Kristalle biegsam sind. Covellin ist indigoblau, oft leicht violett schillernd. Er schmilzt leicht, wobei eine blaue Flamme entsteht. Covellin entsteht meist durch chemische Veränderung anderer Kupfersulfide wie Kupferkies, Kupferglanz und Bornit und ist stellenweise ein Primärmineral. Selten entsteht er durch Sublimation vulkanischer Ausgasungen wie am Vesuv, wo er von Nicolas Covelli gefunden wurde. Lagerstätten befinden sich in Dillenburg in Deutschland, Bor in Serbien, Moonta in Südaustralien, Alghero auf Sardinien, Butte im US-Bundesstaat Montana und in verschiedenen Kupferminen in Arizona, USA. Stellenweise ist Covellin ein minderes Kupfererz.

EIGENSCHAFTEN

GRUPPE	Sulfide
KRISTALLSYSTEM	Hexagonal
ZUSAMMENSETZUNG	CuS
FARBE	Indigoblau bis schwarz
FORM/HABITUS	Blättrig
HÄRTE	$1^1/_2$–2
SPALTBARKEIT	Basal
BRUCH	Eben bis muschelig
GLANZ	Schwacher Metallglanz bis Harzglanz
STRICH	Bleigrau bis schwarz
SPEZ. GEWICHT	4,6–4,7
TRANSPARENZ	Undurchsichtig

Schillern

Oxidiertes Material

Blättriger Habitus

SCHILLERNDER COVELLIN
Dieses violett schillernde derbe Handstück stammt aus der Leonard Mine in Butte, Montana (USA).

Tafelige Kristalle

TAFELIGE COVELLIN-KRISTALLE

VESUV
Covellin wurde am Vesuv bei Neapel (Italien), erstmals gesammelt und bestimmt.

POTOSÍ (BOLIVIEN)
In Bolivien befindet sich eine bedeutende Greenockitlagerstätte.

GREENOCKIT

GREENOCKIT wurde 1840 nach dem britischen Offizier Lord Greenock benannt, der das Mineral in Schottland entdeckte. Das seltene Cadmiumsulfid bildet pyramidenförmige Kristalle, aber auch prismatische und tafelige Formen oder erdige Überzüge. Greenockit entsteht durch chemische Veränderung cadmiumhaltiger Minerale und bildet Überzüge auf Zinkblende und anderen Zinkmineralen, die oft beträchtliche Mengen an Cadmium enthalten. Von Hawleyit, dem anderen Mineral mit relativ hohem Cadmiumanteil, ist er oft nur schwer zu unterscheiden. Greenockit ist meist mit Calcit, Pyrit, Quarz, Prehnit, Kupferkies und Wavellit vergesellschaftet. Wichtige Fundstätten sind Renfrew in Schottland, Pribram in der Tschechischen Republik und New Jersey und Missouri in den USA.

CADMIUM

Cadmium wird zur Beschichtung von Stahl und anderen Metallen verwendet. Auf Grund seines niedrigen Schmelzpunktes wird es auch als Lötmetall eingesetzt. Nickellegierungen kommen in wiederaufladbaren Batterien (Ni-Cad-Akkus) zum Einsatz. Cadmium absorbiert thermische Neutronen und eignet sich als Material für Steuerstäbe in Kernreaktoren.

LÖTEN
Bei der Herstellung elektrischer Schaltungen werden spezielle Lötmetalle verwendet.

ERDIGER GREENOCKIT
Dieses Handstück weist einen orangegelben Überzug aus Greenockit auf einer Gesteinsgrundmasse auf.

EIGENSCHAFTEN

GRUPPE	Sulfide
KRISTALLSYSTEM	Hexagonal
ZUSAMMENSETZUNG	CdS
FARBE	Gelb bis orange
FORM/HABITUS	Pyramidal
HÄRTE	3–3½
SPALTBARKEIT	Deutlich, unvollkommen
BRUCH	Muschelig
GLANZ	Diamantglanz bis Harzglanz
STRICH	Gelb, orange, ziegelrot
SPEZ. GEWICHT	4,8–4,9
TRANSPARENZ	Fast undurchsichtig bis durchscheinend

BUTTE (USA)
Dieser Teil von Montana hat große Pyrrhotinvorkommen.

PYRRHOTIN

DAS EISENSULFID PYRRHOTIN (auch unter der Bezeichnung Magnetkies bekannt) ist nach Magnetit das zweithäufigste magnetische Mineral. Das Verhältnis von Eisen- zu Schwefelatomen ist variabel, aber in der Regel etwas kleiner als eins. Die Stärke des Magnetismus nimmt mit zunehmendem Eisengehalt ab und kann zur Unterscheidung von anderen messingähnlich aussehenden Sulfiden herangezogen werden. Pyrrhotin tritt meist in derber oder körniger Form auf, bildet stellenweise aber auch schöne pseudohexagonale Kristalle aus. Er ist weit verbreitet in kieselsäurearmen magmatischen Gesteinen, Pegmatiten, heißen hydrothermalen Adern und einigen metamorphen Gesteinen. Pyrrhotin ist meist mit Pentlandit, Pyrit und Quarz vergesellschaftet. Bedeutende Lagerstätten sind Dalnegorsk in Russland, die Herja-Mine in Rumänien, St. Andreasberg in Deutschland, Kambalda in Westaustralien, Sudbury in der kanadischen Provinz Ontario sowie New York, Franklin, New Jersey, und Pennsylvania in den USA.

EIGENSCHAFTEN

GRUPPE	Sulfide
KRISTALLSYSTEM	Monoklin
ZUSAMMENSETZUNG	$Fe_{1-x}S$
FARBE	Bronzegelb
FORM/HABITUS	Derb
HÄRTE	3½–4½
SPALTBARKEIT	Keine
BRUCH	Schwach muschelig bis uneben
GLANZ	Metallglanz
STRICH	Dunkles Grauschwarz
SPEZ. GEWICHT	4,6–4,7
TRANSP.	Undurchsichtig

TAFELIGE KRISTALLE
Dieses Handstück weist übereinander geschichtete tafelige gelbe Kristalle auf.

PYRRHOTINKRISTALLE
Dieses Handstück enthält pseudohexagonale Pyrrhotinkristalle.

ZINNOBER

PROVINZ HUNAN (CHINA)
Die schönsten Zinnoberstücke findet man in der chinesischen Provinz Hunan.

DAS QUECKSILBERSULFID ZINNOBER (auch Cinnabarit genannt) ist das wichtigste Quecksilbererz. Es tritt meist in Form derber oder körniger Aggregate auf, Kristalle sind selten. Zinnober ist recht verbreitet und kommt meist zusammen mit Pyrit, Markasit und Antimonit in Adern in der Umgebung rezenter vulkanischer Gesteine vor. Der Name Zinnober ist vom persischen *zinjirfrah* oder vom arabischen *zinjafr* abgeleitet, die beide »Drachenblut« bedeuten. Man nimmt an, dass Zinnober bereits anfangs des zweiten Jahrtausends vor Christus in Ägypten abgebaut wurde.

Seit mindestens 2000 Jahren wird Zinnober in Almadén, Spanien, abgebaut. Damit ist Almadén eine der ältesten ununterbrochen betriebenen Minen der Welt und die bedeutendste Lagerstätte. Weitere Zinnoberminen befinden sich in Peru, Italien, Slowenien, Usbekistan und Kalifornien, USA. Aus Zinnober wird ein rotes Farbpigment gewonnen, das bereits in der alten mexikanischen Hochkultur der Olmeken bekannt war. Silberschmiede der Inkas verwendeten Zinnober anstelle von Email für Intarsien. In der Neuzeit wurde Quecksilber im Bergbau eingesetzt. Es löst zahlreiche Metalle auf und bildet mit ihnen eine Quecksilberlegierung, das Amalgam. Dann wird das Quecksilber verdampft und das gelöste Metall bleibt zurück. So wurde im 19. und frühen 20. Jahrhundert Gold abgebaut. Viele alte Minen sind mit Quecksilber verseucht.

LACKORNAMENT
Diese geschnitzte Lackarbeit aus Japan stammt aus der Meiji-Zeit (1867–1912). Das Farbpigment für die filigranen Verzierungen ist Zinnober.

ZINNOBERGEFÄSS
Dieses chinesische Porzellangefäß ist mit Figurendarstellungen in einer Landschaft verziert.

ZINNOBER MIT QUECKSILBER
In Zinnoberlagerstätten findet man gelegentlich geringe Mengen an flüssigem Quecksilber.

QUECKSILBER IN DER MEDIZIN

Als man noch nicht wusste, dass Quecksilber giftig ist, wurde Zinnober als Medikament eingesetzt – paradoxerweise ausgerechnet als ein Mittel, um Unsterblichkeit zu erlangen. Es wurde auf die Haut aufgetragen und eingenommen. Außer in Europa, wo Quecksilber von Paracelsus empfohlen wurde, war der Gebrauch auch in China und Indien bekannt. Die Gewinnung von Quecksilber aus Zinnober war ein alchemistischer Vorgang, der die Wiedergeburt symbolisierte. Zu den Symptomen einer Quecksilbervergiftung zählen extreme Stimmungsschwankungen.

PARACELSUS
Der in der Schweiz geborene Arzt und Alchemist lebte von 1493–1541.

THERMOMETER
Wegen des hohen Temperaturausdehnungskoeffizienten ist Quecksilber eine ideale Thermometerflüssigkeit.

EIGENSCHAFTEN	
GRUPPE	Sulfide
KRISTALLSYSTEM	Hexagonal/trigonal
ZUSAMMENSETZUNG	HgS
FARBE	Rot bis braunrot
FORM/HABITUS	Trigonal
HÄRTE	2–2½
SPALTBARKEIT	Vollkommen
BRUCH	Schwach muschelig bis uneben
GLANZ	Diamantglanz bis matt
STRICH	Zinnoberrot
SPEZIFISCHES GEWICHT	8.0
TRANSPARENZ	Durchsichtig bis undurchsichtig

ZINNOBERAGGREGAT
Dieses derbe Handstück vom Monte Amiata in der Toskana (Italien) ist ungewöhnlich, weil es Kristalle enthält.

FARBPIGMENT
Pulverisierter Zinnober wird seit der Antike als Farbpigment verwendet, dunkelt aber mit der Zeit leicht nach. Inzwischen wurde es von einem synthetischen (weniger giftigen) Pigment verdrängt.

FREIBERG
In Freiberg in Sachsen findet man schöne Realgarkristalle.

REALGAR

DER NAME REALGAR kommt vom arabischen *rahj al ghar* und bedeutet »Staub des Bergwerks«. Die eher selten anzutreffenden Kristalle sind kurzsäulig und gestreift. Meist ist Realgar als feinkörnige Masse oder Krustenüberzug zu finden. Typisch ist die leuchtend rote Farbe. Realgar zerfällt unter Lichteinwirkung zu einem gelben Pulver, das im Wesentlichen aus Rauschgelb oder Pararealgar besteht. Er sollte deshalb nur für kurze Zeit dem Licht ausgesetzt werden.

Realgar ist ein wirtschaftlich bedeutendes Arsenerz. Er kommt vorwiegend in hydrothermalen Ablagerungen vor, meist zusammen mit Rauschgelb und anderen Arsenmineralen. Manchmal sublimiert er auch aus vulkanischen Ausgasungen oder entsteht in Sintern von Thermalquellen oder Geysiren und durch Verwitterung arsenhaltiger Minerale. Realgar ist häufig mit Antimonit und Calcit vergesellschaftet. Bedeutende Lagerstätten gibt es in Freiberg, Sachsen, in Zacatecas in Mexico, auf Korsika, in Cavnic und Săcarîmb in Rumänien sowie in Utah, Nevada und Washington in den USA.

FARBPIGMENT
Pulverisierter Realgar wurde als rotes Pigment und in Feuerwerkskörpern verwendet.

EIGENSCHAFTEN	
GRUPPE	Sulfide
KRISTALLSYSTEM	Monoklin
ZUSAMMENSETZUNG	AsS
FARBE	Rot bis orangegelb
FORM/HABITUS	Körnig
HÄRTE	1½–2
SPALTBARKEIT	Gut
BRUCH	Muschelig
GLANZ	Harzglanz bis Fettglanz
STRICH	Rot bis orangegelb
SPEZIFISCHES GEWICHT	3,6
TRANSPARENZ	Fast durchsichtig bis undurchsichtig

VERWENDUNG

Realgar wurde schon von dem römischen Historiker Plinius dem Älteren in der Enzyklopädie *Historia Naturalis* beschrieben. In China wurde er für Schnitzereien verwendet, die aber unter Lichteinwirkung langsam zerfallen. In der jüngeren Vergangenheit wurde Realgar für die rote Farbe in Feuerwerkskörpern eingesetzt. Wegen der Giftigkeit von Arsen bevorzugt man heute Strontium.

PLINIUS DER ÄLTERE

FLASCHE AUS REALGAR
Diese chinesische Flasche (1760–1840) besteht aus Realgar.

Seltene prismatische Realgarkristalle

Gesteinsgrundmasse

Hellgrauer Quarz

ROTE KRISTALLE
Leuchtend rote Realgarkristalle lagern sich hier um einen Quarzkristall.

CORNWALL
Kupferkies ist unter anderem in Cornwall (Südwestengland) zu finden.

KUPFERKIES

KUPFERKIES kristallisiert im tetragonalen System und bildet in der Regel tetraedrische Kristalle. Der ebenfalls geläufige Name C*halkopyrit* leitet sich vom griechischen *khalkos*, Kupfer, und Pyrit ab. Frische Bruchflächen sind messinggelb. Ältere Bruchflächen laufen oft an und schillern. Kupferkies ist weit verbreitet und deshalb trotz des relativ geringen Kupfergehalts ein bedeutendes Kupfererz. Es bildet sich überwiegend in hydrothermalen Erzgängen bei mittleren und hohen Temperaturen und als Sekundärmineral, oft zusammen mit Pyrit. Kupferkies kommt aus den USA, Großbritannien, Australien, Deutschland, Kanada, Spanien, Japan und China.

EIGENSCHAFTEN	
GRUPPE	Sulfide
KRISTALLSYSTEM	Tetragonal
ZUSAMMENSETZUNG	$CuFeS_2$
FARBE	Messinggelb
FORM/HABITUS	Tetraedrisch
HÄRTE	3½–4
SPALTBARKEIT	Deutlich
BRUCH	Uneben, spröde
GLANZ	Metallglanz
STRICH	Grünschwarz
SPEZIFISCHES GEWICHT	4,2
TRANSP.	Undurchsichtig

RÍO TINTO

Am Río Tinto in Südwestspanien wurden bereits um 800 v. Chr. Metalle gewonnen. Die reichen Mineralvorkommen umfassen neben Kupferkies auch Silber, Kupfer und Zink. In der Römerzeit wurden riesige Mengen an Silber abgebaut. Auch heute noch werden alle drei Erze gefördert.

ROTER FLUSS
Das Gebiet am Río Tinto (»farbiger Fluss«) ist reich an Mineralen.

Metallglanz

Gelb-metallisch glänzender Kupferkies

DERBE KUPFERKIESMASSE
Die angelaufene Oberfläche dieses Handstücks aus Mexiko schillert kräftig.

TASMANIEN
Stannin wird bei Zeehan (Tasmanien) gefunden.

STANNIN

DER NAME STANNIN ist von lateinisch *stannum* (»Zinn«) abgeleitet. Die seltenen Kristalle sind meist pseudo-oktaedrisch. Stannin ist ein Zinnerz, das oft mit Zinnstein, Pyrit, Tetraedrit und Kupferkies vergesellschaftet und in Zinngängen hydrothermalen Ursprungs zu finden ist. Bedeutende Vorkommen gibt es in Cornwall (England), New Brunswick (Kanada), Tasmanien (Australien), Potosí (Bolivien), Keystone (South Dakota, USA), Seward (Alaska, USA), Kutná Hora (Tschechische Republik) und in Norilsk (Russland).

EIGENSCHAFTEN

GRUPPE	Sulfide
KRISTALLSYSTEM	Tetragonal
ZUSAMMENS.	Cu_2FeSnS_4
FARBE	Stahlgrau bis eisenschwarz
FORM/HABITUS	Derb
HÄRTE	4
SPALTBARKEIT	Schlecht erkennbar
BRUCH	Uneben
GLANZ	Metallglanz
STRICH	Schwarz
SPEZ. GEWICHT	4,4
TRANSPARENZ	Undurchsichtig

ZINNERZ
Dieses derbe, angelaufene Erz mit hellem grüngrauem Muskovit stammt aus der Cligga-Mine, Cornwall (England).

HARZ
In diesem mineralreichen deutschen Mittelgebirge wird Nickelin gefunden.

NICKELIN

NICKELIN heißt auch Rotnickelkies oder Kupfernickel. Der Name Kupfernickel stammt aus dem Mittelalter und bedeutet »Teufelskupfer«, weil man glaubte, es enthalte Kupfer, das man aber nicht extrahieren konnte. Nickelin kommt zusammen mit anderen Nickelmineralen und in kupfer- und silberhaltigen Gängen vor. Die wichtigsten Fundstätten liegen im Harz und in den kanadischen Provinzen Ontario und Northwest Territories. Nickelin ist als Nickelerz nicht bedeutend.

EIGENSCHAFTEN

GRUPPE	Arsenide
KRISTALLSYSTEM	Hexagonal
ZUSAMMENSETZUNG	NiAs
FARBE	Kupferrot
FORM/HABITUS	Derb
HÄRTE	5–5½
SPALTBARKEIT	Keine
BRUCH	Muschelig bis uneben, spröde
GLANZ	Metallglanz
STRICH	Schwarz
SPEZ. GEWICHT	7,8
TRANSP.	Undurchsichtig

KÖRNIGES NICKELIN
Kristallines Nickelin ist selten. Meist findet man derbe oder körnige Aggregate.

ONTARIO
Millerit kommt unter anderem aus Ontario in Kanada.

MILLERIT

MILLERIT wurde 1845 nach dem britischen Mineralogen W. H. Miller benannt, der dieses Mineral als erster untersucht hat. Millerit bildet nadelförmige Kristalle, oft in strahliger Anordnung. Daneben kommen auch derbe Aggregate vor, die oft schillernd angelaufen sind. Millerit bildet sich bei niedriger Temperatur, oft in Hohlräumen in Kalkstein oder Dolomit, oder durch chemische Veränderung anderer nickelhaltiger Minerale. Das Nickelerz Millerit wird in Metalllegierungen verwendet. Es kommt auch in Meteoriten und als Ausfällung am Vesuv in Italien vor. Bedeutende Lagerstätten sind Wissen in Deutschland, Antwerpen in Belgien sowie Keokuk in Iowa, Lancaster County in Pennsylvania und New York in den USA, ferner Ontario und Manitoba in Kanada sowie Westaustralien.

EIGENSCHAFTEN

GRUPPE	Sulfide
KRISTALLSYSTEM	Hexagonal/trigonal
ZUSAMMENSETZUNG	NiS
FARBE	Messinggelb
FORM/HABITUS	Nadelig
HÄRTE	3–3½
SPALTBARKEIT	Vollkommen
BRUCH	Uneben, spröde
GLANZ	Metallglanz
STRICH	Grünschwarz
SPEZIFISCHES GEWICHT	5,5
TRANSPARENZ	Undurchsichtig

NADELFÖRMIGE KRISTALLE
Hier wachsen metallisch glänzende gelbe Nadeln aus Millerit auf einer Grundmasse aus Calcit.

NICKELMÜNZE
Münzen werden aus der Legierung Kupfernickel hergestellt. Der »Nickel«, die 5-Cent-Münze der USA, ist nach dem Element benannt, enthält aber nur 25 % Nickel.

AMERIKANISCHER NICKEL

GEODE
An den Innenwänden dieser Geode sind strahlenförmig angeordnete Milleritnadeln aufgewachsen.

PROVINZ HUNAN
Aus diesem Teil Chinas kommen schöne Antimonitkristalle.

ANTIMONIT

DAS ANTIMONSULFIDMINERAL Antimonit ist das wichtigste Erz des Halbmetalls Antimon. Man nennt ihn auch Antimonglanz oder Stibnit nach seinem lateinischen Namen *stibium*. Er bildet prismatische Kristalle, deren Flächen oft von Rillen durchzogen sind. Antimonit ist blei- bis stahlgrau, wobei die Oberfläche oft schwarz schillernd angelaufen ist. Er kommt in hydrothermalen Gängen, Thermalsintern und als Ersetzungsmineral vor. Er ist oft mit Realgar, Bleiglanz, Pyrit, Quarz, Zinnober und Auripigment vergesellschaftet. In Gneis und Granit tritt er als derbes Aggregat auf. Schöne Kristalle des verbreiteten Minerals kommen aus dem Harz, aus Hunan (China), Japan, Nertschinsk (Russland), Potosí (Bolivien), Rumänien, der Tschechischen Republik, New Brunswick (Kanada) und Mexiko.

FEUERWERK
Von Antimon kommt die leuchtend blaue Farbe in Feuerwerken.

ANTIMON

Antimon wird zur Herstellung von Hartblei für verschiedene Zwecke eingesetzt. Es verleiht den Elektroden in bleihaltigen Akkus ihre Festigkeit und Steifigkeit. Antimon ist auch ein Legierungsbestandteil von Letternmetall und ein bleifreies Lötmetall. In der Elektronikindustrie wird es in Halbleitern verwendet. Antimonverbindungen werden verbreitet als Flammen hemmendes Material in Kunststoffen, Textilien, Farben und Kautschuk eingesetzt.

LÖTEN
Lötmetall auf Antimonbasis ist wesentlich sicherer in der Handhabung als Bleilot.

NADELFÖRMIGE KRISTALLE
Dieses Exemplar besteht aus strahlig angeordneten nadelförmigen Antimonitkristallen.

ANTIMONIT-KRISTALLE
Diese Gruppe langsäuliger Antimonitkristalle sitzt auf einer Grundmasse aus Quarz und Baryt.

EIGENSCHAFTEN

GRUPPE Sulfide
KRISTALLSYSTEM Orthorhombisch
ZUSAMMENSETZUNG Sb_2S_3
FARBE Bleigrau bis stahlgrau, schwarz
FORM/HABITUS Prismatisch
HÄRTE 2
SPALTBARKEIT Vollkommen
BRUCH Schwach muschelig
GLANZ Metallglanz
STRICH Bleigrau bis stahlgrau
SPEZ. GEWICHT 4,6
TRANSPARENZ Undurchsichtig

HOKKAIDO
Auf der japanischen Insel Hokkaido findet man schöne Auripigmentstücke.

AURIPIGMENT

DAS MEIST ALS BLÄTTRIGE oder säulige Masse anzutreffende Auripigment (auch als Orpiment oder Rauschgelb bezeichnet) ist ein Arsensulfid. Kristalle sind selten zu erkennen und sind dann kurzprismatisch mit orthorhombischem Erscheinungsbild. Der Name des zitronen- bis braungelben Minerals Auripigment ist vom lateinischen *aurum* (»Gold«) und *pigmentum* (»Farbe«) abgeleitet. Auripigment entsteht bei niedrigen Temperaturen in hydrothermalen Gängen und als Verwitterungsprodukt anderer arsenhaltiger Minerale. Das weit verbreitete Mineral kommt u.a. aus Russland, den USA, Rumänien, der Türkei, Japan, Peru und Chile.

BLÄTTRIGES AURIPIGMENT
Das Mineral weist an frischen Oberflächen einen Harzglanz, an Spaltflächen aber einen Perlmuttglanz auf.

FARBPIGMENT
Ein aus Auripigment hergestelltes gelbes Farbpigment wurde in dem 1813 entstandenen Gemälde mit dem Titel The Artist's Parents *von Sir David Wilkie verwendet.*

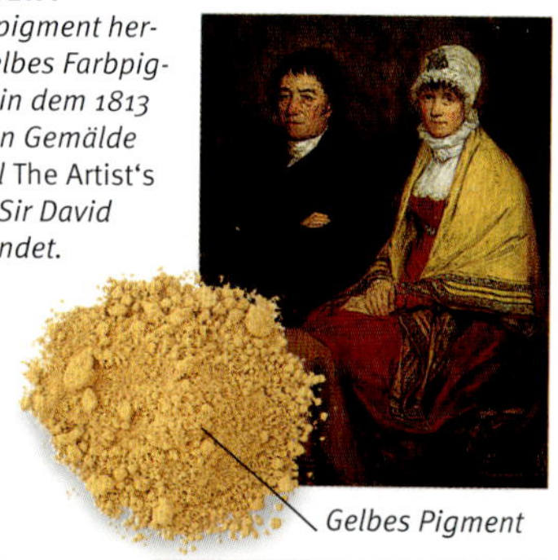

EIGENSCHAFTEN

GRUPPE Sulfide
KRISTALLSYSTEM Monoklin
ZUSAMMENSETZUNG As_2S_3
FARBE Gelb
FORM/HABITUS Derb, blättrig
HÄRTE $1^1/_2$–2
SPALTBARKEIT Vollkommen
BRUCH Uneben, schneidbar
GLANZ Harzglanz
STRICH Blassgelb
SPEZIFISCHES GEWICHT 3,6
TRANSPARENZ Durchsichtig bis durchscheinend

RÍO TINTO
Das große Mineralabbaugebiet am Río Tinto liefert unter anderem enorme Mengen an Pyrit, und das schon seit der Römerzeit.

PYRIT

DAS SEIT DER ANTIKE bekannte Mineral Pyrit wird im Volksmund als »Katzengold« bezeichnet. Trotz seines wesentlich geringeren spezifischen Gewichts, seiner messinggelben Farbe und seiner relativ hohen Dichte hielten es manche Goldsucher für das gesuchte Edelmetall. Der Name Pyrit ist vom griechischen *pyr* (»Feuer«) abgeleitet, da sich mit Pyrit durch Schlagen auf Eisen Funken erzeugen lassen. Pyritknollen (siehe S. 70) wurden, wohl wegen der sonnengelben Farbe, schon in prähistorischen Grabhügeln entdeckt. Allerdings ist zu bezweifeln, dass sie zum Entzünden von Feuer verwendet wurden, da Eisen zu jener Zeit nur in der seltenen Form von Meteoriteneisen bekannt war. Indigene Völker im Südwesten des nordamerikanischen Kontinents stellten Spiegel aus poliertem Pyrit auf Holz her.

Pyrit tritt überwiegend in würfeliger Form auf, aber auch Oktaeder und Pentagondodekaeder (die Pyritoeder) sind häufig zu finden. Die Kristallflächen weisen oft eine Streifung auf. Daneben ist Pyrit in derber, körniger, knolliger oder traubiger Form anzutreffen. Er entsteht in in hydrothermalen Gängen, durch Auskristallisierung aus Magmen, in kontaktmetamorphen Gesteinen und in Sedimentgesteinen wie Schieferton, Kohle und Kalkstein.

Pyrit ist oft in ergiebigen Lagerstätten anzutreffen und könnte auch als Eisenerz genutzt werden, wenn nicht andere Minerale besser dafür geeignet wären. Aus Pyrit wurde früher Schwefel zur Herstellung von Schwefelsäure gewonnen. Heute wird Schwefelsäure überwiegend aus dem im Erdgas enthaltenen Schwefelwasserstoff gewonnen.

Pyrit kommt weltweit vor. Große Mengen kommen aus dem Gebiet des Río Tinto in Spanien, schöne Exemplare findet man aber auch in Bolivien, Brasilien, Peru, Japan, Kanada, Italien, Norwegen, Portugal, Griechenland und der Slowakei. In den USA sind Tennessee, Virginia, Colorado und Kalifornien erwähnenswert.

PYRITPERLEN
Pyrit kann in ungewöhnliche und regelmäßig geformte Perlen geschliffen werden wie bei dieser Halskette.

PISTOLE MIT RADSCHLOSS
Bei dieser alten Pistolenart wird das Schießpulver entzündet, indem ein Eisenrad auf Pyrit schlägt.

KNOLLE

PENTAGONDODEKAEDER

»SONNE«

MITEINANDER VERWACHSENE PENTAGONDODEKAEDER

ERSCHEINUNGSFORMEN
Pyrit tritt in verschiedenen Formen, von derben Aggregaten bis hin zu vollkommen ausgebildeten Kristallen, auf. Auch Knollen und attraktive kreisrunde »Sonnen« aus strahlig angeordneten Kristallen sind zu finden.

EIGENSCHAFTEN

GRUPPE	Sulfide
KRISTALLSYSTEM	Kubisch
ZUSAMMENSETZUNG	FeS_2
FARBE	Blass bronzegelb
FORM/HABITUS	Kubisch, oktaedrisch, pyritoedrisch
HÄRTE	6–6½
SPALTBARKEIT	Keine
BRUCH	Muschelig
GLANZ	Metallglanz
STRICH	Grünschwarz bis braunschwarz
SPEZIFISCHES GEWICHT	5,0
TRANSPARENZ	Undurchsichtig

PYRITKRISTALLE
Diese drei vollkommen ausgebildeten Pyritwürfel auf Mergel stammen aus Navajún, La Rioja (Spanien). Der größte Kristall hat einen Durchmesser von 3,5 cm.

MADAGASKAR
Dieser Inselstaat im Indischen Ozean besitzt Lagerstätten des seltenen Minerals Bismuthinit.

BISMUTHINIT

DAS RELATIV SELTENE MINERAL Bismuthinit oder Wismutglanz weist eine Ähnlichkeit mit Antimonit und Auripigment auf. Wie Antimonit bildet es prismatische bis nadelförmige Kristalle mit Streifung in Längsrichtung. Meist ist er aber derb mit blätteriger oder faseriger Textur. Bismuthinit bildet sich in hydrothermalen Gängen bei hoher Temperatur und in granitischen Pegmatiten. Gelegentlich ist er mit elementarem Wismut und anderen Sulfidmineralen zu finden. Fundstätten befinden sich in Australien, Norwegen, Rumänien, Japan, Bolivien, Mexiko, Kanada, Großbritannien und den USA.

EIGENSCHAFTEN	
GRUPPE	Sulfide
KRISTALLSYSTEM	Orthorhombisch
ZUSAMMENSETZUNG	Bi_2S_3
FARBE	Bleigrau bis zinnweiß
FORM/HABITUS	Kurzsäulig bis nadelförmig
HÄRTE	2
SPALTBARKEIT	Vollkommen
BRUCH	Uneben
GLANZ	Metallglanz
STRICH	Bleigrau
SPEZ. GEWICHT	6,8
TRANSPARENZ	Undurchsichtig

WISMUT

Da Wismut sich bei der Erstarrung geringfügig ausdehnt, eignet es sich besonders zur Herstellung von Gussteilen mit feinen Details. Wismutlegierungen besitzen einen niedrigen Schmelzpunkt und werden daher als Lötmetall und in Brandschutzvorrichtungen wie automatischen Sprinklern sowie in Druckgaszylindern eingesetzt. Eine andere Wismutlegierung dient als Katalysator bei der Herstellung von Acrylfasern, Kunststoffen und Farben. Wismuthoxidchlorid verleiht Lidschatten, Nagellack und Lippenstiften einen Perlglanzeffekt. In der Medizin werden Wismutverbindungen zur Behandlung von Verdauungsstörungen sowie von Verletzungen und Hautkrankheiten eingesetzt.

SPRINKLER
Wismut wird in Sprinkleranlagen als Auslöser verwendet.

GUSSMODELL
Wismutlegierungen werden für hochpräzise Gussteile verwendet.

BISMUTHINITKRISTALLE
An diesem Exemplar sind nadelförmige Bismuthinitkristalle zu erkennen. Kristalle dieses Minerals sind relativ selten.

URAL
Aus dem Ural in Russland kommt auch Hauerit.

HAUERIT

HAUERIT wurde 1846 nach den österreichischen Geologen Joseph und Franz von Hauer benannt. Das Mangansulfidmineral kommt in Form oktaedrischer oder würfelig-oktaedrischer Kristalle sowie als kugeliges oder derbes Aggregat vor. Seine Farbe ist rotbraun bis dunkelbraun. Hauerit bildet sich in Salzdomen durch chemische Veränderung von Evaporiten. Fundstätten sind u. a. Texas (USA), der Ural in Russland und die Radussa-Mine in Sizilien.

EIGENSCHAFTEN	
GRUPPE	Sulfide
KRISTALLSYSTEM	Kubisch
ZUSAMMENSETZUNG	MnS_2
FARBE	Rotbraun, dunkelbraun
FORM/HABITUS	Oktaedrisch
HÄRTE	4
SPALTBARKEIT	Vollkommen in Würfel
BRUCH	Schwach muschelig bis uneben
GLANZ	Diamantglanz bis Halbmetallglanz
STRICH	Rotbraun
SPEZ. GEWICHT	3,5
TRANSP.	Undurchsichtig

HAUERITKRISTALLE
Hier sitzen zwei einander durchdringende oktaedrische Haueritkristalle auf einer Grundmasse.

SÜDSCHWEDEN
In Askersund und Lindesberg in Südschweden sind Glaukodotkristalle zu finden.

GLAUKODOT

DAS KOBALT-EISEN-ARSEN-SULFIDMINERAL Glaukodot ist wegen seiner Verwendung bei der Herstellung von blauem Glas nach dem griechischen Wort für »blau« benannt. Es bildet prismatische Kristalle, die häufig kreuzförmige Zwillingsbildungen aufweisen. Daneben ist Glaukodot auch als derbe Masse zu finden. Glaukodot entsteht in hydrothermalen Gängen und ist oft mit Pyrit anzutreffen. Fundstätten sind u. a. Tunaberg (Schweden), Cobalt (Kanada) und die USA.

EIGENSCHAFTEN	
GRUPPE	Sulfide
KRISTALLSYSTEM	Orthorhombisch
ZUSAMMENS.	(Co,Fe)AsS
FARBE	Grau bis weiß
FORM/HABITUS	Prismatisch
HÄRTE	5
SPALTBARKEIT	Vollkommen
BRUCH	Uneben
GLANZ	Metallglanz
STRICH	Schwarz
SPEZ. GEWICHT	6,0
TRANSP.	Undurchsichtig

DERB UND KRISTALLIN
Hier sitzen gut ausgebildete prismatische Glaukodotkristalle auf derbem Glaukodot.

MARKASIT

TSCHECHISCHE REPUBLIK
Hochwertiger Markasit wurde in der Tschechischen Republik gefunden.

EIGENSCHAFTEN
GRUPPE Sulfide
KRISTALLSYSTEM Orthorhombisch
ZUSAMMENSETZUNG FeS_2
FARBE Blass bronzegelb
FORM/HABITUS Tafelig, prismatisch
HÄRTE $6–6^1/_2$
SPALTBARKEIT Deutlich
BRUCH Muschelig
GLANZ Metallglanz
STRICH Grau bis schwarz
SPEZ. GEWICHT 4,9
TRANSP. Undurchsichtig

DAS EISENSULFID MARKASIT ist eine polymorphe Modifikation von Pyrit (siehe S. 137): Er hat die gleiche chemische Zusammensetzung, kristallisiert aber nicht im kubischen, sondern im orthorhombischen System. Die hellgelben bis silbernen Kristalle sind heller als Pyrit, dunkeln aber mit der Zeit nach. Markasit kommt in vielen Kristallformen vor, meist aber pyramidenförmig oder tafelig. Daneben treten charakteristische Zwillinge vor, die an einen Hahnenkamm erinnern. Auch Knollen mit radial angeordneten Fasern sind nicht selten. Außerdem bildet Markasit derbe, tropfsteinartige oder nierenförmige Aggregate. Markasit entsteht oberflächennah durch einsickernde saure Lösungen in Schieferton, Lehm, Kalkstein und Kreide. Gelegentlich tritt er als Ersetzungsmineral in Fossilien auf, zum Beispiel in Kohle. Zusammen mit Blei- und Zinkmineralen tritt er in Erzgängen auf, so in Galena im US-Bundesstaat Illinois und in Clausthal-Zellerfeld und Linnich in Deutschland. In Sedimentgesteinen ist er häufig. Fundstätten befinden sich in Großbritannien, Frankreich, der Tschechischen Republik, Usbekistan, Mexiko, Kanada, Japan und Bolivien.

Schmuckstücke, die angeblich aus Markasit sind (vor allem solche aus dem 19. Jahrhundert), bestehen meist aus anderen Mineralen wie Hämatit oder Pyrit. Der Name Markasit kommt von einem arabischen Wort, mit dem alle pyritähnlichen Minerale bezeichnet wurden.

SCHMUCK AUS MARKASIT
Markasit wurde gern für Schmuck im Art-déco-Stil und mit Jett für Trauerschmuck der spätviktorianischen Epoche verwendet. Markasitschmuck enthielt oft zahlreiche kleine Steine wie in den hier abgebildeten Stücken.

MARKASITKRISTALLE IN EINER GRUNDMASSE
Hier haben sich in einer Grundmasse aus Kalkstein mehrere Gruppen speerförmiger Zwillingskristalle gebildet.

MARKASITKRISTALLE
Diese auffällige Gruppe von Markasitkristallen ist auf Kreide aufgewachsen. Sie stammt von Cap Blanc-Nez, Pas-de-Calais (Frankreich).

KOBALTGLANZ

BROKEN HILL
Hier in Australien kommt Kobaltglanz vor.

DIE BEZEICHNUNG KOBALTGLANZ oder Cobaltin geht auf das Element Kobalt zurück. In dem Kobaltarsensulfid ist ein Teil des Kobalts durch Eisen ersetzt. Die kristalline Form weist oft Rillen an den Kristallflächen auf. Daneben tritt Kobaltglanz auch in derben und körnigen Aggregaten auf. Seine Farbe variiert von Stahlgrau bis Silberweiß mit einem Rotstich, Kristalle sind rosa. Kobaltglanz ist in hydrothermalen Lagerstätten, aber auch in Kontaktmetamorphosezonen zu finden. Bedeutende Fundstätten liegen in Ontario (Kanada), Tunaberg (Schweden), New South Wales (Australien) und Bou Azzer (Marokko). Kobaltglanz ist das wichtigste Kobalterz. Kobaltlegierungen werden eingesetzt, wenn hohe Festigkeit und Hitzebeständigkeit gefordert sind. In Salpetersäure löst es sich auf.

EIGENSCHAFTEN

GRUPPE	Sulfide
KRISTALLSYSTEM	Orthorhombisch
ZUSAMMENSETZUNG	CoAsS
FARBE	Silberweiß, rosa
FORM/HABITUS	Pseudokubisch oder pyritartig
HÄRTE	$5^1/_2$
SPALTBARKEIT	Basal
BRUCH	Muschelig oder uneben, spröde
GLANZ	Metallglanz
STRICH	Grauschwarz
SPEZ. GEWICHT	6,3
TRANSP.	Undurchsichtig

KOBALTGLANZKRISTALLE
Hier sind pseudokubische Kristalle auf Kupferkies aufgewachsen.

GASTURBINE
Kobaltlegierungen verleihen stark beanspruchten Teilen dieser Gasturbine ihre Festigkeit und Hitzebeständigkeit.

MOLYBDÄNIT

TASMANIEN
In Moina auf der australischen Insel Tasmanien wird Molybdänit abgebaut.

DAS WICHTIGSTE MOLYBDÄNERZ wurde ursprünglich für Blei gehalten, daher der Name, der vom griechischen *molybdos* (»Blei«) abgeleitet ist. Es wurde 1778 von dem schwedischen Chemiker Carl Scheele als eigenständiges Mineral erkannt. Das Metall Molybdän wurde 1782 von seinem Kollegen Jacob Hjelm extrahiert. Molybdänit bildet tafelige, biegsame, hexagonale Kristalle, die sich fettig anfühlen und mit Graphit verwechselt werden können. Unterscheidungsmerkmale sind das höhere spezifische Gewicht, der stärkere Metallglanz und eine bläulichere Farbnuance. Neben Kristallen kommen auch derbe oder schuppige Aggregate vor. Molybdänit ist in Graniten und Pegmatiten, in hydrothermalen Gängen und in Kontaktmetamorphosezonen zu finden. Wirtschaftlich bedeutende Lagerstätten liegen in Japan, Großbritannien, Tasmanien, Kanada, Norwegen und den USA.

EIGENSCHAFTEN

GRUPPE	Sulfide
KRISTALLSYSTEM	Hexagonal/trigonal
ZUSAMMENSETZUNG	MoS_2
FARBE	Blaugrau
FORM/HABITUS	Tafelig, säulig
HÄRTE	$1–1^1/_2$
SPALTBARKEIT	Basal vollkommen
BRUCH	Uneben
GLANZ	Metallglanz
STRICH	Grünlich oder bläulich grau
SPEZ. GEWICHT	4,7
TRANSP.	Undurchsichtig

SCHICHTSTRUKTUR
Der Molybdänit in diesem Handstück weist die typische Schichtstruktur auf.

VERWENDUNG VON MOLYBDÄN

Molybdän ist ein zwar seltenes, aber wichtiges Metall. In Legierungen sorgt es für hohe Festigkeit bei Temperaturen, bei denen viele andere Metalle und Legierungen schmelzen. Es macht Eisen und Stahl härter und korrosionsbeständiger. Unlegiertes Molybdän wird in Heizelementen von Elektroöfen und in der Elektronik eingesetzt.

GLÜHFADEN
Der Glühfaden in Glühlampen ist oft in Halterungen aus Molybdän befestigt.

CARL SCHEELE
Scheele bestimmte Molybdänit 1778 und identifizierte als Erster das darin enthaltene Metall.

CHIHUAHUA
Im mexikanischen Bundesstaat Chihuahua wurde Arsenopyrit gefunden.

ARSENOPYRIT

ARSENOPYRIT, auch Arsenkies oder Misspickel genannt, ist das häufigste Arsenmineral. Seine monoklinen Kristalle weisen oft Zwillingsbildungen auf, die zu einem orthorhombischen Erscheinungsbild führen. Nicht selten bilden sie auch Durchkreuzungszwillinge oder andere Mehrfachbildungen. Auch körnige oder kompakte Aggregate kommen oft vor. Frische Bruchflächen sind silberweiß bis stahlgrau, können mit der Zeit aber bräunlich oder rosa anlaufen. Wie andere arsenhaltige Minerale setzt auch Arsenopyrit bei Erhitzung giftige, nach Knoblauch riechende Dämpfe frei. Eisen kann teilweise durch Kobalt ersetzt sein. Arsenopyrit tritt meist zusammen mit Gold und Zinnstein in Erzgängen auf, die bei mäßigen bis hohen Temperaturen entstanden sind, aber auch in Kontaktmetamorphosezonen. Als Verwitterungsprodukt entsteht Skorodit. Bedeutende Lagerstätten gibt es in Freiberg (Sachsen), in Chihuahua (Mexiko), in Cornwall (England), in Broken Hill, New South Wales (Australien), in der Panasqueira-Mine (Portugal), in Ontario (Kanada) sowie in New Jersey und New Hampshire (beide USA).

ARSEN ALS MEDIKAMENT

Obwohl Arsen zu Recht als giftig bekannt ist, werden komplexe organische Arsenverbindungen als Medikamente eingesetzt, zum Beispiel zur Behandlung von Krankheiten, die durch Mikroorganismen verursacht werden wie die Amöbenruhr. Vor der Entdeckung des Penicillins 1928 wurde auch die Syphilis mit der Arsenverbindung Arsphenamin behandelt. Arsen war in dem Syphilismedikament Salvarsan enthalten.

ARSEN-PULVER

EIGENSCHAFTEN

GRUPPE	Sulfide
KRISTALLSYSTEM	Monoklin
ZUSAMMENSETZUNG	FeAsS
FARBE	Silberweiß bis stahlgrau
FORM/HABITUS	Prismatisch
HÄRTE	5½–6
SPALTBARKEIT	Deutlich, undeutlich
BRUCH	Uneben
GLANZ	Metallglanz
STRICH	Dunkles Grauschwarz
SPEZ. GEWICHT	6.1
TRANSPARENZ	Undurchsichtig

ARSENOPYRIT AUS PORTUGAL
Dieses Exemplar aus der Panasqueira-Mine in Portugal enthält Arsenopyrit zusammen mit Siderit und Pyrit.

CRIPPLE CREEK (USA)
In diesem Gebiet in Colorado wurde Sylvanit gefunden.

SYLVANIT

DAS GOLD- UND SILBERTELLURID SYLVANIT ist nach Transsylvanien in Rumänien benannt, wo es 1835 erstmals bestimmt wurde. Sylvanit bildet komplexe säulige, tafelige oder scharfkantige Kristalle, oft mit Zwillingsbildungen, die baum- oder buchstabenähnlich aussehen können. Es kommt in Gold- und Silberlagerstätten in geringen Mengen vor, vereinzelt auch in größeren Mengen, die den Abbau als Golderz rechtfertigen. Sylvanit ist oft mit weiteren Goldtelluriden (Calaverit und Krennerit) vergesellschaftet.

Bedeutende Lagerstätten befinden sich in Ontario (Kanada), in Kalgoorlie (Westaustralien), in Värmland (Schweden), in Săcărâmb, Transsylvanien (Rumänien), im Thames District (Neuseeland), in Teller County, Colorado, und in Calaveras County, Kalifornien (beide USA).

KALGOORLIE
In der bekannten Goldgräberstadt in Westaustralien wird Gold im Tagebau geschürft.

EIGENSCHAFTEN

GRUPPE	Telluride
KRISTALLSYSTEM	Monoklin
ZUSAMMENSETZUNG	$(Au,Ag)_2Te_4$
FARBE	Silberweiß bis hellgelb
FORM/HABITUS	Säulig, tafelig, scharfkantig
HÄRTE	1–2
SPALTBARKEIT	Vollkommen
BRUCH	Uneben, spröde
GLANZ	Metallglanz
STRICH	Grau
SPEZIFISCHES GEWICHT	8,2
TRANSPARENZ	Undurchsichtig

BUCHSTABENFORM
Handstück aus Săcărâmb in Transsylvanien weist buchstabenartige Bildungen aus Sylvanit auf.

SULFOSALZE

SULFOSALZE sind eine große Gruppe meist seltener Minerale, die zwei oder mehr Metalle enthalten. Sie kommen in hydrothermalen Gängen in geringen Mengen vor, meist mit häufigeren Sulfiden. Sulfosalze haben Metallglanz und eine hohe Dichte und sind meist spröde. Die komplizierte Kristallstruktur folgt der allgemeinen chemischen Formel $A_mB_nX_p$, wobei m, n und p ganze Zahlen sind und A für Blei (Pb), Silber (Ag), Thallium (Tl) oder Kupfer (Cu), B für Antimon (Sb), Arsen (As), Wismut (Bi), Zinn (Sn) oder Germanium (Ge) und X für Schwefel (S) oder Selen (Se) steht. Die Atomstruktur vieler Sulfosalze basiert offenbar auf Strukturfragmenten einfacherer Verbindungen wie Bleiglanz (PbS) und Antimonit (Sb_2S_3).

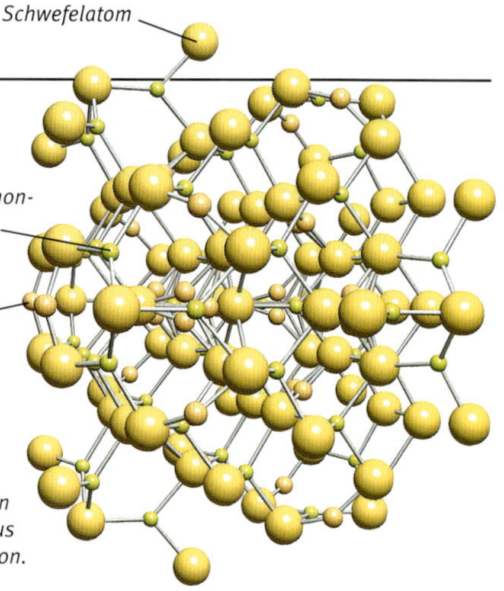

KRISTALLSTRUKTUR VON TETRAEDRIT
Dieses Sulfosalz entspricht der allgemeinen chemischen Formel (links): Es besteht aus Schwefel, Kupfer und Antimon.

POLYBASIT

TSCHECHISCHE REPUBLIK
Das Gebiet um Príbram hat eine bedeutende Polybasitlagerstätte

SCHWARZER POLYBASIT
Dieses Exemplar zeigt die typische Färbung, das Rillenmuster und die tafeligen Kristalle von Polybasit. Die Kristalle weisen starken Metallglanz auf.

DER NAME POLYBASIT leitet sich von griechisch *poly* (»viele«) und »Basis« ab, da seine Zusammensetzung mehrere Metalle enthält. Er bildet schwarze, tafelige, pseudohexagonale Kristalle, oft mit dreieckigen Rillenmustern, tritt aber auch als derbe Masse auf. Polybasit hat einen niedrigen Schmelzpunkt. Er kommt zusammen mit gediegenem Silber, Silbermineralen, Bleimineralen, Sulfiden und anderen Sulfosalzen wie Bleiglanz und Argentit in hydrothermalen Gängen vor. Stellenweise ist er ein bedeutendes Silbermineral. Lagerstätten mit wirtschaftlicher Bedeutung befinden sich in Sachsen, Príbram (Tschechische Republik), Sabana Grande (Honduras), und vielen Silberminen in Mexiko und im Westen der USA.

EIGENSCHAFTEN	
GRUPPE	Sulfosalze
KRISTALLSYSTEM	Monoklin
ZUSAMMENSETZUNG	$(Ag,Cu)_{16}Sb_2S_{11}$
FARBE	Eisenschwarz
FORM/HABITUS	Pseudohexagonal
HÄRTE	2–3
SPALTBARKEIT	Unvollkommen
BRUCH	Uneben
GLANZ	Metallglanz
STRICH	Schwarz
SPEZIFISCHES GEWICHT	6,1
TRANSPARENZ	Undurchsichtig

ENARGIT

CHUQUICAMATA (CHILE)
Hier findet man schöne Enargitkristalle.

DER NAME ist vom griechischen *enarge* (»klar erkennbar«) abgeleitet, womit auf seine vollkommene Spaltbarkeit Bezug genommen wird. Er zählt zu den Kupferarsensulfiden. Kristalle sind meist klein und tafelig oder säulig, gelegentlich auch pseudohexagonal oder hemimorph, d.h. an zwei entgegengesetzten Enden verschieden ausgebildet. Manchmal treten sternförmige Zwillingsbildungen auf. Enargit kann auch als derbe oder körnige Masse auftreten. Unter Lichteinwirkung dunkelt der Metallglanz nach. Enargit bildet sich als Gang- und Verdrängungsmineral zusammen mit Kupferkies, Covellin, Bornit, Bleiglanz, Pyrit und Zinkblende. Örtlich ist es ein bedeutendes Kupfererz. Lagerstätten gibt es u.a. in Chilung (Taiwan), Morococha und Cerro de Pasco (beide Peru), Chuquicamata (Chile), Calabona auf Sardinien (Italien), Bor (Serbien), Tsumeb (Namibia) sowie in Butte, Ouray, Superior und Tintic (alle USA).

EIGENSCHAFTEN	
GRUPPE	Sulfosalze
KRISTALLSYSTEM	Orthorhombisch
ZUSAMMENS.	Cu_3AsS_4
FARBE	Grauschwarz bis eisenschwarz
FORM/HABITUS	Tafelig, säulig
HÄRTE	3
SPALTBARKEIT	Vollkommen
BRUCH	Uneben, spröde
GLANZ	Metallglanz
STRICH	Schwarz
SPEZ. GEWICHT	4,4–4,5
TRANSPARENZ	Undurchsichtig

ENARGITKRISTALLE
Dieses prächtige Aggregat besteht aus glänzenden säuligen Kristallen mit Rillen.

STEPHANIT

ERZGEBIRGE (DEUTSCHLAND)
Hier gibt es bedeutende Stephanitvorkommen.

STEPHANIT ist ein Silberantimonsulfid. Kristalle sind kurzsäulig bis tafelig, das Mineral ist aber auch als derbe oder körnige Masse anzutreffen. Stephanit tritt meist in silberhaltigen hydrothermalen Gängen in geringen Mengen auf. In der Mine Comstock Lode, Nevada, USA, ist die Menge ausreichend für einen Abbau als Silbererz. Zahlreiche Fundstätten gibt es in Mexiko, weitere in Cobalt, Ontario, am Yukon in Kanada, in Cornwall, England, in Espedalen, Norwegen, in Transbaikalien, Russland, und in Colquechaca, Bolivien.

EIGENSCHAFTEN

GRUPPE Sulfosalze
KRISTALLSYSTEM Orthorhombisch
ZUSAMMENS. Ag_5SbS_4
FARBE Eisenschwarz
FORM/HABITUS Kurzsäulig bis tafelig
HÄRTE 2–2½
SPALTBARKEIT Unvollkommen
BRUCH Schwach muschelig bis uneben, spröde
GLANZ Metallglanz
STRICH Eisenschwarz
SPEZIFISCHES GEWICHT 6.2–6.5
TRANSP. Undurchsichtig

STEPHANITKRISTALLE
Viele der kurzprismatischen Zwillingskristalle in diesem Handstück sind pseudohexagonal.

TENNANTIT

ZACATECAS
Hier in Mexiko gibt es Tennantitvorkommen.

DAS EISENARSENSULFID TENNANTIT wurde 1819 nach dem englischen Chemiker Smithson Tennant benannt. Es steht am Ende der Reihe der festen Lösungen mit dem ähnlichen Mineral Tetraedrit (siehe unten). Tennantit bildet ähnliche Kristalle wie Tetraedrit, tritt aber auch als derbe, körnige oder kompakte Masse auf. Es bildet sich in hydrothermalen und kontaktmetamorphen Ablagerungen, oft mit Fluorit, Baryt (Schwerspat), Bleiglanz, Quarz, Kupferkies und Zinkblende. Fundstätten gibt es in Freiberg (Sachsen), Lengenbach (Schweiz) und in Butte, Aspen und Central City (alle USA).

DERBER TENNANTIT
Dieses Handstück stammt aus Cornwall (England).

EIGENSCHAFTEN

GRUPPE Sulfosalze
KRISTALLSYSTEM Kubisch
ZUSAMMENS. $(Cu,Fe)_{12}As_4S_{13}$
FARBE Stahlgrau bis schwarz
FORM/HABITUS Kubisch
HÄRTE 4
SPALTBARKEIT Keine
BRUCH Schwach muschelig bis uneben, spröde
GLANZ Metallglanz
STRICH Schwarz
SPEZ. GEWICHT 4,6–4,7
TRANSPARENZ Undurchsichtig

TETRAEDRIT

ÖSTERREICH
In Tirol wurde Tetraedrit gefunden.

TETRAEDRIT ist ein Kupfereisenantimonsulfid, das häufig etwas Zink, Silber, Blei und Quecksilber enthält. Es ist meist derb, kompakt oder körnig. Tetraedrit bildet eine Mischreihe mit dem ähnlichen Mineral Tennantit (siehe oben), in dem Antimon durch Arsen ersetzt ist. Tetraedrit ist ein häufiges Mineral – wohl das häufigste Sulfosalz. Es ist als Kupfer- und teils auch als Silbererz von Bedeutung. Tetraedrit bildet sich bei niedrigen bis mäßigen Temperaturen in metallhaltigen hydrothermalen Gängen, oft zusammen mit Bleiglanz, Pyrit, Kupferkies, Schwerspat, Bornit und Quarz. Daneben kommt es auch in kontaktmetamorphen Ablagerungen vor. Wichtige Lagerstätten gibt es in Deutschland, Großbritannien, Mexiko, Peru, Bolivien, Chile, Australien, Rumänien, Frankreich und den USA.

RÜSTUNG AUS MESSING
Tetraedrit wird schon seit Jahrhunderten auf der ganzen Welt als Kupfererz abgebaut. Diese deutsche Rüstung aus dem 16. Jahrhundert besteht aus Messing, einer Kupferlegierung.

EIGENSCHAFTEN

GRUPPE Sulfosalze
KRISTALLSYSTEM Kubisch
ZUSAMMENSETZUNG $(Cu,Fe)_{12}Sb_4S_{13}$
FARBE Feuersteingrau bis eisenschwarz
FORM/HABITUS Derb
HÄRTE 3–4
SPALTBARKEIT Keine
BRUCH Schwach muschelig bis uneben
GLANZ Metallglanz
STRICH Braun, schwarz, kirschrot
SPEZ. GEWICHT 4,6–5,1
TRANSP. Undurchsichtig

ASTROLABIUM AUS MESSING
Aus Kupferlegierungen wie Messing und Bronze wurden Vermessungs- und Navigationsinstrumente wie dieses arabische Astrolabium aus dem 9. Jahrhundert hergestellt.

SELTENE KRISTALLE
Der Name Tetraedrit stammt von den seltenen tetraedrischen Kristallen.

PYRARGYRIT

FREIBERG
Aus dem Bergbaugebiet kommt Pyrargyrit.

DER NAME PYRARGYRIT ist in Anspielung auf die Farbe und den Silbergehalt vom griechischen *pyros* (»Feuer«) und *argent* (»Silber«) abgeleitet. Die dunkelrote Farbe des auch als Dunkles Rotgültigerz bekannten Minerals wird unter Lichteinfluss noch dunkler. Pyrargyrit bildet sich bei relativ niedriger Temperatur zusammen mit anderen Silbermineralen wie Proustit (Lichtes Rotgültigerz) sowie mit Bleiglanz, Zinkblende, Tetraedrit und Calcit in hydrothermalen Gängen. Einige Exemplare mit besonders schöner Kristallausbildung stammen aus St. Andreasberg im Harz und Freiberg in Sachsen sowie aus Colquechaca in Bolivien, Guanajuato in Mexiko, aus der Nähe von Silver City in Idaho und aus der Comstock-Mine in Nevada (beide USA).

EIGENSCHAFTEN

GRUPPE	Sulfosalze
KRISTALLSYSTEM	Hexagonal/trigonal
ZUSAMMENS.	Ag_3SbS_3
FARBE	Tiefrot
FORM/HABITUS	Säulig, schiefwinklig
HÄRTE	$2^1/_2$
SPALTBARKEIT	Deutlich
BRUCH	Muschelig bis uneben
GLANZ	Diamantglanz
STRICH	Rotviolett
SPEZIFISCHES GEWICHT	5,8
TRANSPARENZ	Durchscheinend

SILBERERZ
Dieses Exemplar weist schöne säulige Kristalle und Zwillingsbildungen auf. Pyrargit ist ein bedeutendes Silbererz.

BOURNONIT

CORNWALL
Bournonit ist eines der zahlreichen Minerale, die in Südwestengland gefunden wurden.

DAS BLEIKUPFERANTIMONSULFID BOURNONIT wurde 1805 nach dem französischen Mineralogen Graf J. L. de Bournon benannt. Es tritt in Form schwerer, dunkler Kristallaggregate und Massen auf, aber auch als einander kreuzförmig durchdringende Zwillingsbildungen. Bournonit ist ein häufiges Mineral, das sich bei mäßiger Temperatur zusammen mit Bleiglanz, Zinkblende, Kupferkies und Pyrit in hydrothermalen Gängen bildet. Schöne Exemplare kommen aus dem Harz in Deutschland, wo Kristalle mit einem Durchmesser von mehr als 2,2 cm gefunden wurden, aus Cornwall in England, aus Italien, Frankreich, Bolivien, Peru, Kanada, Australien, Rumänien, Griechenland, Japan und den USA.

HARZ

Im Harz werden schon seit Jahrhunderten Minerale abgebaut, unter anderem Bournonit. Die 922 erstmals erwähnte Stadt Goslar profitierte von den nahe gelegenen reichen Silberminen. Silber-, Blei und Eisenerz kommen auch an anderen Stellen vor. Das Gebirge ist von kleineren Erzansammlungen durchsetzt und viele neue Erze wurden hier entdeckt. Einige Bergwerke können heute besichtigt werden.

WELTKULTURERBE
Einige Bergwerke im Harz stehen heute unter Schutz.

EIGENSCHAFTEN

GRUPPE	Sulfosalze
KRISTALLSYSTEM	Orthorhombisch
ZUSAMMENS.	$PbCuSbS_3$
FARBE	Stahlgrau
FORM/HABITUS	Kurzsäulig bis tafelig
HÄRTE	$2^1/_2$–3
SPALTBARKEIT	Unvollkommen
BRUCH	Schwach muschelig bis uneben
GLANZ	Metallglanz
STRICH	Stahlgrau
SPEZ. GEWICHT	5,8
TRANSP.	Undurchsichtig

ZAHNRADFORM
Dieses Exemplar weist prismatische, orthorhombische Kristalle auf, die an ein Zahnrad erinnern.

HARZ
In diesem deutschen Mittelgebirge findet man Boulangerit.

BOULANGERIT

BOULANGERIT wurde 1837 nach dem französischen Bergbauingenieur Charles Boulanger benannt. Er bildet biegsame, säulige bis nadelige Kristalle und faserige oder derbe Aggregate. Das weit verbreitete Mineral tritt unter anderem in hydrothermalen Gängen auf. Kleinere Lagerstätten befinden sich in Deutschland, Kanada, Mexiko, Schweden, Frankreich, der Tschechischen Republik und den USA.

EIGENSCHAFTEN	
GRUPPE	Sulfosalze
KRISTALLSYSTEM	Monoklin
ZUSAMMENS.	$Pb_5Sb_4S_{11}$
FARBE	Bläulich bleigrau
FORM/HABITUS	Langsäulig bis nadelförmig
HÄRTE	$2^1/_2$–3
SPALTBARKEIT	Gut
BRUCH	Uneben, spröde
GLANZ	Metallglanz
STRICH	Bräunlich grau bis grau
SPEZIFISCHES GEWICHT	6,2
TRANSPARENZ	Undurchsichtig

SCHLANKE KRISTALLE
Diese Kristallnadeln auf Quarz stammen aus Peru.

TSCHECHISCHE REPUBLIK
In der Tschechischen Republik gibt es Proustitvorkommen.

PROUSTIT

PROUSTIT ist ein bedeutendes Silbererz. Es ist lichtempfindlich und wird unter Lichteinwirkung durchsichtig scharlachrot bis undurchsichtig grau. Kristalle sind prismatisch, rhomboedrisch oder schiefwinklig. Proustit bildet sich mit anderen Silbermineralen, Bleiglanz und Calcit in hydrothermalen Gängen. Wichtige Fundorte sind Sachsen und Chañarcillo (Chile).

EIGENSCHAFTEN	
GRUPPE	Sulfosalze
KRISTALLSYSTEM	Hexagonal/trigonal
ZUSAMMENS.	Ag_3AsS_3
FARBE	Scharlachrot, grau
FORM/HABITUS	Säulig bis kurzsäulig
HÄRTE	2–$2^1/_2$
SPALTBARKEIT	Deutlich rhomboedrisch
BRUCH	Muschelig bis uneben, spröde
GLANZ	Diamantglanz bis Halbmetallglanz
STRICH	Zinnoberrot
SPEZIFISCHES GEWICHT	5,8
TRANSP.	Durchscheinend

KRISTALLINER PROUSTIT
Proustit wird auch als Lichtes Rotgültigerz bezeichnet.

MEXIKO
Jamesonit wurde in der Sierra Tarahumara in Mexiko gefunden.

JAMESONIT

JAMESONIT bildet nadelige bis faserige Kristalle, kann aber auch in derben oder fedrigen Aggregaten vorliegen. Das Blei-Eisen-Antimon-Sulfid kommt mit anderen Sulfosalzen in hydrothermalen Gängen und mit Carbonatmineralen wie Rhodochrosit, Dolomit und Calcit in Quarz vor. Kleinere Vorkommen sind weit verbreitet, besonders schöne Exemplare stammen aus Mexiko, Serbien, Rumänien, Großbritannien und Bolivien.

ROBERT JAMESON
Jamesonit wurde 1825 nach dem schottischen Mineralogen Robert Jameson benannt.

EIGENSCHAFTEN	
GRUPPE	Sulfosalze
KRISTALLSYSTEM	Monoklin
ZUSAMMENSETZUNG	$Pb_4FeSb_6S_{14}$
FARBE	Stahlgrau bis dunkel bleigrau
FORM/HABITUS	Nadelig, faserig
HÄRTE	2–3
SPALTBARKEIT	Gut
BRUCH	Uneben bis muschelig
GLANZ	Metallglanz
STRICH	Grauschwarz
SPEZIFISCHES GEWICHT	5,5–6,0
TRANSPARENZ	Undurchsichtig

FASERIGER JAMESONIT
Dieses Exemplar zeigt die typischen faserigen Kristalle.

HARZ
Dieses Mittelgebirge enthält Zinkenit.

ZINKENIT

DAS BLEI-ZINN-SULFID wurde 1826 nach dem deutschen Mineralogen J. K. L. Zinken benannt. Es bildet nadelige Kristalle in säuligen und strahligen Aggregaten aus. Zinkenit ist oft derb oder bildet dicke Matten aus haarähnlichen Fasern. Meist tritt er mit anderen Sulfosalzen in Quarz auf. Schöne Exemplare stammen aus Saint-Pons in Frankreich, Oruro in Bolivien und dem Harz in Deutschland. Weitere Fundorte gibt es in Großbritannien, Australien, Rumänien und den USA.

EIGENSCHAFTEN	
GRUPPE	Sulfosalze
KRISTALLSYSTEM	Hexagonal
ZUSAMMENSETZUNG	$Pb_9Sb_{22}S_{42}$
FARBE	Stahlgrau
FORM/HABITUS	Faserig, derb
HÄRTE	3–$3^1/_2$
SPALTBARKEIT	Unvollkommen
BRUCH	Uneben, spröde
GLANZ	Metallglanz
STRICH	Stahlgrau
SPEZ. GEWICHT	5,3
TRANSPARENZ	Undurchsichtig

ZINKENIT-KRISTALLE
Diese nadelförmigen Zinkenitkristalle mit Rillenstruktur stammen aus Wolfsberg, Niedersachsen.

OXIDE

DIE MINERALGRUPPE DER OXIDE hat eine Struktur aus dicht gepackten Sauerstoffatomen, in deren Hohlräume Metall- oder Halbmetallatome eingeschlossen sind. Man unterscheidet die einfachen Oxide und die komplexen Oxide. Einfache Oxide wie Cuprit (Cu_2O) bestehen aus nur einem Metall oder Halbmetall und Sauerstoff. Komplexe Oxide enthalten Metalle an zwei verschiedenen Stellen, die von verschiedenen Metallen oder Halbmetallen eingenommen werden können. Komplexe Oxide sind etwa die Minerale der Spinellgruppe: Eine Stelle ist mit Magnesium, Eisen, Zink oder Mangan besetzt, die andere mit Aluminium, Eisen, Mangan oder Chrom. Oxidminerale kommen in vielen magmatischen Gesteinen, in Pegmatit und als Zersetzungsprodukt von Sulfidmineralen vor.

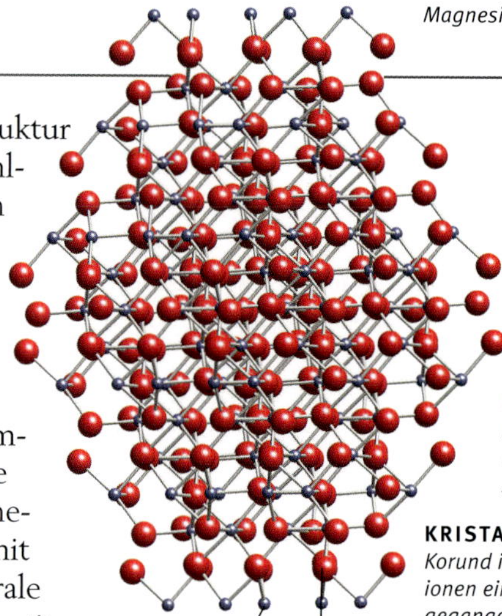

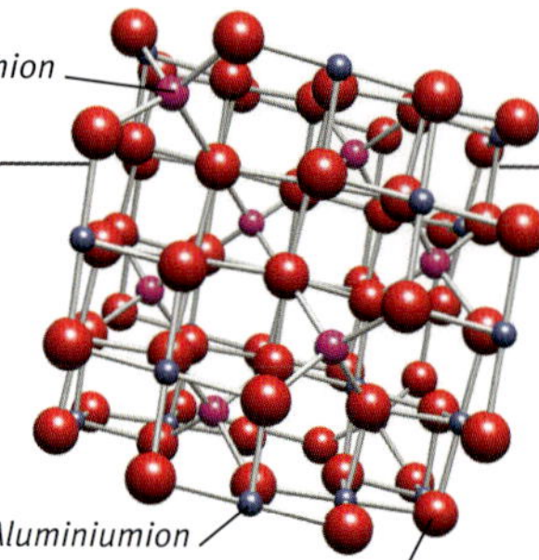

KRISTALLSTRUKTUR VON SPINELL
Im komplexen Oxid Spinell verbinden sich die beiden Metalle Magnesium und Aluminium mit Sauerstoffionen.

KRISTALLSTRUKTUR VON KORUND
Korund ist ein einfaches Oxid, in dem Aluminiumionen eine Verbindung mit Sauerstoffionen eingegangen sind. Die farbgebenden Chromionen in Rubin oder Eisen- bzw. Titanionen in Saphir sind nur in sehr geringen Mengen enthalten.

ILMENIT

SCHWARZER SAND
Ilmenit ist ein Hauptbestandteil vieler schwarzer Sandstrände.

DAS NACH SEINEM ENTDECKUNGSORT, den Ilmenski-Bergen bei Miass (Russland) benannte Mineral Ilmenit ist als Titanerz von Bedeutung. Ilmenit bildet meist dicke tafelige Kristalle, gelegentlich aber auch dünne Plättchen oder Rhomboeder. Daneben kann er auch als kompakte oder derbe Masse oder als verstreute Körner auftreten. Ilmenit ist eisenschwarz und kann mit Magnetit oder Hämatit verwechselt werden. Im Gegensatz zu Magnetit ist er aber nicht oder nur sehr schwach magnetisch. Von Hämatit lässt er sich an der Strichfarbe unterscheiden.

Ilmenit ist ein weit verbreitetes Begleitmineral in magmatischen Gesteinen wie Gabbro, Diorit und Anorthosit und kommt daneben auch in Gängen, Pegmatiten, schwarzem Sand und Seifenlagerstätten vor. Kristalle kommen u.a. aus Bancroft, Ontario (Kanada), Maderanertal und Binntal (beide Schweiz), Kragero (Norwegen), Betafo (Madagaskar), Woodstock (Westaustralien) und Maine (USA).

EIGENSCHAFTEN

GRUPPE	Oxide
KRISTALLSYSTEM	Hexagonal/trigonal
ZUSAMMENSETZUNG	$FeTiO_3$
FARBE	Eisenschwarz
FORM/HABITUS	Dick tafelig
HÄRTE	5–6
SPALTBARKEIT	Keine
BRUCH	Muschelig
GLANZ	Metallglanz
STRICH	Schwarz
SPEZIFISCHES GEWICHT	4,7
TRANSPARENZ	Undurchsichtig

ILMENIT-KRISTALL
Dieses Handstück enthält einen Ilmenitkristall sowie Aktinolith und Quarz. Es stammt aus Südaustralien.

PEROWSKIT

GRÖNLAND
Im grönländischen Gardiner-Komplex wurden bis zu 8 cm große Kristalle gefunden.

PEROWSKIT wurde 1839 nach dem russischen Mineralogen L. A. Perowski benannt. Er bildet üblicherweise pseudokubische Kristalle in Varietäten, in denen das Titan zu einem großen Teil durch Niob oder Cer ersetzt ist, auch pseudooktaedrische Formen. Schwarze Varietäten weisen einen Metallglanz auf, gelbe und braune einen Diamantglanz.

Man nimmt an, dass Perowskit ein Hauptbestandteil des oberen Erdmantels ist. Auch in kohlenstoffhaltigen Chondriten (Steinmeteoriten) wurde er gefunden. In der Erdkruste kommt er in dunklen magmatischen Gesteinen, in kontaktmetamorphen Gesteinen und in Schiefer vor. Große Lagerstätten befinden sich in Grönland. Weitere Fundorte gibt es in Italien, Deutschland, Brasilien, Kanada und den USA.

PEROWSKITKRISTALLE
Hier sitzen zwei pseudokubische Perowskitkristalle mit Rillen an den Kristallflächen auf Plagioklas-Feldspat.

EIGENSCHAFTEN

GRUPPE	Oxide
KRISTALLSYSTEM	Orthorhombisch
ZUSAMMENSETZUNG	$CaTiO_3$
FARBE	Schwarz, braun, gelb
FORM/HABITUS	Pseudokubisch
HÄRTE	$5^1/_2$
SPALTBARKEIT	Unvollkommen
BRUCH	Schwach muschelig bis uneben
GLANZ	Diamant-/Metallglanz
STRICH	Grau bis farblos
SPEZIFISCHES GEWICHT	4,0
TRANSPARENZ	Durchsichtig bis undurchsichtig

HÄMATIT

OBERER SEE
Die Eisenerzlagerstätten am Oberen See in Michigan (USA) sind reich an Hämatit.

HÄMATIT ist ein dichtes und relativ hartes Eisenoxid. Da er viel Eisen enthält (70%) und sehr häufig vorkommt, ist er das bedeutendste Eisenerz. Hämatit kommt in vielen Formen, zum Teil mit eigenen Namen, vor. Die stahlgrauen Kristalle und grobkörnige Varietäten mit starkem Metallglanz nennt man Eisenglanz. Dünne, schuppige Formen sind als Eisenglimmer bekannt und rosettenförmig angordnete Kristalle als Eisenrose. Hämatit tritt auch in Form kurzer, schwarzer, rhomboedrischer Kristalle und mit irisierend angelaufener Oberfläche auf. Kompakte Varietäten haben oft eine nierenförmige Oberfläche oder eine faserige Struktur. Häufig ist Hämatit als weiche, feinkörnige, erdige Masse anzutreffen, die man Rötel nennt. Gemahlener und gereinigter Hämatit wird als Poliermittel für Glas und Schmuck und wurde früher auch zum Polieren von Edelsteinen eingesetzt.

Die bedeutendsten Hämatitlagerstätten sind entweder Sedimentschichten oder metamorphe Sedimente. Die größten Mengen kommen aus dem Gebiet um den Oberen See in Nordamerika, weitere bedeutende Lagerstätten liegen in der Ukraine, China, Australien, Liberia, Brasilien und Venezuela. Hämatit ist auch ein Begleitmineral in vielen magmatischen Gesteinen. Als Schmuckstein verwendbarer Hämatit kommt aus Großbritannien, Deutschland und Elba (Italien).

Der Name Hämatit kommt vom griechischen *haimatitis* (»blutrot«), da er in pulverisierter Form blutrot ist. In Gräbern aus der Jungsteinzeit fand man mit Hämatitpulver gefärbte Knochen, und in der Höhle Choukoutien in China wurde verstreuter Hämatit neben Skelettresten aus dem 10. Jahrtausend vor Christus gefunden. Später wurde Hämatit als Amulett gegen Blutungen getragen.

SIEGEL
Diese gravierten Hämatitsiegel wurden um 1400 v. Chr. hergestellt.

HÄMATIT-OHRRINGE
Diese Ohrringe fallen durch ovale Cabochons aus Hämatit auf. Der als Schmuckstein verwendete Hämatit ist meist als Hämatin rekonstituiert.

ERSCHEINUNGSFORMEN
Hämatit kommt in verschiedenen Formen mit unterschiedlichem Glanz vor.

DERBER HÄMATIT

NIERIGES AGGREGAT

EISENGLANZ

IRISIERENDER HÄMATIT

EISENGLANZ
Diese schöne Gruppe gut ausgeformter Hämatitkristalle stammt von der italienischen Insel Elba.

EIGENSCHAFTEN

GRUPPE	Oxide
KRISTALLSYSTEM	Hexagonal
ZUSAMMENSETZUNG	Fe_2O_3
FARBE	Stahlgrau
FORM/HABITUS	Tafelig, gelegentlich blättrig, traubig
HÄRTE	5–6
SPALTBARKEIT	Keine
BRUCH	Schwach muschelig bis uneben
GLANZ	Metallglanz bis matt
STRICH	Kirschrot oder rotbraun
SPEZ. GEWICHT	5,3
TRANSPARENZ	Undurchsichtig
BRECHUNGSINDEX	2,94–3,22

FROSCH AUS HÄMATIT
Aus großen Hämatitstücken geschnittene Figuren sind beliebte Objekte für Lapidarien.

PERLE
Polierter Hämatit ist ein beliebtes Material für schwarze, glänzende Perlen.

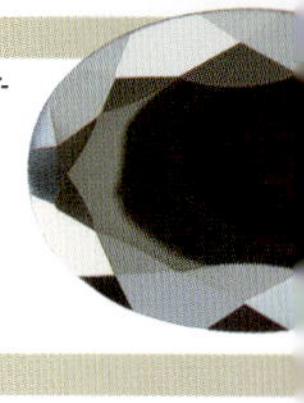

OVALER CABOCHON
Dieser Cabochon aus schwarzem Hämatit wurde in Facetten geschliffen. Hämatitcabochons werden auch als »Markasit« verkauft.

MARQUISE-SCHLIFF
Die Oberfläche dieses Steins wurde in Facetten geschliffen. Da Hämatit recht spröde ist, sind spitze Formen sehr empfindlich.

KORUND: SAPHIR

MISSOURI
Ungewöhnlich große Mengen an Saphiren in Edelsteinqualität findet man am Missouri in der Nähe von Helena im US-Bundesstaat Montana.

ERST IM 18. JAHRHUNDERT erkannte man, dass Saphire und Rubine Varietäten des selben Minerals sind, nämlich von Korund, chemisch Aluminiumoxid. Der Name Korund ist wahrscheinlich aus dem Sanskrit-Wort kuruvinda für »Rubin«, die rote Varietät des Korund (siehe S. 150–151), abgeleitet. Andere Farbvarietäten werden als »Saphire« bezeichnet. Korund ist das zweithärteste Mineral. Nur Diamant ist härter. Korund kristallisiert im hexagonalen System und bildet dipyramidale oder fassähnliche Formen.

SAPHIRKRISTALL
Dieser vom Wasser abgerundete Kristall weist die typische Farbbänderung der Saphire auf.

FARBEN

Saphir wird von den meisten Menschen mit Blau assoziiert, kommt aber auch in anderen Farben vor, z. B. farblos, grün oder rosa. Die seltenen orangerosa gefärbten Steine werden als »Padparadscha« bezeichnet, und Saphire, die bei Tageslicht blau und bei künstlicher Beleuchtung rötlich oder violett erscheinen, sind als alexandrinischer Saphir bekannt. Saphire weisen meist einen deutlichen Pleochroismus auf, das heißt, sie zeigen je nach Betrachtungswinkel unterschiedliche Farben.

LOGAN-SAPHIR
Der hühnereigroße Logan-Saphir aus Sri Lanka ist mit 423 Karat einer der größten blauen Saphire.

Saphire, die nicht blau sind, werden durch die Angabe der Farbe vor dem Wort »Saphir« näher bezeichnet: »rosa Saphir«, »gelber Saphir«, »weißer Saphir«. Auch diese werden als Schmucksteine verwendet. Für die blaue Farbe sind Spuren von Titan und Eisen verantwortlich, Hellgrün, Gelb oder Braun kommen von Eisen, Rosa von geringen Mengen Chrom.

SAPHIRRING
Hier wurde ein ungeschliffener Saphirkristall in einem modernen Silberring gefasst.

Mit zunehmendem Chromanteil geht das Farbspektrum von rosa Saphiren allmählich

ÜBERLIEFERTE VORSTELLUNGEN

Da vor dem 19. Jahrhundert nur blauer Korund als »Saphir« bezeichnet wurde, beziehen sich alle historischen Erwähnungen auf diese Farbvarietät. Im antiken Griechenland und später im Mittelalter glaubte man, dass Saphire Augenkrankheiten heilen könnten. Mittelalterliche Alchemisten brachten Saphir mit dem Element Luft in Verbindung und glaubten, sie könnten die Wirkung von Giften neutralisieren und den Geist beeinflussen. Im 11. Jahrhundert beschrieb der französische Bischof Marbodius den blauen Saphir mit den Worten: »Die Schönheit der Saphire gleicht der des himmlischen Throns; sie bezeichnen die Herzen der einfachen Menschen, derer, die von einer sicheren Hoffnung angetrieben werden, und deren Leben gute Taten und Tugendhaftigkeit widerstrahlt.«

BUDDHA AUS SAPHIR
Dieser Buddha ist aus einem einzigen Saphirkristall herausgearbeitet.

SAPHIRKIES
Diese 3–5 mm großen ungeschliffenen Saphire aus Phillipsburg, Montana, USA, zeigen das gesamte Farbspektrum.

in das von Rubin über. Auch Vanadium, Nickel und Kobalt können die Farbe beeinflussen. Die meisten Korunde enthalten fast 1 % Eisenoxid. Viele Saphire sind nicht gleichmäßig gefärbt, sondern weisen konzentrische Farbzonen auf. So enthält grüner Saphir oft abwechselnde Bänder aus Gelb und Blau. Durch entsprechenden Schliff wird ein gleichmäßiger Farbeindruck erzielt. Farbe und Transparenz von Saphiren können durch Erhitzen oder Bestrahlung verändert werden. Die leicht milchigen Steine vom Missouri in Montana (USA) werden wie auch viele Saphire aus Sri Lanka erhitzt, damit sie durchsichtig werden.

Vom Mittelalter bis ins ausgehende 19. Jahrhundert wurde grüner Saphir als »orientalischer Peridot« und gelber Saphir als »orientalischer Topas« bezeichnet. In der antiken Literatur wurde die Bezeichnung »Saphir« vermutlich meist für Lapislazuli verwendet, obwohl der blaue Korund mindestens seit 800 v. Chr. sehr begehrt war. Einer der ältesten Saphire ist in die britische Königskrone (siehe S. 157) eingearbeitet. Er soll aus der Krone von Eduard dem Bekenner aus dem Jahr 1042 n. Chr. stammen. Blaue Saphire waren bei den europäischen Königen im Mittelalter sehr beliebt und galten als passender Edelstein für die Ringe hoher kirchlicher Würdenträger.

EDELSTEINE IN ALLEN FARBEN
Korund kommt in allen Regenbogenfarben vor. Mit Ausnahme des roten Rubins werden alle als Saphire bezeichnet.

FUNDORTE UND VERWENDUNG

Korund kommt vor allem in metamorphem Gestein und in kieselsäurearmen magmatischen Gesteinen wie Syenit (siehe S. 38) vor. Größere Lagerstätten sind jedoch selten. Die meisten Saphire und Rubine stammen aus Seifen, wo die durch Verwitterung freigesetzten Kristalle auf Grund ihrer höheren Dichte angereichert werden. Myanmar, Sri Lanka, Nigeria und Thailand sind für ihre Saphire in Edelsteinqualität bekannt. Weitere Fundorte liegen in Australien, Brasilien, Kaschmir, Kambodscha, Kenia, Malawi, Kolumbien und den USA. Einige der größten Lieferanten von Korunden, die nicht Edelsteinqualität besitzen, sind Indien, Russland, Simbabwe, Südafrika und Nigeria. Für durchsichtige Saphire wird meist der Facettenschliff verwendet, während für Sternsaphire und andere undurchsichtige Varietäten der Cabochonschliff bevorzugt wird. Einige Saphire werden trotz ihrer Härte in Figuren geschnitten oder graviert. Korund wird auch als Poliermittel für optische Gläser und Metall sowie für Schleifpapier und Schleifscheiben verwendet. Schmirgel besteht aus einer Mischung von Korund und Magnetit. Wegen des hohen Schmelzpunkts (2050 °C) wird Korund auch in Hochtemperaturkeramiken eingesetzt. Seit den 1920er-Jahren wird Korund für die Industrie synthetisch hergestellt.

EIGENSCHAFTEN

GRUPPE	Oxide
KRISTALLSYSTEM	Hexagonal bis trigonal
ZUSAMMENSETZUNG	Al_2O_3
FARBE	Fast alle Farben
FORM/HABITUS	Pyramidal bis gedrungen prismatisch
HÄRTE	9
SPALTBARKEIT	Keine
BRUCH	Muschelig bis uneben
GLANZ	Diamantglanz bis Glasglanz
STRICH	Farblos
SPEZIFISCHES GEWICHT	4,0–4,1
TRANSPARENZ	Durchsichtig bis durchscheinend
BRECHUNGSINDEX	1,76–1,77

EINZELKRISTALL

ZWILLINGSKRISTALL

KRISTALLFORMEN
Diese Korundkristalle aus Madagaskar weisen besonders schöne Kristallformen auf. Der 2,5 cm lange Kristall hat die für Korund typische prismatische Gestalt, die in einer Dreiecksform endet.

CABOCHONSCHLIFF
Ein Saphir, der Rutilnadeln in Wachstumsrichtung des Kristalls enthält, zeigt einen sechsstrahligen Stern.

BRILLANT
Ein Brillantschliff verstärkt die Farbe durchsichtiger Saphire.

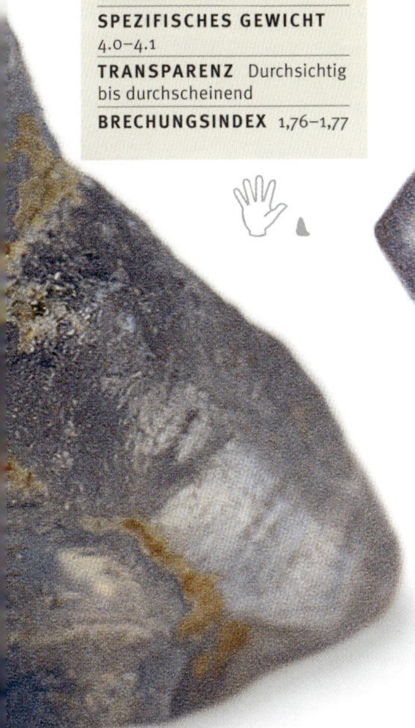

KRISTALLE AUS DEM LABOR
Dieser amerikanische Laborant betrachtet das Wachstum künstlich gezüchteter Saphirkristalle für Natriumdampflampen.

KORUND: RUBIN

COWEE CREEK (USA)
Aus dieser Gegend in North Carolina kommen Rubine in Edelsteinqualität.

DEN RUBIN VERGLICH der französische Bischof Marbodius im 11. Jahrhundert mit »einem glühenden Auge auf der Stirn der Drachen«. Weniger poetisch ausgedrückt ist der Rubin die rote Varität des Aluminiumoxidminerals Korund. Das Farbspektrum reicht von Tiefrot bis zu dunklem Rosenrot, manchmal mit einem leichten Violettstich. Am beliebtesten ist Blutrot. Die rote Farbe wird durch minimale Mengen (nur etwa 1 von 5000 Teilen) an Chrom verursacht, das einige der Aluminiumatome ersetzt. Rubin setzt das Farbspektrum der rosa Saphire fort, wobei das Rot mit zunehmendem Chromanteil intensiver wird. Nur die dunkleren Steine werden als Rubine bezeichnet. Im Altertum hielten hinduistische und birmanische Bergleute farblose oder rosa Saphire für nicht vollständig ausgereifte Rubine. In Sri Lanka wird Rubin schon seit dem 8. Jahrhundert vor Christus abgebaut.

EDELSTEINABBAU IN RATNAPURA
Rubine und Saphire werden in Sri Lanka aus Flusssedimenten gewonnen, wo sie sich nach Verwitterung und Erosion angereichert haben.

KÖNIG DER EDELSTEINE

Der Name Rubin ist vom lateinischen *ruber* (»rot«) abgeleitet. In Sanskrit heißt Rubin *ratnaraj*, »König der Edelsteine«. Viele Rubine werden erhitzt, um ihre Farbe oder Durchsichtigkeit (oder beides) zu verstärken. Die meisten Rubine sind klein (Steine mit mehr als 10 Karat sind ungewöhnlich), da Chrom das Kristallwachstum hemmt. Große Rubine sind deshalb besonders wertvoll. Rubinkristalle haben häufig eine hexagonale Säulenform mit flachen oder spitz zulaufenden Enden. Sie kommen weltweit in magmatischem und metamorphem Gestein oder als Kiesel in Schwemmsanden vor. Rubin in Edelsteinqualität ist wesentlich seltener. Fundorte gibt es in Myanmar (Birma), wo er in Bändern aus kristallinem Kalkstein zu finden ist, und in Thailand.

HISTORISCHE RUBINKAMEE
Dieser Krug aus Bergkristall aus der Zeit um 1600 ist mit Edelsteinen besetzt. Das Herzstück ist eine Rubinkamee mit dem Kopf der englischen Königin Elisabeth I.

ANTIKER RING
Dieser Fingerring wurde im europäischen Stil gestaltet.

CABOCHONSCHLIFF
Wenn ein Rubin, der Rutilnadeln in Wachstumsrichtung des Kristalls enthält, en cabochon geschliffen wird, zeigt er einen sechsstrahligen Stern.

SYNTHETISCHER RUBIN
Synthetisch hergestellter Rubin ist makellos genug für einen Schliff, der das Innere des Steins zeigt.

GEMISCHTER SCHLIFF
Natürliche Rubinkristalle sind oft nicht perfekt, was aber bei einem solchen Schliff mit kleinen Facetten nicht auffällt.

EIGENSCHAFTEN	
GRUPPE	Oxide
KRISTALLSYSTEM	Hexagonal bis trigonal
ZUSAMMENSETZUNG	Al_2O_3
FARBE	Rot
FORM/HABITUS	Pyramidal bis gedrungen prismatisch
HÄRTE	9
SPALTBARKEIT	Keine
BRUCH	Muschelig bis uneben
GLANZ	Diamantglanz bis Glasglanz
STRICH	Farblos
SPEZ. GEWICHT	4,0–4,1
TRANSPARENZ	Durchsichtig bis durchscheinend
BRECHUNGSINDEX	1,76–1,77

Geringere Mengen an edelsteinfähigem Material kommen aus Afghanistan, Madagaskar, Vietnam, Kambodscha und den USA. Aus Tansania kommen leuchtend rote, undurchsichtige Rubinkristalle in grünem Zoisit. Wie Saphire (siehe S. 152–153) können auch Rubine einen Sterneffekt aufweisen.

Die Unterscheidung zwischen Rubin und anderen durchsichtigen roten Mineralen ist relativ neu. In der Vergangenheit wurden auch viele andere Minerale als Rubin bezeichnet. Ein berühmtes Beispiel ist der Rubin des Schwarzen Prinzen, der heute in die königliche Krone Englands eingearbeitet ist und seit 1367 zu den Kronjuwelen gehört. Erst im 19. Jahrhundert erkannte man, dass dieser Rubin eigentlich ein Spinell (siehe S. 157) ist. Auch hochwertige Granate werden zum Teil als Rubine bezeichnet, so zum Beispiel »Kaprubin«, »Australischer Rubin« und »Arizona-Rubin«. Die rote Turmalinvarietät Rubellit wurde auch als »Sibirischer Rubin« bezeichnet. Seit 1902 werden Rubine auch künstlich hergestellt.

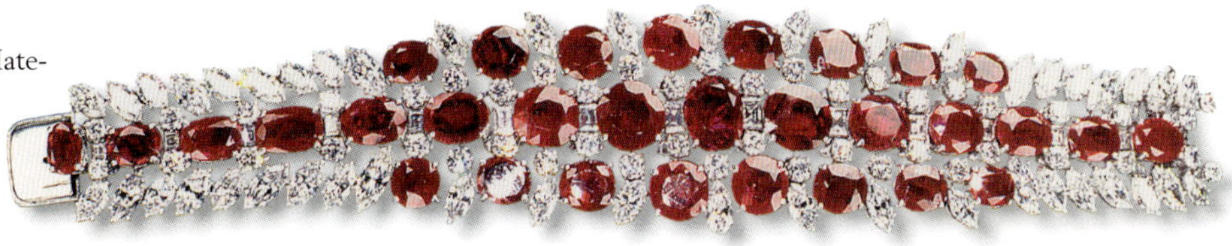

ARMBAND AUS RUBINEN UND DIAMANTEN
In diesem glitzernden Armband wechseln sich Rubine und winzige Diamanten in einer bestechenden Anordnung ab.

ANTIKER RUBINRING
In diesem Ring ist ein quadratischer Rubin diagonal in eine ebenfalls quadratische Fassung eingesetzt.

HISTORISCHES

In Birma galt ein schöner Rubin als Talisman für Wohlstand, Ehre und Unbesiegbarkeit. In der Antike sagte man dem Rubin nach, er könne Sorgen vertreiben, die Lust zügeln und Gift abwehren. Später wurde er zur Blutstillung verwendet. In der russischen Volkstradition wird dem Rubin die Kraft zugeschrieben, Herz, Verstand und Lebenskraft zu stärken und das Blut zu reinigen. Bei der historischen Begriffsverwirrung ist allerdings nicht immer klar, um welches Mineral es sich wirklich handelte. Einen besonderen Symbolwert erhielt Rubin für den Islam: Nach seiner Vertreibung aus dem Paradies und seiner Ankunft in Mekka wurde Adam ein Baldachin aus Rubin gezeigt, unter dem ein glühender Stein lag – ein Meteorit. Er wurde angewiesen, darüber die Kaaba, den wichtigsten Schrein der Muslime, zu errichten.

ELEFANT AUS RUBIN
Dieser 6,5 cm hohe Elefant ist aus Rubin in einer Grundmasse aus Zoisit geschnitten.

RUBINKRISTALLE
Der Ruskin-Rubin (ganz links) wurde 1887 von John Ruskin dem naturgeschichtlichen Museum in London gestiftet. Er wiegt etwa 162 Karat. Der in Calcit eingebettete Kristall in der Mitte der Reihe stammt aus Myanmar. Der Kristall unten stammt aus der Sammlung der Smithsonian Institution.

RUSKIN-RUBIN

KRISTALL AUS MYANMAR

KRISTALL DER SMITHSONIAN INSTITUTION

RUBIN IN GRUNDMASSE
Diese prismatischen Kaschmir-Rubine sitzen noch in der Gesteinsgrundmasse, in der sie entstanden sind. Sie laufen spitz zu und weisen die klassischen flachen Enden mit dreieckigen Flächen auf. Von den großen Mengen an Rubinen, die aus Kaschmir kommen, haben nur wenige Edelsteinqualität.

DE LONG-STERNRUBIN

Einer der berühmtesten Sternrubine, der 100,3 Karat schwere De Long-Sternrubin, wurde in den 1930er-Jahren in Birma (heute Myanmar) gefunden und 1938 dem American Museum of Natural History überlassen. 1964 wurde er zusammen mit anderen berühmten Steinen beim »großen Juwelenraub« gestohlen. Die Diebe waren von einem Film inspiriert worden. Zwei der Täter seilten sich durch ein geöffnetes Fenster in das Museum ab und holten die Steine aus den Vitrinen. Sie wurden aber kurze Zeit später festgenommen, nachdem sie unvorsichtigerweise mit ihren Taten geprahlt hatten. Die meisten Steine konnten beschlagnahmt werden. Der De Long-Sternrubin war bereits in andere Hände gelangt, konnte aber nach längeren Verhandlungen und der Zahlung eines Lösegelds in Höhe von 25 000 $ zurückgewonnen werden. Inzwischen wurden die Sicherheitsvorkehrungen wesentlich verbessert.

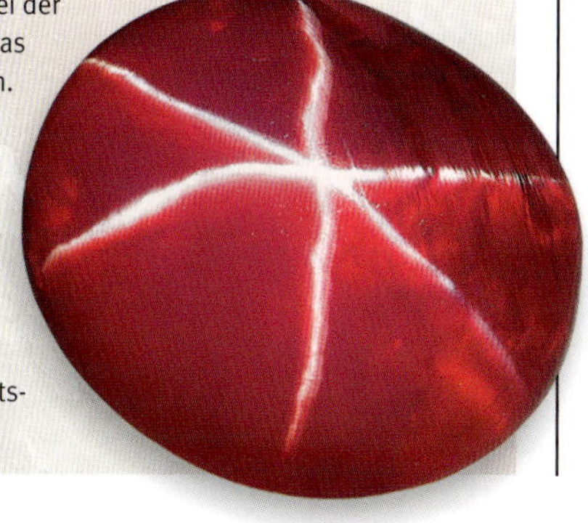

DE LONG-STERNRUBIN
Der De Long-Sternrubin wurde 1964 in einer spektakulären Aktion aus dem Museum geraubt.

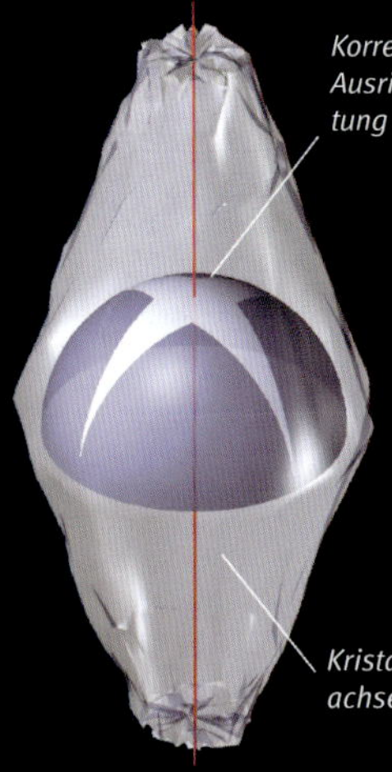

AUSRICHTUNG DES STEINS
Damit ein Sterneffekt sichtbar wird, muss ein Stein genau in Richtung der Rutileinschlüsse geschliffen werden, das heißt immer im rechten Winkel zur Längsrichtung des Kristalls. Es gibt nur eine Richtung, in der ein Stern zum Vorschein gebracht werden kann.

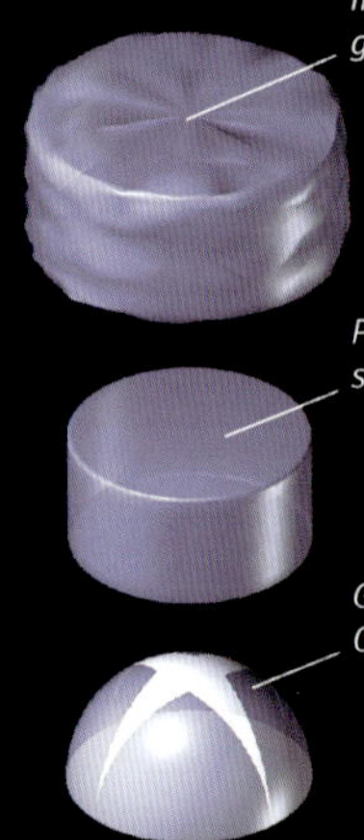

SCHLEIFEN
Wenn der Stein ausgerichtet ist, wird er grob in die gewünschte Form gesägt. Dann wird das Profil abgerundet und schließlich wird an der Oberseite eine Wölbung geschliffen.

STERNEFFEKT UND KATZENAUGE

DIE SCHEINBAR IM INNERN EINES STEINS AUFTRETENDEN EINZELNEN ODER EINANDER SCHNEIDENDEN LICHTBÄNDER VERLEIHEN IHM EINE ÄTHERISCHE ODER SOGAR MAGISCHE ERSCHEINUNG. BESONDERS SCHÖNE UND WERTVOLLE EDELSTEINE HABEN OFT EINEN STERN- ODER KATZENAUGENEFFEKT.

Sterne und Katzenaugen sind keine Bezeichnung für bestimmte Mineralvarietäten, sondern Edelsteine, die eine als Chatoyance bezeichnete Eigenschaft besitzen. Chatoyance ist die Lichtreflexion an mikroskopisch kleinen Einschlüssen anderer Minerale. Sie ist am besten zu beobachten, wenn das Licht von einer einzelnen Lichtquelle, z.B. von der Sonne, kommt. Bei einer Beleuchtung durch mehrere Lichtquellen verschwimmen die Lichtbänder oder verschwinden ganz. Wenn ein einzelnes Band sichtbar ist, spricht man vom Katzenaugeneffekt, bei sich sternförmig schneidenden Bändern von Asterismus oder Sterneffekt.

Die Chatoyance wird häufig durch das Mineral Rutil (Titanoxid) hervorgerufen. Korundkristalle beispielsweise wachsen bei der Metamorphose tonreicher Kalkgesteine. Dabei lagert der Korund (reines Aluminiumoxid) Titanatome ein. Bei der Abkühlung verbindet sich das Titan mit Sauerstoffatomen zu winzigen, nadelförmigen Rutilkristallen im Innern des Korundkristalls. Die Rutilkristalle werden durch das Kristallgitter des Korunds in eine bestimmte Richtung gezwungen und bilden deshalb eine parallele Anordnung. In Sternsaphiren richten sich mikroskopisch kleine Rutileinschlüsse in drei Bändern aus, die in einem Winkel von 120 Grad zueinander stehen. Von oben gesehen schneiden sich die Bänder sternförmig. Sternsaphire (und andere Steine mit Sterneffekt) werden so zu einem Cabochon geschliffen, dass dessen Wölbung mit dem Schnittpunkt der Rutilkristalle zusammenfällt (siehe links). Bei jeder anderen Ausrichtung erscheint kein Stern.

Ein Sterneffekt kann u.a. bei Saphir und Rubin auftreten, ferner bei Quarz (sechs- oder zwölfstrahlige Sterne), Granat (vier-, sechs- oder achtstrahlige Sterne), Spinell (sowohl vier- als auch sechsstrahlige Sterne) oder, selten, Kornerupin (vierstrahlige Sterne). In jedem Fall muss der Stein in einer Weise geschliffen werden, dass der optische Effekt sichtbar wird und die Bänder aus winzigen Licht reflektierenden, röhrenförmigen oder faserigen Kristallen hell erstrahlen. Die wertvollsten Steine weisen gut zentrierte Sterne mit geraden, gleich hellen Armen und eine besonders schöne Hintergrundfarbe auf.

KATZENAUGEN

Die einfachste Form der Chatoyance ist das Katzenauge, bei dem alle nadelförmigen Einschlüsse gleich ausgerichtet sind, so dass ein einzelnes Lichtband entsteht. Dieses erinnert an die schlitzförmige Pupille im Auge einer Katze. Beim Schleifen eines solchen Steins muss der Cabochon nach der Richtung der Einschlüsse, d.h. quer zur Längsseite des Kristalls ausgerichtet sein. Oft zentriert der Juwelier das Lichtband so, dass es den Stein genau in zwei Hälften teilt. Bei kleineren Stücken darf das Band auch seitlich erscheinen.

KATZENAUGEN-KREUZ
Dieser Anhänger besteht aus zwölf kreuzförmig angeordneten Chrysoberyllen mit Katzenaugeneffekt. Alle sind als Cabochons geschliffen, wobei der mittlere, größte Stein so ausgerichtet ist, dass das Katzenauge in horizontaler Richtung erscheint, während es bei den übrigen elf Steinen senkrecht steht.

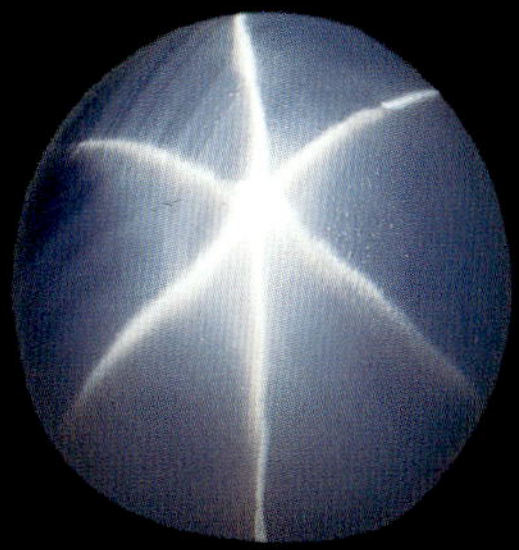

STERN VON INDIEN
In diesem 563-karätigen Sternsaphir bildet Rutil nicht nur die Lichtbänder, sondern verleiht ihm auch ein milchiges Aussehen.

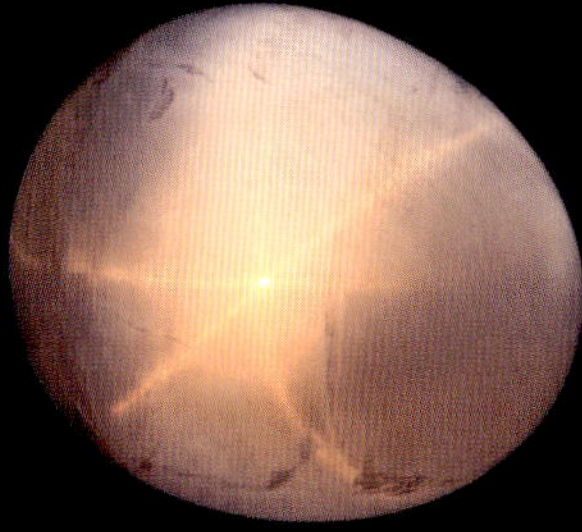

ROSENQUARZ
Die relative Tiefe der drei Bänder ist in diesem prächtigen Rosenquarz gut zu erkennen.

Lichtreflexion durch Titanoxid

SCHWARZER SAPHIR
Dieser 70,8-karätige schwarze Saphir aus Sri Lanka in einer Fassung aus Diamant und Platin zeigt einen seltenen 12-strahligen Stern.

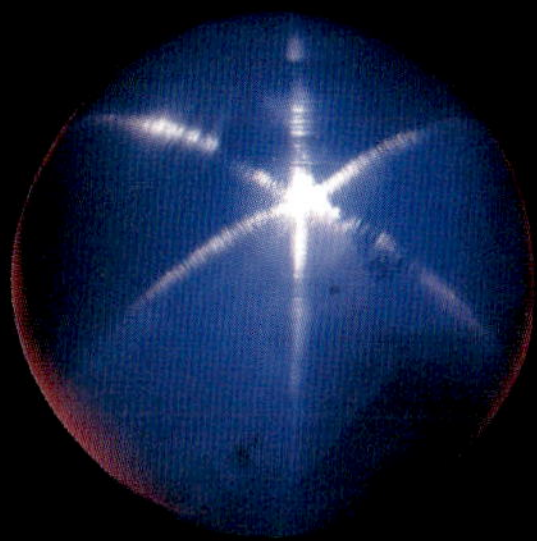

STERN VON ASIEN
Dieser 330 Karat schwere Sternsaphir kommt aus Birma (heute: Myanmar). Er ist wegen seiner Größe und Farbe und des scharf begrenzten Sterns berühmt.

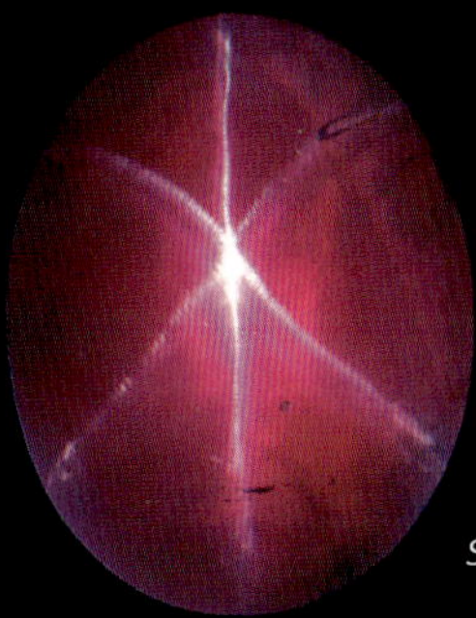

REEVES-STERNRUBIN
Der 138,7 Karat schwere Stein aus Sri Lanka ist einer der schönsten Sternrubine. Früher erreichte er 140 Karat, wurde aber Mitte des 20. Jahrhunderts neu geschliffen, um den Stern zu zentrieren.

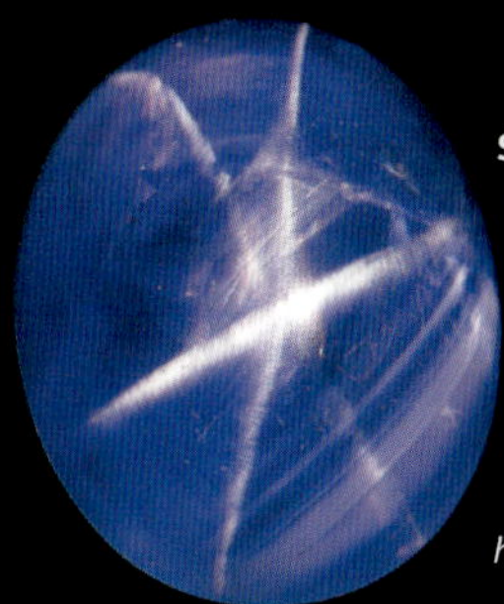

STERN VON BOMBAY
Dieser auffällige Sternsaphir aus Sri Lanka wiegt 282 Karat. Filmstar Douglas Fairbanks schenkte ihn seiner Ehefrau Mary Pickford, die ihn der Smithsonian Institution in Washington DC (USA) hinterließ.

ART-DÉCO-STERN
Dieser 60-karätige himmelblaue Sternsaphir aus Sri Lanka in einer mit Diamanten besetzten Fassung im Art-déco-Stil ist Teil einer Platinhalskette in der Sammlung der Smithsonian Institution. Anders als bei dem ebenfalls zur Sammlung gehörenden Stern von Indien (oben links) sind hier die Bänder nicht gleichmäßig stark.

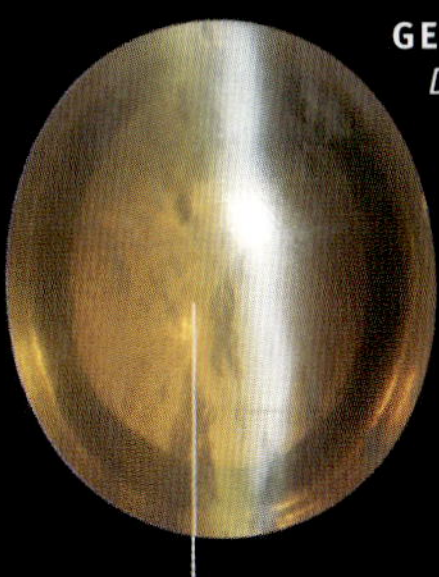

Hohe Transparenz

GELBER CHRYSOBERYLL
Dieser glatte Stein mit Katzenauge ist als Doppelcabochon (auf beiden Seiten gerundet) geschliffen. Chrysoberyll besteht aus Beryllium-Aluminium-Oxid mit Eisen und Chrom und ist gelb bis braun.

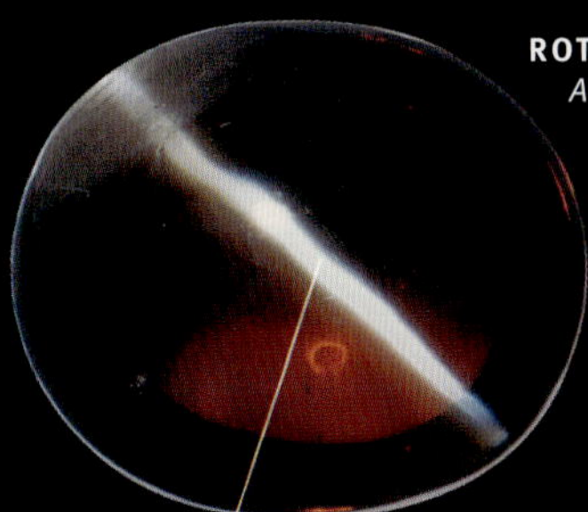

Breites Rutilband

ROTBRAUNER CHRYSOBERYLLL
Auf der rotbraunen Färbung dieses Cabochons aus dunklem Chrysoberyll kommt die Lichtreflexion an den winzigen Einschlüssen besonders gut zur Geltung. Juweliere verstehen unter Katzenauge immer einen Chrysoberyll, sofern kein anderer Mineralname genannt ist.

Braunfärbung durch Eisen

KATZENAUGE AUS ENSTATIT
Das Magnesiumsilikatmineral Enstatit kann weiß, grau bis hellbraun oder blassgrün gefärbt sein. Durch Erhitzung kann ein tieferer Grünton erzielt werden. Eine bronzefarbene Varietät, die als Bronzit bezeichnet wird, enthält oft Einschlüsse aus Hämatit oder Goethit.

FALKENAUGEN-QUARZ

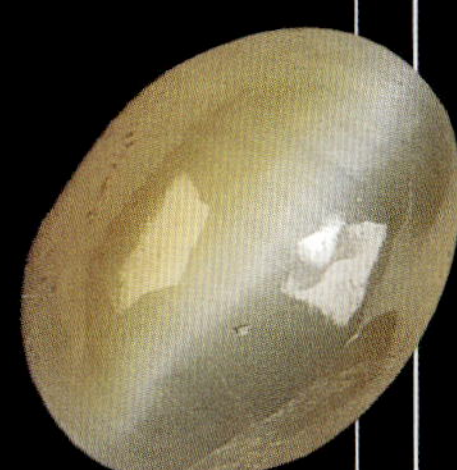

BLASSER QUARZ

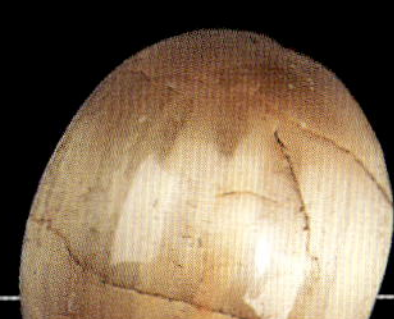

TIGERAUGEN-QUARZ

QUARZCABOCHONS MIT KATZENAUGE
Alle drei abgebildeten Quarzvarietäten enthalten Einschlüsse aus Krokydolith (Blauasbest), die beim Cabochonschliff einen Katzenaugeneffekt hervorbringen. Solche Quarze kommen aus Sri Lanka, Indien, Brasilien, Australien und den USA.

EIS

VERSCHIEDENE EISFORMEN
Eis kommt als Gletscher (siehe oben), Permafrost und Eisberg in den Polargebieten und im Winter als Schnee oder Eis auf Seen und Flüssen vor.

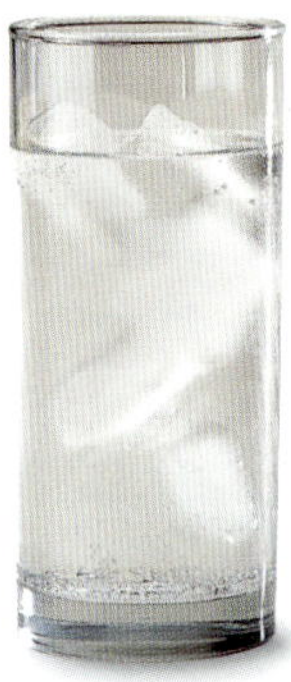

KUNSTEIS
Kunsteis gilt wie auch synthetisch hergestellte Edelsteine nicht als Mineral.

OBWOHL EIS IM WESENTLICHEN auf die höheren Breitengrade oder Hochgebirge beschränkt ist, ist es das häufigste Mineral auf der Erdoberfläche. Dennoch ist es höchst selten in Museen und praktisch nie in Privatsammlungen zu finden. Wasser wird nicht als Mineral betrachtet, da es nicht kristallin ist.

Der Name »Eis« ist schon im mittelenglischen *iis*, im niederländischen *ijs* und im althochdeutschen *is* belegt. In Schnee sind die Kristalle selten größer als 7 mm, in großen Gletschereismassen kommen Einzelkristalle von bis zu 45 cm vor. Weitere Formen sind Eisblumen, Eiszapfen und runde polykristalline Bildungen mit konzentrischen Strukturen (Hagelkörner und Graupel). Eiskristalle sind meist farblos. Größere, massive Eisblöcke können aber auch leicht blau getönt sein. Die weiße Farbe von Eis entsteht meist durch Lufteinschlüsse. Eis kommt in mindestens neun polymorphen Modifikationen – unterschiedlichen Kristallformen – vor, die bei verschiedenen Drücken und Temperaturen entstehen.

Die Härte hängt von der Kristallstruktur, der Reinheit und der Temperatur ab. Eis existiert nur bei Temperaturen unter 0 °C. Bei einer Temperatur von -44 °C, die in subpolaren oder hochalpinen Regionen nicht ungewöhnlich ist, hat Eis wie Fluorit (siehe S. 172–173) die Härte 4 auf der Mohsskala. Bei -77 °C, was in Polargebieten oder Hochgebirgsregionen immer noch vorkommt, erreicht Eis die Härte von Feldspat – etwa 6. Bei dieser Temperatur kann vom Wind verfrachtetes Eis Gestein erodieren. Falls es auf einem der Planeten oder Monde im äußeren Sonnensystem Wassereis gibt, könnte dieses noch härter sein.

Das Klassifizierungsschema für Gesteine kann auch auf Eis angewandt werden. Es ist magmatisch, wenn es aus flüssigem Wasser kristallisiert, sedimentär, wenn es als Schnee fällt, und metamorph in Gletschern, wo es sich unter Druck deformiert und rekristallisiert. Bis zu 10 cm lange Reifkristalle findet man in Höhlen, Bergwerken und Gletscherspalten, wo sie direkt aus der Luft sublimiert sind. Natürliches Eis hat heute nicht mehr den wirtschaftlichen Stellenwert als Kühlmittel. Für den Wintersport ist Kunsteis aber auch heute nur ein kümmerlicher Ersatz.

SCHNEEFLOCKE
Jede Schneeflocke besteht aus sechseckigen, tafeligen Eiskristallen.

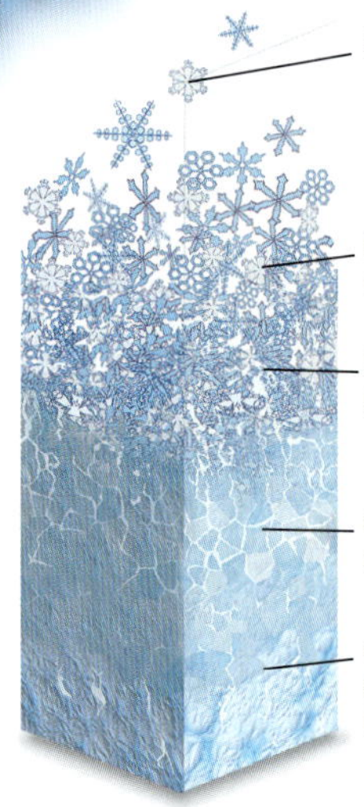

EISSCHICHTEN
Eisschichten bilden sich durch allmähliche Anhäufung, Verdichtung und Rekristallisation von Neuschnee.

LEBENSMITTELLAGERUNG

PRIVATES EISHAUS
Dies ist ein typisches Beispiel für ein englisches Eishaus des 18. Jahrhunderts.

Nachdem man entdeckt hatte, dass sich Nahrungsmittel bei Kühlung länger halten, wurde in Teilen Europas und Nordamerikas die Gewinnung und Lagerung von Eis ein lukratives Wintergeschäft. Die Chinesen haben angeblich bereits im 8. Jahrhundert v. Chr. Eis in Höhlen gelagert. Das erste Eishaus in Großbritannien wurde zu Beginn des 17. Jahrhunderts gebaut, und im 18. Jahrhundert gehörte zu fast jedem größeren Anwesen ein Eishaus, teils in Gruben. Die Wände der Eishäuser wie auch die einzelnen Eisblöcke wurden meist mit Stroh isoliert. Einige fassten mehrere hundert Tonnen. Eine Eisernte konnte für bis zu drei Jahre reichen, aber oft reichte es nicht einmal für den ganzen Sommer. Damit war diese Art der Kühlung von Nahrungsmitteln nicht besonders zuverlässig. Seit dem Siegeszug moderner Gefriertechnik spielt Natureis als Konservierungsmittel keine große Rolle mehr.

EISERNTE
Um 1900 schnitten Arbeiter Blöcke aus dem gefrorenen Conneaut Lake in Pennsylvania (USA). Sie wurden auf dem Wasser zu einem Eishaus transportiert.

EISBOHRKERNE

DÜNNSCHLIFF
Dieser Abschnitt stammt aus einem Eisbohrkern, der dem Inlandeis von Grönland entnommen wurde.

Bohrkerne aus Löchern, die tief in Gletscher und Eisdecken getrieben wurden, liefern wichtige Informationen über die Atmosphäre in der Vergangenheit, ihre Temperatur, Verschmutzung und Staubpartikel (die einen Klimawandel einleiten können). In einer Eisdecke ist die gesamte Entstehungsgeschichte, die mancherorts bis zu 30 0000 Jahren zurückreicht, gespeichert. Proben der damaligen Atmosphäre sind in Luftblasen im Eis eingeschlossen, des Weiteren Informationen über Schneefälle, Lufttemperatur, Staub von Vulkanausbrüchen und Niederschlag terrestrischer, mariner, kosmischer und anthropogener Herkunft.

BOHRKERN
Diese Wissenschaftler untersuchen einen frisch entnommenen Bohrkern für die die Erforschung von Lawinen und Eisdecken.

EIGENSCHAFTEN
GRUPPE Oxide
KRISTALLSYSTEM Hexagonal
ZUSAMMENSETZUNG H_2O
FARBE Farblos
FORM/HABITUS Tafelig, prismatisch, dendritisch, derb
HÄRTE Unterschiedlich
SPALTB. Vollkommen, schwierig
BRUCH Muschelig, uneben
GLANZ Glasglanz
STRICH Weiß
SPEZ. GEWICHT 1,0
TRANSPARENZ Durchsichtig bis durchscheinend

EISHOTEL
Diese Eiskapelle gehört zu einem Eishotel in Jukkasjarvi (Schweden). Dieses Hotel wird jedes Jahr am Winteranfang aus 30 000 Tonnen Schnee und 4000 Tonnen Eis erbaut. In den Wintermonaten können Touristen hier und in anderen Eishotels in Schweden, Grönland, Alaska und Kanada übernachten.

IM INNERN DES PEDERSON-GLETSCHERS
Tief im Innern eines Gletschers wie hier in Alaska erscheint das Eis oft blau, da alle anderen Spektralfarben des Lichts absorbiert werden.

IGLU
Iglus werden aus Blöcken von feinkörnigem, kompaktem Eis gebaut. Sie bieten den Inuit in Grönland und Kanada im Winter und auf Jagdzügen eine zeitweilige Unterkunft.

CORNWALL
Hier im Süden Englands wurde Cuprit gefunden.

CUPRIT

CUPRIT oder Rotkupfererz ist ein wichtiges Kupfererz. Der Name stammt vom lateinischen *cuprum*, Kupfer. Unter Lichteinwirkung kann er dunkelgrau anlaufen. Cuprit bildet meist kubische Kristalle. Die als Chalkotrichit oder Kupferblüte bezeichnete Varietät besteht aus faserigen Kristallen. Cuprit tritt auch in derben und erdigen Aggregaten auf. Er entsteht als Sekundärmineral durch Oxidation von Kupfersulfidgängen. Schöne Kristalle kommen aus Namibia, Australien, Russland, Frankreich und den USA.

EIGENSCHAFTEN

GRUPPE	Oxide
KRISTALLSYSTEM	Kubisch
ZUSAMMENSETZUNG	Cu_2O
FARBE	Rot bis fast schwarz
FORM/HABITUS	Oktaedrisch
HÄRTE	$3^1/_2$–4
SPALTBARKEIT	Deutlich
BRUCH	Uneben, spröde
GLANZ	Diamantglanz, Halbmetallglanz
STRICH	Braunrot, glänzend
SPEZ. GEWICHT	6,1
TRANSPARENZ	Durchsichtig bis fast undurchsichtig

CUPRITKRISTALLE
Cupritkristalle sind kubisch, oktaedrisch oder (selten) dodekaedrisch.

TREPPENSCHLIFF
Cuprit ist kein Schmuckstein und wird nur für Sammler geschliffen wie dieser Treppenschliff.

STERLING HILL
Hier in New Jersey (USA) kommt Zinkit zusammen mit Zink vor.

ZINKIT

ZINKIT wird auch als Rotzinkerz bezeichnet. Zinkit tritt meist als derbes oder körniges Aggregat auf. Die seltenen Kristalle sind als hohle Pyramiden ausgebildet. Manche auf dem Sammlermarkt als natürlich gehandelte Zinkitkristalle sind in Wirklichkeit durch Verhüttung entstanden. Zinkit tritt überwiegend als Nebenmineral in Zinkerzlagerstätten auf. Kristalle kommen nur in sekundären Gängen oder Klüften vor. Die wichtigsten Fundorte sind Franklin und Sterling Bill, New Jersey (USA), wo Zinkit als Zinkerz abgebaut wird, und Tsumeb (Namibia).

DERBER ZINKIT
Dieses derbe Exemplar stammt aus Sterling Hill, New Jersey (USA).

EIGENSCHAFTEN

GRUPPE	Oxide
KRISTALLSYSTEM	Trigonal
ZUSAMMENSETZUNG	ZnO
FARBE	Orangegelb bis tiefrot
FORM/HABITUS	Derb
HÄRTE	4
SPALTBARKEIT	Vollkommen
BRUCH	Muschelig
GLANZ	Harzglanz
STRICH	Orangegelb
SPEZIFISCHES GEWICHT	5,7
TRANSPARENZ	Fast undurchsichtig

HARZ
Das deutsche Mittelgebirge hat große Magnetitvorkommen.

MAGNETIT

MAGNETIT ist stark magnetisch: Er zieht Eisen an und lenkt eine Kompassnadel ab. Magnetit ist ein Eisenoxid aus der Spinellgruppe und bildet meist oktaedrische Kristalle, gelegentlich auch stark modifizierte Dodekaeder. Magnetit kann auch körnig, entweder verstreut oder in schwarzem Sand konzentriert, auftreten. Er ähnelt im Erscheinungsbild Hämatit, der aber nicht magnetisch ist und einen roten Strich aufweist. Magnetit ist eines der häufigsten Oxidminerale und kommt in verschiedenen Umgebungen vor, u.a. in bei hohen Temperaturen entstandenen magmatischen und metamorphen Gesteinen und in Sulfidgängen. Es stellt ein bedeutendes Eisenerz dar. Große Lagerstätten befinden sich in Kiruna (Schweden) und New York (USA). Besonders schöne Kristalle kommen aus dem Binntal in der Schweiz, Traversella in Italien, dem Zillertal in Österreich, Värmland in Schweden, Durango in Mexiko sowie in New York und Vermont in den USA. Den stärksten Magnetismus weist das Mineral aus dem Ural in Russland und von der Insel Elba in Italien auf.

Magnetit soll nach dem griechischen Schafhirten Magnes benannt sein, der bemerkte, dass der Eisenbeschlag seines Stabs und die Nägel seiner Schuhe an einem magnetithaltigen Felsen hängen blieben.

KRISTALL
Dieser Magnetitkristall weist die typische oktaedrische Form auf.

DERBER MAGNETIT
Dieses Exemplar ist mit Eisenfeilspänen bedeckt, um die Stärke des natürlichen Magnetismus zu demonstrieren.

EIGENSCHAFTEN

GRUPPE	Oxide
KRISTALLSYSTEM	Kubisch
ZUSAMMENSETZUNG	Fe_3O_4
FARBE	Braun bis braunschwarz
FORM/HABITUS	Oktaedrisch
HÄRTE	$5^1/_2$–6
SPALTBARKEIT	Keine
BRUCH	Muschelig bis uneben
GLANZ	Metallglanz bis Halbmetallglanz
STRICH	Schwarz
SPEZIFISCHES GEWICHT	5,2
TRANSPARENZ	Undurchsichtig

SPINELL

QUEENSLAND (AUSTRALIEN)
Hier wurde Spinell zusammen mit Saphir gefunden.

ALS SPINELL wird sowohl ein einzelnes Mineral als auch eine Gruppe meist gesteinsbildender Minerale bezeichnet. Alle sind Metalloxide und haben die gleiche Kristallstruktur. Zur Spinellgruppe zählen Gahnit (siehe S. 162), Franklinit (siehe S. 158), und Chromit (siehe S. 158). Spinelle treten meist als glasige, harte Oktaeder, Körner oder Massen auf. Zur Spinellgruppe zählt auch das Mineral Spinell (eigentlicher Spinell oder Edelspinell). Die rote Varietät wird wegen ihrer blutroten Farbe auch als Rubinspinell bezeichnet. Es gibt aber auch grünen, blauen, braunen und schwarzen Spinell. Da er als Vertreter der Aluminiumspinelle härter und transparenter ist als die Ferrit- oder Chromitspinelle, findet er als Edelstein Verwendung. Der Name ist vom lateinischen *spinella*, »kleiner Dorn« abgeleitet, ein Hinweis auf die scharfen Spitzen der oktaedrischen Kristalle. Für die rote Farbe ist Chrom verantwortlich.

Spinell findet sich in mafischen Magmatiten, in aluminiumreichem Metamorphiten und in kontaktmetamorphem Kalkstein. Förderländer sind Myanmar, Sri Lanka und Madagaskar. Spinelle in Edelsteinqualität kommen auch aus Afghanistan, Pakistan, Brasilien, Australien, Schweden, Italien, der Türkei, Russland und den USA. Der älteste bekannte Spinellschmuck stammt aus einem buddhistischen Grab bei Kabul (Afghanistan), um 100 v. Chr. Roter Spinell war auch den Römern bekannt. In England fand man blaue Spinelle aus der Römerzeit (51 v. Chr. – 400 n. Chr.).

EIGENSCHAFTEN

GRUPPE	Oxide
KRISTALLSYSTEM	Kubisch
ZUSAMMENSETZUNG	$MgAl_2O_4$
FARBE	Rot, gelb, orangerot, blau, grün, braun, schwarz
FORM/HABITUS	Oktaedrisch
HÄRTE	$7^1/_2$–8
SPALTBARKEIT	Keine
BRUCH	Muschelig bis uneben
GLANZ	Glasglanz
STRICH	Weiß
SPEZIFISCHES GEWICHT	3,6
TRANSPARENZ	Durchsichtig bis durchscheinend
BRECHUNGSINDEX	1,71–1,73

»RUBINE« AUS SPINELL

Viele historische »Rubine« sind in Wahrheit Spinelle. So auch zwei der britischen Kronjuwelen: der Rubin von Timur und der Rubin des Schwarzen Prinzen. In den Rubin von Timur sind die Namen und Daten von sechs Besitzern eingraviert – der älteste ist Shah Jahgagir, 1612, der jüngste Ahmad Shah Durrani, 1754. Der als Rubin des Schwarzen Prinzen bekannte Spinell wurde angeblich Eduard, dem Schwarzen Prinzen (dem ältesten Sohn Eduards III.) nach dem Sieg von Najera im Jahr 1367 vom kastilischen König Peter dem Grausamen überreicht. Später wurde er in die Königskrone eingearbeitet. Heinrich V. trug ihn 1415 in der Schlacht von Azincourt, wo er ihn beinahe verloren hätte.

RUBIN DES SCHWARZEN PRINZEN
Dieser auf den Cullinan II-Diamanten aufgesetzte »Rubin« ist tatsächlich ein 170 Karat schwerer Spinell aus Badakhshan (Afghanistan).

GEMISCHTER SCHLIFF
Seine Transparenz macht Spinell zu einem strahlenden, feurigen Edelstein. Hier sind Brillant- und Treppenschliff kombiniert.

ACHTECKIGER SCHLIFF
Spinell muss nicht immer rot sein. Auch andere Farben eignen sich hervorragend als Schmucksteine.

OVALER BRILLANTSCHLIFF
Dieser ovale Brillantschliff lässt die rote Farbe, die üblicherweise mit Spinell assoziiert wird, gut zur Geltung kommen.

CABOCHONSCHLIFF
Sterne (vier- oder sechsstrahlig) kommen bei Spinell nur selten vor. Hier werden sie durch den Cabochonschliff zur Geltung gebracht.

BLAUE KRISTALLE IN CALCIT

BRAUNE KRISTALLE IN QUARZ

KRISTALL-AGGREGAT

SPINELLKRISTALLE
Die blauen Spinellkristalle in Calcit (ganz links) stammen vom Baikalsee, Russland. Braune Kristalle von zinkreichen Mineralen der Spinellgruppe (Mitte) werden als Gahnit bezeichnet. Die rubinroten Kristalle (links) haben sich zu einem Kristallaggregat zusammengelagert.

SPINELLKRISTALLE
Diese Kristalle sind typisch für Spinell aus Myanmar, Sri Lanka und Madagaskar.

STERLING HILL
Franklinit wird bei Franklin, New Jersey (USA) abgebaut.

FRANKLINIT

DAS ZINK-MANGAN-EISEN-OXID aus der Gruppe der Spinelle wurde nach seinem ersten und wichtigsten Fundort Franklin, New Jersey (USA) benannt. Franklinit kristallisiert vornehmlich in Oktaederform, meist mit abgerundeten Kanten, und kommt auch als derbes oder körniges Aggregat vor. Meist ist er vergesellschaftet mit anderen Mineralen wie Willemit, Granat und Rhodonit in metamorphem Kalkstein und Dolomit. Auch in Deutschland, Schweden und Rumänien wurde Franklinit gefunden.

FRANKLIN
Franklin in New Jersey wurde nach dem amerikanischen Staatsmann Benjamin Franklin (1706–1790) benannt.

EIGENSCHAFTEN

GRUPPE	Oxide
KRISTALLSYSTEM	Kubisch
ZUSAMMENSETZUNG	$(Zn,Mn,Fe)(Fe,Mn)_2O_4$
FARBE	Eisenschwarz
FORM/HABITUS	Oktaedrisch
HÄRTE	$5^1/_2$–$6^1/_2$
SPALTBARKEIT	Keine
BRUCH	Muschelig bis uneben
GLANZ	Metallglanz
STRICH	Schwarz bis eisenschwarz
SPEZ. GEWICHT	5,2
TRANSPARENZ	Undurchsichtig

OKTAEDRISCHE KRISTALLE
Der Metallglanz und die oktaedrischen Kristalle von Franklinit sind hier deutlich erkennbar.

FRANKLIN-MINE

Die Franklin-Mine im US-Bundesstaat New Jersey zählt zu den Lagerstätten mit den meisten Mineralarten. Hier kommen über 300 verschiedene Minerale vor, von denen 60 bisher nur an dieser Stelle entdeckt und gefunden wurden. Franklinit ist hier in ausreichender Menge als Zinkerz vorhanden. Die ansässige New Jersey Zinc Company stellte fertig gemischte Zinkoxidfarbe her, der erste Ersatz für die giftige bleihaltige Farbe.

BESUCH IM BERGWERK

Die Franklin-Mine wurde 1954 aufgegeben, ist aber als Schaubergwerk zu besichtigen. Noch heute können Abraumhalden nach Mineralen durchsucht werden.

FLUORESZIERENDES MINERAL
Auf diesem UV-Bild aus dem Innern des Bergwerks ist Franklinit an seiner Fluoreszenz zu erkennen.

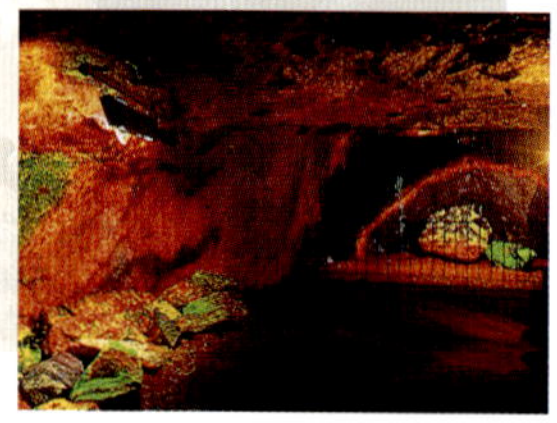

BENBOW-MINE
Hier im Stillwater-Komplex im US-Bundesstaat Montana wird Chromit abgebaut.

CHROMIT

CHROMIT ist ein Eisen-Chrom-Oxid aus der Spinellgruppe. Die seltenen Kristalle sind entweder als linsen- oder tafelförmige Gebilde oder als verstreute Körner und Streifen zu finden. Das Mineral ist dunkelbraun bis schwarz und kann Magnesium und Aluminium enthalten.

Chromit tritt meist als Nebenmineral in sehr dunklen (ultramafischen) magmatischen Gesteinen oder konzentriert in daraus hervorgegangenen Sedimenten auf. Gelegentlich ist er in ultramafischen Gesteinskörpern als sedimentähnliche Schicht aus fast reinem Chromit anzutreffen. Diese als Chromitite bezeichneten Gesteine sind die wichtigsten Chromerze. Chromit kommt auch in metamorphen ultramafischen Gesteinen wie den Serpentiniten. Geschichtete Chromitablagerungen sind im Bushveld Complex in Südafrika, in Simbabwe und in Montana (USA) zu finden. Schöne Kristalle kommen von den Shetlandinseln und aus Neukaledonien.

EIGENSCHAFTEN

GRUPPE	Oxide
KRISTALLSYSTEM	Kubisch
ZUSAMMENSETZUNG	$FeCr_2O_4$
FARBE	Dunkelbraun, schwarz
FORM/HABITUS	Körnig, derb
HÄRTE	$5^1/_2$
SPALTBARKEIT	Keine
BRUCH	Uneben
GLANZ	Metallglanz
STRICH	Braun
SPEZ. GEWICHT	4,7
TRANSPARENZ	Undurchsichtig

VERWENDUNG VON CHROM

Chromit ist das einzige wirtschaftlich bedeutende Chromerz. Chrom wird in der Stahlindustrie als Legierungsmetall für Werkzeugstahl und Edelstahl eingesetzt. Chromstahl, der mit anderen Metallen wie Molybdän, Wolfram, Niob oder Titan legiert ist, besitzt hervorragende Eigenschaften bei hohen Temperaturen und wird deshalb in Hochöfen und Brennerdüsen verwendet. Chromit selber wird als feuerfeste Auskleidung von Industrieöfen eingesetzt.

SCHICHTEN
Chromit ist oft in kilometerlangen Schichten anzutreffen.

CHROMGLÄNZENDE STOSSSTANGE
Die überdimensionale Stoßstange ist ein Erkennungszeichen des Cadillac Eldorado aus dem Jahr 1959.

KNOLLEN
Der Metallglanz von Chromit zeigt sich auf Bruchflächen von Chromitknollen.

CHRYSOBERYLL

MINAS GERAIS, BRASILIEN
Dieses Gebiet in Brasilien liefert nicht nur Chrysoberyll, sondern auch viele andere Minerale.

OBWOHL CHRYSOBERYLLKRISTALLE nicht selten sind, ist die Edelsteinvarietät Alexandrit einer der seltensten und teuersten Edelsteine. Das Beryllium-Aluminium-Oxid ist das dritthärteste Mineral nach Diamant und Korund. Er kommt meist in Graniten oder granitischen Pegmatiten vor, wobei jedoch die Varietät Alexandrit in der Regel in Glimmerschiefern zu finden ist. Wegen der hohen Widerstandsfähigkeit von Chrysoberyll reichern sich die aus verwittertem Muttergestein erodierten Kristalle in Flusssedimenten an. Chrysoberyllkristalle kommen in der Regel als Zwillingsbildungen vor.

Der größte geschliffene Chrysoberyll stammt aus Russland und wiegt 66 Karat. Alexandritkristalle mit mehr als 10 Karat sind dagegen selten. Neben Alexandrit, der bei Tageslicht grün und unter einer Wolframlampe rot erscheint, gibt es auch grüne, grüngelbe, gelbe und braune Varietäten. Hellgelber Chrysoberyll aus Brasilien wurde im 17. und 18. Jahrhundert von Spaniern und Portugiesen zu exquisitem Schmuck verarbeitet. In Asien schreibt man Chrysoberyll traditionell eine Schutzwirkung gegen den »bösen Blick« zu. Fundstätten gibt es in Myanmar, Simbabwe, Tansania, Madagaskar sowie in Colorado und Connecticut (USA). Die Lagerstätte im Ural (Russland) ist fast völlig ausgebeutet, doch in Brasilien und Sri Lanka sind noch Minen in Betrieb. Seit einigen Jahren wird Alexandrit auch synthetisch hergestellt. Das farbgebende Spurenelement in Alexandrit ist Chrom, das einige der Aluminiumatome ersetzt.

VIKTORIANISCHE BROSCHE
In diese Goldkette sind gelbgrüne Chrysoberylle gefasst.

CHRYSOBERYLLSCHMUCK
Die Chrysoberyllsteine in diesem Schmuckstück aus dem 10. Jahrhundert sind geschliffen und in Silber gefasst.

FARBENSPIEL
Alexandrit wechselt seine Farbe von leuchtend grün bei Tageslicht zu kirschrot unter der Wolframlampe.

ZAR ALEXANDER II.
Alexandrit wurde nach dem Zaren Alexander II. benannt, an dessen Geburtstag er 1830 entdeckt wurde.

ALEXANDRITKRISTALLE
Dieser Alexandrit auf Glimmer stammt aus Sibirien (Russland).

ZWILLINGSKRISTALLE
Diese großen, keilförmigen Kristalle auf einem tafeligen Kristall sind typisch für Chrysoberyll.

EIGENSCHAFTEN

GRUPPE	Oxide
KRISTALLSYSTEM	Orthorhombisch
ZUSAMMENSETZUNG	$BeAl_2O_4$
FARBE	Grün, gelb
FORM/HABITUS	Tafelig, gedrungen säulig
HÄRTE	8½
SPALTBARKEIT	Deutlich
BRUCH	Uneben bis muschelig
GLANZ	Glasglanz
STRICH	Farblos
SPEZIFISCHES GEWICHT	3,7
TRANSPARENZ	Durchsichtig bis durchscheinend
BRECHUNGSINDEX	1,74–1,75

KATZENAUGE

Eine milchige, schillernde Varietät mit Lichtschimmer wird auch als Katzenauge bezeichnet. Durch einen Cabochonschliff kommt manchmal durch parallel ausgerichtete nadelförmige Einschlüsse ein so genannter Katzenaugeneffekt zustande: Wenn das Licht in einem bestimmten Winkel auftrifft, wird es in einem breiten Streifen reflektiert. Katzenaugen wiegen selten mehr als 100 Karat und können Preise erzielen wie Saphire. Die Hindus glaubten früher, dass ein Katzenauge seinen Besitzer vor Krankheiten und Armut schützt.

HONIGGELBES KATZENAUGE
Honiggelbe oder grüngelbe Katzenaugen werden am meisten geschätzt. Die elf Steine auf diesem Kreuz und der Cabochon daneben sind honiggelb.

CABOCHON
Dieser grüngelbe Chrysoberyll zeigt einen schwachen Katzenaugeneffekt.

SMARAGDSCHLIFF
Dieser transparente Stein zeigt ein Farbspektrum von Dunkelgrün bis Braun.

MISCHSCHLIFF
Bei UV-Licht fotografiert sieht dieser Alexandrit goldbraun aus.

FLUORESZIERENDE MINERALE

UNTER ULTRAVIOLETTEM LICHT STRAHLEN MANCHE KRISTALLE LICHT IN EINDRUCKSVOLLEN FARBEN AUS, WAS IHNEN EIN FREMDARTIGES AUSSEHEN VERLEIHT. DAS BEI FLUORIT ENTDECKTE PHÄNOMEN WIRD ALS FLUORESZENZ BEZEICHNET.

Unter Fluoreszenz versteht man die Eigenschaft einiger Minerale, unter dem Einfluss von UV-Licht (auch »Schwarzlicht« genannt) sichtbares Licht verschiedener Farbe abzustrahlen. Diesen besonderen Lichteffekt bemerkte 1824 der deutsche Mineraloge Friedrich Mohs (1775–1859), der auch die Mohssche Härteskala entwickelte. Er erkannte, dass Fluorit im UV-Licht eine ganz andere Farbe zeigte als bei Tageslicht.

Ultraviolettes Licht kann kurz- oder langwellig sein, wobei einige Minerale nur in einem, andere in beiden Bereichen fluoreszieren. Die Fluoreszenz ist nicht vorhersehbar: Einige Exemplare eines Minerals besitzen sie, andere nicht. So weist zum Beispiel Willemit aus dem Franklin-Distrikt in New Jeersey (USA) eine Fluoreszenz in leuchtenden Farben auf, während Willemit von anderen Orten keinerlei Fluoreszenz zeigt. Besonders überraschend ist, dass selbst gleich aussehende Exemplare vom gleichen Ort einmal fluoreszieren und einmal nicht. Auch die Farbe und Intensität der Fluoreszenz kann je nach Wellenlänge des UV-Lichts sehr unterschiedlich ausfallen.

GRÜNDE FÜR DIE FLUORESZENZ

Eine Fluoreszenz tritt auf, wenn bestimmte Atome in der chemischen Struktur eines Minerals unter dem Einfluss von UV-Licht in einen Zustand höherer Energie versetzt werden. Diese Atome absorbieren Energie aus dem UV-Licht und werden »angeregt«. In diesem Zustand bleiben sie nur für einen winzigen Sekundenbruchteil, dann fallen sie in ihren Grundzustand zurück, und die absorbierte Energie wird als fluoreszierendes Licht abgegeben. Die für das Phänomen der Fluoreszenz verantwortlichen Atome sind oft Spurenelemente (siehe S. 92 f.) Spurenelemente lassen sich leicht »anregen«, da sie nicht genau in die Kristallstruktur passen und ihre Elektronen sich deshalb bereits in einem instabilen Zustand befinden.

Ein anderes Phänomen, das auf die »Anregung« von Atomen in einem Mineral zurückgeht, ist die Phosphoreszenz. Darunter versteht man das anhaltende Nachleuchten, wenn die »anregende« Lichtquelle bereits entfernt wurde. Willemit weist sowohl Fluoreszenz als auch Phosphoreszenz auf.

Die Fluoreszenz wird in der Mineralogie auf verschiedene Weise genutzt: Bei einigen Mineralen dient sie als Identifikationshilfe – UV-Licht wird benutzt, um fluoreszierende Minerale zu finden; bei der Extraktion von fluoreszierenden Erzen wird mit Hilfe von UV-Licht festgestellt, ob die Extraktionsverfahren effektiv sind. Fluoreszenz wird auch bei der mikroskopischen Untersuchung kleinräumiger Strukturen in Kristallen genutzt.

MANGANHALTIGER CALCIT
Dieser manganhaltige Calcit kommt aus Arizona (USA). Manganhaltiger Calcit fluoresziert pink. Viele Calcite weisen eine Fluoreszenz auf.

ADAMIN
Adamin fluoresziert in leuchtendem Grün. Dieses Exemplar stammt aus der Ojuela-Mine in Mapimí, Durango (Mexiko). Seine brillante Fluoreszenz macht Adamit zu einem beliebten Mineral für Fluoreszenz-Sammlungen.

ARAGONIT
Dieser Aragonit aus Sizilien, Italien, fluoresziert lachsrosa. Aragonit kann auch eine gelbe, bläuliche oder grünliche Fluoreszenz aufweisen.

FLUORIT AUF QUARZ
Fluorit zeigt eine blauviolette Fluoreszenz. Dieses Exemplar kommt aus der Redburn-Mine, Weardale, Durham (England). Blaue Fluoreszenz bei Fluorit wird oft durch Spuren von Erbium hervorgerufen.

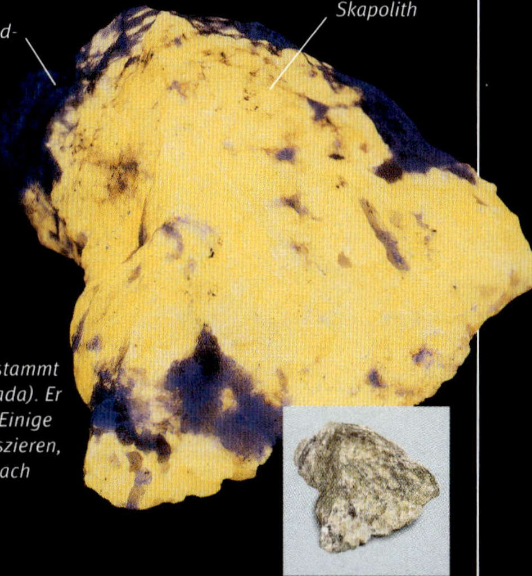

SKAPOLITH
Dieser Skapolith stammt aus Québec (Kanada). Er fluoresziert gelb. Einige Skapolithe fluoreszieren, andere nicht, je nach Einzelfall.

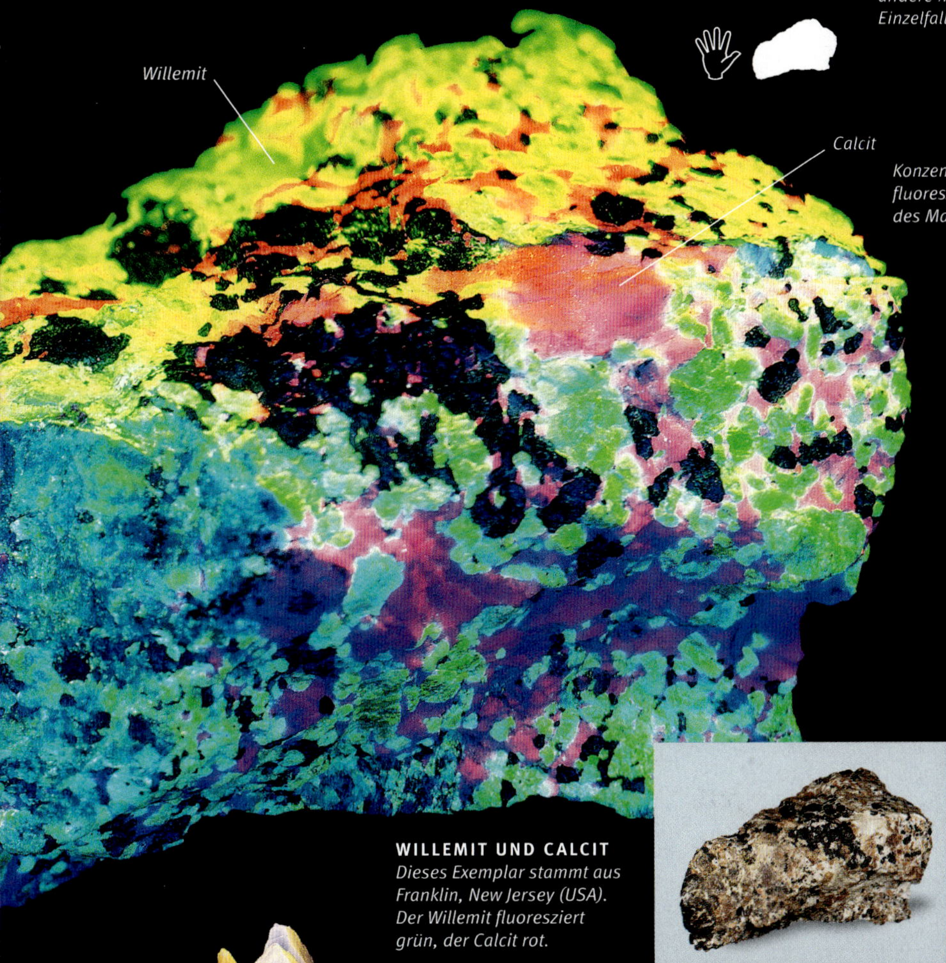

WILLEMIT UND CALCIT
Dieses Exemplar stammt aus Franklin, New Jersey (USA). Der Willemit fluoresziert grün, der Calcit rot.

CALCIT
Die säuligen Kristalle dieses Calcits fluoreszieren weiß. Spurenelemente in Calcit können auch andere Fluoreszenzfarben bewirken.

GIPS
Dieser Gips vom Montmartre in der französischen Hauptstadt Paris fluoresziert tiefgelb. Eine Fluoreszenz bei Gips ist selten, sie kann aber durch Fremdmoleküle verursacht werden.

SODALITH
Dieser indische Sodalith aus Kishangar im Bundesstaat Madhya Pradesh fluoresziert orange. Sodalith kann auch eine orange-rote Fluoreszenz aufweisen, die zu gelbweiß verblasst.

MYANMAR
In Myanmar werden schöne Kassiteritkristalle gefunden.

KASSITERIT

DER NAME DES ZINNOXIDS (auch als Zinnstein bekannt) ist vom griechischen *kassiteros* (»Zinn«) abgeleitet. Es bildet säulen- und pyramidenförmige Kristalle, die von Rillen durchzogen sind. Zwillingsbildungen sind häufig. Auch derbe Aggregate, faserige, traubige Formen (Holzzinn) oder abgerundete Kiesel kommen vor. Kassiterit entsteht mit Wolframit, Molybdänit, Turmalin und Topas in hydrothermalen Adern in Granitgestein. Wenn das schwere Mineral aus dem Primärgestein erodiert, reichert es sich in Sedimenten an. Die wirtschaftlich bedeutendsten Zinnerze stammen oft aus solchen Seifenlagerstätten. Schöne Kristalle kommen aus Portugal, Italien, Frankreich, der Tschechischen Republik, Brasilien und Myanmar.

WICHTIGES ZINNERZ

Nur wenige Minerale enthalten Zinn. Kassiterit ist fast das einzige wirtschaftlich genutzte Zinnerz. Größere Seifenlagerstätten gibt es in Malaysia, Thailand und Indonesien, bergmännisch abgebaute Vorkommen in Bolivien. In Südwestengland und Cornwall ist der Zinnabbau schon aus vorrömischer Zeit belegt, heute aber praktisch zum Erliegen gekommen. Zinn aus Cornwall wurde von den Phönikern im gesamten Mittelmeerraum gehandelt, wo es dann z. B. mit Kupfer aus Zypern zur Bronzeherstellung verwendet wurde.

ZINNBARREN

ZINNMINE IN CORNWALL
Wo in vorrömischer Zeit eine Zinnmine betrieben wurde, steht heute nur ein verlassenes Pumpwerk.

EIGENSCHAFTEN

GRUPPE	Oxide
KRISTALLSYSTEM	Tetragonal
ZUSAMMENSETZUNG	SnO_2
FARBE	Mittel- bis dunkelbraun
FORM/HABITUS	Kurzsäulig
HÄRTE	6–7
SPALTBARKEIT	Unvollkommen
BRUCH	Schwach muschelig bis uneben
GLANZ	Diamantglanz bis Metallglanz
STRICH	Weiß, grau, bräunlich
SPEZIFISCHES GEWICHT	7,0
TRANSPARENZ	Durchsichtig bis undurchsichtig
BRECHUNGSINDEX	2,0–2,1

OVALER BRILLANT
Dieser durchsichtige, goldorange gefärbte Edelstein weist einen Harzglanz auf.

KRISTALLE
Diese Kassiterit-Zwillingskristalle auf Muskovit stammen aus Pingwu in der chinesischen Provinz Sichuan.

VARLAMOFFIT-KASSITERIT

VARIETÄTEN
Dieser Varlamoffit wurde in der Gundheath-Grube in Cornwall gefunden. Die faserige, traubige Varietät ist auch als Holzzinn bekannt.

HOLZZINN

SALIDA (USA)
Aus dem Bundesstaat Colorado kommen schöne Gahnitkristalle.

GAHNIT

DAS ZINK-ALUMINIUM-OXID Gahnit zählt zur Spinellgruppe. Es bildet oktaedrische Kristalle, aber auch unregelmäßige Körner und Massen aus. Gahnitkristalle sind meist dunkelgrün oder blau bis schwarz und weisen Rillen auf. Das Mineral wurde 1807 nach dem schwedischen Chemiker J. G. Gahn benannt. Gahnit ist in Schiefer und Gneis, granitischem Pegmatit und durch Kontaktmetamorphose verändertem Kalkstein zu finden. Schöne Kristalle kommen aus den USA, Schweden, Finnland, Australien, Brasilien und Mexiko.

EIGENSCHAFTEN

GRUPPE	Oxide
KRISTALLSYSTEM	Kubisch
ZUSAMMENSETZUNG	$ZnAl_2O_4$
FARBE	Dunkelgrün oder blau
FORM/HABITUS	Oktaedrisch
HÄRTE	7½–8
SPALTBARKEIT	Unvollkommen
BRUCH	Muschelig
GLANZ	Glasglanz
STRICH	Grau
SPEZIFISCHES GEWICHT	4,6
TRANSPARENZ	Durchscheinend bis fast undurchsichtig

BLAUER GAHNIT
Diese oktaedrischen Kristalle stammen aus Franklin, New Jersey. Weitere Funde in den USA kommen aus Colorado und Maine.

OBERER SEE
Im Bundesstaat Michigan (USA) kommt Pyrolusit vor.

PYROLUSIT

DER WEIT VERBREITETE PYROLUSIT ist das wichtigste Manganerz. Er bildet selten Kristalle aus und tritt meist als hellgraues bis schwarzes derbes, faseriges oder knollenförmiges Aggregat oder als metallische Kruste auf. Pyrolusit entsteht in stark oxidierenden Umgebungen aus anderen Manganmineralen wie Rhodochrosit. Auch in Sümpfen, Seen und im Meer wurde Pyrolusit gefunden. Kristalle kommen aus Kanada und der Tschechischen Republik.

EIGENSCHAFTEN

GRUPPE	Oxide
KRISTALLSYSTEM	Tetragonal
ZUSAMMENSETZUNG	MnO_2
FARBE	Stahlgrau bis schwarz
FORM/HABITUS	Derb
HÄRTE	6–6½
SPALTB.	Vollkommen
BRUCH	Uneben, spröde, splittrig
GLANZ	Metallglanz bis erdig
STRICH	Schwarz oder blauschwarz
SPEZIFISCHES GEWICHT	4,4–5,1
TRANSPARENZ	Undurchsichtig

DERBER HABITUS
Dieses dunkelgraue, derbe Pyrolusitaggregat weist einen unebenen Bruch auf.

SCHIFFSSCHRAUBE
Aus Manganbronze werden u. a. Schiffsschrauben hergestellt.

ALPEN
Aus den Schweizer Alpen kommen Kristalle mit bis zu 2 cm Durchmesser.

ANATAS

DER FRÜHER ALS OKTAEDRIT bezeichnete Anatas ist wie Rutil und Brookit eine polymorphe Modifikation von Titanoxid. Er bildet sehr schöne braune, indigoblaue, grüne, graue und schwarze Kristalle. Anatas entsteht in metamorphen Gesteinen wie Schiefer und Gneis und in Pegmatiten. Er ist in Sedimenten zu finden und kann in Seifen angereichert sein. Nennenswerte Ganglagerstätten sind in den Alpen weit verbreitet. Auch aus Brasilien, Norwegen und Colorado (USA) kommen schön ausgebildete Kristalle.

ANATAS-KRISTALL

SCHWARZE KRISTALLE
Schiefer aus Le-Bourg-d'Oisans, Frankreich, ist mit kleinen, schwarzen Anataskristallen durchsetzt.

Diamantglanz

EIGENSCHAFTEN	
GRUPPE	Oxide
KRISTALLSYSTEM	Tetragonal
ZUSAMMENSETZUNG	TiO_2
FARBE	Verschiedene Brauntöne, schwarz oder indigoblau
FORM/HABITUS	Pyramidal
HÄRTE	5½–6
SPALTBARKEIT	Vollkommen
BRUCH	Schwach muschelig
GLANZ	Diamant- bis Metallgl.
STRICH	Weiß bis hellgelb
SPEZ. GEWICHT	3,9
TRANSPARENZ	Durchsichtig bis fast undurchsichtig

MINAS GERAIS
Aus dem berühmten Bergbaugebiet in Brasilien kommt auch Brookit.

BROOKIT

BROOKIT wurde 1825 nach dem britischen Mineralogen H. I. Brook benannt. Er kommt meist in Form brauner, metallisch glänzender Kristalle vor. Die orthorhombische Titanoxidmodifikation ist meist zusammen mit Rutil, Anatas und Albit in Gneis und Schiefer anzutreffen, seltener in kontaktmetamorphen Gesteinen. Da er eine hohe Dichte aufweist, reichert er sich in Seifenlagerstätten an. Schöne Kristalle kommen zusammen mit Anatas in den Alpen vor, aber auch in Brasilien, Norwegen, Wales und Colorado (USA).

EIGENSCHAFTEN	
GRUPPE	Oxide
KRISTALLSYSTEM	Orthorhombisch
ZUSAMMENSETZUNG	TiO_2
FARBE	Verschiedene Brauntöne
FORM/HABITUS	Tafelig, länglich
HÄRTE	5½–6
SPALTBARKEIT	Unvollkommen
BRUCH	Schwach muschelig bis uneben
GLANZ	Metallglanz bis Diamantglanz
STRICH	Weiß, grau, gelblich
SPEZ. GEWICHT	4,1
TRANSPARENZ	Undurchsichtig bis durchsichtig

TAFELIGER KRISTALL
Dieser durchsichtige Brookitkristall ist auf eine Masse aus Albit aufgewachsen.

Rillen im Brookitkristall

Albit

NORTH CAROLINA
North Carolina und andere US-Bundesstaaten sind Lieferanten von Rutilkristallen.

RUTIL

DER NAME RUTIL leitet sich vom lateinischen *rutilis* (»rot« oder »glühend«) ab. Diese Titanoxidmodifikation ist rötlich braun bis rot, gelegentlich auch fast schwarz, und in Quarz meist goldgelb. Die Kristalle sind prismatisch, manchmal auch nadelförmig. Die Kristallflächen weisen oft vertikale Rillen auf. Häufig treten Mehrfachbildungen auf, z.T. als gitterartige Strukturen. Rutil ist ein häufiges Nebengemengeteil von Graniten, Pegmatiten, Gneis und Schiefer. Gut ausgeformte Kristalle kommen aus Schweden, Italien, Frankreich, Österreich, Brasilien und Pennsylvania, Arkansas, Georgia, North Carolina, Kalifornien und Virginia in den USA.

Rutil bildet in der Regel mikroskopisch kleine, parallele Einschlüsse in anderen Mineralen. Er ist für den gelegentlich in Rosenquarz, Rubin und Saphir auftretenden Asterismus (sternförmige Lichtbrechung) verantwortlich. Quarz mit Einschlüssen aus durchscheinenden Rutilnadeln wird schon seit dem Altertum als Schmuckstein verwendet.

EIGENSCHAFTEN	
GRUPPE	Oxide
KRISTALLSYSTEM	Tetragonal
ZUSAMMENSETZUNG	TiO_2
FARBE	Rötlich braun bis rot
FORM/HABITUS	Schlank prismatisch
HÄRTE	6–6½
SPALTBARKEIT	Gut
BRUCH	Muschelig bis uneben
GLANZ	Diamant- bis Halbmetallgl.
STRICH	Hellbraun bis gelblich
SPEZ. GEWICHT	4,2
TRANSPARENZ	Durchsichtig bis undurchsichtig
BRECHUNGSINDEX	2,62–2,90

Metallglanz

Vertikale Rillen

TITAN

Das Metall Titan zeichnet sich durch hohe Festigkeit, geringe Dichte und besondere Korrosionsbeständigkeit aus und wird deshalb im Flugzeugbau, in der Raumfahrttechnik und im Schiffsbau eingesetzt. Da es nicht mit organischem Gewebe reagiert, werden auch künstliche Hüftgelenke und andere Endoprothesen aus Titan hergestellt. Titanoxid ist ein weißes Farbpigment.

HARRIER-JET
Titanlegierungen in Triebwerken und Rumpf ermöglichen Flugzeugkonstruktionen wie die Harrier-Jets.

EINZELKRISTALL
Dieser große, halbdurchsichtige Einzelkristall kommt aus Südtirol in den italienischen Alpen.

FARBLOSER QUARZ
Dieser Cabochon aus Quarz enthält Einschlüsse aus nadelförmigen Rutilkristallen.

ROSENQUARZ
In diesem Rosenquarz erzeugen drei haarfeine, einander schneidende Rutilnadeln einen Sterneffekt.

SACHSEN
Aus dem Erzgebirge kommen besonders schöne Uraninitkristalle.

URANINIT

URANINIT ist eines der wichtigsten Uranerze. Wie das chemische Element Uran, das ihm den Namen gibt, ist auch Uraninit hoch radioaktiv. Die derbe Form wird als Pechblende bezeichnet. Traubige oder körnige Aggregate sowie oktaedrische oder kubische Kristalle kommen ebenfalls vor. Uraninit ist schwarz bis braunschwarz, dunkelgrau oder grünlich. Kristalle sind mit anderen uranhaltigen und Seltenerdmineralen in granitischen und syenitischen Pegmatiten anzutreffen. Daneben bildet sich Uraninit bei hohen Temperaturen in hydrothermalen Gängen zusammen mit Zinnstein und Arsenopyrit. Pechblende entsteht bei mittlerer Temperatur. Kleine Körner sind auch in Sandstein und Konglomeraten zu finden, wo sie oft zu sekundären Uranmineralen verwittert sind. Besonders schöne Kristalle kommen aus Córdoba in Spanien, Sachsen, Chihuahua (Mexiko) und Topsham im US-Bundesstaat Maine.

GEFÄHRLICHES URAN

Uraninit ist das wichtigste Uranerz. Das schwere und harte silberweiße Metall Uran zeichnete sich durch Zähigkeit und gute Bearbeitbarkeit aus. Vor der Entdeckung der Kernspaltung wurde Uran in geringen Mengen als Farbpigment für Keramiken und als Katalysator eingesetzt. Uran wird aus Uraninit gewonnen, indem dieses zu Urantetrafluorid umgesetzt und dann mit Magnesium zu Uran reduziert wird. Die bei der Verwendung von Uran – vor allem zur Energieerzeugung und in Kernwaffen – auftretenden Gefahren sind Gegenstand heftiger Debatten. Kernkraftgegner weisen darauf hin, dass Uran auch bei bestmöglicher Lagerung und Entsorgung noch für Tausende von Jahren eine radioaktive Bedrohung darstellt.

KERNREAKTOR
Uran wird in Kernkraftwerken zur Erzeugung von Elektrizität benötigt.

EIGENSCHAFTEN	
GRUPPE	Oxide
KRISTALLSYSTEM	Kubisch
ZUSAMMENSETZUNG	UO_2
FARBE	Schwarz bis braunschwarz, dunkelgrau, grünlich
FORM/HABITUS	Oktaedrisch
HÄRTE	5–6
SPALTBARKEIT	Keine
BRUCH	Uneben bis schwach muschelig
GLANZ	Schwacher Metallglanz, Pechglanz, matt
STRICH	Braunschwarz
SPEZ. GEWICHT	6,5–11,0
TRANSPARENZ	Undurchsichtig

TRAUBIGE FORM
Dieser Uraninit weist die häufig vorkommende traubige Form auf.

MARIE CURIE
Bei der Erforschung von Pechblende gewann Marie Curie (1867–1934) wichtige Erkenntnisse über Strahlung.

JAPAN
Japan besitzt Fergusonitlagerstätten.

FERGUSONIT

UNTER DER BEZEICHNUNG FERGUSONIT werden mehrere Minerale zusammengefasst. Das häufigste ist der yttriumreiche Fergusonit-(Y). Seine prismatischen bis pyramidenförmigen Kristalle sind schwarz bis braunschwarz. Fergusonit-(Y) kommt in granitischen Pegmatiten zusammen mit anderen Seltenerdmineralen vor, u.a. in Hakatamura (Japan) und Ytterby (Schweden).

EIGENSCHAFTEN	
GRUPPE	Oxide
KRISTALLSYSTEM	Tetragonal
ZUSAMMENSETZUNG	$YNbO_4$
FARBE	Braun bis braunschwarz
FORM/HABITUS	Prismatisch bis pyramidal
HÄRTE	$5\frac{1}{2}$–$6\frac{1}{2}$
SPALTBARKEIT	Schlecht
BRUCH	Schwach muschelig, spröde
GLANZ	Glasglanz bis schwacher Metallglanz
STRICH	Braun, gelbbraun, grünlich grau
SPEZ. GEWICHT	4,2–5,7
TRANSPARENZ	Undurchsichtig

FERGUSONIT AUS SCHWEDEN
Diese Fergusonitkristalle in Feldspat stammen aus Ytterby (Schweden).

URAL
Im Ural-Gebirge in Russland gibt es Samarskitlagerstätten.

SAMARSKIT

SAMARSKIT wurde 1847 nach dem russischen Bergbauingenieur Vassili Samarski-Bykhovets benannt. Das Mineral ist ein radioaktives Oxid aus Yttrium, Eisen, Niob, Tantal und Uran. Die Kristalle sind prismatisch mit rechteckigem Querschnitt. Samarskit ist in granitischen Pegmatiten anzutreffen, oft mit Columbit, Monazit und Granat. Wichtige Lagerstätten sind der Entdeckungsort Miass (Russland) sowie Divino de Ubá (Brasilien).

EIGENSCHAFTEN	
GRUPPE	Oxide
KRISTALLSYSTEM	Orthorhombisch
ZUSAMMENSETZUNG	$(Y,Fe,U)(Nb,Ta)O_4$
FARBE	Schwarz
FORM/HABITUS	Prismatisch
HÄRTE	5–6
SPALTBARKEIT	Unvollkommen
BRUCH	Muschelig, uneben
GLANZ	Glasglanz bis Harzglanz
STRICH	Dunkles Rotbraun bis schwarz
SPEZ. GEWICHT	5,7
TRANSPARENZ	Durchscheinend bis undurchsichtig

SCHILLERNDE OBERFLÄCHE
Dieser Samarskit schillert an einigen Kristallflächen.

ROMANECHIT

CORNWALL
Hier in Südwestengland wird Romanechit abgebaut.

ROMANECHIT zählt zu den früher als Psilomelan (Hartmanganerzen) bezeichneten Mineralen. Er ist nach dem Ort Romanèche-Thorins in Frankreich benannt. Romanechit ist meist derb oder traubig, manchmal auch erdig. Er entsteht durch chemische Veränderung aus anderen Manganmineralen. Weitere Fundorte sind Tekrasni in Indien, Parral in Mexiko, Cornwall in England und Solaville in den USA.

DERBER ROMANECHIT

Matte Oberfläche

Schwacher Metallglanz

TRAUBIGER ROMANECHIT

EIGENSCHAFTEN

GRUPPE Wasserhaltige Oxide
KRISTALLSYSTEM Orthorhombisch
ZUS. $(Ba,H_2O)Mn_5O_{10}$
FARBE Eisenschwarz bis stahlgrau
FORM/HABITUS Derb, traubig
HÄRTE 5–6
SPALTBARKEIT Keine
BRUCH Uneben
GLANZ Schwacher Metallglanz bis matt
STRICH Braunschwarz, glänzend
SPEZ. GEWICHT 4,7
TRANSPARENZ Undurchsichtig

BRAUNIT

MINAS GERAIS
Dieser brasilianische Bundesstaat besitzt ergiebige Braunitvorkommen.

BRAUNIT wird sowohl den Oxiden als auch den Silikaten zugerechnet. Das Mineral wurde 1831 nach dem deutschen Mineralogen K. W. Braun benannt. Seine Kristalle sind pyramidenförmig und weisen Rillen auf. Braunit ist ein bedeutendes Manganerz. Lagerstätten befinden sich in Autlán de Navarro (Mexiko), Nombre de Dios (Panama), Ilmenau (Deutschland), Ouro Prêto (Brasilien) und Schweden.

EIGENSCHAFTEN

GRUPPE Oxide
KRISTALLSYSTEM Tetragonal
ZUSAMMENSETZUNG Mn_7SiO_{12}
FARBE Braunschwarz bis stahlgrau
FORM/HABITUS Pyramidal
HÄRTE 6–6½
SPALTBARKEIT Vollkommen
BRUCH Uneben bis schwach muschelig, spröde
GLANZ Metallglanz
STRICH Braunschwarz bis stahlgrau
SPEZ. GEWICHT 4,8
TRANSPARENZ Durchscheinend bis undurchsichtig

EISENBAHNGLEISE
Dem Stahl für Eisenbahnschienen wird Mangan zugesetzt, damit er weniger spröde ist.

KRISTALLAUSBILDUNG
Dieser Braunitkristall aus Maharashtra, Indien, weist den typischen pyramidenförmigen Habitus auf.

Pyramidenförmige Kristalle

COLUMBIT

MADAGASKAR
Große Columbitkristalle gibt es in Madagaskar.

UNTER DER BEZEICHNUNG COLUMBIT werden drei Minerale zusammengefasst: Ferrocolumbit und Manganocolumbit, die beide relativ häufig vorkommen, sowie der seltenere magnesiumreiche Magnocolumbit. Columbit ist ein Eisen-Mangan-Niob-Tantal-Oxid. Wenn der Tantalanteil wesentlich höher ist als der Niobanteil, wird das Mineral als Tantalit klassifiziert. Columbit und Tantalit kommen gemeinsam in Granit, granitischen Pegmatiten und Seifenlagerstätten vor. Ferrocolumbit ist ein wichtiges Tantal- und Nioberz. Bedeutende Lagerstätten gibt es in Grönland, Deutschland, Italien, Frankreich, Schweden und Griechenland, Simbabwe, Südafrika und Uganda.

EIGENSCHAFTEN

GRUPPE Oxide
KRISTALLSYSTEM Orthorhombisch
ZUSAMMENSETZUNG $(Fe,Mn)(Nb,Ta)_2O_6$
FARBE Eisenschwarz bis braunschwarz
FORM/HABITUS Kurzsäulig
HÄRTE 6–6½
SPALTBARKEIT Deutlich
BRUCH Schwach muschelig bis uneben
GLANZ Metallglanz
STRICH Dunkelrot bis schwarz
SPEZ. GEWICHT 5,2–6,8
TRANSPARENZ Durchscheinend bis undurchsichtig

Tafeliger Kristall

Metallglanz

FERROCOLUMBIT
Dieser undurchsichtige, tafelige Kristall weist einen Metall- bis Harzglanz auf.

PYROCHLOR

COLORADO
Aus diesem US-Bundesstaat kommt auch Pyrochlor.

PYROCHLOR ist von den griechischen Wörtern für »Feuer« und »grün« abgeleitet. Manche Exemplare werden beim Erhitzen grün. Das Niob-Natrium-Calcium-Oxid ist als Nioberz von Bedeutung. Pyrochlor bildet oktaedrische Kristalle sowie unregelmäßige Massen. Er kommt in Feldspäten und Pegmatiten sowie in kontaktmetamorphem Gestein vor. Lagerstätten gibt es in Miass (Russland), in Oka, Québec (Kanada) und in Conakry (Guinea).

EIGENSCHAFTEN

GRUPPE Oxide
KRISTALLSYSTEM Kubisch
ZUSAMMENSETZUNG $(Na,Ca)_2Nb_2(O,OH,F)_7$
FARBE Braun bis schwarz
FORM/HABITUS Oktaedrisch
HÄRTE 5–5½
SPALTBARKEIT Deutlich
BRUCH Schwach muschelig bis uneben
GLANZ Glasglanz bis Harzglanz
STRICH Hellbraun, gelbbraun
SPEZ. GEWICHT 4,5
TRANSPARENZ Durchscheinend bis undurchsichtig

VERWANDTE MINERALE
Mikrolith (siehe unten) unterscheidet sich von Pyrochlor (rechts) dadurch, dass das Niob durch Tantal ersetzt ist.

Matte Oberfläche

Oktaedrischer Zwillingskristall

HYDROXIDE

HYDROXIDE sind Verbindungen aus Metallen und der Hydroxylgruppe (OH-Gruppe). Alle Hydroxide bilden sich bei niedrigen Temperaturen, meist durch Verwitterung anderer Minerale. Hydroxidminerale weisen im Allgemeinen eine geringere Dichte und eine geringere Härte auf als die Oxide. Sie sind oft als Erze von Bedeutung. Das Aluminiumerz Bauxit beispielsweise besteht im Wesentlichen aus den Aluminiumhydroxiden Diaspor, Böhmit und Gibbsit. Das Eisenhydroxid Goethit wird als Eisenerz abgebaut.

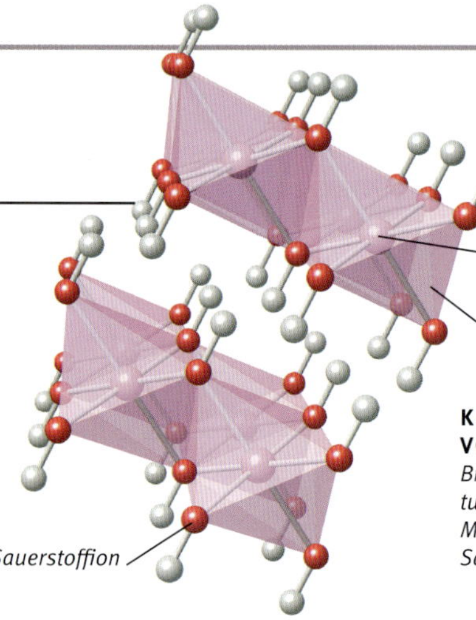

KRISTALLSTRUKTUR VON BRUCIT
Brucit besitzt eine Schichtstruktur mit jeweils einer Schicht aus Magnesiumionen zwischen zwei Schichten aus OH-Gruppen.

URAL
Gibbsit kommt u. a. aus dem Uralgebirge in Russland.

DERBER GIBBSIT
Gibbsit kommt als derbes Aggregat vor wie hier, aber auch kompakt oder als erdige Masse.

GIBBSIT

GIBBSIT wurde 1822 nach George Gibbs benannt, dessen Mineralsammlung nun die Yale University im US-Staat Connecticut besitzt. Die tafeligen Kristalle können hexagonale Formen aufweisen, wobei Zwillingsbildungen häufig sind. Der weiße Gibbsit kann durch Verunreinigungen auch grau, grünlich oder gelblich erscheinen. Gibbsit entsteht vor allem in den Tropen und Subtropen durch Silikatverwitterung aluminiumhaltiger Minerale, aber auch bei niedriger Temperatur in hydrothermalen Gängen. Er zählt zu den Hauptbestandteilen von Bauxit (siehe S. 167).

EIGENSCHAFTEN	
GRUPPE	Hydroxide
KRISTALLSYSTEM	Monoklin
ZUSAMMENSETZUNG	$Al(OH)_3$
FARBE	Weiß
FORM/HABITUS	Tafelig
HÄRTE	$2^1/_2$–$3^1/_2$
SPALTBARKEIT	Vollkommen
BRUCH	Uneben
GLANZ	Perlmutt- bis Glasglanz
STRICH	Unbestimmt
SPEZ. GEWICHT	2,3–2,4
TRANSPARENZ	Durchsichtig

STERLING HILL (USA)
Die Mine in New Jersey liefert auch Diaspor.

DIASPOR

DIASPOR ist ein wasserhaltiges Aluminiumoxid. Sein Name ist vom griechischen *diaspora* (»verstreut«) abgeleitet, da Diaspor bei starker Erhitzung zerfällt. Kristalle sind dünn und blättrig, länglich, tafelig, prismatisch oder nadelförmig. Diaspor kann als derbes Aggregat oder in Form verstreuter Körner auftreten. Er ist weiß, grauweiß, farblos, grünlich grau, hellbraun, gelblich, violett oder rosa. Diaspor weist einen ausgeprägten Pleochroismus (siehe S. 92) auf: Aus einer Richtung erscheint er blauviolett, aus einer anderen spargelgrün und aus einer dritten rotviolett. Dieses Mineral entsteht in metamorphem Gestein wie Schiefer und Marmor und ist oft mit Korund, Manganit und Spinell vergesellschaftet. Daneben ist Diaspor auch in hydrothermal veränderten Gesteinen und Sedimenten anzutreffen, oft als Hauptbestandteil von Bauxit. Diaspor ist relativ weit verbreitet. Größere Lagerstätten gibt es in der Shokozan-Mine in Honshu (Japan), in Jordanów (Polen), im Ural (Russland) sowie in mehreren Bundesstaaten der USA, u.a. in der Franklin-Mine.

KRISTALLSTRUKTUR VON DIASPOR
In Diaspor sind Aluminiumionen und OH-Gruppen zu Ketten aus Oktaedern zusammengelagert.

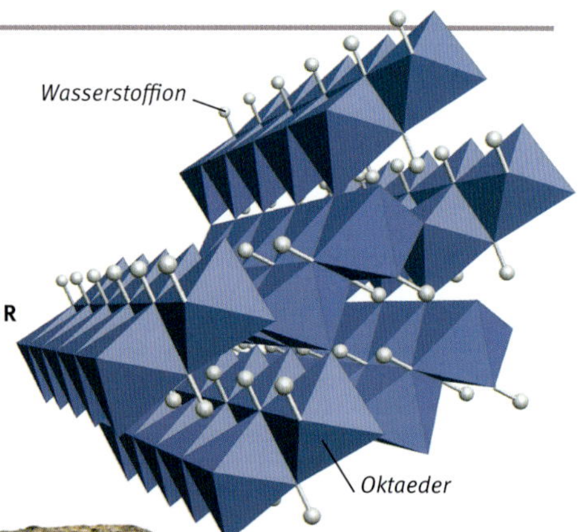

DUNKELROTER DIASPOR
Dieses Handstück enthält blättrige Diasporkristalle in einer Grundmasse aus Schmirgel. Ein Teil der Aluminiumatome ist durch Mangan ersetzt, daher die dunkelrote Farbe.

EIGENSCHAFTEN	
GRUPPE	Hydroxide
KRISTALLSYSTEM	Orthorhombisch
ZUSAMMENSETZUNG	$AlO(OH)$
FARBE	Weiß, grau, gelb, violett
FORM/HABITUS	Dünn, blättrig
HÄRTE	$6^1/_2$–7
SPALTBARKEIT	Vollkommen, unvollkommen
BRUCH	Muschelig, spröde
GLANZ	Glasglanz
STRICH	Weiß
SPEZ. GEWICHT	3,4
TRANSPARENZ	Durchsichtig bis durchscheinend
BRECHUNGSINDEX	1,68–1,75

GESCHLIFFENER STEIN
Diaspor-Edelsteine kommen aus Mugla (Türkei). Sie eignen sich für Cabochon- oder (wie hier) Facettenschliff.

LES-BAUX IN DER PROVENCE (FRANKREICH)
Bauxit ist nach dem provenzalischen Ort Les-Baux benannt, wo er 1821 entdeckt wurde.

BAUXIT

BAUXIT ist ein aus mehreren Mineralen zusammengesetztes Verwitterungsprodukt aluminiumhaltiger Gesteine, das meist in Form von Knollen vorkommt. Er besteht aus verschiedenen Aluminiumhydrdoxiden, wobei die größten Anteile auf Gibbsit ($Al(OH)_3$), Böhmit ($AlO(OH)$) und Diaspor (ebenfalls $AlO(OH)$) entfallen (siehe gegenüberliegende Seite). Bauxit enthält häufig Beimengungen von Tonmineralen, Hämatit, Magnetit, Goethit, Siderit und Quarz sowie geringen Mengen an Rutil, Anatas und Zirkon. Die Zusammensetzung lässt sich manchmal nur durch aufwändige Verfahren wie Dünnschliff- und Röntgenstrukturanalyse ermitteln. Dies ist von großer Bedeutung, da Aluminium fast ausschließlich aus Bauxit gewonnen wird. (Die Extraktion von Aluminium aus Bauxit mit Hilfe von Kryolith wird auf S. 174 beschrieben.) Der weitaus größte Teil der Fördermenge stammt aus dem australischen Bundesstaat Queensland, gefolgt von Jamaika, Brasilien und Guinea. Über die Hälfte der weltweiten Produktion stammt aus diesen vier Ländern. Weitere Erzeugerländer sind Frankreich, Italien, Griechenland, China, die USA und Ghana. Bauxit entsteht bei der Verwitterung verschiedener Gesteine. Er bildet oft zur Auslaugung neigende Böden tropischer Klimazonen (Laterite). Heute bildet sich Bauxit in tropischen Regionen u.a Australien, Brasilien und Westafrika. Das Erscheinungsbild kann je nach Zusammensetzung und Entstehungsgeschichte stark variieren. Das Farbspektrum reicht von gelblich weiß bis grau und von rosa bis dunkelrot oder braun bei hohem Eisenoxidanteil. In manchen Lagerstätten ist Bauxit weich, krümelig und unstrukturiert, in anderen bildet er harte, erbsengroße Kugelstrukturen, in wieder anderen ist er porös, aber strukturbeständig, manchmal ist er auch geschichtet oder hat die Form des Ausgangsgesteins beibehalten.

EIGENSCHAFTEN

GRUPPE Hydroxide
KRISTALLSYSTEM Amorphes Gemenge
ZUSAMMENSETZUNG Verschiedene wasserhaltige Aluminiumoxide
FARBE Weiß, gelblich, rot, rotbraun
FORM/HABITUS Amorph
HÄRTE 1–3
SPALTBARKEIT Keine
BRUCH Uneben
GLANZ Erdig
STRICH Meist weiß
SPEZIFISCHES GEWICHT 2,3–2,7
TRANSPARENZ Undurchsichtig

ALUMINIUMERZ

Nur Erze mit einem Aluminiumoxidanteil von mindestens 30 % gelten als abbauwürdig. Im Durchschnitt lässt sich aus 4 Tonnen hochwertigem Erz eine Tonne Aluminium gewinnen. 90 % des abgebauten Bauxits wird zur Aluminiumerzeugung verwendet, die übrigen 10 % u. a. zur Herstellung von Schleifmitteln und feuerfesten Materialien. Der im Ural abgebaute hochwertige Bauxit besteht größtenteils aus Diaspor.

BAUXITERZ
Dieses Förderband in der Kaiser-Raffinerie in Jamaika transportiert Bauxiterz.

ALUMINIUMVERARBEITUNG
Frisch gegossene Aluminiumbarren warten auf die Verarbeitung zu Folie.

Grundmasse aus Aluminiumoxid

Kugeliger Pisolith

ERBSENARTIGE STRUKTUR
Dieser Bauxit besteht aus zahlreichen Körnern, die zum Teil Erbsengröße erreichen. Solche Strukturen werden als Pisolith bezeichnet.

BAUXITABBAU
Die meisten Bauxitvorkommen sind oberflächennah und daher leicht abbaubar wie hier in Jamaika.

ÖLFELD
Bauxit wird bei der Erdölförderung als Flussmittel eingesetzt, damit das Öl leichter aus dem Ölfeld zum Bohrloch gelangt.

URAL
Aus dem Gebirge in Russland kommen besonders schöne Brucitkristalle.

BRUCIT

DAS MAGNESIUMHYDROXID wurde 1824 nach dem amerikanischen Mineralogen Archibald Bruce benannt. Seine Kristalle können tafelige Formen oder blättrige Aggregate bilden. Auch derbe, faserige oder körnige Formen kommen vor. Brucit ist meist weiß, kann aber auch hellgrün, grau oder blau sein. Wenn Magnesium teils durch Mangan ersetzt ist, entstehen gelbe bis rote Farbtöne. Brucit ist pyroelektrisch und löst sich in Säuren auf. Er kommt in metamorphem Gestein wie Schiefer und in hydrothermalen Gängen zusammen mit Calcit, Aragonit, Magnesit und Talk vor. Schöne Kristalle kommen aus dem Ural und aus dem US-Staat Pennsylvania. Brucit ist ein wichtiger Ausgangsstoff für pharmazeutisches Magnesiumoxid.

OFENAUSKLEIDUNG
Brucit wird wegen seines hohen Schmelzpunkts als Auskleidung für Industrie- und Töpferöfen wie hier auf Hawaii verwendet.

FASERIGER BRUCIT
Dieser faserige Brucitmasse stammt aus Timmins in der kanadischen Provinz Ontario. Weitere Brucitvorkommen gibt es in Österreich, Großbritannien, Russland, Schweden, der Türkei und einigen Bundesstaaten der USA.

EIGENSCHAFTEN	
GRUPPE	Hydroxide
KRISTALLSYSTEM	Hexagonal/trigonal
ZUSAMMENSETZUNG	$Mg(OH)_2$
FARBE	Weiß, hellgrün, grau, blau
FORM/HABITUS	Tafelig
HÄRTE	2½
SPALTBARKEIT	Vollkommen
BRUCH	Uneben, schneidbar
GLANZ	Wachsglanz bis Glas- oder Perlmuttglanz
STRICH	Weiß
SPEZIFISCHES GEWICHT	2,4
TRANSPARENZ	Durchsichtig

CUMBRIA (ENGLAND)
Hier in Nordengland wird Manganit abgebaut.

MANGANIT

MANGANIT ist ein weit verbreitetes und wirtschaftlich bedeutendes Manganerz. Die meisten Kristalle haben die Form pseudo-orthorhombischer Prismen. Manganit ist auch als Kristallbündel, faserige Masse und derbes Aggregat anzutreffen. Manganit entsteht bei niedriger Temperatur in hydrothermalen Sintern mit Baryt (Schwerspat), Calcit und Siderit. Daneben kommt er als Ersetzungsprodukt mit Goethit und als Bestandteil von Sedimenten vor. Manganit wandelt sich in Romanechit um. Schöne Kristalle kommen aus Deutschland, Südafrika und den USA.

EIGENSCHAFTEN	
GRUPPE	Hydroxide
KRISTALLSYSTEM	Monoklin
ZUSAMMENS.	$MnO(OH)$
FARBE	Stahlgrau bis eisenschwarz
FORM/HABITUS	Prismatisch, gerillt
HÄRTE	4
SPALTB.	Vollkommen, gut
BRUCH	Uneben
GLANZ	Schwacher Metallglanz
STRICH	Rötlich braun bis schwarz
SPEZ. GEWICHT	4,3
TRANSPARENZ	Undurchsichtig

MANGANITKRISTALLE
Dieses Handstück mit pseudo-orthorhombischen, prismatischen Kristallen weist die typischen tiefen Rillen auf.

PIKE'S PEAK, USA
Aus Colorado kommen sehenswerte Goethitexemplare.

GOETHIT

DAS SEKUNDÄRMINERAL GOETHIT kommt in verschiedenen Gestalten vor: prismatische Kristalle mit vertikalen Rillen, samtige, strahlige, faserige Aggregate, flache Schuppen, nieren- oder traubenförmige Massen, Zapfen oder derbe Brocken. Die übliche schwarze Färbung kann durch Verunreinigungen bräunlich, gelblich oder rötlich getönt sein. Bis zu 5% des Eisens können durch Mangan ersetzt sein. Goethit entsteht als Verwitterungsprodukt durch Oxidation von Eisenmineralen wie Magnetit, Pyrit und Siderit. Er tritt gelegentlich zusammen mit diesen Mineralen in der verwitterten oberen Schicht von Eisenlagerstätten, dem so genannten eisernen Hut, auf. Goethit kann auch durch biogene Ausfällung entstehen (Raseneisenerz). Exemplare mit gut ausgebildeten Kristallen kommen aus Cornwall in England, Chaillac in Frankreich sowie vom Onegasee und Orten im Ural, Russland. In Diamantina, Brasilien, und Pelican Point, Utah, USA, kann er auch in der Kristallform von Pyrit und Siderit auftreten.

EIGENSCHAFTEN

GRUPPE	Hydroxide
KRISTALLSYSTEM	Orthorhombisch
ZUSAMMENSETZUNG	FeO(OH)
FARBE	Orange- bis schwarzbraun
FORM/HABITUS	Prismatisch, länglich
HÄRTE	5–5½
SPALTBARKEIT	Vollkommen
BRUCH	Uneben
GLANZ	Diamantglanz bis Metallglanz
STRICH	Braungelb bis ocker
SPEZ. GEWICHT	4,3
TRANSPARENZ	Durchscheinend bis undurchsichtig

SAMTIGE OBERFLÄCHE
Diese traubige Ansammlung strahlenförmiger Goethitkristalle zeigt eine samtige Oberfläche. Das Handstück stammt aus dem Merehead-Steinbruch in Großbritannien.

GOETHE
Goethit wurde 1806 nach dem deutschen Dichter Johann Wolfgang von Goethe benannt, der sich auch für die Mineralogie begeisterte.

PIKE'S PEAK (USA)
Limonit wurde u. a. in Colorado gefunden.

LIMONIT

ALS LIMONIT werden nicht genauer bestimmte Eisenoxide und Hydroxide bezeichnet. Wie Bauxit (siehe S. 167) besteht auch Limonit aus mehreren Mineralen, zum Großteil aus Goethit. Die Bezeichnung Limonit wird deshalb häufig als Synonym für Goethit verwendet. Limonit ist in Gestalt von Konkretionen und zapfenförmigen, runden oder erdigen Aggregaten anzutreffen, aber nicht in Form von Kristallen. Der Name ist vom griechischen *leimon* (»Wiese«) abgeleitet, weil die als Raseneisenerz bekannt Varietät in Feuchtgebieten gefunden wurde. Limonit entsteht sekundär durch Oxidation anderer Eisenminerale oder Ausfällung in Meer- und Süßwasser sowie in Mooren. Er bildete oft pseudomorphe Formen zu Pyrit und anderen Eisenmineralen. Im Altertum wurde Limonit als Eisenerz genutzt.

EIGENSCHAFTEN

GRUPPE	Hydroxide
KRISTALLSYSTEM	Gemischt
ZUSAMMENSETZUNG	$2Fe_2O_3 \cdot H_2O$, approx
FARBE	Verschiedene Braun- und Gelbtöne
FORM/HABITUS	Derb, kugelig, zapfenförmig
HÄRTE	5–5½
SPALTBARKEIT	Keine
BRUCH	Uneben
GLANZ	Erdig, gelegentlich schwacher Metallglanz, matt
STRICH	Gelblich braun
SPEZ. GEWICHT	3,6–4,0
TRANSPARENZ	Undurchsichtig

FARBPIGMENT

Die Verwendung von Limonit als Farbpigment lässt sich bis zu den Pharaonen zurückverfolgen. Die Farbtöne reichen von Ocker (gelbbraun) über Siena (orangebraun) bis zu Umbra (braun). Der flämische Maler Van Dyck (1599–1641), vor allem als Porträtist der Aristokratie bekannt, ist berühmt für seine meisterhafte Verwendung von Ocker und Siena.

UMBRA UND OCKERGELB
Limonit wird seit Jahrtausenden als Farbpigment verwendet.

KRÄFTIGE FARBE
Die kräftige Färbung dieses Exemplars lässt erkennen, warum Limonit als Farbpigment verwendet wird.

HALOGENIDE

HALOGENIDE sind Verbindungen aus Metallen und den Halogenen Fluor, Chlor, Brom oder Jod. Nach ihrer Zusammensetzung und Struktur unterscheidet man drei Klassen von Halogenidmineralen: die einfachen Halogenide, die Halogenidkomplexe und die Oxihalogenide. Einfache Halogenide entstehen, wenn ein Metall mit einem Halogenelement reagiert. Zu dieser Gruppe zählen Steinsalz oder Halit (aus den Elementen Natrium und Chlor) und Fluorit (aus Calcium und Fluor). Viele einfache Halogenide sind in Wasser löslich. Bei den Halogenidkomplexen ist das Halogenid meist an Aluminium gebunden. Dieses Molekül geht als Ganzes eine Verbindung mit einem Metall ein. In Kryolith sind Aluminium und Fluor eine Verbindung mit Natrium eingegangen. Halogenidkomplexe sind relativ selten und in der Regel nicht wasserlöslich. Die Vertreter der Oxihalogenide sind sehr selten. Sie entstehen, wenn halogenidhaltiges Wasser mit Oxidationsprodukten von Sulfidmineralen reagiert. Zu dieser Gruppe zählt z.B. Atacamit.

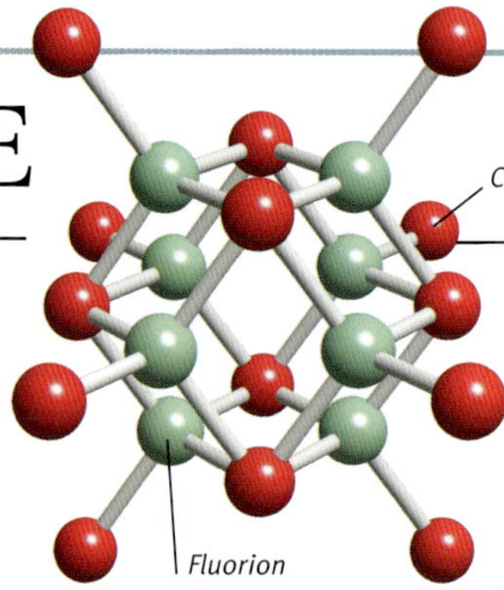

KRISTALLSTRUKTUR VON FLUORIT
In der Kristallstruktur von Fluorit ist jedes Calciumion mit acht Fluorionen an den Ecken eines Würfels verbunden.

STEINSALZ

GROSSER SALZSEE
Der herausragende Steinblock ist mit weißen Salzkristallen überzogen.

STEINSALZ oder Halit ist chemisch gesehen Natriumchlorid. Der Name Halit ist vom griechischen *halos* (»Salz«) abgeleitet. Salzkristalle sind in der Regel würfelförmig. Die Kristallflächen weisen gelegentlich eine Höhlung auf, die dadurch zustande kommt, dass die Wachstumsgeschwindigkeit an den Kanten größer ist als in der Mitte. Steinsalz bildet üblicherweise massive, eingebettete Aggregate (siehe S. 58). Das an sich farblose Mineral kann auch weiß, orange, blau oder violett erscheinen. Orange Farbtöne sind auf Hämatiteinschlüsse zurückzuführen, blaue und violette auf Gitterstörungen. Steinsalzablagerungen entstehen durch Eindampfung von Meerwasser und bilden weltweit ausgedehnte Lagerstätten, die oft auch Anhydrit, Gips und Sylvin enthalten. Lagerstätten, in denen Salz in großem Umfang bergmännisch abgebaut wird, befinden sich u.a. in Deutschland, Österreich, Frankreich, Bolivien und am Golf von Mexiko. Das weltweit größte Salzbergwerk ist das von Retsof im US-Bundesstaat New York.

VERWENDUNG VON SALZ

Salz wird nicht nur zum Würzen von Speisen verwendet, sondern auch als Konservierungsmittel und Ausgangsstoff für Natriumcarbonat (Soda), das zur Herstellung von Seife, Glas und Backpulver benötigt wird. Ferner wird Steinsalz als Flussmittel in der Hüttenindustrie, als Glasierung für Porzellanemaille und als Ausgangsstoff für Salzsäure und andere Chlorverbindungen wie PVC eingesetzt.

TAFELSALZ
Salz ist ein für Menschen und Tiere unverzichtbares Mineral.

RITUELLE REINIGUNG
In der japanischen Nationalreligion, dem Shintoismus, werden an Hauseingängen und an Brunnenrändern kleine Salzhäufchen platziert.

SALZBERGWERK
In Europa wird Salz seit Jahrtausenden bergmännisch abgebaut.

SALZKRISTALLE
In diesem Handstück aus Inowroclaw in Polen ist eine Gesteinsgrundmasse von würfelförmigen Salzkristallen bedeckt.

EIGENSCHAFTEN

GRUPPE Halogenide
KRISTALLSYSTEM Kubisch
ZUSAMMENSETZUNG NaCl
FARBE Farblos bis weiß
FORM/HABITUS Würfelig
HÄRTE $2^1/_2$
SPALTBARKEIT Perfekt kubisch
BRUCH Muschelig
GLANZ Glasglanz
STRICH Weiß
SPEZ. GEWICHT 2,1–2,6
TRANSPARENZ Durchsichtig bis durchscheinend

TEXAS (USA)
In Texas gibt es bedeutende Sylvinlagerstätten aus dem Perm.

SYLVIN

CHEMISCH GESEHEN handelt es sich bei Sylvin um Kaliumchlorid. Es bildet glasige Würfel oder körnige, kristalline Massen. Der Name leitet sich von der alten medizinischen Bezeichnung *sal digestivus Sylvii* ab. Sylvin ist meist farblos bis weiß oder hellgrau, kann aber auch blaue, gelbe, violette oder rote Farbtöne aufweisen. Sein bitterer Geschmack unterscheidet es vom Steinsalz. Sylvin entsteht zusammen mit dem häufigeren Steinsalz und Gips in Evaporiten. Solche Lagerstätten finden sich in Staßfurt (Deutschland), Saskatchewan (Kanada) und in Texas und New Mexico (beide USA). Sylvin schlägt sich auch an Fumarolen nieder und bildet dort Krusten wie am Vesuv in Italien, wo es 1823 entdeckt wurde. Es wird als Grundstoff zur Herstellung von Kaliumverbindungen wie z.B. Kaliumdünger (siehe S. 175) abgebaut.

EIGENSCHAFTEN	
GRUPPE	Halogenide
KRISTALLSYSTEM	Kubisch
ZUSAMMENSETZUNG	KCl
FARBE	Farblos bis weiß
FORM/HABITUS	Würfelig
HÄRTE	2½
SPALTBARKEIT	Perfekt kubisch
BRUCH	Uneben
GLANZ	Glasglanz
STRICH	Weiß
SPEZ. GEWICHT	2,0
TRANSPARENZ	Durchsichtig bis durchscheinend

DÜNGEMITTEL
Sylvin ist ein wichtiger Rohstoff für die Herstellung von Kaliumdünger.

SYLVINKRISTALLE
Diese miteinander verwachsenen Kristallwürfel sind für Sylvin typisch.

BROKEN HILL
In dieser Gegend Australiens kommt Chlorargyrit vor.

CHLORARGYRIT

DAS SILBERCHLORID CHLORARGYRIT tritt in der Regel als derbe Masse auf und kann Krusten und Überzüge bilden, die gelegentlich hornartig aussehen. Wenn sich Kristalle bilden, sind diese würfelförmig, oft mit gekrümmten und schwach entwickelten Kristallflächen. Chlorargyrit entsteht durch Oxidation bei der Verwitterung von gediegenem Silber, Silbersulfiden und Sulfosalzen in Silberlagerstätten. Es ist oft mit Cerussit, Limonit und Malachit vergesellschaftet. In manchen Gegenden war es früher ein bedeutendes Silbererz, u.a. in Sachsen, Böhmen (Tschechische Republik), Potosí (Bolivien) sowie in verschiedenen Bundesstaaten der USA.

EIGENSCHAFTEN	
GRUPPE	Halogenide
KRISTALLSYSTEM	Kubisch
ZUSAMMENSETZUNG	AgCl
FARBE	Perlgrau, grünlich, weiß, farblos
FORM/HABITUS	In der Regel derb
HÄRTE	1–2
SPALTBARKEIT	Keine
BRUCH	Schwach muschelig
GLANZ	Matt bis Diamantglanz
STRICH	Weiß
SPEZ. GEWICHT	5,6
TRANSPARENZ	Durchsichtig bis fast undurchsichtig

CHLORARGYRITKRUSTE
Dieses Handstück stammt aus Broken Hill in Australien. Unter Lichteinfluss verfärbt sich Chlorargyrit violett oder bräunlich.

TERLINGUA, TEXAS (USA)
Dieses Gebiet liefert Kalomelkristalle.

KALOMEL

KALOMEL, dessen Name auf die griechischen Wörter für »schön« und »Honig« zurückgeht, schmeckt süß, ist aber giftig. Chemisch gesehen handelt es sich um Quecksilberchlorid. Es ist schwer, sehr weich und plastisch mit tafeligen, prismatischen oder pyramidenförmigen Kristallen, die oft komplexe Mehrfachbildungen aufweisen. Daneben bildet Kalomel auch Krusten und derbe oder erdige Massen. Es weist eine ziegelrote Fluoreszenz auf. Kalomel bildet sich mit gediegenem Quecksilber, Zinnober, Calcit und Limonit als Sekundärmineral in der Oxidationszone quecksilberhaltiger Ablagerungen. Kristalle wurden in Alava (Serbien) und in den US-Bundesstaaten Texas und Arizona gefunden. Weitere Fundorte sind Landsberg in Deutschland, Huahuaxtla in Mexiko und Almadén (Spanien). Ab dem 16. Jahrhundert wurde Kalomel als Abführmittel geschätzt. Heute wird es in Insektiziden und Fungiziden eingesetzt und als Quecksilbererz genutzt.

EIGENSCHAFTEN	
GRUPPE	Halogenide
KRISTALLSYSTEM	Tetragonal
ZUSAMMENSETZUNG	HgCl
FARBE	Weiß, farblos, gelbgrau oder grau
FORM/HABITUS	Tafelige Kristalle
HÄRTE	1–2
SPALTBARKEIT	Deutlich
BRUCH	Muschelig
GLANZ	Diamantglanz
STRICH	Gelblich weiß
SPEZ. GEWICHT	6,5
TRANSPARENZ	Durchsichtig bis fast undurchsichtig

KALOMELKRUSTEN
Dieses Handstück ist von einer dünnen Kalomelkruste überzogen.

SCHWEIZER ALPEN
An der Grenze zwischen den Schweizer und den Französischen Alpen sind die seltenen rosafarbenen, oktaedrischen Fluoritkristalle zu finden.

RECHTECKIGER SCHLIFF
Dieser Stein im rechteckigen Treppenschliff ist ein lila Fluorit.

GELBER SMARAGDSCHL.
Hier wurde ein gelber Fluorit für einen Sammler mit einem Smaragdschliff versehen.

ROSA SMARAGDSCHLIFF
Dieser gut ausgeführte Smaragdschliff ist ein schönes Beispiel für rosa Fluorit.

GRÜNER BRILLANT
Der niedrige Brechungsindex von Fluorit lässt manchmal das Funkeln vermissen.

FLUORIT

FLUORIT oder, chemisch gesehen, Calciumfluorid kommt als gut ausgebildeter Kristall in vielen verschiedenen Farben vor. Reiner Fluorit ist farblos und durchsichtig, häufiger sind aber violette, grüne und gelbe Färbungen, die durch Fremdatome entstehen – bis zu 20 Prozent des Calciums können durch Yttrium oder Cer ersetzt sein. Einige Kristalle weisen Zonen unterschiedlicher Färbung auf, die dem Verlauf der Kristallflächen folgen. Fluoritkristalle in Würfelform sind recht häufig anzutreffen. Oktaedrische Kristalle, die häufig Zwillingsbildungen aufweisen, sind dagegen seltener. Fluorit kann auch derb, körnig oder kompakt auftreten.

Das Phänomen der Fluoreszenz – das Aufleuchten im sichtbaren Wellenlängenbereich bei Bestrahlung mit UV-Licht (siehe S. 160–161) – wurde bei Fluorit erstmals erkannt und danach benannt. Der Name Fluorit ist vom lateinischen *fluere* (»fließen«) abgeleitet, da er sich sehr leicht schmelzen lässt. Er wird deshalb in der Metallurgie als Flussmittel eingesetzt. Der alte Name Flussspat wird nur noch in der Industrie verwendet.

VERWENDUNG

Fluorit findet Verwendung als Flussmittel bei der Stahlverhüttung, zur Herstellung von Flusssäure und als Katalysator bei der Herstellung von Kraftstoffen mit hoher Oktanzahl. Außerdem kommt er bei der Herstellung von synthetischem Kryolith (siehe S. 174) für die Verarbeitung von Aluminium, Blei und Antimon und bei der Produktion von opalisierendem Glas (siehe Kasten) und emailliertem Stahl zum Einsatz. Klarer Fluorit mit niedrigem Brechungsindex und geringer Dispersion wird für apochromatische (Farbfehler korrigierende) Linsen für Mikroskope verwendet.

LILA FLUORIT-KRISTALLE

FLUORIT MIT BLEIGLANZ

GELBE FLUORITKRISTALLE

GRÜNER FLUORIT

BLUE JOHN

FARBEN VON FLUORIT
Fluorit ist das Mineral, das in den meisten Farben vorkommt. Er kann farblos, weiß, violett, grün, blau, gelb oder, in seltenen Fällen, auch rosa oder rot gefärbt sein. Die Färbung entsteht durch verschiedene Spurenelemente in der Kristallstruktur. Ein einzelner Kristall kann verschiedene Farben enthalten.

OPALISIERENDES GLAS

Fluorit ist ein wichtiger Rohstoff für die Herstellung von glasierten Fliesen und opalisierendem Glas, einem halbdurchsichtigen, blau getönten Pressglas mit milchigem Schimmer. Die Farbe entsteht durch langsameres Abkühlen der Glasschmelze in den dickeren Bereichen, so dass eine Kristallisation einsetzt. Der amerikanische Künstler John LaFarge erfand das Verfahren im Jahr 1879 und ließ es patentieren. Die atemberaubendsten und buntesten Glasdesigns im Jugendstil stammen aber von Louis Comfort Tiffany. In den 1920er- und 1930er-Jahren stellten zahlreiche Unternehmen in Frankreich Vasen, Flaschen und Lampenschirme im Jugendstil aus Opalglas her. Die bekanntesten stammen von René Lalique.

DECKENLAMPE
Auf dieser flachen, runden Deckenlampe aus Opalglas heben sich Fische mit Schleierschwanz von einem blauen Untergrund ab. Die Lampe von Mark Sabino wird an drei Metallketten aufgehängt.

OPALGLASFLASCHE
Die milchig weißen Bereiche dieser chinesischen Opalglasflasche von 1911 sind mit Fischen und Wasserpflanzen dekoriert.

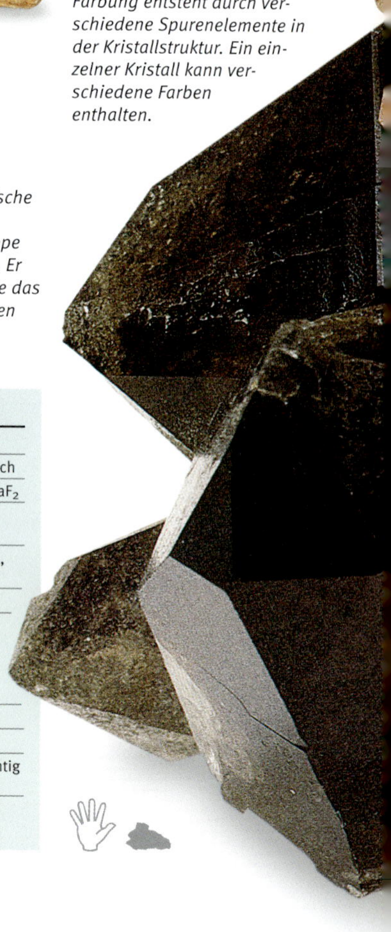

ROSA FLUORIT
Dieser prächtige oktaedrische Zwillingskristall aus rosa Fluorit sitzt auf einer Gruppe von Rauchquarzkristallen. Er stammt aus den Alpen, die das weltweit größte Vorkommen von rosa Fluorit haben.

EIGENSCHAFTEN

GRUPPE	Halogenide
KRISTALLSYSTEM	Kubisch
ZUSAMMENSETZUNG	CaF_2
FARBE	Kommt in fast allen Farben vor
FORM/HABITUS	Kubisch, oktaedrisch
HÄRTE	4
SPALTBARKEIT	Vollkommen nach Oktaederflächen
BRUCH	Flach muschelig
GLANZ	Glasglanz
STRICH	Weiß
SPEZ. GEWICHT	3,0–3,3
TRANSPARENZ	Durchsichtig bis durchscheinend
BRECHUNGSINDEX	1,43

Fluorit dient auch der Gewinnung des Elements Fluor, das dem Trinkwasser zugesetzt und zur Herstellung von Teflonbeschichtungen für Bratpfannen mit Antihaftschicht verwendet wird.

Die große Palette leuchtender Farben, das häufige Auftreten mehrfarbiger Steine mit Farbbändern, Flecken oder Farbverläufen würden Fluorit zu einem beliebten Schmuckstein machen, wenn er nicht so weich und zerbrechlich wäre. Im alten Ägypten wurden aus Fluorit Statuen und Skarabäen hergestellt, und in China werden seit über 300 Jahren Objekte aus Fluorit geschnitzt. Man hat sogar versucht, chinesischen Fluorit als Jade auszugeben, doch die geringe Härte ist ein sehr einfaches Unterscheidungsmerkmal. Im 18. Jahrhundert wurde dem Trinkwasser fein gemahlener Fluorit zugesetzt, um die Symptome von Nierenerkrankungen zu mildern.

VORKOMMEN

Fluorit kommt in Gängen vor, oft zusammen mit Blei und Silbererzen; daneben ist er in Hohlräumen von Pegmatit, in Sedimentgesteinen und in der Umgebung von Thermalquellen zu finden. Er ist weltweit an vielen Orten anzutreffen. Die wichtigsten Vorkommen liegen in Kanada, den USA, Südafrika, Mexiko, China, der Mongolei, Thailand, Peru, Polen, Ungarn, der Tschechischen Republik, Norwegen, Großbritannien, Spanien und Deutschland.

GEBÄNDERTER FLUORIT

Die violett und weiß oder gelb gebänderte Varietät von Fluorit wird auch als Blue John bezeichnet. Der Name ist möglicherweise eine Verballhornung des französischen *bleu jaune* (»blaugelb«), den Farben von Blue John. Diese Fluoritvarietät kommt zu einem großen Teil aus Castleton in Derbyshire (England), wo er in mindestens 14 Gängen mit unterschiedlichen Mustern vorkommt. Er wurde in der Römerzeit erstmals abgebaut und zu Gefäßen verarbeitet. Die Römer schätzten Gefäße aus Fluorit besonders, weil sie dem aus ihnen getrunkenen Wein einen besonderen Geschmack verliehen. Dieser Geschmack war auf das Harz zurückzuführen, mit dem die Kristalle bei der Herstellung miteinander verklebt wurden.

RING AUS BLUE JOHN
Dieser silberne Fingerring aus dem 20. Jahrhundert enthält einen Cabochon aus Blue John aus Castleton (England).

WIEDERENTDECKUNG DER MINEN

Zu Beginn des 18. Jahrhunderts folgten zwei Bergarbeiter – John Kirk und Joseph Hall – einer Blue-John-Ader und stolperten in die alten römischen Minen. Sie und andere holten den gebänderten Fluorit aus den Stollen, während Kunsthandwerker wie Matthew Boulton (1728–1809), ein früher Pionier des Dampfmaschinenbaus, daraus Vasen, Ornamente und Schmuck herstellten. Die Minen sind heute noch in Betrieb. Da das Mineral leicht zerbricht, wird es oft mit Harz behandelt.

BLUE-JOHN-MINEN IN DERBYSHIRE
Dieser Gang in der Odin Mine, Castleton, Derbyshire, ist eine der Minen, in denen Blue John bereits von den Römern abgebaut wurde.

RÖMISCHER BECHER
Dieser einhenklige Becher wurde im 1. Jahrhundert n. Chr. aus einem einzigen Fluoritstück mit zahlreichen violetten, grünen, gelben und weißen Adern geschnitten. Er ist mit einem Flachrelief aus Weinranken verziert.

PIKE'S PEAK (USA)
In Pike's Peak im US-Bundesstaat Colorado gibt es noch kleinere Mengen von derbem Kryolith.

KRYOLITH

OBWOHL KRYOLITH vielen Menschen völlig unbekannt ist, hat er große wirtschaftliche Bedeutung. Moderne Flugzeuge und viele technische Errungenschaften wären ohne dieses Mineral nicht möglich. Kryolith ist für die Gewinnung von Aluminium unverzichtbar. Dieses ist zwar das häufigste Metall in der Erdkruste (nur Silicium und Sauerstoff sind in noch größerer Menge vorhanden), lag aber vor 1886 kaum als reines Metall vor (siehe Kasten).

Der Name Kryolith stammt vom altgriechischen *kryos* (»Eis«), in Anspielung auf das eisähnliche Aussehen. Chemisch gesehen handelt es sich bei diesem farblosen bis weißen Mineral um Natrium-Aluminiumfluorid. In seltenen Fällen kann Kryolith auch braun, gelb, rotbraun oder schwarz gefärbt sein. Er entsteht überwiegend in granitischen Pegmatiten und Granit. Kryolith tritt meist in groben, spaltbaren Klumpen auf. Erkennbare Kristalle sind selten und weisen dann eine pseudokubische Form und tiefe Rillen auf. Da Kryolith nahezu den gleichen Brechungsindex besitzt wie Wasser, ist Kryolith in Wasser praktisch unsichtbar. Dadurch unterscheidet er sich von ähnlich aussehenden Mineralen.

Die größte Lagerstätte bei Ivigtut (Grönland) ist inzwischen erschöpft. Geringere Vorkommen gibt es in Spanien, Russland und den USA. Kleine gelbe Kristalle wurden am Mont Saint-Hilaire in der kanadischen Provinz Québec gefunden. Neben der Aluminium verarbeitenden Industrie benötigen auch die Glas- und Emaille-Industrie Kryolith. Aus Fluorit (siehe S. 172) hergestellter synthetischer Kryolith hat den seltenen natürlichen Kryolith weitgehend ersetzt.

MODERNE FLUGZEUGE
Aluminium hat eine hohe Festigkeit bei geringem Gewicht – ein idealer Werkstoff für den Flugzeugbau.

DERBER KRYOLITH
Dieser Kryolith aus Ivigtut (Grönland) weist den typischen Fettglanz und die pseudokubische Form eines gespaltenen Blocks auf.

EIGENSCHAFTEN

GRUPPE	Halogenide
KRISTALLSYSTEM	Monoklin
ZUSAMMENSETZUNG	Na_3AlF_6
FARBE	Farblos bis schneeweiß
FORM/HABITUS	Pseudokubisch
HÄRTE	2½
SPALTBARKEIT	Keine
BRUCH	Uneben
GLANZ	Glasglanz bis Fettglanz
STRICH	Weiß
SPEZIFISCHES GEWICHT	3,0
TRANSPARENZ	Durchsichtig bis durchscheinend

GLASUR
Kryolith wird zur Herstellung spezieller Glasuren für Glas und Keramik verwendet.

GEWINNUNG VON ALUMINIUM

1886 entdeckten der Amerikaner Charles M. Hall und der Franzose Paul Louis-Toussain Héroult gleichzeitig, dass durch Auflösung von Aluminiumoxid (aus Bauxit, siehe S. 167) in geschmolzenem Kryolith und Elektrolyse mit Gleichstrom Aluminium freigesetzt werden kann. Dieses Hall-Héroult-Verfahren ist noch heute das übliche Verfahren zur Gewinnung von Aluminium. Das gewonnene Aluminium muss oft mit anderen Mineralen legiert werden, um seine Festigkeit, Widerstandsfähigkeit oder andere mechanische Eigenschaften zu verbessern. Aluminium für die Luftfahrtindustrie wird mit geringen Mengen Kupfer und Mangan zu einer unter der Bezeichnung Duraluminium bekannten Legierung verarbeitet.

HALL
C. M. Hall (1863–1914) entwickelte in Pittsburgh sein Schmelzverfahren.

HÉROULT
P. L.-T. Héroult (1863–1914) erfand im Jahr 1900 auch den Lichtbogenofen zur Stahlerzeugung.

FLÜSSIGES ALUMINIUM
Beim Hall-Héroult-Verfahren wird Bauxit in geschmolzenem Kryolith aufgelöst, um Aluminium auszuschmelzen.

TEXAS (USA)
Im US-Bundesstaat Texas gibt es reiche Carnallitvorkommen aus dem Perm.

CARNALLIT

CARNALLIT WURDE NACH SEINEM ENTDECKER, dem preußischen Bergbauingenieur Rudolph von Carnall, benannt. Das wasserhaltige Kalium- und Magnesiumchlorid tritt meist in derber oder körniger Form auf. Kristalle sind selten, da sie Wasser aus der Luft aufnehmen und sich dabei auflösen. Wenn Kristalle gefunden werden, sind sie dick tafelig, pseudohexagonal oder pyramidenförmig. Carnallit ist in der Regel weiß oder farblos, kann aber durch Spuren von Hämatit oder Goethit rötlich oder gelblich verfärbt sein. Durch seine geringe Dichte ist er relativ leicht von ähnlich aussehenden Mineralen zu unterscheiden. Carnallit bildet sich in den oberen Schichten mariner Evaporitsalzlagerstätten zusammen mit anderen Kalium- und Magnesiumevaporiten. Er ist als Kaliumlieferant für Düngemittel von Bedeutung. In Russland ist Carnallit das wichtigste Magnesiummineral. Reichliche Vorkommen gibt es in den Salzlagerstätten Norddeutschlands, in den US-Bundesstaaten Texas und New Mexico, in Spanien und in Polen.

KALIUMCARBONAT

Carnallit ist neben Sylvin (siehe S. 171) eines von mehreren Mineralen, aus denen Kalidünger hergestellt werden. In der Landwirtschaft ist das richtige Verhältnis von Kaliumcarbonat (Pottasche) und Stickstoff von Bedeutung. Viele Pflanzenkrankheiten wie z. B. der Mehltau werden durch übermäßige Stickstoffgaben begünstigt und können mit Kaliumcarbonat bekämpft werden. Aus Carnallit wird auch Kaliumhydroxid (Ätzkali) hergestellt, das zur Produktion von Seife und Indigofarben benötigt wird.

POTTASCHEBECKEN
Diese Verdunstungsbecken gehören zu einer Fabrik, die Kalidünger herstellt.

EIGENSCHAFTEN

GRUPPE	Halogenide
KRISTALLSYSTEM	Orthorhombisch
ZUSAMMENSETZUNG	$KMgCl_3 \cdot 6H_2O$
FARBE	Milchig weiß, oft rötlich
FORM/HABITUS	Derb bis körnig
HÄRTE	$2^1/_2$
SPALTBARKEIT	Keine
BRUCH	Muschelig
GLANZ	Fettglanz
STRICH	Weiß
SPEZIFISCHES GEWICHT	1,6
TRANSPARENZ	Durchsichtig bis undurchsichtig

KÖRNIGER CARNALLIT
Diese körnige Carnallitmasse ist durch Hämatiteinschlüsse rötlich gefärbt.

ATACAMA (CHILE)
In der Atacama-Wüste wurden bis zu 2,5 cm lange Atacamitkristalle gefunden.

ATACAMIT

DER NACH DER ATACAMA-WÜSTE in Chile benannte Atacamit ist ein Sekundärmineral, das meist unter ariden Bedingungen durch Oxidation anderer Kupferminerale entsteht. Am Vesuv in Italien kondensiert es ausnahmsweise direkt aus vulkanischen Dämpfen. Er ist ein Kupferchlorid-Hydroxid. Seine Kristalle sind schlank prismatisch, tafelig oder pseudooktaedrisch. Atacamit kommt auch als kristallines, faseriges, körniges oder derbes Aggregat vor. Neben der Atacama-Region in Chile liefern auch Boleo in Mexiko sowie die US-Staaten Utah und Nevada Atacamit. Atacamit bildet sich auch als Korrosionsprodukt antiker und moderner Bronze- und Kupferlegierungen. Stellenweise ist Atacamit ein minderes Kupfererz.

FREIHEITSSTATUE
Die aus einer Kupferlegierung hergestellte Freiheitsstatue in New York ist von einer grünen Schicht aus Atacamit überzogen.

EIGENSCHAFTEN

GRUPPE	Halogenide
KRISTALLSYSTEM	Orthorhombisch
ZUSAMMENS.	$Cu_2Cl(OH)_3$
FARBE	Leuchtend grün bis grünschwarz
FORM/HABITUS	Schlank prismatisch
HÄRTE	$3–3^1/_2$
SPALTBARKEIT	Vollkommen
BRUCH	Muschelig, spröde
GLANZ	Diamant- bis Glasglanz
STRICH	Apfelgrün
SPEZIFISCHES GEWICHT	3,8
TRANSPARENZ	Durchsichtig bis durchscheinend

ATACAMITKRISTALLE
In diesem Handstück ist ein mit einer Masse aus dunkelgrünen, tafeligen Atacamitkristallen ausgefüllter Hohlraum von Quarz und Malachit umgeben.

CARBONATE

DIE CARBONATE stellen eine sehr bedeutende Mineralgruppe in der Erdkruste dar. Die Carbonatminerale Calcit und Dolomit sind in Sedimenten wie Kreide und Kalkstein, in Muschelschalen und Korallenriffen und in metamorphen Gesteinen wie Marmor anzutreffen. Auch in bei niedrigen Temperaturen gebildeten hydrothermalen Gängen und als Evaporat sind sie zu finden. Alle Carbonatminerale enthalten in ihrer chemischen Formel die Carbonatgruppe CO_3 als elementare Struktureinheit. Diese Carbonatgruppe besteht aus einem Kohlenstoffatom in einem gleichseitigen Dreieck aus Sauerstoffatomen. Dadurch entsteht bei vielen Carbonatmineralen eine trigonale Symmetrie. Aus dieser Basiseinheit wird durch Anlagerung eines Kations oder mehrerer Kationen ein Carbonatmineral gebildet.

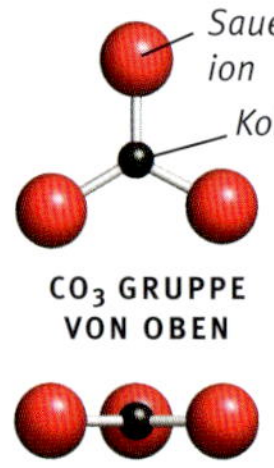

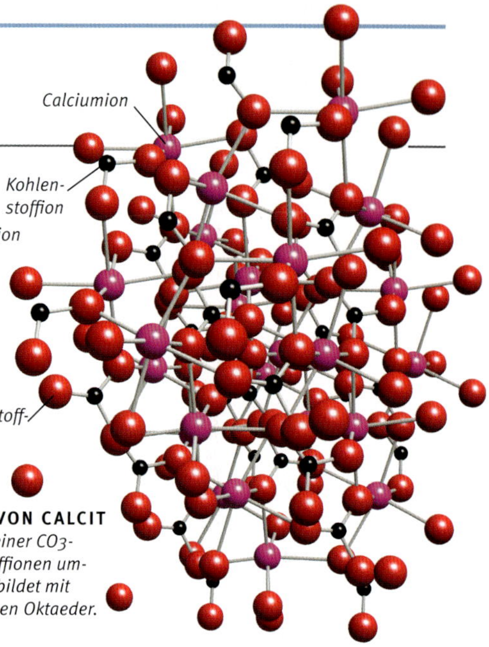

KRISTALLSTRUKTUR VON CALCIT
Das Kohlenstoffion ist in einer CO_3-Gruppe von drei Sauerstoffionen umgeben. Jedes Calciumion bildet mit sechs Sauerstoffionen einen Oktaeder.

TRONA

ABBAU BEI TRONA (USA)
Trona in Kalifornien ist nach dem dort entdeckten großen Tronavorkommen benannt.

TRONA ist ein wasserhaltiges Natriumbicarbonat. Der Name ist eine Abkürzung des arabischen *natrun* (»Salz«). Trona ist in der Regel derb; manchmal bildet er auch eine pulvrige Schicht auf den Wänden von Bergwerken oder auf Wüstenböden. Die seltenen Kristalle sind länglich prismatisch, tafelig oder faserig. Trona ist farblos bis grau oder gelblich weiß und schmeckt stark salzig. Er entsteht als Evaporatmineral an Salzseen. In trockenen Regionen tritt er als Ausblühung auf dem Boden auf. Trona ist meist mit Halit, Gips, Borax, Dolomit, Glauberit und Sylvin vergesellschaftet. Er kommt in Salzwüsten häufig vor, insbesondere in der Nähe von Mit Rahina (dem antiken Memphis) im unteren Niltal, (Ägypten), am Goodenough-See in der kanadischen Provinz British Columbia, in Bilma (Libyen), am Tschadsee (Tschad), am Texcoco-See (Mexiko), in den Salzwüsten der Mongolei und Tibets, am Searles Lake und bei Borax in Kalifornien, bei Fallon in Nevada und der vermutlich größten Lagerstätte in Sweetwater, Wyoming (alle USA). Trona aus ergiebigen Lagerstätten ist als Ausgangsmaterial für die Gewinnung von Natrium von Bedeutung.

PANAMINT VALLEY, KALIFORNIEN

Panamint Valley ist eine wüstenhafte Salztonebene im Gebiet von San Bernardino in Südkalifornien. Dort liegt auch der Searles Lake, der 1863 von den Brüdern John und Dennis Searles entdeckt wurde. Er nimmt eine etwas tiefer gelegene Stelle der Wüste ein, die periodisch mit Wasser bedeckt ist. Bei dessen Verdunstung bleiben Ablagerungen von Salz und anderen Mineralen zurück. Der Searles Lake ist ein Überbleibsel eines eiszeitlichen Entwässerungssystems (vor 1,8 Millionen bis 10 000 Jahren). Die Ablagerungen enthalten neben Borax, mit dessen Abbau die Searles-Brüder 1873 begannen, auch Trona.

DERBER TRONA
Dieser derbe Trona weist die für seine Ablagerung charakteristische Schichtstruktur auf.

EIGENSCHAFTEN

GRUPPE Carbonate
KRISTALLSYSTEM Monoklin
ZUSAMMENSETZUNG $Na_3(HCO_3)(CO_3)\cdot 2H_2O$
FARBE Farblos bis grau, gelbweiß
FORM/HABITUS Derb
HÄRTE $2^1/_2$–3
SPALTBARKEIT Vollkommen
BRUCH Uneben bis schwach muschelig
GLANZ Glasglanz, glitzernd
STRICH Weiß
SPEZIFISCHES GEWICHT 2,1
TRANSPARENZ Durchsichtig bis durchscheinend

ESKIFJORD (ISLAND)
Nach seinem Vorkommen bei Eskifjord wird Doppelspat auch als Islandspat bezeichnet.

CALCIT

VON DEN ÜBER 70 bekannten Carbonatmineralen machen drei den größten Teil der Carbonate in der Erdkruste aus: Calcit, Dolomit und Siderit. Calcit ist die häufigste Form von Calciumcarbonat und für seine Vielfalt an schönen Kristallformen bekannt. Calcitkristalle sind sehr oft schiefwinklig und weisen meist Zwillingsbildungen auf, teilweise in Herz- oder Schmetterlingsform. Auch Kristalle mit rhomboedrischen Enden sind anzutreffen. Calcit lässt sich leicht in Rhomboeder spalten. Kristalle mit spitz zulaufenden rhomboedrischen oder schiefwinkligen Enden werden als Hundezahn, Kristalle mit flachen rhomboedrischen Enden als Nagelkopf und hoch transparente Kristalle als Doppelspat bezeichnet. Letztere werden wegen ihrer optischen Eigenschaften in Polarisationsfiltern eingesetzt. An Calcit ist das optische Phänomen der Doppelbrechung gut zu erkennen: Das Licht wird beim Durchgang durch einen Kristall in zwei Teilstrahlen zerlegt, wodurch ein Doppelbild des durch den Kristall betrachteten Objekts erscheint. Reiner Calcit ist farblos bis weiß. Er kann aber alle Farben annehmen, sogar Blau und Schwarz.

Obwohl Calcit immer wieder in faszinierenden Kristallformen anzutreffen ist, kommt er überwiegend in derber Form als Kalkstein oder Marmor vor. Auch faserige, knollige, tropfsteinartige und erdige Aggregate sind zu finden. Calcit kommt in vielen Umgebungen vor. In Kalksintern liefern die Kristallformen einen guten Hinweis auf Temperatur und sonstige bei der Ablagerung herrschende Bedingungen. Die berühmteste Lagerstätte von Doppelspat war Eskifjord in Island, wo er in den Hohlräumen basaltischer Gesteine gefunden wurde. Ein einziger Kristall aus dieser Lagerstätte hatte Abmessungen von 7 x 2,5 m. Gewöhnlicher Calcit ist so verbreitet, dass Kristalle in praktisch allen Ländern zu finden sind.

ANTIKE BILDHAUERKUNST

In der Antike war Hatnub in Ägypten ein berühmter Calcitlieferant. Aus dem dort abgebauten weißen oder gelben Calcit wurden unter anderem Gebäude errichtet, Gefäße hergestellt und weiße Augen in Statuen eingesetzt. Einige der in Tutanchamuns Grab gefundenen Gegenstände waren vermutlich aus diesem Material gefertigt worden. Der ägyptische »Alabaster« war fast immer Calcit. Der heutige Name ist vom lateinischen *chalx* (»gebrannter Kalk«) abgeleitet.

ALABASTER-SPHINX
Dieser Sphinx stellt vermutlich Amenhotep II. dar und stammt aus der 18. oder 19. Dynastie.

EIGENSCHAFTEN	
GRUPPE	Carbonate
KRISTALLSYSTEM	Hexagonal/trigonal
ZUSAMMENSETZUNG	$CaCO_3$
FARBE	Farblos, weiß
FORM/HABITUS	Schiefwinklig, rhomboedrisch
HÄRTE	3
SPALTBARKEIT	Vollkommen nach Rhomboederflächen
BRUCH	Schwach muschelig, spröde
GLANZ	Glasglanz
STRICH	Weiß
SPEZIFISCHES GEWICHT	2,7
TRANSPARENZ	Durchsichtig bis durchscheinend
BRECHUNGSINDEX	1,48–1,66

SANDCALCIT

NAGELKOPF

SCHMETTERLING

BAUMFORM

TEIL EINER KRISTALLSPITZE

CALCIT-KRISTALLE
Diese Exemplare geben einen Überblick über die Vielfalt an Farben und Formen, in denen Calcitkristalle vorkommen.

HUNDEZAHN
Diese prächtigen Hundezahnkristalle kommen aus Sankt Andreasberg im Harz.

STROHHALME AUS CALCIT
Extrem lange, dünne Tropfsteinröhren aus kristallinem Calcit hängen in dieser Höhle wie feine Wasserstrahlen von der Decke. Daneben nimmt sich die stehende Person wie ein Zwerg aus.

SMITHSONIT

CHIHUAHUA
Smithsonitvorkommen gibt es im mexikanischen Bundesstaat Chihuahua.

SMITHSONIT bildet zwar selten Kristalle aus, doch in Tsumeb (Namibia) wurden spektakuläre Exemplare von mehr als 2 cm Länge gefunden. Das Zinkcarbonat Smithsonit tritt meist als trauben- oder zapfenförmige Masse oder bienenwabenartiges Aggregat auf. Rhomboedrische Kristalle weisen in der Regel gekrümmte Kristallflächen auf. Smithsonit kommt in den Oxidationszonen der meisten Zinkerzlagerstätten und den angrenzenden kalkhaltigen Gesteinen vor. Nennenswerte Vorkommen sind aus Italien, Deutschland, Mexiko, Sambia und Australien bekannt. Besonders schöne Exemplare kommen aus Colorado und New Mexico (beide USA). Smithsonit wird gelegentlich mit Cabochonschliff als Schmuckstein verwendet. Vielerorts wird er als Zinkoxid abgebaut. Das Zink in antiker Bronze stammt möglicherweise aus Smithsonit.

BLAUER SMITHSONIT
Diese traubige Masse aus blauem Smithsonit weist an der Unterseite einen Farbübergang von Blau nach Grün auf.

EIGENSCHAFTEN	
GRUPPE	Carbonate
KRISTALLSYSTEM	Hexagonal/trigonal
ZUSAMMENSETZUNG	$ZnCO_3$
FARBE	Weiß, blau, grün, gelb, braun, rosa, farblos
FORM/HABITUS	Traubig, rhomboedrisch, scalenoedrisch
HÄRTE	4–4½
SPALTBARKEIT	Vollkommen rhomboedrisch
BRUCH	Uneben bis muschelig
GLANZ	Glas- bis Perlmuttglanz
STRICH	Weiß
SPEZIFISCHES GEWICHT	4,4
TRANSPARENZ	Durchscheinend bis undurchsichtig
BRECHUNGSINDEX	1,62–1,85

WEISSER SMITHSONIT

CABOCHON
Bei ausreichender Dicke kann Smithsonit als Cabochon geschliffen werden.

JAMES SMITHSON
Smithsonit wurde nach dem Gründer der Smithsonian Institution in den USA benannt.

SIDERIT

CORNWALL
Siderit wird neben anderen Mineralen im Südwesten Englands gefunden.

DER NAME DES EISENCARBONATS ist vom griechischen *sideros* (»Eisen«) abgeleitet. Der auch als Spateisenstein bezeichnete Siderit weist eine Calcitstruktur auf und kann rhomboedrische Kristalle, oft mit gekrümmten Kristallflächen, oder schiefwinklige, tafelige oder prismatische Kristalle ausbilden. Häufiger tritt er in derber oder körniger Form auf. Siderit ist in Sedimentiten, Magmatiten und Metamorphiten recht häufig. In Sedimentgestein tritt er in Konkretionen und dünnen Schichten mit Schieferton, Ton und Kohleflözen auf. Gut ausgebildete Kristalle kommen in hydrothermalen Gängen und einigen granitischen und syenitischen Pegmatiten vor. Einzelkristalle von bis zu 15 cm Länge wurden in Kanada und in Brasilien gefunden. Schöne Exemplare kommen auch aus Devon und Cornwall.

EIGENSCHAFTEN	
GRUPPE	Carbonate
KRISTALLSYSTEM	Hexagonal/trigonal
ZUSAMMENSETZUNG	$FeCO_3$
FARBE	Gelbbraun, dunkelbraun
FORM/HABITUS	Rhomboedrisch
HÄRTE	3½–4
SPALTBARKEIT	Vollkommen rhomboedrisch
BRUCH	Uneben oder muschelig
GLANZ	Glas- bis Perlmuttglanz
STRICH	Weiß
SPEZ. GEWICHT	3,9
TRANSP.	Durchscheinend

DERBER SIDERIT
Dieser derbe Siderit ist von zahlreichen Quarznadeln bedeckt.

EISENERZ

Siderit wird örtlich als Eisenerz genutzt. Das Ausschmelzen von Eisen aus Erzen kam in Anatolien und Persien bereits um 2000 v. Chr. auf, in China erst um 600 v. Chr. Eisen erwies sich der bis dahin verwendeten Bronze in nahezu jeder Hinsicht als überlegen. Letztendlich führte seine Verwendung zur Industriellen Revolution. Welche Rolle Siderit dabei spielte, ist noch ungeklärt.

ROSTIGE EISENZANGE
Diese handgeschmiedete Eisenzange aus Norfolk (England) stammt aus dem 1. Jahrhundert v. Chr.

TRAUBIGER SIDERIT

RHOMBOEDRISCHER SIDERIT
Hier sind rhomboedrische Sideritkristalle, zum Teil mit Zwillingsbildungen, auf Quarz aufgewachsen.

MAGNESIT

BAHIA
Die Brumado-Mine bei Bahia in Brasilien ist ein wichtiger Magnesit-lieferant.

MAGNESIT tritt meist in derben, lamellenartigen, faserigen oder körnigen Massen auf. Kristalle sind selten und weisen dann rhomboedrische oder prismatische Formen auf. Magnesit ist in der Regel weiß oder hellgrau, kann aber auch gelbliche oder bräunliche Färbungen annehmen, wenn ein Teil des Magnesiums durch Eisen ersetzt ist. Magnesit entsteht überwiegend sekundär aus magnesiumreichem Gestein wie Peridotit und durch Reaktion magnesiumhaltiger Lösungen mit Calcit. Als Primärmineral kommt er in Kalkstein, Talk, Chloritschiefer und in einigen Meteoriten vor. Größere Vorkommen sind aus Australien und Brasilien bekannt. Magnesit löst sich in Salzsäure unter Aufschäumen auf.

EIGENSCHAFTEN

GRUPPE	Carbonate
KRISTALLSYSTEM	Hexagonal/trigonal
ZUSAMMENSETZUNG	$MgCO_3$
FARBE	Weiß, hellgrau, gelblich, bräunlich
FORM/HABITUS	Derb
HÄRTE	4
SPALTBARKEIT	Vollkommen rhomboedrisch
BRUCH	Muschelig, spröde
GLANZ	Glasglanz
STRICH	Weiß
SPEZIFISCHES GEWICHT	3,0
TRANSPARENZ	Durchsichtig bis durchscheinend

SPALTBARKEIT NACH RHOMBOEDERFLÄCHEN
Diese Masse aus Magnesit mit Phlogopit und Serpentin weist Spaltflächen auf.

MAGNESIUM

Magnesit wird als feuerfester Baustoff, als Katalysator und als Füllstoff bei der Herstellung von synthetischem Gummi sowie als Rohstoff für magnesiumhaltige Chemikalien und Düngemittel eingesetzt. Mit Magnesium legiert erhalten Aluminium, Zink oder Mangan die hohe Festigkeit, die im Flugzeug- und Fahrzeugbau, in der Raumfahrttechnik und für Haushaltsgeräte benötigt wird (siehe S. 181).

OFENFUTTER
Da Magnesit praktisch nicht schmelzbar ist, eignet er sich in idealer Weise als feuerfeste Auskleidung (Ofenfutter).

RHODOCHROSIT

HOKKAIDO
Auf der japanischen Insel gibt es Rhodochrosit-kristalle.

DER NAME RHODOCHROSIT leitet sich nach seiner klassischen rosaroten Farbe vom griechischen *rhodokchros* (»rosenfarbig«) ab. Er kann aber auch braun oder grau sein. Bei diesem Mangancarbonat ist häufig ein Teil des Mangans durch Calcium und Eisen, gelegentlich auch durch Magnesium, ersetzt. Rhodochrosit bildet sich bei mäßigen Temperaturen in hydrothermalen Gängen, außerdem in metamorphen Ablagerungen und als Sekundärmineral in manganhaltigen Sedimenten. In Butte im US-Bundesstaat Montana kommt Rhodochrosit in solchen Mengen vor, dass er als Manganerz abgebaut wird. Weitere Fundorte liegen in Rumänien, Gabun, Mexiko, Russland, Japan und Colorado, USA.

EIGENSCHAFTEN

GRUPPE	Carbonate
KRISTALLSYSTEM	Hexagonal/trigonal
ZUSAMMENSETZUNG	$MnCO_3$
FARBE	Rosa, braun oder grau
FORM/HABITUS	Rhomboedrisch
HÄRTE	$3^1/_2$–4
SPALTBARKEIT	Vollkommen nach Rhomboederflächen
BRUCH	Uneben
GLANZ	Glas- bis Perlmuttglanz
STRICH	Weiß
SPEZIFISCHES GEWICHT	3,6
TRANSPARENZ	Durchsichtig bis durchscheinend
BRECHUNGSINDEX	1,6–1,8

SCHMUCKSTEIN

Kristalle in Edelsteinqualität kommen aus Colorado (USA) und Hotazel (Südafrika). Diese werden zwar zum Teil auch für Sammler geschliffen, als Schmuckstein gebräuchlicher ist jedoch die feinkörnige, gebänderte Varietät. Da Rhodochrosit weich und zerbrechlich ist, wird er nur selten geschliffen und verlangt dabei große Kunstfertigkeit.

OHRRINGE
Glänzende Rhodochrositperlen zieren diese Ohrringe.

DEKORATIVE ENTEN
Diese Enten sind aus Rhodochrosit und Calcit geschnitten.

RHODOCHROSITKRISTALLE
Diese Gruppe durchsichtiger Rhodochrositkristalle in Edelsteinqualität ist teilweise von Quarz bedeckt.

TROPFSTEINARTIGES GEBILDE
Aus Cararnarca (Argentinien) kommt eine Form, die auch als »Rose der Inkas« bezeichnet wird.

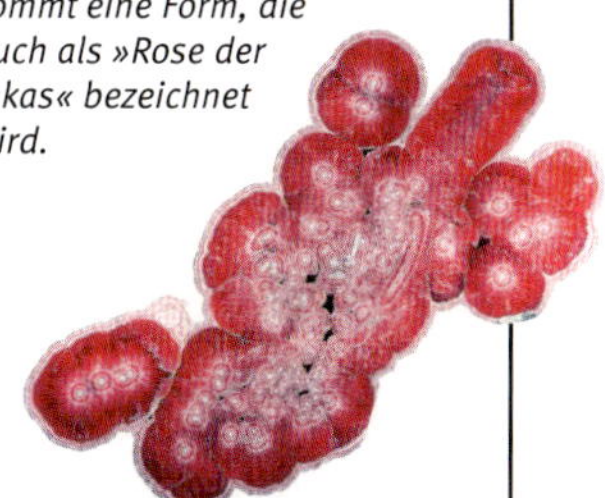

SPEKTAKULÄRER KRISTALL
Hier sitzen rhomboedrische Rhodochrositkristalle auf strahligen Quarzkristallen.

TROPFENSCHLIFF
Dieser Rhodochrosit wurde in Tropfenform geschliffen.

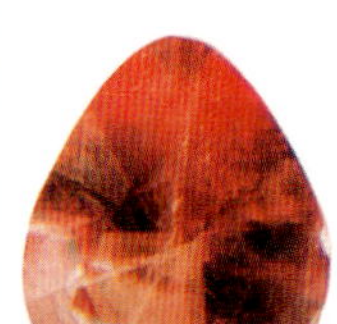

BRILLANT
Durchsichtiger Rhodochrosit wird manchmal für Sammler geschliffen.

ARAGONIT

ARAGÓN (SPANIEN)
Aragonit ist nach seinem ursprüngliche Fundort in Spanien benannt.

DAS CALCIUMCARBONAT ARAGONIT weist die gleiche chemische Zusammensetzung auf wie Calcit, ist aber wesentlich seltener. Aragonit ist relativ instabil und wandelt sich manchmal in Calcit um. Im Gegensatz zu den trigonalen Calcitkristallen sind Aragonitkristalle orthorhombisch. Einzelkristalle sind kurz- oder langsäulig. Meist sind jedoch Zwillings- oder Mehrfachbildungen anzutreffen, die manchmal hexagonale Formen aufweisen. Daneben kommen säulige, zapfenförmige, strahlige oder faserige Erscheinungsformen vor. Trotz des ähnlichen Aussehens ist Aragonit leicht von Calcit zu unterscheiden, da er keine Spaltbarkeit nach Rhomboederflächen aufweist. Aragonit kann weiß, farblos, grau, gelblich, grün, blau, rötlich, violett oder braun sein.

Er entsteht u.a. in der Oxidationszone von oberflächennahen Erzlagerstätten bei niedrigen Temperaturen. Auch Stalaktiten in Höhlen, Sinter von Thermalquellen und Gänge können Aragonit enthalten. Korallenähnliche Aggregate, die in Eisenerzlagerstätten zusammen mit dem Eisencarbonat Siderit vorkommen, werden als Eisenblüte bezeichnet. Gebänderter Aragonit wird gelegentlich als Schmuckstein poliert, durchsichtige Kristalle werden vereinzelt für Sammler geschliffen. Aragonit entsteht auch durch noch nicht vollständig geklärte biologische Vorgänge. Schleifbare Kristalle kommen aus der Tschechischen Republik, Aragonit-Tropfsteine aus Mexiko, Eisenblüte aus Österreich und Griechenland und schöne Kristalle aus Marokko, Großbritannien, Frankreich, Deutschland, Italien, Ungarn, Japan und den USA.

KARTENHÜLLE UND MUSCHEL
Perlen, viele Muschelschalen und die Schalen verschiedener Meereslebewesen bestehen aus Aragonit.

EIGENSCHAFTEN

GRUPPE	Carbonate
KRISTALLSYSTEM	Orthorhombisch
ZUSAMMENSETZUNG	$CaCO_3$
FARBE	Farblos, weiß, grau, gelb, rötlich, grün
FORM/HABITUS	Prismatisch, nadelförmig
HÄRTE	$3^1/_2$–4
SPALTBARKEIT	Deutlich
BRUCH	Schwach muschelig, spröde
GLANZ	Glasglanz bis Harzglanz
STRICH	Weiß
SPEZIFISCHES GEWICHT	2.9
TRANSPARENZ	Durchsichtig bis durchscheinend

POLIERTER STEIN
Gebänderter Aragonit wird manchmal poliert und als »Onyx« gehandelt.

EINLEGEARBEIT
Das Perlmutt in dieser Dolchscheide besteht hauptsächlich aus Aragonit.

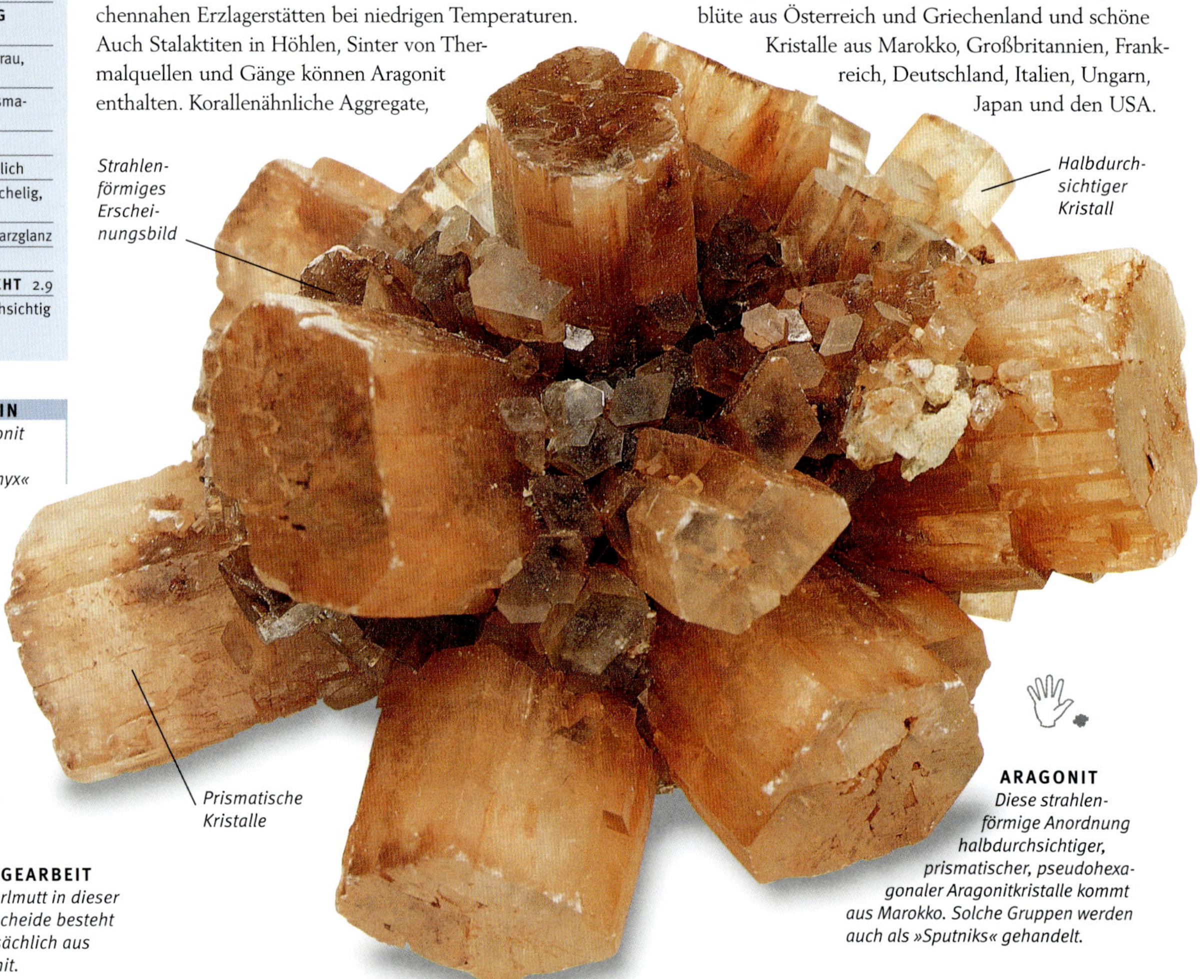

ARAGONIT
Diese strahlenförmige Anordnung halbdurchsichtiger, prismatischer, pseudohexagonaler Aragonitkristalle kommt aus Marokko. Solche Gruppen werden auch als »Sputniks« gehandelt.

ARAGONIT-VARIETÄTEN
Diese Exemplare zeigen die verschiedenen Erscheinungsformen von Aragonit.

LANGSÄULIGER ARAGONIT

EISENBLÜTE

STRAHLIGER ARAGONIT

ZYKLISCHER ZWILLING

WITHERIT

ALSTON MOOR, CUMBRIA
Hier in Nordengland wurde Witherit gefunden.

WITHERIT wurde 1790 nach dem britischen Mineralogen William Withering benannt. Die Kristalle weisen oft Mehrfachbildungen auf. Auch kurz- oder langsäulige und tafelige Formen kommen vor. Witherit ist weiß oder farblos, manchmal mit Gelb-, Braun- oder Grünstich. Er entsteht bei niederer Temperatur in hydrothermalen Gängen. Gut ausgeformte Kristalle wurden in den USA in Cave-in-Rock, Illinois, und El Portal, Kalifornien, gefunden. Wirtschaftlich nutzbare Lagerstätten gibt es in Großbritannien, Frankreich, Turkmenistan und Japan.

EIGENSCHAFTEN

GRUPPE Carbonate
KRISTALLS. Orthorhombisch
ZUSAMMENSETZUNG $BaCO_3$
FARBE Weiß, farblos, gelb, braun oder grün
FORM/HABITUS Pseudohexagonal
HÄRTE 3–3½
SPALTBARKEIT Deutlich, unvollkommen
BRUCH Uneben, spröde
GLANZ Glasglanz
STRICH Weiß
SPEZIFISCHES GEWICHT 4,3
TRANSPARENZ Durchsichtig bis durchscheinend

WITHERIT-KRISTALLE
Dieses Exemplar enthält auch Bleiglanz.

STRONTIANIT

LOCH STRONTIAN
Fundort in Schottland.

STRONTIANIT bildet Meist nadelförmige, kurzsäulige oder speerförmige Kristalle und strahlige Aggregate. Strontianit ist farblos bis grau, kann aber auch grün, gelb, bräunlich oder rötlich getönt sein. Er entsteht bei niedrigen Temperaturen in hydrothermalen Gängen und ist auch in Geoden und Konkretionen zu finden. Funde stammen aus Deutschland, Kanada, Indien und den USA. Strontianit ist der wichtigste Lieferant des Elements Strontium und wird in Zuckerraffinerien und zur Herstellung roter Feuerwerkskörper verwendet.

EIGENSCHAFTEN

GRUPPE Carbonate
KRISTALLSYSTEM Orthorhombisch
ZUSAMMENSETZUNG $SrCO_3$
FARBE Farblos, grau, grün, gelb oder rötlich
FORM/HABITUS Nadelförmig, säulig
HÄRTE 3½–4
SPALTBARKEIT Gut
BRUCH Uneben, spröde
GLANZ Glasglanz
STRICH Weiß
SPEZIFISCHES GEWICHT 3,7
TRANSPARENZ Durchsichtig bis durchscheinend

STRONTIANIT-KRISTALLE
Dieses Exemplar besteht aus durchscheinenden, nadelförmigen Strontianitkristallen.

DOLOMIT

SACHSEN
Im Raum Freiberg kommt Dolomit häufig vor.

DAS CALCIUM-MAGNESIUM-CARBONAT Dolomit ist nach dem französischen Mineralogen D. de Dolomieu (1750–1801) benannt. Kristalle sind meist rhomboedrisch oder tafelig, oft mit gekrümmten Flächen. Daneben gibt es grob- bis feinkörnige, derbe oder (selten) faserige Aggregate. Dolomit ist ein häufiges gesteinsbildendes Mineral und Hauptbestandteil des gleichnamigen Gesteins (siehe S. 54). Er entsteht auch sekundär aus Kalkstein, wenn durch magnesiumhaltige Lösungen Calcium durch Magnesium ersetzt wird, ferner in Marmor, Talk, Schiefer und anderen magnesiumreichen Metamorphiten sowie in hydrothermalen Gängen mit Blei-, Zink- oder Kupfererzen. Kristalle kommen u.a. aus Algerien, Brasilien, der Schweiz, Namibia, Mexiko und den USA.

MAGNESIUM

Aus Dolomit wird Magnesium gewonnen. Magnesium und seine Legierungen kommen in der Industrie überall da zum Einsatz, wo hohe Festigkeit bei geringem Gewicht erforderlich ist. Legierungen aus Magnesium und Mangan, Aluminium oder Titan werden im Flugzeugbau, in der Raumfahrt, im Maschinenbau und anderen technischen Bereichen eingesetzt. Magnesium ist auch als Nahrungsergänzungsmittel von Bedeutung, da es den Bluthochdruck senkt und Herz-Kreislauf-Störungen verhindert.

BLITZLICHT
Dünne Magnesiumdrähte flammen beim Blitzlicht auf.

RENNYACHT
Der Rumpf dieser Yacht besteht aus Magnesiumlegierungen.

EIGENSCHAFTEN

GRUPPE Carbonate
KRISTALLSYSTEM Hexagonal/trigonal
ZUSAMMENSETZUNG $CaMg(CO_3)_2$
FARBE Farblos, weiß oder cremefarbig
FORM/HABITUS Rhomboedrisch
HÄRTE 3½–4
SPALTBARKEIT Vollkommen rhomboedrisch
BRUCH Schwach muschelig
GLANZ Glasglanz
STRICH Weiß
SPEZ. GEWICHT 2,8–2,9
TRANSPARENZ Durchsichtig bis durchscheinend

DOLOMITKRUSTE
Auf diesem Handstück aus Marokko bilden die tafeligen Kristalle aus rosa Dolomit eine Kruste. Die hellrosa Färbung wird durch Mangan verursacht. Eisen bewirkt einen hellbraunen Farbton.

TSUMEB
Sehr schöne Cerussitkristalle sind in Tsumeb (Namibia) zu finden

CERUSSIT

CERUSSIT ist ein Bleicarbonat, das seit der Antike bekannt ist. Der Name ist vom lateinischen *cerussa*, einem weißen Bleipigment, abgeleitet. Cerussit oder Weißbleierz bildet sehr unterschiedliche Kristallformen, u.a. tafelige, prismatische, bipyramidale, pseudohexagonale und nadelige. Dünne tafelige Kristalle sind seltener. Die häufigste Farbe ist Weiß bis Grau, durch Spuren von Kupfer können aber auch Blau- bis Grüntöne auftreten. Cerussit tritt als Sekundärmineral in der Oxidationszone von Bleierzgängen auf. Es entsteht durch Einwirkung von kohlensäurehaltigem Wasser auf andere Bleiminerale, vor allem Bleiglanz und Anglesit. Besonders schöne Exemplare des weit verbreiteten Minerals kommen aus Tsumeb (Namibia), Broken Hill (Australien), der Monteponi-Mine auf Sardinien (Italien), Oruro (Bolivien), Murcia (Spanien) sowie Phoenixville, Pennsylvania, und anderen Orten in den USA.

Cerussit ist das zweithäufigste Bleierz nach Bleiglanz. Da Cerussit einen hohen Brechungsindex aufweist, glitzern in Facetten geschliffene Steine, sind aber für Schmucksteine zu weich.

BRILLANTSCHLIFF
Durchsichtiger Cerussit wird, obwohl er weich und zerbrechlich ist, gelegentlich für Sammler geschliffen.

CERUSSITKRISTALLE
Diese durchsichtigen, farblosen Cerussitkristalle mit parallelen Zwillingsbildungen sind tafelig ausgebildet.

EIGENSCHAFTEN	
GRUPPE	Carbonate
KRISTALLSYSTEM	Orthorhombisch
ZUSAMMENSETZUNG	$PbCO_3$
FARBE	Weiß, grau, blau bis grün
FORM/HABITUS	Tafelig, prismatisch
HÄRTE	$3-3\frac{1}{2}$
SPALTBARKEIT	Deutlich
BRUCH	Muschelig, uneben
GLANZ	Diamantglanz bis Glasglanz
STRICH	Farblos
SPEZ. GEWICHT	6,5
TRANSPARENZ	Durchsichtig bis durchscheinend
BRECHUNGSINDEX	1,8–2,1

GLOBE, ARIZONA (USA)
Die Globe-Kupferminen liefern große Mengen Azurit.

AZURIT

DER NAME des tiefblauen Kupfercarbonatminerals Azurit hat den gleichen Ursprung wie der von Lapislazuli – beide gehen auf das persische Wort *lazhward* (»blau«) zurück. Azurit ist azur- bis dunkelblau und bildet tafelige oder prismatische Kristalle mit vielen verschiedenen Kristallflächen – oft über 45, manchmal sogar über 100. Daneben kommt er auch derb, stalaktitisch oder als nierenförmige Masse vor. Azurit entsteht durch Einwirkung von kohlensäurehaltigem Wasser als Sekundärmineral in der Oxidationszone von Kupfererzlagerstätten. Er ist oft zusammen mit Malachit anzutreffen. Schöne Kristalle kommen aus den US-Bundesstaaten Utah, Arizona und New Mexico sowie aus Frankreich, Mexiko, Chile, Australien, Russland, Marokko und vor allem aus Tsumeb (Namibia).

Azurit wurde schon im alten Ägypten auf dem Sinai und in den östlichen Wüstengebieten als Kupfererz und Farbpigment abgebaut. Möglicherweise wurde er auch für blaue Glasuren verwendet. Neben seiner primären Nutzung als Kupfererz wurde Azurit in der europäischen Malerei des 15. bis 17. Jahrhunderts als Farbpigment eingesetzt.

TIEFBLAU
Diese französische Buchillustration aus dem 15. Jahrhundert ethält Azurit als Farbpigment.

EIGENSCHAFTEN	
GRUPPE	Carbonate
KRISTALLSYSTEM	Monoklin
ZUS.	$Cu_3(CO_3)_2(OH)_2$
FARBE	Azur- bis dunkelblau
FORM/HABITUS	Tafelig, prismatisch
HÄRTE	$3\frac{1}{2}-4$
SPALTBARKEIT	Vollkommen
BRUCH	Muschelig, uneben
GLANZ	Glasglanz, matt, erdig
STRICH	Blau
SPEZIFISCHES GEWICHT	3,8
TRANSPARENZ	Durchsichtig bis durchscheinend
BRECHUNGSINDEX	1,73–1,84

AZURITKRISTALLE
Diese Gruppe blättriger Azuritkristalle kommt aus Chessy bei Lyon in Frankreich, einem traditionellen Herkunftsort für Azurit, der zu einem Farbpigment vermahlen wird.

KONKRETION
Kugelige Konkretionen aus strahlig angeordneten Azuritkristallen können mehr als 2,5 cm groß werden.

CABOCHON
Azurit kann als Cabochon geschliffen werden. Hier wurde die Oberfläche in Facetten geschliffen.

AZURITKRISTALL

CABOCHON AUS AZURIT UND MALACHIT

VERSCHIEDENE FORMEN
Ganz links ist ein dunkelblauer, blättriger Kristall zu sehen, links ein Cabochon aus leuchtend blauem Azurit und grünem Malachit.

ÖSTERREICH
Der Erzberg in Österreich liefert gut ausgebildete Ankeritkristalle.

ANKERIT

ANKERIT ist ein Calciumcarbonat mit unterschiedlichen Anteilen an Eisen, Magnesium und Mangan. Das Mineral wurde 1825 nach dem österreichischen Mineralogen M. J. Anker benannt. Ankerit bildet rhomboedrische Kristalle, die Dolomit ähneln, und derbe oder grobkörnige Massen. Er ist meist beige, gelegentlich auch farblos, weiß, grau oder bräunlich. Oft ist eine Fluoreszenz zu beobachten. Ankerit bildet sich als Sekundärmineral, wenn magnesiumhaltige Lösungen auf Kalkstein oder Dolomit einwirken. Er ist unter anderem in Namibia, Südafrika, Österreich, Japan, Kanada und den USA anzutreffen.

EIGENSCHAFTEN

GRUPPE Carbonate
KRISTALLSYSTEM Hexagonal/trigonal
ZUS. $Ca(Fe,Mg,Mn,)(CO_3)_2$
FARBE Farblos bis hellbeige
FORM/HABITUST Rhomboedrisch
HÄRTE $3^1/_2$–4
SPALTBARKEIT Vollkommen
BRUCH Schwach muschelig
GLANZ Glas- bis Perlmuttgl.
STRICH Weiß
SPEZ. GEWICHT 2,9
TRANSP. Durchscheinend

ANKERITKRISTALLE
Diese rhomboedrischen Ankeritkristalle weisen eine charakteristische braune Färbung auf.

ALSTON MOOR (ENGLAND)
In diesem Gebiet in Cumbria wurde Barytocalcit gefunden.

BARYTOCALCIT

BARYTOCALCIT ist nach seinen Hauptbestandteilen Barium und Calcit (Calciumcarbonat) benannt. Er bildet kurz- bis langsäulige Kristalle, oft mit Rillen, und derbe Formen. Barytocalcit ist farblos bis weiß, grau, grünlich oder gelblich. Er bildet sich in hydrothermalen Gängen, vor allem dort, wo Thermalwasser in Kalkstein eingedrungen ist. Barytocalcit kommt zusammen mit Baryt und Calcit vor und ist ein weniger bedeutendes Bariumerz. In Salzsäure braust er heftig auf. In Cumbria (England) wurden bis zu 5 cm große Kristalle gefunden. Weitere Fundorte sind Långban (Schweden) und das Gebiet um Krasnojarsk in Sibirien.

EIGENSCHAFTEN

GRUPPE Carbonate
KRISTALLSYSTEM Monoklin
ZUSAMMENS. $BaCa(CO_3)_2$
FARBE Weiß, grau, grün, gelb
FORM/HABITUS Prismatisch
HÄRTE 4
SPALTBARKEIT Vollkommen, unvollkommen
BRUCH Uneben, spröde
GLANZ Glas- bis Harzglanz
STRICH Weiß
SPEZ. GEW. 3,7
TRANSP. Durchsichtig, durchscheinend

PRISMATISCHE KRISTALLE
Hier sitzen prismatische Barytocalcitkristalle auf Kalkstein.

CHIHUAHUA (MEXIKO)
Hier im Copper Canyon kommt Aurichalcit vor.

AURICHALCIT

DER NAME des Zink-Kupfer-Carbonats ist vom lateinischen *aurum* (»Gold«) und vom griechischen *chalkos* (»Kupfer«) abgeleitet. Aurichalcit bildet kleine himmelblaue, grünblaue oder blassgrüne, nadelige Kristalle, die oft als flauschige Massen oder samtige Krusten anzutreffen sind. Gelegentlich sind auch derbe, säulige oder blättrige Aggregate zu finden. Aurichalcit ist ein Sekundärmineral der Oxidationszonen von Kupfer- und Zinkerzlagerstätten. Fundstätten gibt es in den USA, Japan, Mexiko, Frankreich und Namibia.

EIGENSCHAFTEN

GRUPPE Carbonate
KRISTALLSYSTEM Monoklin
ZUSAMMENSETZUNG $(Zn,Cu)_5(CO_3)_2(OH)_6$
FARBE Himmelblau, blassgrün
FORM/HABITUS Nadelig
HÄRTE 1–2
SPALTBARKEIT Vollkommen, spröde
BRUCH Uneben
GLANZ Seidenglanz
STRICH Blasses Blaugrün
SPEZ. GEWICHT 4,2
TRANSPARENZ Durchsichtig bis durchscheinend

FLAUSCHIGE KRISTALLE
Diese kleinen, flauschigen Aurichalcitkristalle sind auf Limonit aufgewachsen.

BROKEN HILL (AUSTRALIEN)
In diesem Gebiet ist Phosgenit anzutreffen.

PHOSGENIT

PHOSGENIT wurde 1841 nach dem farblosen, giftigen Gas Phosgen (COCl2) benannt, da es die gleichen chemischen Elemente enthält wie das Giftgas. Er bildet kurzsäulige, gelegentlich auch dick tafelige Kristalle. Daneben tritt er auch als derbe oder körnige Masse auf. Die Farbpalette reicht von Weiß bis Gelbbraun oder Grünlich. Phosgenit entsteht durch Verwitterung anderer Bleiminerale an der Oberfläche. Fundstätten sind u. a. Sardinien (Italien), Tsumeb (Namibia), Dundas, (Tasmanien), Broken Hill, New South Wales (Australien), Derbyshire (England) sowie Inyo County, Kalifornien, und Custer County, Colorado (beide USA).

EIGENSCHAFTEN

GRUPPE Carbonate
KRISTALLSYSTEM Tetragonal
ZUSAMMENSETZUNG $Pb_2(CO_3)Cl_2$
FARBE Weiß, gelb, braun oder grün
FORM/HABITUS Prismatisch
HÄRTE $2^1/_2$–3
SPALTBARKEIT Vollkommen
BRUCH Muschelig, uneben
GLANZ Harzglanz
STRICH Weiß
SPEZIFISCHES GEWICHT 6,1
TRANSPARENZ Durchsichtig bis durchscheinend

PRISMATISCH
Dieses Handstück aus Sardinien weist kurze prismatische Kristalle auf.

KUPFERMINE IN ALASKA
In der Bonanza-Mine im Nationalpark St. Elias sieht man die als Verwitterungsprodukte von Kupfererzen entstandenen Minerale Malachit und Azurit an der Oberfläche.

PARFÜMFLÄSCHCHEN
Dieses böhmische Parfümfläschchen besteht aus grünem Malachitglas. Der kugelförmige Verschluss ist vergoldet.

MALACHIT

DAS GRÜNE KUPFERCARBONATMINERAL Malachit ist vielleicht das erste vom Menschen genutzte Kupfererz. Er wurde schon um 3000 v. Chr. auf dem Sinai und in den östlichen Wüstengebieten des alten Ägypten abgebaut. Malachit wurde als Lidschatten und als Farbpigment für Wandmalereien, Glasuren und farbiges Glas verwendet. Die selten anzutreffenden Einzelkristalle sind kurz- bis langsäulig. In der Regel tritt Malachit als traubige Masse oder Kruste mit faseriger Struktur und einer Bänderung in verschiedenen Grüntönen auf. Daneben sind auch schöne faserige Aggregate und stalaktitenartige Gebilde mit konzentrischen Bändern zu finden. Der Name Malachit ist in Anspielung auf die blattgrüne Färbung vom griechischen Wort für »Malve« abgeleitet.

Malachit tritt meist zusammen mit geringeren Mengen Azurit (siehe S. 182) in der Oxidationszone von Kupfererzlagerstätten auf. Das leuchtende Grün an der Oberfläche von Kupferlagerstätten ist oft ein erster Hinweis auf eine solche Lagerstätte.

Malachit ist weniger als Kupfererz, sondern eher als Dekorations- und Edelstein von Bedeutung. In China war Malachit unter dem Namen »shilu« (nach seinem Herkunftsort Shilu in der Provinz Guangdong) begehrt. Im 19. Jahrhundert gelangten große Mengen Malachit aus dem Ural nach Europa, darunter Massen mit einem Gewicht von 51 Tonnen (siehe S. 186–187). In Italien trug man Malachit als Schutz gegen den »bösen Blick« .

Die schönsten Kristalle kommen aus Kolwezi in der Demokratischen Republik Kongo. Sie können bis zu 10 cm Länge erreichen. Der Kongo liefert auch einen Großteil des als Zierstein verwendeten Materials. Hochwertiger Malachit kommt auch aus Südaustralien, Marokko, den USA und Frankreich.

HALSKETTE MIT GRAVIERTEM MALACHIT
In diese Halskette sind zehn mit allegorischen Figuren gravierte Malachitscheiben eingearbeitet. Sie gehören zu einem Set von Francis Peck Ltd, Nassau.

MALACHIT IN DER ANTIKE

Schon um 4000 v. Chr. entdeckte man, dass Malachit in einem heißen Feuer zu gediegenem Kupfer reduziert wurde. Dies war wahrscheinlich die erste Gewinnung eines Metalls aus einem Erz. Dadurch wurde die Suche nach anderen Erzen und die Erfindung der Metallurgie angeregt. Zum ersten Mal wurden handwerkliche Spezialisierung und Arbeitsteilung realisiert: Einige Menschen widmeten nun ihre gesamte Arbeitszeit dem Ausschmelzen und Schmieden von Metall. In Ägypten wurde Malachit mindestens seit 3000 v. Chr. als Kosmetikprodukt und Farbpigment verwendet. Die Verwendung als Lidschatten sollte möglicherweise Infektionen am Auge abwehren – heute weiß man, dass der aus Malachit hergestellte grüne Lidschatten eine medizinische Wirkung hat. Im antiken Griechenland wurden Amulette für Kinder aus Malachit gefertigt.

ÄGYPTISCHE WANDMALEREI
In dieser ägyptischen Wandmalerei aus der 18. Dynastie (15. Jahrhundert v. Chr.) wurde Malachit als grünes Farbpigment verwendet. Das Gemälde stammt aus dem Grab des Nakht in Luxor und stellt Nakht und seine Familie bei der Jagd auf Wasservögel dar.

FARBPIGMENT AUS MALACHIT

EIGENSCHAFTEN

GRUPPE	Carbonate
KRISTALLSYSTEM	Monoklin
ZUSAMMENSETZUNG	$Cu_2CO_3(OH)_2$
FARBE	Leuchtend grün
FORM/HABITUS	Derb, traubig
HÄRTE	3½–4
SPALTBARKEIT	Vollkommen
BRUCH	Schwach muschelig bis uneben, spröde
GLANZ	Diamantglanz bis Seidenglanz
STRICH	Hellgrün
SPEZ. GEW.	3,9–4,0
TRANSPARENZ	Durchscheinend

TRAUBIGER MALACHIT
Dieser traubige Malachit auf Chrysokoll kommt aus der für ihre schönen Kristalle berühmten Mine Étoile du Congo (»Stern von Kongo«) aus der Provinz Shaba in der Demokr. Rep. Kongo.

ERSCHEINUNGS-FORMEN
Malachit kommt in verschiedenen Formen vor, die alle in poliertem Zustand sehr schöne und interessante Muster aufweisen.

TROPFSTEIN

STALAKTIT IM QUERSCHNITT

FASERIG

MALACHIT MIT AZURIT

KOREANISCHES GEMÄLDE
In diesem Gemälde auf Hanfgewebe, das König Dharatarastra, den Beschützer des Ostens, darstellt, wurde Malachitpigment kunstvoll eingesetzt. Das Bild stammt aus der Zeit der ChosZon-Dynastie (ausgehendes 18. Jahrhundert), vermutlich aus der Provinz KyZongsang.

AZTEKISCHES MESSER
Der Griff dieses aztekischen Messers aus dem 15. Jahrhundert ist von einem Mosaik aus Malachit, Türkis und Muscheln bedeckt. Die Klinge besteht aus Chalcedon.

POLIERTES EI
In diesem polierten Ei aus Malachit bilden die konzentrischen Bänder ein ansprechendes Muster aus hellen und dunklen Streifen.

KISSENFORM
Dieser polierte Malachit mit seinem verschlungenen Streifenmuster wurde aus einer traubigen Struktur geschnitten.

VASE
Dieses rituelle Gefäß aus China ist mit Einlegearbeiten aus Malachit und Silber verziert. Es stammt aus der Zeit der Sung-Dynastie (10. bis 12. Jahrhundert).

RUSSISCHER MALACHIT

IM URAL WIRD MALACHIT SEIT BEGINN DES 19. JAHRHUNDERTS ABGEBAUT UND ZUR VERZIERUNG VON GEBÄUDEN, MÖBELSTÜCKEN UND KUNSTGEGENSTÄNDEN VERWENDET.

DECKENGEMÄLDE
Das Gemälde an der Decke der Isaak-Kathedrale stammt von Karl Byullov, dem Vorsitzenden der Akademie der Künste. Es stellt die Jungfrau Maria dar.

Zwei der größten Edelsteinlagerstätten der Welt wurden zu Beginn des 19. Jahrhunderts im Ural entdeckt. Riesige Malachitvorkommen wurden bei Jekaterinburg (1650 km östlich von Moskau) und bei Nishni Tagil (160 km nördlich von Jekaterinburg) gefunden. Eine einzige Ader lieferte mehr als 1100 Tonnen bestes Material. Aus Malachit wurden große Objekte wie die Pfeiler der Isaak-Kathedrale in Sankt Petersburg gefertigt, aber auch feinste Arbeiten von Carl Fabergé. Viele Kunstgegenstände aus Malachit von diesen Lagerstätten sind heute in der Eremitage in Sankt Petersburg sowie in den Uffizien in Florenz und im Petersdom in Rom zu bewundern.

Die Petersburger Isaak-Kathedrale am Ufer der Newa ist eine der größten Kathedralen weltweit. Der 1818 begonnene Bau war erst nach 40 Jahren vollendet. Im Innenraum wurden 19 Varietäten von Marmor, Granit, Malachit und Lapislazuli verarbeitet. Das vom französischen Architekten Auguste de Montferrand entworfene Bauwerk besitzt acht massive Malachitsäulen in einer mit Ikonen verzierten Mosaikwand, die den Altar vom übrigen Teil der Kirche trennt.

MALACHITSAAL
In diesem 1865 entstandenen Aquarell von Konstantin A. Ukhtomsky ist der Malachitsaal mit seinen grünen Säulen und Simsen vor weißen Wänden dargestellt. Während der Russischen Revolution von Juni bis Oktober 1917 traf sich die Übergangsregierung in diesem Raum.

Der Malachitsaal ist einer der faszinierendsten Räume des Winterpalasts in Sankt Petersburg. Er wurde 1837 als Zeichensaal für Alexandra Fjodorowna, der Gemahlin von Zar Nikolaus I., nach Plänen des Architekten und Malers Alexander Bryullov wieder aufgebaut. Pfeiler, Säulen und Kaminsimse aus Malachitmosaik zieren weiße Wände, die mit allegorischen Darstellungen geschmückt sind. Vergoldete Türen und karmesinrote Vorhänge vervollständigen den luxuriösen Saal, der auch Gefäße und andere kunsthandwerkliche Objekte aus Malachit enthält, die im 19. Jahrhundert in den Werkstätten von Peter Gambs nach Skizzen von Auguste de Montferrand geschaffen wurden. Gegen Ende des 19. Jahrhunderts kamen kleine, mit Mosaiken verzierte Schränke aus den Peterhof-Werkstätten hinzu. Praktisch der gesamte für die Gestaltung des Saals verwendete Malachit stammt aus dem Ural.

SCHMUCKKÄSTCHEN AUS MALACHIT
Malachit ist auch heute noch ein beliebtes Material. Dieses Schmuckkästchen wurde 1989 von E. Zhiriakova gefertigt und trägt den Titel Herrin von Kupferberg.

INNENRAUM DER ISAAK-KATHEDRALE
Acht gigantische Säulen aus russischem Malachit und zwei aus Lapislazuli zieren die Ikonostase dieser russisch-orthodoxen Kathedrale. Sie heben sich prächtig vom weißen Marmor und Blattgold an den Wänden ab.

PHOSPHATE, ARSENATE UND VANADATE

PHOSPHAT-, ARSENAT- UND VANADATMINERALE werden auf Grund ihrer ähnlichen Kristallstruktur in einer Mineralklasse zusammengefasst. Die Phosphate sind mit über 200 Vertretern die größte Gruppe. Zu dieser Gruppe gehören auch die leuchtend blauen Minerale Lazulit und Türkis.

PHOSPHATE

Phosphatminerale enthalten Phosphor und Sauerstoff im Verhältnis 1:4, durch die Schreibweise PO_4 ausgedrückt. Phosphate können in drei Gruppen unterteilt werden: Primäre Phosphate kristallisieren aus wässrigen Lösungen, die in den späten Phasen der Kristallisation übrig geblieben sind, und kommen vor allem in granitischen Pegmatiten vor. Sekundäre Phosphate entstehen in Gegenwart von Wasser aus primären Phosphaten. Feinkörnige gesteinsbildende Phosphate entstehen meist unter Einwirkung von Wasser aus phosphorhaltigen organischen Stoffen.

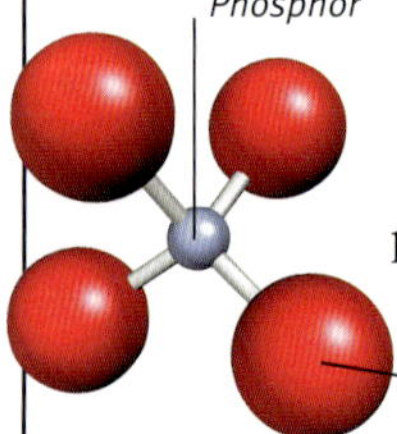

ARSENATE

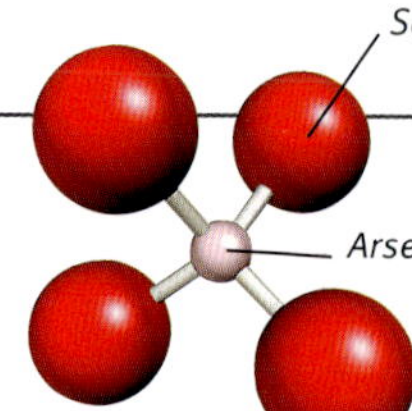

Arsenatminerale enthalten eine AsO_4-Gruppe aus einem Arsen- und vier Sauerstoffatomen. Diese chemische Einheit verbindet sich mit anderen Elementen zu Arsenmineralen. Die seltenen Arsenate fallen durch leuchtende Farben auf. Ihre Oxidationsprodukte bieten Mineralsuchern wichtige Hinweise.

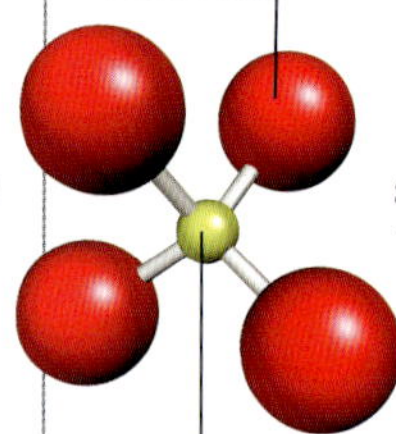

VANADATE

Vanadate bilden meist ähnlich strukturierte Tetraeder wie Phosphate und Arsenate, in diesem Fall aus Vanadium und Sauerstoff (VO_4). Vanadate haben eine komplexe Struktur und sind auf Grund der besonderen Kristallisationsbedingungen relativ selten. Abgesehen von Carnotit, einem Uranerz, sind Vanadate meist ohne wirtschaftliche Bedeutung. Sie werden aber wegen ihrer kräftigen Farben von Mineralsammlern geschätzt.

MONAZIT

EIFEL
Die Eifel in Deutschland hat große Monazitvorkommen.

DAS PHOSPHATMINERAL MONAZIT kommt in drei verschiedenen Arten vor, die die gleiche Kristallstruktur aufweisen und durch das chemische Symbol des enthaltenen Elements gekennzeichnet werden. Monazit-(Ce) besteht aus Cerphosphat, Monazit-(La) aus Lanthanphosphat und Monazit-(Nd) aus Neodymphosphat. Die am weitesten verbreitete Form Monazit-(Ce) bildet prismatische, abgeflachte oder längliche Kristalle, die gelegentlich recht groß werden können und meist Zwillingsbildungen aufweisen. Die Färbung ist gelblich oder rötlich braun bis braun, grünlich oder fast weiß. Monazit ist ein häufiges Begleitmineral in Granit und Gneis. Ansammlungen aus Monazitsandkörnern können wirtschaftlich nutzbare Ausmaße erreichen. Monazit wird an der Westküste Sri Lankas, im Ural (Russland), in den Zinnminen von Malaysia und im Mdabane-Gebiet in Swasiland abgebaut. Kristalle kommen aus Island, Norwegen, Brasilien, Deutschland, Südafrika und den USA.

ROTER MONAZIT

EIGENSCHAFTEN	
GRUPPE	Phosphate
KRISTALLSYSTEM	Monoklin
ZUSAMMENSETZUNG	$(Ce,La,Th,Nd)PO_4$
FARBE	Braun, grün, weiß
FORM/HABITUS	Prismatisch
HÄRTE	5
SPALTBARKEIT	Vollkommen
BRUCH	Muschelig bis uneben
GLANZ	Harzglanz, Wachsglanz oder Glasglanz
STRICH	Weiß
SPEZ. GEWICHT	4,6–5,4
TRANSPARENZ	Durchscheinend

MONAZITKRISTALL
Dieser Zwillingskristall mit Rillenmuster stammt aus Arendal in Norwegen, einer bedeutenden Lagerstätte.

VERWENDUNG DER ELEMENTE IN MONAZIT

Aus Monazit-(Ce) wird das Seltenerdelement Cer gewonnen. Ceroxid ist ein Poliermittel für Edelsteine und Glasprodukte, vor allem Kameralinsen und andere optische Gläser. Lanthan wird als Katalysator in Erdölraffinerien verwendet. Neodym wird Glasschmelzen zugesetzt, um einen violetten Farbton zu erzielen.

LEUCHTSTOFFLAMPEN
Lanthan wird in Leuchtstofflampen verwendet.

BAHIA (BRASILIEN)
Aus diesem mineralreichen Bundesstaat kommt auch Xenotim.

XENOTIM

XENOTIM ist chemisch gesehen Yttriumphosphat. Der Name ist aus dem Griechischen abgeleitet und bedeutet »falsche Ehre«, eine Anspielung darauf, dass das Yttrium in Xenotim bei der Entdeckung des Minerals 1832 für ein neues Element gehalten wurde. Xenotim tritt meist in Form von glasigen, kurz- bis langsäuligen Kristallen oder rosettenartigen Aggregaten auf. Er ist gelbbraun bis rotbraun, fleischfarben, grauweiß oder hellgelb. Yttrium ist zu einem großen Teil durch Erbium ersetzt. Xenotim kommt als Begleitmineral in magmatischen Gesteinen und den entsprechenden Pegmatiten vor und kann dort große Kristalle ausbilden. Auch in quarz- und glimmerhaltigem Gneis und vor allem in Gesteinsschutt ist Xenontim zu finden. Oft ist er mit Zirkon, Anatas, Rutil, Sillimanit, Columbit, Monazit und Ilmenit vergesellschaftet. Größere Vorkommen gibt es in Japan, Schweden, Norwegen, Deutschland, Brasilien, Madagaskar und den USA.

EIGENSCHAFTEN

GRUPPE	Phosphate
KRISTALLSYSTEM	Tetragonal
ZUSAMMENSETZUNG	YPO_4
FARBE	Gelblich bis rötlich braun, grauweiß, gelb
FORM/HABITUS	Kurz- bis langsäulig
HÄRTE	4–5
SPALTBARKEIT	Vollkommen
BRUCH	Uneben bis splittrig
GLANZ	Glasglanz bis Harzglanz
STRICH	Hellbraun oder rötlich
SPEZ. GEWICHT	4,4–5,1
TRANSPARENZ	Durchsichtig bis undurchsichtig

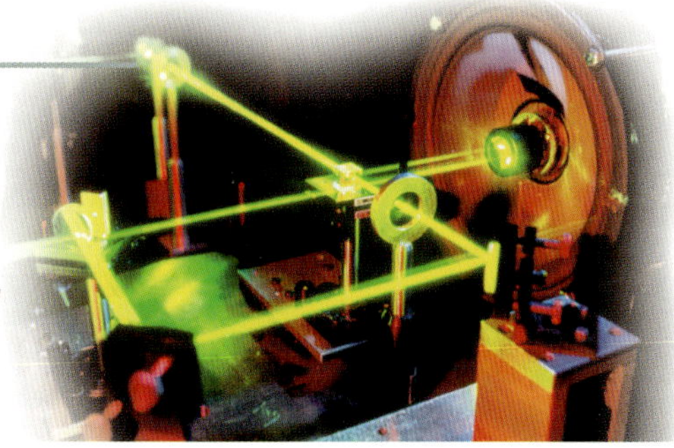

HOCHLEISTUNGS-LASER
Yttriumhaltiger Granat wird in Lasern wie dem hier abgebildeten eingesetzt. Spiegel lenken den Strahl ab, dessen Farbe durch Filter verändert wird.

BILDSCHIRMPIXEL
Rotes Yttriumphosphat wird in Farbfernsehgeräten eingesetzt.

XENOTIMKRISTALLE
Diese pyramidenförmigen Xenotimkristalle sind auf einem Aggregat aus grobem Xenotim aufgewachsen.

COLORADO-PLATEAU (USA)
In diesem Gebiet gibt es riesige Carnotit-lagerstätten.

CARNOTIT

DAS WASSERHALTIGE Kalium-Uranyl-Vanadat Carnotit wurde 1899 nach dem französischen Chemiker und Bergbauingenieur Marie-Adolphe Carno benannt. Es ist meist als pulvrige oder mikrokristalline Masse, in Form einzelner Körner oder als Kruste anzutreffen. Wenn sich Kristalle bilden, sind diese tafelig, rhomboedrisch oder länglich quaderförmig. Carnotit ist gelb oder grüngelb. Er ist radioaktiv und löst sich in Säuren auf. Carnotit entsteht sekundär aus Uran-Vanadium-Mineralen. Er tritt meist zusammen mit dem verwandten Tyuyamunit (der anstelle des Kaliums Calcium enthält) in Sandstein auf, entweder in Form einzelner Körner oder konzentriert auf fossilem Holz oder Pflanzenfossilien. Die ausgedehntesten Lagerstätten liegen in den südwestlichen Bundesstaaten der USA, weitere Förderländer sind Usbekistan, die Demokratische Republik Kongo und Australien.

EIGENSCHAFTEN

GRUPPE	Vanadate
KRISTALLSYSTEM	Monoklin
ZUSAMMENSETZUNG	$K_2(UO_2)_2(VO_4)_2{\cdot}3H_2O$
FARBE	Gelb
FORM/HABITUS	Pulvrig, mikrokristallin
HÄRTE	2
SPALTBARKEIT	Vollkommen
BRUCH	Uneben
GLANZ	Perlmuttglanz bis matt
STRICH	Gelb
SPEZIFISCHES GEWICHT	4,7
TRANSPARENZ	Halb durchsichtig bis undurchsichtig

URAN

Carnotit ist als Uranerz von wirtschaftlicher Bedeutung – er besteht zu 53 % aus Uran und zu 12 % aus Vanadium. Außerdem enthält er geringe Mengen an Radium. Vor dem Zweiten Weltkrieg wurde er wegen seines Vanadium- und Radiumgehalts abgebaut, später hauptsächlich wegen des Urans. Uran ist ein wichtiges Material für die Erzeugung von Kernenergie und wird in Atomwaffen verwendet. Außerdem ist Uran Ausgangsstoff zur Herstellung der Transurane (chemische Elemente, deren Atommasse größer ist als die des Urans). Auf diese Weise konnten bisher 20 neue Elemente hergestellt und neue Erkenntnisse über die Atomstruktur gewonnen werden.

ATOM-EXPLOSION
Bei Uran denkt man immer auch an das emotionsgeladene Bild des Atompilzes.

CARNOTITKRUSTE
Dieser Sandstein ist von einer pulvrigen gelben Schicht aus Carnotit bedeckt.

CORNWALL
Hier im südwestlichen England ist reichlich Autunit zu finden.

AUTUNIT

AUTUNIT wird wegen seiner Fluoreszenz unter UV-Licht von Sammlern geschätzt, ist aber auf Grund seines Urangehalts radioaktiv und erfordert deshalb besondere Sorgfalt bei der Aufbewahrung und Handhabung. Er ist in Form von Kristallen, schuppigen Aggregaten und Krusten, die durch auf der Spitze stehende Kristalle ein sägeblattähnliches Aussehen erhalten, anzutreffen. Bei Erwärmung wandelt sich der tetragonale Autunit durch Abgabe von Wasser in orthorhombischen Meta-Autunit um. Wasserverluste können durch eine feuchte Atmosphäre vermieden werden. Autunit sollte an einem gut belüfteten Platz außerhalb des Hauses aufbewahrt werden. Da sich in einem geschlossenen Behälter Radon ansammelt, ist beim Öffnen für eine gute Belüftung zu sorgen.

Das nach seinem Entdeckungsort Autun in Frankreich benannte Mineral entsteht sekundär in der Oxidationszone von Uranerzlagerstätten oder aus Uraninit und anderen uranhaltigen Mineralen, ist aber auch in hydrothermalen Gängen und in Pegmatiten zu finden. Autunit kommt aus Großbritannien, Deutschland, Japan, Indien, Australien, Brasilien und den USA.

EIGENSCHAFTEN

GRUPPE	Phosphate
KRISTALLSYSTEM	Tetragonal
ZUSAMMENSETZUNG	$Ca(UO_2)_2(PO_4)_2 \cdot 10\text{–}12H_2O$
FARBE	Zitronengelb bis hellgrün
FORM/HABITUS	Tafelig
HÄRTE	2–2½
SPALTBARKEIT	Basal
BRUCH	Uneben
GLANZ	Glas- bis Perlmuttglanz
STRICH	Hellgelb
SPEZ. GEWICHT	3,1–3,2
TRANSPARENZ	Durchscheinend bis durchsichtig

TAFELIGE KRISTALLE
In diesem zitronengelben Handstück sind die charakteristischen dünnen Zwillingskristalle deutlich zu erkennen.

RADIOAKTIVER ZERFALL

Unter Radioaktivität versteht man den spontanen Zerfall eines Atomkerns in den Atomkern eines Elements mit geringerer Atommasse. Dabei werden Neutronen oder Protonen und Strahlungsenergie freigesetzt. Für die Radioaktivität von Autunit ist Uran verantwortlich. Alle drei Isotopen sind radioaktiv. Das häufigste und stabilste Isotop Uran-238 zerfällt schließlich zu Blei und besitzt eine Halbwertszeit von etwa 4,5 Milliarden Jahren. Ein einzelnes Uran-238-Atom zerfällt in dieser Zeit mit einer Wahrscheinlichkeit von 50 %.

B.B.BOLTWOOD
B. B. Boltwood begründete die radiometrische Altersbestimmung von Gesteinen.

QUÉBEC
Vivianit wurde u. a. in der kanadischen Provinz Ontario gefunden.

VIVIANIT

DER AN SICH FARBLOSE VIVIANIT verfärbt sich an der Luft durch Oxidation grünlich blau. Er wurde 1817 nach seinem Entdecker, dem britischen Mineralogen J. G. Vivian benannt. Vivianit tritt in Form länglicher, prismatischer oder scharfkantiger tafeliger Kristalle oder als derbe oder faserige Masse auf. Das weit verbreitete Sekundärmineral entsteht in der Verwitterungszone von Eisenerz- und Phosphatlagerstätten. Pulvrige Konkretionen sind in relativ jungen Böden und Sedimenten und als Überzug auf Knochen anzutreffen. Große Kristalle finden sich in Pegmatiten, z. B. in den USA und Brasilien. Auch Japan, Deutschland, Bolivien, Kanada, Russland und Serbien besitzen Vivianitlagerstätten.

EIGENSCHAFTEN

GRUPPE	Phosphate
KRISTALLSYSTEM	Monoklin
ZUSAMMENSETZUNG	$Fe_3(PO_4)_2 \cdot 8H_2O$
FARBE	Farblos bis grün oder blau
FORM/HABITUS	Länglich bis prismatisch
HÄRTE	1½–2
SPALTBARKEIT	Vollkommen
BRUCH	Uneben
GLANZ	Glasglanz bis erdig
STRICH	Blauweiß
SPEZ. GEWICHT	2,7
TRANSPARENZ	Durchsichtig bis durchscheinend

KRISTALLAGGREGATE
Unter Lichteinfluss läuft Vivianit mit der Zeit blauschwarz an.

NATÜRLICHES BLAUES FARBPIGMENT

Als es noch keine synthetischen Farbstoffe gab, war nicht verblassendes Blau aus Vivianit ein hoch geschätztes natürliches Farbpigment. Während Azurit unter Lichteinfluss mit der Zeit grünlich wird, verstärkt sich der Blauton von Vivianit noch. Wie viele natürliche Farbpigmente wurde auch Vivianit durch synthetische Pigmente ersetzt.

PREUSSISCHBLAU
Aus Vivianitpulver wurde Preußisch Blau hergestellt, das in diesem aus dem 14. Jahrhundert stammenden Gemälde im Kölner Dom verwendet wurde.

TORBERNIT

CORNWALL
Bergwerke in Cornwall (Südwestengland) liefern hochwertigen Torbernit.

DER 1793 NACH DEM SCHWEDISCHEN Mineralogen Torbern Olaf Bergmann benannte Torbernit ist zwar eines der häufigsten uranhaltigen Minerale, aber ein wenig bedeutendes Uranerz. Er bildet dünne bis dicke tafelige Kristalle, die meist eine quadratische Form aufweisen, und blättrige, glimmerähnliche Massen. Das wasserhaltige Kupfer-Uranyl-Phosphat entsteht sekundär aus Uraninit und anderen uranhaltigen Mineralen. Es ist mit Autunit verwandt und wie dieser radioaktiv. Schöne Exemplare kommen aus Cornwall in England und der Demokratischen Republik Kongo.

EIGENSCHAFTEN	
GRUPPE	Phosphate
KRISTALLSYSTEM	Tetragonal
ZUS.	$Cu(UO_2)_2(PO_4)_2 \cdot 8{-}12H_2O$
FARBE	Leuchtend grün
FORM/HABITUS	Dünn bis dick tafelig
HÄRTE	2–2½
SPALTB.	Basal vollkommen
BRUCH	Uneben
GLANZ	Glasglanz bis schwacher Diamantglanz
STRICH	Hellgrün
SPEZIFISCHES GEWICHT	3,2
TRANSPARENZ	Durchsichtig bis durchscheinend

KRISTALLE
Hier sind tafelige Torbernitkristalle auf eine eisenhaltige Grundmasse aufgewachsen.

ERYTHRIN

ONTARIO
Schöne Erythrinexemplare kommen aus Ontario in Kanada.

ERYTHRIT oder Kobaltblüte ist ein wasserhaltiges Kobaltarsenat, das in der Oxidationszone von Kobalt- und Nickellagerstätten entsteht. Durch seine leuchtende Farbe ist es ein guter Indikator für das Vorhandensein von Kobalt-Nickel-Silbererzen. Erythrin bildet prismatische bis nadelförmige Kristalle mit tiefen Rillen. Schöne Exemplare kommen aus Kanada und Marokko. Weitere Fundstätten liegen in den USA, Mexiko, Frankreich, der Tschechischen Republik, Deutschland und Australien.

EIGENSCHAFTEN	
GRUPPE	Arsenate
KRISTALLSYSTEM	Monoklin
ZUSAMMENSETZUNG	$Co_3(AsO_4)_2 \cdot 8H_2O$
FARBE	violett-rosa
FORM/HABITUS	Prismatisch bis nadelförmig
HÄRTE	1½–2½
SPALTBARKEIT	Vollkommen
BRUCH	Uneben, schneidbar
GLANZ	Diamantglanz bis Glasglanz, Perlmuttglanz
STRICH	Blassrot
SPEZIFISCHES GEWICHT	3,1
TRANSPARENZ	Durchsichtig bis durchscheinend

NADELFÖRMIGE KRISTALLE
Diese leuchtend gefärbten, nadelförmigen Erythrinkristalle stammen aus Bou Azzer, Marokko.

VARISCIT

BISBEE (USA)
Hier in Arizona wird auch Variscit abgebaut.

VARISCIT ist nach Variscia, dem lateinischen Namen der deutschen Landschaft Vogtland, benannt, wo es entdeckt wurde. Er bildet nur selten Kristalle aus und liegt meist als kryptokristalline oder feinkörnige Masse in Adern, Krusten oder Knollen vor. Variscit entsteht oberflächennah durch Einwirkung von phosphatreichem Wasser auf aluminiumhaltige Gesteine. Er ist in der Regel mit Apatit und Wavellit sowie mit Chalcedon und verschiedenen wasserhaltigen Eisenoxiden vergesellschaftet. Der in Österreich, der Tschechischen Republik, Australien, Venezuela und den USA abgebaute Variscit wird als Halbedelstein und für Verzierungen geschätzt. Auf der bloßen Haut getragen bleicht das poröse Mineral nach und nach durch Absorption von Hautfett aus.

VARISCITKONKRETION
Variscit ist oft in Knollen und Konkretionen wie in dieser Abbildung zu finden. Er wird manchmal mit Türkis verwechselt.

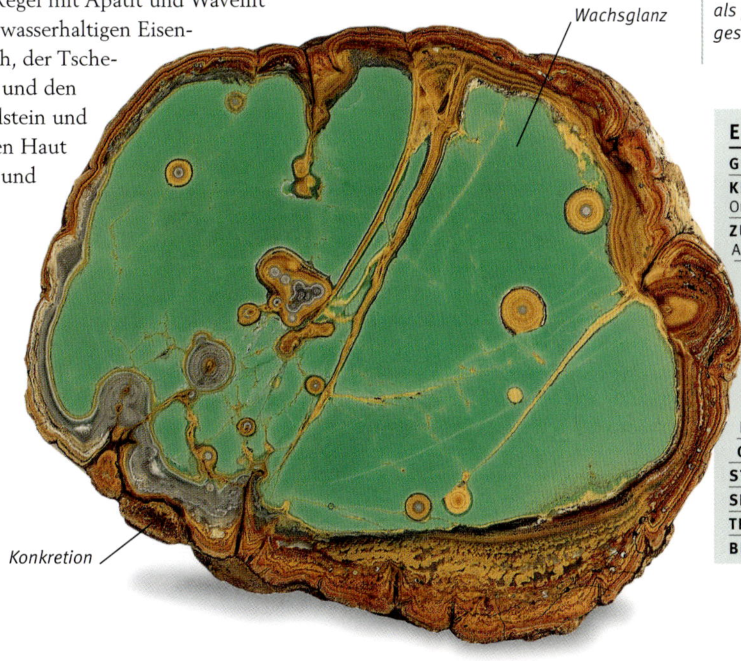

KRISTALLFORMATION
Variscit bildet nur selten Kristalle aus. Diese sind dann oft nur unter dem Elektronenmikroskop zu sehen wie in dieser Abbildung.

SCHMUCKANHÄNGER
Dieser Schmuckanhänger aus Variscit und drei in Silber gefassten Granaten an einer Sterlingsilberkette wurde von Jan McClellan entworfen.

CABOCHON
Variscit wird gelegentlich als preiswerter Cabochon geschliffen und poliert.

EIGENSCHAFTEN	
GRUPPE	Phosphate
KRISTALLSYSTEM	Orthorhombisch
ZUSAMMENSETZUNG	$AlPO_4 \cdot 2H_2O$
FARBE	Grün
FORM/HABITUS	Kryptokristalline Aggregate
HÄRTE	4½
SPALTBARKEIT	Gut, aber selten erkennbar
BRUCH	Splittrig bei derben Formen
GLANZ	Glas- bis Wachsglanz
STRICH	Weiß
SPEZIFISCHES GEWICHT	2,6
TRANSPARENZ	Undurchsichtig
BRECHUNGSINDEX	1,6–1,7

SKORODIT

ZACATECAS
Skorodit kommt unter anderem aus Zacatecas in Mexiko.

DER NAME SKORODIT kommt vom griechischen Wort für »knoblauchähnlich«, weil er beim Erhitzen nach Knoblauch riecht. Er bildet Kristallaggregate, Krusten oder erdige Massen und kommt häufig in hydrothermalen Gängen, Thermalquellensintern und Oxidationszonen arsenreicher Erzlagerstätten vor.

EIGENSCHAFTEN	
GRUPPE	Arsenate
KRISTALLSYSTEM	Orthorhombisch
ZUSAMMENSETZUNG	$FeAsO_4 \cdot 2H_2O$
FARBE	Grün, braun, blau oder gelb
FORM/HABITUS	Pyramidenförmig, tafelig, prismatisch
HÄRTE	3½–4
SPALTBARKEIT	Unvollkommen
BRUCH	Schwach muschelig
GLANZ	Glasglanz bis Harzglanz oder Wachsglanz
STRICH	Weiß
SPEZ. GEWICHT	3,1–3,3
TRANSPARENZ	Durchsichtig bis durchscheinend

KRISTALLAGGREGAT
Dieses Aggregat mit Skorodit auf Goethit stammt aus Brasilien.

HERDERIT

MINAS GERAIS
In Brasilien wurden bis zu 15 cm lange violette Hydroxylherderitkristalle gefunden.

DAS CALCIUM-BERYLLIUM-PHOSPHATMINERAL wird überwiegend in granitischen Pegmatiten mit Quarz, Albit, Topas und Turmalin gebildet. Seine Kristalle weisen gedrungene prismatische oder dicke tafelige Formen auf, die auch zu trauben- oder kugelförmigen, strahligen Aggregaten zusammengelagert sein können. Manche Exemplare zeigen im UV-Licht eine tiefblaue Fluoreszenz. Funde stammen aus Deutschland, Finnland, Russland und den USA.

EIGENSCHAFTEN	
GRUPPE	Phosphate
KRISTALLSYSTEM	Monoklin
ZUSAMMENSETZUNG	$CaBePO_4(F,OH)$
FARBE	Farblos bis hellgelb oder grünlich weiß
FORM/HABITUS	Prismatisch, tafelig
HÄRTE	5–5½
SPALTBARKEIT	Unregelmäßig
BRUCH	Schwach muschelig
GLANZ	Glasglanz
STRICH	Weiß
SPEZ. GEWICHT	3,0
TRANSPARENZ	Durchsichtig bis durchscheinend

PRISMATISCHE KRISTALLE
Gedrungene prismatische Herderitkristalle sitzen auf einer Gesteinsgrundmasse.

KLINOKLAS

URAL
Hier im Ural (Russland) wurde Klinoklas gefunden.

KLINOKLAS ist wegen seiner schiefwinkligen Spaltbarkeit nach den griechischen Wörtern für »sich neigen« und »brechen« benannt. Er bildet längliche oder tafelige Kristalle, entweder als Einzelkristalle oder als rosettenartige Aggregate und faserige Krusten. Klinoklas entsteht als Sekundärmineral in den Oxidationszonen von kupfersulfidhaltigen Lagerstätten. Er kommt u.a. aus Australien, Großbritannien, Frankreich, Namibia und den USA.

EIGENSCHAFTEN	
GRUPPE	Arsenate
KRISTALLSYSTEM	Monoklin
ZUSAMMENSETZUNG	$Cu_3(AsO_4)(OH)_3$
FARBE	Dunkles Grünblau
FORM/HABITUS	Länglich, tafelig
HÄRTE	2½–3
SPALTBARKEIT	Vollkommen
BRUCH	Uneben, spröde
GLANZ	Glasglanz bis Perlmuttglanz
STRICH	Blaugrün
SPEZ. GEWICHT	4,3
TRANSPARENZ	Fast durchsichtig bis durchscheinend

ROSETTEN
Rosetten aus Klinoklaskristallen sind auf Olivenit aufgewachsen.

TRIPLIT

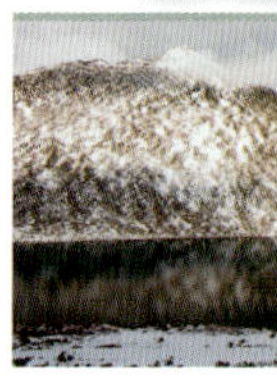

URAL
Aus dem Ural in Russland kommt auch Triplit.

DIE DREI IM RECHTEN WINKEL zueinander stehenden Spaltebenen haben Triplit seinen Namen gegeben, der vom griechischen Wort für »dreifach« abgeleitet ist. Triplitkristalle lagern sich zu derben Aggregaten zusammen, sind rau und schwach entwickelt. Das Mangan in diesem Manganphosphat ist fast immer teilweise durch Eisen ersetzt. Manganreiche Kristalle sind rotbraun bis lachsfarben. Triplit kommt zusammen mit Apatit und anderen Phosphatmineralen als Primärmineral in Pegmatiten vor. Lagerstätten befinden sich in Großbritannien, Russland, Namibia, Schweden, der Tschechischen Republik, Argentinien und Afghanistan.

EIGENSCHAFTEN	
GRUPPE	Phosphate
KRISTALLSYSTEM	Monoklin
ZUSAMMENSETZUNG	$(Mn,Fe,Mg)_2PO_4(F,OH)$
FARBE	Dunkelbraun bis kastanienbraun
FORM/HABITUS	Grobe Massen bis Kristalle
HÄRTE	5–5½
SPALTBARKEIT	Gut in drei Richtungen
BRUCH	Uneben bis schwach muschelig
GLANZ	Glasglanz bis Harzglanz
STRICH	Weiß bis braun
SPEZIFISCHES GEWICHT	3,5–3,9
TRANSPARENZ	Durchscheinend

DERBES AGGREGAT
Dieser derbe Triplit stammt von den Megliggar-Felsen in Cornwall (England).

BRASILIANIT

MINAS GERAIS
Brasilianit wurde 1945 in Conselheira Pena in Brasilien entdeckt.

DAS NATRIUM-ALUMINIUM-PHOSPHAT Brasilianit ist relativ hart, aber spröde. Es bildet kurzsäulige oder längliche Kristalle, meist mit Rillen in den Kristallflächen, tritt aber auch in kugeligen oder strahligen, faserigen Aggregaten auf. Das Farbspektrum beschränkt sich weitgehend auf verschiedene Gelbtöne. Brasilianit bildet sich zusammen mit Turmalin und Apatit in granitischen Pegmatiten. Er ist nach Brasilien benannt, wo er erstmals gefunden wurde und in großen Kristallen (bis zu 15 cm) in Edelsteinqualität vorkommt. Auch an anderen Orten wurde Brasilianit gefunden, z. B. in Maine und New Hampshire (beide USA).

SCHLEIFEN VON BRASILIANIT

Brasilianit wäre sicher ein beliebter Schmuckstein, wenn er nicht so zerbrechlich wäre. Bei der Bearbeitung sind Schläge sorgfältig zu vermeiden, und die Befestigung an der Halterung muss mit leicht entfernbarem Klebstoff erfolgen. Brasilianit wird nur für Sammler geschliffen. Auch seine relative Seltenheit verhindert einen Erfolg als Schmuckstein.

SMARAGD-SCHLIFF

RECHTECKSCHLIFF

SELTENE SCHLIFFE
Wegen seiner Farbe und Zerbrechlichkeit wird für Brasilianit in der Regel der Treppenschliff gewählt.

DREIECK-SCHLIFF

EIGENSCHAFTEN	
GRUPPE	Phosphate
KRISTALLSYSTEM	Monoklin
ZUSAMMENSETZUNG	$NaAl_3(PO_4)_2(OH)_4$
FARBE	Gelb
FORM/HABITUS	Gleichseitig bis kurzsäulig
HÄRTE	$5^1/_2$
SPALTBARKEIT	Gut in einer Richtung
BRUCH	Muschelig
GLANZ	Glasglanz
STRICH	Farblos
SPEZIFISCHES GEWICHT	3,0
TRANSPARENZ	Durchsichtig
BRECHUNGSINDEX	1,60–1,62

KRISTALLE AUS BRASILIEN
Auch diese schön ausgeformten prismatischen Brasilianitkristalle mit Apatit stammen aus Minas Gerais.

PRISMATISCHER KRISTALL
Dieser grünliche Brasilianitkristall zählt zur Sammlung der Smithsonian Institution.

AMBLYGONIT

MYANMAR
Auch in Myanmar wurde Amblygonit gefunden.

DAS LITHIUMPHOSPHAT AMBLYGONIT wird als Lithium- und Phosphorlieferant und als Schmuckstein genutzt. Seine Kristalle sind meist kurz und prismatisch, oft mit rauen Kristallflächen. Überwiegend ist das Mineral in großen, weißen, durchscheinenden Massen anzutreffen. Amblygonit in Edelsteinqualität ist oft gelb, grüngelb oder fliederfarben. Riesenkristalle wurden in granitischen Pegmatiten in Simbabwe und in den US-Bundesstaaten South Dakota und Maine gefunden.

EDELSTEIN
Dieses cremefarbene Bruchstück stammt von einem Amblygonitkristall in Edelsteinqualität.

LITHIUM IN DER MEDIZIN

Lithium in Form von Lithiumcarbonat wird manchmal zur Behandlung der Symptome einer bipolaren Störung verschrieben, da es die manischen Episoden beruhigt und den depressiven Zustand verbessert. Es hat sich gezeigt, dass es die Schwere der Stimmungsschwankungen verringert und somit das bipolare Verhalten reguliert.

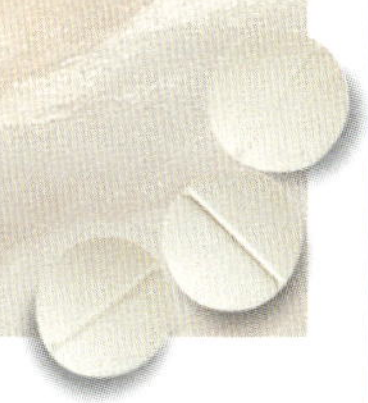

LITHIUMTABLETTEN
Lithiumcarbonat wird in Tablettenform eingenommen.

EIGENSCHAFTEN	
GRUPPE	Phosphate
KRISTALLSYSTEM	Triklin
ZUSAMMENSETZUNG	$(Li,Na)AlPO_4(F,OH)$
FARBE	Weiß, gelb oder fliederfarben
FORM/HABITUS	Prismatisch
HÄRTE	$5^1/_2$–6
SPALTBARKEIT	Vollkommen
BRUCH	Uneben bis schwach muschelig
GLANZ	Glasglanz bis Fettglanz oder Perlmuttglanz
STRICH	Weiß
SPEZIFISCHES GEWICHT	3,0
TRANSPARENZ	Durchsichtig bis durchscheinend
BRECHUNGSINDEX	1,57–1,60

WEISSE MASSE
Dieser Amblygonit aus China ist auf orangefarbenem Wavellit und Quarz aufgewachsen.

DUNKELGELB
Dieser ovale Brillantschliff ist zu weich, um als Schmuck getragen zu werden.

HELLGELB
Dieser für einen Sammler geschliffene Stein ist ein perfekter ovaler Brillantschliff.

DEVON
Olivenit kommt u. a. aus Devon in England.

OLIVENIT

OLIVENITKRISTALLE sind langsäulig, nadelförmig oder tafelig. Auch kugelige, faserige, nierenförmige, derbe, körnige und erdige Formen kommen vor. Der meist olivgrüne Olivenit kann auch eine braungrüne, strohgelbe oder grauweiße Färbung aufweisen. Er bildet vermutlich eine feste Lösung mit Libethenit (siehe rechts). Olivenit entsteht als Sekundärmineral in der Oxidationszone kupferhaltiger Erzlagerstätten, oft mit Malachit, Goethit, Calcit, Dioptas und Azurit. Er wurde u.a. in Namibia, Australien, Deutschland, Griechenland, Chile und den westlichen Bundesstaaten der USA gefunden.

EIGENSCHAFTEN

- **GRUPPE** Arsenate
- **KRISTALLSYSTEM** Orthorhombisch
- **ZUSAMMENSETZUNG** $Cu_2AsO_4(OH)$
- **FARBE** Olivgrün, braungrün, gelb oder grauweiß
- **FORM/HABITUS** Prismatisch
- **HÄRTE** 3
- **SPALTBARKEIT** Unvollkommen
- **BRUCH** Muschelig bis uneben
- **GLANZ** Diamantglanz
- **STRICH** Grün bis braun
- **SPEZ. GEWICHT** 3,9–4,5
- **TRANSPARENZ** Durchsichtig bis undurchsichtig

OLIVENIT-KRISTALLE
In diesem Handstück aus Cornwall, England, sind olivgrüne Olivenitkristalle zwischen Quarzkristallen angeordnet.

BROKEN HILL
Hier in Australien wurde Libethenit gefunden.

LIBETHENIT

DAS KUPFERPHOSPHATHYDROXID LIBETHENIT bildet vermutlich eine feste Lösung mit Olivenit. Bei ihm ist das Arsen durch Phosphor ersetzt. Libethenit-Kristalle sind kurzsäulig oder länglich und weisen vertikale Rillen auf. Libethenit entsteht als Sekundärmineral in der Oxidationszone von Kupferlagerstätten, oft zusammen mit Malachit und Azurit. Dieses Mineral kommt u.a. aus dem Ural in Russland, aus Cornwall in England und aus Arizona in den USA.

EIGENSCHAFTEN

- **GRUPPE** Phosphate
- **KRISTALLSYSTEM** Orthorhombisch
- **ZUSAMMENSETZUNG** $Cu_2PO_4(OH)$
- **FARBE** Olivgrün
- **FORM/HABITUS** Kurzsäulig
- **HÄRTE** 4
- **SPALTBARKEIT** Unvollkommen
- **BRUCH** Muschelig bis uneben
- **GLANZ** Glasglanz
- **STRICH** Olivgrün
- **SPEZ. GEWICHT** 4,0
- **TRANSPARENZ** Durchscheinend

LIBETHENIT AUF GRUNDMASSE
Diese Libethenitkristalle stammen aus Lubietová (früher Libethen), in der Slowakei, dem Ort nach dem das Mineral benannt wurde

TSUMEB (NAMIBIA)
Von hier in Namibia kommt Adamin.

ADAMIN

ADAMIN wurde nach dem französischen Mineralogen G. J. Adam benannt, der das Mineral in Chile entdeckte. Chemisch ist es ein Zinkarsenhydroxid. Es bildet längliche oder tafelige, oft stark abgerundete Kristalle oder Rosetten und kugelige Anordnungen strahlenförmiger Kristalle. Die oft leuchtenden Farben werden durch Spuren anderer Elemente hervorgerufen: Wenn Zink durch Kupfer ersetzt ist, entstehen je nach Konzentration gelbe oder grüne Kristalle, bei Ersetzung durch Kobalt sind die Kristalle rosa oder violett. Farblose oder weiße Kristalle sind sehr selten. Adamin ist wirtschaftlich unbedeutend, wird aber wegen seiner leuchtenden Farben und seinem Glanz von Sammlern geschätzt.

Adamin bildet sich sekundär in den Oxidationszonen von Zink- und Arsenlagerstätten, oft mit Azurit, Smithsonit, Mimetesit, Hemimorphit, Skorodit, Olivenit und Limonit. Gut ausgebildete Kristalle kommen aus Chañarcillo (Chile), Tsumeb (Namibia), Mapimí (Mexiko), Reichenbach/Lahr (Deutschland), Monte Valerio (Italien), Hyères (Frankreich) sowie Franklin und Mohawk (USA).

EIGENSCHAFTEN

- **GRUPPE** Arsenate
- **KRISTALLSYSTEM** Orthorhombisch
- **ZUSAMMENSETZUNG** $Zn_2AsO_4(OH)$
- **FARBE** Gelb, grün, rosa oder violett
- **FORM/HABITUS** Tafelig, säulig
- **HÄRTE** $3^1/_2$
- **SPALTBARKEIT** Gut
- **BRUCH** Schwach muschelig bis uneben, spröde
- **GLANZ** Glasglanz
- **STRICH** Weiss
- **SPEZIFISCHES GEWICHT** 4,4
- **TRANSPARENZ** Durchsichtig bis durchscheinend

FLUORESZIERENDES MINERAL

Adamin weist oft eine starke Fluoreszenz auf und wird deshalb auch als Ausstellungsstück in speziellen Schaukästen zur Geltung gebracht (siehe S. 160–161). Wie bei vielen anderen Mineralen hängt die Stärke der Fluoreszenz vom Herkunftsort ab. Bei manchen Exemplaren fehlt sie völlig.

FLUORESZIERENDER ADAMIN
Die grüne Fluoreszenz ist typisch.

ADAMINKRISTALLE
Diese abgerundeten, weißlichen Adaminkristalle sitzen auf einer Gesteinsgrundmasse.

APATIT

HALBINSEL KOLA (RUSSLAND)
In diesem mineralreichen Gebiet in Russland befindet sich eine der weltweit größten Lagerstätten des wirtschaftlich bedeutenden Minerals.

UNTER DER BEZEICHNUNG APATIT werden eine ganze Reihe von Calciumphosphatmineralen zusammengefasst, die alle die gleiche chemische Struktur aufweisen. Nach der Zusammensetzung unterscheidet man zwischen Fluorapatit, Hydroxylapatit und Chlorapatit. Fluorapatit ist das wirtschaftlich bedeutendste Mineral dieser Reihe und das weltweit wichtigste zur Phosphorgewinnung. Chlorapatit ist relativ selten. Carbonatfluorapatit kommt in versteinerten Knochen und Zähnen und den entsprechenden Sedimenten vor. Carbonathydroxylapatit ist der Hauptbestandteil menschlicher Knochen und Zähne.

Apatit tritt meist in Form gut ausgebildeter, durchsichtiger, glasiger Kristalle und als Massen oder Knollen auf. Der Name des Minerals ist von griechisch *apatos* (»trügerisch«) abgeleitet, weil es anderen Mineralen wie Aquamarin, Amethyst und Olivin ähnelt. Das Spektrum der oft recht intensiven Farbtöne reicht von Grün- und Blautönen über Weiß und Gelb bis zu Rot und Rosa. Die Kristalle bilden kurz- bis langsäulige Prismen, dicke Tafeln oder komplex geformte Prismen.

Apatit kommt als Begleitmineral in verschiedenen magmatischen Gesteinen vor, u.a. in Pegmatiten und hydrothermalen Gängen. Apatit in Edelsteinqualität stammt meist aus Pegmatiten. Daneben ist Apatit auch in geschichteten marinen Sedimenten, die zur Gewinnung von Phosphor abgebaut werden, zu finden. Größere Lagerstätten mit schönen Kristallen befinden sich u.a. in den USA, Mexiko, Namibia und Russland. In Kanada wurden bis zu 200 kg schwere Kristalle gefunden. Geschliffene Steine zeigen kräftige, leuchtende Farben, sind aber nicht besonders hart.

GELBER APATIT
Leuchtend gelbe Kristalle aus Mexiko sind bei Sammlern und Juwelieren so beliebt, dass die Vorräte nahezu erschöpft sind.

APATITKRISTALLE
Die spektakulären Apatitkristalle in diesem Exemplar aus Portugal sind in Muskovit und geringe Mengen Arsenopyrit eingebettet.

CHLORAPATIT
Dieses Handstück aus Buskerud in Norwegen besteht aus einem doppelendigen Chlorapatitkristall auf Albit. Chlorapatit ist eines der seltensten Apatitminerale.

RECHTECKIGER SCHLIFF
Besonders schön gefärbter Edelstein-Apatit wie dieser rechteckige Treppenschliff stammt oft aus Pegmatiten.

SMARAGDSCHLIFF
Mit seinem breiten Spektrum leuchtender Farben wäre Apatit ein beliebter Schmuckstein, wenn er nur nicht so weich wäre.

ACHTECKIGER SCHLIFF
Wegen seiner Sprödigkeit ist eine Facette dieses in Achteckform geschliffenen blauen Apatits beschädigt worden.

CABOCHON
Dieser Cabochonschliff von faserigen blauen Apatiten aus Myanmar und Sri Lanka zeigt einen deutlichen Katzenaugeneffekt.

EIGENSCHAFTEN

GRUPPE Phosphate
KRISTALLSYSTEM Hexagonal oder monoklin
ZUS. $Ca_5(PO_4)_3(F,OH,Cl)$
FARBE Grün, blau, violett, farblos, gelb, rosa
FORM/HABITUS Kurz- bis langsäulig, tafelig
HÄRTE 5
SPALTBARKEIT Undeutlich, unterschiedlich
BRUCH Muschelig bis uneben
GLANZ Glasglanz, Wachsglanz
STRICH Weiß
SPEZ. GEWICHT 3,1–3,2
TRANSPARENZ Durchsichtig bis durchscheinend
BRECHUNGSINDEX 1,63–1,64

STREICHHÖLZER
Apatit liefert den Phosphor für Streichholzköpfe.

TÜRKIS

BISBEE (ARIZONA)
Die Kupferminen um Bisbee in Arizona, USA, sind für relativ dunklen Türkis bekannt.

INSCHRIFT
Diese ägyptische Inschrift aus der Zeit um 2680 v. Chr. erzählt von einer Expedition zu Türkisminen.

SINAI
Die Halbinsel Sinai in Ägypten war einer der ersten Orte, an denen ein systematischer Türkisabbau stattfand.

TÜRKIS ist einer der ersten Edelsteine der Menschheitsgeschichte: In Mesopotamien (dem heutigen Irak) wurden Türkisperlen aus der Zeit um 5000 v. Chr. gefunden. Die Ägypter bauten Türkis schon vor dem 4. Jahrhundert v. Chr. auf dem Sinai ab. Aufzeichnungen aus der Regierungszeit von Pharao Semerkhet (um 2923–2915 v. Chr.) belegen eine Bergbautätigkeit in großem Maßstab mit mehreren Tausend Arbeitern. Die meisterhaft gearbeitete, mit Türkis geschmückte Brustplatte von Pharao Sesostris II. (1844–1837 v. Chr.) ist heute im Metropolitan Museum of Art in New York (USA) zu besichtigen.

Türkis ist je nach Eisen- und Kupfergehalt himmelblau bis grün. Kristalle sind selten, meist sind derbe oder mikrokristalline Formen als Krusten, Knollen oder Adern anzutreffen. Wenn Kristalle auftreten, sind sie kaum länger als 2 mm und bilden kurzsäulige Formen. Türkis entsteht überwiegend in arider Umgebung als Sekundärmineral, vermutlich durch Verwitterung von Apatit (siehe S. 195) und Kupfersulfiden, oder als Ausfällung aus zirkulierenden Lösungen.

BLAUE KNOLLE

KRUSTE UND KRISTALLE

FORMEN VON TÜRKIS
Türkis tritt in verschiedenen Blau- und Grüntönen auf. Er ist meist als Knolle anzutreffen, seltener als Kruste oder Kristall.

TÜRKIS ALS EDELSTEIN

Türkis ist oft sehr porös und wird deshalb mit Wachs oder Harz »stabilisiert«, damit er Aussehen und Farbe behält. Als Schmuckstein wird Türkis meist als Cabochon geschliffen. Da natürlicher Türkis sehr spröde ist, werden die Cabochons häufig auf der Unterseite mit Epoxidharz verstärkt. Von feinen Adern durchzogener Türkis erfreut sich großer Wertschätzung. Türkis ist auch ein beliebtes Material für Schnitzereien und Gravuren. Unregelmäßige Stücke werden oft mit Jaspis, Obsidian und Perlmutt für Mosaiken verwendet. Natürliche Aggregate aus Türkis mit Limonit oder anderen Mineralen – die Türkismatrix – werden gelegentlich in Scheiben geschnitten und poliert.

GRÜNER TÜRKIS
Diese Knolle aus hartem, grünem Türkis stammt aus der Gegend von Silver City im US-Bundesstaat New Mexico.

PERSISCHER TÜRKIS

Türkis spielte für die Perser eine ähnliche Rolle wie Jade für die Chinesen. Er wird in Iran (dem alten Persien) seit der Antike hoch geschätzt. Er wurde in den Minen von Neyshabur in der iranischen Provinz Khorasan abgebaut. Mit Türkis dekorierte man Throne, Schwertscheiden, edles Pferdegeschirr, Dolche, Schalen, Becher und Ziergegenstände aller Art. Große Steine verzierte man mit Goldschmiedearbeiten oder mit Korantexten.

Persischer Türkis ist meist härter und gleichmäßiger gefärbt als der nordamerikanische. Er ist immer himmelblau, nie grün. Persischer Türkis wurde über große Entfernungen gehandelt und gelangte schon im zweiten Jahrtausend vor Christus zu den Hochkulturen im Tal des Indus. Vor dem Ersten Weltkrieg war Türkis, der in fast 100 Bergwerken im ganzen Land abgebaut wurde, das wichtigste Exportgut des Iran.

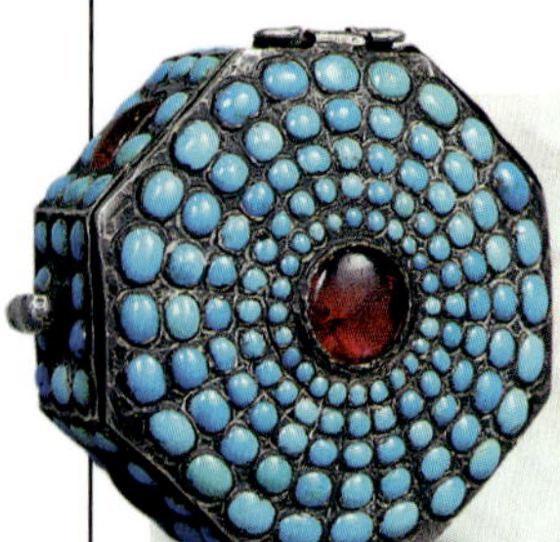

IRANISCHE DOSE
Auf dieser silbernen Dose, die zur Aufbewahrung des Korans dient, sind Türkiscabochons in konzentrischen Ringen angeordnet.

PERSISCHE VERZIERUNG
Dieser antike Türkis ist mit eingravierten und vergoldeten Mustern und Schriftzeichen verziert.

EIGENSCHAFTEN

GRUPPE Phosphate
KRISTALLSYSTEM Triklin
ZUSAMMENSETZUNG $CuAl_6(PO_4)_4(OH)_8 \cdot 4H_2O$
FARBE Blau, grün
FORM/HABITUS Derb
HÄRTE 5–6
SPALTBARKEIT Gut
BRUCH Muschelig
GLANZ Wachsglanz bis matt
STRICH Weiß bis grün
SPEZ. GEWICHT 2,6–2,8
TRANSPARENZ Meist undurchsichtig

Türkis verschiedener Herkunft kam über die Türkei nach Europa. Vermutlich ist dies auch der Ursprung des Namens. Himmelblauer Türkis aus dem Iran wird schon seit Jahrhunderten abgebaut und gilt als der beste. In Tibet, wo Türkis ebenfalls sehr beliebt ist, wird die grüne Varietät bevorzugt. Türkis kommt auch in Nordafrika, Australien, Sibirien, Großbritannien, Belgien, Frankreich, Polen, Äthiopien, Mexiko, Chile und China vor.

HISTORISCHES

In Persien (dem heutigen Iran) glaubte man, es bringe Glück, wenn man die Reflexion eines Neumondes auf einem Türkis sieht. Tatsächlich war Türkis der Nationalstein Persiens. Mit ihm wurde alles vom Thron bis zum Pferdegeschirr geschmückt. Mit Perlen und Rubinen verzierte Türkissiegel waren die Insignien hoher Ämter. Weit verbreitet war die Ansicht, Türkis warne seinen Träger durch eine Farbänderung vor Gefahr oder Krankheit. Dies ist nicht ganz von der Hand zu weisen, denn als poröser Stein nimmt Türkis Hautfett auf, wobei sich die Farbe ändern kann.

INDIGENE VÖLKER UND TÜRKIS

Die indigenen Völker Nordamerikas nutzen Türkis von den vielen Fundorten im Südwesten der USA schon seit etwa 1000 n. Chr. Die Pueblo-Kulturen fertigten daraus Perlen und stellten erstaunliche Halsketten und Anhänger aus Muscheln mit Türkismosaik her. 1853 lernten die Navajo von mexikanischen Schmieden die Kunst der Silberbearbeitung. Bald darauf gaben sie hispano-amerikanischen Designs einen indigenen Stil. 1872 lernten die Zuñi die Silberschmiedekunst von den Navajo. Die Kunst der Zuñi zeichnet sich durch fein gearbeitete, kleine Einlegearbeiten aus Türkis aus. Für die Navajo sind Prägearbeiten und große Türkiscabochons typisch.

FALKENBROSCHE
Diese fein gearbeitete Zuñi-Brosche ist mit Intarsien aus Jet, Türkis, Muscheln und Perlmutt verziert.

TÜRKISFETISCHE
Diese Glücksbringer oder Fetische sollten den Jagderfolg sichern.

NAVAJO-JUWELIER
Dieser Juwelier aus New Mexico (USA) trägt augenfällige Beispiele für seinen Türkisschmuck.

ASSOZIATIONEN

Einige indigene Völker ordnen Türkis je nach Farbe ein männliches oder weibliches Geschlecht zu. Blaue Steine sind männlich – Vater Himmel – und grüne weiblich – Mutter Erde. Der geheime Kultraum des Pueblo-Regenpriesters enthielt angeblich einen Altar mit zwei kleinen Säulen aus Kristall und Türkis sowie einen herzförmigen Stein, der das Herz der Welt darstellte. Nach dem Glauben der Pueblo-Kulturen verhalf ein Türkis am Gewehr oder Bogen zu perfekter Zielsicherheit.

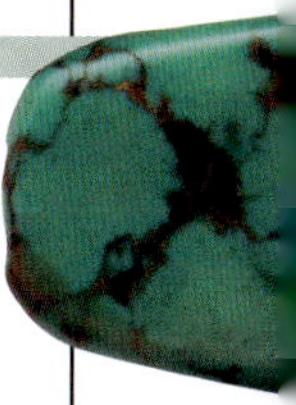

POLIERTER STEIN
Dieser Türkiscabochon zeigt die als »Spinnennetz« bekannte dunkle Äderung.

GESCHNITZTER ELEFANT
Türkis ist bei chinesischen Steinschneidern, von denen auch dieser Elefant stammt, sehr beliebt.

KUPFERMINE
Türkis ist als Begleitmineral von Kupfererzen anzutreffen. Diese Kupfermine bei Tucson, Arizona (USA) lieferte vor ihrer Schließung 1974 große Mengen an blauem Türkis.

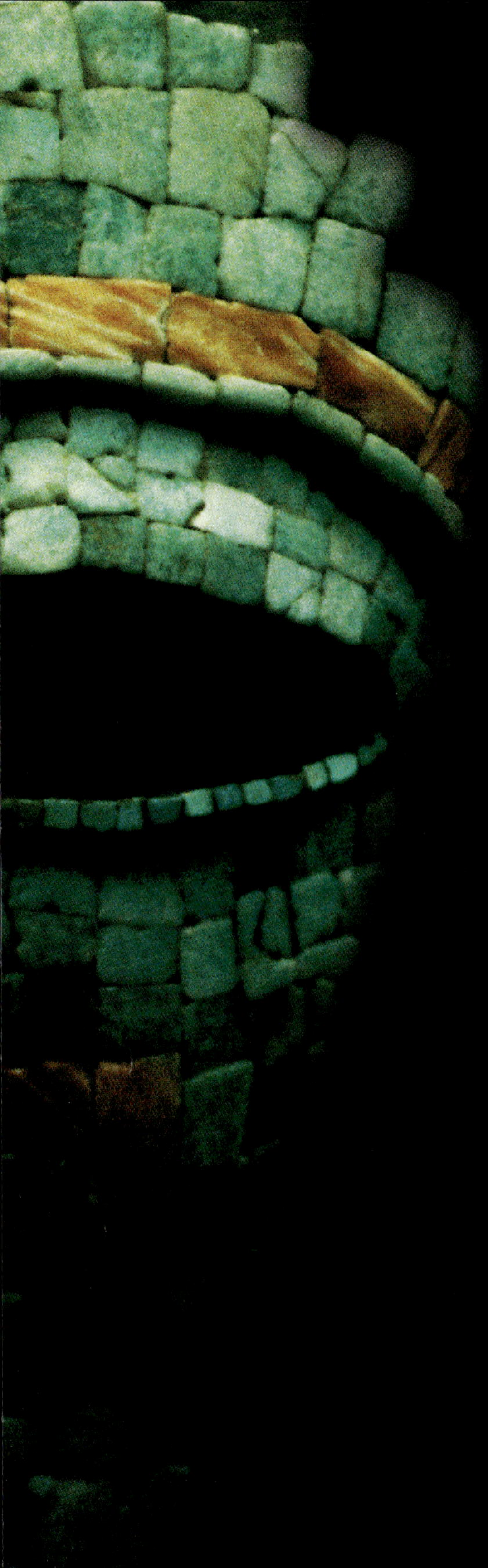

MESOAMERIKANISCHER TÜRKIS

IN DEN ALTEN MESOAMERIKANISCHEN KULTUREN (IM HEUTIGEN MEXIKO UND MITTELAMERIKA) WURDEN KUNSTHANDWERKLICHE OBJEKTE VOM SPIEGEL ODER MESSERGRIFF BIS ZUR TOTENMASKE ODER KULTSTATUE MIT MOSAIKEN AUS TÜRKIS VERZIERT.

Türkis wurde in der klassischen Periode der mesoamerikanischen Kultur (200–900 n. Chr.) erstmals verwendet. Er kam vom Berg Chalchihuitl in der Nähe von Cerillos im heutigen US-Bundesstaat New Mexico. Dort wurde Türkis mit einfachen Handwerkzeugen abgebaut. Zurück blieb eine 60 m lange und 40 m tiefe Grube. Vermutlich wurde das Mineral von den dortigen indigenen Pueblo-Kulturen abgebaut und über eine Distanz von mehreren tausend Kilometern in das alte Handelszentrum Casas Grandes im heutigen Mexiko transportiert.

RUINEN VON TEOTIHUACÁN
Die Stadt Teotihuacán wurde 50 n. Chr. nördlich von der heutigen Stadt Mexiko erbaut. Im Zentrum der schachbrettartig angelegten Stadt ragte die Sonnenpyramide Erfurcht gebietend zum Himmel auf.

Die Verwendung von Türkis hat in Mesoamerika also eine über tausendjährige Tradition. Die Menschen im Stadtstaat Teotihuacán, der von 4. bis zum 7. Jahrhundert die Vormachtstellung in Mesoamerika einnahm, waren unter den Ersten, die Türkis verarbeiteten. Auch bei den Azteken, die im 13. Jahrhundert als Zivilisation in Erscheinung traten und im 15. und 16. Jahrhundert ein riesiges Reich im heutigen Mexiko regierten, war Türkis ein bedeutendes Mineral. Die oberste Gottheit der Azteken, der Sonnengott Huitzilopochtli (der Name bedeutet »Herr des Türkis«), wurde in Kleidung aus Türkis, mit Krone und Brustschmuck aus Türkis und mit einem von Türkismosaiken bedeckten Schild dargestellt.

SCHLANGE AUS TÜRKIS
Diese mit Türkis besetzte aztekische Brosche in Schlangenform stammt aus dem 15. Jahrhundert. Die Türkisschlange spielte in der aztekischen Mythologie eine wichtige Rolle. Die Azteken glaubten, dass der Sonnengott bei seinem Erwachen den Mond und die Sterne mit seiner mystischen Waffe, der »Türkisschlange«, vom Himmel vertrieb.

TÜRKISMOSAIK

Mesoamerikanische Kunsthandwerker entwickelten große Fertigkeit in der Bearbeitung von Türkis. Meist wurden kleine, unregelmäßig geformte Steine auf Hochglanz poliert und dann zu den gewünschten Mustern aus bis zu 14 000 Einzelsteinen zusammengesetzt. Das Mosaik wurde gewöhnlich durch pflanzliche Klebemassen wie Gummi oder durch eine Art Zement zusammengehalten.

Mit Türkismosaiken wurden Schilde, Helme, Messergriffe, Halsschmuck, Medaillons, Spiegel, Tierfiguren, Kultstatuen und die berühmten Masken verziert. Diese kamen in verschiedenen Formen vor: von den trapezförmigen Masken von Teotihuacán, die in alten Begräbnisstätten gefunden wurden, bis zu den aztekischen Totenmasken, die einen menschlichen Schädel bedeckten und mit Türkis, Gold und Perlmutt verziert waren.

MASKE AUS TEOTIHUACÁN
Diese Maske aus Türkis und Perlmutt mit der trapezförmigen Gestalt, der geraden Stirn, Mandelaugen, einer kräftigen Nase und einem sinnlichen, halb geöffneten Mund, ist ein typisches Beispiel für den Kunststil von Teotihuacán.

BROKEN HILL
In dieser Region in Australien wird Vanadinit abgebaut.

VANADINIT

DIESES RELATIV SELTENE MINERAL ist ein Vanadatchlorid. Kristalle sind meist lange Prismen, teils auch haarfeine Nadeln oder hohle Prismen. Blei kann zu einem geringen Teil durch Calcium, Zink und Kupfer ersetzt sein. Wenn das Vanadium in der gleichen Kristallstruktur völlig durch Arsen ersetzt ist, klassifiziert man das Mineral als Mimetesit (siehe unten). Vanadinit löst sich in Salzsäure und Salpetersäure auf. Er ist ein Sekundärmineral in oxidierten Bleilagerstätten, oft zusammen mit Bleiglanz, Baryt, Wulfenit und Limonit. Vanadinit wird als Vanadiumerz und in geringerem Maße als Bleierz genutzt. Sehr schöne Exemplare kommen aus Minas Gerais (Brasilien), Chihuahua (Mexiko), Mibladen (Marokko), den Leadhills (Schottland), Tsumeb (Namibia) und den USA.

VERWENDUNG VON VANADIUM

Vanadium wird zur Herstellung von Vanadiumstahl verwendet. Es macht den Stahl feinkörniger und verbindet sich mit dem vorhandenen Kohlenstoff zu Carbiden. Vanadiumstahl zeichnet sich durch Festigkeit, Härte und Schlagfestigkeit aus. Vanadiumverbindungen werden bei der Herstellung von Schwefelsäure und Nylon sowie bei der Oxidation einiger organischer Stoffe als Katalysator eingesetzt.

EIGENSCHAFTEN

GRUPPE Phosphate
KRISTALLSYSTEM Hexagonal
ZUSAMMENSETZUNG $Pb_5(VO_4)_3Cl$
FARBE Orangerot, gelb
FORM/HABITUS Hexagonal
HÄRTE 3
SPALTBARKEIT Keine
BRUCH Uneben, spröde
GLANZ Diamantglanz
STRICH Weißlich gelb
SPEZIFISCHES GEWICHT 6,9
TRANSPARENZ Durchsichtig bis durchscheinend

VANADINITKRISTALLE AUF ROMANECHIT

ROTER VANADINIT
Vanadinitkristalle sind oft leuchtend rot oder gelb. Dieses Exemplar mit seinen glatten prismatischen Kristallen ist typisch.

SIR HENRY ROSCOE
Der britische Chemiker Sir Henry Roscoe isolierte 1867 erstmals Vanadium aus Vanadinit.

CUMBRIA
Die Felsen in der nordenglischen Grafschaft Cumbria enthalten Mimetesit.

MIMETESIT

DIESES MINERAL bildet schwere, tonnenförmige Kristalle oder rundliche Massen sowie traubige, körnige, tafelige und nadelförmige Aggregate. Das arsenreiche Mineral Mimetesit, das mit Pyromorphit (siehe gegenüberliegende Seite) eine feste Lösung bildet, ist nach dem griechischen Wort *mimetes* (»Imitator«) benannt. Das Farbspektrum umfasst Gelb-, Orange- Braun- und gelegentlich Grüntöne. Auch farblose Exemplare kommen vor. Mimetesit bildet sich als Sekundärmineral in der Oxidationszone von Bleierzlagerstätten und an anderen Stellen, an denen Blei und Arsen gemeinsam vorkommen. Besonders schöne Exemplare kommen aus Chihuahua in Mexiko, Sachsen in Deutschland, Attika in Griechenland, Broken Hill in Australien sowie Bisbee und Tombstone in den USA.

KAMPYLIT
Dieses Exemplar aus der englischen Grafschaft Cumbria enthält eine als Kampylit bezeichnete Varietät von Mimetesit sowie Baryt auf Manganknollen.

EIGENSCHAFTEN

GRUPPE Arsenate
KRISTALLSYSTEM Hexagonal
ZUSAMMENSETZUNG $Pb_5(AsO_4)_3Cl$
FARBE Hellgelb bis gelbbraun, orange, grün
FORM/HABITUS Tonnenförmige Kristalle und runde Massen
HÄRTE $3^1/_2$–4
SPALTBARKEIT Schwach ausgeprägt
BRUCH Muschelig bis uneben, spröde
GLANZ Harzglanz
STRICH Weiß
SPEZIFISCHES GEWICHT 7,3
TRANSPARENZ Fast durchsichtig

BISBEE
Lazulith kommt an verschiedenen Orten in den USA vor, u. a. in Bisbee (Arizona).

LAZULITH

Der Name Lazulith geht auf die alte deutsche Bezeichnung *Lazurstein* (»blauer Stein«) zurück. Lazulith bildet pryamidenförmige Kristalle, kommt aber auch in derber oder körniger Form vor. Er weist verschiedene Blautöne auf – Azurblau, Himmelblau, Blassblau, Grünblau – und ähnelt vom Erscheinungsbild her dem häufigeren Lapislazuli (Lasurit). Lazulith kommt in aluminiumhaltigen metamorphen Gesteinen, Quarzgängen und granitischen Pegmatiten vor. Schöne Exemplare kommen aus Schweden, Österreich, der Schweiz, Kanada und mehreren Bundesstaaten der USA.

EIGENSCHAFTEN

GRUPPE	Phosphate
KRISTALLSYSTEM	Monoklin
ZUSAMMENSETZUNG	$(Mg,Fe)Al_2(PO_4)_2(OH)_2$
FARBE	Verschiedene Blautöne
FORM/HABITUS	Pyramidal
HÄRTE	5–6
SPALTBARKEIT	Unvollkommen
BRUCH	Uneben bis splittrig
GLANZ	Glasglanz
STRICH	Weiß
SPEZIFISCHES GEWICHT	3,1
TRANSPARENZ	Durchsichtig bis durchscheinend
BRECHUNGSINDEX	1,61–1,64

LAZULITH IN QUARZ
Dieses Exemplar aus Lincoln County im US-Bundesstaat Georgia zeigt gut ausgeformte Lazulithkristalle auf Quarz.

POLIERT
Hier ist körniger Lazulith als Cabochon geschliffen. Aus Lazulith werden auch Perlen hergestellt.

EINZELKRISTALL
Dieser Einzelkristall hat die Form einer Doppelpyramide.

DYFED (WALES)
Eine gute Fundstelle für Pyromorphit

PYROMORPHIT

PYROMORPHIT wurde nach den griechischen Bezeichnungen *pyr* für »Feuer« und *morph* für »Form« benannt, eine Anspielung auf eine besondere Eigenschaft: Wenn es zu einem Kügelchen geschmolzen wird, nimmt es beim anschließenden Abkühlen eine kristalline Form an. Das Bleiphosphatchlorid bildet eine feste Lösung mit dem verwandten Mimetesit (siehe gegenüberliegende Seite), bei dem das Element Phosphor durch Arsen ersetzt ist. Pyromorphitkristalle sind manchmal von einfacher prismatischer Gestalt, können aber auch rund, tonnen- oder spindelförmig geformt sein oder Höhlungen aufweisen. Neben der kristallinen Form kommen auch kugelige, nierige oder körnige Aggregate vor. Pyromorphit tritt in verschiedenen Grün-, Braun- und Gelbtönen auf. Das gelegentlich als Bleierz genutzte Mineral bildet sich zusammen mit Cerussit, Smithsonit, Vanadinit, Bleiglanz und Limonit sekundär in der Oxidationszone von Bleilagerstätten. Es wurde u.a. in Großbritannien, Deutschland, Australien, Frankreich, Spanien, Mexiko und den USA gefunden.

LINDGRÜNER PYROMORPHIT

GELBGRÜNER PYROMORPHIT

EIGENSCHAFTEN

GRUPPE	Phosphate
KRISTALLSYSTEM	Hexagonal
ZUSAMMENSETZUNG	$Pb_5(PO_4)_3Cl$
FARBE	Grün, gelb, orange, braun
FORM/HABITUS	Prismatisch
HÄRTE	$3^1/_2$–4
SPALTBARKEIT	Schwach ausgeprägt
BRUCH	Uneben bis schwach muschelig, spröde
GLANZ	Harzglanz
STRICH	Weiß
SPEZ. GEWICHT	7,0
TRANSPARENZ	Fast durchsichtig bis durchscheinend

TONNENFÖRMIGE KRISTALLE
Diese Pyromorphitkristalle auf Limonit weisen die für dieses Mineral typische Tonnenform auf.

MISSOULA
In der Kupferabbauregion von Missoula, Montana (USA) wurde auch Euchroit gefunden.

EUCHROIT

DAS RELATIV SELTENE MINERAL Euchroit wurde 1823 nach dem griechischen Wort für »schöne Farbe« benannt. Es ist ein wasserhaltiges Kupferarsenat, das kurzsäulige, smaragd- bis lauchgrüne Kristalle bildet. Der Entdeckungsort liegt in der Slowakei. Weitere Vorkommen wurden in Bulgarien und Griechenland sowie in Cramer Creek in der Nähe von Missoula im US-Bundesstaat Montana als Auskleidung von Spalten in Glimmerschiefer gefunden.

EIGENSCHAFTEN

GRUPPE Arsenate
KRISTALLSYSTEM Orthorhombisch
ZUSAMMENSETZUNG $Cu_2(AsO_4)(OH)\cdot 3H_2O$
FARBE Smaragdgrün
FORM/HABITUS Prismatisch
HÄRTE 3½–4
SPALTBARKEIT Unvollkommen
BRUCH Uneben bis schwach muschelig
GLANZ Glasglanz
STRICH Grün
SPEZ. GEWICHT 3,4
TRANSPARENZ Durchsichtig bis durchscheinend

PRISMATISCHE KRISTALLE
Diese kurzsäuligen Kristalle in einer Gesteinsgrundmasse kommen aus der Slowakei.

SACHSEN
In diesem mineralreichen deutschen Bundesland wurde auch Childrenit gefunden.

CHILDRENIT

DAS WASSERHALTIGE Eisen-Aluminium-Phosphat Childrenit wurde 1823 nach dem britischen Mineralogen J. G. Children benannt. Es bildet pyramidenförmige bis kurzsäulige oder tafelige Kristalle. Gelegentlich ist Childrenit auch als strahlige, traubige Masse, faserige Kruste oder derbes Aggregat anzutreffen. Bei zunehmender Ersetzung von Eisen durch Mangan geht er in Eosphorit über. Childrenit wurde in den USA, Großbritannien, Deutschland und Brasilien gefunden.

EIGENSCHAFTEN

GRUPPE Arsenate
KRISTALLSYSTEM Orthorhombisch
ZUSAMMENSETZUNG $FeAl(PO_4)(OH)_2\cdot H_2O$
FARBE Braun bis gelbbraun, weiß, braunschwarz
FORM/HABITUS Pyramidenförmig bis kurzsäulig
HÄRTE 5
SPALTBARKEIT Schwach ausgeprägt
BRUCH Schwach muschelig bis uneben
GLANZ Glasglanz
STRICH Weiß bis gelblich
SPEZIFISCHES GEWICHT 3,2
TRANSPARENZ Durchscheinend

KRISTALLE
Dieses Exemplar stammt aus der Mine George and Charlotte in Devon (England).

CORNWALL
Pharmakosiderit wurde in Cornwall (Südwestengland) entdeckt.

PHARMAKOSIDERIT

PHARMAKOSIDERIT ist ein wasserhaltiges Kalium-Eisen-Arsenat. Es ist in Anspielung auf seinen Arsen- und Eisengehalt nach dem griechischen *pharmakon* (»Gift« oder »Droge«) und *sideros* (»Eisen«) benannt. Pharmakosiderit bildet in der Regel kleine kubische Kristalle mit diagonal verlaufenden Rillen. Vereinzelt ist er auch als körnige oder erdige Masse anzutreffen. Pharmakosiderit kommt in hydrothermalen Ablagerungen oder als Verwitterungsprodukt arsenhaltiger Minerale wie Arsenopyrit vor. Er wurde in Cornwall (England) entdeckt. Weitere Fundstellen liegen in Deutschland, Griechenland, Italien, Algerien, Namibia, Brasilien und den USA.

EIGENSCHAFTEN

GRUPPE Arsenate
KRISTALLSYSTEM Kubisch
ZUSAMMENSETZUNG $KFe_4(AsO_4)_3(OH)_4\cdot 6\text{–}7(H_2O)$
FARBE Verschiedene Grüntöne, gelbbraun, braun
FORM/HABITUS Kubisch
HÄRTE 2½
SPALTBARKEIT Unvollkommen bis gut
BRUCH Uneben
GLANZ Diamantglanz bis Fettglanz
STRICH Blassgrün bis braun, blassgelb
SPEZIFISCHES GEWICHT 2,8
TRANSPARENZ Durchsichtig bis durchscheinend

WÜRFELFÖRMIGE KRISTALLE
Diese Masse grüner Pharmakosideritkristalle wurde in Wheal Gorland, Cornwall (England) gefunden. Pharmakosiderit kann auch olivgrün oder braun sein.

ARSENVERGIFTUNG

Am 5. Mai 1821 starb Napoleon im Salon von Longwood auf der Insel Sankt Helena nach mehr als vierjähriger Krankheit. In einer kurz nach seinem Tod untersuchten Haarlocke wurde Arsen festgestellt. Tapetenreste, die angeblich aus Napoleons Salon und Schlafzimmer stammen, wurden analysiert. Sie enthielten ein arsenithaltiges grünes Farbpigment. Durch die Feuchtigkeit bildete sich aus dem Arsenit ein giftiger Arsendampf.

TOD NAPOLEONS
Das grüne Tapetenmuster ist auf dem Gemälde von Carl von Steuben (1788–1856) zu erkennen.

Tapetenstück aus dem Schlafzimmer Napoleons

TSUMEB
Chalkophyllitlagerstätten wurden in Tsumeb (Namibia) gefunden.

CHALKOPHYLLIT

DER KRÄFTIG BLAUGRÜN GEFÄRBTE Chalkophyllit ist in Anspielung auf seinen Kupfergehalt und seinen blättrigen Habitus nach den griechischen Wörtern für »Kupfer« und »Blatt« benannt. Er bildet tafelige und hexagonale Kristalle. Chemisch gesehen handelt es sich um ein wasserhaltiges Kupfer-Aluminium-Arsenat-Sulfat. Chalkophyllit tritt verbreitet als Sekundärmineral in der Oxidationszone von Kupfererzlagerstätten auf. Er weist eine äußerliche Ähnlichkeit mit anderen Kupfermineralen auf und löst sich in Salpetersäure und Ammoniak auf. Fundorte sind aus Großbritannien, Frankreich, Deutschland, Österreich, Russland, Namibia, Chile und den USA bekannt.

KUNST AUS KUPFER

Der Guss von gediegenem Kupfer kam um 4000 v. Chr. auf. Um 3800 v. Chr. war man auch in der Lage, Kupfer aus Erzen auszuschmelzen. Nachdem anfangs nur Waffen und Werkzeuge aus Kupfer hergestellt wurden, erkannten bald auch Künstler die Vorzüge des leicht bearbeitbaren Metalls. Sie trieben das Kupfer zu Statuetten und Portraitdarstellungen, die heute noch für ihren künstlerischen Wert und das Geschick der Kunsthandwerker bewundert werden.

STATUE DER LAMMA
Diese Götterstatue aus Ur wurde auf 1800–1600 v. Chr. datiert.

PROFIL VON SARGON I.
Dieser Kopf des Königs von Akkad entstand zwischen 2334 und 2279 v. Chr. in Mesopotamien.

STIERKOPF
Dieser Stierkopf aus Kupfer wurde zwischen 2500 und 2400 v. Chr. für das sumerische Königshaus hergestellt.

EIGENSCHAFTEN

GRUPPE Arsenate
KRISTALLSYSTEM Hexagonal/trigonal
ZUSAMMENSETZUNG $Cu_{18}Al_2(AsO_4)_2(SO_4)_3(OH)_{27}\cdot 33H_2O$
FARBE Kräftiges Blaugrün
FORM/HABITUS Tafelig
HÄRTE 2
SPALTBARKEIT Vollkommen in basaler Richtung
BRUCH Uneben bis schwach muschelig
GLANZ Perlmuttglanz bis Glasglanz
STRICH Hellgrün
SPEZ. GEWICHT 2,7
TRANSPARENZ Durchsichtig bis durchscheinend

TAFELIGE KRISTALLE
In diesem Handstück sitzt eine Masse blauer, tafeliger Chalkophyllitkristalle auf einer Grundmasse.

CORNWALL
Der schönste Dufrenit ist in Cornwall (Südwestengland) zu finden.

DUFRENIT

DUFRENIT, ein wasserhaltiges Eisenphosphat, ist meist als traubige Masse oder als Kruste anzutreffen. Die seltenen Kristalle bilden bündelartige Aggregate mit abgerundeten Enden. Das Mineral wurde 1833 nach dem französischen Mineralogen P. A. Dufrenoy benannt. Es ist als Sekundärmineral in der Verwitterungszone von Metallerzgängen und in Eisenerzlagerstätten zu finden. Vorkommen sind aus Cornwall (England), Hureau (Frankreich), Bushmanland (Südafrika) und New Hampshire und Alabama (USA) bekannt.

EIGENSCHAFTEN

GRUPPE Phosphate
KRISTALLSYSTEM Monoklin
ZUSAMMENSETZUNG $CaFeFe_5(PO_4)_4(OH)_6\cdot 2H_2O$
FARBE Dunkel olivgrün bis schwarz
FORM/HABITUS Derb
HÄRTE $3^1/_2$– $4^1/_2$
SPALTBARKEIT Vollkommen in zwei Richtungen
BRUCH Unbestimmt, spröde
GLANZ Glasglanz, Seidenglanz, matt
STRICH Gelbgrün
SPEZ. GEWICHT 3,3
TRANSPARENZ Fast durchscheinend bis undurchsichtig

TRAUBIGE MASSE
Dieser Dufrenit auf Goethit stammt aus Hirschberg (Deutschland).

BÖHMEN
In diesem Gebiet in der Tschechischen Republik ist schöner Wavellit zu finden.

WAVELLIT

WAVELLIT ist ein wasserhaltiges Aluminiumphosphathydroxid. Er tritt als durchscheinendes, grünliches, kugeliges Aggregat aus strahlig angeordneten Kristallen, als Kruste oder tropfsteinartige Ablagerung auf. Wavellit bildet sich meist als Sekundärmineral in Spalten von aluminiumhaltigem Gestein, in Limonit und Phosphatgesteinen. Fundstätten befinden sich in Tschechien, Frankreich, Bolivien, Deutschland, Australien, Großbritannien, Irland und den USA.

EIGENSCHAFTEN

GRUPPE Phosphate
KRISTALLSYSTEM Orthorhombisch
ZUSAMMENSETZUNG $Al_3(PO_4)_2(OH,F)_3\cdot 5H_2O$
FARBE Grün oder weiß
FORM/HABITUS Strahlige Aggregate
HÄRTE $3^1/_2$–4
SPALTBARKEIT Gut
BRUCH Schwach muschelig bis uneben
GLANZ Glasglanz bis Harzglanz
STRICH Weiß
SPEZIFISCHES GEWICHT 2,4
TRANSPARENZ Durchscheinend

STRAHLIGE KRISTALLE
Hier sitzen nadelige Wavellitkristalle in strahliger Anordnung auf einer Grundmasse.

BORATE UND NITRATE

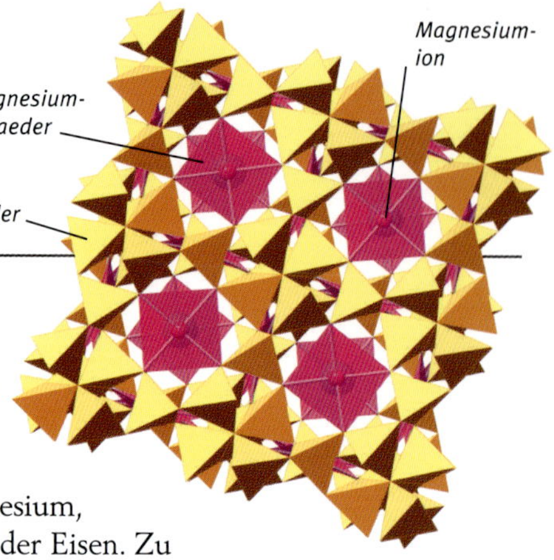

KRISTALLSTRUKTUR VON BORACIT
In Boracit gehen Bor und Sauerstoffatome eine Verbindung mit einem Magnesiumion ein.

Borate sind Verbindungen, die die Elemente Bor und Sauerstoff enthalten. Die meisten Boratminerale sind selten. Nur wenige, darunter Borax, Ulexit, Colemanit und Kernit, bilden kommerziell genutzte Lagerstätten. In der chemischen Struktur bilden Bor und Sauerstoff ein Dreieck (BO_3) oder einen Tetraeder (BO_4) mit einem Boratom im Zentrum.

Borate sind in zwei geologischen Umgebungen anzutreffen. Zum einen entstehen sie, wenn aus vulkanischer Tätigkeit stammende borhaltige Lösungen sich in einem abflusslosen Becken sammeln. Mit der Zeit verdunstet das Wasser und geschichtete Ablagerungen von Boratmineralen bleiben zurück. Dieser Vorgang vollzieht sich meist in Wüstengebieten wie der Mojave-Wüste und dem Death Valley in Kalifornien, wo die wasserlöslichen Ablagerungen besser erhalten bleiben. Borax, Colemanit und Kernit stammen aus solchen Evaporatlagerstätten.

Zum andern entstehen Borate, wenn Druck und relativ hohe Temperaturen Gesteine verändern. Die so gebildeten Boratminerale bestehen in der Regel aus der Verbindung dicht gepackter BO_3-Dreiecke mit Metallionen wie Magnesium, Mangan, Aluminium oder Eisen. Zu dieser Kategorie zählen Boracit und Sussexit.

Nitrate

Nitrate sind eine kleine Gruppe von Verbindungen mit den Elementen Stickstoff und Sauerstoff, die auf Grund ihrer Löslichkeit und Instabilität fast nur in ariden Regionen vorkommen. Die einzige größere Lagerstätte von Nitratmineralen befindet sich in Nordchile, wo sie unter dem lockeren Boden als zementartige Schicht aus Nitraten, Sulfaten, Halogeniden und Sand vorliegen.

Die chemische Einheit ist eine NO_3-Gruppe, in der die Atome in Dreicksform angeordnet sind.

BORAXKRUSTE
Der Lake Searles in Kalifornien (USA) ist der wichtigste Boraxlieferant.

BORAX

DER NAME BORAX ist vom arabischen *buraq* (»weiß«) abgeleitet. Das Natrium-Borathydratmineral bildet kurzsäulige bis tafelige Kristalle, kommt aber in wirtschaftlich interessanten Lagerstätten überwiegend in derber Form vor. Die farblosen Kristalle wandeln sich an der Luft unter Abgabe von Wasser in das kreideartige Mineral Tincalconit. Borax schmilzt leicht zu einer farblosen, glasartigen Masse. Boraxperlen werden im Labor verwendet, um die Zusammensetzung anderer Minerale zu bestimmen: Das pulverisierte Mineral wird mit der Boraxperle verschmolzen, um anhand der Farbe der so entstandenen Glasmasse die enthaltenen Elemente zu bestimmen.

Borax bildet sich als Evaporitmineral in ausgetrockneten Salzseen mit Steinsalz, anderen Boraten sowie Sulfaten und Carbonaten. Borax wird schon seit dem Altertum in Kaschmir und Tibet aus Salzseen gewonnen. Heute ist das Mineral der wichtigste Lieferant von Borverbindungen für die Industrie. Etwa die Hälfte der Jahresproduktion stammt aus den Boraxkrusten am Lake Searles in Südkalifornien. Weitere Abbaugebiete gibt es in Kalifornien, in der Türkei, in Argentinien, in den indischen Himalaja-Gebieten Ladakh und Kaschmir und in Kasachstan.

BORAXKRISTALLE
Hier sind prismatische Boraxkristalle mit einem undurchsichtigen Überzug aus Tincalconit auf einer Gesteinsgrundmasse aufgewachsen.

BOR

Bor und Borverbindungen werden für viele Zwecke benötigt. Sie sind ein wichtiger Bestandteil von Glas und Keramikglasuren. In der Hüttenindustrie dienen sie als Lösungsmittel für Metalloxidschlacken, die bei der Verhüttung von Stahl anfallen, und als Flussmittel beim Löten. Bor spielt auch als Düngemittelzusatz eine wichtige Rolle.

MUNDWASSER
Bor ist einer der Inhaltsstoffe in Mundwässern von verschiedenen Herstellern.

EIGENSCHAFTEN

GRUPPE	Borate
KRISTALLSYSTEM	Monoklin
ZUSAMMENSETZUNG	$Na_2B_4O_5(OH)_4 \cdot 8H_2O$
FARBE	Farblos
FORM/HABITUS	Kurzsäulig
HÄRTE	$2–2^1/_2$
SPALTBARKEIT	Vollkommen, unvollkommen
BRUCH	Muschelig
GLANZ	Glasglanz bis erdig
STRICH	Weiß
SPEZ. GEWICHT	1,7
TRANSPARENZ	Durchsichtig bis durchscheinend

DEATH VALLEY (USA)
Das Death Valley in Kalifornien ist durch Salztonebenen mit Evaporitablagerungen gekennzeichnet.

ULEXIT

WIE BORAX IST AUCH ULEXIT von wirtschaftlicher Bedeutung. Das Natrium-Calciumborathydrat tritt vorwiegend in knolligen, runden oder linsenförmigen Kristallaggregaten auf, die oft Ähnlichkeit mit Wattebäuschen aufweisen. In dieser Form ist es weiß mit seidigem Glanz. Seltener sind parallel angeordnete, faserige Kristalle, die farblos sind und einen Glasglanz aufweisen. Diese Form kann Bilder übertragen (siehe Kasten). Das Mineral wurde nach dem deutschen Chemiker Georg Ludwig Ulex (1811–1883) benannt, der 1850 seine Zusammensetzung bestimmte. Gelegentlich wird es auch als Boronatrocalcit oder Natroborocalcit bezeichnet.

Ulexit ist überwiegend in Evaporitbecken in Salztonebenen und Wüstengebieten anzutreffen, wo es aus borhaltigen magmatischen Flüssigkeiten abgeschieden wurde. Die wichtigsten Fundorte sind die ariden Ebenen von Chile, Argentinien und Kasachstan und die riesigen Evaporitlagerstätten im Death Valley in Kalifornien (USA). Ulexit ist meist mit Anhydrit, Colemanit und Glauberit vergesellschaftet.

In der Industrie wird Ulexit ähnlich wie Borax (siehe linke Seite) genutzt.

SEIFE
Borverbindungen aus Borax und (in geringerem Maße) Ulexit sind ein wichtiger Bestandteil vieler Seifen.

BILDÜBERTRAGUNG

Eine ungewöhnliche Eigenschaft von Ulexit ist seine Fähigkeit, Bilder zu »übertragen«. In einer bestimmten Form dieses Minerals wirken Bündel aus nadelförmigen Kristallen als Lichtwellenleiter. Wenn ein solches Stück an den Enden flach geschliffen und senkrecht zur Längsrichtung des Kristallbündels poliert wird, kann man es auf ein Bild oder eine Druckseite legen und beobachten, wie am entgegengesetzten Ende ein genaues Abbild erscheint.

ÜBERTRAGENES BILD
Die schwarze Linie unter diesem Ulexit befindet sich scheinbar an der Oberfläche. Sie wurde von einem Ende zum anderen »übertragen«.

GLASIERTE TÖPFE
Borverbindungen, die aus Ulexit und Borax gewonnen werden, dienen häufig als Keramikglasur. Daneben werden sie als Flussmittel bei der Metallverhüttung und beim Löten verwendet.

EIGENSCHAFTEN

GRUPPE	Borate
KRISTALLSYSTEM	Monoklin
ZUSAMMENSETZUNG	$NaCaB_5O_6(OH)_6 \cdot H_2O$
FARBE	Farblos, weiß
FORM/HABITUS	Knollig, nadelförmig
HÄRTE	$2^1/_2$
SPALTBARKEIT	Vollkommen
BRUCH	Uneben
GLANZ	Glasglanz bis Seidenglanz
STRICH	Weiß
SPEZ. GEWICHT	2,0
TRANSPARENZ	Durchsichtig bis durchscheinend

Parallele, nadelförmige Kristalle

Durchsichtiger Ulexit

Polierte Oberfläche, die faseroptischen Effekt zeigt.

ULEXITSCHEIBE
Dieser Ulexit aus Kalifornien wurde aufgeschnitten und poliert, um den faseroptischen Effekt zur Geltung zu bringen. Am Rand ist die faserige Struktur aus parallelen Kristallnadeln zu sehen.

DÜNGER
Da Bor ein für das Pflanzenwachstum wichtiges Spurenelement ist, wird vielen Düngemitteln Borat zugesetzt.

DEATH VALLEY
Im Death Valley, Kalifornien (USA), wurden größere Howlitvorkommen gefunden.

HOWLIT

HOWLIT wurde 1868 nach dem kanadischen Chemiker Henry How benannt, der das Mineral als Calciumborosilicat-Hydroxid bestimmt hatte. Howlit bildet tafelige Kristalle, die aber nur selten zu finden sind. Meist tritt er als knollige Masse auf. Das Mineral ist in der Regel weiß und oft mit Adern aus anderen Mineralen durchsetzt. Türkisblau eingefärbter Howlit ist als Imitation von Türkis auf dem Markt, kann von diesem aber leicht durch seine geringere Härte unterschieden werden. Außerdem ist Howlit leicht schmelzbar. Er kommt zusammen mit anderen Bormineralen wie Kernit (unten rechts) und Borax (siehe S. 204) vor. Große Mengen kommen aus Kalifornien, vor allem aus dem Death Valley und San Bernardino. Weitere Fundstätten sind aus Kanada, Mexiko, Deutschland, dem Ural in Russland und der Türkei bekannt.

EIGENSCHAFTEN	
GRUPPE	Borate
KRISTALLSYSTEM	Monoklin
ZUS.	$Ca_2B_5SiO_9(OH)_5$
FARBE	Weiß
FORM/HABITUS	Knollige Massen
HÄRTE	$3\frac{1}{2}$
SPALTBARKEIT	Keine
BRUCH	Muschelig bis uneben
GLANZ	Schwacher Glasglanz
STRICH	Weiß
SPEZ. GEWICHT	2,6
TRANSPARENZ	Durchscheinend bis undurchsichtig

FLECKIGER HOWLIT
Polierter und eingefärbter oder fleckiger Howlit ähnelt Türkis und wird gelegentlich auch als solcher gehandelt.

TÜRKIS
Türkis unterscheidet sich von eingefärbtem Howlit durch seine größere Härte und Farbintensität.

HOWLITKNOLLE
An dieser Howlitknolle aus Nova Scotia in Kanada haftet noch ein Teil des Anhydrits, in dem sie entstanden ist.

KALIFORNIEN (USA)
Kalifornien ist ein Zentrum des Colemanitabbaus.

COLEMANIT

DAS BORATMINERAL COLEMANIT wurde 1884 nach dem amerikanischen Bergwerksbesitzer William Coleman benannt. Es bildet meist große Kristalle, kommt aber auch als derbe, körnige oder kompakte Masse vor. Colemanit ist pyroelektrisch. Er entsteht in Salztonebenen und Evaporiten, wo er andere Borminerale wie Borax ersetzt. Solche Ablagerungen können eine Mächtigkeit von mehreren Metern aufweisen. Abbauwürdiger Colemanit ist meist derb, doch es wurden schon Einzelkristalle von bis zu 20 cm Länge gefunden. Die wichtigsten Förderländer sind die USA, Kasachstan, die Türkei und Argentinien. Colemanit ist für die Industrie als Lieferant von Boraten und Borsäure von Bedeutung. Bis in die 1930er-Jahre wurde Bor überwiegend aus Colemanit gewonnen.

HITZEBESTÄNDIGES GLAS

Glas wird hitzebeständig, wenn dem Siliciumoxid der normalen Glasschmelze bestimmte Borverbindungen, die Borsilikate, hinzugefügt werden. Durch diesen Zusatz wird das Glas widerstandsfähig gegen Hitze, Chemikalien und Elektrizität. Borsilikatglas wird z. B. für Autoscheinwerfer, Laborgeräte, Thermometer und Kochgeschirr (u. a. das bekannte Jenaer Glas) verwendet.

FEUERWEHRHELM
Borsilikate werden für hitzebeständiges Material verwendet.

KOMPLEXE KRISTALLE
Colemanit bildet meist farblose, glänzende, komplexe Kristalle wie in diesem Exemplar.

EIGENSCHAFTEN	
GRUPPE	Borate
KRISTALLSYSTEM	Monoklin
ZUSAMMENSETZUNG	$CaB_3O_4(OH)_3 \cdot H_2O$
FARBE	Farblos, weiß
FORM/HABITUS	Kurzsäulig
HÄRTE	$4-4\frac{1}{2}$
SPALTBARKEIT	Vollkommen, deutlich
BRUCH	Uneben bis schwach muschelig
GLANZ	Glasglanz bis Diamantglanz
STRICH	Weiß
SPEZ. GEWICHT	2,4
TRANSPARENZ	Durchsichtig bis durchscheinend

BORACIT

LÜNEBURG, DEUTSCHLAND
Boracitkristalle kommen bei Lüneburg in Niedersachsen vor.

WIE DER NAME dieses Minerals schon andeutet, ist das glasartige Boratmineral ein Ausgangsstoff zur Herstellung von elementarem Bor. Es bildet pseudokubische Kristalle und derbe Aggregate. Mit zunehmendem Eisengehalt geht die übliche weiße bis graue Farbe in einen grünlichen Ton über. Boracit besitzt sowohl pyroelektrische als auch piezoelektrische Eigenschaften und zeigt eine Doppelbrechung. Boracit ist meist in Form von eingebetteten Kristallen in Anhydrit, Gips und Steinsalz anzutreffen. Er wurde auf dem Khoratplateau in Thailand, bei Straßfurth, Hannover und Lüneburg in Deutschland, in Polen, Großbritannien, Frankreich und den USA gefunden.

BORACITKRISTALLE
Diese Boracitkristalle aus Niedersachsen haben die Form von Dodekaedern, typisch für einen pseudokubischen Habitus.

EIGENSCHAFTEN	
GRUPPE	Borate
KRISTALLSYSTEM	Orthorhombisch
ZUSAMMENSETZUNG	$(Mg,Fe)_3B_7O_{13}Cl$
FARBE	Weiß bis grau, grün
FORM/HABITUS	Pseudokubisch
HÄRTE	7–7½
SPALTBARKEIT	Keine
BRUCH	Muschelig bis uneben
GLANZ	Glasglanz
STRICH	Weiß
SPEZ. GEWICHT	3,0
TRANSPARENZ	Fast durchsichtig bis durchscheinend

KERNIT

BORON (USA)
In Kalifornien gibt es ausgedehnte Boratvorkommen, darunter auch Kernit.

KERNIT ist ein Natriumborathydrat, das nach seinem Entdeckungsort Kern County in Kalifornien (USA) benannt wurde. Kristalle sind zwar selten, können aber eine erstaunliche Größe erreichen. Der bisher größte war 240 cm lang und 90 cm dick. Die Kristalle sind farblos und durchsichtig, weisen aber meist einen dünnen Überzug aus undurchsichtigem weißem Tincalconit auf, der durch Wasserabgabe aus anderen Boratmineralen entsteht. Mit diesen zusammen bildet Kernit Adern und unregelmäßige Massen in Evaporiten sowie in Schiefer eingebettete Kristalle. Ein Großteil des in den USA erzeugten Bors stammt aus Kern County, und davon wiederum ein Großteil aus dem Mineral Kernit. Zu den wichtigsten Lagerstätten zählen auch Inyo in Kalifornien, die Provinzen Catamarca und Salta in Argentinien und Kirka in der Türkei.

FASERIGE MASSE
Dieser Kernit stammt aus dem namengebenden Ort Kern County. Er weist eine vollkommene Spaltbarkeit und Glasglanz auf.

EIGENSCHAFTEN	
GRUPPE	Borate
KRISTALLSYSTEM	Monoklin
ZUSAMMENSETZUNG	$Na_2B_4O_6(OH)_2 \cdot 3H_2O$
FARBE	Farblos, weiß
FORM/HABITUS	Faserige Massen
HÄRTE	2½
SPALTBARKEIT	Vollkommen
BRUCH	Splittrig
GLANZ	Glas-, Seidenglanz, matt
STRICH	Weiß
SPEZIFISCHES GEWICHT	1,9
TRANSPARENZ	Durchsichtig

HARTER WIRKSTOFF

Das aus Kernit und Colemanit gewonnene Bor ist in reiner Form ein schwarzes Halbmetall. Borcarbid ist eine der härtesten synthetisch herstellbaren Substanzen, fast so hart wie Diamant. Es wird als Schleifmittel, als Verstärkung in der Panzerung von Militärfahrzeugen und als Neutronenabsorber in Kernreaktoren eingesetzt. Wegen seiner Härte wird Borcarbid auch in den Düsen von Sandstrahlgeräten und in Pumpendichtungen sowie zum Härten von Stahl verwendet. In Halbleitern wird Silicium und Germanium mit Bor dotiert, um die elektrische Leitfähigkeit zu beeinflussen.

PANZER
Durch Borzusatz wird Stahl härter. Besonders harter Stahl wird für Panzerfahrzeuge benötigt.

SULFATE, CHROMATE, WOLFRAMATE UND MOLYBDATE

SULFATE, CHROMATE, WOLFRAMATE und Molybdate werden wegen ihrer strukturellen und chemischen Gemeinsamkeiten in einer Gruppe zusammengefasst. Von den 200 bekannten Sulfaten kommen nur Gips und Baryt (Schwerspat) häufig vor. Chromate, Wolframate und Molybdate sind relativ selten, können aber in entsprechender Konzentration lokal bedeutende Erze darstellen.

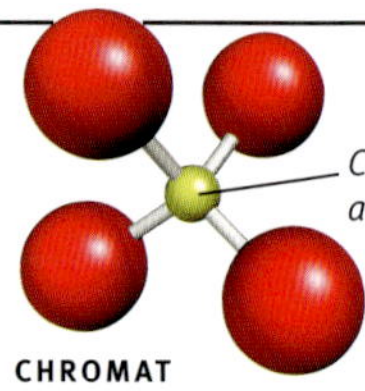

CHROMAT

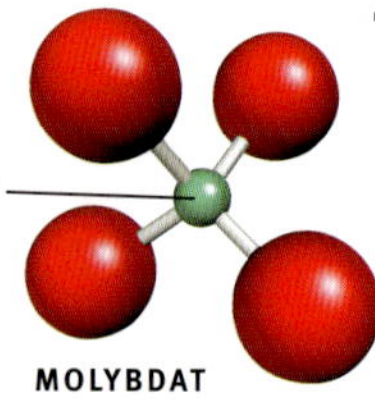

MOLYBDAT

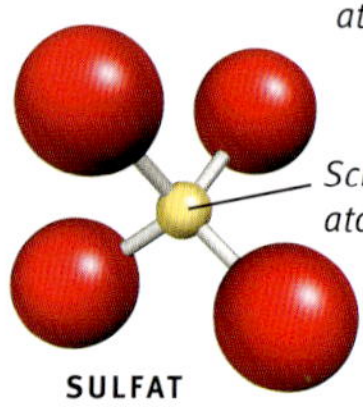

SULFAT

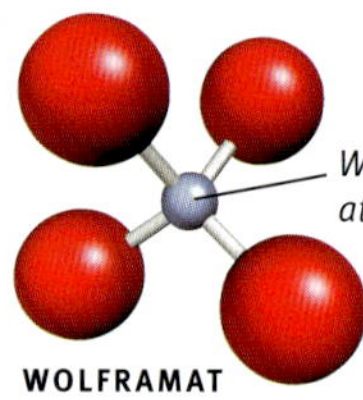

WOLFRAMAT

KRISTALLSTRUKTUR

Die Sulfatminerale weisen eine Kristallstruktur auf, in der vier Sauerstoffatome an den Ecken eines Tetraeders sitzen, in dessen Mitte sich ein Schwefelatom befindet. Der Sulfattetraeder verhält sich chemisch wie ein einzelnes, negativ geladenes Molekül. Alle Sulfate enthalten eine solche SO4-Gruppe. Die grundlegende Struktureinheit der Chromate ist ebenfalls ein Tetraeder, an dessen Enden Sauerstoffatome sitzen, allerdings befindet sich hier im Zentrum kein Schwefelatom, sondern ein Chromatom. Diese CrO4-Gruppe ist das charakteristische Merkmal der Chromatminerale. Auch die Molybdate und Wolframate bilden solche Tetraeder, in diesem Fall mit einem Molybdänatom (Mo) oder Wolframatom (W) in der Mitte. Sie zeichnen sich durch ihre WO4- oder MoO4-Gruppe aus.

ANGLESEY
Nach dieser Insel in Wales ist Anglesit benannt.

ANGLESIT

ANGLESIT kommt in verschiedenen Kristallausformungen vor: dünn oder dick tafelig, prismatisch, pseudorhomboedrisch oder pyramidenförmig. Häufig sind auch derbe, körnige oder kompakte Formen anzutreffen. Die Kristalle ähneln denen von Baryt und Coelestin, die die gleiche Struktur aufweisen. Anglesit ist farblos bis weiß, grau, gelb, grün oder blau und zeigt unter UV-Licht oft eine gelbe Fluoreszenz. Das Bleisulfat Anglesit entsteht aus Bleiglanz und ist gelegentlich in konzentrischen Schichten um einen Kern aus unverändertem Bleiglanz anzutreffen. In der Oxidationszone von Bleilagerstätten ist es recht verbreitet. Anglesit wandelt sich leicht in das Bleicarbonat Cerussit um. Außergewöhnlich große Kristalle von bis zu 80 cm Länge kommen aus Touissit in Marokko. Auch aus Namibia, Australien, Großbritannien, Deutschland, Italien und den USA kommen sehr schöne Exemplare.

EIGENSCHAFTEN

GRUPPE Sulfate
KRISTALLSYSTEM Orthorhombisch
ZUSAMMENSETZUNG $PbSO_4$
FARBE Farblos bis weiß, gelb, grün, blau
FORM/HABITUS Dünn bis dick tafelig
HÄRTE 2½–3
SPALTBARKEIT Gut, deutlich
BRUCH Muschelig, spröde
GLANZ Diamantglanz bis Harzglanz, Glasglanz
STRICH Farblos
SPEZIFISCHES GEWICHT 6,4
TRANSPARENZ Durchsichtig bis undurchsichtig

ANGLESIT-KRISTALLE
Hier sitzt ein großer, von Rillen durchzogener Anglesitkristall zusammen mit kleineren Kristallen und dem Begleitmineral Bleiglanz auf einer Gesteinsgrundmasse.

ANGLESITKRISTALL

RÖMISCHER BLEIERZ ABBAU IN BRITANNIEN

Der Metallreichtum war einer der Gründe für die römische Invasion in Britannien im Jahr 43 v. Chr. Bleierzlagerstätten, die zum Teil auch nennenswerte Mengen Silber enthielten, wurden an verschiedenen Orten ausgebeutet. Auch Anglesit zählte zu den begehrten Bleierzen. Blei wurde im Römischen Reich für viele Zwecke verwendet, vor allem aber für Wasserleitungen. Noch bis vor etwa 75 Jahren wurden Rohrleitungen aus Blei hergestellt.

WASSERLEITUNG
Diese römische Wasserleitung hat schon fast zwei Jahrtausende überdauert.

VERLASSENE BLEIMINE
Diese aufgegebene Bleimine in Lathkill Dale in der englischen Grafschaft Derbyshire war vom 13. Jahrhundert bis 1851 in Betrieb.

LAKE SEARLES
Der See in Kalifornien (USA) birgt Evaporitminerale wie Glauberit.

GLAUBERIT

DAS NATRIUM-CALCIUMSULFAT GLAUBERIT wurde 1802 nach dem chemisch ähnlichen Glaubersalz benannt, dessen Name auf den deutschen Alchemisten Johann Glauber zurückgeht. Es bildet prismatische, tafelige und dipyramidale Kristalle sowie Kombinationen dieser Formen. Das gewöhnlich graue oder weiße Mineral kann gelegentlich auch farblos oder rötlich sein. Es schmeckt leicht salzig und verschmilzt zu einem weißen Email. Glauberit bildet sich vor allem als Evaporit in Meeren und Salzseen, aber auch in anderen Umgebungen wie Höhlen in Basaltgestein und vulkanischen Fumarolen. Glauberit wurde erstmals in kristalliner Form in Villarrubia bei Toledo in Spanien entdeckt. Auch in Staßfurt in Deutschland wurden Kristalle gefunden. Weitere Fundorte liegen in der Salt Range in Pakistan, Gypsumville (Kanada) in Frankreich und den USA.

ALCHEMIE

Als Alchemie bezeichnet man die Suche nach einem Verfahren, mit dem unedle Metalle in Gold verwandelt werden können. Diese geheimnisvolle Wissenschaft war zur Zeit Johann Glaubers, im 16. und 17. Jahrhundert, recht populär. Die Entdeckungen der Alchimisten legten den Grundstein für das heutige chemische Wissen.

ALCHEMISTEN-WERKSTATT
Auf dem Gemälde von Jan von der Sraet aus dem Jahr 1570 ist die Arbeitsweise der Alchemisten dargestellt.

GLAUBERITKRISTALLE
Diese dipyramidalen Glauberitkristalle kommen aus Ciempozuelos bei Madrid (Spanien).

EIGENSCHAFTEN

GRUPPE Sulfate
KRISTALLSYSTEM Monoklin
ZUSAMMENSETZUNG $Na_2Ca(SO_4)_2$
FARBE Grau, gelblich, farblos, rötlich
FORM/HABITUS Prismatisch, tafelig
HÄRTE 2½–3
SPALTBARKEIT Vollkommen, undeutlich
BRUCH Muschelig
GLANZ Glas- bis Wachsglanz
STRICH Weiß
SPEZ. GEWICHT 2,8
TRANSPARENZ Durchsichtig bis durchscheinend

CHICHUAHUA
In Mexiko findet man schöne Anhydritkristalle.

ANHYDRIT

DAS GESTEINSBILDENDE MINERAL ANHYDRIT ist wie Gips ein Calciumsulfat. Der Name ist vom griechischen *anhydros* (»wasserfrei«) abgeleitet. Wasserhaltige Gips kommt wesentlich häufiger vor. Anhydrit wandelt sich in feuchter Umgebung in Gips um. Es tritt meist derb, körnig oder grob kristallin auf. Einzelkristalle sind selten und haben eine blockige oder tafelige Form. Anhydrit ist farblos bis weiß, kann aber auch eine bräunliche, rötliche, graue oder hellrosa, hellblaue oder hellviolette Tönung aufweisen. Als eines der wichtigsten Minerale in Evaporiten ist er überwiegend zusammen mit Gips und Steinsalz in Salzlagerstätten anzutreffen. Große Ansammlungen von Anhydrit gibt es im Deckengestein der Salzdome in den US-Bundesstaaten Texas und Louisiana. Auch in Nova Scotia (Kanada) und in den Steinsalzlagerstätten der französischen Pyrenäen ist Anhydrit vorhanden. Blaue Kristalle kommen aus Chihuahua (Mexiko), große Kristalle mit bis zu 10 cm Länge aus der Schweiz und schöne weiße Kristalle aus der Toskana (Italien). Anhydrit wird in Düngemitteln und als Trocknungsmittel in Baustoffen und Farben verwendet.

EIGENSCHAFTEN

GRUPPE Sulfate
KRISTALLSYSTEM Orthorhombisch
ZUSAMMENSETZUNG $CaSO_4$
FARBE Farblos bis weiß, rosa, blau, violett, bräunlich, rötlich, grau
FORM/HABITUS Derb
HÄRTE 3½
SPALTBARKEIT Vollkommen, gut
BRUCH Uneben bis splittrig
GLANZ Glas- bis Perlmuttglanz
STRICH Weiß
SPEZ. GEWICHT 3,0
TRANSPARENZ Durchsichtig bis durchscheinend

ANHYDRIT AUS DEUTSCHLAND
Dieser rötliche Anhydrit aus Deutschland zeichnet sich durch vollkommene Spaltbarkeit aus.

PERMIAN BASIN
Dieses Gebiet in den US-Bundesstaaten New Mexico und Texas enthält gewaltige Mengen an Anhydrit.

ALSTON MOOR, CUMBRIA
Die englische Grafschaft Cumbria ist sehr mineralreich. Auch große Barytlagerstätten sind dort anzutreffen.

ACHTECKIGER SCHLIFF
Durchsichtiger Baryt wird manchmal für Sammler geschliffen. Dies gelingt aber nur absoluten Experten.

BARYT

QUERSCHNITT
Baryt bildet gelegentlich Stalagmiten. Diese weisen im Querschnitt eine Struktur auf, die an die Jahresringe von Bäumen erinnert.

DER NAME BARYT kommt vom griechischen barys (»schwer«) und spielt auf das hohe spezifische Gewicht dieses Minerals an. Baryt oder Schwerspat ist das häufigste Bariummineral und das wichtigste Bariumerz. Barytkristalle sind gelegentlich gelb, blau oder braun getönt. Ein seltener goldener Baryt kommt aus Colorado (USA). Baryt bildet oft gut ausgebildete tafelige oder prismatische Kristalle oder hahnenkammartige Aggregate. Außerdem kommt er in faserigen, derben oder stalaktitischen Aggregaten oder als Konkretion vor. Eine weitere Erscheinungsform ist die »Wüstenrose«, ein Aggregat aus rosettenförmig angeordneten Kristallen. Durchsichtige blaue Barytkristalle können Aquamarin ähneln, sind von diesem aber durch ihre geringe Härte, ihr hohes spezifisches Gewicht und die Kristallform leicht zu unterscheiden. Das eigentlich sehr schöne Mineral eignet sich wegen seiner geringen Härte und seiner Zerbrechlichkeit nicht als Edelstein, wird aber in seltenen Fällen für Sammler geschliffen. Baryt ist ein häufiges Begleitmineral in Blei- und Zinkerzgängen, wo es mit Bleiglanz, Zinkblende, Fluorit und Calcit vergesellschaftet ist. Daneben ist er auch in Kalkstein, Ton, in marinen Sedimenten und Hohlräumen in magmatischen Gesteinen anzutreffen. In Spanien, Deutschland, Kanada, Frankreich, Indien, Rumänien und den USA findet man ihn häufig. Baryt ist für die Erdöl- und Erdgasförderung als Bohrschlamm von Bedeutung. Außerdem wird er in der Papier- und Textilindustrie als Füllstoff eingesetzt. In der Farbherstellung wird er als Stabilisator zugesetzt und als weißes Farbpigment verwendet. In der Medizin wird Bariumsulfat als Kontrastmittel benutzt.

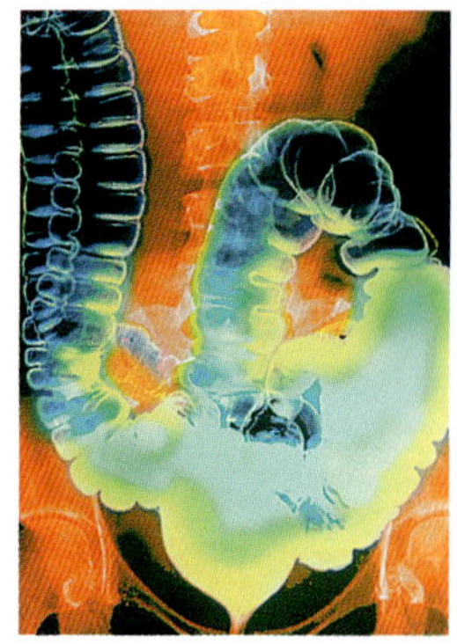

KONTRASTMITTEL
Bariumsulfat wird eingenommen, um den Verdauungstrakt im Röntgenbild besser sichtbar zu machen.

BARYTKRISTALLE
Diese Gruppe tafeliger Barytkristalle stammt aus der Wet Grooves-Mine in der englischen Grafschaft Yorkshire.

EIGENSCHAFTEN

GRUPPE	Sulfate
KRISTALLSYSTEM	Orthorhombisch
ZUSAMMENSETZUNG	$BaSO_4$
FARBE	Farblos, weiß, grau, bläulich, grünlich, beige
FORM/HABITUS	Tafelig bis prismatisch
HÄRTE	$3–3^1/_2$
SPALTBARKEIT	Vollkommen
BRUCH	Uneben
GLANZ	Glasglanz, Harzglanz, Perlmuttglanz
STRICH	Weiß
SPEZ. GEWICHT	4,5
TRANSPARENZ	Durchsichtig bis durchscheinend
BRECHUNGSINDEX	1,63–1,65

KRISTALLIN

BARYT MIT CALCIT

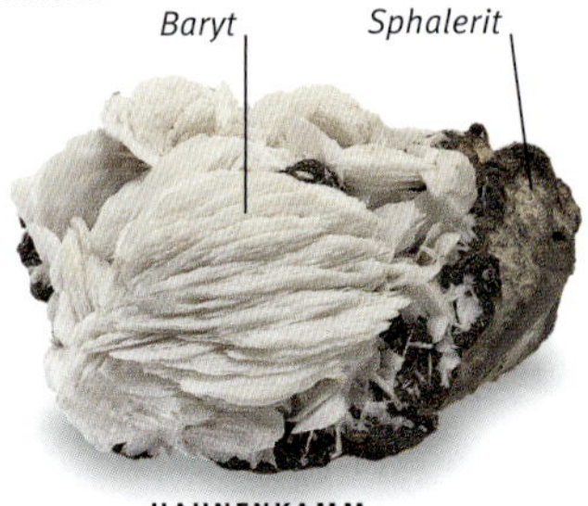

HAHNENKAMM

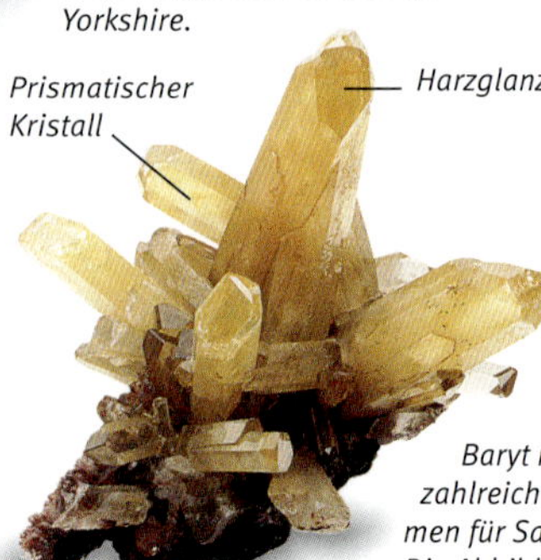

PRISMATISCHE KRISTALLE

ERSCHEINUNGSFORMEN VON BARYT
Baryt ist wegen seiner zahlreichen Farben und Formen für Sammler interessant. Die Abbildungen zeigen nur einige wenige Beispiele.

COELESTIN

MADAGASKAR
Die Coelestinlagerstätten auf Madagaskar zählen zu den bedeutendsten der Welt. Hier werden auch Sammlerstücke geschliffen.

COELESTIN bildet oft prächtige durchsichtige, hell- bis mittelblaue Kristalle in tafeligen Formen. Weitere Farben dieses Minerals sind Weiß, Hellrot, Grün, Blau oder Braun. Neben Kristallen sind auch derbe, faserige, körnige oder knollenförmige Massen anzutreffen. Der Name Coelestin ist in Anspielung auf die himmelblaue Farbe vom lateinischen *coelestis* (»himmlisch«) abgeleitet. Coelestin ist chemisch gesehen Strontiumsulfat, wobei das Strontium teilweise durch Barium oder auch Calcium ersetzt sein kann. Coelestin bildet sich in Sedimentgesteinen wie Kalkstein, Dolomit und Sandstein. Das Mineral kann sich auch direkt aus Meerwasser abscheiden und kommt als Nebenbestandteil von Evaporiten vor.

Sammlerstücke kommen aus Madagaskar, Mexiko, Italien, Kanada und den USA. Geringere Mengen kommen aus Großbritannien, der Slowakei, Österreich und Deutschland. In Kalifornien kommen 3–6 m dicke Schichten aus massivem Coelestin vor. Gut ausgeformte Kristalle erreichen meist eine Länge von 10 cm, es wurden aber auch schon 75 cm lange Exemplare gefunden.

FEUERWERK
Neben Strontianit ist Coelestin das wichtigste Strontiumerz. Das Element Strontium erzeugt die rote Farbe in Feuerwerken und Signalpatronen.

EINZELKRISTALL
Dieser hellblaue prismatische Einzelkristall ist ein schönes Exemplar.

EIGENSCHAFTEN

GRUPPE	Sulfate
KRISTALLSYSTEM	Orthorhombisch
ZUSAMMENSETZUNG	$SrSO_4$
FARBE	Farblos, weiß, grün, rot, blau, braun
FORM/HABITUS	Tafelig
HÄRTE	3–3½
SPALTBARKEIT	Vollkommen
BRUCH	Uneben
GLANZ	Glasglanz; an Spaltflächen Perlmuttglanz
STRICH	Weiß
SPEZ. GEWICHT	4,0
TRANSPARENZ	Durchsichtig bis durchscheinend
BRECHUNGSINDEX	1,62–1,63

KRISTALLE IN GRUNDMASSE
Bei diesem Exemplar sitzt eine Gruppe aus farblosen, prismatischen Coelestinkristallen auf einer Schwefelgrundmasse.

GEMISCHTER SCHLIFF
Transparenter Coelestin wird gelegentlich für Sammler geschliffen. Er ist zum Tragen als Schmuck zu weich und zerbrechlich.

COELESTINKRISTALLE
Diese bestens ausgeformten blauen Coelestinkristalle stammen aus Madagaskar. Der größte Kristall ist mehr als 3,5 cm lang.

GIPS

EYRE-SEE (AUSTRALIEN)
Dieser große Salzsee in Südaustralien bedeckt eine Fläche von 9300 km² und enthält schätzungsweise 4 Milliarden Tonnen Gips.

GLITZERNDE PERLE
Diese polierte Gipsperle weist Risse auf, die durch Erhitzung entstanden sein können und einen Glitzereffekt bewirken.

EIGENSCHAFTEN

GRUPPE	Sulfate
KRISTALLSYSTEM	Monoklin
ZUSAMMENS.	$CaSO_4 \cdot 2H_2O$
FARBE	Farblos, weiß, hellbraun, gelb, rosa
FORM/HABITUS	Prismatisch bis tafelig
HÄRTE	2
SPALTBARKEIT	Vollkommen
BRUCH	Splittrig
GLANZ	Glas- bis Perlmuttglanz
STRICH	Weiß
SPEZIFISCHES GEWICHT	2,3
TRANSPARENZ	Durchsichtig bis durchscheinend
BRECHUNGSINDEX	1,52–1,53

DAS WÜSTENGEBIET in New Mexico (USA) bietet eine der spektakulärsten und größten Minerallagerstätten der Welt. White Sands ist eine 580 km² große, von blendend weißem Gips bedeckte Fläche, in der der Wind bis zu 18 m hohe Dünen aufgehäuft hat. Besonders eindrucksvoll ist auch die Schwerthöhle bei Naica im mexikanischen Bundesstaat Chihuahua, in der zahlreiche schwertförmige Kristalle der Gipsvarietät Selenit mit bis zu 2 m Länge gefunden wurden. Als Selenit, dessen Name vom griechischen *selene* (»Mond«) abgeleitet ist, werden durchsichtige Gipskristalle bezeichnet, manchmal fälschlicherweise auch Gips allgemein. Der Name Gips kommt vom griechischen *gypsos* für »Kalk« oder »Zement«.

CHARAKTERISTISCHE EIGENSCHAFTEN

Gips ist ein verbreitet vorkommendes wasserhaltiges Calciumsulfat, das in verschiedenen Formen auftritt und große wirtschaftliche Bedeutung besitzt. Das meist farblose oder weiße Mineral kann durch Spuren fremder Elemente hellbraun, grau, gelb, grün oder orange abgetönt sein. Oft entwickeln sich gut ausgeformte Kristalle. Einzelkristalle können Blockformen mit parallelogrammförmigen Umrissen oder lange dünne Fasern bilden. Typisch sind Zwillingsbildungen, häufig in Form von so genannten »Schwalbenschwänzen«. Eine Gipsvarietät mit parallel angeordneten, faserigen Kristallen wird auf Grund ihres Seidenglanzes als »Seidenspat« bezeichnet. Die derbe, feinkörnige Varietät ist als Alabaster bekannt. Rosettenförmige Kristallbildungen werden als »Wüstenrose« bezeichnet. Sie weisen eine geringere Dichte auf als die ähnlich aussehenden »Sandkristalle« aus Baryt (siehe S. 210).

Gips entsteht zusammen mit anderen Mineralen – vor allem Anhydrit (siehe S. 209) und Steinsalz (siehe S. 170) – großräumig durch Verdunstung von Meerwasser. Der schwer lösliche Gips wird dabei als Erster ausgefällt. Später wird er vom Wind zu Dünen angehäuft. Gips entsteht außerdem aus Sulfiden in Erzlagerstätten, in Form verstreuter Einzelkristalle oder als rosettenförmiges Aggregat in sandigen und

FISCH
Dieser Fisch wurde in Loveland, Colorado (USA) aus lokalem Alabaster gefertigt

ALABASTER

Diese feinkörnige Gipsvarietät wird seit Jahrhunderten als Bildhauermaterial verwendet. Zentren des Alabasterhandels sind heute Florenz, Mailand und Livorno in Italien sowie Berlin in Deutschland. Alabaster ist gewöhnlich schneeweiß und durchscheinend, kann aber künstlich eingefärbt werden oder durch Wärmebehandlung ein marmorartiges Aussehen erhalten. In der Antike wurden auch andere, ähnlich aussehende Minerale aus Alabaster bezeichnet. Der Alabaster im Grab des Tutanchamun ist in Wirklichkeit Calcit (Onyx).

MANN UND FRAU
Diese schlichte Skulptur aus heutiger Zeit besteht aus durchscheinendem Alabaster.

WHITE SANDS
Die riesige von Gips bedeckte Fläche in White Sands im US-Bundesstaat New Mexico ist vom Weltraum aus zu erkennen.

SELENITKRISTALL
Dieser prismatische Selenitkristall stammt aus der Schwerthöhle in Mexiko.

tonigen Sedimenten und als Ablagerung an vulkanischen Fumarolen. Gips ist weltweit verbreitet. Die wichtigsten Förderländer sind die USA, Kanada, Australien, Spanien, Frankreich, Italien und Großbritannien.

VERWENDUNG

Gips war schon im alten Ägypten ein bedeutendes Wirtschaftsgut. Er wurde westlich von Alexandria, in der Nähe von Suez, in Al Fayyum und an der Küste des Roten Meeres abgebaut. In der Nekropole von Gizeh wurde Gips als Mörtel und Stuckmaterial verwendet, an anderen Orten als Wandgips, für Statuen und Masken, als Zement und als Füllstoff in Farben. Die Römer erkannten, dass aus Gips durch Erhitzen auf 300 °C eine Stuckmasse entsteht, die bei Mischung mit Wasser aushärtet. Diese ist auch heute noch ein wichtiger Baustoff.

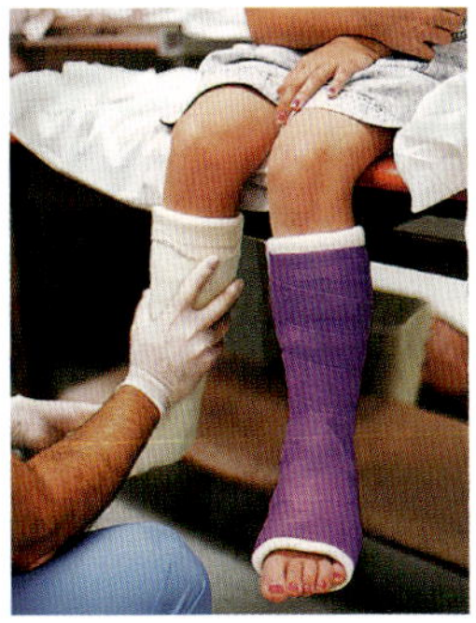

GIPSVERBAND
Etwa 72 % des weltweit abgebauten Gipses werden zu gebranntem Gips verarbeitet.

SELENIT IN VERSCHIEDENEN FORMEN
Die Gipsvarietät Selenit tritt in verschiedenen Kristallformen auf, unter anderem als trapezoidförmiger monokliner Einzelkristall, als faseriger Seidenspat, als Schwalbenschwanzzwilling und als Wüstenrose.

EINZELKRISTALL

SCHWALBENSCHWANZZWILLING

SEIDENSPAT

WÜSTENROSE

SCHWERTHÖHLE
Die Selenitkristalle in der Schwerthöhle in Mexiko (Abbildungen oben und rechts) sind zum Teil mehr als 2 m lang. Nach diesen schwertförmigen Kristallen ist die Höhle benannt.

NEVADA (USA)
Hier und an vielen anderen Orten in den USA wird Melanterit abgebaut.

MELANTERIT

DER NAME DES WASSERHALTIGEN EISENSULFATS ist vom griechischen *melas* (»schwarz«) abgeleitet. Melanterit tritt in tropfsteinartigen Aggregaten oder als Konkretion auf, selten in Form von kurzsäuligen oder pseudooktaedrischen Kristallen. Das meist farblose oder weiße Mineral kann eine grünliche oder bläuliche Färbung annehmen, wenn ein Teil des Eisens durch Kupfer ersetzt ist. Melanterit ist wasserlöslich. Er entsteht sekundär durch Oxidation von Eisensulfiden und ist häufig an Holzverstrebungen in alten Bergwerken zu finden. Daneben bildet sich Melanterit in pyrithaltigen Gesteinen, insbesondere in ariden Klimazonen, und in Kohlelagerstätten, wo er durch Umwandlung von Markasit entsteht. Erzeugerländer sind Russland, Italien, Deutschland, die Tschechische Republik und die USA.

EIGENSCHAFTEN

GRUPPE	Sulfate
KRISTALLSYSTEM	Monoklin
ZUSAMMENS.	$FeSO_4 \cdot 7H_2O$
FARBE	Weiß, grünlich, bläulich
FORM/HABITUS	Tropfsteinartig, in Konkretionen
HÄRTE	2
SPALTBARKEIT	Vollkommen
BRUCH	Muschelig, spröde
GLANZ	Glasglanz
STRICH	Weiß
SPEZ. GEWICHT	1,9
TRANSP.	Durchscheinend

ROHSTOFF FÜR DIE INDUSTRIE

Das Eisensulfat Melanterit wird seit Jahrhunderten zur Herstellung von Tinte verwendet. Im Mittelalter wurde Eichenrinde in Wasser mit Eisensulfat gelegt, um durch die Verbindung von Tannin und Eisensulfat eine blauschwarze Tinte herzustellen.

Heute wird Eisensulfat in der Wasseraufbereitung zum Ausfällen von Schwebstoffen verwendet und wird als Dünger eingesetzt.

WASSERAUFBEREITUNG
Melanterit entfernt Schwebstoffe aus dem Wasser.

MELANTERITKNOLLE
Diese Knolle aus Melanterit weist das typische derbe Erscheinungsbild und einige kleinere Kristalle auf.

BUTTE (USA)
In Montana wird Chalcanthit als Kupfererz genutzt.

CHALCANTHIT

DAS VERBREITET VORKOMMENDE wasserhaltige Kupfersulfat Chalcanthit hat seinen Namen von den griechischen Wörtern *chalkos* (»Kupfer«) und *anthos* (»Blüte«). Es wurde als Kupfervitriol bekannt. Chalcantit ist selten in kristalliner Form anzutreffen. Es bildet meist Adern oder derbe und tropfsteinartige Aggregate. Das meist kräftige Blau kann manchmal ins Grünliche übergehen. Chalcanthit entsteht in der Oxidationszone von Kupfererzlagerstätten durch Oxidation aus Chalkopyrit und anderen Kupfersulfaten. In Bergwerken kristallisiert es aus dem Wasser aus und setzt sich als Kruste oder tropfsteinartiges Gebilde auf Holzstreben ab. In ariden Regionen wie z. B. in Chile kann Chalcantherit ein bedeutendes Kupfererz sein.

EIGENSCHAFTEN

GRUPPE	Sulfate
KRISTALLSYSTEM	Triklin
ZUSAMMENSETZUNG	$CuSO_4 \cdot 5H_2O$
FARBE	Blau
FORM/HABITUS	Tropfsteinartig, Krusten
HÄRTE	$2^1/_2$
SPALTBARKEIT	Undeutlich
BRUCH	Muschelig
GLANZ	Glasglanz
STRICH	Farblos
SPEZ. GEWICHT	2,3
TRANSPARENZ	Durchsichtig

KUPFERABBAU

In der Anfangszeit wurde Kupfererz von Hand mit Pickeln abgebaut. Heute erfolgt der Abbau meist in großem Stil im Tagebau. Dabei bleiben im festen Gestein riesige Krater mit einem Durchmesser von mehr als 1,5 km zurück. Gruben wie in Chuquicamata (Chile) sind so tief, dass ein mit Erz beladener LKW vom Grund bis zur Oberfläche über eine Stunde unterwegs ist.

CHUQUICAMATA
Mit einem Durchmesser von 3 km ist Chuquicamata in Chile einer der größten Kupfererz-Tagebaue.

ZWEI FORMEN
In diesem Exemplar sind nebeneinander derbe und kristalline Formen sowie Kaolinit zu sehen.

BROCHANTIT

TSUMEB
Hochwertiger Brochantit wurde in Tsumeb (Namibia) gefunden.

DAS SEKUNDÄRMINERAL BROCHANTIT bildet nadelförmige oder prismatische Kristalle, die mehrere Millimeter lang sind. Neben Kristallen kommen Drusen und feinkörnige Massen vor. Häufig ist eine Zwillingsbildung zu beobachten. Das Kupfersulfathydroxid entsteht meist mit Azurit, Malachit und anderen Kupfermineralen in der Oxidationszone von Kupfererzlagerstätten. Schöne Exemplare kommen aus Namibia und aus Bisbee im US-Bundesstaat Arizona, wo 10 mm lange prismatische Kristalle gefunden wurden. Weitere Fundstätten liegen in Nordafrika, Chile, Griechenland, Deutschland, Italien, Großbritannien, Spanien und Australien. In Arizona und Chile wird Brochantit als Kupfererz abgebaut.

BROCHANT DE VILLIERS

Brochantit wurde 1824 nach dem französischen Geologen und Mineralogen A. J. M. Brochant de Villiers benannt, der 1772 geboren wurde. Brochant de Villiers war der erste Schüler, der an der École des Mines zugelassen wurde, und lehrte dort später Geologie und Bergbautechnik.

WICHTIGER MINERALOGE
Brochant de Villiers überprüfte die geologische Karte von Frankreich.

NADELFÖRMIGE KRISTALLE
Diese Brochantitnadeln sind auf einer Grundmasse aus Eisenoxiden aufgewachsen. Das abgebildete Exemplar stammt aus Chile.

EIGENSCHAFTEN	
GRUPPE	Sulfate
KRISTALLSYSTEM	Monoklin
ZUSAMMENSETZUNG	$Cu_4SO_4(OH)_6$
FARBE	Smaragdgrün
FORM/HABITUS	Kurzsäulig bis nadelförmig
HÄRTE	3½–4
SPALTBARKEIT	Vollkommen
BRUCH	Uneben bis schwach muschelig
GLANZ	Glasglanz
STRICH	Hellgrün
SPEZIFISCHES GEWICHT	4,0
TRANSPARENZ	Durchscheinend

EPSOMIT

EPSOM
Epsomit wurde in einer Mineralquelle bei der englischen Stadt Epsom entdeckt.

DER NACH SEINEM ENTDECKUNGSORT Epsom in Surrey benannte Epsomit ist ein wichtiger Lieferant von Magnesiumsalzen, die unter der Bezeichnung Epsomsalz oder Bittersalz als Abführmittel vermarktet werden. Magnesiumsulfat kommt in Meerwasser, in Salzseen und in Quellwasser vor. Wenn das Wasser verdunstet, bleiben Ablagerungen aus Epsomit zurück. Krusten aus Epsomit finden sich auch in Kohle, verwittertem magnesiumreichem Gestein, Oxidationszonen von Sulfiderzlagerstätten und Kalksteinhöhlen wie in Kentucky, USA. Das Magnesium kann zum Teil durch Zink und Nickel ersetzt sein.

BITTERSALZ
Dieses beliebte Abführmittel wird aus Epsomit gewonnen.

EPSOMIT-FASERN
Dieses Exemplar zeigt eine faserige Struktur.

EIGENSCHAFTEN	
GRUPPE	Sulfate
KRISTALLSYSTEM	Orthorhombisch
ZUSAMMENSETZUNG	$MgSO_4 \cdot 7H_2O$
FARBE	Farblos bis weiß
FORM/HABITUS	Faserige Krusten
HÄRTE	2–2½
SPALTBARKEIT	Vollkommen
BRUCH	Muschelig
GLANZ	Glas- bis Seidenglanz
STRICH	Weiß
SPEZIFISCHES GEWICHT	1,7
TRANSPARENZ	Durchscheinend

ALUNIT

DEATH VALLEY
Im Death Valley, Kalifornien (USA), wurde Alunit gefunden.

ALUNIT ODER »ALAUNSTEIN« bildet nur selten Kristalle aus. Meist tritt er als derbe oder körnige Masse in vulkanischen Gesteinen wie Rhyolith, Trachyt und Andesit auf, wo er durch chemische Reaktion dieser Gesteine mit vulkanischen Schwefeldämpfen entsteht. Erdige Alunitmassen sind häufig mit Quarz- oder Kaolinittonen vermengt. Größere Vorkommen sind aus der Ukraine, Spanien und Australien bekannt.

EIGENSCHAFTEN	
GRUPPE	Sulfate
KRISTALLSYSTEM	Hexagonal/trigonal
ZUSAMMENSETZUNG	$KAl_3(SO_4)_2(OH)_6$
FARBE	Weiß, gelblich
FORM/HABITUS	Derb
HÄRTE	3½–4
SPALTBARKEIT	Deutlich
BRUCH	Muschelig bis splittrig
GLANZ	Matt bis Glasglanz oder Perlmuttglanz
STRICH	Weiß
SPEZIFISCHES GEWICHT	2,8
TRANSPARENZ	Durchscheinend

KALIUMALAUN
Aus Alunit wird Kaliumalaun, ein Fixierungsmittel für Textilfarben, gewonnen

DERBER ALUNIT
Dieser derbe Alunit weist ein kompaktes Erscheinungsbild auf.

CYANOTRICHIT

URAL
In diesem russischen Gebirge kommt Cyanotrichit vor.

DAS SULFATMINERAL ist nach den griechischen Wörtern für »blau« und »Haar« benannt. Dieser Name beschreibt die übliche Erscheinungsform: plüschartige Krusten aus winzigen nadelförmigen, strahlig angeordneten Kristallen mit blass- bis dunkelblauer Färbung. Cyanotrichit bildet sich mit anderen sekundären Kupfermineralen in der Oxidationszone von Kupferlagerstätten. Fundstätten befinden sich u.a. in Europa und den USA.

EIGENSCHAFTEN	
GRUPPE	Sulfate
KRISTALLSYSTEM	Orthorhombisch
ZUSAMMENSETZUNG	$Cu_4Al_2(OH)_{12}SO_4 \cdot 2H_2O$
FARBE	Blass- bis dunkelblau
FORM/HABITUS	Nadelig, faserig
HÄRTE	2–3
SPALTBARKEIT	Keine
BRUCH	Uneben
GLANZ	Seidenglanz
STRICH	Blassblau
SPEZ. GEWICHT	2,7
TRANSPARENZ	Durchsichtig bis durchscheinend

CYANOTRICHITKRISTALLE
Dieses Exemplar aus Cap Garonne, Var (Frankreich), weist den für dieses Mineral typischen kräftigen Blauton auf.

KROKOIT

TASMANIEN
Auf dieser Insel ist schöner Krokoit zu finden.

KROKOIT ist ein Bleichromat, das wegen seiner Farbe nach dem griechischen Wort für »Safran« benannt wurde. Er bildet prismatische Kristalle, die meist schlank und lang gestreckt sind und gelegentlich Eindellungen oder Hohlräume aufweisen. Krokoit kann auch als derbe oder körnige Masse auftreten. Er entsteht als Sekundärmineral in der Oxidationszone von Bleierzlagerstätten. Schöne Exemplare kommen aus Tasmanien.

ORANGEFARBENER KROKOIT
Dieser leuchtende orangefarbene Krokoit weist eine attraktive längliche Kristallform auf.

EIGENSCHAFTEN	
GRUPPE	Chromate
KRISTALLSYSTEM	Monoklin
ZUSAMMENS.	$PbCrO_4$
FARBE	Orange, rot
FORM/HABITUS	Prismatisch
HÄRTE	$2\frac{1}{2}$–3
SPALTBARKEIT	Deutlich in einer Richtung
BRUCH	Muschelig bis uneben, spröde
GLANZ	Glasglanz
STRICH	Orangegelb
SPEZ. GEWICHT	6,0
TRANSPARENZ	Durchsichtig bis durchscheinend

ROTER KROKOIT
Diese gut ausgeformten prismatischen Krokoitkristalle stammen aus Dundas (Tasmanien).

HÜBNERIT

SAN JUAN (USA)
Hier in Colorado sind besonders schöne Hübneritkristalle zu finden.

HÜBNERIT ist chemisch ein Mangan–Eisen-Wolframat. Er bildet prismatische, tafelige oder abgeflachte Kristalle mit Rillen, wobei Zwillingsbildungen üblich sind. Hübnerit tritt in granitischen Pegmatiten und hydrothermalen Gängen mit Quarz, Kassiterit (Zinnstein), Topas und Lepidolith auf. Schöne Exemplare kommen aus Peru und dem US-Staat Colorado.

HÜBNERITKRISTALLE
In diesem Exemplar sitzen durchscheinende Hübneritkristalle und angelaufener Tetraedrit auf Quarz.

EIGENSCHAFTEN	
GRUPPE	Wolframate
KRISTALLSYSTEM	Monoklin
ZUSAMMENS.	$MnWO_4$
FARBE	Rotbraun
FORM/HABITUS	Prismatisch, blättrig
HÄRTE	4–$4\frac{1}{2}$
SPALTB.	Vollkommen
BRUCH	Uneben
GLANZ	Schwacher Metall- oder Diamant- bis Harzglanz
STRICH	Gelb bis braun
SPEZ. GEWICHT	7,3
TRANSPARENZ	Durchsichtig bis durchscheinend

FERBERIT

MYANMAR
In Myanmar sind Ferberitkristalle zu finden.

FERBERIT ist ein Eisenwolframat, das mit Hübnerit (siehe links) eine Mischreihe bildet, in dessen Mitte das Mineral Wolframit steht. Die schwarzen Kristalle sind meist länglich oder abgeflacht und keilförmig. Zwillingsbildungen sind häufig. Ferberit ist in granitischen Pegmatiten und hydrothermalen Gängen mit Kassiterit, Hämatit oder Arsenopyrit anzutreffen. Schöne Exemplare des Wolframerzes kommen aus Japan, Portugal, Rumänien und Südkorea.

EIGENSCHAFTEN	
GRUPPE	Wolframate
KRISTALLSYSTEM	Monoklin
ZUSAMMENSETZUNG	$FeWO_4$
FARBE	Schwarz
FORM/HABITUS	Blättrig, prismatisch
HÄRTE	4–$4\frac{1}{2}$
SPALTBARKEIT	Vollkommen in einer Richtung
BRUCH	Uneben, spröde
GLANZ	Schwacher Metallglanz
STRICH	Schwarz bis braun
SPEZIFISCHES GEWICHT	7,5
TRANSP.	Undurchsichtig

FERBERITKRISTALL
Dieser Kristall kommt aus Cínovec (Tschechische Republik).

BILDRÖHREN
Wolfram wird in Bildröhren für Fernsehgeräte benötigt.

BÖHMEN
In dem mineralreichen Gebiet in der Tschechischen Republik kommt auch Scheelit vor.

SCHEELIT

DER 1821 NACH DEM SCHWEDISCHEN CHEMIKER C. W. Scheele (1742–1786) benannte Scheelit ist chemisch gesehen Calciumwolframat. Er ist ein bedeutendes Wolframerz. Scheelit bildet meist bipyramidale Kristalle mit Zwillingsbildungen, aber auch körnige und derbe Aggregate. Sehr häufig zeigt sich eine Fluoreszenz in Blau bis Weiß. Scheelit ist überwiegend in der Kontaktzone zu metamorphen Lagerstätten oder hydrothermalen Gängen, seltener in granitischen Pegmatiten, anzutreffen. Bis zu 7 kg schwere undurchsichtige Kristalle kommen aus Arizona (USA). Durchsichtige Kristalle sind in Österreich, Italien, Brasilien, Ruanda und dem US-Bundesstaat Colorado zu finden.

EIGENSCHAFTEN

GRUPPE	Wolframate
KRISTALLSYSTEM	Tetragonal
ZUSAMMENSETZUNG	$CaWO_4$
FARBE	Weiß, gelb, braun oder grün
FORM/HABITUS	Bipyramidal
HÄRTE	4½–5
SPALTBARKEIT	Deutlich
BRUCH	Uneben bis schwach muschelig
GLANZ	Glasglanz bis Fettglanz
STRICH	Weiß
SPEZ. GEWICHT	6,1
TRANSPARENZ	Durchsichtig bis durchscheinend

WASCHEN
Dieser Arbeiter in Abha (Saudi-Arabien) benutzt eine Pfanne, um Scheelit aus dem Sand auszuwaschen.

WOLFRAM

Wolfram ist ein sehr bedeutendes Metall für die Industrie. Wolframstahl wird für Raketentriebwerke und andere Hochtemperaturanwendungen eingesetzt. Wolframcarbid wird in Bohrern, Gesenken und Metallschneidewerkzeugen verwendet. Aus reinem Wolfram wird der Glühfaden in Glühlampen hergestellt. Legierungen aus Kobalt, Chrom und Wolfram werden für verschleißarme Ventile, Lager, Wellen und Schneidwerkzeuge eingesetzt.

RAKETENDÜSE
Die Antriebsdüse der Saturn V der Apollo-11-Mondmission von 1969 bestand aus Wolframstahl.

Bipyramidenförmige Scheelitkristalle

Grundmasse aus Magnetit

SCHEELIT MIT MAGNETIT
Diese Gruppe orangegelber Scheelitkristalle mit Magnetit weisen einen tetragonalen, bipyramidenförmigen Habitus auf.

TOMBSTONE (ARIZONA)
Im US-Bundesstaat Arizona sind schöne Wulfenitkristalle zu finden.

WULFENIT

DAS BLEIMOLYBDAT WULFENIT ist das zweithäufigste Molybdänmineral nach Molybdänit und ein bedeutendes Molybdänerz. Wulfenit bildet dünne, quadratische oder rechteckige abgeschrägte Kristalltafeln, kann aber auch derb oder körnig auftreten. Das Farbspektrum reicht von Gelb über Orange und Rot bis Grau oder Braun. Molybdän kann in unterschiedlichem Maße durch Wolfram ersetzt sein, das aber meist nur in Spuren vorhanden ist. Das Mineral wurde 1845 nach dem österreichisch-ungarischen Mineralogen F. X. Wulfen (1728–1805) benannt. Wulfenit entsteht zusammen mit Mineralen wie Cerussit, Vanadinit und Pyromorphit als Sekundärmineral in der Oxidationszone von Blei- und Molybdänerzlagerstätten. Er ist recht weit verbreitet. Oft sind sehr schöne Kristalle mit bis zu 10 cm Kantenlänge anzutreffen. Prächtige Kristalle kommen aus Mexiko, Slowenien, Sambia, China und den USA.

EIGENSCHAFTEN

GRUPPE	Molybdate
KRISTALLSYSTEM	Tetragonal
ZUSAMMENS.	$PbMoO_4$
FARBE	Gelb, orange, rot
FORM/HABITUS	Rechteckig tafelig, prismatisch
HÄRTE	2½–3
SPALTBARKEIT	Deutlich
BRUCH	Schwach muschelig bis uneben
GLANZ	Schwacher Diamantglanz bis Fettglanz
STRICH	Weiß
SPEZ. GEWICHT	6,5–7,0
TRANSPARENZ	Durchsichtig bis durchscheinend

Quadratischer, tafeliger Kristall

RECHTECKIGE KRISTALLE
Dünne, tafelige Kristalle mit quadratischem Umriss sind typisch für Wulfenit.

Grundmasse aus Eisenoxid

Fettglanz

Tafeliger Wulfenitkristall

GELBER WULFENIT
Die Wulfenitkristalle auf dieser Grundmasse aus Eisenoxiden weisen die typische flache quadratische Form auf.

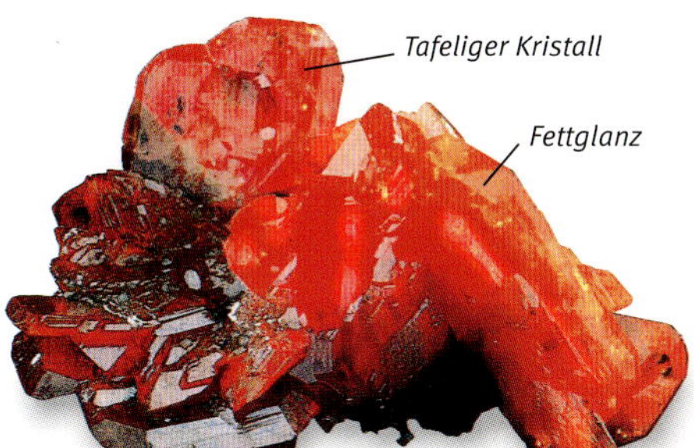

Tafeliger Kristall

Fettglanz

WULFENIT AUS RED CLOUD
Aus der Red Cloud-Mine im südlichen Arizona (USA) kommen eindrucksvolle Wulfenitkristalle.

SILIKATE

ANSTEHENDER QUARZ
Quarz ist nach Feldspat und Eis das dritthäufigste Mineral in der Erdkruste. Er ist meist derb wie dieser anstehende Quarz in der Shining Rock Wilderness im US-Bundesstaat North Carolina.

SILIKATE SIND DIE GRÖSSTE MINERALGRUPPE. Sie machen etwa 25 % aller bekannten und 40 % der am häufigsten vorkommenden Minerale aus. Silikate sind nicht nur ein Hauptbestandteil der irdischen Gesteine, sondern auch auf dem Mond und in Meteoriten reichlich vorhanden. Quarz, Feldspat und Glimmer, die Hauptbestandteile von Granit, zählen zu den Silikaten. Alle Silikate enthalten Silicium, ein leichtes, glänzendes Metall, das wie eine Bleistiftmine aussieht, und Sauerstoff. In Silikaten verbinden sich beide Elemente zu Tetraederstrukturen mit einem Siliciumatom in der Mitte und Sauerstoffatomen an den Ecken. Silikat-Tetraeder können als separate Einheiten auftreten oder sich mit anderen Silikat-Tetradern (z. B. in Quarz) oder anderen chemischen Elementen wie z. B. Eisen, Magnesium oder Aluminium verbinden. Die Tetraeder können durch gemeinsame Sauerstoffatome an den Ecken oder Kanten, seltener an den Kristallflächen, miteinander verbunden sein. Die verschiedenen Verbindungsformen bilden unterschiedlich große Hohlräume, in denen Ionen verschiedener Metalle Platz finden können. Silikate werden nach ihren Strukturmerkmalen, die aus verschiedenartigen Verknüpfungen der Tetraeder und anderer Elemente hervorgehen, in sechs Gruppen unterteilt. Die Ketten- oder Inosilikate werden weiter in ein- und zweikettige Formen untergliedert. Innerhalb dieser Hauptgruppen gibt es weitere Untergliederungen wie z. B. Feldspate und Zeolithe.

DIE SECHS SILIKATGRUPPEN
Die sechs Hauptgruppen der Silikate unterscheiden sich in der Anordnung der Siliciumdioxid-Tetraeder.

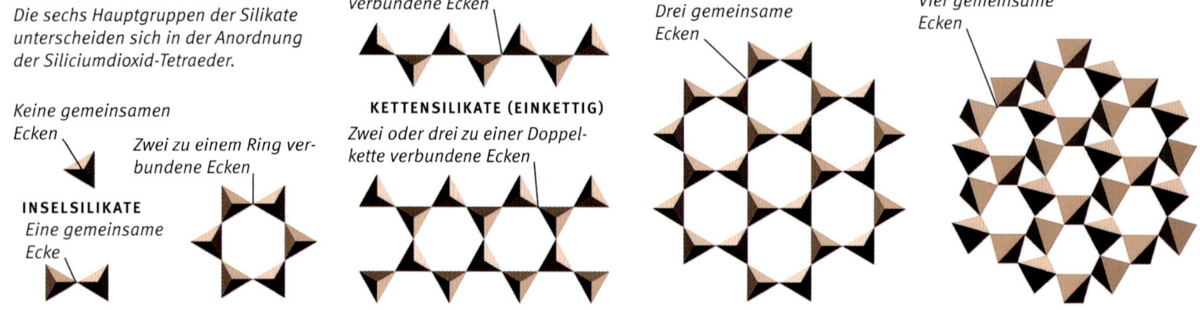

GERÜSTSILIKATE

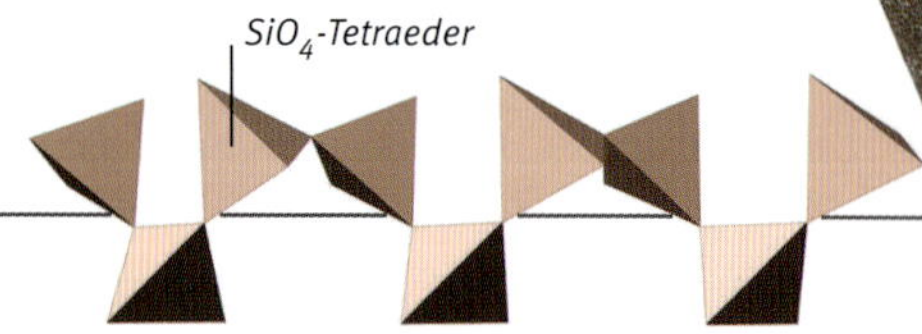

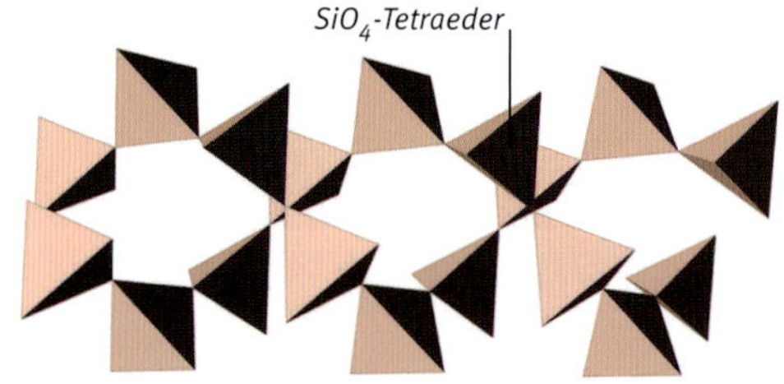

ATOMSTRUKTUR VON QUARZ
In Quarz sind die Siliciumoxid-Tetraeder in einer drei- oder sechsfachen Helix angeordnet. Dadurch entsteht eine trigonale Symmetrie (siehe S. 100).

GERÜST- ODER TEKTOSILIKATE bestehen aus einem dreidimensionalen Netz von Siliciumoxid-Tetraedern, die an allen vier Sauerstoffatomen miteinander verbunden sind. Der Name ist vom griechischen *tecton* (»Erbauer«) abgeleitet. Die Gerüstsilikate bilden die größte Gruppe von Silikatmineralen. Auch einige gesteinsbildende Minerale zählen zu ihnen. Die Größe der Gruppe ist dadurch bedingt, dass Silicium in den Tetraedern durch Aluminium ersetzt werden kann. Aluminium hat nach Sauerstoff und Silicium den drittgrößten Anteil an der Erdkruste. Da es Tetraedergruppen bilden kann, deren Größe im Wesentlichen der Größe der Silikat-Tetraeder entspricht, können die Aluminiumgruppen leicht in die Struktur von Gerüstsilikaten eingebaut werden. Aluminium kann auch andere Positionen in der Struktur einnehmen und dort Elemente wie Magnesium, zweiwertiges Eisen und Titan ersetzen. Allen Mineralen gemeinsam ist die SiO4-Einheit in der chemischen Formel.

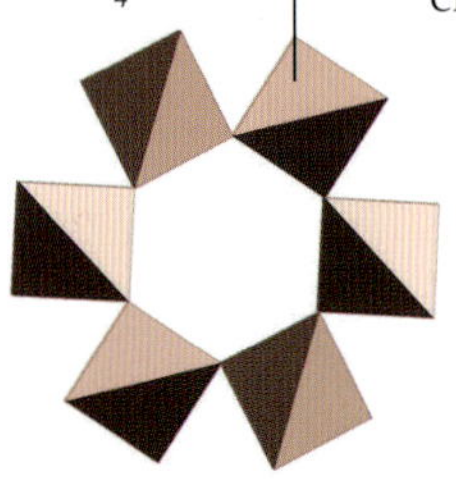

TRIGONALE SYMMETRIE

BERGKRISTALL

MINAS GERAIS (BRASILIEN)
In diesem mineralreichen Bundesstaat Brasiliens ist auch schöner Bergkristall zu finden.

BERGKRISTALL ist eine farblose, durchsichtige Quarzvarität. Aus seinen großen Kristallen wurden seit dem Altertum Gefäße und Kugeln hergestellt. Der Name Bergkristall kam im späten Mittelalter in Gebrauch, um dieses Mineral von dem jetzt in höherer Qualität herstellbaren farblosen Glas zu unterscheiden, das man als Kristall oder Kristallglas bezeichnete. Wasserklare Kristalle wurden im antiken Griechenland als *krystalos* bezeichnet.

Quarz ist Siliciumdioxid, nach Eis und Feldspat das dritthäufigste Mineral in der Erdkruste. Die Bezeichnung Quarz ist ein altes deutsches Wort unbekannten Ursprungs, das erstmal 1530 bei Georgius Agricola auftaucht. Quarz kann entweder kristallin oder kryptokristallin, d.h. als mikroskopisch kleine Kristallpartikel (siehe S. 102) auftreten. Kristalliner Quarz ist in der Regel farblos und durchsichtig (Bergkristall) oder weiß und durchscheinend (Milchquarz, siehe S. 220). Es kommen aber auch anders gefärbte Varietäten vor (siehe S. 220–223). Einige Quarzvarietäten enthalten kristalline Einschlüsse aus anderen Mineralen, z.B. haarähnlichen (siehe S. 163) oder nadelförmigen Rutilkristallen (Rutilquarz, siehe S. 225), oder grünen, moosartigen Chloritklumpen. Quarz kommt in fast allen kieselsäurereichen metamorphen, sedimentären oder magmatischen Gesteinen vor. Seine optischen Eigenschaften machten Bergkristall zu einem beliebten Material für Linsen und Prismen und zu einem preiswerten Schmuckstein. Auch Schwingquarze für elektronische Bauteile wurden früher aus natürlichem Bergkristall hergestellt.

LIPPENPFLOCK AUS KRISTALL
Diesen Lippenpflock aus Gold und Bergkristall verlieh der Aztekenherrscher Moctezuma im 16. Jahrhundert seinem Leibwächter.

ENTENSCHÜSSEL
Diese Schüssel aus Bergkristall wurde um 1200 v. Chr. in Athen hergestellt.

EIGENSCHAFTEN	
GRUPPE	Silikate – Gerüstsilikate
KRISTALLSYSTEM	Hexagonal/trigonal
ZUSAMMENSETZUNG	SiO_2
FARBE	Farblos
FORM/HABITUS	Prismatisch
HÄRTE	7
SPALTBARKEIT	Keine
BRUCH	Muschelig
GLANZ	Glasglanz
STRICH	Weiß
SPEZ. GEWICHT	2,7
TRANSPARENZ	Durchsichtig
BRECHUNGSINDEX	1,54–1,55

SCHWINGQUARZ
Quarz wird in der Elektronik als Schwingquarz oder Oszillator eingesetzt.

POLIERTE PERLE
Quarz lässt sich leicht bearbeiten. Selbst mit einfachen Werkzeugen kann man schöne Gegenstände wie diese Perle herstellen.

KISSENSCHLIFF
Für Bergkristall werden oft komplexe Schlifftechniken gewählt, die glitzernde, aber preiswerte Steine liefern.

RUNDER BRILLANT
Rheinkiesel (Rhinestones) wurden ursprünglich aus Quarzkieseln vom Rhein geschliffen.

PRISMEN
Diese Kristalle kommen aus der Dauphiné (Frankreich), einem klassischen Fundort, nach dem eine bestimmte Art von Zwillingskristallen benannt ist.

KRISTALLFORMEN
Bergkristall ist in verschiedenen Überzügen, Gruppierungen und Zwillingsformen anzutreffen.

KRISTALLE AUF ACHAT

KRISTALLAGGREGAT

ZWILLINGSKRISTALL

MYSTISCHER BEZUG

Bergkristall wird von Schamanen als »Erleuchtungsstein« verwendet, als Mittel, um einen visionären Zustand zwischen dem Sichtbaren und dem Unsichtbaren zu erlangen. Die australischen First Nations und die indigenen Prärievölker Nordamerikas nutzten ihn als Talisman und zum Hervorrufen von Visionen. Die Navajo glaubten, Bergkristall habe erstmals die Sonne veranlasst, ihr Licht in unsere Welt zu senden. In der Antike hielt man Bergkristall für Eis, das zu hart gefroren war, um wieder zu schmelzen.

KRISTALLKUGEL
Diese 9 cm große Bergkristallkugel gehört einer englischen Wahrsagerin.

KRISTALLANHÄNGER
Von Esoterikern wird Quarz als Heilstein verwendet.

PIKE'S PEAK
Hier in Colorado (USA) sind besonders schöne Rauchquarzkristalle zu finden.

RAUCHQUARZ

RAUCHQUARZ ist eine hellbraune bis fast schwarze Varietät von kristallinem Quarz. Schwarze Kristalle werden als Morion bezeichnet. Die Grenze zwischen farblosem Quarz und Rauchquarz ist fließend. Rauchquarz ist häufig anzutreffen und weniger wertvoll als Amethyst oder Citrin. In einigen Ländern wird geschliffener Rauchquarz als Rauchtopasquarz verkauft, um ihn wertvoller erscheinen zu lassen und besser verkaufen zu können. Im Handel erhältlicher Rauchquarz stammt oft aus Bergkristall (aus Arkansas, USA), der durch Bestrahlung eine dunkle Färbung erhalten hat.

Sehr dunkler natürlicher Rauchquarz kann durch Erhitzung aufgehellt werden, damit er attraktiver wird. Wenn er dabei eine gelbe Färbung annimmt, kann er als wertvollerer Citrin (siehe gegenüberliegende Seite) verkauft werden. Große Rauchquarzkristalle sind häufig in Pegmatiten anzutreffen. Besonders schöner Rauchquarz kommt aus den Schweizer Alpen und den USA.

SIEGEL MIT INTAGLIO
Dieses Portrait eines Römers wurde aus Rauchquarz geschnitten und in einen achteckigen Obsidian eingesetzt.

EIGENSCHAFTEN	
GRUPPE	Silikate – Gerüstsilikate
KRISTALLSYSTEM	Hexagonal/trigonal
ZUSAMMENSETZUNG	SiO_2
FARBE	Hellbraun bis schwarz
FORM/HABITUS	Prismatisch
HÄRTE	7
SPALTBARKEIT	Keine
BRUCH	Muschelig
GLANZ	Glasglanz
STRICH	Weiß
SPEZ. GEWICHT	2,7
TRANSPARENZ	Durchsichtig
BRECHUNGSINDEX	1,54–1,55

RAUCHQUARZ-KRISTALLE
Dieser spektakuläre doppelendige Rauchquarzkristall sitzt auf einer Grundmasse aus Milchquarz.

EINZEL-KRISTALL

CAIRNGORM-STEIN

ERSCHEINUNGSFORMEN
Rauchquarz ist oft als prismatischer Einzelkristall oder als durchsichtiger, als Schmuckstein geeigneter Kiesel anzutreffen.

BRILLANTSCHLIFF
Manchmal wird geschliffener Rauchquarz als Rauchtopasquarz gehandelt.

GEMISCHT
Rauchquarz von den Cairngorms (Schottland) wird als Cairngorm-Quarz verkauft.

MINAS GERAIS
In Brasilien gibt es große Mengen an Milchquarz.

MILCHQUARZ

DIE WEISSE BIS GRAUWEISSE, durchscheinende bis fast undurchsichtige Varietät von Siliciumdioxid bildet prismatisch Kristalle mit hexagonalem Querschnitt, die sich nur in der Farbe von Bergkristall unterscheiden. In ein und demselben Kristall können milchig weiße und durchsichtige Bereiche vorkommen. Milchquarz und Bergkristall sind oft in den gleichen Lagerstätten zu finden. Das milchige Aussehen entsteht durch winzige Gasblasen im Innern des Kristalls. Milchquarz ist die häufigste Quarzvarietät. Viele Gesteine sind von weißen Adern aus derbem Milchquarz durchzogen, und beim Abbau von Quarz ist der Milchquarzanteil manchmal höher als der von Bergkristall.

Große Mengen an Milchquarz kommen z.B. aus Hot Springs im US-Bundesstaat Arkansas und aus Minas Gerais in Brasilien.

EIGENSCHAFTEN	
GRUPPE	Silikate – Gerüstsilikate
KRISTALLSYSTEM	Hexagonal/trigonal
ZUSAMMENSETZUNG	SiO_2
FARBE	Weiß bis grauweiß
FORM/HABITUS	Prismatisch
HÄRTE	7
SPALTBARKEIT	Keine
BRUCH	Muschelig
GLANZ	Glasglanz
STRICH	Weiß
SPEZIFISCHES GEWICHT	2,7
TRANSPARENZ	Durchscheinend bis fast undurchsichtig
BRECHUNGSINDEX	1,5

MILCHQUARZ
Dieser prismatische Einzelkristall aus Cornwall (England) hebt sich von einer Gruppe kleinerer Kristalle ab.

ZERKLEINERTER QUARZ
Milchquarz wird oft für Bodenbeläge oder als Zierstein zerkleinert.

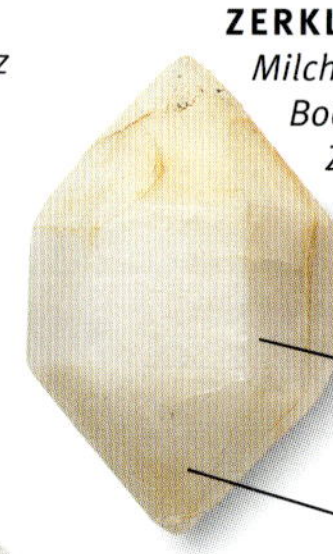

DOPPELENDIGER KRISTALL

OVALER SCHLIFF
Gelegentlich ist Milchquarz transparent genug für einen Facettenschliff.

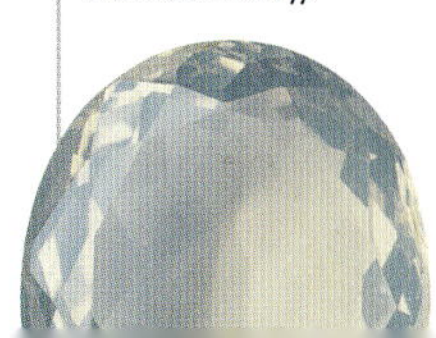

ROSENQUARZ

MADAGASKAR
Diese Insel zählt zu den bedeutendsten Rosenquarzlieferanten.

DER DURCHSCHEINENDE oder durchsichtige Rosenquarz, eine rosafarbene Varietät von kristallinem Quarz, ist selten als Kristall anzutreffen, der dann in der Regel weniger als 1 cm groß ist. Wesentlich häufiger sind derbe Aggregate zu finden. Die Farbe entsteht durch Spuren von Titan, das milchige Aussehen durch Einschlüsse winziger Rutilnadeln. Wenn Rosenquarz von bestimmten Lokalitäten, z.B. Madagaskar, in der richtigen Orientierung als Cabochon geschliffen wird, weist er einen sternförmigen Lichtreflex (Asterismus) auf, der allerdings schwächer und undeutlicher ist als bei Saphir. Rosenquarz ist überwiegend in Pegmatiten anzutreffen, wo Massen von mehreren Hundert Kilogramm vorkommen können. Nennenswerte Lagerstätten gibt es in Madagaskar, Brasilien, Schweden, Namibia, Russland, Spanien, Schottland und den USA.

Rosenquarz wird bereits seit der Antike bearbeitet. In der heutigen Zeit ist er in der »Edelsteinheilkunde« beliebt, wo ihm, auf der Haut getragen, bedingungslose Liebe und emotionale Heilung zugeschrieben wird.

EIGENSCHAFTEN

GRUPPE	Silikate – Gerüstsilikate
KRISTALLSYSTEM	Hexagonal/trigonal
ZUSAMMENSETZUNG	SiO_2
FARB	Rosa
FORM/HABITUS	Derb
HÄRTE	7
SPALTBARKEIT	Keine
BRUCH	Muschelig
GLANZ	Glasglanz
STRICH	Weiß
SPEZ. GEWICHT	2,7
TRANSPARENZ	Durchscheinend bis fast undurchsichtig
BRECHUNGSINDEX	1,54–1,55

ROSENQUARZKRISTALLE
Diese Gruppe seltener Rosenquarzkristalle aus Galiléia, Minas Gerais (Brasilien) sitzen in derbem Rosenquarz.

HALSKETTE
Diese Perlen aus Rosenquarz wurden zu einer hübschen Halskette aufgefädelt.

DERBER ROSENQUARZ

BRILLANTSCHLIFF
Rosenquarz wird gelegentlich zu glitzernden Schmucksteinen geschliffen.

SMARAGDSCHLIFF
Viele geschliffene Rosenquarze weisen ein wolkiges Aussehen auf.

CITRIN

INSEL ARRAN
Von dieser schottischen Insel kommt Citrin.

CITRIN ist ein gelber bis bräunlicher Quarz (Siliciumdioxid) und hat Ähnlichkeit mit gelbem Topas. Die Färbung ist auf wasserhaltiges Eisenoxid zurückzuführen. Citrin bildet die gleichen hexagonalen Kristalle wie die anderen kristallinen Quarzvarietäten. Natürlicher Citrin ist wesentlich seltener als Amethyst oder Rauchquarz, die durch eine Wärmebehandlung die Farbe von Citrin annehmen können. Um den Preis in die Höhe zu treiben, wird Citrin wie auch Rauchquarz oft unter Phantasienamen gehandelt, die eine Verwechslung mit Topas nahe legen. Durch die geringere Härte von Citrin ist die Unterscheidung aber sehr leicht möglich.

Citrin kommt überwiegend zusammen mit Amethyst vor. Gelegentlich enthält Amethyst eine Zone aus Citrin. In diesem Fall spricht man von Ametrin. Citrin in Edelsteinqualität kommt von der schottischen Insel Arran, aus dem Ural, aus der Gegend um Hyderabad in Indien, aus der Dauphiné in Frankreich, aus Minas Gerais in Brasilien, aus der spanischen Provinz Salamanca und aus dem US-Bundesstaat North Carolina.

BROSCHE
Das Herzstück dieser Goldbrosche ist ein in Facetten geschliffener Citrin.

BRILLANTSCHLIFF
Dieser Citrin mit Facettenschliff weist eine kräftige gelbbraune Färbung auf.

OVALER SCHLIFF
Manchmal ist Citrin blassgelb wie dieser geschliffene Stein.

WÄRME-BEHANDELTER AMETHYST

CITRINKRISTALL
Die kleinen Vertiefungen in den Kristallflächen und die abgerundeten Kanten dieses Einzelkristalls sind das Resultat der Erosion in einem Fluss.

EIGENSCHAFTEN

GRUPPE	Silikate – Gerüstsilikate
KRISTALLSYSTEM	Hexagonal/trigonal
ZUSAMMENSETZUNG	SiO_2
FARBE	Gelb, gelbbraun
FORM/HABITUS	Prismatisch
HÄRTE	7
SPALTBARKEIT	Keine
BRUCH	Muschelig
GLANZ	Glasglanz
STRICH	Farblos
SPEZ. GEWICHT	2,7
TRANSPARENZ	Durchscheinend bis fast undurchsichtig
BRECHUNGSINDEX	1,54–1,55

AMETHYST

COLORADO (USA)
Colorado ist eines der Gebiete in Nordamerika, in denen Amethyst zu finden ist.

AMETHYST ist eine glasige Quarzvarietät mit violetter bis purpurroter Färbung. Sein Name ist vom altgriechischen *amethystos* (»nicht betrunken«) abgeleitet, da man in der Antike glaubte, er könne seinem Träger Schutz vor Trunkenheit bieten (siehe Kasten auf der gegenüberliegenden Seite). Amethyst wird mit Reinheit und Frömmigkeit in Verbindung gebracht und gilt als königlicher Stein.

VORKOMMEN

In vielen Ländern, in denen Granitgestein ansteht, findet man Amethyst in Seifenlagerstätten und Geoden. Seine Färbung wird durch Spuren von Eisen hervorgerufen. Durch Zwillingsbildung oder verstärkte Absorption an Rhomboederflächen entstehen manchmal Zonen unterschiedlicher Farbintensität. Der auf dem Markt gehandelte Amethyst kommt zum überwiegenden Teil aus Brasilien, wo er in oft mannshohen Geoden anzutreffen ist, sowie aus Uruguay, Sibirien und Nordamerika. Kristalle aus Brasilien und Uruguay bilden oft strahlige Aggregate mit pyramidenförmigen Einzelkristallen. Weniger hochwertiger Amethyst aus Brasilien und Uruguay wird oft durch eine Wärmebehandlung in Citrin (siehe S. 221) umgewandelt. Wenn Amethyst und Citrin im gleichen Stein vorkommen, spricht man auch von Ametrin.

TRADITION

In den alten Kulturen Mesopotamiens war Amethyst hoch geschätzt. Aus ihm wurden Rollstempel mit religiösen Motiven und dem Namen des Besitzers hergestellt. Juristische Dokumente in Form von Tontafeln wurden besiegelt, indem der zylindrische Stempel über die Tafel gerollt wurde. Auch im alten Ägypten erfuhr Amethyst eine hohe Wertschätzung, vor allem als Schmuckstein. Ägyptischer Amethyst kam größtenteils aus der Provinz Nubien.

Heute wird Amethyst als Schmuckstein in Facetten oder als Cabochon geschliffen und ist ein beliebter Werkstoff für die Steinschneidekunst. Am beliebtesten sind kräftige rotviolette Farbtöne. Ungeschliffene prismatische Kristalle wie die aus Querétaro (Mexiko) werden häufig als Schmuck getragen.

POLIERTER KIESEL
In der Trommel polierter Amethyst ist auch bei minderer Qualität sehr attraktiv.

KRISTALLSCHEIBE
An dieser Scheibe ist zu sehen, wie sich die Farbe von Amethyst an bestimmten Kristallflächen konzentriert (präferentielle Absorption).

OVALER SCHLIFF
Dieser Amethyst in einem ovalen Facettenschliff weist die typische rötlich violette Färbung auf.

RECHTECKIGER SCHLIFF
Dieser Treppenschliff besteht aus einem Amethyststreifen, der an beiden Seiten von klarem Quarz gesäumt wird.

PRISMA
Dieser prismatische Kristall aus La Garita im US-Bundesstaat Colorado ist typisch für einen Stein, der ungeschliffen getragen wird. Er ist in Originalgröße abgebildet und durch Mangan purpurrot gefärbt.

VIKTORIANISCHE OHRRINGE
Diese tropfenförmigen Ohrringe sind mit rosenförmig geschliffenen Amethystkristallen und Perlen besetzt.

MODERNE HALSKETTE
Bruchstücke von polierten Amethystkristallen an drei Einzelketten aus Silber üben eine faszinierende Wirkung aus.

WÄRMEBEHANDELTER AMETHYST
Durch Wärmebehandlung werden manche Amethystkristalle gelb bis gelbbraun. Viele als Citrin (siehe S. 221) gehandelte Kristalle sind in Wirklichkeit wärmebehandelter Amethyst.

EIGENSCHAFTEN	
GRUPPE	Gerüstsilikate
KRISTALLSYSTEM	Hexagonal/trigonal
ZUSAMMENSETZUNG	SiO_2
FARBE	Violett
FORM/HABITUS	Normalerweise pyramidenförmige Enden, gelegentlich prismatisch
HÄRTE	7
SPALTBARKEIT	Keine
BRUCH	Muschelig
GLANZ	Glasglanz
STRICH	Weiß
SPEZIFISCHES GEWICHT	2,7
TRANSPARENZ	Undurchsichtig bis durchscheinend
BRECHUNGSINDEX	1,54–1,55

ROLLSIEGEL
Dieses babylonische Rollsiegel aus Amethyst stammt aus dem 18. Jahrhundert v. Chr. Es trägt die Inschrift: »Ishtar Lamassi, Tochter von Lushtammar, Sklavin von Ninisina«.

KRAWATTENNADEL AUS AMETHYST
Diese goldene Krawattennadel aus dem 19. Jahrhundert ziert ein achteckig geschliffener Amethystkristall.

STEIN DER TUGEND

Im antiken Griechenland glaubte man, wenn man Wein aus einem Amethystbecher trinkt, könne man nicht betrunken werden. Dieser Glaube geht auf den in der griechischen Mythologie beschriebenen Ursprung von Amethyst zurück.

Nach diesem Mythos wurde Amethyst von Dionysos, dem Fruchtbarkeits- und Weingott, geschaffen. Verärgert durch das tugendhafte Wesen einer jungen Frau namens Amethyst, die die Göttin Diana verehrte, ließ er zwei hungrige Tiger kommen, die sie zerreißen sollten. Diana errettete Amethyst, indem sie sie in weißen Quarz verwandelte. Reumütig vergoss Dionysos Tränen in seinen mit Rotwein gefüllten Kelch. Dabei wurde etwas Wein auf den weißen Stein verschüttet, der dessen rote Farbe annahm. So entstand der Stein Amethyst.

SCHALE AUS AMETHYST
Diese halbkugelförmige Schale wurde aus einem 1,5 kg schweren Amethystkristall aus Brasilien hergestellt.

RING
Dieser Ring eines Geistlichen aus Österreich aus dem 18. Jahrhundert ist mit Amethyst und Diamanten besetzt.

SPIRITUELLE ASSOZIATIONEN

In der frühchristlichen Kirche wurde Amethyst eine reinigende Wirkung zugeschrieben. Das Mineral wurde zum Symbol für den erhabenen geistigen Zustand, den ein Bischof erreichen musste. Deshalb gehörte bald ein Amethystring zu den Insignien der Bischofswürde. Besonders hochwertiger Amethyst wird in Fachkreisen als »Bischofsqualität« bezeichnet.

In Indien wird Amethyst mit dem Kronenchakra oder Energiezentrum im Körper in Verbindung gebracht. Als Meditationshilfe soll er die mystische Einheit mit dem universellen Bewusstsein herbeiführen. In Tibet gilt Amethyst als heiliger Stein Buddhas und wird für Gebetsketten verwendet.

BRUSTSCHMUCK
Ein Amethyst ziert den Brustschild Aarons, eines hebräischen Priesters. Der Amethyst ist einer der zwölf Steine im Schild und symbolisiert einen der zwölf Stämme Israels.

KRISTALLAGGREGAT
In diesem Aggregat aus pyramidenförmigen Amethystkristallen sind kleinere und größere Rhomboederflächen zu erkennen. Die Kristalle werden nach oben hin dunkler.

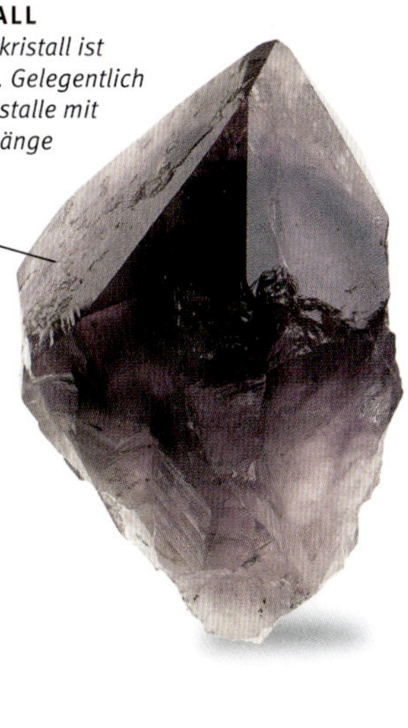

EINZELKRISTALL
Dieser Amethystkristall ist etwa 10 cm lang. Gelegentlich werden auch Kristalle mit mehr als 15 cm Länge gefunden.

AVENTURIN

MINAS GERAIS
Hier in Brasilien wurde Aventurin gefunden.

ALS AVENTURIN wird eine Quarzvarität bezeichnet, die durch Lichtreflexionen an gleich ausgerichteten winzigen Einschlüssen anderer Minerale ein besonderes Schillern zeigt. Grüner Aventurin ist durch das Glimmermineral Fuchsit gefärbt, brauner Aventurin durch eingelagerten Pyrit und rotbrauner Aventurin durch Hämatit. Andere Einschlüsse können eine orange, blauweiße, gelbe oder blaugrüne Färbung bewirken. Aventurin tritt immer als derbes Aggregat auf.

Fundstätten befinden sich im Ural, im indischen Bundesstaat Tamil Nadu, im brasilianischen Bundesstaat Minas Gerais und in Rutland im US-Bundesstaat Vermont. Aventurinquarz wird als zum Cabochon geschliffener Schmuck getragen. Außerdem werden aus ihm Vasen, Schalen und andere Ziergegenstände hergestellt.

KÖRNIGER AVENTURIN
An diesem grünen Aventurin ist das körnige Gefüge schön zu sehen.

EIGENSCHAFTEN

GRUPPE	Silikate – Gerüstsilikate
KRISTALLSYSTEM	Hexagonal/trigonal
ZUSAMMENSETZUNG	SiO_2
FARBE	Verschiedene
FORM/HABITUS	Derb
HÄRTE	7
SPALTBARKEIT	Keine
BRUCH	Muschelig
GLANZ	Glasglanz
STRICH	Weiß
SPEZIFISCHES GEWICHT	2,7
TRANSP.	Durchscheinend

CABOCHON
Dieser Cabochon zeigt ein deutliches Schillern (»Aventurisieren«).

CABOCHON
Bei diesem Cabochon mit flachen Facetten kommt das Schillern gut zur Geltung.

KATZENAUGENQUARZ

SRI LANKA
Die Edelsteinkiese auf Sri Lanka enthalten Katzenaugenquarz.

ALS »KATZENAUGE« werden zwei verschiedene Minerale bezeichnet: eine Chrysoberyllvarietät (siehe S. 159) und ein Quarz. Als Cabochon geschliffen ist bei beiden eine weißes Lichtband zu sehen. Der wertvollere Stein ist der Chrysoberyll. Die beiden Katzenaugenminerale sind leicht zu unterscheiden: Chrysoberyll besitzt ein wesentlich höheres spezifisches Gewicht. Die Chatoyance (der Katzenaugeneffekt) und die graugrüne oder grünliche Farbe von Katzenaugenquarz wird durch Einschlüsse parallel ausgerichteter Asbestfasern hervorgerufen. Eine rötlichere oder goldene Färbung entsteht durch winzige Rutilfasern. Katzenaugenquarz kommt überwiegend aus dem Edelsteinkies Sri Lankas. Weitere Fundstätten gibt es in Indien und Australien. Minderwertiges grünes Material kommt aus Bayern.

EIGENSCHAFTEN

GRUPPE	Silikate – Gerüstsilikate
KRISTALLSYSTEM	Hexagonal/trigonal
ZUSAMMENSETZUNG	SiO_2
FARBE	Grünlich
FORM/HABITUS	Derb
HÄRTE	7
SPALTBARKEIT	Keine
BRUCH	Muschelig
GLANZ	Glasglanz
STRICH	Weiß
SPEZ. GEWICHT	2,7
TRANSP.	Durchscheinend

FASERIGER KATZENAUGENQUARZ
Im Rohzustand zeigt sich noch kein Katzenaugeneffekt. Dieser entsteht erst durch den Schliff. Bei der Auswahl des Rohmaterials ist große Erfahrung erforderlich.

AUSWASCHEN
In Sri Lanka und Myanmar werden Edelsteine meist mit Goldwäscherpfannen aus Flusskies gewonnen.

CABOCHON
Dieser Cabochon aus graugrünem Katzenaugenquarz zeichnet sich durch eine starke Chatoyance aus.

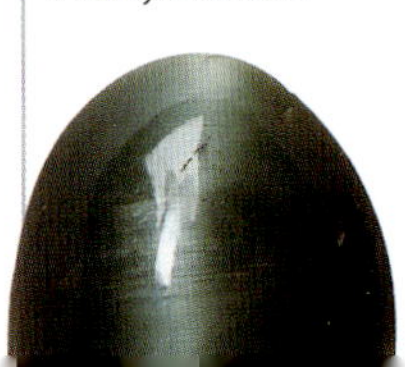

CABOCHON
Auch dieser durchscheinende Cabochon weist einen Katzenaugeneffekt auf.

CABOCHON
Dieser Cabochon zeigt nur ein schwaches Katzenauge, hat aber eine schöne faserige Struktur.

TIGERAUGE

WITTENOOM
In dieser Schlucht in Westaustralien ist Tigerauge zu finden.

TIGERAUGENQUARZ oder kurz Tigerauge ist eine Halbedelsteinvarietät von Quarz, die sich durch ihre Chatoyance, ein vertikales Lichtband, auszeichnet. Tigerauge bildet sich, wenn parallele Adern aus Krokydolith (Blauasbest) zuerst zu Eisenoxiden verwittern und dann durch Siliciumoxid ersetzt werden. Er ist deshalb weniger durchsichtig als Katzenaugenquarz und kräftig gelb bis braun gefärbt. Als Cabochon geschliffen glänzt er sehr schön. Das größte bekannte Vorkommen ist Griquatown West in Südafrika. Ein weiterer Fundort ist Wittenoom Gorge in Westaustralien. Das ähnliche Mineral Falkenauge unterscheidet sich vom Tigerauge dadurch, dass der Ersetzung durch Quarz keine Verwitterung zu Eisenoxid vorausgeht.

EIGENSCHAFTEN	
GRUPPE	Silikate – Gerüstsilikate
KRISTALLSYSTEM	Hexagonal/trigonal
ZUSAMMENSETZUNG	SiO_2
FARBE	Gelbbraun
FORM/HABITUS	Derb
HÄRTE	7
SPALTBARKEIT	Keine
BRUCH	Muschelig
GLANZ	Glasglanz
STRICH	Weiß
SPEZIFISCHES GEWICHT	2,7
TRANSP.	Durchscheinend

FASERIGER TIGERAUGE
In diesem Tigerauge sind die einzelnen Fasern deutlich zu erkennen. Die Farbtiefe wird durch Polieren hervorgehoben.

HALSKETTE
Hier wurden Perlen aus Tigerauge zu einer Halskette aufgefädelt.

POLIERTER QUERSCHNITT
Dieser Querschnitt durch ein Tigerauge wurde poliert, um die faserige Struktur zu zeigen.

KUGEL
Diese Kugel aus Tigerauge zeigt den goldenen Lichtreflex, der von den Fasern ausgeht.

FALKENAUGE
Falkenauge ähnelt Tigerauge, hat aber die graublaue Farbe der ursprünglichen Asbestfasern.

RUTILQUARZ

BAHIA
Die bedeutendste Fundstätte von Rutilquarz ist Novo Horizonte, Bahia (Brasilien).

DIESE QUARZVARIETÄT ist nach den eingeschlossenen Rutilnadeln (siehe S. 163) benannt. Rutilquarz ist meist durchsichtig, kann aber, wenn sehr viele Einschlüsse vorhanden sind, auch fast undurchsichtig sein. Die Rutilnadeln können bündelweise oder zufällig ausgerichtet sein. Die Rutileinschlüsse sind in der Regel goldgelb, manchmal aber auch rötlich bis tiefrot und bei schwachem Licht fast schwarz. Rutilquarz ist in gut ausgeformten Kristallen und in von fließendem Wasser abgerundeten Kristallbruchstücken anzutreffen. Er wird auch als Venushaar bezeichnet. Wie Rutilnadeln können auch Nadeln aus schwarzem Turmalin, grünem Aktinolith und grünem Chlorit in Quarz eingeschlossen sein.

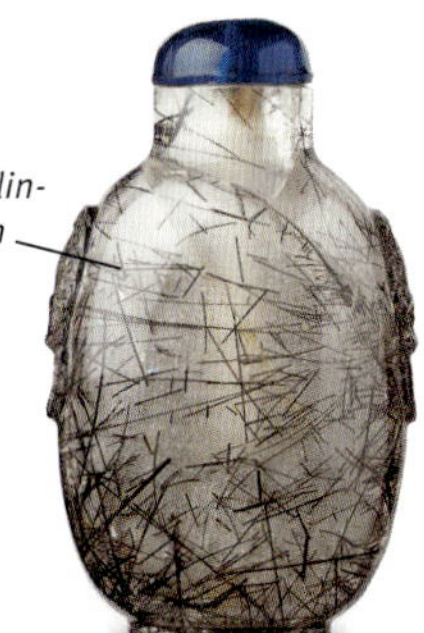

RIECHFLÄSCHCHEN
Dieses mit schönen Gravuren verzierte chinesische Riechfläschchen besteht aus Quarz mit Turmalineinschlüssen.

EIGENSCHAFTEN	
GRUPPE	Silikate – Gerüstsilikate
KRISTALLSYSTEM	Hexagonal/trigonal
ZUSAMMENSETZUNG	SiO_2
FARBE	Farblos mit goldenen bis roten Nadeln
FORM/HABITUS	Prismatisch
HÄRTE	7
SPALTBARKEIT	Keine
BRUCH	Muschelig
GLANZ	Glasglanz
STRICH	Weiß
SPEZ. GEWICHT	2,7
TRANSPARENZ	Durchsichtig

RUTILQUARZKRISTALLE
Hier sitzen zwei prächtige Rutilquarzkristalle auf einer Grundmasse.

RUTILNADELN
Die Kristallflächen dieses Rutilquarzes wurden poliert, damit die Rutilnadeln gut zu erkennen sind.

ANHÄNGER
Für diesen Anhänger wurde ein Rutilquarzcabochon mit Facettenschliff an der Unterseite in Gold und Silber gefasst.

MINAS GERAIS
In diesem Bundesstaat von Brasilien wurde Phantomquarz gefunden.

PHANTOMQUARZ

WENN GASBLASEN ODER winzige Kristalle anderer Minerale in einen wachsenden Quarzkristall eingelagert werden, kann sich dessen Farbe geringfügig verändern. Dadurch entsteht der Eindruck eines »Schattens« oder »Phantoms«. Grüne Phantomkristalle werden in der Regel durch Chlorit verursacht, rotbraune durch verschiedene Eisenminerale, blaue durch Riebeckit und weiße durch Gas- oder Flüssigkeitsblasen oder als Ergebnis eines Ätzvorgangs. Phantomquarz ist weit verbreitet. Blauer Phantomquarz kommt z.B. aus Brasilien, grüner aus Hotsprings und Quartzsite in Arizona (USA) und rotbrauner aus Brasilien. Weißer Phantomquarz kommt in Brasilien und im US-Bundesstaat Arkansas verbreitet vor.

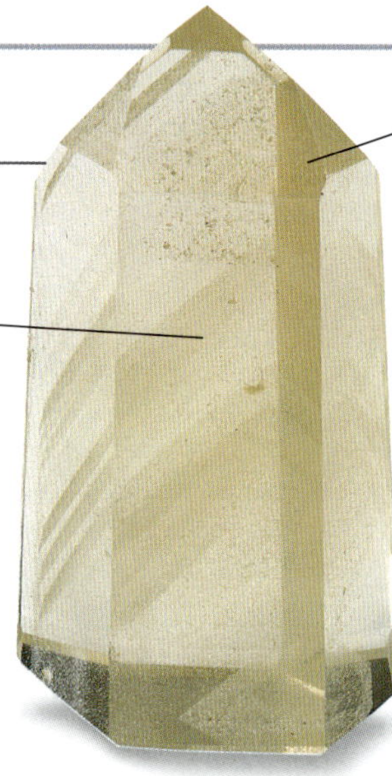

PHANTOMQUARZ
Die Kristallflächen dieses Quarzes wurden poliert, damit die »Phantome« zu erkennen sind.

EIGENSCHAFTEN	
GRUPPE	Silikate – Gerüstsilikate
KRISTALLSYSTEM	Hexagonal/trigonal
ZUSAMMENSETZUNG	SiO_2
FARBE	Farblos, weiß, grün, rotbraun, blau
FORM/HABITUS	Prismatisch
HÄRTE	7
SPALTBARKEIT	Keine
BRUCH	Muschelig
GLANZ	Glasglanz
STRICH	Weiß
SPEZIFISCHES GEWICHT	2,7
TRANSPARENZ	Durchsichtig

QUARTZSITE, ARIZONA (USA)
Hier in Arizona wurde Chalcedon gefunden.

CHALCEDON

DIE KOMPAKTE, MIKROKRISTALLINE Quarzvarietät Chalcedon besteht aus mikroskopisch feinen Fasern. Chalcedon kann halbkugelförmige, traubige oder tropfsteinartige Gebilde hervorbringen und ist in Adern, Geoden und Konkretionen zu finden. Reiner Chalcedon ist weiß. Oft sind jedoch Spurenelemente oder mikroskopisch kleine Einschlüsse vorhanden, die für ein breites Farbspektrum sorgen. Viele dieser farbigen Varietäten haben einen eigenen Namen (siehe S. 227–229). Chalcedon mit ausgeprägter Bänderung wird als Achat bezeichnet (siehe S. 230–231). Alle Varietäten sind weltweit sehr häufig anzutreffen. Der Name Chalcedon ist wohl von der antiken Hafenstadt Chalkedon in der heutigen Türkei abgeleitet, wo er ebenfalls gefunden wurde.

Chalcedon bildet sich in Hohlräumen und Rissen und als Ersetzungsmineral, wenn kieselsäurereiches Wasser in bereits vorhandenes Gestein eindringt. Chalcedon ist porös. Diese Eigenschaft macht man sich zu Nutze, um z.B. die Varietät Achat für den Markt einzufärben.

KAMEE
Bei diesem Relief eines Frauenkopfes mit fein herausgraviertem Haar wurde eine weiße Chalcedonschicht bis zu einer darunter liegenden gelben Achatschicht weggeätzt.

UNGEWÖHNLICHE ERSCHEINUNG
Dieser Chalcedon, dessen Form an einen Baum erinnert, entstand vermutlich als Tropfstein in einem Hohlraum.

ROSA CHALCEDON
Dieser traubige rosa Chalcedon aus Quartzsite, Arizona (USA) wird wie eine bestimmte Form der Gipsvarietät Selenit als »Wüstenrose« bezeichnet.

CHALCEDONSCHÜSSEL
Diese elegante Chalcedonschüssel aus Österreich weist am Rand, am Boden und an den Henkeln kunstvolle Verzierungen auf.

EIGENSCHAFTEN	
GRUPPE	Silikate – Gerüstsilikate
KRISTALLSYSTEM	Hexagonal/trigonal
ZUSAMMENSETZUNG	SiO_2
FARBE	Weiß
FORM/HABITUS	Mikrokristallin
HÄRTE	7
SPALTBARKEIT	Keine
BRUCH	Uneben
GLANZ	Wachsglanz bis matt
STRICH	Weiß
SPEZIFISCHES GEWICHT	2,7
TRANSPARENZ	Durchsichtig bis durchscheinend

QUEENSLAND
Erst seit wenigen Jahrzehnten ist Chrysopras aus Australien auf dem Markt.

CHRYSOPRAS

CHRYSOPRAS IST EINE durchscheinende, apfelgrüne Varietät von Chalcedon. Seine Farbe wird durch Nickel hervorgerufen. Chrysopras kann im Sonnenlicht ausbleichen. In geschliffenem Zustand können hellere Exemplare mit Jade verwechselt werden. Chrysopras war schon in der Antike ein beliebter Schmuckstein und ist heute die am meisten geschätzte Chalcedonvarietät. Die seltene lauchgrüne Chalcedonvarietät Prasem ist weniger leuchtend gefärbt. Früher waren Polen und die ehemalige Tschechoslowakei für ihren erstklassigen Chrysopras bekannt, doch seit 1965 kommt das hochwertigste Material aus Queensland, Australien. Geringere Vorkommen gibt es im Ural, in Kalifornien und in Brasilien.

Der Name dieses Minerals ist von den griechischen Wörtern *chrysos* (»golden«) und *prason* (»Lauch«) abgeleitet und bezeichnete wahrscheinlich früher eine hellere Varietät. Chrysopras wurden Heilkräfte gegen Sehschwäche und Schmerzen nachgesagt.

DERBER CHRYSOPRAS
Exemplare wie dieser apfelgrüne Chrysopras werden schon seit prähistorischer Zeit als Schmuckstein verwendet.

KAMEE AUS PRASEM
In dieser Kamee hebt sich dunkler Prasem von seiner Goldfassung ab.

EIGENSCHAFTEN	
GRUPPE	Silikate – Gerüstsilikate
KRISTALLSYSTEM	Hexagonal/trigonal
ZUSAMMENSETZUNG	SiO_2
FARBE	Apfelgrün
FORM/HABITUS	Derb oder mikrokristallin
HÄRTE	7
SPALTBARKEITE	Keine
BRUCH	Uneben
GLANZ	Wachsglanz bis matt
STRICH	Weiß
SPEZIFISCHES GEWICHT	2,7
TRANSP.	Durchscheinend

PUNE (INDIEN)
Der beste Karneol kommt aus Indien.

KARNEOL

KARNEOL IST EINE rote, durchscheinende Varietät von Chalcedon. Die Farbe wird durch Eisenoxid hervorgerufen. Karneol kann gleichmäßig gefärbt sein oder eine Bänderung aufweisen. Karneol mit stark ausgeprägter Bänderung wird auch als Karneolachat bezeichnet. Zu den führenden Lieferanten von hochwertigem Karneol zählen Schottland, Brasilien und die USA. Frischer Karneol, vor allem der aus Indien stammende, wird oft der Sonne ausgesetzt, um eine kräftigere rote Farbe zu erzielen. Karneol wurde früher eine blutstillende und beruhigende Wirkung zugeschrieben. Andererseits wurde ihm nachgesagt, er könne seinem Besitzer Mut im Kampf verleihen und schüchterne Sprecher zu guten Rednern machen.

POLIERTER STEIN
Dieser rotorange Karneol aus Indien wurde geschliffen und poliert.

ÄGYPTISCHER RING
Dieser aus einem einzigen Stück geschnittene Ring stammt aus der Zeit um 1400 v. Chr.

BROSCHE
Das Herzstück dieser aus einem Anhänger umfunktionierten Brosche ist ein als Cabochon geschliffener Karneol.

KARNEOL-ADER
Hier durchzieht eine leuchtend rote Karneol-Ader einen Bergkristall.

DERBER KARNEOL
Dieser Karneol wurde am Narmada-Fluss in Nordindien aufgesammelt.

EIGENSCHAFTEN	
GRUPPE	Silikate – Gerüstsilikate
KRISTALLSYSTEM	Hexagonal/trigonal
ZUSAMMENS.	SiO_2
FARBE	Rot
FORM/HABITUS	Derb
HÄRTE	7
SPALTBARKEIT	Keine
BRUCH	Uneben
GLANZ	Wachsglanz bis matt
STRICH	Weiß
SPEZIFISCHES GEWICHT	2,7
TRANSP.	Durchscheinend

ONYX

PUNE (INDIEN)
Hochwertiger natürlicher Onyx kommt aus Westindien.

ONYX ist die schwarzweiss gestreifte Halbedelsteinvarietät von Achat. Das in der Natur selten vorkommende Mineral kann durch Einfärbung von blassem gebändertem Achat künstlich hergestellt werden. Der Name kommt vom griechischen *onyx* (»Nagel« oder »Kralle«) und bezieht sich auf seine Farbe. Die Römer bezeichneten verschiedene Minerale mit diesem Namen, darunter auch Alabaster und Chalcedon. Eigentlicher Onyx ist aber nur die Achatvarietät. Weitere Varietäten sind der weiß-rot gebänderte Karneolonyx und der weiß-braun gebänderte Sardonyx (siehe unten). Wie alle Chalcedonvarietäten bildet sich Onyx, wenn kieselsäurereiches Wasser durch Risse und Spalten in andere Gesteine eindringt. Natürlicher Onyx kommt aus Indien und Südamerika. Da aus seiner Bänderung ein Farbkontrast herausgearbeitet werden kann, ist er ein beliebtes Material für Kameen und Einlegearbeiten.

EIGENSCHAFTEN

GRUPPE Silikate – Gerüstsilikate
KRISTALLSYSTEM Hexagonal/trigonal
ZUSAMMENSETZUNG SiO_2
FARBE Schwarzweiß
FORM/HABITUS Kryptokristallin
HÄRTE 7
SPALTBARKEIT Keine
BRUCH Muschelig
GLANZ Glasglanz
STRICH Weiß
SPEZ. GEWICHT 2,7
TRANSP. Durchscheinend bis undurchsichtig

ABWECHSELNDE BÄNDER
Dieser polierte Onyx weist die typische Bänderung auf.

ONYXSIEGEL
In dieser Nachbildung eines römischen Siegels kommt die braunweiße Bänderung bestens zur Geltung.

KAMEE
Die kontrastreiche Bänderung macht Onyx zu einem idealen Material für Kameen.

ONYXBROSCHE
Diese Trauerbrosche aus Onyx und Gold ist mit gespaltenen Perlen verziert.

SARDER

SRI LANKA
Die Stadt Ratnapura auf Sri Lanka ist für ihren Sarder berühmt.

DIE DURCHSCHEINENDE, hell- bis dunkelbraune Chalcedonvarietät Sarder ist nach Sardes, der antiken Hauptstadt der Lyder in Kleinasien benannt. Abwechselnde Bänder aus Sarder und weißem Chalcedon werden als Sardonyx bezeichnet. Sarder bildet sich, wenn relativ kühles, kieselsäurereiches Wasser durch Risse und Spalten in andere Gesteine eindringt. Die Stadt Ratnapura auf Sri Lanka ist für ihren Sarder berühmt. Wichtige Erzeugerländer sind auch Indien, Brasilien und Uruguay. Sarder wurde schon in Harappa, einem der ältesten Zentren der Induskultur (um 2300–1500 v. Chr.), von den Mykenern (1450–1100 v. Chr.) und von den Assyrern (1400–600 v. Chr.) verwendet.

POLIERTER SARDONYX
Die weißbraune Bänderung ist typisch für Sardonyx.

SARDONYXSCHMUCK

Sarder und Sardonyx werden schon seit der Antike für Kameen und Einlegearbeiten verwendet. Wer Schmuck aus Sarder tragen konnte, galt als vom Glück begünstigt. Im 4. Jahrhundert erkannte Epiphanius, Bischof von Salamis, die Heilwirkung von Sarder bei Wunden, und im 11. Jahrhundert erwähnte Bischof Marbodius dieses Mineral als Schutz gegen Hexerei.

KAMEE
Diese klassische Kamee wurde aus Sardonyx geschnitten.

POLIERTES INNERES
Dieser Sarder wurde aufgeschnitten und poliert, um die braune Färbung zu zeigen.

EIGENSCHAFTEN

GRUPPE Gerüstsilikate
KRISTALLSYSTEM Hexagonal/trigonal
ZUSAMMENSETZUNG SiO_2
FARBE Braun
FORM/HABITUS Kryptokristallin
HÄRTE 7
SPALTBARKEIT Keine
BRUCH Muschelig
GLANZ Glasglanz
STRICH Weiß
SPEZ. GEWICHT 2,7
TRANSP. Durchscheinend bis fast undurchsichtig
BRECHUNGSINDEX 1,5

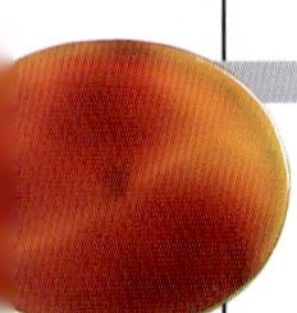

CABOCHON
Für Schmucksteine wählt man den Cabochonschliff. Dieser durchscheinende Sarder weist braunrote Flecken auf.

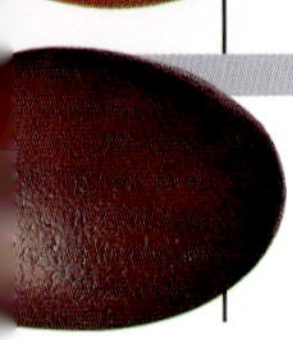

KIESEL
Die Oberfläche dieses ovalen Kiesels aus dunkelbraunem Sarder wurde vom Wasser angegriffen.

BAHIA
In diesem Gebiet in Brasilien gibt es noch reichlich Blutstein.

HELIOTROP

DER AUCH BLUTSTEIN GENANNTE HELIOTROP ist eine durch Spuren von Eisensilikaten dunkelgrün gefärbte Chalcedonvarietät mit Einsprengseln aus leuchtend rotem Jaspis. Der Name Heliotrop ist vom griechischen *helios* (»Sonne«) und *trepein* (»wenden«). Sowohl polierte als auch unbearbeitete Steine weisen rote Flecken auf grünem Grund auf, die Blutstropfen ähneln, daher der Name Blutstein. Früher kam Heliotrop von der indischen Halbinsel Kathiawar, heute kommt er aus Brasilien und Australien. Wie die anderen Chalcedonvarietäten entsteht er, wenn kühles, kieselsäurereiches Wasser durch Risse und Spalten in Gesteine eindringt.

POKAL
Dieser Pokal aus Blutstein mit versilberten Elementen wurde 1824 von Paul Storr gefertigt.

SCHNUPFTABAKDOSE
Diese rechteckige Dose im Stil Ludwigs XV. ist mit Einlegearbeiten aus Blutstein und Gold verziert.

EIGENSCHAFTEN

GRUPPE	Silikate – Gerüstsilikate
KRISTALLSYSTEM	Hexagonal/trigonal
ZUSAMMENSETZUNG	SiO_2
FARBE	Dunkelgrün mit roten Flecken
FORM/HABITUS	Kryptokristallin
HÄRTE	7
SPALTBARKEIT	Keine
BRUCH	Muschelig
GLANZ	Glasglanz
STRICH	Weiß
SPEZIFISCHES GEWICHT	2,7
TRANSPARENZ	Durchscheinend bis undurchsichtig
BRECHUNGSINDEX	1,53–1,54

ALTES WISSEN

Im ersten Jahrhundert vor Christus galt Heliotrop als Bewahrer der Gesundheit und als Schutz vor Enttäuschungen. Im mittelalterlichen Europa wurde er für figürliche Darstellungen von Märtyrern verwendet. Außerdem schrieb man ihm die Fähigkeit zu, Nasenbluten zu stoppen, Ärger und Zwietracht zu vertreiben, Blutungen zu stillen und entzündliche Erkrankungen zu heilen. Besonders wirksam sollte er sein, wenn er zuerst in kaltes Wasser getaucht wurde.

RELIQUIAR AUS HELIOTROP
Dieses Sankt-Stefan-Reliquiar aus dem ausgehenden 12. Jahrhundert ist mit Heliotrop und versilberten Elementen verziert.

Flecken aus Jaspis

Muscheliger Bruch

POLIERTER STEIN
Kleine rote Flecken und Adern aus Eisensilikaten zieren diesen polierten dunkelgrünen Blutstein.

ROTE FLECKEN
Auf der polierten Fläche dieses Blutsteins kommen die roten Jaspisflecken gut zur Geltung.

ARIZONA (USA)
Im Petrified Forest in Arizona haben sich schöne Jaspisexemplare erhalten.

JASPIS

DIE UNDURCHSICHTIGE, feinkörnige oder dichte Varietät von kryptokristallinem Quarz ist mit Hornstein (siehe S. 70–71) verwandt. Der Name Jaspis kommt vom griechischen *iaspis*, das wohl auf eine semitische Wurzel zurückgeht. Jaspis ist eine Chalcedonvarietät mit verschiedenen anderen Bestandteilen, die ihn undurchsichtig und farbig machen. Ziegelroter bis braunroter Jaspis enthält Hämatit. Ton bewirkt eine gelblich weiße oder graue Färbung, Goethit eine braune oder gelbe. Jaspis entsteht durch Ablagerung aus kühlem, kieselsäurereichem Wasser, das durch Spalten in andere Gesteine eindringt. Er ist weltweit überall zu finden, wo es kryptokristallinen Quarz gibt. Besonders schöne Exemplare von verkieseltem Holz gibt es in Arizona (USA) (siehe S. 334–335).

EIGENSCHAFTEN

GRUPPE	Silikate – Gerüstsilikate
KRISTALLSYSTEM	Hexagonal/trigonal
ZUSAMMENSETZUNG	SiO_2
FARBE	U. a. rot, gelb, braun
FORM/HABITUS	Kryptokristallin
HÄRTE	7
SPALTBARKEIT	Keine
BRUCH	Muschelig
GLANZ	Glasglanz
STRICH	Weiß
SPEZIFISCHES GEWICHT	2,7
TRANSP.	Undurchsichtig

PHARAO
Dieser als Horus dargestellte ägyptische Pharao (1555–1080 v. Chr.) besteht aus Jaspis.

ALTES WISSEN

Jaspis wird schon seit der Altsteinzeit als Schmuck verwendet. Die Babylonier schrieben Jaspis eine heilende Wirkung bei Frauenleiden zu und betrachteten ihn als Symbol für die Geburt. Im 11. Jahrhundert behauptete Marbodius, Bischof von Rouen, dass ein auf den Bauch einer Gebärenden gelegter Jaspis den Geburtsschmerz lindere. Früher wurden alle Steine für lebendige Wesen mit männlichem oder weiblichem Geschlecht gehalten.

EINLEGEARBEIT
Diese im 3. Jahrhundert entstandene Einlegearbeit aus Nordengland zeigt den römisch-keltischen Jagdgott Silvanus-Codicius mit Hase und Hund.

Farbvariation durch Einschlüsse

Weiße Quarzader

FARBENSPIEL
Dieser Jaspis erhält seine braunrote Farbe durch Hämatit. Er ist von weißen Quarzadern durchzogen.

MEDFORD, OREGON (USA)
Im US-Bundesstaat Oregon kommen viele verschiedene Achate vor. Bei Medford gibt es zahlreiche Gänge aus Moosachat, der hier gesammelt wird.

ACHAT

ACHAT ist die kompakte, mikrokristalline Halbedelsteinvarietät von Chalcedon, einem Quarz. Seine physikalischen Eigenschaften entsprechen weitgehend denen von Quarz. Die meisten Achate bilden sich in Hohlräumen von unterschiedlichen Vulkangesteinen. Typisch sind konzentrische Farbbänder, seltener moosartige Einschlüsse (in diesem Fall spricht man von Moosachat). Die typische Bänderung folgt in der Regel der Form des Hohlraums, in dem sich das Mineral gebildet hat. Die Färbung der einzelnen Bänder wird durch unterschiedliche chemische Verunreinigungen hervorgerufen, wobei Weiß-, Gelb-, Grau-, Blau-, Braun-, Rosa- und Rottöne sowie Schwarz möglich sind. Die häufig angebotenen polierten Achatscheiben sind oft künstlich nachgefärbt. Da Achat sehr porös ist, dringen die Farbstoffe leicht ein.

GEBÄNDERTER ACHAT

Der Name eines Achats wird oft durch Zusätze, die sein Aussehen oder seine Herkunft bezeichnen, näher bestimmt. Festungsachat ist ein gebänderter Achat mit eckigen Bändern, die einem Luftbild einer alten Festung ähneln. Bei Festungsachat unterscheidet man mehrere Arten. Brasilianischer Achat ist ein Festungsachat, bei dem die Bänder in winkeligen konzentrischen Kreisen verlaufen wie bei einer Burg. Botswana-Achat aus Afrika weist eine schöne Zeichnung aus abwechselnden dunklen und hellen Bändern auf. Eine mehrfarbige Varietät mit stark verschlungenen Bändern wird auch als Mexikanische Spitze bezeichnet. Oft verkauft wird ein blauer Achat aus Südafrika, bei dem sich hellblaue und farblose Bänder in verschlungenen Schichten abwechseln. Feuerachat weist Einschlüsse aus rötlichem bis braunem Hämatit auf, die polierten Steinen einen besonderen Schimmer verleihen.

Gebänderter Achat bildet sich durch verschiedene Prozesse in Hohlräumen erstarrter Lava. Solche Hohlräume entstehen, wenn die Dampf- oder Gasblasen in der schmelzflüssigen Lava beim Erstarren erhalten bleiben. Später können kieselsäurehaltige Lösungen in eine Blase eindringen und dort eine Schicht aus Silicagel bilden. Dieser Vorgang

ACHATSTEMPEL
Dieser römische Prägestempel besteht aus Achat. Die Punkte wurden in die Oberfläche eingraviert.

MOOSACHAT

FESTUNGSACHAT

ACHATVARIETÄTEN
Hier sind zwei sehr unterschiedliche Achatvarietäten zu sehen. Der Festungsachat stammt aus der Sammlung von Idar-Oberstein (siehe Kasten gegenüber).

FESTUNGSACHAT
Diese polierte Scheibe aus Festungsachat zeigt die parallele Bänderung, von der diese Varietät ihren Namen hat. Die Farbvariationen kommen durch verschiedene Mineraleinschlüsse zustande.

EIGENSCHAFTEN

GRUPPE	Silikate – Gerüstsilikate
KRISTALLSYSTEM	Hexagonal/trigonal
ZUSAMMENSETZUNG	SiO_2
FARBE	Farblos, weiß, gelb, grau, braun, blau, rot
FORM/HABITUS	Kryptokristallin
HÄRTE	7
SPALTBARKEIT	Keine
BRUCH	Muschelig
GLANZ	Glasglanz bis Wachsglanz
STRICH	Weiß
SPEZIFISCHES GEWICHT	2,7
TRANSPARENZ	Durchsichtig bis undurchsichtig

wiederholt sich so lange, bis der Hohlraum ausgefüllt ist. Einige Schichten nehmen dabei Spuren von Eisen oder anderen löslichen Stoffen auf, die ihnen ihre besondere Farbe verleihen. Schließlich kristallisiert die gesamte Masse aus, wobei das Wasser verloren geht, die Bänder aber ungestört erhalten bleiben.

Achat ist einer der ältesten Werkstoffe der Steinschneidekunst. Er wurde schon in prähistorischen Zeiten bearbeitet. Heute wird er meist in dünne Scheiben geschnitten oder als Dekorationsgegenstand, Brosche oder Anhänger poliert. Für Schmuck wird er als Cabochon geschliffen.

MOOSACHATSCHEIBE
Dieser schöne Moosachat mit ausgeprägten Dendriten wurde aufgeschnitten und poliert.

ist manchmal die organische Substanz durch Achat ersetzt, wobei sogar die Zellstrukturen erhalten bleiben können. Der Petrified Forest in Arizona (USA) eine große Fläche mit verkieseltem Holz in unterschiedlichsten Farben, ist eines der spektakulärsten Naturwunder (siehe S. 334–335). Achatknollen aus runden Hohlräumen in alten Vulkangesteinen, bei denen die Bänder parallel und gerade verlaufen, werden auch als »Donnereier« bezeichnet.

Achat ist weltweit anzutreffen. Große Mengen und interessante Varietäten kommen aus Brasilien, Botswana, Südafrika, Mexiko, Ägypten, China und Schottland sowie aus einigen US-Bundesstaaten.

WEITERE ACHATVARIETÄTEN

Moosachat weist keine Bänderung auf. Er ist weiß oder grau mit braunen, schwarzen oder grünen moos- oder baumartigen (dendritischen) Einschlüssen, die an Pflanzen erinnern, aber nicht organischen Ursprungs sind, sondern aus anderen Mineralen – meist Eisen- oder Manganoxide oder Chlorit – bestehen. Indischer Moosachat zeigt oft grüne, moosähnliche Dendriten. Süßwasserachat vom Sweetwater-Fluss in Wyoming (USA) zeichnet sich durch feine, schwarze Dendriten aus. Moosachat entsteht durch verschiedene Prozesse, durch die andere Minerale während oder nach der Entstehung in den Achat eindringen. In versteinertem Holz

MOOSACHATSCHALE
Diese flache Schale wurde aus einer dicken Scheibe Moosachat geschnitten.

ARMBAND
Dieses elegante Armband aus Achat in Silberfassung entstand 1865.

Rote Färbung, vermutlich durch Eisenoxid (Hämatit) hervorgerufen

POLIERTER ACHAT
Diese beiden Exemplare zeigen weitere Mustervariationen. Die Geode besteht aus einem Achatmantel und einem Amethystkern. Die Scheibe mit der einfachen ovalen Bänderung stammt aus Brasilien.

POLIERTE GEODE

SCHEIBE AUS BRASILIANISCHEM ACHAT

IDAR-OBERSTEIN

Idar-Oberstein liegt an der Mündung des Idarbachs in die Nahe in Rheinland-Pfalz. Achate fand man dort schon vor mindestens 700 Jahren in großen Mengen. Sie wurden bis ins 20. Jahrhundert hinein gesammelt und abgebaut.

Bereits 1548 gab es in den damals noch selbständigen Städten Idar und Oberstein große Werkstätten, in denen Achat bearbeitet wurde. Die aus örtlichem Sandstein hergestellten Schleifräder wurden vom Wasser der Nahe angetrieben. Der Achatabbau erfolgte schließlich auch unter Tage in riesigen Stollen, die heute besichtigt werden können. Um 1900 waren die Lagerstätten erschöpft. Heute wird Achat aus Brasilien und Uruguay bearbeitet. Idar-Oberstein ist heute noch ein Zentrum der Edelstein- und Schmuckherstellung und besitzt sehenswerte Edelsteinmuseen. Außerdem findet dort alljährlich eine Edelstein- und Schmuckmesse statt, auf der die neuesten Trends vorgestellt werden.

EDELSTEIN-SCHLEIFEREI
Auf diesem um 1930 aufgenommenen Foto ist ein Edelsteinschleifer in seiner Werkstatt im Ortsteil Idar zu sehen.

BESUCHERBERGWERK
Die stillgelegte Edelsteinmine Steinkaulenberg bietet heute neben einem Besucherstollen auch einen Schürfstollen für Hobbymineralogen und Sammler.

OPAL

AUFGEGEBENE OPALMINE
Diese Schächte gehören zu einer verlassenen Mine in Australien, in der früher wertvoller schwarzer Opal im Untertagebau abgebaut wurde.

DER SEIT DER ANTIKE bekannte Opal wurde von den Römern *opalus* genannt, eine latinisierte Form des älteren Sanskritwortes *upala* (»wertvoller Stein«). Opal besteht aus ausgehärtetem Siliciumdioxidgel und enthält etwa 5–10 % Wasser in mikroskopisch kleinen Poren. Das Gefüge ist überwiegend amorph mit mikrokristallinen Anteilen. Edelopal weist den geringsten Kristallanteil auf und besteht aus einer regelmäßigen Anordnung winziger, durchsichtiger Siliciumdioxidkügelchen, in deren Zwischenräumen Wasser eingelagert ist.

AUSTRALISCHE OPALMINE
Dieser Bergmann arbeitet in einer Opalmine in Coober Pedy im Süden Australiens. Der Name Coober Pedy ist ein indigener Ausdruck, der »weißer Mann in einem Loch« bedeutet.

ENTSTEHUNG

Gewöhnlicher Opal ist weit verbreitet. In seiner reinen Form ist er farblos. Häufiger sind aber undurchsichtige, mattgelbe und rote Varietäten, die durch Eisenoxide hervorgerufen werden, oder schwarze, die durch Manganoxide und organischen Kohlenstoff entstehen. In diesen Opalen sind eventuell vorhandene Siliciumdioxidkügelchen unterschiedlich groß. Opal fällt bei niedrigen Temperaturen aus zirkulierendem Wasser, in dem reichlich Siliciumdioxid gelöst ist, aus. Er kommt in den meisten Gesteinsarten in Form von Knollen, tropfsteinartigen Gebilden, Adern oder Krusten vor. Besonders reichlich bildet er sich an Thermalquellen durch Abscheidung aus dem Wasser und in Sedimenten wie Diatomeenerde.

ZUÑI-OHRRINGE
In diesen Ohrringen der Zuñi in Nordamerika ist Opal von Perlmutt umrahmt und mit Jadeintarsien verziert.

KREUZ AUS PERLEN UND OPAL
Dieser Anhänger aus Gold ist mit fünf geschliffenen Opalen und zwei Perlen besetzt. Die Opale zeigen ein exquisites Farbenspiel in Rot, Grün und Blau.

FOSSILISIERTER KNOCHEN UND OPALKNOLLE
In den australischen Opalfeldern sind Knochen und Schalen gelegentlich durch Edelopal ersetzt. Knollen entstehen, wenn sich Opal in Gesteinshohlräumen bildet. In der Abbildung rechts wurde Eisenstein aufgeschnitten, damit der Opal zum Vorschein kommt.

VIKTORIANISCHER RING
Diesen Fingerring aus dem 19. Jahrhundert ziert ein Opal in einer filigranen Goldfassung.

EDELOPAL
Dieser bläulich schimmernde Edelopal in einer Grundmasse aus Eisenstein stammt aus Coober Pedy (Australien). Typisch für die Opale aus diesem Gebiet sind Flecken aus gelblichem Milchopal.

Grundmasse aus Eisenstein

Milchopal

EIGENSCHAFTEN

GRUPPE	Silikate – Gerüstsilikate
KRISTALLSYSTEM	Amorph
ZUSAMMENSETZUNG	$SiO_2 \cdot nH_2O$
FARBE	Farblos, weiß, gelb, orange, rosarot, schwarz, dunkelblau
FORM/HABITUS	Derb
HÄRTE	5–6
SPALTBARKEIT	Keine
BRUCH	Muschelig
GLANZ	Glasglanz
STRICH	Weiß
SPEZ. GEWICHT	2,3
TRANSPARENZ	Durchsichtig bis durchscheinend
BRECHUNGSINDEX	1,37–1,47

Recht häufig ist auch der Holzopal, in dem Aussehen und Zellstruktur des Holzes bei der Fossilisation erhalten blieben. In Australien wurden durch Edelopal ersetzte fossile Knochen und Muschelschalen gefunden. Ferner bildet Opal pseudomorphe Formen zu Gips, Calcit, Feldspat und anderen Mineralen.

Edelopale bilden sich nur in ungestörten Hohlräumen in Gestein, das eine saubere Siliciumdioxidlösung enthält, der über einen langen Zeitraum hinweg das Wasser entzogen wird. Die Siliciumdioxidkügelchen scheiden sich nach und nach aus der Lösung ab und ordnen sich in einem dreidimensionalen Muster an. Nur bei regelmäßiger Anordnung und richtiger Größe dieser Kügelchen kommt das typische Farbenspiel zustande, das durch Lichtbrechung in den Kügelchen hervorgerufen wird. Je größer die Kügelchen sind (innerhalb der Grenzen, die durch den Wellenlängenbereich des sichtbaren Lichts gesetzt sind), desto größer ist auch das Farbspektrum. Da Edelopal den hohen Temperaturen einer Überdeckung und Metamorphose nicht standhalten kann, sind alle Vorkommen geologisch gesehen relativ jung.

FIORIT

SCHWARZER OPAL

ROSA OPAL

MILCHOPAL

VERSCHIEDENE FORMEN
Die hier abgebildeten Opale sind teils Edelopale, teils gewöhnliche Formen. Die kugelige Varietät wird nach ihrem Herkunftsort Santa Fiora in der Toskana als Fiorit bezeichnet. Der schwarze Opal stammt aus Australien. Der rosafarbene Opal kommt aus Frankreich, der milchig weiße aus England.

VORKOMMEN UND VERWENDUNG

Bis ins ausgehende 19. Jahrhundert kamen Edelopale überwiegend aus der heutigen Slowakei. Heute ist Australien der wichtigste Lieferant. Die australischen Funde in den Bundesstaaten South Australia, Queensland und New South Wales stammen aus Sedimentgesteinen wie Sandstein und Eisenstein. Im Opalfeld bei Lightning Ridge im Bundesstaat New South Wales wird der seltene und wertvolle schwarze Opal abgebaut, eine Varietät mit dunkelgrauer bis schwarzer Grundfarbe und exquisitem Farbenspiel, die im Jahr 1903 in diesem Gebiet entdeckt wurde. Der zuvor weitgehend unbekannte schwarze Opal ist auch heute noch die seltenste Varietät. Geringere Mengen an Edelopalen kommen aus Indien, Neuseeland, Honduras und dem Westen der USA. Die andere Edelopalvarietät, der Feueropal, weist eine kräftige rote, orange oder gelbe Färbung mit flammenden Farbreflexionen auf. Er kommt überwiegend aus Trachytgesteinen in Mexiko und Honduras.

Gewöhnlicher Opal wird vielerorts als Schleifmittel, Isolationsmaterial, Füllstoff und Ausgangsstoff für die Keramikherstellung abgebaut. Edelopale werden meist als Cabochons geschliffen, da ihr Farbenspiel auf leicht gerundeten Oberflächen am besten zur Geltung kommt. Für Feueropale wird der Facettenschliff bevorzugt. Edelopale in intensiven Farben wie Rot und Violett erzielen die höchsten Preise. Im Gegensatz zu den meisten anderen Edelsteinen verliert Opal mit der Zeit das eingeschlossene Wasser, wodurch sich Risse bilden und die Farben verblassen. Dünne Edelopalscheiben werden manchmal auf eine dickere Unterlage aus Quarz aufgeklebt (Dubletten) oder zwischen zwei Quarzschichten eingefügt (Tripletten). Schwarze Steine wie Obsidian als Unterlage täuschen manchmal seltenen schwarzen Opal vor.

PFAUENBROSCHE
Das Herzstück dieser auffälligen Brosche von Harry Winston Inc., ist ein 32-karätiger schwarzer Opal aus Australien. Der Schwanz ist mit Saphiren, Rubinen, Smaragden und Diamanten verziert.

UNGARISCH
Dieser weiße Opal kommt aus einem Teil der Slowakei, der früher zu Ungarn gehörte. Man nennt ihn ungarischen Opal.

MOOSOPAL
Diese Varietät mit den verästelten dendritischen Einschlüssen erinnert an Moos.

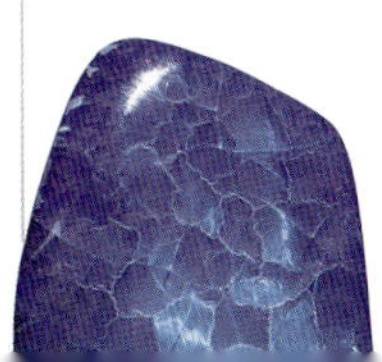

WEISSER OPAL
Dieser weiße Edelopal im Cabochonschliff schimmert in verschiedenen Farben.

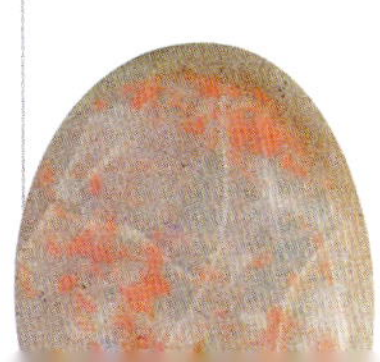

SCHWARZER OPAL
Edelopal mit schwarzer Grundfarbe wie dieser Cabochon ist selten und entsprechend wertvoll.

FEUEROPAL
Der achteckige Treppenschliff unterstreicht die Transparenz des dunkelorangefarbenen Feueropals.

FELDSPATE

EINE DER BEDEUTENDSTEN Silikatgruppen sind die Feldspate. Zu dieser Gruppe calcium-, natrium- oder kaliumhaltiger Aluminiumsilikate zählen die häufigsten Minerale der Erdkruste. Feldspate sind der Hauptbestandteil der meisten magmatischen Gesteine und nicht nur auf der Erde, sondern auch auf dem Mond anzutreffen. Sie werden in zwei große Gruppen unterteilt: Kalifeldspat und Plagioklas. Plagioklas ist an seiner polysynthetischen Zwillingsbildung (siehe rechts oben) von Alkalifeldspat zu unterscheiden.

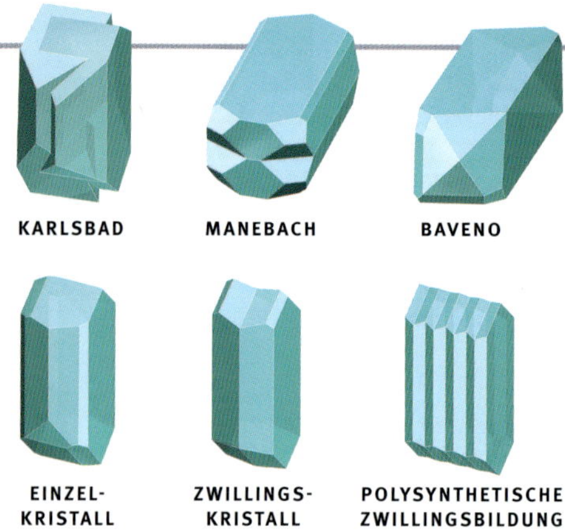

ZWILLINGSBILDUNG BEI ORTHOKLAS *Orthoklas bildet drei charakteristische Formen von Durchdringungszwillingen (nach Fundorten).*

ZWILLINGSBILDUNG BEI ALBIT *Für Plagioklase wie Albit sind polysynthetische (parallele und mehrfache) Zwillingsbildungen typisch.*

ALKALIFELDSPATE

Bei Entstehungsbedingungen mit hohen Temperaturen bilden die Alkalifeldspate eine Mischreihe (siehe S. 91) mit dem reinen Kaliumfeldspat Orthoklas ($KA_lSi_3O_8$) und dem reinen Natriumfeldspat Albit ($NaAlSi_3O_8$) als Endgliedern. Während alle Plagioklase dem triklinen System angehören, können Kalifeldspate entweder im triklinen oder im monoklinen System kristallisieren. In einigen monoklinen Varietäten ist das Kalium ganz oder teilweise durch Barium ersetzt. Diese eher seltenen Minerale werden als Bariumfeldspate bezeichnet. Albit bildet das Endglied sowohl der Kalifeldspat- als auch der Plagioklasreihe und wird beiden Gruppen zugerechnet.

PLAGIOKLASE

Die Plagioklase sind eine bedeutende Gruppe gesteinsbildender Feldspate, die eine vollständige Mischreihe zwischen den Endgliedern Albit ($NaAlSi_3O_8$ oder, chemisch ausgedrückt, Natriumaluminiumsilikat, kurz Ab) und Anorthit ($CaAl_2Si_2O_8$, Calciumaluminiumsilikat oder kurz An) bilden. Minerale, deren Zusammensetzung dazwischen liegt, werden nach ihrem Albit- oder Anorthitanteil benannt. Weitere mineralogische Unterschiede gibt es nicht. In der Tabelle unten werden einige Feldspate vorgestellt.

ROSA GRANIT *Die rosa Farbe von Granit ist auf seinen hohen Anteil an Kalifeldspaten zurückzuführen. Die Farbintensität ist von Ort zu Ort verschieden. Dieser verwitterte Granitfels steht in der Nähe von Ploumanach im nördlichen Teil der Bretagne (Frankreich).*

BARIUMFELDSPATE

MONOKLIN

CELSIAN $BaAl_2Si_2O_8$

HYALOPHAN $(K,Na,Ba)(Al,Si)_4O_8$

ALKALIFELDSPATE

MONOKLIN

ORTHOKLAS $KAlSi_3O_8$

SANIDIN $(K,Na)AlSi_3O_8$

TRIKLIN

MIKROKLIN $KAlSi_3O_8$

ANORTHOKLAS $(Na,K)AlSi_3O_8$

ALBIT (Ab) $NaAlSi_3O_8$

PLAGIOKLASE

OLIGOKLAS $(Na,Ca)(Al,Si)AlSi_2O_8$

ANDESIN $NaAlSi_3O_8 - CaAl_2Si_2O_8$

LABRADORIT $(Ca,Na)Al(Al,Si)Si_2O_8$

BYTOWNIT $(NaSi,CaAl)AlSi_2O_8$

ANORTHIT (An) $CaAl_2Si_2O_8$

GOODSPRINGS, NEVADA (USA)
Hier sind schöne Orthoklaskristalle anzutreffen

GELBER KRISTALL

MONDSTEIN-KIESEL

MONDSTEINKRISTALLE IN GRUNDMASSE

FORMEN VON ORTHOKLAS
Farblose und gelbe Orthoklaskristalle sind am häufigsten. Mondstein ist meist weiß.

ORTHOKLAS

ORTHOKLAS, das kaliumhaltige Endglied der Kalifeldspatreihe (siehe gegenüberliegende Seite), ist ein bedeutendes gesteinsbildendes Mineral. Er ist ein Hauptbestandteil von Granit – seine rosa Kristalle verleihen Granit die typische Färbung. Orthoklas kann aber auch als farbloser, weißer, cremefarbener, blassgelber oder braunroter Kristall auftreten. Er bildet gut ausgeformte, kurzsäulige Kristalle, oft mit Zwillingsbildungen. Daneben kommt er auch in derber Form vor. Reiner Orthoklas ist eher selten, meist ist neben Kalium auch Natrium in der Struktur vorhanden.

Orthoklas ist in magmatischen Gesteinen mit hohem Kalium- oder Siliciumdioxidgehalt, in Pegmatit und in Gneis reichlich zu finden. Er kommt auf der ganzen Welt vor. Mineralogen fassen Orthoklas und andere kaliumreiche Feldspäte unter dem Oberbegriff K-Feldspate zusammen. Der Name Orthoklas ist vom griechischen Wort für »gerader Bruch« benannt, da seine Spaltflächen im rechten Winkel zueinander stehen. Adular (siehe S. 237) ist eine farblose oder weiße Varietät von Orthoklas, der in alpinen Gängen zu finden ist. Adular aus der Valenciana-Mine in Mexiko wurde früher auch als Valencianit bezeichnet. Mondstein ist eine blau oder weiß schillernde Varietät von Orthoklas und einigen anderen Feldspaten. Das Schillern entsteht durch abwechselnde Lagen von Orthoklas und Albit (siehe S. 239).

HEILIGE STEINE

Blauer Schimmer **MONDSTEIN**

Mondstein ist nach seinem irisierenden, mondartigen Aussehen benannt. In Indien galt er als heiliger Stein. Man sagte, wenn Liebende ihn bei Vollmond in den Mund nähmen, würde ihre Zukunft enthüllt. Im 11. Jahrhundert glaubte man in Europa, Mondstein könne Liebende nach einem Streit aussöhnen. Sonnenstein – eine Varietät von Oligoklas oder Labradorit – wird wie die Sonne mit Gesundheit, Energie, Leidenschaft und Mut in Verbindung gebracht. Für die orange Farbe, die an die Sonne erinnert, sind winzige Hämatiteinschlüsse verantwortlich.

Hämatiteinschlüsse

SONNENSTEIN

Orthoklas ist ein wichtiger Rohstoff für Keramiken oder für ihre Glasierung. Schmuck aus Mondstein wurde schon von den Römern um 100 n. Chr. gefertigt, im Orient sogar noch früher. Heute kommen die besten Steine aus Myanmar, Sri Lanka, Indien, Brasilien, Tansania und den USA.

MONDSTEINHALSKETTE
Mondstein wird wie in dieser modernen Halskette immer als Cabochon geschliffen, um den blauen Schimmer hervorzuheben.

Zwillingsbildung

Kristall mit ungleichen Seiten

ORTHOKLASKRISTALLE
Von den drei hier abgebildeten Orthoklaskristallen weist der rechte einen schönen prismatischen Habitus auf. Der größte Kristall weist eine Zwillingsbildung auf.

EIGENSCHAFTEN	
GRUPPE	Silikate – Gerüstsilikate
KRISTALLSYSTEM	Monoklin
ZUSAMMENSETZUNG	$KAlSi_3O_8$
FARBE	Farblos, weiß, cremefarben, gelb, rosa, braunrot
FORM/HABITUS	Kurzsäulig
HÄRTE	6–6½
SPALTBARKEIT	Vollkommen
BRUCH	Muschelig bis uneben, spröde
GLANZ	Glasglanz
STRICH	Weiß
SPEZ. GEWICHT	2,5–2,6
TRANSPARENZ	Durchsichtig bis durchscheinend
BRECHUNGSINDEX	1,51 – 1,54

MONDSTEINBROSCHE
Diese 1960 von Georg Jensen entworfene Brosche besteht aus blau schillernden Mondsteinen.

OVALER SCHLIFF
Dieser kissenförmig geschliffene Orthoklas zeigt ein rauchiges, bläuliches Schillern.

TREPPENSCHLIFF
Hier ist ein durchsichtiger, gelber Orthoklas aus Madagaskar in Rechteckform geschliffen.

TREPPENSCHLIFF
Dieser attraktive hellbraune Orthoklas ist zu weich, um als Schmuck getragen zu werden.

CABOCHON
Dieser schillernde Mondstein wurde als Cabochon geschliffen, um seine Schönheit hervorzuheben.

OHRRINGE
Sie bestehen aus silbergefasstem Mondstein als rechteckigem Cabochon.

HYALOPHAN

PRÄFEKTUR TOCHIGI
Aus diesem Gebiet nördlich von Tokio kommt Hyalophan.

DAS KALIUM-BARIUM-ALUMINIUMSILIKAT Hyalophan zählt zu den weniger häufigen Mineralen der Feldspatgruppe. Er ist wegen seiner durchsichtigen, glasigen Kristalle nach den griechischen Wörtern für »Glas« und »scheinen« benannt. Die Kristalle bilden oft Zwillinge und sind entweder prismatisch und ihrem Erscheinungsbild, dem Adular, ähnlich oder kurzsäulig wie Orthoklas. Daneben tritt Hyalophan als glasige Masse auf. Das Mineral ist farblos, weiß, blassgelb oder blass- bis tiefrosa. Es steht in der Mischreihe zwischen Orthoklas und Celsian. Hyalophan tritt in Manganerzlagerstätten in kontaktmetamorphen Zonen auf, oft zusammen mit Rhodonit, Spessartin, Epidot und Analcim. Fundorte sind u. a. die Präfektur Tochigi in Japan, Jakobsberg in Schweden, Rhiw in Wales, Broken Hill in New South Wales (Australien), Binntal in der Schweiz, der Pahau-Fluss in Neuseeland und einige Orte in den USA. Vom Fluss Zorgrazski bei Busovaca in Bosnien kommen große Kristalle mit spektakulären Zwillingsbildungen.

EIGENSCHAFTEN

GRUPPE	Silikate – Gerüstsilikate
KRISTALLSYSTEM	Monoklin
ZUSAMMENSETZUNG	$(K,Ba)(Al,Si)_4O_8$
FARBE	Farblos, weiß, blassgelb, blassrosa
FORM/HABITUS	Prismatisch
HÄRTE	6–6½
SPALTB.	Vollkommen, gut
BRUCH	Muschelig, uneben
GLANZ	Glasglanz
STRICH	Weiß
SPEZ. GEWICHT	2,6–2,8
TRANSPARENZ	Durchsichtig bis durchscheinend

HYALOPHANKRISTALL
Dieser 6 mm lange Hyalophankristall mit Pyrit in Dolomitmarmor stammt aus Binntal im Schweizer Kanton Wallis.

SANIDIN

EIFEL (DEUTSCHLAND)
Hier gibt es bedeutende Sanidinlagerstätten.

SANIDIN, ein bei hohen Temperaturen gebildetes Kalium-Aluminiumsilikat, zählt zu den Kalifeldspaten. Er bildet glasartige, durchsichtige Kristalle, die meist farblos oder weiß sind, gelegentlich aber auch graue oder andere blasse Farbtöne haben. Die Kristalle sind überwiegend kurzsäulig, können aber bis zu 50 cm lang sein. Daneben tritt Sanidin auch als körnige oder spaltbare Masse auf. Schillernder Sanidin fällt auch unter den Oberbegriff Mondstein (siehe S. 235) – das mondlichtartige Irisieren entsteht durch Lichtreflexion im Innern geschliffener Steine.

Sanidin ist in Vulkangesteinen wie Rhyolith und Trachyt zu finden, ferner auch in metamorphen Gesteinen, die bei hoher Temperatur und niedrigem Druck entstanden sind. Bedeutende Lagerstätten gibt es in der Auvergne (Frankreich), bei Rom (Italien), bei La Cruz (Mexiko), am Mont-Saint-Hilaire (Kanada), in der Eifel (Deutschland) und in Grant County, New Mexico, in Klamath County, Oregon, und der Thomas Range, Utah (alle USA). Mondstein kommt aus Indien und Sri Lanka.

KERAMIK
Sanidin ist einer von mehreren Feldspaten, die für Keramiken gemahlen werden.

SANIDINKRISTALL
Dieser gut ausgeformte, prismatische Sanidin-Einzelkristall ist in eine Grundmasse aus Trachytgestein eingewachsen.

RING AUS MONDSTEIN
Diesen goldenen Ring ziert ein Mondstein aus Sanidin. Dieses Mineral schillert bläulich.

EIGENSCHAFTEN

GRUPPE	Silikate – Gerüstsilikate
KRISTALLSYSTEM	Monoklin
ZUSAMMENSETZUNG	$(K,Na)AlSi_3O_8$
FARBE	Farblos, weiß
FORM/HABITUS	Tafelig
HÄRTE	6–6½
SPALTB.	Vollkommen, gut
BRUCH	Muschelig bis uneben
GLANZ	Glasglanz
STRICH	Weiß
SPEZIFISCHES GEWICHT	2,6
TRANSPARENZ	Durchsichtig bis durchscheinend

CELSIAN

ALASKAKETTE
Dieses Gebirge in Alaska (USA) enthält Celsianvorkommen.

CELSIAN ist ein weniger häufiges Mineral der Feldspatgruppe. Er ist nach Anders Celsius (1701–1744), dem Erfinder der Celsius-Temperaturskala, benannt. Das Barium-Aluminiumsilikat bildet kurzsäulige Kristalle, deren Erscheinungsbild dem von Adular ähnelt. Sie bilden häufig Zwillinge und können farblos, weiß oder gelb sein, oft mit glasigen, glänzenden Kristallflächen. Außerdem tritt das Mineral als spaltbare Masse auf. Celsian tritt oft zusammen mit Diopsid, Witherit und Quarz in mangan- und bariumreichen Metamorphiten auf. Fundstätten sind u.a. Jakobsberg (Schweden), die Präfektur Tochigi (Japan), Rhiw (Wales), Broken Hill, New South Wales (Australien), Otjosondu (Namibia) sowie Fresno und Santa Cruz, Kalifornien (USA).

ANDERS CELSIUS
Celsian ist nach dem schwedischen Naturforscher und Astronomen Anders Celsius benannt.

KÖRNIGER CELSIAN
Dieser cremeweiße, körnige Celsian stammt aus Big Creek, Fresno County, im US-Bundesstaat Kalifornien.

EIGENSCHAFTEN

- **GRUPPE** Silikate – Gerüstsilikate
- **KRISTALLSYSTEM** Monoklin
- **ZUSAMMENS.** $BaAl_2Si_2O_8$
- **FARBE** Weiß, farblos, gelb
- **FORM/HABITUS** Kurzsäulig
- **HÄRTE** 6–6½
- **SPALTBARKEIT** Vollkommen, gut
- **BRUCH** Uneben, spröde
- **GLANZ** Glasglanz
- **STRICH** Weiß
- **SPEZ. GEWICHT** 3,1–3,5
- **TRANSPARENZ** Durchsichtig bis durchscheinend

ADULAR

SCHWEIZER ALPEN
In den Alpen sind in Schiefer prächtige Adularkristalle zu finden.

DIESES FELDSPATMINERAL gilt als besonders geordnete Form von Orthoklas. Er ist in Gebirgsregionen wie dem Adula-Massiv in der Schweiz, nach dem er benannt ist, anzutreffen. Adular bildet glasige, prismatische Kristalle mit Zwillingsbildungen, die weiß, cremefarben, blassgelb bis rosa oder rötlich braun sein können. Daneben findet man auch derbe, körnige oder kryptokristalline Massen. Er kommt in bei niedriger Temperatur gebildeten Gängen aus plutonischen Gesteinen, in hydrothermalen Gängen und in Hohlräumen in kristallinem Schiefer vor. Erwähnenswerte Fundstätten liegen in den Schieferalpen und bei Betroka auf Madagaskar, wo große, durchsichtige Kristalle zu finden sind.

ADULARKRISTALLE
Diese Gruppe glasiger, weißer Adularkristalle sitzt auf einer Grundmasse aus grünem Aktinolith.

GELBER KRISTALL
In diesem gelblichen Adularkristall sind innere Risse oder Gitterfehler zu erkennen.

EIGENSCHAFTEN

- **GRUPPE** Silikate – Gerüstsilikate
- **KRISTALLSYSTEM** Monoklin
- **ZUSAMMENS.** $KAlSi_3O_8$
- **FARBE** Farblos, weiß, gelb, rosa, rotbraun
- **FORM/HABITUS** Kurzsäulig
- **HÄRTE** 6–6½
- **SPALTBARKEIT** Vollkommen, gut
- **BRUCH** Muschelig bis uneben, spröde
- **GLANZ** Glasglanz
- **STRICH** Farblos
- **SPEZ. GEWICHT** 2,5–2,6
- **TRANSPARENZ** Durchsichtig bis durchscheinend

MIKROKLIN

URAL
Dieser Gebirgszug in Russland zählt zu den wichtigsten Mikroklinlieferanten.

DER IN KERAMIKEN und als sanftes Schleifmittel verwendete Mikroklin zählt zur Feldspatgruppe. Er ist wie der chemisch gleich zusammengesetzte Orthoklas (siehe S. 235) eine Form von Kaliumaluminiumsilikat. Mikroklin bildet kurzsäulige oder tafelige Kristalle aus, die oft beträchtliche Größe erreichen können. Einzelkristalle aus granitischen Pegmatiten können mehrere Tonnen schwer und bis zu 50 m lang sein. Mikroklin zeigt eine mehrfache Zwillingsbildung und zwei Gruppen feiner Linien (den Entmischungslamellen), die im rechten Winkel zueinander stehen und Mikroklin von anderen Mineralen der Feldspatgruppe unterscheiden. Neben der kristallinen kommt auch eine derbe Form vor. Mikroklin kann farblos, weiß, cremeweiß bis blassgelb, lachsrot bis rot oder leuchtend grün bis blaugrün sein. Der Name dieses Minerals ist in Anspielung auf die zwei leicht zueinander geneigten Spaltebenen von den griechischen Bezeichnungen für »klein« und »sich neigen« abgeleitet.

Mikroklin ist der häufigste Vertreter der Feldspatgruppe in Tiefengesteinen wie Granit, Granodiorit und Syenit. Er ist in granitischen Pegmatiten und in metamorphen Gesteinen wie Schiefer und Gneis zu finden. Er kann ein Hauptgemengteil von Schuttsedimentgesteinen sein. Er ist sehr weit verbreitet. Außergewöhnliche Exemplare wurden bei Baveno in Italien, bei Irkutsk in Russland, am Mont-Saint-Hilaire in Kanada und in den US-Bundesstaaten South Dakota und New Mexico gefunden. Blaugrüner Mikroklin wird als Amazonit bezeichnet. Diese Varietät wird, oft mit Cabochonschliff, als Schmuckstein verwendet. Amazonit in Edelsteinqualität wurde in Russland, in den USA und in Brasilien gefunden.

POLIERT
Der wegen seiner hellen blaugrünen Farbe geschätzte Amazonit ist hier als Cabochon geschliffen.

EIGENSCHAFTEN

GRUPPE Silikate – Gerüstsilikate
KRISTALLSYSTEM Triklin
ZUSAMMENS. $KAlSi_3O_8$
FARBE Weiß, hellgelb
FORM/HABITUS Kurzsäulig
HÄRTE 6–6½
SPALTB. Vollkommen, gut
BRUCH Muschelig bis uneben, spröde
GLANZ Glasglanz, matt
STRICH Weiß
SPEZ. GEWICHT 2,6
TRANSPARENZ Durchsichtig bis durchscheinend
BRECHUNGSINDEX 1,5

AMAZONIT
Diese blaugrüne Varietät des Minerals Mikroklin zählt zu den Halbedelsteinen.

ARMBAND MIT AMAZONIT
Dieses breite Armband aus ineinander greifenden Kettengliedern ist mit Amazonit besetzt.

ANORTHOKLAS

COLORADO
Anorthoklas in Edelsteinqualität wurde in Colorado (USA) gefunden.

DIESER FELDSPAT wurde wegen seiner schiefwinkligen Spaltebenen nach der griechischen Bezeichnung für »nicht gerader Bruch« benannt. In geschliffenem Zustand wird er als Mondstein bezeichnet. Seine Kristalle sind prismatisch oder tafelig, oft mit mehrfachen Zwillingsbildungen. Wie Mikroklin weist er allerdings feinere Entmischungslamellen auf. Außerdem tritt er in derben und körnigen Aggregaten auf. Anorthoklas kann farblos, weiß, cremeweiß, rosa, blassgelb, grau oder grün sein. Chemisch gesehen ist er ein Natrium-Kalium-Aluminiumsilikat. Anorthoklas entsteht in einer natriumreichen magmatischen Umgebung und ist meist mit Augit, Apatit und Ilmenit vergesellschaftet. Nennenswerte Funde kommen aus Schottland, Kenia, Neuseeland, Australien, Sizilien, Norwegen und der Antarktis.

EIGENSCHAFTEN

GRUPPE Gerüstsilikate
KRISTALLSYSTEM Triklin
ZUSAMMENS. $(Na,K)AlSi_3O_8$
FARBE Weiß, hellgelb
FORM/HABITUS Kurzsäulig
HÄRTE 6–6½
SPALTB. Vollkommen, gut
BRUCH Muschelig bis uneben, spröde
GLANZ Glasglanz, matt
STRICH Weiß
SPEZIFISCHES GEWICHT 2,6
TRANSPARENZ Durchsichtig bis durchscheinend
BRECHUNGSINDEX 1,5

MONDSTEIN

Anorthoklas ist einer von mehreren Feldspatvertretern, die als Cabochon weiß oder silbern schillern. Diese Gruppe, zu der neben Anorthoklas noch Orthoklas, Sanidin, Albit und Oligoklas zählen, wird kollektiv als Mondstein bezeichnet. Das Schillern kommt dadurch zustande, dass die einzelnen Feldspate nicht gleichzeitig auskristallisieren und sich in parallelen Schichten abscheiden.

GEFASSTER MONDSTEIN
Dieser in Regenbogenfarben schillernde Mondstein ist in Silber gefasst.

MONDSTEINHALSKETTE
Diese Halskette aus England (um 1915–1920), besteht aus 46 Mondsteinen im ovalen und runden Cabochonschliff.

GROSSER KRISTALL
Dieser prismatische Kristall aus rosa und grauem Anorthoklas weist gut ausgebildete Kristallflächen auf.

ONTARIO (KANADA)
Albit kommt unter anderem aus Bancroft in der Provinz Ontario und vom Mont-Saint-Hilaire.

ALBIT

ALBIT ist geologisch vor allem als gesteinsbildendes Mineral von Bedeutung. Seine Kristalle sind tafelig, glasig und spröde. Häufig kommen Zwillingsbildungen vor. Außerdem tritt er in derben und körnigen Aggregaten auf. Albit ist wegen seiner üblichen Farbe nach dem lateinischen *albus* (»weiß«) benannt. Daneben kommen aber auch farblose, gelbliche, rosa oder grüne Formen vor. Albit steht am Ende einer Reihe der Plagioklase und der Alkalifeldspate (siehe S. 234). Er tritt verbreitet in Pegmatiten und Felsen wie Granit, Syenit und Rhyolith sowie gelegentlich in metamorphen Gesteinen auf. Ferner entsteht er durch chemische Prozesse in Sedimenten. Große Kristalle wurden in Brasilien und in den USA gefunden.

PLAGIOKLAS IN PORZELLAN

Chinesisches Porzellan wurde nach seiner Einführung um 1300 in Europa sehr beliebt. Um 1570 versuchte man ebenso feines Porzellan herzustellen, indem man dem Ton Glas beimischte. Die Ergebnisse waren aber enttäuschend. Erst 1707 erkannte Ehrenfried von Tschirnhaus in Sachsen, dass durch Beimengung von gemahlenen Plagioklasen wie z. B. Albit Porzellan in ähnlicher Qualität hergestellt werden kann.

PORZELLANSCHALE
Diese chinesische Porzellanschale aus der Zeit der Ming-Dynastie (gegen Ende des 14. Jahrhunderts) ist mit einem roten Drachenmuster verziert.

DÜNNSCHLIFF
Dieser Albitporphyroblast mit Spuren von Graphit in Glimmerschiefer stammt aus As-Sifah in Oman.

TAFELIGE KRISTALLE
Dieses Exemplar besteht aus tafeligen weißen Albitkristallen, zum Teil mit Zwillingsbildungen.

GEMISCHTER SCHLIFF
Durchsichtiger Albit lässt sich zu einem glitzernden Schmuckstein schleifen.

EIGENSCHAFTEN

GRUPPE	Silikate – Gerüstsilikate
KRISTALLSYSTEM	Triklin
ZUSAMMENS.	$NaAlSi_3O_8$
FARBE	Weiß, farblos
FORM/HABITUS	Tafelig
HÄRTE	6–6½
SPALTBARKEIT	Vollkommen
BRUCH	Muschelig bis uneben, spröde
GLANZ	Glas- bis Perlmuttglanz
STRICH	Weiß
SPEZIFISCHES GEWICHT	2,6
TRANSP.	Durchscheinend
BRECHUNGSINDEX	1,4–1,5

BAIKALSEE
Am Baikalsee in Russland wurde Sonnenstein gefunden.

OLIGOKLAS

DAS NATRIUM-KALIUM-ALUMINIUMSILIKAT OLIGOKLAS ist der häufigste Vertreter der Plagioklasfeldspate. Er tritt oft in derber oder körniger Form auf, teils auch als tafeliger Kristall, meist mit Zwillingsbildung. Er kann grau, weiß, grünlich, gelblich, braun oder farblos sein. Oligoklas kommt in Granit, granitischen Pegmatiten, Diorit, Rhyolith und anderen felsischen Magmatiten vor. Daneben ist er auch in durch hochgradige Regionalmetamorphose entstandenen Schiefern und Gneisen zu finden. Wichtige Fundorte sind u. a. Kimito in Finnland, Lissabon in Portugal sowie New Hampshire und New York in den USA. Die Edelsteinvarietät Sonnenstein erhält als Cabochonschliff durch Lichtreflexionen an Hämatiteinschlüssen ein rötlich glitzerndes Aussehen. Sonnenstein wurde in Kragero (Norwegen) und North Carolina (USA) gefunden.

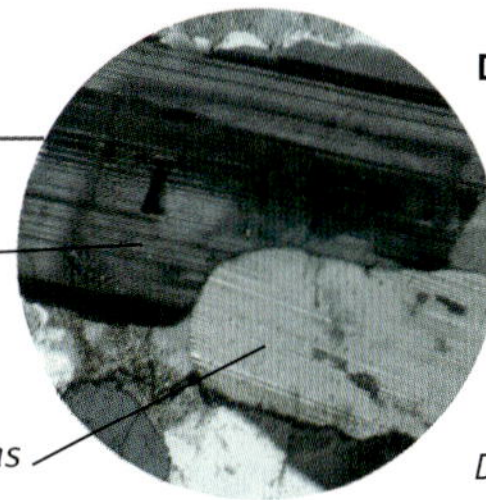

DÜNNSCHLIFF
Die typischen feinen Lamellen sind in diesem Dünnschliff eines Granits aus der Sierra Nevada gut zu erkennen.

DERBER OLIGOKLAS
Dieser derbe Oligoklas stammt aus Penland, Mitchell County, im US-Bundesstaat North Carolina.

EIGENSCHAFTEN

GRUPPE	Silikate – Gerüstsilikate
KRISTALLSYSTEM	Triklin
ZUS.	$(Na,Ca)Al_2Si_2O_8$
FARBE	Grau, weiß
FORM/HABITUS	Derb
HÄRTE	6
SPALTBARKEIT	Vollkommen
BRUCH	Muschelig bis uneben, spröde
BRECHUNGSINDEX.	1,54–1,55
SPEZ. GEWICHT	2,6
GLANZ	Glasglanz
TRANSPARENZ	Durchscheinend
STRICH	Weiß

ANSTECKNADEL AUS SONNENSTEIN
Sonnenstein enthält winzige parallel ausgerichtete Hämatit- oder Goethitplättchen.

DIE ANDEN
Andesin ist nach den Anden benannt.

ANDESIN

ANDESIN kommt verbreitet in magmatischem Gestein mit mittlerem Siliciumdioxidgehalt vor, besonders im Gestein Andesit (siehe S. 46). Er steht als Natrium-Calcium-Aluminiumsilikat in der Mitte der Plagioklasreihe. Andesin bildet oft gut entwickelte Kristalle aus, meist mit Mehrfachbildungen. Andesin kann auch derb oder als Körner in Gesteinen auftreten. Schöne Kristalle wurden in Japan, in Marmato (Kolumbien), im Trentino (Italien), in Cannes (Frankreich) und in Bodenmais (Deutschland) gefunden.

EIGENSCHAFTEN

GRUPPE Silikate – Gerüstsilikate
KRISTALLSYSTEM Triklin
ZUSAMMENSETZUNG $NaAlSi_3O_8 - CaAl_2Si_2O_8$
FARBE Grau, weiß
FORM/HABITUS Kurzsäulig
HÄRTE 6–6½
SPALTBARKEIT Vollkommen
BRUCH Muschelig bis uneben
GLANZ Schwacher Glasglanz bis Perlmuttglanz
STRICH Weiß
SPEZIFISCHES GEWICHT 2,7
TRANSPARENZ Durchsichtig bis durchscheinend

Andesin-phänokristall

Grundmasse aus Andesit

DÜNNSCHLIFF
Hier ist ein Andesinkristall in dem Ergussgestein Andesit zu sehen.

Andesinkristalle

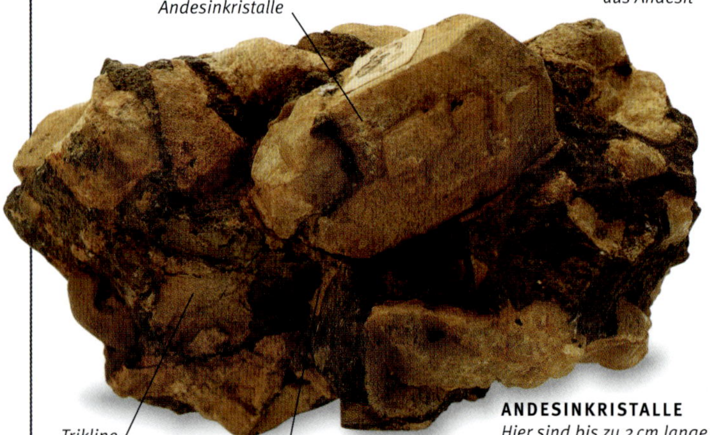

Trikline Kristalle

Blauer Porphyr

ANDESINKRISTALLE
Hier sind bis zu 2 cm lange Andesinkristalle in blauem Porphyr zu erkennen. Das Exemplar wurde in Estérel, Var, Frankreich, gefunden.

CHIHUAHUA
Aus diesem mexikanischen Bundesstaat kommt hochwertiger Bytownit.

BYTOWNIT

DAS SELTENSTE PLAGIOKLASMINERAL BYTOWNIT ist nach seinem Entdeckungsort Bytown (jetzt Ottawa) in Kanada benannt (das dort gefundene Material wurde allerdings später bei einer erneuten Analyse als Gemenge verschiedener Minerale identifiziert). Nur selten sind kurzsäulige bis tafelige Kristalle mit der für die Plagioklase typischen polysynthetischen Zwillingsbildung anzutreffen. Bytownit ist in dunklen (mafischen und ultramafischen) magmatischen Gesteinen und in Steinmeteoriten zu finden. In Edelsteinqualität wurde er in Nuevas Casas Grandes in Mexiko und in Lakeview in Oregon (USA) gefunden. Weitere Fundorte sind die Insel Rhum in Schottland, Fiskenaesset in Grönland, Pennsylvania in den USA und Ottawa in Kanada.

Glasglanz

Vollkommene Spaltbarkeit

DERBER BYTOWNIT
Dieser Bytownit ist graubraun. Das Mineral ist häufiger in Form von Körnern in Gesteinen anzutreffen.

EIGENSCHAFTEN

GRUPPE Silikate – Gerüstsilikate
KRISTALLSYSTEM Triklin
ZUSAMMENSETZUNG $NaAlSi_3O_8 - CaAl_2Si_2O_8$
FARBE Weiß, grau
FORM/HABITUS Kurzsäulig bis tafelig
HÄRTE 6–6½
SPALTBARKEIT Vollkommen
BRUCH Uneben bis muschelig
GLANZ Glasglanz bis Perlmuttglanz
STRICH Weiß
SPEZIFISCHES GEWICHT 2,7
TRANSPARENZ Durchsichtig bis durchscheinend
BRECHUNGSINDEX 1,57–1,59

RECHTECKSCHLIFF
Hier wurde die als Sonnenstein bezeichnete gelb-orange Varietät geschliffen.

OVALER SCHLIFF
Farbloser, durchsichtiger Bytownit wird manchmal facettenreich geschliffen.

HOKKAIDO
Anorthit kommt u. a. von der japanischen Insel Hokkaido.

ANORTHIT

REINER ANORTHIT ist sehr selten anzutreffen. Das Calcium-Aluminiumsilikat steht am Calciumende der Plagioklasreihe und kann bis zu 10% Albit enthalten. Der Name dieses Minerals ist vom griechischen *anorthos* (»nicht gerade«) abgeleitet, eine Anspielung auf die trikline Struktur. Anorthit bildet gut entwickelte kurzsäulige Kristalle aus, kommt aber auch in derber und körniger Form vor. Kristalle können weiß, grau oder rötlich gefärbt sein und sind spröde und glasartig. Anorthit ist in einigen dunklen magmatischen Gesteinen, in kontaktmetamorphen Gesteinen und in einigen Meteoriten als gesteinsbildendes Mineral von Bedeutung. Funde stammen aus Tunaberg in Schweden, Labrador in Kanada, dem Ural in Russland, Italien, Indien und dem Grass Valley in Kalifornien.

Anorthitkristall

Glasglanz

ROSA ANORTHIT
Hier sind rosa Anorthitkristalle in Augit zu erkennen.

EIGENSCHAFTEN

GRUPPE Silikate – Gerüstsilikate
KRISTALLSYSTEM Triklin
ZUSAMMENSETZUNG $CaAl_2Si_2O_8$
FARBE Weiß, grau, rosa
FORM/HABITUS Kurzsäulig
HÄRTE 6–6½
SPALTBARKEIT Vollkommen
BRUCH Muschelig bis uneben, spröde
GLANZ Glasglanz
STRICH Weiß
SPEZIFISCHES GEWICHT 2,7
TRANSPARENZ Durchsichtig bis durchscheinend

LABRADOR (KANADA)
Labradorit wurde 1770 von Missionaren der Herrnhuter Gemeinde in Paul Island, Labrador, entdeckt.

LABRADORIT

LABRADORIT ist in der Mitte der Plagioklasfeldspate anzusiedeln. Die seltenen Kristalle sind tafelig. Labradorit tritt oft in kristallinen Massen von weniger als einem Millimeter bis zu einem Meter Größe auf und schillert an den Spaltflächen blau. Kristalle mit diesem Schillern werden als Schmucksteine geschliffen. Das Schillern wird durch die Streuung von Licht an dünnen Schichten aus einem anderen Feldspat hervorgerufen, die sich beim Auskristallieren zeitlich versetzt abscheiden. Die Grundfarbe ist meist Blau oder Dunkelgrau, manchmal ist Labradorit auch weiß oder farblos. Durchsichtiger Labradorit kann gelb, orange, rot oder grün sein. Labradorit ist ein bedeutender Bestandteil einiger magmatischer oder metamorpher Gesteine mit mittlerem bis niedrigem Siliciumdioxidgehalt wie Gabbro, Diorit, Andesit und Amphibolit. In Edelsteinqualität kommt er aus Madagaskar, Finnland und Russland. Fast durchsichtiger, besonders schön schillernder Labradorit kommt aus Südindien, als Schmuckstein schleifbares Material aus Mexiko und den USA. Beste Edelsteinqualität aus Finnland wird manchmal auch als Spektrolith bezeichnet.

KAMEE
Aus dem relativ weichen Labradorit werden manchmal ungewöhnliche Reliefs wie diese Kamee geschnitten.

SCHMUCKANHÄNGER
Ein Cabochon aus Labradorit bildet das Herzstück dieses silbernen Anhängers.

HALSKETTE
Der polierte Labradorit-Cabochon in dieser modernen Halskette schillert in allen Regenbogenfarben.

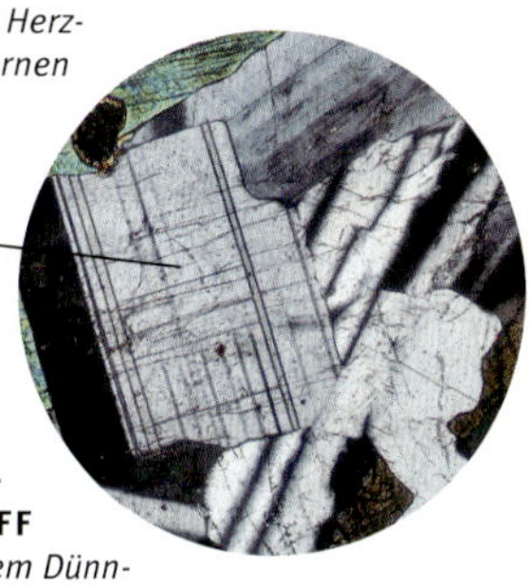

DÜNNSCHLIFF
In diesem Dünnschliff sind Labradoritkristalle in Olivingabbro zu erkennen.

LAPPLAND
Aus dieser Region in Finnland kommt eine intensiv gefärbte Varietät, die auch als Spektrolith bezeichnet wird.

EIGENSCHAFTEN

- **GRUPPE** Silikate – Gerüstsilikate
- **KRISTALLSYSTEM** Triklin
- **ZUSAMMENSETZUNG** $NaAlSi_3O_8 – CaAl_2Si_2O_8$
- **FARBE** Blau, grau, weiß
- **FORM/HABITUS** In der Regel derb
- **HÄRTE** 6–6½
- **SPALTBARKEIT** Vollkommen
- **BRUCH** Uneben bis muschelig
- **GLANZ** Glasglanz
- **STRICH** Weiß
- **SPEZIFISCHES GEWICHT** 2,7
- **TRANSPARENZ** Durchsichtig bis durchscheinend
- **BRECHUNGSINDEX** 1,56–1,57

BLAUER LABRADORIT
An diesem schön gefärbten Labradorit ist die für Plagioklasfeldspate typische polysynthetische Zwillingsbildung zu erkennen. Die Zwillingsbildung tritt in Form paralleler Linien auf Bruchflächen in Erscheinung.

SCHILLERN
Dieses Exemplar zeigt ein prächtiges Farbenspiel in Orange, Purpurrot und Blau.

CABOCHON
Das Farbenspiel von Labradorit wird üblicherweise durch einen Cabochonschliff zur Geltung gebracht.

SONNENSTEIN
Der als Sonnenstein bezeichnete orange gefärbte Feldspat aus Oregon ist eigentlich Labradorit.

FELDSPATOIDE

FELDSPATOIDE SIND EINE GRUPPE natrium- und kaliumhaltiger Aluminiumsilikatminerale, die in ihrer chemischen Zusammensetzung den Feldspaten ähneln, deren physikalische und chemische Eigenschaften jedoch zwischen denen der Feldspate und der Zeolithe anzusiedeln sind. Die grundlegende Struktureinheit sind Tetraeder mit einem Silicium- oder Aluminiumatom in der Mitte und Sauerstoffatomen an den Ecken, wobei die Sauerstoffatome die SiO_4- und AlO_4-Tetraeder zu einem dreidimensionalen Gerüst verbinden. Die Leerräume in diesem Gerüst können durch Carbonat-, Sulfat- oder Chlorionen ausgefüllt sein. Feldspatoide sind überwiegend in alkalireichen, siliciumdioxidarmen magmatischen und metamorphen Gesteinen anzutreffen, wo sie den Platz einnehmen, den bei höherem Siliciumdioxidgehalt die Feldspate innehaben.

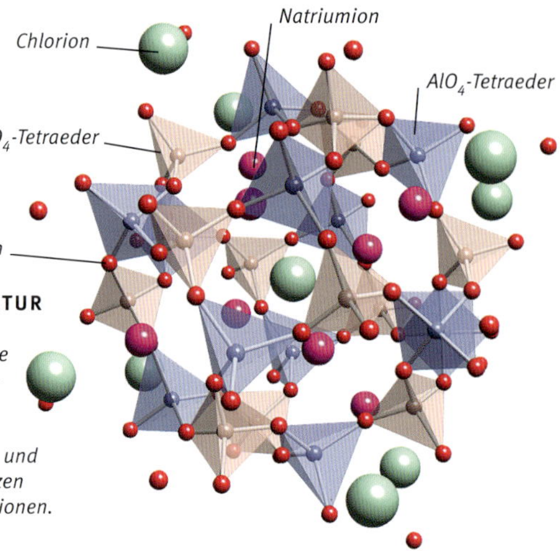

KRISTALLSTRUKTUR VON SODALITH
Sodalith besitzt eine offene Kristallstruktur. In den großen Zwischenräumen zwischen den SiO_4- und AlO_4-Tetraedern sitzen Chlor- und Natriumionen.

EIFEL (DEUTSCHLAND)
Aus diesem Gebiet kommen besonders schöne Nephelinkristalle.

NEPHELIN

NEPHELIN ist das am häufigsten anzutreffende Mineral aus der Gruppe der Feldspatoide. Chemisch gesehen ist er ein Natrium-Kalium-Aluminiumsilikat. Der Name ist vom griechischen *nephele* (»Wolke«) abgeleitet, in Anspielung darauf, dass er in starken Säuren wolkenartig oder milchig wird. Nephelin tritt in der Regel als derbes Aggregat auf. Die seltenen Kristalle sind meist hexagonale Prismen, aber auch andere Prismen- und Pyramidenformen kommen vor. Große Kristalle sind oft rau und weisen Vertiefungen auf. Nephelin bildet gelegentlich auch große, tafelige Phänokristalle. Er ist meist weiß, oft mit Gelb- oder Graustich, kann aber durch Einschlüsse auch grau oder rotbraun gefärbt sein. Nephelin ist ein typisches Mineral mafischer Tiefengesteine, wo er mit Spinell, Perowskit und Olivin vergesellschaftet sein kann. In Nephelinsyeniten ist er oft zusammen mit Augit, Ägirin und silciumdioxidarmen Amphibolen anzutreffen. Auch in einigen vulkanischen und metamorphen Gesteinen wie Nephelingneis ist Nephelin ein bedeutender Bestandteil. Schöne Kristalle wurden in Kanada, Deutschland, Südafrika und den USA gefunden. Besonders dekorative Kristallformen mit Glimmer, Granat und Sanidinfeldspat kommen vom Monte Somma am Vesuv in Italien. Nephelin wird gelegentlich zur Herstellung von Glas und Keramiken verwendet.

NEPHELINKRISTALLE
Dieses Exemplar weist gut ausgeformte Nephelinkristalle in Hohlräumen einer Gesteinsgrundmasse auf.

DÜNNSCHLIFF
Hier sind Nephelinkristalle mit regelmäßigen Konturen in Eudialyt aus einem Nephelinsyenitgneis aus Brasilien eingeschlossen.

DERBER NEPHELIN
Dieser Nephelin aus Arkansas (USA) weist die typische derbe Erscheinungsform auf.

EIGENSCHAFTEN

GRUPPE	Silikate – Gerüstsilikate
KRISTALLSYSTEM	Hexagonal
ZUSAMMENSETZUNG	$(Na,K)AlSiO_4$
FARBE	Weiß, grau, gelb, rotbraun
FORM/HABITUS	Derb
HÄRTE	$5^1/_2$–6
SPALTBARKEIT	Schlecht
BRUCH	Schwach muschelig, spröde
GLANZ	Glasglanz bis Fettglanz
STRICH	Weiß
SPEZIFISCHES GEWICHT	2,6
TRANSPARENZ	Durchsichtig bis undurchsichtig

LEUCIT

KILIMANDSCHARO
Von diesem höchsten Berg Tansanias kommt Leucit.

DER NAME LEUCIT wurde nach der häufigsten Farbe dieses Minerals vom griechischen *leukos* (»weiß«) abgeleitet. Neben weiß kann er aber auch grau oder farblos sein. Leucit ist chemisch gesehen Kaliumaluminiumsilikat und wurde bis vor Kurzem den Feldspatoiden zugerechnet, neuerdings aber als Zeolith klassifiziert. Er bildet bis zu 9 cm große Kristalle. Leucit kristallisiert bei hohen Temperaturen im kubischen System mit trapezoedrischen Kristallformen, bei niedrigeren Temperaturen im tetragonalen System. Er bildet derbe und körnige Aggregate und verstreute Körner. Leucit kommt nur in meist kaliumreichen und siliciumdioxidarmen magmatischen Gesteinen vor. Er kommt weltweit zusammen mit Natrolith, Alkalifeldspat, Nephelin und Analcim vor. Wichtige Fundstätten gibt es in der Eifel in Deutschland, am Monte Somma, Vesuv, in Italien und in mehreren US-Bundesstaaten. Aus Leucit kann Alaun gewonnen werden, das eine adstringierende Wirkung hat.

LEUCITKRISTALLE
In diesem bei hoher Temperatur entstandenen Exemplar vom Vesuv in Italien sitzen gut ausgeformte trapezoedrische Leucitkristalle in Hohlräumen einer Gesteinsgrundmasse.

DÜNGEMITTEL
Wegen seines hohen Kaliumgehalts wird Leucit in Italien als Dünger verwendet.

EIGENSCHAFTEN

GRUPPE Silikate – Gerüstsilikate
KRISTALLSYSTEM Kubisch/tetragonal
ZUSAMMENSETZUNG $KAlSi_2O_6$
FARBE Weiß, grau, farblos
FORM/HABITUS Trapezoedrisch
HÄRTE $5^1/_2$–6
SPALTBARKEIT Schlecht
BRUCH Muschelig, uneben
GLANZ Glasglanz
STRICH Weiß
SPEZIFISCHES GEWICHT 2,5
TRANSPARENZ Durchsichtig bis durchscheinend

SODALITH

HALBINSEL KOLA
In diesem Teil Russlands wird derber Sodalith gefördert.

SODALITH, ein Natrium-Aluminiumsilikatchlorid, zählt zu den Feldspatoiden. Er bildet meist derbe Aggregate oder verstreute Körner. Die relativ selten anzutreffenden Kristalle haben die Form von Dodekaedern oder Oktaedern. Sodalith tritt überwiegend in siliciumdioxidarmen magmatischen Gesteinen wie Nephelinsyeniten und den entsprechenden Pegmatiten auf. Gelegentlich findet man ihn auch in vulkanischem Auswurfmaterial und in kontaktmetamorphen Kalk- und Dolomitgesteinen. Derber Sodalith kommt von der Halbinsel Kola in Russland, aus der Eifel in Deutschland, aus Rajasthan in Indien, aus Bancroft in Kanada und aus den US-Bundesstaaten Maine, New Hampshire und Arkansas. Er findet vor allem als Schmuckstein Verwendung. Durchsichtiger Sodalith vom Mont-Saint-Hilaire in Kanada wurde für Sammler geschliffen. Am Vesuv in Italien wurden Kristalle gefunden.

EIGENSCHAFTEN

GRUPPE Silikate – Gerüstsilikate
KRISTALLSYSTEM Kubisch
ZUSAMMENSETZUNG $Na_4Al_3Si_3O_{12}Cl$
FARBE Grau, weiß, blau
FORM/HABITUS Derb
HÄRTE $5^1/_2$–6
SPALTBARKEIT Schlecht bis deutlich erkennbar
BRUCH Uneben bis muschelig
GLANZ Glasglanz bis Fettglanz
STRICH Weiß bis hellblau
SPEZ. GEWICHT 2,1–2,3
TRANSPARENZ Durchsichtig bis durchscheinend
BRECHUNGSINDEX 1,48

UHR IM STIL DES ART DÉCO
In dieser Uhr ist das Zifferblatt aus Perlmutt mit blauem Sodalith eingefasst und auf einen Sockel aus Sodalith aufgesetzt.

HALSKETTE
Diese moderne Halskette aus Ägypten besteht aus Sodalith- (blau), Karneolperlen (rot) und goldenen Stegen mit ägyptischen Motiven.

DERBER SODALITH
Dieser Sodalith könnte wegen seiner kräftigen blauen Farbe auch für Lapislazuli gehalten werden.

KIESEL
Der häufig anzutreffende und billige Sodalith wird gern in einer Trommel poliert.

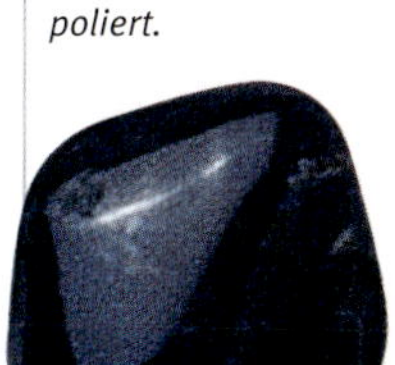

CABOCHON
Cabochons aus Sodalith sind attraktive und preiswerte Schmucksteine.

OVALER BRILLANT
Seltener halbdurchsichtiger Sodalith wird gelegentlich für Sammler geschliffen.

BADAKHSHAN
In Badakhshan in Afghanistan wird schon seit der Antike Lapislazuli abgebaut. Von hier kamen die von den Ägyptern und Sumerern verwendeten Steine.

LASURIT

DAS MINERAL LASURIT ist der Hauptbestandteil von Lapislazuli, der daneben noch Pyrit und Calcit und meist auch Sodalith und Hauyn enthält. Lasurit ist für die blaue Farbe von Lapislazuli verantwortlich. Das Natrium-Calcium-Aluminiumsilikat Lasurit selber bildet deutlich erkennbare Kristalle aus. Verwechslungen mit dem ähnlich klingenden Phosphat Lazulith sind zu vermeiden. In Lapislazuli ist Lasurit fein verteilt. Erkennbare Kristalle wurden für selten gehalten, bis in den 1990er-Jahren große Mengen aus Badakhshan in Afghanistan gefördert wurden. Der beste Lapislazuli ist kräftig dunkelblau mit kleineren Flecken aus weißem Calcit und messinggelbem Pyrit. Lapislazuli war im alten Ägypten als Schmuckstein geschätzt. So ist z. B. die Totenmaske von Tutanchamum mit Einlegearbeiten aus Lapislazuli verziert (siehe S. 116). Skarabäen, Anhänger und Perlen aus Lapislazuli wurden bereits um 3100 v. Chr. hergestellt. Pulverisierter Lapislazuli wurde auch zum Schminken (der älteste Lidschatten), als Farbpigment und als Medikament verwendet. Im Reich der Sumerer enthielt das Grab der Königin Puabi (2500 v. Chr.) zahlreiche Schmuckstücke aus Gold und Silber, die reich mit Lapislazuli verziert waren. Im 4. Jahrhundert v. Chr. stellten chinesische und griechische Kunsthandwerker verschiedene Gegenstände aus Lapislazuli her. Mit alten Nennungen von »Saphir«, dem sapphirus der Römer, ist eigentlich Lapislazuli gemeint.

HALSKETTE AUS LAPISLAZULIPERLEN
Schon seit der Antike sind Perlen und andere dekorative Formen aus Lapislazuli beliebt.

SKARABÄUS
Dieser antike ägyptische Goldring enthält einen Lapislazuli in Form eines Skarabäus.

OHRRING
Dieser ägyptische Ohrring mit Einlegearbeiten aus Lapislazuli stammt aus dem Grab des Tutanchamun (14. Jh. vor Chr.).

LASURITKRISTALLE
Dieses Exemplar aus Badakhshan (Afghanistan) weist besonders gut ausgebildete Kristalle in einer Calcitgrundmasse auf. Die größten Kristalle sind etwa 19 mm lang.

IMITAT
Synthetischer Lapislazuli wird in Frankreich von Pierre Gilson hergestellt. Er ähnelt chemisch dem Lasurit, ist aber weicher.

POLIERTER CABOCHON
Cabochons aus echtem Lapislazuli ist oft von weißen Adern und unregelmäßigen Pyritflecken durchzogen.

POLIERTER STEIN
Dieser Lasurit wurde glatt geschliffen und poliert, um seine kräftige Farbe bestmöglich zur Geltung zu bringen.

EIGENSCHAFTEN

GRUPPE	Silikate – Gerüstsilikate
KRISTALLSYSTEM	Kubisch
ZUSAMMENSETZUNG	$Na_3Ca(Al_3Si_3O_{12})S$
FARBE	Verschiedene kräftige Blautöne
FORM/HABITUS	Dodekaedrisch, wenn kristallin
HÄRTE	5–5½
SPALTBARKEIT	Undeutlich
BRUCH	Uneben, spröde
GLANZ	Matt bis Glasglanz
STRICH	Leuchtend blau
SPEZIFISCHES GEWICHT	2,4
TRANSPARENZ	Durchscheinend bis undurchsichtig
BRECHUNGSINDEX	Um 1,5

CHINESISCHES RIECHFLÄSCHCHEN
Chinesische Riechfläschchen wurden aus verschiedenen Steinen hergestellt. Lapislazuli war als Material für Flaschen, Schalen und figürliche Darstellungen sehr beliebt.

Der Name Lasurit ist vom persischen *lazhward* (»blau«) oder vom arabischen *lazaward* (»Himmel«) abgeleitet und kam in Europa im Mittelalter in Gebrauch.

Lapislazuli ist relativ selten und bildet sich meist durch Kontaktmetamorphose in kristallinem Kalkstein. Ein großer Teil kommt aus Afghanistan. Hellere Exemplare kommen aus Chile. Auch in Italien, Argentinien, den USA und in Tadschikistan wurde Lapislazuli gefunden. Je nach Herkunft kann Lapislazuli auch Diopsid, Amphibol, Feldspat, Glimmer, Apatit, Titanit und Zirkon enthalten. Synthetischer Lapislazuli wird in Frankreich von Pierre Gilson hergestellt.

DIPTYCHON VON WILTON
In diesem Altarbild aus dem Mittelalter (heute in der Nationalgalerie in London) ist das intensive Blau des Lapislazulipigments immer noch enthalten. Das Blau aus Lasuritpulver wird mit der Zeit grün.

Lapislazuli-pulver

FARBPPIGMENT
Jahrhunderte lang wurde das Farbpigment Ultramarinblau aus pulverisiertem Lapislazuli gewonnen. Heute wird es synthetisch hergestellt.

HISTORISCHES

Viele Lapislazuli-Überlieferungen sind schwer zu einzuordnen, weil oft nicht klar ist, welcher »blaue Stein« tatsächlich gemeint war. Im antiken Griechenland und Rom glaubte man, dass *sapphirus*, bei dem es sich wohl um Lapislazuli handelte, Augenerkrankungen heilen und Gefangenen die Freiheit schenken können. Der griechische Arzt Dioscorides (um 55 n. Chr.) bemerkte, dass Lapislazuli Schlangengift neutralisieren könne. Die Assyrer benutzten ihn als Heilmittel gegen Schwermut.

ASSOZIATIONEN

Dem Volksglauben nach sollte Lapislazuli vor dem bösen Blick schützen, vielleicht weil das mit goldglänzendem Pyrit gesprenkelte Blau an den Nachthimmel als Sitz Gottes erinnert. Entsprechend sagt eine Abhandlung aus dem Mittelalter, dass »die Meditation über einem Stein die Seele zur himmlischen Kontemplation hinführt«. Im Buddhismus wurde Lapislazuli früher mit Seelenruhe und der Abwehr böser Gedanken in Verbindung gebracht.

SCHREIN
Dieser englische Schrein, der die sterblichen Überreste von Thomas Becket enthält, entstand um 1190 und ist mit Gold, Lapislazuli und Halbedelsteinen verziert.

BUDDHAFIGUR
Wegen seiner Assoziation mit dem Seelenfrieden war Lapislazuli ein beliebtes Material für Buddhafiguren. Auch heute noch werden religiöse Gegenstände aus Lapislazuli hergestellt.

SCHILDKRÖTEN
Diese aus Lapislazuli geschnittenen drei Schildkröten und der Frosch kommen aus Afghanistan.

Zwillingskristalle

Würfelförmige Kristalle

LASURIT IN GRUNDMASSE
Lasurit in Marmor ist ein attraktiv aussehender, aber nicht besonders wertvoller Schmuckstein.

RENAISSANCE-BROSCHE
Diese Brosche von Benvenuto Cellini (1500–1571) besteht aus einem Lapislazuli mit Gold- und Perlenornament. Die Figur stellt eine Szene aus dem griechischen Mythos von Leda und dem Schwan dar.

DIE STANDARTE VON UR

DAS OBJEKT WURDE IM KÖNIGLICHEN GRÄBERFELD DER SUMERISCHEN STADT UR IM IRAK GEFUNDEN. ZWEI TAFELN MIT HERRLICHEN MOSAIKEN AUS LAPISLAZULI, PERLMUTT UND ROTEM KALKSTEIN ZEIGEN SUMERER IM FRIEDEN UND IM KRIEG.

Die Standarte von Ur entstand zwischen 2600 und 2400 v. Chr. In dieser Periode wurden sumerische Könige nach ihrem Tod zusammen mit ihrem Hofstaat und ihren Frauen begraben, damit diese ihnen auch im Jenseits dienen konnten.

Als die Standarte in der Ecke einer Kammer neben der Schulter eines Mannes gefunden wurde, war der ursprüngliche Holzrahmen zerfallen und die als Klebstoff verwendete Bitumenmasse hatte sich zersetzt. Leonard Woolley, der von 1922 bis 1934 die Ausgrabungen in Ur leitete, glaubte, dass das Fundstück als Standarte an einem Stab getragen wurde. Heute ist man eher der Ansicht, dass es sich um den Resonanzkörper eines Musikinstruments handelt. In diesem Fall könnte der Mann, bei dem man das Objekt fand, ein Musiker am königlichen Hof gewesen sein. Die Standarte wurde vom Britischen Museum, wo sie derzeit aufbewahrt wird, als Klangkörper eines Musikinstruments restauriert. Sie ist 26,1 cm hoch und 49,5 cm lang. Auf einer Seitenfläche sind Kriegsszenen dargestellt, auf der anderen Friedensszenen. Der Lapislazuli stammt vermutlich aus Afghanistan, dem bedeutendsten Herkunftsort dieses Edelsteins in der Antike. Er besteht zum größten Teil aus dem Mineral Lasurit (siehe S. 244–245).

GRABBEIGABE
Diese Halskette aus Gold, Lapislazuli und Karneol wurde in einem der am reichsten ausgestatteten Gräber von Ur gefunden – im Grab der Königin Puabi.

GOLDENER BECHER
Auf dem Boden der Königinnengruft wurden neben den mit der Königin zusammen beigesetzten Bediensteten vier Trinkgefäße gefunden, darunter dieser Goldbecher. Möglicherweise musste eines der Opfer daraus das tödliche Gift trinken.

»STANDARTE VON UR«, FRIEDEN
Auf der Friedensdarstellung (rechts) werden Schlachttiere, Fisch und andere Waren für ein Festmahl herbeigetragen. Sitzende Personen mit Trinkgefäßen in der Hand hören einem Lyraspieler zu.

»STANDARTE VON UR«, KRIEG
Auf der Seite mit den Kriegsszenen (oben) sind von vier Eseln gezogene Streitwagen und Fußsoldaten mit Speeren dargestellt. Feindliche Soldaten werden mit Äxten erschlagen, während andere unbekleidet dem König vorgeführt werden, der einen Speer in der Hand hält.

EIFEL
In diesem Vulkangebiet wurden größere Mengen Hauyn gefunden.

HAUYN

DAS NATRIUM-CALCIUM-ALUMINIUMSILIKAT HAUYN wurde nach dem französischen Mineralogen René Just Haüy, einem Pionier der Kristallographie, benannt. Es zählt zur Gruppe der Feldspatoide und bildet dodekaedrische oder oktaedrische Kristalle, kommt aber meist in Form abgerundeter Körner vor. Zwillingsbildungen sind häufig. Hauyn ist blau, weiß, grau, gelb, grün oder rosa. Er ist zusammen mit Lasurit, Calcit, Pyrit und Sodalith Bestandteil von Lapislazuli. Hauyn löst sich in Säure unter Bildung eines Siliciumdioxidgels auf. Überwiegend ist er in siliciumdioxidarmen vulkanischen Gesteinen anzutreffen, gelegentlich aber auch in metamorphem Gestein. Hauyn ist sehr häufig mit Leucit, Nephelin und Nosean (einem Natrium-Aluminiumsilikat, mit dem Hauyn teilweise eine Mischkristallreihe bildet) vergesellschaftet. Die Vulkangesteine in Deutschland, vor allem in der Eifel, enthalten recht viel Hauyn. Das Mineral wurde erstmal in den italienischen Vulkangebieten identifiziert. Weitere Fundorte gibt es in Sibirien, China, Frankreich und verschiedenen Bundesstaaten der USA.

RENÉ JUST HAÜY

Haüy (1743–1822) war ein Priester, dessen Interesse an der Kristallographie 1781 geweckt wurde, als er feststellte, dass die Fragmente eines zerbrochenen Calcitkristalls gerade Bruchflächen mit konstanten Winkeln aufweisen. 1784 zeigte er, dass ein Kristall aus winzigen Einheiten zusammengesetzt ist, und dass die Kristallform von der Form dieser Einheiten abhängt. 1802 wurde Haüy Mineralogieprofessor am naturgeschichtlichen Museum in Paris. Auf die Bitte Napoleons hin schrieb er unter anderem ein Buch über Kristallographie.

RENÉ JUST HAÜY
Haüy war ein französischer Mineraloge und der Begründer der Forschung über die Struktur und das Wachstum von Kristallen.

HAUYN IN LAVA
Dieser Lavastein mit blauen Hauynkristallen stammt vom Monte Somma, Vesuv (Italien).

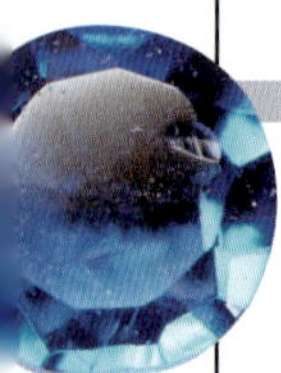

BRILLANTSCHLIFF
Hauyn ist schwer zu bearbeiten und wird nur selten geschliffen, in diesem Fall speziell für einen Sammler.

EIGENSCHAFTEN

GRUPPE Silikate – Gerüstsilikate
KRISTALLSYSTEM Kubisch
ZUSAMMENSETZUNG $Na_3Ca(Al_3Si_3O_{12})(SO_4)$
FARBE Blau, weiß, grau, gelb, grün, rosa
FORM/HABITUS Dodekaedrisch, oktaedrisch
HÄRTE 5½–6
SPALTBARKEIT Deutlich
BRUCH Uneben bis muschelig, spröde
GLANZ Glasglanz bis Fettglanz
STRICH Blau bis weiß
SPEZIFISCHES GEWICHT 2,5
TRANSPARENZ Durchsichtig bis undurchsichtig
BRECHUNGSINDEX 1.49–1.51

ERZGEBIRGE
In diesem Teil Deutschlands gibt es schöne Helvinkristalle.

HELVIN

DAS WEGEN DER FARBE nach dem griechischen *helios* (»Sonne«) benannte Mineral bildet tetraedrische oder pseudooktaedrische Kristalle und gerundete Aggregate. Die gelbe bis gelbgrüne oder rotbraune bis rote Farbe dunkelt beim Verwittern nach. Helvin kommt in granitischen und syenitischen Pegmatiten und in hydrothermalen Ablagerungen vor. Bis zu 12 cm lange Kristalle kommen aus Cosquín (Argentinien). Weitere Fundorte sind Mont-Saint-Hilaire in Kanada, Mexiko und die USA.

EIGENSCHAFTEN

GRUPPE Silikate – Gerüstsilikate
KRISTALLSYSTEM Kubisch
ZUS. $MnBe_3(SiO_4)_3S$
FARBE Gelb, rotbraun, braun
FORM/HABITUS Tetraedrisch
HÄRTE 6–6½
SPALTBARKEIT Deutlich
BRUCH Muschelig bis uneben, spröde
GLANZ Glasglanz bis Harzglanz
STRICH Weiß
SPEZ. GEWICHT 3,2–3,4
TRANSP. Durchscheinend

KRISTALLE
Diese gelben Helvinkristalle auf einer Gesteinsgrundmasse kommen aus dem Erzgebirge in Deutschland.

QUÉBEC
Am Mont-Saint-Hilaire in Kanada kommt Cancrinit vor.

CANCRINIT

CANCRINIT ist ein Mineral aus der Gruppe der Feldspatoide. Seine relativ selten anzutreffenden Kristalle können mehrere Zentimeter dick sein. Cancrinit kommt überwiegend in feinkörnigen und derben oder säuligen Massen vor. Cancrinit bildet sich in Syeniten, in Kontaktmetamorphosezonen und in einigen Pegmatiten. Schöne Exemplare kommen vom Lovozero-Massiv in Russland, vom Laacher See in der Eifel und aus Litchfield in Maine (USA).

EIGENSCHAFTEN

GRUPPE Gerüstsilikate
KRISTALLSYSTEM Hexagonal/trigonal
ZUSAMMENSETZUNG $(NaCa)_8(Al_6Si_6)O_{24}(CO_3)_2 \cdot 2H_2O$
FARBE Hell- bis dunkelgelb, orange, violett, rosa, purpurrot
FORM/HABITUS Derb
HÄRTE 5–6
SPALTB. Vollkommen, schlecht
BRUCH Uneben
GLANZ Glasglanz
STRICH Weiß
SPEZIFISCHES GEWICHT 2,5
TRANSPARENZ Durchsichtig bis durchscheinend

GELBER CANCRINIT
Dieser gelbe Cancrinit in Syenit kommt aus Litchfield in Maine (USA).

ZEOLITHE

ZEOLITHE bilden eine Gruppe von mehr als 50 wasserhaltigen Silikatmineralen mit einer besonders offenen Kristallstruktur. Ein dreidimensionales Gitter aus SiO_4- und AlO_4-Tetraedern umschließt offene Hohlräume, die Wassermoleküle oder Elemente wie Kalium, Calcium oder Natrium aufnehmen können. Diese Hohlräume sind durch Kanäle verbunden, die sich über die gesamte Länge des Kristalls erstrecken und an den Kristallflächen offen sind. In den Kanälen können sich Ionen (elektrisch geladene Teilchen) zwischen den Hohlräumen bewegen. Auf diese Weise können die Zeolithe Ionen einfangen oder austauschen. Einige Zeolithe werden in großem Maßstab als Wasserenthärter eingesetzt, weil sie in hartem Wasser ihre Natriumionen gegen Calciumionen austauschen können. Zeolithe können auch als molekulare Siebe eingesetzt werden: Nur die kleineren Ionen können die Kanäle passieren. Solche Zeolithe spielen in Erdöl- und Erdgasraffinerien (siehe S. 251) eine wichtige Rolle.

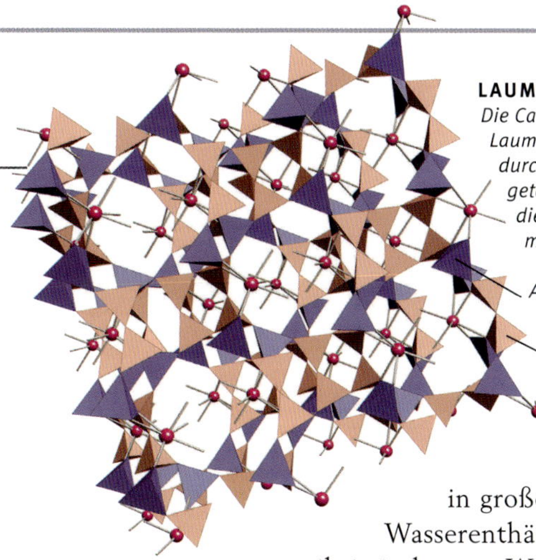

LAUMONTIT
Die Calciumionen in den Laumontitkanälen können durch Natriumionen ausgetauscht werden. Auf diese Weise kann Laumontit Wasser enthärten.

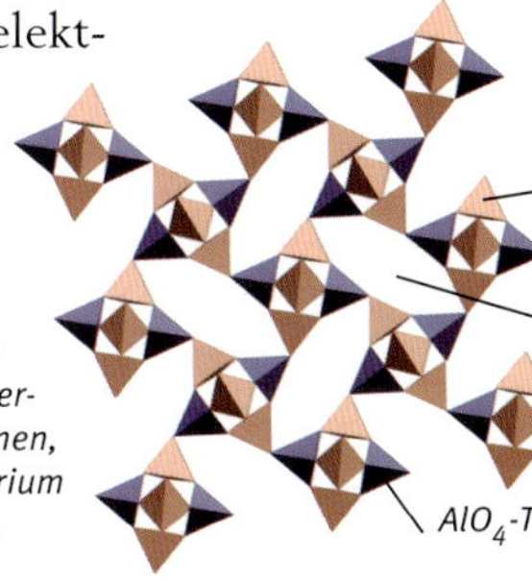

NATROLITH-KANÄLE
In Natrolith bilden die Tetraeder Ketten mit untereinander verbundenen Hohlräumen, die Wasser und Natrium aufnehmen können.

NATROLITH

TASMANIEN
Schöne Natrolithkristalle kommen aus Tasmanien (Australien).

DAS WASSERHALTIGE Natrium-Aluminiumsilikat Natrolith wurde nach seinem Natriumgehalt benannt. Seine Kristalle sind in der Regel nadelförmig mit vertikalen Rillen, können aber auch pseudotetragonal erscheinen und bis zu einem Meter lang werden. Daneben gibt es auch strahlige Aggregate aus nadeligen Kristallen und kompakte Massen. Natrolith ist pyroelektrisch und piezoelektrisch. Er kann blassrosa, farblos, weiß, grau, rot, gelb oder grün sein. Gelegentlich sieht man unter UV-Licht eine orangefarbene bis gelbe Fluoreszenz.

Natrolith ist in Hohlräumen oder Rissen basaltischer Gesteine, in vulkanischer Asche und in Gängen in Gneis, Granit und anderen Gesteinen zu finden, häufig zusammen mit anderen Zeolithen, Apophyllit, Quarz und Heulandit. Besonders schöne Exemplare kommen aus Golden in der kanadischen Provinz British Columbia, Larne in Nordirland, dem Hegau in Deutschland, Bombay in Indien, Canterbury in Neuseeland, Cape Grim auf der australischen Insel Tasmanien, Bound Brook im US-Bundesstaat New Jersey und der Dallas Gem Mine in Kalifornien.

WEIT VERBREITETER ZEOLITH

Natrolith als einer der am weitesten verbreiteten Zeolithe war auch das erste Mineral dieser Gruppe, das genau untersucht wurde. Dabei entdeckte man seine Fähigkeit, Ionen auszutauschen. Natrolith wird deshalb in vielen Bereichen als Wasserenthärter eingesetzt.

HOHLRAUM MIT NATROLITH
Natrolith ist meist in Hohlräumen oder Blasen in Basalten anzutreffen.

EIGENSCHAFTEN

GRUPPE	Silikate – Gerüstsilikate
KRISTALLSYSTEM	Orthorhombisch
ZUS.	$Na_2Al_2Si_3O_{10} \cdot 2H_2O$
FARBE	Blassrosa, farblos, weiß, grau, rot, gelb, grün
FORM/HABITUS	Nadelig
HÄRTE	$5-5^1/_2$
SPALTBARKEIT	Vollkommen
BRUCH	Uneben, spröde
GLANZ	Glas- bis Perlmuttglanz
STRICH	Weiß
SPEZIFISCHES GEWICHT	2,3
TRANSPARENZ	Durchsichtig bis durchscheinend

NATROLITHKRISTALLE
Dieses Exemplar besteht aus einer strahligen Anordnung dünner prismatischer Kristalle aus durchsichtigem bis durchscheinendem Natrolith.

M. H. KLAPROTH
Der deutsche Chemiker und Neurologe Martin Heinrich Klaproth gab Natrolith im Jahr 1803 seinen Namen.

GMELINIT

COUNTY ANTRIM
Gmelinit wurde in der County Antrim in Nordirland gefunden.

GMELINIT wurde nach dem deutschen Mineralogen C. G. Gmelin benannt. Er bildet Kristalle in Form hexagonaler Plättchen oder Prismen. Gmelinit kann farblos, weiß, hellgelb, grünlich, orange, rosa oder rot sein. Er kommt in siliciumdioxidarmen vulkanischen Gesteinen, natriumreichen Pegmatiten und marinen Basalten vor. Häufig ist er mit Chabasit (siehe S. 252) verwachsen und mit anderen Zeolithen, Quarz, Aragonit und Calcit vergesellschaftet. Fundorte gibt es u. a. in Nova Scotia (Kanada), auf der Mornington-Halbinsel (Australien) und in New Jersey (USA).

EIGENSCHAFTEN

GRUPPE Gerüstsilikate
KRISTALLS. Hexagonal
ZUSAMMENSETZUNG $(Na, K, Ca_{0,5})_4Al_8Si_{16}O_{48} \cdot 22H_2O$
FARBE Farblos bis weiß, gelb, grün, orange, rot
F./HABITUS Tafelig, schuppig
HÄRTE $4^1/_2$
SPALTBARKEIT Gut
BRUCH Uneben bis muschelig, spröde
GLANZ Glasglanz bis matt
STRICH Weiß
SPEZ. GEWICHT 2,1
TRANSPARENZ Durchsichtig bis undurchsichtig

GMELINIT AUS KANADA
Dieses Exemplar stammt aus Two Islands, Nova Scotia (Kanada).

Tafelige Kristalle

HARMOTOM

NIEDERSACHSEN
Im Harz wurde Harmotom gefunden.

HARMOTHON bildet blockige Kristalle, gelegentlich aber auch mehrfache, pseudotetragonale, pseudoorthorhombische oder kreuzförmige Zwillinge. Alle Formen erscheinen glasig und sind meist farblos bis grau. Harmotom bildet sich in hydrothermalen Gängen bei niedrigen Temperaturen, ferner in vulkanischem Gestein und als Sekundärmineral aus bariumhaltigen Feldspaten. Schöne Exemplare kommen aus Idar-Oberstein, Thunder Bay in Kanada und Taimyr in Russland.

EIGENSCHAFTEN

GRUPPE Gerüstsilikate
KRISTALLS. Monoklin
ZUS. $(Ba_{0,5},Ca_{0,5},K,Na)_5 Al_5 Si_{11}O_{32} \cdot 12H_2O$
FARBE Farblos, weiß, grau
FORM/HABITUS Blockig, Mehrfachbildungen
HÄRTE $4^1/_2$–5
SPALTBARKEIT Gut
BRUCH Uneben bis muschelig, spröde
GLANZ Glasglanz
STRICH Weiß
SPEZIFISCHES GEWICHT 2,5
TRANSPARENZ Durchsichtig bis undurchsichtig

Blockige Kristalle

WEISSE KRISTALLE
Diese gut ausgeformten, blockigen Harmotomkristalle sitzen auf einer Gesteinsgrundmasse.

LAUMONTIT

INDIEN
Hochwertiger Laumontit kommt u. a. aus Indien.

LAUMONTIT ist nach dem französischen Mineralogen P. N. G. de Laumont benannt, der 1785 erstmals ein Exemplar untersuchte. Er ist ein häufig anzutreffendes Mineral der Zeolithgruppe, das als einfacher prismatischer Kristall, als Schwalbenschwanzzwilling und in derben, säuligen, faserigen und strahligen Aggregaten vorkommt. Das meist farblose, weiße, rosafarbene oder rote Mineral kann bei Wasserverlust pulvrig grau, rosa oder gelb werden. Einige Exemplare weisen eine weiße bis gelbe Fluoreszenz auf. Laumontit ist typischerweise als Gang- und Hohlraumfüllung in magmatischen Gesteinen und in hydrothermalen Gängen, Pegmatiten und metamorphen Gesteinen zu finden. Auch in Sedimentgesteinen zählt er zu den häufigeren Zeolithen. Besonders schöne Exemplare des weit verbreiteten Minerals kommen aus Bombay in Indien, Alamos in Mexiko und den Bundesstaaten Kalifornien, Oregon und Washington in den USA. Seine Kristallstruktur macht Laumontit zu einem sehr guten Wasserenthärter.

EIGENSCHAFTEN

GRUPPE Silikate – Gerüstsilikate
KRISTALLSYSTEM Monoklin
ZUS. $CaAl_2Si_4O_{12} \cdot 4H_2O$
FARBE Farblos, weiß, rot
FORM/HABITUS Prismatisch
HÄRTE 3–4
SPALTBARKEIT Vollkommen
BRUCH Uneben
GLANZ Glasglanz, in dehydriertem Zustand matt
STRICH Farblos
SPEZ. GEWICHT 2,3
TRANSPARENZ Durchscheinend

WASSERENTHÄRTER

Alle Zeolithe weisen eine Kristallstruktur aus einem Gitter untereinander verbundener Hohlräume auf, in der Ionen ausgetauscht oder eingefangen werden können. Diese offene Kristallstruktur bildet ein molekulares Sieb (siehe S. 252). Laumontit entzieht hartem Wasser Calciumionen und tauscht sie gegen die eingeschlossenen Natriumionen aus.

WASSERENTHÄRTER

Prismatischer Kristall

Glasglanz

KRISTALLINER LAUMONTIT
Dieses Exemplar besteht aus prismatischen Laumontitkristallen.

AURANGABAD (INDIEN)
In diesem Teil Indiens gibt es größere Mengen Heulandit.

HEULANDIT

UNTER DER BEZEICHNUNG HEULANDIT wird eine ganze Reihe von Zeolithmineralen zusammengefasst. Die Gruppe wurde 1822 nach dem britischen Sammler und Mineralhändler I. H. Heuland benannt. Sie besteht aus wasserhaltigen Calcium-Natrium-Aluminiumsilikaten. Die länglichen Kristalle weisen eine charakteristische sargähnliche Form auf. Sie können bis zu 12 cm lang werden. Heulandit ist in der Regel farblos oder weiß, kann aber auch rot, grau, gelb, rosa, grün oder braun sein. Er entsteht zusammen mit anderen Zeolithen als Hohlraumfüllung in Graniten, Pegmatiten und Basalten, aber auch in metamorphen Gesteinen und in verwittertem Andesit und Diabas (Dolerit). Er ist weltweit anzutreffen. Nennenswerte Funde kommen aus Aurangabad in Indien, Gunnedah in Australien, von den Färöern, aus Berufjördhur, Fassarfell und Randafell in Island, Sacha in Russland, Paraná in Brasilien, den Kilpatrick Hills in Schottland sowie Oregon und New Jersey in den USA. Die Kristallstruktur und die Ersetzung einiger Siliciumatome durch Aluminium machen Heulandit zu einem hervorragenden Wasserenthärter und molekularen Sieb in Erdölraffinerien.

EIGENSCHAFTEN

GRUPPE Silikate – Gerüstsilikate
KRISTALLSYSTEM Monoklin
ZUS. $CaAl_2Si_7O_{18} \cdot 6H_2O$
FARBE Farblos, weiß
FORM/HABITUS Tafelig
HÄRTE $3^1/_2$–4
SPALTBARKEIT Vollkommen
BRUCH Uneben, spröde
GLANZ Glas- bis Perlmuttglanz
STRICH Farblos
SPEZIFISCHES GEWICHT 2,2
TRANSPARENZ Durchsichtig bis durchscheinend

VERWENDUNG IN ERDÖLRAFFINERIEN

Zeolithe wie Heulandit werden in Erdölraffinerien als molekulare Siebe eingesetzt. Die durch offene Kanäle miteinander verbundenen Hohlräume in der Kristallstruktur agieren als mikroskopisch feine Siebe, die Teilchen von Molekülgröße filtern können. Auf diese Weise werden unerwünschte Stoffe entfernt, gasförmige von flüssigen Komponenten getrennt und verschiedene Bestandteile herausgefiltert. Heulandit zeichnet sich dabei durch eine besonders günstige chemische Struktur aus. Er entfernt Paraffine, um die Verbrennungseigenschaften des Öls zu verbessern.

PETROCHEMISCHE FABRIKANLAGE

TYPISCHE KRISTALLE
Die klassische Sargform der Heulanditkristalle ist in diesem Exemplar aus Berufjördhur in Island gut zu erkennen.

KANADA
Am Mont-Saint-Hilaire in Québec (Kanada) gibt es Phillipsit.

PHILLIPSIT

PHILLIPSIT wurde 1825 nach dem Gründer der Londoner Geological Society William Phillips benannt. Er tritt meist in pseudoorthorhombischen prismatischen Kristallen mit mehrfachen Zwillingsbildungen, in blockigen Kristallen oder als strahliges Aggregat auf. Das meist farblose oder weiße Mineral kann auch rosa, rot oder hellgelb sein. Phillipsit ist häufig als Hohlraumfüllung und in Rissen von Basalten und in Erzgängen zu finden. Fundorte gibt es u. a. in Gießen in Deutschland, auf Sizilien, in Kanada und den USA.

EIGENSCHAFTEN

GRUPPE Silikate – Gerüstsilikate
KRISTALLSYSTEM Monoklin
ZUSAMMENSETZUNG $K(Ca_{15},Na)_2(Si_5Al_3)O_{16} \cdot 6H_2O$
FARBE Farblos, weiß, rosa, rot, gelb
FORM/HABITUS Pseudoorthorhombisch, tetragonal, kubisch
HÄRTE 4–$4^1/_2$
SPALTBARKEIT Deutlich, undeutlich
BRUCH Uneben, spröde
GLANZ Glasglanz
STRICH Farblos
SPEZ. GEW. 2,2
TRANSP. Durchsichtig bis durchscheinend

BLOCKIGER PHILLIPSIT
Diese Masse aus blockigen Zwillingskristallen bedeckt eine Gesteinsgrundmasse.

HEBRIDEN
Schöner Skolezit kommt von den schottischen Hebrideninseln Mull und Skye.

SKOLEZIT

SKOLEZIT bildet meist pseudotetragonale oder pseudoorthorhombische Kristalle aus und ist pyroelektrisch und piezoelektrisch. Neben weißen und farblosen kommen auch rosa, lachsrosa, rote und grüne Exemplare vor. Das in hydrothermalen Umgebungen häufige Mineral kommt in Basalt, Andesit, Gabbro, Gneis, Amphibolit und kontaktmetamorphen Zonen vor, oft mit Quarz, anderen Zeolithen, Calcit und Prehnit. Große Kristalle kommen aus Pune in Indien, aus Brasilien, von den schottischen Hebriden und aus dem US-Staat Washington.

EIGENSCHAFTEN

GRUPPE Silikate – Gerüstsilikate
KRISTALLSYSTEM Monoklin
ZUS. $CaAl_2Si_3O_{10} \cdot 3H_2O$
FARBE Farblos, weiß, rosa, rot, grün
FORM/HABITUS Dünn prismatisch
HÄRTE 5–$5^1/_2$
SPALTBARKEIT Vollkommen
BRUCH Uneben, spröde
GLANZ Glasglanz
STRICH Farblos
SPEZIFISCHES GEWICHT 2,3
TRANSPARENZ Durchsichtig bis undurchsichtig

SCHLANKE KRISTALLE
Skolezitkristalle haben meist die Form langer, dünner Prismen. Sie können bis zu 35 cm lang werden.

MESOLITH

PUNE (INDIEN)
Hochwertiger Mesolith kommt aus Indien.

MESOLITH bildet lange, schlanke Kristallnadeln, strahlige Massen und seltener kompakte Massen oder faserige tropfsteinartige Gebilde. Der Name ist von den griechischen Bezeichnungen für »Mitte« und »Stein« abgeleitet, da das Mineral chemisch gesehen eine Zwischenstellung zwischen Natrolith und Skolezit einnimmt. Mesolith kommt als Hohlraumfüllung in Basalt und Andesit und in hydrothermalen Gängen vor. Schöne Exemplare kommen aus Indien, der Tschechischen Republik, Antarktika, den Färöern und aus den USA.

WEISSER MESOLITH
Hier sitzen Nadeln aus weißem Mesolith auf grünen Apophyllitkristallen.

HAARIGE AGGREGATE
Mesolith kann baumwollartige Aggregate aus haarfeinen Kristallen bilden.

EIGENSCHAFTEN

GRUPPE	Silikate – Gerüstsilikate
KRISTALLSYSTEM	Monoklin
ZUSAMMENSETZUNG	$Na_2Ca_2(Al_6Si_9)O_{30}\cdot 8H_2O$
FARBE	Farblos, weiß
FORM/HABITUS	Nadelig
HÄRTE	5
SPALTBARKEIT	Vollkommen
BRUCH	Uneben, spröde
GLANZ	Glasglanz bis Seidenglanz
STRICH	Weiß
SPEZIFISCHES GEWICHT	2,3
TRANSPARENZ	Durchsichtig bis durchscheinend

THOMSONIT

RUSSLAND
Auch Russland besitzt Lagerstätten des weit verbreiteten Minerals.

THOMSONIT bildet klingen-, blockförmige oder nadelförmige prismatische Kristalle und ist farblos, weiß, rosa, rot oder gelb. Das weit verbreitete Mineral ist als Hohlraumfüllung in Basalten und Syeniten und gelegentlich auch in kontaktmetamorphen Zonen und Pegmatiten anzutreffen. Fundstätten gibt es u.a. in Italien, Schottland, Russland, Deutschland, der Tschechischen Republik, Japan und verschiedenen Bundesstaaten der USA.

THOMAS THOMSON
Das Mineral wurde 1820 nach dem schottischen Chemiker Thomson benannt.

NADELFÖRMIGE KRISTALLE
In diesem Exemplar sitzen Gruppen von strahlig angeordneten nadelförmigen Thomsonitkristallen auf Basalt.

EIGENSCHAFTEN

GRUPPE	Silikate – Gerüstsilikate
KRISTALLSYSTEM	Orthorhombisch
ZUSAMMENSETZUNG	$NaCa_2(Al_5Si_5O_{20})\cdot 6H_2O$
FARBE	Farblos, weiß
FORM/HABITUS	Lamellenförmige oder strahlige Aggregate
HÄRTE	5–5½
SPALTBARKEIT	Vollkommen
BRUCH	Uneben bis schwach muschelig
GLANZ	Glasglanz bis Perlmuttglanz
STRICH	Weiß
SPEZ. GEWICHT	2,3–2,4
TRANSPARENZ	Durchsichtig bis durchscheinend

CHABASIT

IRLAND
Schöne, große Chabasitkristalle sind in Nordirland zu finden.

DAS WASSERHALTIGE Natrium-Calcium-Aluminiumsilikat ist ein häufig vorkommendes Mineral aus der Zeolithgruppe. Es bildet verzerrt würfelförmige oder pseudorhomboedrische Mehrfachzwillingskristalle und prismatische Kristalle, die ebenfalls oft Zwillingsbildungen aufweisen. Es kann farblos, weiß, cremeweiß, rosa, rot, orange, gelb oder braun sein. Der Name Chabasit ist vom griechischen *chabazios* (»Hagelstein«) abgeleitet. Chabasit ist in Hohlräumen von Basalt oder Andesit, in vulkanischer Asche, Pegmatiten, Granit und metamorphen Gesteinen anzutreffen. Besonders schöne Kristalle des weit verbreiteten Minerals kommen aus Nordirland, Island, Deutschland, Schottland, der Tschechischen Republik, Ungarn, Indien, Kanada, Australien und den USA.

SIEBSTRUKTUR

Zeolithe wie Chabasit lassen mit ihrer offenen Kristallstruktur kleine Moleküle wie durch ein Sieb passieren, während größere zurückgehalten werden. Dadurch eignen sie sich besonders zum Herausfiltern von Methan aus den Fäulnisgasen, die bei der Zersetzung organischer Abfälle entstehen.

MOLEKULARES SIEB
Kleine Moleküle passieren die durch strahlenförmig angeordnete Ionen (rot) gebildeten Kanäle.

EIGENSCHAFTEN

GRUPPE	Silikate – Gerüstsilikate
KRISTALLSYSTEM	Hexagonal/trigonal
ZUSAMMENSETZUNG	$(Na,Ca_{0.5},K)_4(Al_4Si_8O_{24})\cdot 12H_2O$
FARBE	Farblos, weiß, rosa, orange, gelb, braun
FORM/HABITUS	Pseudokubisch rhomboedrisch
HÄRTE	4–5
SPALTBARKEIT	Undeutlich
BRUCH	Uneben, spröde
GLANZ	Glasglanz
STRICH	Weiß
SPEZ. GEWICHT	2–2,2
TRANSPARENZ	Durchsichtig bis durchscheinend

PSEUDOKUBISCHE KRISTALLE
Diese Gruppe pseudokubischer Chabasitkristalle kommt aus der kanadischen Provinz Nova Scotia.

HARZ
Aus dem Harz in Deutschland kommen viele Minerale, darunter auch Stilbit.

STILBIT

DER NAME des wasserhaltigen Natrium-Calcium-Aluminiumsilikats Stilbit ist vom griechischen Wort für »glänzen« abgeleitet, eine Anspielung auf seinen Glas- bis Perlmuttglanz. Seine Kristalle sind tafelig, häufig mit Zwillingsbildungen, und oft zu schleifenförmigen Aggregaten zusammengelagert. Das meist farblose oder weiße Mineral kann auch gelb, braun, lachsrosa oder rot, in seltenen Fällen auch grün, blau oder schwarz sein. Die meisten Varietäten sind calciumreich, in einigen dominiert jedoch Natrium. Stilbit kommt in dunklen magmatischen Gesteinen, granitischen Pegmatiten, Gneis und Schiefer und in Sintern von Thermalquellen vor. Schöne Kristalle wurden in Deutschland, Russland, Schottland, Indien, Australien, Mexiko, Brasilien, Island, Kanada und den USA gefunden.

ERDÖLRAFFINERIE
Die siebartige Kristallstruktur des Zeolithminerals Stilbit ermöglicht die Trennung verschiedener Kohlenwasserstoffe.

EIGENSCHAFTEN

GRUPPE Silikate – Gerüstsilikate
KRISTALLSYSTEM Monoklin
ZUSAMMENSETZUNG $(Na, Ca_{0.5},K)_9\ (Al_9Si_{27}O_{72})\cdot 28\ H_2O$
FARBE Farblos, weiß, rosa
FORM/HABITUS Tafelig
HÄRTE $3^1/_2$–4
SPALTBARKEIT Vollkommen
BRUCH Muschelig, uneben
GLANZ Glas- bis Perlmuttglanz
STRICH Weiß
SPEZ. GEWICHT 2,2
TRANSP. Durchsichtig bis durchscheinend

SCHLEIFEN
Stilbitkristalle bilden oft schleifenförmige Aggregate.

TAFELIGE KRISTALLE
Diese Gruppe tafeliger weißer Stilbitkristalle auf einer Gesteinsgrundmasse kommt von den Färöern.

QUÉBEC
Kristalle aus Québec (Kanada) können bis zu 25 cm dick sein.

ANALCIM

DER FRÜHER DEN FELDSPATOIDEN zugeordnete Analcim wird heute als Zeolith klassifiziert. Er bildet meist trapezoedrische Kristalle. Das Natrium in seiner Struktur kann zu einem erheblichen Teil durch Kalium ersetzt sein, und das Verhältnis von Natrium zu Aluminium stark variieren. Variationen im Ordnungsgrad des Natrium-Aluminiumabschnitts können die Struktur so stark verändern, dass Analcim anderen Kristallsystemen zugerechnet werden kann. Analcim ist meist farblos bis weiß, kann aber auch gelb, braun, rosa, rot oder orange gefärbt sein. Der Name ist in Anspielung auf die schwache elektrostatische Aufladung bei Erwärmung oder Reibung vom griechischen *analkis* (»schwach«) abgeleitet. Gelegentlich ist unter UV-Licht eine Fluoreszenz zu beobachten.

Analcim ist in Rändern und Hohlräumen in Basalt, Diabas, Granit und Gneis und in Ausfällungen von alkalischen Seen zu finden. Besonders schöne Kristalle kommen aus Italien, Neuseeland, Schottland, England, von den Färöern, aus Island, Russland und Australien sowie einigen Bundesstaaten der USA.

EIGENSCHAFTEN

GRUPPE Silikate – Gerüstsilikate
KRISTALLSYSTEM Kubisch
ZUS. $Na(AlSi_2)O_6\cdot H_2O$
FARBE Weiß, farblos, gelb, braun, rot, orange
FORM/HABITUS Trapezoedrisch
HÄRTE 5–$5^1/_2$
SPALTBARKEIT Keine
BRUCH Schwach muschelig, spröde
GLANZ Glasglanz
STRICH Weiß
SPEZIFISCHES GEWICHT 2,3
TRANSPARENZ Durchsichtig bis durchscheinend

TRAPEZOEDER
Diese Gruppe perfekt ausgebildeter trapezoederförmiger Analcimkristalle aus Cornwall (England) sitzt auf einer Unterlage aus Calcitkristallen.

SILIKAGEL

Eines der wichtigsten Produkte, die aus Analcim hergestellt werden, ist Silikagel in Form kleiner Kügelchen. Diese nehmen Feuchtigkeit aus der Luft auf und werden deshalb von der Industrie als Trocknungsmittel eingesetzt.
Silika, wie Siliciumdioxid auch genannt wird, ist ein farbloser, glasartiger Feststoff. Die starre Gelform entsteht durch Verklumpung aus einer Natriumsilikatlösung, die durch Erhitzung Wasser verliert. Das Gel selber ist farblos. In der Praxis wird blaues Kobaltsalz zugesetzt, das bei der Absorption von Wasser rosa wird. Wenn alle Kügelchen mit Wasser gesättigt und deshalb rosa sind, kann das Gel durch Erhitzung regeneriert werden.

Silikagel ist bereits seit 1640 bekannt, wurde aber erst im Ersten Weltkrieg durch seinen Einsatz in Gasmasken bekannt.

KÜGELCHEN AUS SILIKAGEL
Wenn sich die blauen Kügelchen mit Wasser vollgesogen haben, werden sie rosa.

SKAPOLITH

QUÉBEC (KANADA)
In der kanadischen Provinz Québec wurden große Skapolithkristalle gefunden.

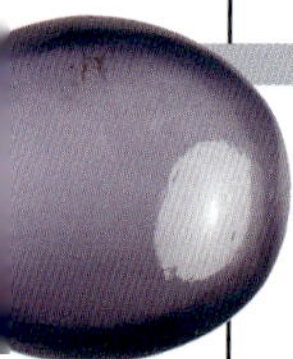

CABOCHON
Skapolith, der für einen Facettenschliff nicht durchsichtig genug ist, wird als Cabochon geschliffen.

TREPPENSCHLIFF
Die Farbe dieses gelben Skapoliths wird durch den Facettenschliff hervorgehoben und verstärkt. Gelber Skapolith kann mit Heliodor verwechselt werden.

GEMISCHTER SCHLIFF
Dieser farblose Skapolith wurde oval geschliffen, um maximale Brillanz zu erzielen.

SKAPOLITH wurde ursprünglich für ein einziges Mineral, ein Calcium-Aluminiumsilikat, gehalten. Heute ist es als Mischreihe mit dem calciumhaltigen Mejonit und dem natriumhaltigen Marialith als Endgliedern definiert. Reine Endglieder können synthetisch hergestellt werden. Natürlicher Skapolith kommt selten auf mehr als 80% an die Endglieder heran. Der Name Skapolith ist vom griechischen *scapos* (»Stab«) und *lithos* (»Stein«) abgeleitet. Im Edelsteinhandel sind die als Schmuckstein verwendeten Vertreter immer noch unter der kollektiven Bezeichnung Skapolith zusammengefasst.

Skapolithkristalle sind kurze bis mittellange Prismen, oft mit auffälligen pyramidalen und zapfenförmigen Entwicklungen, und können Kristallen von Vesuvianit (siehe S. 295) ähneln. Sie werden bis zu 25 cm lang. Skapolith tritt auch in derben und körnigen Aggregaten auf. Das Farbspektrum reicht von farblos über weiß, grau, gelb, orange und rosa bis purpurrot. Als Cabochon geschliffen kann ein Katzenaugeneffekt auftreten. Skapolithe treten vorwiegend in metamorphen Gesteinen auf, vor allem in Marmor, kalkigem Gneis und Grünschiefer. Die größten Kristalle sind meist in Marmor zu finden. Skapolithe bilden sich gelegentlich auch um Intrusionen von feldspathaltigen Pegmatiten und Gabbros. Wichtige Herkunftsorte großer Kristalle sind die kanadischen Provinzen Québec und Ontario sowie New York in den USA. Weitere Fundstätten gibt es in Finnland, Mexiko, Italien, der Tschechischen Republik, Deutschland, Russland und Norwegen. Skapolith in Edelsteinqualität kommt aus China, Myanmar, Australien, Mosambik, Ghana, Chile und Tansania.

Früher erhielten Skapolithe verschiedene Namen, die man verworfen hat: Wernerit als Gruppenname sowie Dipyr und Mizzonit als Namen für Skapolithe in der Mitte der Mischreihe. Marialith wurde 1866 von dem deutschen Mineralogen G. vom Rath benannt. Mejonit erhielt 1801 seinen Namen von dem französischen Mineralogen René Just Haüy. Das Wort ist vom griechischen *meion* (»kleiner«) abgeleitet, eine Anspielung auf die Pyramidenflächen, die weniger steil sind als die des Vesuvianit, der mit dem Skapolith verwechselt werden kann.

MARIALITHKRISTALLE
Hier haben sich in einer Gesteinsgrundmasse rosafarbene prismatische Marialithkristalle gebildet.

EIGENSCHAFTEN

GRUPPE	Gerüstsilikate
KRISTALLSYSTEM	Tetragonal
ZUSAMMENSETZUNG	Marialite $Na_4(Al_3Si_9O_{24})Cl$ Meionite $Ca_4(Al_6Si_6O_{24})(CO_3SO_4)$
FARBE	Farblos, weiß, grau, gelb, orange, rosa
FORM/HABITUS	Prismatisch
HÄRTE	5–6
SPALTBARKEIT	Gut
BRUCH	Uneben bis muschelig
GLANZ	Glasglanz
STRICH	Weiß
SPEZ. GEWICHT	2,5–2,7
TRANSPARENZ	Durchsichtig bis undurchsichtig
BRECHUNGSINDEX	1,53–1,60

MEJONIT

DERBER SKAPOLITH

DERBE VARIETÄTEN
Diese beiden Exemplare weisen ein derbes Erscheinungsbild auf. Der Mejonit (rechts) stammt aus Pargas in Finnland.

POLLUCIT

GILGIT (PAKISTAN)
In Gilgit wurden besonders große Kristalle gefunden.

POLLUCIT ist ein wasserhaltiges Aluminiumsilikat aus der Zeolithgruppe, das Calcium, Rubidium und Caesium enthält. Es ist eines der beiden 1846 entdeckten Minerale, die nach den Zwillingen Castor und Pollux aus der griechischen Mythologie benannt wurden. Pollucit wurde nach Pollux benannt, der inzwischen in Petalit (siehe S. 268) umbenannte Castonit nach seinem Zwillingsbruder. Pollucit tritt meist als derbes Aggregat oder in Form abgerundeter, offensichtlich korrodierter Kristalle auf. Er ist meist farblos oder weiß, kann aber auch rosa, blau oder violett sein. Pollucit bildet eine Mischkristallreihe mit Analcim (siehe S. 253). Er ist weltweit nur in seltenerdhaltigen granitischen Pegmatiten anzutreffen, wo er mit Spodumen, Petalit, Quarz, Lepidolith, Eukryptit und Apatit vergesellschaftet ist. Bis 60 cm große Kristalle fand man in Kamdeysh (Afghanistan). Die Lagerstätte am Bernic Lake in der kanadischen Provinz Manitoba umfasst schätzungsweise 350 000 Tonnen überwiegend derben Pollucit, wobei allerdings vereinzelt bis zu 2,5 cm große Kristalle gefunden wurden. Pollucit in Edelsteinqualität kommt von der italienischen Insel Elba und aus den USA.

MYTHOLOGISCHE ZWILLINGE
Pollucit ist nach Pollux benannt, der in diesem Relief von Agostino di Duccio (1418–1481) mit seinem Zwillingsbruder dargestellt ist.

EIGENSCHAFTEN

- **GRUPPE** Silikate – Gerüstsilikate
- **KRISTALLSYSTEM** Kubisch
- **ZUSAMMENSETZUNG** $(Cs,Na)(AlSi_2)O_6H_2O$
- **FARBE** Farblos, weiß, rosa, blau oder violett
- **FORM/HABITUS** Derb
- **HÄRTE** $6^1/_2$–7
- **SPALTBARKEIT** Keine
- **BRUCH** Muschelig bis uneben
- **GLANZ** Glasglanz bis Fettglanz
- **STRICH** Weiß
- **SPEZ. GEWICHT** 2,7–3,0
- **TRANSPARENZ** Durchsichtig bis durchscheinend
- **BRECHUNGSINDEX** 1,51

DERBER POLLUCIT
Dieser Pollucit stammt aus Buckfield im US-Bundesstaat Maine. Kristalle mit scharfen Kanten sind selten.

CAESIUM-ATOMUHR
Pollucit enthält Caesium, das in Atomuhren zur absolut präzisen Zeitmessung verwendet wird.

TREPPENSCHLIFF
Farbloser Pollucit wird für Sammler in verschiedene Formen geschliffen. Der Treppenschliff betont die Transparenz.

KISSENFÖRMIGER SCHLIFF
Als kissenförmiger oder Brillantschliff glitzert farbloser Pollucit besonders schön. Er wird fast nur für Sammler geschliffen.

NOSEAN

CRIPPLE CREEK (USA)
Hier im Bundesstaat Colorado wurde Nosean gefunden.

NOSEAN, der in die gleiche Familie wie Sodalith gehört, ist ein wasserhaltiges Natrium-Aluminiumsilikat-Sulfat. Er wurde 1815 nach dem deutschen Mineralogen Karl Wilhelm Nose benannt. Nosean tritt als derbes oder körniges Aggregat auf. Die dodekaedrischen Kristalle sind selten und kaum mehr als 6 mm lang. Das Farbspektrum reicht von farblos und weiß über grau und braun bis blau. Nosean ist in vulkanischen Gesteinen mit niedrigem Siliciumdioxidgehalt wie z. B. in Phonolith (siehe S. 47) zu finden, wo er oft in kristalliner Form in Hohlräumen anzutreffen ist. Nosean wurde erstmals in der Nähe des Laacher Sees in der Eifel entdeckt. Weitere Funde stammen aus Großbritannien, Italien, Frankreich, von den Kapverden und aus den USA.

EIGENSCHAFTEN

- **GRUPPE** Silikate – Gerüstsilikate
- **KRISTALLSYSTEM** Kubisch
- **ZUSAMMENSETZUNG** $Na_8Al_6Si_6O_{24}(SO_4)\cdot H_2O$
- **FARBE** Farblos, weiß, grau, braun, blau
- **FORM/HABITUS** Derb, körnig
- **HÄRTE** $5^1/_2$
- **SPALTBARKEIT** Schwach ausgeprägt
- **BRUCH** Uneben bis muschelig
- **GLANZ** Glasglanz
- **STRICH** Farblos
- **SPEZIFISCHES GEWICHT** 2,3
- **TRANSPARENZ** Durchsichtig bis durchscheinend

LAVABOMBEN
Spindelförmige Brocken aus geschmolzenem Gestein, das auch Nosean enthält, können von einem Vulkan ausgeschleudert werden und vor dem Auftreffen am Boden erstarren.

NOSEANKRISTALLE
Hier haben sich in einer Gesteinsgrundmasse aus Sanidin kleine, dodekaedrische Noseankristalle gebildet. Auf frischen Kristallflächen ist ein Glasglanz zu erkennen.

SCHICHTSILIKATE

DRAUFSICHT
Jede Schicht eines Schichtsilikats besteht aus sechseckigen Ringen von SiO_4-Tetraedern. In dieser Struktur hat jeder Tetraeder drei Ecken mit anderen SiO_4-Tetraedern gemeinsam. Die vierte Ecke, ein Sauerstoffatom, ist nicht Bestandteil eines anderen Tetraeders. In der Mitte des von den nicht verbundenen Ecken gebildeten Sechsecks ist Platz für eine OH-Gruppe.

SiO_4-Tetraeder

Sechseckiger Ring

Nicht verbundene Ecke

SiO_4-Tetraeder

SEITENANSICHT
In der Seitenansicht erkennt man, dass alle nicht verbundenen Ecken der Tetraeder in die gleiche Richtung zeigen.

SCHICHTSILIKATE oder Phyllosilikate (von Griechisch *phyllos*, »Blatt«) sind, wie der Name besagt, aus flachen Schichten von Silikat-Tetraedern aufgebaut. Diese bestehen aus einem zentralen Siliciumatom und vier Sauerstoffatomen, die die Ecken des Tetraeders bilden. Die Siliciumatome sind auch die Eckpunkte von Sechsecken.

Dass jeder Silikat-Tetraeder ein Sauerstoffatom mit drei anderen Tetraedern teilt, ist auch aus der chemischen Formel der verschiedenen Schichtsilikatminerale ersichtlich, die immer Si_2O_5 oder dessen Vielfaches enthält. Das vierte Sauerstoffatom wird nicht mit anderen Tetraedern geteilt.

KYNANCE COVE, CORNWALL (ENGLAND)
Diese Serpentinitfelsen, die Minerale aus der Serpentingruppe enthalten, stehen im Südwesten Englands.

WILLIAMSIT-CABOCHON
Dieser Cabochon ist durch Einschlüsse ungleichmäßig gefärbt. Williamsit wird u. a. in China und England gefunden.

SERPENTIN

ALS SERPENTIN wird eine Gruppe von mindestens 16 hydrierten Silikatmineralen bezeichnet. Einige davon enthalten reichlich Magnesium, andere Eisen, wieder andere Aluminium, Mangan, Lithium, Nickel, Zink oder Calcium. Die vier Hauptvarietäten, die man auch als Untergruppen für die weniger bedeutenden Varietäten ansehen kann, sind Chrysotil, eine faserige Varietät, die als Asbest (siehe S. 258) verwendet wird, Antigorit, eine Varietät, die in Form welliger Platten oder Fasern vorkommt, Lizardit, eine sehr feinkörnige, blättrige Varietät, und Amesit, der in blättrigen oder pseudohexagonalen, säuligen Kristallen auftritt. Die Minerale der Serpentingruppe sind meist als Massen aus winzigen, miteinander verwachsenen Kristallen anzutreffen. Trotz der komplexen chemischen Zusammensetzung weisen die verschiedenen Varietäten ein ähnliches Erscheinungsbild auf, so dass man die Gruppe als Ganze beschreiben kann. Der Name Serpentin spielt auf das schlangenhautähnliche Aussehen an. Das Farbspektrum umfasst Gelb, Grün, Grau, Weiß und Grünblau. Serpentin ist immer ein Sekundärmineral, d.h., es entsteht aus anderen Mineralen wie Olivin (siehe S. 299), Amphibolen (siehe S. 278–285) oder Pyroxenen

VENUS VOM GALGENBERG
Diese tanzende Figur, die vor mehr als 30 000 Jahren aus Serpentin geschnitten wurde, stammt aus Niederösterreich.

MINOISCHE RELIEFS

Die minoische Kultur auf der Insel Kreta erlebte ihre Blütezeit von etwa 3000 v. Chr. bis 1100 v. Chr. Die Minoer verarbeiteten den vor Ort gefundenen Serpentin zu Vasen, Schalen und anderen kleineren Objekten. Auch die kunstvollen Siegel, für die diese Kultur und die Kulturen Mesopotamiens berühmt sind (siehe S. 105), sind aus Serpentin gearbeitet. Im Gegensatz zu anderen Kulturen aus dieser Epoche stellten die Minoer keine großen Skulpturen her. Auch Reliefs oder Inschriften, in denen die Taten von Königen und Regenten überhöht dargestellt werden, fehlen. Statt dessen wurden oft allgemein praktizierte Riten dargestellt. Auch in anderen Kulturen der Frühzeit wurde weicher Stein zu Reliefs und Gefäßen verarbeitet.

BLÜTENSCHALE
Diese Serpentinschale in Form einer Blüte mit sechs Blütenblättern ist ein typisches Beispiel für den minoischen Stil.

KELCH AUS SERPENTIN
Auf diesem Serpentinkelch, der in der minoischen Stadt Hagia Triada gefunden wurde, ist ein Prinz dargestellt, dem nach einer erfolgreichen Jagd Tierfelle überreicht werden.

EIGENSCHAFTEN

GRUPPE	Silikate – Schichtsilikate
KRISTALLSYSTEM	Monoklin
ZUSAMMENSETZUNG	$(Mg,Fe,Ni)_3Si_2O_5(OH)_4$
FARBE	Weiß, grau, gelb, grün, grünblau
FORM/HABITUS	In der Regel derb oder pseudomorph
HÄRTE	3½–5½
SPALTBARKEIT	Vollkommen, aber nicht erkennbar
BRUCH	Muschelig bis splittrig
GLANZ	Schwacher Glasglanz bis Fettglanz, Harzglanz, erdig, matt
STRICH	Weiß
SPEZ. GEWICHT	2,5–2,6
TRANSPARENZ	Durchscheinend bis undurchsichtig
BRECHUNGSINDEX	1,55 – 1,56

Durchscheinend

Keine Spaltbarkeit

Fettglanz

EDELSERPENTIN
Dieses schöne Exemplar besteht aus verschiedenen Mineralen der Serpentingruppe. Hochwertige Stücke wie dieses werden oft als Jade gehandelt. Serpentin ist aber weicher als echte Jade.

Zwischen den Silikatschichten sind Schichten aus anderen Elementen, meist Metallatomen, eingefügt. Die einzelnen Schichten werden durch die nicht verbundenen Sauerstoffatome nur schwach zusammengehalten, während die Bindungen innerhalb der Schichten sehr stark sind.

Schichtsilikate sind deshalb oft tafelig, blättrig oder flockig und weisen eine ausgeprägte Spaltbarkeit entlang der Schichtebenen auf. Die meisten Schichtsilikate sind auch durch ein geringes spezifisches Gewicht, eine relativ geringe Härte und eine beträchtliche Biegsamkeit und Elastizität der Schichten gekennzeichnet. Die Gruppe der Talkminerale, zu denen Pyrophyllit zählt, und die Glimmergruppe sind typische Beispiele für Schichtsilikate.

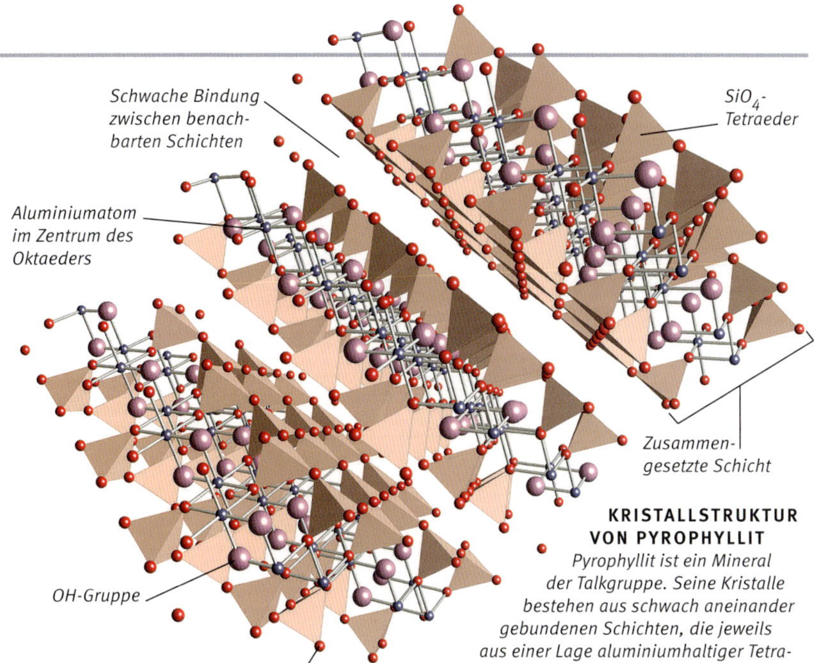

KRISTALLSTRUKTUR VON PYROPHYLLIT
Pyrophyllit ist ein Mineral der Talkgruppe. Seine Kristalle bestehen aus schwach aneinander gebundenen Schichten, die jeweils aus einer Lage aluminiumhaltiger Tetraeder zwischen zwei Silikatlagen bestehen.

(siehe S. 270–277). Gelegentlich ersetzt es den Olivin in Peridotiten vollständig. Auch andere Minerale in anderen Gesteinsarten können ersetzt werden. Das neue, veränderte Mineral wird als Serpentinit bezeichnet. Serpentine sind typischerweise dort anzutreffen, wo stark veränderte, tief verwurzelte Gesteine anstehen, z.B. an Graten großer Auffaltungen, in Inselbögen und in Hochgebirgsketten. Durchscheinende, apfelgrüne Varietäten (die man auch Edelserpentin nennt) sind als »neue Jade« im Handel. Andere Serpentine werden als Ziersteine abgebaut und manchmal als Serpentin-Marmor bezeichnet. Serpentin ist so verbreitet, dass selbst die Aufzählung der bedeutendsten Lagerstätten den Rahmen sprengen würde. Hier seien nur Südengland, die USA, Deutschland, Kanada, China, Afghanistan, Südafrika und Italien genannt.

LIZARDIT

Die Serpentinvarietät Lizardit ist nach der Lizard-Halbinsel in Cornwall (England) benannt. Diese Halbinsel besteht im Wesentlichen aus metamorphen präkambrischen Gesteinen wie Gneis, Schiefer, Gabbro und Serpentin. In dieser Gegend wird schon seit Jahrhunderten Serpentin abgebaut und verarbeitet.

KÄSTCHEN AUS LIZARDIT
Der Deckel dieses Kästchens aus Lizardit ist mit einer Eidechse aus Silber verziert.

SERPENTINFELSEN
Diese Serpentinfelsen liegen im Siskiyou National Forest in Oregon (Kanada).

SERPENTINMINERALE
Hier sind drei repräsentative Vertreter der 16 Minerale aus der Serpentingruppe dargestellt.

CHRYSOTIL

LIZARDIT

ANTIGORIT

CHRYSOTIL

URAL
Der Ural in Russland ist reich an Minerallagerstätten, darunter sind große Chrysotilvorkommen.

EIGENSCHAFTEN

GRUPPE	Silikate – Schichtsilikate
KRISTALLSYSTEM	Monoklin
ZUSAMMENS.	$Mg_3Si_2O_5(OH)_4$
FARBE	Weiß, grün, gelblich, golden
FORM/HABITUS	Faserig
HÄRTE	2–3
SPALTBARKEIT	Vollkommen
BRUCH	Keiner
GLANZ	Schwacher Harzglanz bis Fettglanz
STRICH	Weiß
SPEZIFISCHES GEWICHT	2,6
TRANSPARENZ	Durchscheinend bis undurchsichtig

CHRYSOTIL, die faserige Varietät des Magnesiumsilikatminerals Serpentin (siehe S. 257) ist mit einem Anteil von 95 % das wichtigste Asbestmineral. Der Begriff Chrysotil umfasst tatsächlich drei verschiedene Minerale: Klinochrysotil, Orthochrysotil und Parachrysotil. Sie sind chemisch identisch, aber Orthochrysotil und Parachrysotil kristallisieren nicht im monoklinen, sondern im orthorhombischen System. Als Handstücke sind sie nicht voneinander zu unterscheiden. Klinochrysotil und Orthochrysotil können sogar innerhalb der selben Faser vorkommen. Einzelne Chrysotilfasern sind weiß und seidig, Aggregate in Gängen aber meist grün oder gelblich. Selbst eine goldgelbe Farbe kommt vor – daher der Name, der vom griechischen Wort für »Goldhaar« abgeleitet ist. Chrysotilfasern sind eigentlich dünne Röhrchen, in denen die Schichten spiralig aufgerollt sind.

Chrysotil kommt vorwiegend zusammen mit anderen Serpentinmineralen als Gang in verändertem Peridotit vor. Die Fasern sind in der Regel quer zur Gangrichtung ausgerichtet und weniger als 1,3 cm lang. Große Lagerstätten befinden sich in Québec (Kanada) und im Ural. Auch in England, Schottland, der Schweiz, Serbien, Australien, Mexiko, Südafrika, Simbabwe, Swasiland und den USA wurde Chrysotil gefunden.

CHRYSOTILFASERN
Die faserige Struktur von Chrysotil ist in diesem Exemplar mit seinen biegsamen Chrysotilkristallen auf einer Gesteinsgrundmasse gut zu erkennen.

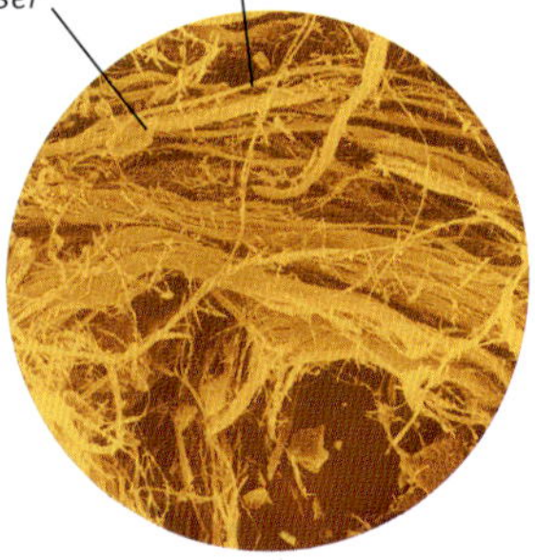

DÜNNSCHLIFF
Dieses Falschfarbenbild einer Elektronenmikroskopaufnahme von Chrysotil zeigt verschränkte Faserröhrchen, die im Wesentlichen parallel ausgerichtet sind.

ASBESTFASERN

Asbest ist kein Mineralname, sondern eine allgemeine Bezeichnung für verschiedene Minerale, die lange, biegsame Fasern bilden. Neben Chrysotil zählen auch Amphibole zu den Asbestmineralen, darunter die faserigen Formen von Aktinolith, Tremolit, Anthophyllit und Riebeckit. Asbestfasern werden durch Zermalmen des umgebenden Gesteins freigelegt und dann weiter getrennt. Früher wurden die längsten Fasern zu einem Garn gesponnen, während die kürzeren in Papier, Pappe und Baustoffen verwendet wurden. Asbest wurde auch für Bremsbeläge, Dichtungen und Dämmmaterial, als Dachschindeln und Bodenbelag eingesetzt. Asbestgewebe wurde für Schutzkleidung und Theatervorhänge verwendet. In den 1970er-Jahren erkannte man, dass das Einatmen von Asbestfasern eine besonders aggressive Form von Lungenkrebs verursachen kann. Deshalb werden heute in den meisten Ländern keine Asbestprodukte mehr verwendet.

ASBESTARBEITER
Bei der Entfernung von Asbest aus Gebäuden, Schiffen und anderen Anlagen muss Schutzkleidung getragen werden.

ALTLASTEN
Asbestabfälle stellen in einigen Gegenden eine Gefahr für die Umwelt dar.

KAOLINITABBAU
Diese Kaolinitmine bei Gunheath ist das Zentrum der Porzellanindustrie in Cornwall. Kaolinit baut man auch in China, Chile, Deutschland, Russland, der Tschechischen Republik, Frankreich und Brasilien ab.

KAOLINIT

TONMINERALE sind ihrem Aussehen nach weit von den attraktiveren und glanzvolleren Mineralen wie Gold und Diamanten entfernt. Und doch haben sie als Ausgangsmaterial für Tongefäße und Ziegel eine wichtige Rolle für den Fortschritt in der menschlichen Zivilisation gespielt. Eines dieser wichtigen Minerale ist Kaolinit. Sein Name leitet sich von einem Hügel in China (Kaoling) ab, wo er jahrhundertelang abgebaut wurde.

Kaolinit ist ein Aluminiumsilikathydrat, das mikroskopisch kleine Plättchen in kompakten oder körnigen Massen und glimmerähnlichen Aggregaten bildet. Die Kristalle sind nur 0,1 bis 10 Mikrometer lang. Drei weitere Minerale, Dickit, Nakrit und Halloysit, sind chemisch identisch mit Kaolinit, kristallisieren aber im monoklinen System. Alle vier sind äußerlich oft nicht zu unterscheiden.

Kaolinit entsteht durch Einwirkung von Wasser, gelöstem Kohlendioxid und organischen Säuren aus Glimmer, Plagioklas- und Alkalifeldspaten. Er ist oft mit anderen Tonmineralen, Quarz, Glimmer, Sillimanit, Turmalin und Rutil vergesellschaftet. Kaolinit wird aus dem Gestein Kaolin gewonnen. Kaolin wird im Rohzustand und in verarbeiteter Form in der Landwirtschaft eingesetzt, außerdem als Füllstoff in Lebensmitteln (z.B. Schokolade), mit Pektin vermischt als Medikament gegen Durchfall, als Bindemittel in Puder, als Füllstoff und zur Verstärkung in Gummi, als Füllstoff in Farben und als Antihaftmittel in Gießereien.

NIGERIANISCHE MASKE
Diese etwa 100 Jahre alte Helmmaske besteht überwiegend aus Holz und Kaolin.

PORZELLANTON

Kaolinit ist der Hauptbestandteil von Porzellanton, dem weichen, weißen Ton, aus dem Porzellan hergestellt wird. Wenn dem Ton 20–35 % Wasser hinzugefügt wird, kann er in eine dauerhafte Form gepresst werden. Auf diese Weise lassen sich komplizierte Keramikprodukte wie Geschirr und Figuren herstellen. Kaolinit war der wichtigste Bestandteil von chinesischem Porzellan. In Europa wird Porzellan seit dem 17. Jahrhundert hergestellt. Der Abbau von Kaolin ist zu einem wichtigen Industriezweig geworden. Man nimmt an, dass große Lagerstätten entstanden, als Feldspat aus Gesteinen wie Granit herauserodierte und sich am Grund von Seen ablagerte, wo er dann zu Kaolin verwitterte.

CHINESISCHES PORZELLAN
Diese blau bemalten Porzellanbecher entstanden zur Zeit der Ming-Dynastie (1368–1644).

TONABBAU IN CORNWALL
Die Entdeckung von Porzellanton in Cornwall im Jahr 1746 ermöglichte den Aufbau einer Porzellanindustrie in England.

PAPIERROLLEN
Kaolin wird u. a. zur Papierherstellung verwendet. Glanzpapier hat einen hohen Kaolingehalt.

UNREINER KAOLINIT
Kaolinit kann mit anderen Oxiden vermischt sein. Hier ist Eisenoxid für die orange Färbung verantwortlich.

EIGENSCHAFTEN

GRUPPE	Silikate – Schichtsilikate
KRISTALLSYSTEM	Triklin
ZUSAMMENS.	$Al_2Si_2O_5(OH)_4$
FARBE	In reinem Zustand weiß
FORM/HABITUS	Derb
HÄRTE	2–2½
SPALTBARKEIT	Vollkommen
BRUCH	Nicht beobachtbar
GLANZ	Erdig
STRICH	Weiß
SPEZIFISCHES GEWICHT	2,6
TRANSP.	Undurchsichtig

KAOLINIT AUS CORNWALL
Dieser Kaolinit aus der Goonbarrow-Grube in Cornwall (England) ist aus verwittertem Kaliumfeldspat entstanden.

URAL
Talk kommt unter anderem aus dem Ural in Russland.

TALK

TALK ist ein häufig vorkommendes Mineral, das durch seine extrem geringe Härte leicht zu erkennen ist. Es ist meist als blättriges, faseriges oder derbes Aggregat anzutreffen, Kristalle sind selten. Talk kann weiß, farblos, blass- bis dunkelgrün und gelblich bis braun sein und ist oft mit anderen Mineralen wie Serpentin und Calcit vermengt. Dichter, besonders reiner Talk wird als Steatit oder Speck- bzw. Seifenstein bezeichnet.

Das weit verbreitete Mineral entsteht durch Metamorphose in Gängen und magnesiumreichen Gesteinen. Talk ist oft mit Serpentin, Tremolit und Forsterit vergesellschaftet und bildet sich aus sehr dunklen magmatischen Gesteinen. Talk wird u. a. in Schmiermitteln, zur Behandlung von Leder und zur Herstellung von Keramikgegenständen, Papier, Kunststoffen und Gummi eingesetzt.

METAMORPHES MINERAL
Die Linien in diesem Exemplar entstanden durch Belastung bei der Metamorphose.

EIGENSCHAFTEN

GRUPPE	Silikate – Schichtsilikate
KRISTALLSYSTEM	Triklin oder monoklin
ZUS.	$Mg_3Si_4O_{10}(OH)_2$
FARBE	Weiß, farblos, grün, gelb bis braun
FORM/HABITUS	Blättrige und faserige Massen
HÄRTE	1
SPALTBARKEIT	Vollkommen
BRUCH	Uneben bis schwach muschelig
GLANZ	Perlmuttglanz bis Fettglanz
STRICH	Weiß
SPEZIFISCHES GEWICHT	2,8
TRANSP.	Durchscheinend

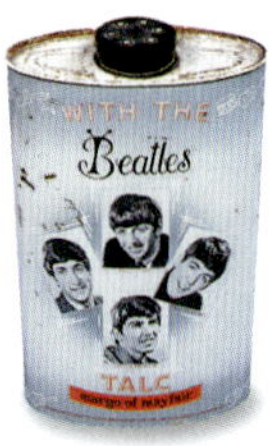

HYGIENEARTIKEL
Fein gemahlener Talk ist der Hauptbestandteil von Talkpuder und anderen Hygieneartikeln.

SPECKSTEIN

Speckstein ist eine kompakte Masse aus Talk und anderen Mineralen, die sich seifig oder speckig anfühlen. Er wird seit der Antike für Schnitzereien, Ornamente und Gebrauchsgegenstände verwendet. In neuerer Zeit kamen die Inuit Kanadas für ihre Vogel- und Tierdarstellungen aus Speckstein zu Ruhm.

RELIQUIAR
Das buddhistische Reliquiar mit schmalem Fuß und Hals und federartigen Verzierungen besteht aus Speckstein.

LÖWENHUND
Dieser chinesische Löwenhund ist Teil eines Siegels (»Chop«) aus Speckstein.

BISBEE (USA)
Pyrophyllit wird in den USA unter anderem in Bisbee, Arizona, abgebaut.

PYROPHYLLIT

DAS ALUMINIUM-SILIKATHYDROXID Pyrophyllit bildet nur selten erkennbare Kristalle. Es ist meist in körnigen Massen aus flachen Lamellen anzutreffen, oft aber so feinkörnig, dass keine Struktur zu erkennen ist. Gelegentlich kommen grobe Brocken und strahlige Aggregate vor. Das Mineral kann farblos, weiß, cremeweiß, braungrün, blassblau oder grau sein. Der Name Pyrophyllit ist aus den griechischen Wörtern für »Feuer« und »Blatt« abgeleitet, da dieses Mineral bei Erhitzung abblättert.

Pyrophyllit entsteht bei niedrigem Metamorphosegrad aus aluminiumreichen Sedimentgesteinen wie Bauxit. Er wurde im alten China zu kleinen Bildnissen und Ornamenten verarbeitet. Wirtschaftlich bedeutende Lagerstätten gibt es in den USA, in Kanada und in Südafrika. Grobe, strahlige Aggregate wurden in Brasilien und Georgia (USA) gefunden.

KOMMERZIELLE VERWENDUNG

Pyrophyllit wird als Füllstoff in Farben und Gummi, Kosmetikartikeln und Pudern verwendet. »Talk«-Puder kann manchmal auch aus Pyrophyllit bestehen. Auf Grund seines hohen Schmelzpunkts und seiner geringen elektrischen Leitfähigkeit eignet sich Pyrophyllit hervorragend als Isolationsmaterial. Die wichtigsten Erzeugerländer sind China, Korea und die USA.

KOSMETIK
Feines Pyrophyllitpulver verleiht Lippenstiften einen besonderen Glanz.

FEUERFESTE ZIEGEL
Die hervorragenden Isolationseigenschaften von Pyrophyllit machen ihn zu einem begehrten Hitze abweisenden Material.

EIGENSCHAFTEN

GRUPPE	Silikate – Schichtsilikate
KRISTALLSYSTEM	Triklin oder monoklin
ZUSAMMENSETZUNG	$Al_2Si_4O_{10}(OH)_2$
FARBE	Weiß, farblos, braungrün, blassblau, grau
FORM/HABITUS	Kompakte Massen
HÄRTE	1–2
SPALTBARKEIT	Vollkommen
BRUCH	Uneben
GLANZ	Perlmuttglanz bis matt
STRICH	Weiß
SPEZIFISCHES GEWICHT	2,7–2,9
TRANSPARENZ	Durchsichtig bis durchscheinend

PYROPHYLLITSTERNE
Dieses Pyrophyllitaggregat mit Quarz weist strahlige Kristallanordnungen auf.

SOUTH DAKOTA (USA)
Die Black Hills in South Dakota bestehen zum Teil aus Muskovit.

MUSKOVIT

MUSKOVIT oder gewöhnlicher Glimmer ist das häufigste Mineral der Glimmergruppe. Er bildet typischerweise tafelige Kristalle mit hexagonalem oder pseudohexagonalem Umriss, aber auch lamellenförmige Massen und feinkörnige Aggregate. Muskovit ist in der Regel farblos oder silbrig weiß, kann aber auch braun, hellgrau, blassgrün oder rosarot sein. Er ist ein sehr weit verbreitetes gesteinsbildendes Mineral in metamorphen Gesteinen, in Graniten und in Gängen und Pegmatiten. In Indien wurde ein Einzelkristall mit einem Durchmesser von 3 m und einer Länge von 5 m gefunden.

GLIMMERGRUPPE

Glimmer zählen zu den wichtigsten gesteinsbildenden Mineralen. Sie sind Schichtsilikate mit starken Bindungen innerhalb einer Schicht aus Tetraedern und schwachen Bindungen zwischen den Schichten. Die Minerale weisen eine vollkommene Spaltbarkeit in dünne, biegsame Platten auf. Glimmer sind Kalium-Aluminiumsilikathydrate, die z. T. auch Natrium, Lithium, Magnesium oder Eisen enthalten können.

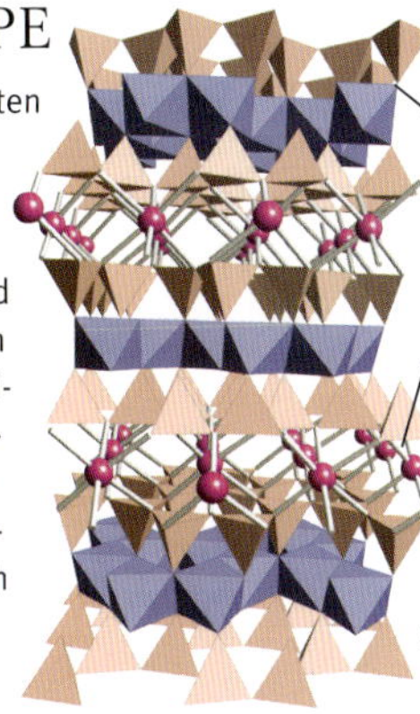

KRISTALLSTRUKTUR VON MUSKOVIT

FENSTER AUS GLIMMER
Dünne, durchsichtige Glimmerplatten zerbrechen kaum und eignen sich gut als Fenster.

GLIMMER AUS HOPEWELL
Dieser Vogelfuß wurde zwischen 500 v. Chr. und 500 n. Chr. bei Iowa (USA) aus Glimmer hergestellt.

FLACHE KRISTALLE
Dieses Exemplar besteht aus einer Gruppe tafeliger Muskovitkristalle und grünen Apatitkristallen.

EIGENSCHAFTEN

GRUPPE Silikate – Schichtsilikate
KRISTALLSYSTEM Monoklin
ZUSAMMENSETZUNG $KAl_2(Si_3Al)O_{10}(OH,F)_2$
FARBE Farblos, silberweiß, blassgrün, rosa, braun
FORM/HABITUS Tafelig
HÄRTE $2\frac{1}{2}$
SPALTBARKEIT Vollkommen in basaler Richtung
BRUCH Uneben
GLANZ Glasglanz
STRICH Farblos
SPEZIFISCHES GEWICHT 2,8
TRANSPARENZ Durchsichtig bis durchscheinend

ANTRIM
In dieser Region in Nordirland ist Glaukonit zu finden.

GLAUKONIT

GLAUKONIT ist ein Vertreter der Glimmergruppe, der 1828 in Anspielung auf seine Farbe nach dem griechischen Wort *glaukos* für »blaugrün« benannt wurde. Das weit verbreitete Mineral kommt in Form runder Aggregate und kleiner feinkörniger, schuppiger Pellets vor. Es bildet sich in flachen Meereszonen. Glaukonitsandstein hat seine grüne Farbe vom enthaltenen Glaukonit.

EIGENSCHAFTEN

GRUPPE Silikate – Schichtsilikate
KRISTALLSYSTEM Monoklin
ZUSAMMENSETZUNG $(K,Na)(Mg,Al,Fe)_2(Si,Al)_4O_{10}(OH)_2$
FARBE Gelbgrün, grün, blaugrün
FORM/HABITUS Abgerundete Aggregate
HÄRTE 2
SPALTBARKEIT Vollkommen in basaler Richtung
BRUCH Uneben
GLANZ Matt bis erdig
STRICH hellgrün
SPEZ. GEWICHT 2,4–2,9
TRANSPARENZ Durchscheinend bis undurchsichtig

FEINE KÖRNER
Dieses typische derbe Aggregat enthält Glaukonitkörner.

STERLING HILL
Hier in New Jersey (USA) wird Phlogopit abgebaut.

PHLOGOPIT

PHLOGOPIT ist ein Mineral aus der Glimmergruppe. Sein Name ist in Anspielung auf rotbraune Varietäten vom griechischen *phlogos* (»feuerähnlich«) abgeleitet. Kristalle sind tafelig bis pseudohexagonal. Meist ist Phlogopit aber als blättriges Aggregat anzutreffen. Er kann farblos, blassgelb und rot- bis dunkelbraun sein. Gelegentlich tritt Asterismus (siehe S. 152) auf. Phlogopit kommt verbreitet in metamorphem Kalkstein und in magmatischen Gesteinen vor.

EIGENSCHAFTEN

GRUPPE Silikate – Schichtsilikate
KRISTALLSYSTEM Monoklin
ZUS. $KMg_3AlSi_3O_{10}(OH)_2$
FARBE Farblos, blassgelb bis braun
FORM/HABITUS Tafelig oder pseudohexagonal
HÄRTE $2\frac{1}{2}$–3
SPALTBARKEIT Vollkommen in basaler Richtung
BRUCH Uneben
GLANZ Perlmuttglanz bis schwacher Metallglanz
STRICH Bräunlich weiß
SPEZIFISCHES GEWICHT 2,9
TRANSPARENZ Durchsichtig bis durchscheinend

PHLOGOPIT-KRISTALLE
Diese pseudohexagonalen Phlogopitkristalle sind in eine Gesteinsgrundmasse eingewachsen.

PIKE'S PEAK (USA)
Hier in Colorado findet man schöne Biotitexemplare.

BIOTIT

BIOTIT oder schwarzer Glimmer ist ein weit verbreitetes Mineral in magmatischen und metamorphen Gesteinen. In Graniten und granitischen Pegmatiten bildet er große tafelige bis kurzsäulige Kristalle, oft mit pseudohexagonalem Querschnitt. Biotit ist in der Regel schwarz oder braun, er kann aber auch blassgelb, hautfarben oder bronzefarben sein. Biotit lässt sich leicht in dünne, biegsame Platten spalten. Nennenswerte Lagerstätten befinden sich in Mull (Schottland), Bancroft (Kanada) und einigen US-Bundesstaaten.

JEAN BIOT (1774–1862)
Biotit wurde 1847 nach dem französischen Physiker Jean Biot benannt, der die optischen Eigenschaften von Glimmer untersuchte.

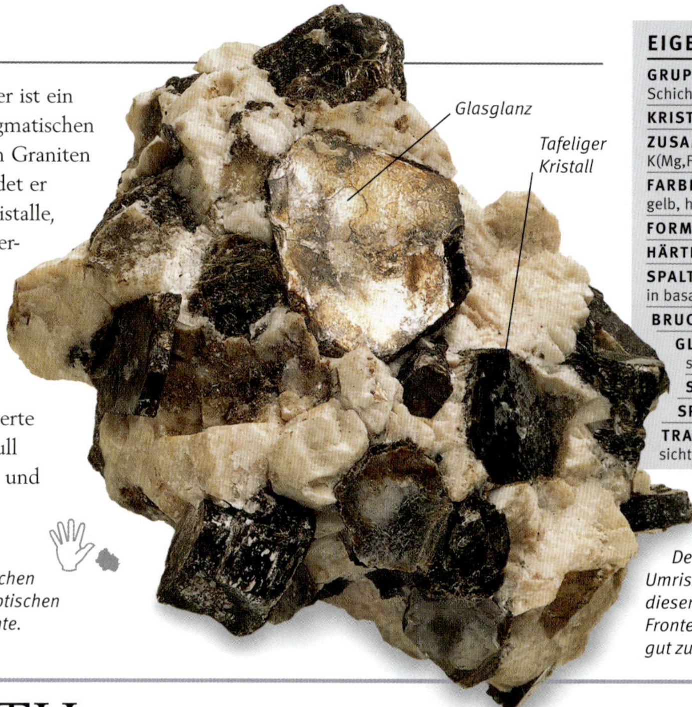

DUNKLER GLIMMER
Der pseudohexagonale Umriss vieler Kristalle ist in diesem Biotit in Calcit aus Frontenac County in Kanada gut zu erkennen.

EIGENSCHAFTEN

GRUPPE Silikate – Schichtsilikate
KRISTALLSYSTEM Monoklin
ZUSAMMENSETZUNG $K(Mg,Fe)_3(Al\ Si_3)O_{10}(OH,F)_2$
FARBE Schwarz, braun, blassgelb, hautfarben, bronze
FORM/HABITUS Tafelig
HÄRTE 2½–3
SPALTBARKEIT Vollkommen in basaler Richtung
BRUCH Uneben
GLANZ Glasglanz bis schwacher Metallglanz
STRICH Weiß bis blass
SPEZ. GEWICHT 2,7–3,4
TRANSPARENZ Durchsichtig bis durchscheinend

DIXON, NEW MEXICO (USA)
Lepidolith ist u. a. in New Mexico zu finden.

LEPIDOLITH

DIESER HELLE GLIMMER mit hohem Lithiumgehalt ist das am häufigsten vorkommende lithiumhaltige Mineral. Der Name ist von den griechischen Wörtern *lepidos* (»Schuppen«) und *lithos* (»Stein«) abgeleitet. Kristalle können pseudohexagonal erscheinen. Lepidolith ist auch in traubigen oder nierenförmigen Massen und in fein- bis grobkörnigen Platten anzutreffen. Durch seine vollkommene Spaltbarkeit lässt er sich in dünne, biegsame Platten teilen. Die typische Farbe ist ein blasses Lila, Lepidolith kann aber auch farblos, blassgelb oder grau sein. Er zählt zu den wenigen Mineralen mit nennenswertem Rubidiumgehalt, anhand dessen sich Gesteine mit einem Alter von mehr als 10 Millionen Jahren datieren lassen. Lepidolith kommt fast nur in granitischen Pegmatiten vor, wo er mit anderen lithiumhaltigen Mineralen, Beryll, Topas, Quarz, Turmalin und Spodumen vergesellschaftet ist. Größere Lagerstätten gibt es im Ural (Russland), Skuleboda (Schweden), Coolgardie (Westaustralien), Penig (Sachsen), der Tschechischen Republik, Bernic Lake (Kanada), Itinga (Brasilien), Honshu (Japan) und an mehreren Orten der USA. Lepidolith ist als Lithiumerz und für die Glas- und Emailherstellung von Bedeutung.

LITHIUM ALS HIGH-TECH-WERKSTOFF

Lithium, ein weiches, weißes Metall, ist das leichteste der festen chemischen Elemente. Ein neues Einsatzgebiet sind elektrooptische Keramiken – optisch transparente Materialien, deren Eigenschaften sich bei Anlegen einer Spannung ändern. Lithiumniobat ($LiNbO_3$) und Lithiumtantalit ($LiTaO_3$) werden in Schaltern, Modulatoren und Demodulatoren für eine schnelle optische Datenübertragung eingesetzt.

WETTERBALLON
Aus Lithiumhydrid wird Wasserstoff für Wetterballons hergestellt.

TYPISCHE FARBE
Aus diesem Pegmatit ragen zahlreiche violette Lepidolithkristalle heraus. Der pseudohexagonale Umriss vieler Kristalle ist deutlich zu erkennen.

EIGENSCHAFTEN

GRUPPE Silikate – Schichtsilikate
KRISTALLSYSTEM Monoklin
ZUSAMMENSETZUNG $K(Li,Al_3)(AlSi_3)O_{10}(OH,F)_2$
FARBE Fliederfarben, farblos, gelb, grau
FORM/HABITUS Tafelig bis kurzsäulig
HÄRTE 2½–3½
SPALTBARKEIT Vollkommen in basaler Richtung
BRUCH Uneben
GLANZ Glasglanz bis Perlmuttglanz
STRICH Farblos
SPEZIFISCHES GEWICHT 3,0
TRANSPARENZ Durchsichtig bis durchscheinend

TSCHECHISCHE REPUBLIK
Hier wurden größere Mengen Vermiculit gefunden.

VERMICULIT

UNTER DER BEZEICHNUNG Vermiculit wird eine Gruppe von Silikatmineralen mit verschiedenen Ersetzungen in der Molekularstruktur zusammengefasst. Auch eine Tonsorte wird so bezeichnet. Vermiculit kann Schichtstrukturen mit anderen Glimmern und tonartigen Mineralen bilden. Er kommt in Form tafeliger, pseudohexagonaler Kristalle oder blättriger Aggregate vor. Bei Erhitzung auf knapp 300 °C nimmt seine Dicke sehr schnell bis auf das 20-fache zu. Er kommt in großen pseudomorphen Formen als Ersetzungsmineral von Biotit vor, aber auch in Form kleiner Partikel in Böden und alten Sedimenten, an der Grenzfläche zwischen Felsen, Intrusivkörpern und dunklen (mafischen) Gesteinen sowie als Resultat hydrothermaler Einwirkungen auf eisenhaltige Glimmer. Große Lagerstätten befinden sich in Australien, Südafrika, Libyen, Mexiko, Frankreich, der Tschechischen Republik und den USA.

Pseudohexagonaler Umriss

Blättriger Habitus

VERMICULITSCHICHTEN
Dieser Vermiculit stammt aus dem US-Bundesstaat Pennsylvania.

EIGENSCHAFTEN	
GRUPPE	Silikate – Schichtsilikate
KRISTALLSYSTEM	Monoklin
ZUSAMMENSETZUNG	$(Mg,Fe,Al)_3(Al,Si)_4O_{10}(OH)\cdot 4H_2O$
FARBE	Grauweiß, goldbraun
FORM/HABITUS	Blättrige, expandierte Kristalle
HÄRTE	1–2
SPALTBARKEIT	Vollkommen
BRUCH	Uneben
GLANZ	Ölig bis erdig
SPEZIFISCHES GEWICHT	2,6
TRANSPARENZ	Durchscheinend

VERWENDUNG

Vermiculit, der sich durch Hitze ausgedehnt hat, hat ein sehr geringes Gewicht. Er wird in Beton und Gips, als Wärme- und Schallisolation, als Verpackungsmaterial, als Füllstoff in Papier, Farben und Kunststoffen, als Substrat für Keimlinge und als Bodenverbesserer eingesetzt.

SUBSTRAT FÜR PFLANZEN
Vermiculit wird im Gartenbau gern als Substrat verwendet, da er Wasser speichert und eine gute Belüftung bietet.

ISOLATIONSMATERIAL
Vermiculit wird oft beim Dachausbau zur Wärmedämmung eingesetzt.

URAL
Im Ural wurden Fuchsitlagerstätten gefunden.

FUCHSIT

FUCHSIT, die chromhaltige Varietät von Muskovit tritt meist in konzentrischen, gekrümmten Aggregaten oder als Flocken auf. Durch seine vollkommene Spaltbarkeit lässt er sich in dünne, biegsame Platten teilen. Die Farbintensität ist vom Chromanteil, der bis zu 25 % betragen kann, abhängig. Fuchsit ist u. a. an Stellen zu finden, an denen hydrothermale Lösungen Carbonate in Goldlagerstätten ersetzt haben. Fundstätten gibt es in New Hampshire (USA) und Manitoba (Kanada).

EIGENSCHAFTEN	
GRUPPE	Silikate – Schichtsilikate
KRISTALLSYSTEM	Monoklin
ZUS.	$K(Cr,Al)_2(AlSi_3)O_{10}(OH,F)_2$
FARBE	Hell- bis mittelgrün
FORM/HABITUS	Gekrümmte Aggregate
HÄRTE	2½
SPALTB.	Basal vollkommen
BRUCH	Uneben
GLANZ	Glas- bis Perlmuttglanz
STRICH	Weiß
SPEZ. GEWICHT	2,8–2,9
TRANSPARENZ	Durchsichtig bis undurchsichtig

FUCHSIT AUS MEXIKO
In diesem Exemplar sind die charakteristischen gekrümmten Aggregate gut zu sehen.

Gekrümmtes Aggregat

PIKE'S PEAK (USA)
In dieser Region in Colorado wurde Zinnwaldit gefunden.

ZINNWALDIT

ZINNWALDIT ist ein Mineral der Glimmergruppe. Die Kristalle sind tafelig bis kurzsäulig, oft mit pseudohexagonalem Umriss. Er ist in hydrothermalen Gängen und granitischen Pegmatiten anzutreffen. Funde stammen aus Altenburg (Deutschland), Zinnwald/Cinovec (Tschechische Republik), Baveno (Italien), verschiedenen Orten in Japan, Virgem de Lapa (Brasilien) sowie Pike's Peak und Amelia Court House (beide USA).

EIGENSCHAFTEN	
GRUPPE	Silikate – Schichtsilikate
KRISTALLSYSTEM	Monoklin
ZUSAMMENSETZUNG	$K(LiFeAl)_3(AlSi_3)O_{10}(F,OH)_2$
FARBE	Graubraun
FORM/HABITUS	Tafelig bis kurzsäulig
HÄRTE	2½–4
SPALTBARKEIT	Vollkommen
BRUCH	Uneben
GLANZ	Glasglanz bis Perlmuttglanz
STRICH	Weiß
SPEZIFISCHES GEWICHT	2,9–3,0
TRANSPARENZ	Durchsichtig bis durchscheinend

ZINNWALDIT AUS TSCHECHIEN
Dieses Exemplar stammt von einer klassischen Fundstätte: Cinovec im Erzgebirge (Tschechien).

Glasglanz

TONMINERALE

GREEN RIVER (USA)
Rissiger, trockener Ton aus Sedimenten säumt die Ufer des Green River in Utah.

TONMINERALE DÜRFEN nicht mit »Ton« verwechselt werden, das ein sehr feinkörniges, eher plastisches Gestein bezeichnet. Beim Töpfern mit »Ton« wird ein Material verwendet, das aus verschiedenen Tonmineralen und kleinen Partikeln anderer Minerale (unter 0,005 mm lang) zusammengesetzt ist. Tongesteine und Tonminerale haben einige Eigenschaften gemeinsam, etwa die Fähigkeit, aufzuquellen.

TONGEWINNUNG IN PERU
Dieser Arbeiter in Chinipampa (Peru) baut Ton für die Herstellung von Ziegeln ab. Gebrannte und luftgetrocknete Ziegel zählen zu den wichtigsten Baumaterialien.

TERRAKOTTAFIGUR
In der Kultur der Maya wurden aus Ton nicht nur Gefäße, sondern auch Terrakottafiguren hergestellt.

STRUKTUR DER TONMINERALE

Die Tonminerale sind eine Gruppe von Schichtsilikaten, die überwiegend im monoklinen System kristallisieren. Sie sind in der Regel weiß, beige oder gelblich und bilden nur selten erkennbare Kristalle aus. Die verschiedenen Tonminerale sind kaum zu unterscheiden. Unter dem Mikroskop erkennt man pseudohexagonale Kristallplättchen. Tonminerale bestehen in der Regel aus zwei Struktureinheiten: einer Schicht aus Silicium-Sauerstoff-Tetraedern, die in einem zweidimensionalen hexagonalen Netzwerk angeordnet sind, und zwei Schichten aus dicht gepackten Sauerstoff- oder Hydroxyl-Ionen. Die zweite Komponente kann Metalle (meist Natrium, Calcium, Aluminium, Magnesium oder Eisen) aufnehmen.

Die meisten Tone entstehen durch Verwitterung von Feldspaten oder anderen aluminiumreichen Mineralen. Je nach Klima und Menge, Zusammensetzung und Fließgeschwindigkeit des an der Verwitterung beteiligten Wassers können unterschiedliche Tonminerale entstehen. Tonminerale sind in Sedimentgesteinen wie Mergel und Schieferton, in Sedimenten marinen Ursprungs und in Böden weit verbreitet.

DÜNNSCHLIFF
Der blättrige, pseudohexagonale Habitus der Tonminerale ist im Dünnschliff deutlich zu erkennen. Die Plastizität wird durch die blättrige Struktur bewirkt.

ARTEN UND VERWENDUNG

Es gibt über ein Dutzend verschiedener Tonminerale unterschiedlicher Herkunft. Dazu werden Montmorillonit, Nontronit, Kaolinit (siehe S. 259), Dickit, Nakrit, Illit, Glaukonit und Seladonit gerechnet, manchmal auch Chlorite, Vermiculit (siehe S. 263) und Pyrophyllit. Tongesteine bestehen in der Regel aus verschiedenen Tonmineralen. Der am Grund von Flüssen, Seen und Meeren abgelagerte sedimentäre Ton besteht vorwiegend aus Illit und Kaolinit, kann aber noch viele andere Minerale enthalten. Aus ihm stellt man Ziegel her.

BENTONIT

HALLOYSIT

ILLIT

BRAUNER NONTRONIT

GRÜNER NONTRONIT

VERSCHIEDENE TONMINERALE
Die abgebildeten Tonminerale zeigen eine Auswahl aus dem breiten Spektrum. Obwohl sie hier recht unterschiedlich aussehen, sind sie in der Praxis oft schwer auseinanderzu halten.

Das Tongestein Bentonit, das hauptsächlich in vulkanischer Asche vorkommt, besteht zu einem großen Teil aus dem Tonmineral Montmorillonit und wird bei der Erdölförderung als Bohrschlamm (eine Suspension aus Tonen, chemischen Zusatzstoffen und Stoffen mit hohem Gewicht) eingesetzt. Porzellanton, der bei der Verwitterung von Granit entsteht, besteht überwiegend aus Kaolinit, kann aber auch andere Tonminerale enthalten. Er wird u.a. zur Herstellung von Porzellan, als Füllstoff in Farben und in pharmazeutischen Produkten verwendet. Weniger reiner Porzellanton mit größeren Anteilen an Illit und anderen Mineralen wird als Rohstoff für hochwertige Keramiken verwendet.

TERRAKOTTAGESCHIRR
Schon seit mehreren Tausend Jahren werden Terrakotta-Keramiken aus Ton hergestellt.

ROTE DÄCHER
Ton wird vielerorts für Ziegel verwendet wie hier auf den steilen Dächern inLübeck (Deutschland). Wo Ton in ausreichenden Mengen vorhanden ist, wird er schon seit Jahrhunderten genutzt.

EIGENSCHAFTEN VON MONTMORILLONIT

GRUPPE	Silikate – Schichtsilikate
KRISTALLSYSTEM	Monoklin
ZUSAMMENSETZUNG	$(Na,Ca)(Al,Mg)_2Si_4O_{10}(OH)_2 \cdot nH_2O$
FARBE	Weiß bis grauweiß, blassgelb, rosa
FORM/HABITUS	Plattig
HÄRTE	1–2
SPALTBARKEIT	Vollkommen
BRUCH	Uneben
GLANZ	Erdig
STRICH	Weiß
SPEZ. GEWICHT	2,1
TRANSPARENZ	Durchsichtig bis undurchsichtig

MONTMORILLONIT
Montmorillonit ist ein Tonmineral, das vorwiegend in Bentonitsedimenten zu finden ist. In diesem Exemplar sind Kristalle erkennbar – eine Seltenheit bei Tonmineralen.

MINGUN PAYA
Der Bau der nicht fertig gestellten Pagode von Mingun Paya in Myanmar wurde im 18. Jahrhundert unter König Bodawpaya begonnen. Die Pagode wäre 150 m hoch geworden. Sie ist heute noch das weltgrößte ganz aus Ziegeln errichtete Bauwerk.

ZIEGEL

Ton war nach Feuerstein das nächste bedeutende Mineral in der Frühgeschichte der Menschheit. Tongefäße wurden schon lange vor Beginn der Geschichtsschreibung verwendet. Gigantische Bauwerke wie die Zikkurat in Mesopotamien (zu denen auch der Turm von Babel zählt), wurden aus Ziegeln errichtet. Man nimmt an, dass auch die Erbauer der ersten Steinpyramide von älteren Ziegelbauten inspiriert wurden. Die Verwendung von Ziegeln war aber nicht auf kultische Bauwerke beschränkt. Ganze Städte wie Ur, Babylon, Ninive und praktisch alle ländlichen Häuser im alten Mesopotamien waren aus Ziegeln gebaut.

MODERNE LEHMZIEGEL

Ungebrannte Lehmziegel sind bei weitem kein veraltetes Baumaterial. Dort, wo schon im Altertum Bauten aus Lehmziegeln errichtet wurden, sind diese Ziegel auch heute noch das billigste und am besten verfügbare Baumaterial. In den trockenen Klimazonen Nord- und Südamerikas sind Lehmziegel, die dort unter dem Namen Adobe bekannt sind, auch für modernste Wohngebäude beliebt.

Plastizität im feuchten und Zusammenhalt im festen Zustand machen Ton auch ideal zur Auskleidung und Abdichtung von Dämmen, Kanälen und Reservoirs. Außerdem ist Ton ein wichtiger Bestandteil von Portlandzement.

GEBRANNTE ZIEGEL

Die gewöhnlichen Ziegel in der antiken Welt wurden in der Sonne getrocknet. Für besonders bedeutende Gebäude wurden aber auch damals schon gebrannte Ziegel verwendet. Ab dem 1. Jahrhundert v. Chr. errichteten die Römer aus gebrannten Ziegeln Bauwerke, die heute noch stehen, so z. B. die Caracalla-Thermen in Rom. Die Byzantiner übernahmen die römischen Bautechniken und gaben sie an die Osmanen weiter. Im 11. Jahrhundert wurde auch in Italien die Verwendung von gebrannten Ziegeln in der Architektur üblich. In den folgenden beiden Jahrhunderten verbreitete sich das entsprechende Wissen in ganz Europa und schließlich auch in Amerika.

ZIEGELHERSTELLUNG
Arbeiter in Dhaka (Bangladesh) stapeln Rohziegel aus Flussschlamm, bevor sie gebrannt werden.

MOSCHEE VON DJENNÉ
Die große Moschee in dieser alten Handelsstadt im südlichen Mali ist aus Lehmziegeln gebaut.

CHAMOSIT

CHAMOSON
Chamosit wurde in Chamoson in den Schweizer Alpen entdeckt.

CHAMOSIT ist in der Regel derb und oft als erdiges Aggregat anzutreffen. Seine Kristalle können tafelig, pseudohexagonal oder pseudorhomboedrisch sein. Er kommt überwiegend in eisenhaltigen Sedimentgesteinen wie Chamosit-Oolith, in marinem Ton und in einigen schwach metamorphen eisenhaltigen Gesteinen vor. Fundstätten gibt es u.a. in Frankreich, Polen, der Tschechischen Republik, Deutschland, Westaustralien, Japan, Großbritannien, Südafrika und den US-Bundesstaaten Pennsylvania, Arkansas, Colorado, Michigan und Maine.

EIGENSCHAFTEN

GRUPPE Silikate – Schichtsilikate
KRISTALLSYSTEM Monoklin
ZUSAMMENSETZUNG $Fe_3(Fe_2Al)(Si_3AlO_{10})(OH)_8$
FARBE Grün bis grünschwarz
FORM/HABITUS Derb
HÄRTE 2½–3
SPALTBARKEIT Vollkommen
BRUCH Uneben
GLANZ Ölglanz bis Glasglanz
STRICH Weißgrün bis grau
SPEZ. GEWICHT 3,0–3,3
TRANSPARENZ Durchscheinend

DERBER CHAMOSIT
Dieses Exemplar ist typisch für Chamosit. Kristalle sind selten zu sehen.

CAVANSIT

PUNE (INDIEN)
Aus Pune kommt der schönste Cavansit.

CAVANSIT und seine polymorphe Modifikation Pentagonit sind wasserhaltige Calcium-Vanadium-Silikate. Cavansit wurde nach den wichtigsten Elementen seiner Zusammensetzung benannt: Calcium (Ca), Vanadium (V) und Silicium (Si). Er bildet Aggregate aus prismatischen Kristallen sowie Plättchen und Rosetten. Das grünblaue Mineral ist in Tuff und zusammen mit Zeolithen in Basalt zu finden. Die schönsten Exemplare kommen aus Pune (Indien). Weitere Funde stammen aus dem Lake Owyhee State Park im US-Bundesstaat Oregon, seinem Entdeckungsort, und aus der Umgebung von Globe, ebenfalls in Oregon.

EIGENSCHAFTEN

GRUPPE Silikate – Schichtsilikate
KRISTALLSYSTEM Orthorhombisch
ZUSAMMENSETZUNG $Ca(VO)Si_4O_{10}\cdot 4H_2O$
FARBE Blau bis grünblau
FORM/HABITUS Prismatisch
HÄRTE 3–4
SPALTBARKEIT Gut
BRUCH Muschelig
GLANZ Glasglanz
STRICH Weiß
SPEZIFISCHES GEWICHT 2,2–2,3
TRANSPARENZ Durchsichtig bis durchscheinend

CAVANSITROSETTE
Diese Cavansitrosette auf Heulandit stammt aus dem Wagholi-Steinbruch bei Pune (Indien).

CHRYSOKOLL

CORNWALL
In diesem Teil Englands ist Chrysokoll zusammen mit Kupfer zu finden.

DAS WORT CHRYSOKOLL wurde von dem griechischen Philosophen Theophrastus (315 v.Chr.) für verschiedene zum Löten von Gold verwendete Materialien verwendet. Er ist vom griechischen *chrysos* (»Gold«) und *kolla* (»Klebstoff«) abgeleitet. Chrysokoll ist meist sehr feinkörnig und derb. Kristalle sind nur selten erkennbar, können sich aber zu traubigen, strahligen Aggregaten zusammenlagern. Häufig ist Chrysokoll mit Quarz, Chalcedon oder Opal zu einer härteren, weniger spröden Edelsteinvarietät verwachsen. Mit Türkis und Malachit verwachsener Chrysokoll aus Israel wird als »Eilatstein« bezeichnet. Chrysokoll entsteht bei der Zersetzung von Kupfermineralen, vor allem in ariden Gebieten. Fundorte gibt es u.a. im englischen Cornwall, in Israel, Mexiko, der Tschechischen Republik, Australien, dem Kongo und den US-Staaten New Mexico, Arizona und Utah. Als Edelstein verwendbare Stücke sind manchmal mehr als 2,3 kg schwer.

GRÜNER CHRYSOKOLL
Hier ist Chrysokoll mit Türkis und Malachit verwachsen.

EIGENSCHAFTEN

GRUPPE Silikate – Schichtsilikate
KRISTALLSYSTEM Orthorhombisch
ZUSAMMENSETZUNG $Cu_2H_2(Si_2O_5)(OH)_4\cdot nH\ O$
FARBE Blau bis blaugrün
FORM/HABITUS Derb
HÄRTE 2–4
SPALTBARKEIT Keine
BRUCH Uneben bis muschelig
GLANZ Glasglanz bis erdig
STRICH Blassblau, hautfarben, grau
SPEZIFISCHES GEWICHT 2,0–2,4
TRANSPARENZ Durchsichtig bis fast undurchsichtig

CHRYSOKOLL MIT AZURIT
Chrysokoll ist ein wasserhaltiges Kupfersilikat. Er tritt meist zusammen mit Malachit und Azurit auf.

KIESEL
Dieser polierte Kiesel besteht aus leuchtend blauem Chrysokoll.

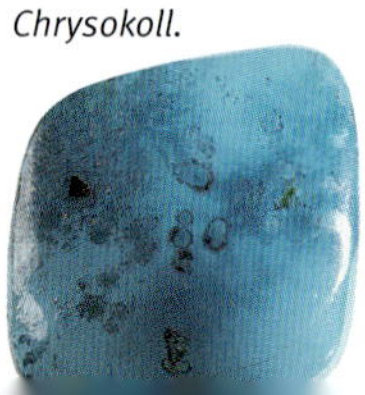

CABOCHON
Grüner Chrysokoll ist in rotes Eisenoxid eingewachsen.

CABOCHON
Hier ist blauer Chrysokoll mit grünem verwachsen.

ANTIKES ARMBAND
Dieses Silberarmband ist mit einem Cabochon aus Chrysokoll besetzt.

BAHIA (BRASILIEN)
Aus Bahia kommen sehr schöne Klinochlorkristalle.

KÄMMERERIT
Kämmererit ist eine chromhaltige Klinochlor-Varietät.

KLINOCHLOR

KLINOCHLOR ist in Anspielung auf seine optische Symmetrie und seine Farbe nach den griechischen Wörtern *klinen* (»sich neigen«) und *chloros* (»grün«) benannt. Er bildet tafelige bis blockige Kristalle mit pseudohexagonalem oder pseudoorthorhombischem Habitus. Klinochlor bildet eine Mischreihe mit Chamosit. Er entsteht durch schwache Regional- und Kontaktmetamorphose, durch hydrothermale Verwitterung, in marinen Tonen und Böden, als mandelförmiges Gebilde in vulkanischen Gesteinen sowie in Spaltenfüllungen. Bedeutende Lagerstätten befinden sich in Pajsberg (Schweden), Québec (Kanada), Banff (Schottland), im Wallis (Schweiz), Bahia (Brasilien), Marienberg (Deutschland), im Ural (Russland) und in den USA.

KLINOCHLORKRISTALLE
Diese tafeligen Klinochlorkristalle sitzen auf einer Gesteinsgrundmasse.

EIGENSCHAFTEN

GRUPPE Silikate – Schichtsilikate
KRISTALLSYSTEM Monoklin
ZUSAMMENSETZUNG $Mg_3(Mg_2Al)(Si_3AlO_{10})(OH)_8$
FARBE Grün
FORM/HABITUS Tafelig
HÄRTE $2^1/_2$
SPALTBARKEIT Vollkommen
BRUCH Uneben
GLANZ Glasglanz bis matt
STRICH Blassgelb
SPEZIFISCHES GEWICHT 2,6–2,9
TRANSPARENZ Durchscheinend

INSEL SKYE
Auf dieser schottischen Insel sind Apophyllitkristalle zu finden.

APOPHYLLIT

APOPHYLLIT wurde früher als ein einzelnes Mineral eingestuft, heute jedoch nach seiner Zusammensetzung als Fluorapophyllit und Hydroxyapophyllit klassifiziert. Diese beiden Minerale bilden eine Mischreihe, in der entweder Fluor oder Sauerstoff und Wasserstoff überwiegen können. Wenn die genaue Zusammensetzung nicht bekannt ist, spricht man immer noch von Apophyllit. Beide Formen sind meist als glasige, prismatische, blockige oder tafelige Kristalle in Weiß- oder hellen Grautönen anzutreffen. Farbloser und grüner Apophyllit aus Indien wird gelegentlich für Sammler geschliffen. Sein Name ist vom griechischen *apo* (»bekommen«) und *phyllazein* (»Blatt«) abgeleitet, eine Anspielung darauf, dass das Mineral bei Erhitzung in Flocken zerfällt.

Apophyllit ist häufig zusammen mit Mineralen der Zeolithgruppe in Basalt zu finden, seltener in Hohlräumen in Granit. Auch in metamorphen Gesteinen und hydrothermalen Lagerstätten kommt er gelegentlich vor. Lagerstätten sind weit verbreitet. Bei Bento Gonsalves in Brasilien wurden bis zu 20 cm lange Kristalle gefunden. Weitere Fundorte sind Mont-Saint-Hilaire (Kanada), Sankt Andreasberg (Deutschland), die Insel Skye (Schottland), Guanajuato (Mexiko), Indien sowie in den USA Paterson, New Jersey, Ashe County, North Carolina, Lebanon, Pennsylvania, und Centreville, Virginia.

ROSA KRISTALL
Dieser prächtige rosa Apophyllitkristall ist 6 cm lang.

APOPHYLLITKRISTALLE
Dieses Exemplar aus Rahuri (Indien) besteht aus blockigen grünen Apophyllitkristallen auf Stilbit.

MINEN IN INDIEN
In Pune und Bombay werden große Mengen Apophyllit gefördert. Die Steine werden von Straßenhändlern auf großen Tabletts verkauft.

EIGENSCHAFTEN

GRUPPE Silikate – Schichtsilikate
KRISTALLSYSTEM Tetragonal
ZUSAMMENSETZUNG $KCa_4Si_8O_{20}(F,OH)\cdot 8H_2O$ (Fluorapophyllit)
FARBE Farblos, rosa, grün, gelb
FORM/HABITUS Tafelig, prismatisch
HÄRTE $4^1/_2$–5
SPALTBARKEIT Vollkommen
BRUCH Uneben, spröde
GLANZ Glasglanz
STRICH Farblos
SPEZ. GEWICHT 2,3–2,4
TRANSPARENZ Durchsichtig bis durchscheinend

ROSA APOPHYLLIT

GRÜNER APOPHYLLIT

RÖTLICHER APOPHYLLIT

FARBVIELFALT
Apophyllit kann rosa oder grün, manchmal auch cremefarben, blassgelb oder rötlich sein. Meist ist er aber farblos.

MINAS GERAIS
Neben vielen anderen Mineralen wurde hier auch Petalit gefunden.

PETALIT

DAS LITHIUM-ALUMINIUMSILIKAT Petalit wurde im Jahr 1800 aufgrund seiner vollkommenen Spaltbarkeit in dünne, blättrige Schichten nach dem griechischen Wort für »Blatt« benannt. Lithium wurde 1817 von Johan August Arfvedson in diesem Mineral als neues chemisches Element erkannt. Petalit tritt nur selten als Einzelkristall auf. Meist bildet er Aggregate. Das gewöhnlich farblose bis grauweiße Mineral kann gelegentlich auch hellrosa oder grün sein. Es entsteht in granitischen Pegmatiten zusammen mit Albit, Quarz und Lepidolith. Petalit ist weit verbreitet mit größeren Vorkommen in Kanada, Schweden, Italien, Russland, Australien, Simbabwe und den USA. Petalit, der geschliffen werden kann, kommt aus Brasilien. Steine für Sammler können bis zu 50 Karat schwer sein. Da Petalit leicht zerbricht, eignet er sich nicht als Schmuck und wird nur für Sammler geschliffen.

BLATTÄHNLICHE SCHICHTEN
In diesem durchscheinenden Exemplar ist die vollkommene Spaltbarkeit und der typische Glasglanz gut zu erkennen.

EIGENSCHAFTEN	
GRUPPE	Silikate – Schichtsilikate
KRISTALLSYSTEM	Monoklin
ZUSAMMENS.	$LiAlSi_4O_{10}$
FARBE	Farblos bis grauweiß, rosa oder grün
FORM/HABITUS	Als Aggregat
HÄRTE	6½
SPALTBARKEIT	Vollkommen in basaler Richtung
BRUCH	Schwach muschelig
GLANZ	Glasglanz
STRICH	Weiß
SPEZIFISCHES GEWICHT	2,4
TRANSPARENZ	Durchsichtig bis durchscheinend
BRECHUNGSINDEX	1,50–1,51

SMARAGDSCHLIFF
Besonders brillante Steine können durch einen Smaragdschliff in Szene gesetzt werden.

GEMISCHT
Durch den dreieckigen Schliff wird bei diesem Petalit das brillante Funkeln betont.

KISSENFÖRMIG
Dieser Petalitschmuckstein wurde kissenförmig geschliffen.

LITHIUM-BATTERIEN

Petalit ist neben Spodumen und Lepidolith ein bedeutendes Lithiumerz. Seiner hohen chemischen Aktivität sind die winzigen Batterien in Pagern, Herzschrittmachern und Kameras zu verdanken. Lithiumbatterien werden auch in Militärausrüstungen und in der Weltraumtechnik eingesetzt. Versuche mit Lithiumverbindungen wie Lithiumtitandisulfid wecken Hoffnungen auf eine neue Generation hocheffizienter Batterien.

LITHIUMBATTERIEN

HOKKAIDO
Auf dieser japanischen Insel wurde Allophan gefunden.

ALLOPHAN

ALLOPHAN entsteht durch Verwitterung vulkanischer Asche oder durch Einwirkung hydrothermaler Lösungen auf Feldspat und ist deshalb mit anderen Mineralen wie Opal, Limonit und Gibbsit vermengt. Das amorphe wasserhaltige Aluminiumsilikat weist eine variable chemische Zusammensetzung auf. Es ist weiß bis hautfarben, kann aber auch leuchtend blau, grün oder gelb sein. Es ist recht weit verbreitet.

EIGENSCHAFTEN	
GRUPPE	Schichtsilikate
KRISTALLSYSTEM	Amorph
ZUSAMMENSETZUNG	$Al_2Si_2O_7 \cdot 3H_2O$ to $Al_2SiO_5 \cdot 2H_2O$
FARBE	Weiß/hautfarben, grün
FORM/HABITUS	Krusten und Massen
HÄRTE	3
SPALTBARKEIT	Keine
BRUCH	Muschelig
GLANZ	Wachsglanz, erdig
STRICH	Weiß
SPEZ. GEWICHT	1,8 – 2,8
TRANSPARENZ	Durchsichtig bis durchscheinend

WEISSER ALLOPHAN
Dieses Exemplar aus London (England) hat die typische weiße Farbe.

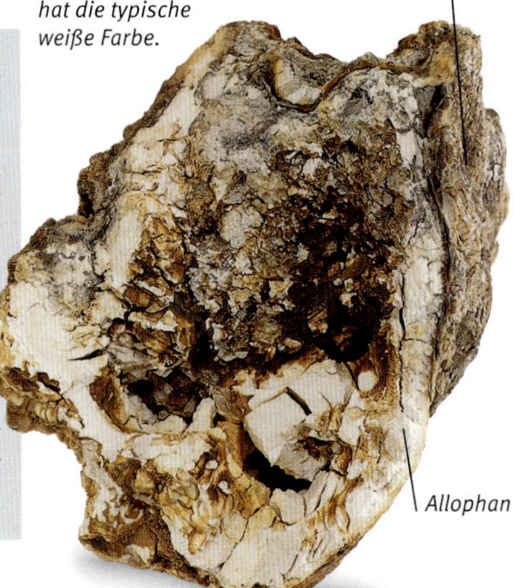

BÖHMEN
Okenit kommt u. a. in Böhmen in der Tschechischen Republik vor.

OKENIT

DAS WASSERHALTIGE CALCIUMSILIKAT OKENIT wurde 1828 nach dem deutschen Naturforscher Lorenz Oken benannt. Es bildet faserige oder klingenartige Kristalle oder Platten. Gelegentlich sind kugelige Massen aus strahlig angeordneten Fasern anzutreffen. Okenit kommt oft mit Zeolithen, Apophyllit, Quarz, Prehnit und Calcit in Basalten vor. In Indien wurden weiße, pelzartige Aggregate gefunden.

EIGENSCHAFTEN	
GRUPPE	Silikate – Kettensilikate
KRISTALLSYSTEM	Triklin
ZUS.	$Ca_5Si_9O_{23} \cdot 9H_2O$
FARBE	Farblos, weiß, blassgelb, blau
FORM/HABITUS	Faserig, scharfkantig
HÄRTE	4½–5
SPALTBARKEIT	Vollkommen
BRUCH	Splittrig
GLANZ	Perlmuttglanz
STRICH	Weiß
SPEZ. GEWICHT	2,2–2,4
TRANSPARENZ	Durchsichtig bis durchscheinend

NADELFÖRMIGER OKENIT
Diese kugelige Masse aus nadelförmigen Okenitkristallen mit Laumontit stammt aus Bombay.

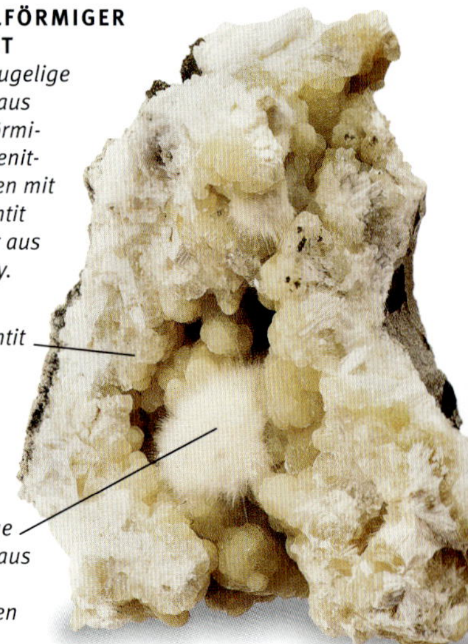

HARZ
In diesem mineralreichen Mittelgebirge kommt auch Prehnit vor.

PREHNIT

PREHNIT wurde 1789 nach seinem Entdecker, dem niederländischen Offizier Hendrik von Prehn, benannt. Das Silikatmineral tritt als fein- bis grobkörniges kugeliges oder zapfenförmiges Aggregat auf. Die selten anzutreffenden Einzelkristalle sind kurzsäulig bis tafelig, oft mit gekrümmten Flächen. Prehnit kann eine grüne, hautfarbene, blassgelbe, graue oder weiße Färbung aufweisen. Er ist häufig mit Zeolithen und Calcit als Auskleidung von Hohlräumen in vulkanischen Gesteinen und in Gängen in Granit zu finden. Mehrere Zentimeter große Kristalle kommen aus Kanada. Durchsichtige Steine aus Australien und Schottland werden für Sammler geschliffen. Als Cabochon geschliffener faseriger Prehnit zeigt manchmal einen Katzenaugeneffekt. Geschliffener Prehnit ist zum Teil auch unter der Bezeichnung Kapsmaragd auf dem Markt.

STRAHLIGE MASSEN
Gruppen strahlig angeordneter Prehnitkristalle auf einer Gesteinsgrundmasse verleihen diesem Exemplar ein traubenartiges Aussehen.

Prehnitkristall mit gekrümmten Flächen

Glasglanz

EIGENSCHAFTEN

GRUPPE	Silikate – Schichtsilikate
KRISTALLSYSTEM	Orthorhombisch
ZUS.	$Ca_2Al_2Si_3O_{10}(OH)_2$
FARBE	Grün, gelb, hautfarben, weiß
FORM/HABITUS	Tafelige, traubige Massen
HÄRTE	6–6½
SPALTBARKEIT	Basal
BRUCH	Uneben, spröde
GLANZ	Glasglanz
STRICH	Farblos
SPEZIFISCHES GEWICHT	2,9
TRANSPARENZ	Durchsichtig bis durchscheinend
BRECHUNGSINDEX	1,61–1,64

CABOCHON
Durchscheinender Prehnit wird oft als Cabochon geschliffen.

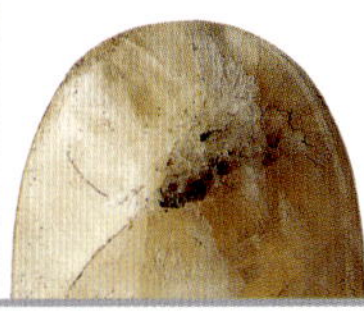

TREPPENSCHLIFF
Dieser halbtransparente Prehnit kommt durch einen Treppenschliff gut zur Geltung.

GEMISCHT
Auch dieser leicht durchsichtige, gelbliche Prehnit ist ein schöner Schmuckstein.

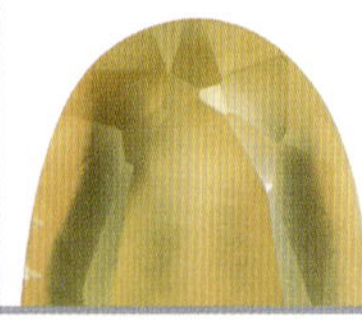

BRILLANTSCHLIFF
Dieser ovale Prehnit zeichnet sich durch eine schöne Farbe und hohe Transparenz aus.

GRÜNER PREHNIT
Prehnit kommt in verschiedenen Farbtönen vor. Hier sitzen kugelige grüne Massen auf einer Gesteinsgrundmasse.

ONTARIO
In dieser kanadischen Provinz wurde Sepiolith gefunden.

SEPIOLITH

SEPIOLITH ist ein wasserhaltiges Magnesiumsilikatmineral, das kompakte, erdige, tonige, oft poröse Massen bildet. Das Mineral wurde nach seiner Ähnlichkeit mit dem leichten und porösen Skelett der Tintenfischart Sepia benannt. Besser bekannt ist es unter der Bezeichnung Meerschaum. Poröse Aggregate sind scheinbar weicher als Kristalle und oft so leicht, dass sie auf dem Wasser schwimmen. Sepiolith ist in der Regel als knollige Masse aus untereinander verwobenen Fasern anzutreffen, deren Zähigkeit der geringen mineralogischen Härte zu widersprechen scheint. Das Mineral ist meist weiß oder grau, manchmal auch gelb, braun oder grün gefärbt. Sepiolith ist ein Verwitterungsprodukt von Gesteinen wie Serpentinit und Magnesit. In seiner bedeutendsten Lagerstätte bei Eskiçehir in der Türkei tritt es in Schwemmsanden als unregelmäßige Knollen auf.

SEPIOLITHPERLEN
Diese schön gearbeiteten Perlen wurden aus Sepiolith geschnitten.

EIGENSCHAFTEN

GRUPPE	Silikate – Schichtsilikate
KRISTALLSYSTEM	Orthorhombisch
ZUSAMMENSETZUNG	$Mg_4Si_6O_{15}(OH)_2 \cdot 6H_2O$
FARBE	Weiß, grau
FORM/HABITUS	Derb
HÄRTE	2–2½
SPALTBARKEIT	Gut, aber selten erkennbar
BRUCH	Uneben
GLANZ	Matt bis erdig
STRICH	Weiß
SPEZ. GEWICHT	2,1–2,3
TRANSPARENZ	Undurchsichtig

Matte Oberfläche

DERBER SEPIOLITH
Dieser Sepiolith zeigt das typische matte, erdige Erscheinungsbild.

TABAKPFEIFEN
Frisch gebrochener Meerschaum ist weich, härtet aber beim Trocknen aus. Er wird hauptsächlich für Tabakpfeifen, die bekannten Meerschaumpfeifen, verwendet. Nach längerem Gebrauch bildet sich eine schöne goldbraune Patina.

EINFACHE KETTENSILIKATE

KETTENSILIKATE ODER INOSILIKATE (nach dem griechischen Wort für »Faden«) weisen eine kettenartige Struktur auf. Einkettige Vertreter der großen Gruppe bestehen aus Ketten von Siliciumtetraedern. Ihre chemische Formel enthält Si_2O_6-Gruppen. Viele dieser Silikate sind faserig. Eine der bedeutendsten Untergruppen sind die Pyroxene. Alle Kettensilikate weisen die gleiche Struktur und ähnliche chemische Eigenschaften auf. Die Pyroxengruppe umfasst mehr als 20 gesteinsbildende Minerale. Von den Amphibolen unterscheiden sie sich durch die vollkommene Spaltbarkeit in zwei Ebenen im Winkel von 87 und 93 Grad gegenüber 124 und 56 Grad bei den Amphibolen.

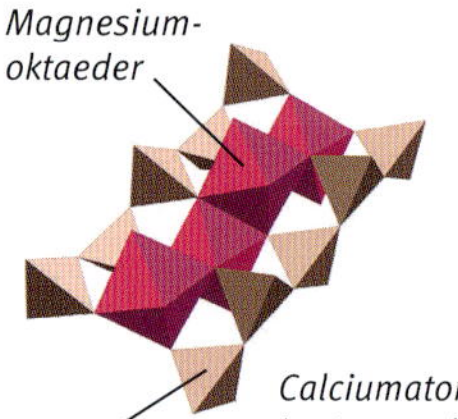

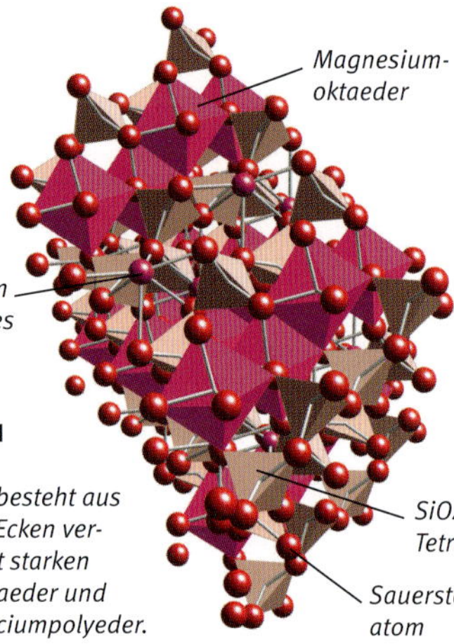

KRISTALLSTRUKTUR VON DIOPSID
Dieser Vertreter der Pyroxene besteht aus einfachen Ketten von an zwei Ecken verbundenen SiO_4-Tetraedern mit starken Bindungen an Magnesiumoktaeder und schwachen Bindungen an Calciumpolyeder.

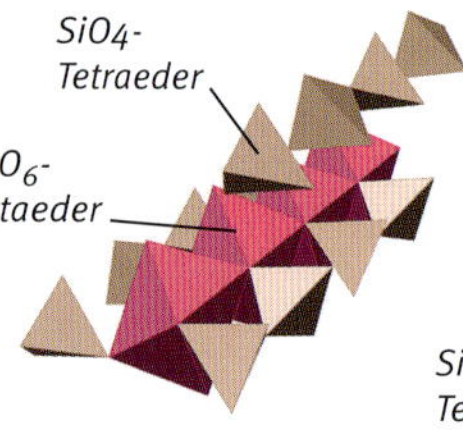

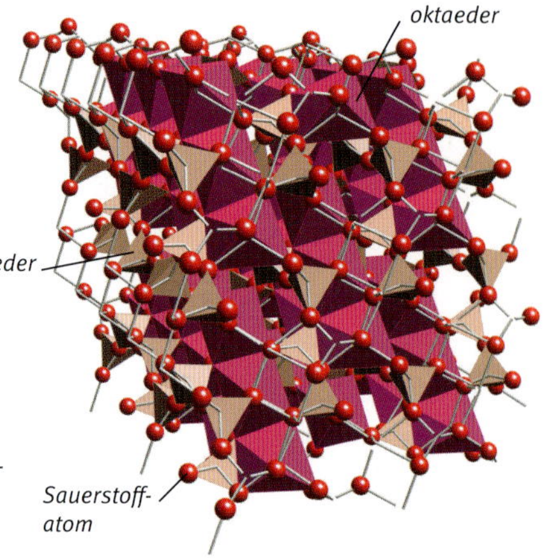

KRISTALLSTRUKTUR VON WOLLASTONIT
Dieses Pyroxenmineral besteht aus Ketten von SiO_4-Tetradern, die durch unregelmäßige CaO_6-Oktaeder zu stark komprimierten Ketten verknüpft sind.

PIGEONIT

MULL (SCHOTTLAND)
Auf dieser Insel vor der Westküste Schottlands gibt es Pigeonit.

PIGEONIT zählt zur Gruppe der Pyroxene. Er tritt meist in Form von Körnern in Gesteinen auf, selten als gut ausgeformter Einzelkristall. Das Farbspektrum umfasst verschiedene Brauntöne von Rotbraun bis Grünbraun und Schwarz. Eine Varietät mit hohem Eisenanteil nennt man auch Ferropigeonit. Pigeonit kommt in Lava und kleineren Intrusivkörpern als dominantes Pyroxenmineral vor und ist ein bedeutender Bestandteil von Andesit und Dolerit (Diabas). Nennenswerte Lagerstätten des verbreiteten Minerals gibt es in Skaergaard auf Grönland, in Mull (Schottland), in Labrador (Kanada) am Mount Wellington (Tasmanien) sowie in Minnesota, Virginia und New Jersey in den USA. Pigeonit wurde auch in Meteoriten und in den Basalten der Maria (große dunkle Ebenen) auf dem Mond gefunden. Letztere hielt man früher für Meere, daher der Name, der aus dem Lateinischen kommt und »Meere« bedeutet.

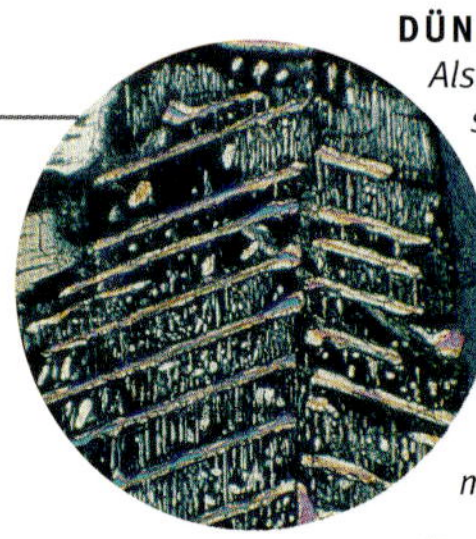

DÜNNSCHLIFF
Als der Pigeonit in diesem Gabbro entstand, schied sich das vorhandene Calcium in zwei Generation calciumhaltigen Augits aus der Schmelze ab und bildete diese nadelförmige Struktur.

PIGEON POINT
Pigeonit wurde nach seinem Entdeckungsort Pidgeon Point im US-Bundesstaat Minnesota benannt.

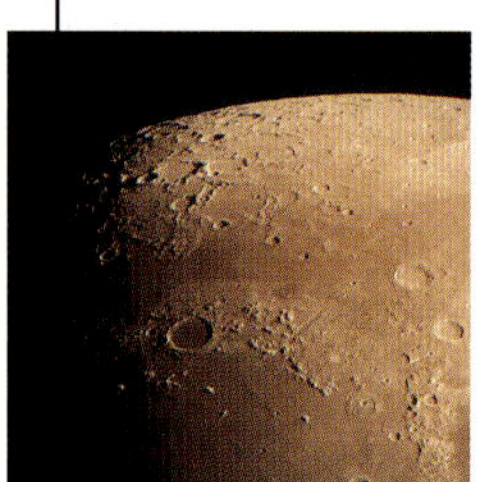

MARE IMBRIUM
Maria, die großen, dunklen Ebenen auf dem Mond, bestehen aus Basalten, die Pigeonit enthalten.

ROTBRAUNER PIGEONIT
Dieser Pigeonit kommt aus der Kovdor-Grube auf der Halbinsel Kola in Russland.

EIGENSCHAFTEN

GRUPPE	Silikate – Kettensilikate
KRISTALLSYSTEM	Monoklin
ZUSAMMENSETZUNG	$(Mg,Fe,Ca)_2(Si_2O_6)$
FARBE	Bräunlich bis schwarz
FORM/HABITUS	Körnig
HÄRTE	6
SPALTBARKEIT	Gut
BRUCH	Uneben bis muschelig, spröde
GLANZ	Glasglanz
STRICH	Weiß bis hellgelb
SPEZ. GEWICHT	3,2–3,5
TRANSPARENZ	Semitransparent

ENSTATIT

HARZ
Aus dem Harz in Deutschland kommt schillernder Enstatit.

DAS ZUR GRUPPE DER PYROXENE zählende Mineral Enstatit ist ein Magnesiumsilikat. Sein Name ist vom griechischen *enstates* (»Gegner«) abgeleitet – als Ofenauskleidung ist es ein »Gegner« der Hitze. Enstatit bildet eine Mischkristallreihe mit dem verwandten Mineral Ferrosilit – $(Fe,Mg)_2(Si_2O_6)$ – in dem ein Teil des Magnesiums durch Eisen ersetzt ist. Eine braune, metallisch glänzende Enstatitvarietät wird als Bronzit bezeichnet. Enstatit ist in der Regel in Form von Körnern in Gesteinen oder als derbes Aggregat anzutreffen. Die eher seltenen Kristalle sind meist kurzsäulig mit komplexen Enden. Gelegentlich sind auch faserige Massen aus parallel ausgerichteten nadelförmigen Kristallen anzutreffen. Enstatit kann farblos, blassgelb oder blassgrün sein, wobei die Farbe mit zunehmendem Eisengehalt dunkler wird, bis hin zu grünbraun oder schwarz. Enstatit ist in dunklen magmatischen Gesteinen und in Meteoriten weit verbreitet. Obwohl es ein bedeutendes gesteinsbildendes Mineral ist, beschränkt sich der wirtschaftliche Wert auf die Verwendung als Schmuckstein. Enstatit in Edelsteinqualität kommt aus Mysore (Indien) (von hier kommt Enstatit mit Sterneffekt), Kanada (schillernder Enstatit), Myanmar und Sri Lanka (zum Schleifen geeignete Steine) und Arizona in den USA.

FASERIGER ENSTATIT
Wie viele Kettensilikate ist auch Enstatit gelegentlich als faserige Masse aus parallel ausgerichteten, nadelförmigen Kristallen anzutreffen.

EIGENSCHAFTEN

GRUPPE	Kettensilikate
KRISTALLSYSTEM	Orthorhombisch
ZUSAMMENS.	$Mg_2Si_2O_6$
FARBE	Farblos, gelb, grün, braun, schwarz
FORM/HABITUS	Derb
HÄRTE	5–6
SPALTB.	Gut bis vollkommen
BRUCH	Uneben
GLANZ	Glasglanz
STRICH	Grau bis weiß
SPEZ. GEWICHT	3,1–3,9
TRANSPARENZ	Durchscheinend bis undurchsichtig
BRECHUNGSINDEX	1,65–1,68

DERBER ENSTATIT
Dieser derbe, graubraune Enstatit kommt aus Bamle, Telemark, Norwegen. Seine dunkle Farbe hat er vom Ferrosilit, dem anderen Endglied der Mischreihe.

CABOCHON
Enstatit ist einer der Schmucksteine, die als Cabochon geschliffen einen Katzenaugeneffekt zeigen.

GEMISCHTER SCHLIFF
Enstatit für einen Facettenschliff wie diesen ovalen gemischten Schliff kommt aus Myanmar und Sri Lanka.

ÄGIRIN

HALBINSEL KOLA
Auf der russischen Halbinsel Kola kommt Ägirin vor.

DER ERSTMALS IN NORWEGEN ENTDECKTE ÄGIRIN wurde 1835 nach dem skandinavischen Meeresgott Ägir benannt. Das Natrium-Eisen-Silikat zählt zu den Pyroxenen. Seine Kristalle sind meist prismatisch oder nadelförmig. Die Prismenflächen sind oft glänzend und weisen Rillen auf, während die Stirnflächen rau und matt sind. Ägirin kann dunkelgrün, rotbraun oder schwarz sein. Er bildet eine Mischkristallreihe mit Hedenbergit und Diopsid (siehe S. 272). Ägirin ist weltweit in dunklen magmatischen Gesteinen zu finden, vor allem in Syeniten und syenitischen Pegmatiten. Daneben kommt er auch in metamorphen eisenreichen Sedimenten, in Schiefern und in durch Flüssigkeiten veränderten metamorphen Gesteinen vor. Erwähnenswerte Fundstätten sind Kongsberg, Buskerud (Norwegen), Mont-Saint-Hilaire (Kanada), Westland (Neuseeland), Magnet Cove, Arkansas, und Cuyuna Range, Minnesota (beide USA).

EIGENSCHAFTEN

GRUPPE	Silikate – Kettensilikate
KRISTALLSYSTEM	Monoklin
ZUSAMMENS.	$NaFe(Si_2O_6)$
FARBE	Dunkelgrün, rotbraun, schwarz
FORM/HABITUS	Prismatisch
HÄRTE	6
SPALTBARKEIT	Gut bis vollkommen
BRUCH	Uneben
GLANZ	Glasglanz
STRICH	Gelbgrün bis blassgrün
SPEZ. GEWICHT	3,5–3,6
TRANSPARENZ	Durchscheinend bis undurchsichtig

ÄGIRINKRISTALL
Hier ist ein langer, prismatischer Ägirinkristall in eine Gesteinsgrundmasse eingewachsen. Die charakteristischen vertikalen Rillen sind gut zu erkennen.

TIROL
In den Kalkgesteinen der Tiroler Berge ist Diopsid zu finden.

DIOPSID

DER ZU DEN PYROXENEN ZÄHLENDE DIOPSID ist gelegentlich farblos, meist aber flaschengrün, braungrün oder hellgrün. Seine Kristalle sind gleichseitig bis prismatisch, seltener finden sich faserige Massen oder Aggregate aus großen tafeligen Kristallen. Durch Chrom smaragdgrün gefärbter Diopsid wird auch als Chromdiopsid bezeichnet. Von Mangan blauviolett gefärbte Kristalle kommen aus Italien und den USA. Diopsid tritt in Kimberliten und Olivinbasalten, metamorphem siliciumhaltigem Kalkstein und Dolomit sowie eisenreichen kontaktmetamorphen Gesteinen auf.

DIOPSID IN METEORITEN

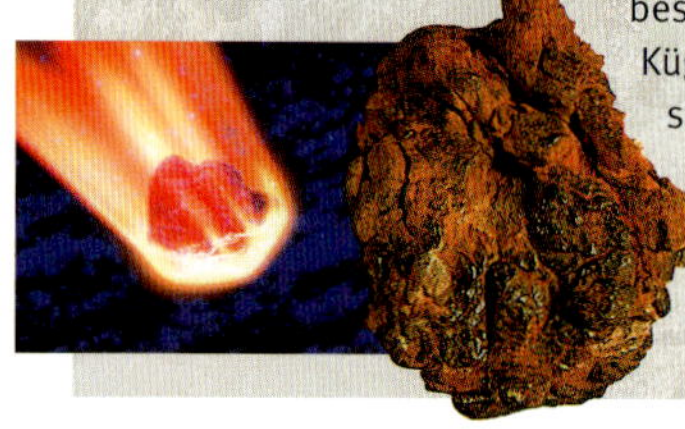

METEORIT
Ein Meteorit beginnt beim Eintritt in die Atmosphäre zu brennen.

CHONDRIT

Viele Meteorite aus der Gruppe der Chondrite (siehe S. 74–75) enthalten geringe Mengen an Diopsid. Chondrite bestehen überwiegend aus kleinen Kügelchen verschiedener Zusammensetzung, den Chondriten, in einer feinkörnigen Matrix. Sie gelten als die ältesten Gesteine im gesamten Sonnensystem.

EIGENSCHAFTEN

GRUPPE	Kettensilikate
KRISTALLSYSTEM	Monoklin
ZUSAMMENS.	$CaMg(Si_2O_6)$
FARBE	Weiß, blass- bis dunkelgrün, blauviolett
FORM/HABITUS	Gleichseitig bis prismatisch
HÄRTE	6
SPALTB.	Deutlich in zwei rechtwinklig stehenden Ebenen
BRUCH	Uneben
GLANZ	Glasglanz
STRICH	Weiß bis blassgrün
SPEZ. GEWICHT	3,3
TRANSPARENZ	Durchsichtig bis durchscheinend
BRECHUNGSINDEX	1,66–1,72

PRISMATISCHER DIOPSID
Dieser Diopsid kommt aus Saint Marcel im Aostatal (Italien).

VIOLAN
Blauer kristalliner Diopsid wird auch als Violan bezeichnet.

SMARAGDSCHLIFF
Dieser Diopsid im Smaragdschliff weist eine schöne dunkelgrüne Färbung auf.

TREPPENSCHLIFF
Für diesen grünen Diopsid wurde ein rechteckiger Treppenschliff gewählt.

ÄTNA
Hedenbergit kommt an vielen Orten vor, auch am Ätna auf Sizilien.

HEDENBERGIT

HEDENBERGIT aus der Gruppe der Pyroxene ist ein Calcium-Eisen-Silikat, das eine Mischkristallreihe mit Diopsid (siehe oben) bildet, in dem das Eisen vollständig durch Magnesium ersetzt ist. Die gleichseitigen bis prismatischen Kristalle sind selten anzutreffen, häufiger derbe oder blättrige Aggregate. Das häufige Mineral entsteht durch Metamorphose aus siliciumhaltigem Kalkstein und Dolomit, in metamorphen eisenreichen Sedimenten und in magmatischen Gesteinen.

BERZELIUS
Der Chemiker Berzelius benannte das Silikat nach seinem Kollegen Ludwig Hedenberg.

EIGENSCHAFTEN

GRUPPE	Kettensilikate
KRISTALLSYSTEM	Monoklin
ZUSAMMENS.	$CaFe(Si_2O_6)$
FARBE	Blass- bis dunkelgrün oder braungrün bis grünschwarz
FORM/HABITUS	Gleichseitig bis prismatisch
HÄRTE	6
SPALTBARKEIT	Deutlich erkennbar in zwei Ebenen
BRUCH	Uneben bis muschelig
GLANZ	Glasglanz bis Harzglanz
STRICH	Blassgrün bis hautfarben
SPEZIFISCHES GEWICHT	3,4
TRANSPARENZ	Durchscheinend bis fast undurchsichtig

BLÄTTRIGE KRISTALLE
Massen aus blättrigen Hedenbergitkristallen bilden strahlige Bündel.

HARZ
Aus dem Harz in Deutschland kommt sehr schöner Augit.

AUGIT

AUGIT ist das am häufigsten vorkommende Pyroxenmineral. Es enthält Calcium, Magnesium, Eisen, Titan und Aluminium. Augit ist fast immer in Form kurzsäuliger Kristalle oder großer, spaltbarer Massen anzutreffen. Er ist in Basalten, Gabbro, Andesit und anderen dunklen magmatischen Gesteinen weit verbreitet. Gelegentlich ist Augit auch in metamorphen Gesteinen anzutreffen. Darüber hinaus ist Augit ein häufiger Bestandteil von Mondgesteinen und Meteoriten. Prächtige Kristalle kommen aus Deutschland, der Tschechischen Republik, Italien, Russland, Japan, Mexiko, Kanada und den USA.

EIGENSCHAFTEN

GRUPPE	Silikate – Kettensilikate
KRISTALLSYSTEM	Monoklin
ZUSAMMENSETZUNG	$(Ca,Na)(Mg,Fe,Ti,Al)(Al,Si)_2O_6$
FARBE	Grünschwarz bis schwarz, dunkelgrün, braun
FORM/HABITUS	Kurzsäulig
HÄRTE	$5^1/_2$–6
SPALTBARKEIT	Deutlich erkennbar in zwei Ebenen, die einen rechten Winkel bilden
BRUCH	Uneben bis schwach muschelig
GLANZ	Glasglanz bis matt
STRICH	Hellbraun bis grüngrau
SPEZIFISCHES GEWICHT	3,3
TRANSPARENZ	Durchscheinend bis fast undurchsichtig

KRISTALLE
Diese beiden kurzsäuligen Augitkristalle stammen aus der Tschechischen Republik.

SPODUMEN

HIDDENITE (USA)
Die Edelsteinvarietät Hiddenit wurde bisher nur an diesem Ort in North Carolina gefunden.

KUNZIT
Die rosafarbene Edelsteinvarietät von Spodumen wird als Kunzit bezeichnet. Dieser 10 cm große Kristall stammt aus Brasilien.

SPODUMEN wurde 1877 in Brasilien entdeckt, aber erst 1879 erkannte man, dass die Edelsteinvarietäten Kunzit und Hiddenit aus dem gleichen Mineral bestehen. Das Mineral aus der Pyroxengruppe ist ein Lithium-Aluminium-Silikat. Der Name ist in Anspielung auf die aschgraue Farbe vom griechischen *spodumenos* (»zu Asche geworden«) abgeleitet. Der durch Mangan gefärbte Kunzit ist rosa oder lila, der durch Chrom gefärbte Hiddenit smaragdgrün. Als Edelstein verwendbares Material weist in der Regel einen ausgeprägten Pleochroismus auf, d.h., er erscheint aus verschiedenen Blickwinkeln unterschiedlich gefärbt. Edelsteine werden sehr sorgfältig geschliffen, um die Farbe bestmöglich zur Geltung zu bringen.

Spodumen ist in der Regel in lithiumhaltigen Granitpegmatiten anzutreffen, oft zusammen mit anderen lithiumhaltigen Mineralen wie Eukryptit und Lepidolith. Gewöhnlicher Spodumen ist ein bedeutendes Lithiumerz und wird u.a. auch zur Herstellung von Keramiken verwendet. Einer der größten Einzelkristalle, die jemals gefunden wurden, ist ein Spodumenkristall. Er war 14,3 m lang, hatte ein Gewicht von 90 Tonnen und kam aus South Dakota (USA). Spodumenkristalle in Edelsteinqualität sind wesentlich kleiner und selten mehr als 1 kg schwer. Spodumen ist ein weit verbreitetes Mineral. Die Varietät Kunzit kommt hauptsächlich aus Kalifornien, Brasilien, Pakistan und Afghanistan, während Hiddenit zusammen mit Smaragd in North Carolina abgebaut wird.

Kunzit und Hiddenit werden vor allem für Sammler geschliffen, da sie leicht zerbrechen und im Sonnenlicht oft ausbleichen.

Kunzit ist nach dem amerikanischen Edelsteinexperten G. F. Kunz benannt, der ihn 1902 erstmals beschrieb. Hiddenit wurde nach dem Amerikaner W. E. Hidden benannt, der das Mineral 1897 in North Carolina entdeckte. Spodumen wird auch Triphan genannt, griechisch für »drei Erscheinungsformen«, wegen des unterschiedlichen Aussehens seiner Spaltflächen.

HIDDENIT
Die seltene grüne Edelsteinvarietät wird als Hiddenit bezeichnet. Der Kristall kommt aus Hiddenite im US-Bundesstaat North Carolina.

SCHMUCK VON PALOMA PICASSO
Diese sehenswerte Halskette aus Barockperlen mit einem 396,3-karätigen Kunzit aus Brasilien wurde 1986 zum hundertjährigen Jubiläum von Tiffany entworfen.

HERZFÖRMIGER KUNZIT
Die schönste Farbe hat Kunzit an den Enden eines Kristalls. Um möglichst viel von dem wertvollen Material verwenden zu können, werden oft ungewöhnliche Schliffe verwendet.

GEWÖHNLICHER SPODUMEN
Der überwiegende Teil des als Lithiumerz abgebauten Spodumens besteht aus undurchsichtigen Kristallen wie diesem.

KUNZIT IN KISSENFORM
Wie das Herz ist auch die Kissenform eine gute Schliffform für das Ende eines Kristalls.

HIDDENIT IM TREPPENSCHLIFF
Die länglichen Hiddenitkristalle eignen sich besonders gut für Treppenschliffe.

ACHTECKIGER TREPPENSCHLIFF
Für längliche Kristalle wählt man oft einen Treppenschliff, um Material zu sparen.

LITHIUM IN DER INDUSTRIE

Ein großer Teil des industriell benötigten Lithiums gewinnt man aus Spodumen. Neben der Verwendung in Batterien (siehe S. 268) ist Lithium als härtender Zusatz zu Aluminium, Blei und anderen Weichmetallen von Bedeutung. Lithiumhydrid verwendet man für die Verseifung von Aldehyden, Ketonen und Carbonsäureestern zu Alkoholen, Lithiumhydroxid zur Umwandlung von Stearinsäure und anderen Fettsäuren in Schmiermittel, und Lithiumfluorid als Flussmittel bei der Glasherstellung.

ATEMGERÄTE
Lithiumverbindungen werden in Atemgeräten zur Entfernung von Kohlendioxid verwendet.

GLASFLAKONS
Der Zusatz von Lithiumfluorid zur Glasschmelze macht das Glas widerstandsfähiger.

EIGENSCHAFTEN

GRUPPE	Kettensilikate
KRISTALLSYSTEM	Monoklin
ZUSAMMENS.	$LiAl(Si_2O_6)$
FARBE	Grau, weiß bis grün, rosa, farblos
FORM/HABITUS	Prismatisch
HÄRTE	6½–7
SPALTBARKEIT	Vollkommen
BRUCH	Schwach muschelig bis splittrig
GLANZ	Glasglanz
STRICH	Weiß
SPEZ. GEWICHT	3,0–3,2
TRANSPARENZ	Durchsichtig bis durchscheinend
BRECHUNGSINDEX	1,66–1,67

MYANMAR
In Myanmar wird schon seit Jahrhunderten Jadeit abgebaut und exportiert. Auch antike Gegenstände aus Jade wurden hier gefunden.

KAISERLICHE JADE
Dieser Cabochon zeigt die für die feinste kaiserliche Jade typische Farbe und Transparenz.

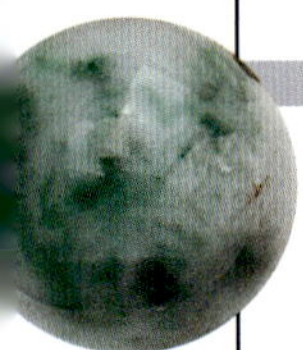

KUGEL AUS JADEIT
Jadeit wird zu vielerlei Formen verarbeitet, so auch zu dieser fleckig grünen Kugel.

JADEIT

PERLEN AUS JADEIT
Diese hübsche Halskette besteht aus verschieden großen Perlen, die aus dunkel schillerndem graugrünem Jadeit geschliffen und poliert wurden.

DER TRADITIONELLE BEGRIFF »JADE« bezeichnet zwei verschiedene Minerale: Jadeit und Nephrit. Jadeit ist ein Mineral aus der Pyroxengruppe, Nephrit, eine Varietät des Aktinoliths, ist ein Amphibol (siehe S. 280–281). Jadeit besteht aus miteinander verwachsenen, körnigen Kristallen, Nephrit hingegen bildet faserige Kristalle. Diese Unterschiede können manchmal zur Unterscheidung herangezogen werden: Nephrit erscheint oft faserig oder seidig, Jadeit meist zuckerartig oder körnig. Einzelkristalle aus Jadeit sind selten. Sie bilden sich gewöhnlich in Hohlräumen und sind kurzsäulig. Jadeit kann sehr verschieden gefärbt sein, während das Farbspektrum von Nephrit wesentlich enger begrenzt ist. Reiner Jadeit ist weiß. Andere Farbvarietäten sind grün (durch Eisen), violett (durch Mangan und Eisen), oder rosa, braun, rot, blau, schwarz, orange und gelb durch Einschlüsse aus anderen Mineralen.

Smaragdgrüner Jadeit, dessen Farbe dem Element Chrom zu verdanken ist, ist besonders begehrt. Jadeit entsteht meist in metamorphen Gesteinen bei höherem Druck als Nephrit. Üblicherweise wird er in Form herausgewitterter Kiesel und Brocken im Schwemmsand gefunden, gelegentlich aber auch im Ursprungsgestein. In metamorphen Gesteinen der Subduktionszonen ist er weit verbreitet. Verwitterter Jadeit ist meist von einer braunen Schicht umgeben, die in Schnitzereien oft als besonderes Stilmittel genutzt wird. In poliertem Zustand weist sie häufig eine orangenhautähnliche Struktur auf.

Die bedeutendsten Fundstätten der hoch geschätzten smaragdgrünen Varietät finden sich in Myanmar. Weitere Förderländer sind Japan und die USA. Antike Werkzeuge und Waffen aus Jadeit wurden in Myanmar gefunden, während ähnliche Objekte in China aus Nephrit gefertigt wurden. Vom 18. Jahrhunderte an wurden größere Mengen Jadeit aus Myanmar importiert und verdrängten Nephrit als Fertigungsmaterial. Wegen des hohen Wertes werden auch andere grüne Steine manchmal fälschlicherweise als »Jade« in den Handel gebracht.

MESOAMERIKANISCHER JADE

Für die indigenen Völker in Mittel- und Südamerika hatte Jadeit eine ähnliche kulturelle Bedeutung wie Nephrit in China. Er war ein Symbol für Wasser und üppiges Pflanzenwachstum. Das als *chalchihuitl* bezeichnete Mineral wurde höher geschätzt als Gold. Die Olmeken bearbeiteten Jade – vielleicht schon vor 3000 Jahren. In Mexiko und Mittelamerika wurde es für die wertvollsten Objekte verwendet: Masken, Götterfiguren und rituelle Gegenstände.

MÄCHTIGER UND HEILIGER STEIN

Jadeit galt als Gabe an die Götter und wurde manchmal in das Herz von Skulpturen eingelegt. Ein Stück Jadeit, das man einem sterbenden Adligen in den Mund steckte, sollte im Jenseits als sein Herz fungierte. Zu den Grabbeigaben mesoamerikanischer Adliger gehörte oft Jadeit, der »getötet« – rituell zerbrochen – wurde, um den Besitzer ins Jenseits zu begleiten. Mit Kräutern gemischtes Jadeitpulver nutzte man bei Schädelbrüchen und Fieber und zur Wiederbelebung Sterbender. Mesoamerikanischer Jadeit stammt vor allem aus Guatemala und Costa Rica.

JAGUARMASKE
Diese Jaguarmaske stammt von den Mayas, in deren Kultur der Jaguargott ein Symbol für Macht, Nacht, Krieg und Opfer war.

MAYA-MASKE
Diese präkolumbische Katzenmaske aus Oaxaca besteht aus rotem Jadeit.

MEXIKANISCHE MASKE
Diese olmekische Maske aus blauem Jadeit entstand zwischen 800 und 400 v. Chr.

MEXIKANISCHE MASKE
Diese Jadeitmaske aus dem 18. Jahrhundert wurde mit modernen Mitteln poliert.

DRACHENVASE
Bei dieser beeindruckenden Schnitzerei (rechts) wurde der Farbverlauf von Hellgrün nach Lavendelfarben ausgenutzt, um das Drachenmotiv hervorzuheben.

RIECHFLÄSCHCHEN
Riechfläschchen (oben) wurden im 18. und 19. Jahrhundert in China hergestellt. Besonders geschätzt wurden aus Jadeit geschnitzte Fläschchen.

JADEIT KOMMT NACH EUROPA

Bis ins ausgehende 16. Jahrhundert bestand praktisch aller Jade in Europa aus Nephrit. Als die Spanier nach Mexiko kamen, stellten sie fest, dass die Azteken einen grünen Stein schätzten, der ähnlich aussah wie der europäische Jade, für den sie ihn auch hielten. Die Azteken erzählten ihnen, dass dieser Stein innere Krankheiten, vor allem der Leber, Milz und Nieren, heilen könne. Zusammen mit dem Glauben an seine Heilkräfte kam der Stein nach Europa. Die Spanier nannten ihn *piedra de hijada* (»Lendenstein«). Aus der falschen französischen Übersetzung *pierre de jade* wurde schließlich das deutsche Wort »Jade« abgeleitet. Dass Jade aus Südamerika nicht das gleiche Mineral ist wie Jade aus der Alten Welt entdeckte man erst 1863 durch die Analyse einer chinesischen Schnitzerei. Das neue Mineral erhielt den von Jade abgeleiteten Namen Jadeit.

MOCTEZUMA UND CORTÉS
Auf diesem Gemälde aus dem 16. Jahrhundert kniet Moctezuma vor dem spanischen Eroberer Hernán Cortés. Moctezuma bot ihm Gaben aus Jadeit und Türkis an, aber Cortés wies die vermeintlich wertlosen Gaben zurück.

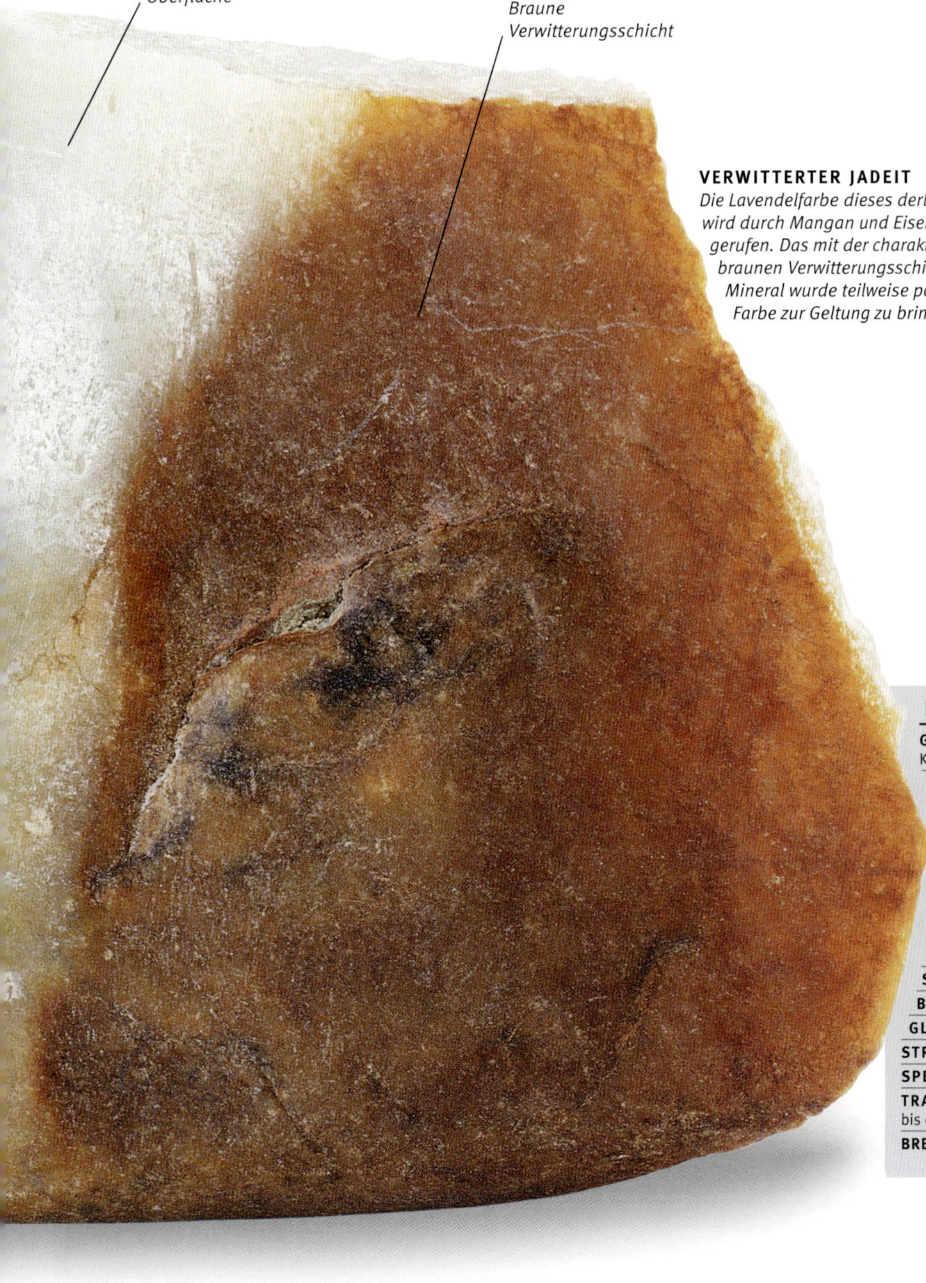

Polierte Oberfläche

Braune Verwitterungsschicht

VERWITTERTER JADEIT
Die Lavendelfarbe dieses derben Jadeits wird durch Mangan und Eisen hervorgerufen. Das mit der charakteristischen braunen Verwitterungsschicht bedeckte Mineral wurde teilweise poliert, um die Farbe zur Geltung zu bringen.

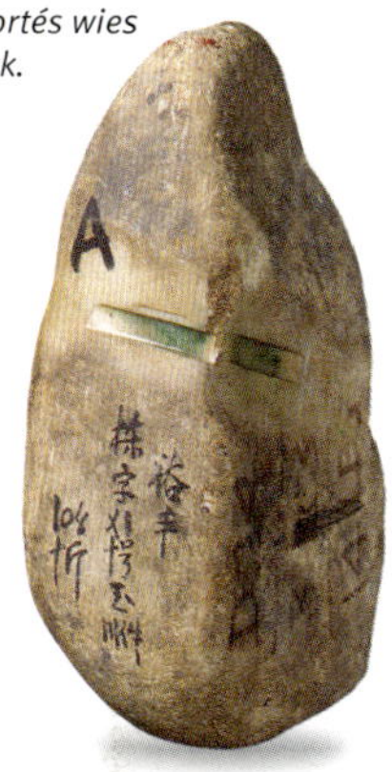

JADEITBROCKEN

FLIEDERFARBENER JADEIT

SMARAGDGRÜNER JADE

FARBEN VON JADEIT
Oben wurde ein »Fenster« geschnitten, um das Grün unter der Verwitterungsschicht zu zeigen. Der smaragdgrüne Jade (unten) wurde poliert.

EIGENSCHAFTEN

GRUPPE Silikate – Kettensilikate
KRISTALLSYSTEM Monoklin
ZUS. $Na(Al,Fe)Si_2O_6$
FARBE Weiß, grün, flieder, rosa, braun, orange, gelb, rot, blau, schwarz
FORM/HABITUS Derb; selten kristallin
HÄRTE 6–7
SPALTBARKEIT Gut
BRUCH Splittrig
GLANZ Glas- bis Fettglanz
STRICH Weiß
SPEZ. GEWICHT 3,2–3,4
TRANSPARENZ Durchsichtig bis durchscheinend
BRECHUNGSINDEX 1,66–1,68

ASTROPHYLLIT

PIKE'S PEAK
In diesem mineralreichen Gebiet im US-Bundesstaat Colorado gibt es Astrophyllit.

DAS WASSERHALTIGE Natrium-Kalium-Eisen-Mangan-Titan-Silikat Astrophyllit tritt meist als Aggregat von sternförmig um ein gemeinsames Zentrum angeordneten blättrigen Kristallen auf. Der Name ist vom griechischen *astron* (»Stern«) und *phyllon* (»Blatt«) abgeleitet. Das goldgelbe bis dunkelbraune Mineral bricht in sehr spröde, dünne Blättchen. Es bildet sich in Hohlräumen in magmatischen Gesteinen wie Alkaligraniten und vor allem in Syeniten und syenitischen Pegmatiten. Daneben kommt es auch in Gneis vor. Astrophyllit ist in der Regel mit Albit, Ägirin, Arfvedsonit, Zirkon, Nephelin, Titanit und anderen Mineralen vergesellschaftet. Er kommt aus seinem Entdeckungsort in Norwegen und aus verschiedenen Orten in Spanien, Russland, Tadschikistan, Ägypten, Guinea, Kanada, Südafrika und den USA.

BLÄTTRIGE KRISTALLE
Diese Masse aus strahlig angeordneten, blättrigen Astrophyllitkristallen weisen den typischen blattartigen Bruch auf.

EIGENSCHAFTEN	
GRUPPE	Silikate – Kettensilikate
KRISTALLSYSTEM	Triklin
ZUSAMMENS.	$(K,Na)_3(Fe,Mn)_7Ti_2(Si_8O_{24})(O,OH)_7$
FARBE	Goldgelb bis dunkelbraun
FORM/HABITUS	Blättrig, sternförmig
HÄRTE	3
SPALTBARKEIT	Vollkommen
BRUCH	Uneben, spröde
GLANZ	Schwacher Metallglanz bis Perlmuttglanz
STRICH	Gelb
SPEZIFISCHES GEWICHT	3,4
TRANSPARENZ	In dünnen Schichten durchscheinend

WOLLASTONIT

VESUV
Der Vesuv in Italien ist einer von vielen Orten, an denen Wollastonit gefunden wurde.

DAS CALCIUMSILIKAT WOLLASTONIT ist meist als derbes, grobblättriges oder faseriges Aggregat anzutreffen, selten in Form tafeliger Kristalle. Das Farbspektrum reicht von Weiß über Grau bis Blassgrün. Von den sechs bekannten Strukturvarianten ist eine monoklin. Die verschiedenen Varianten sind nicht ohne Hilfsmittel unterscheidbar. Wollastonit entsteht durch Kontaktmetamorphose aus Kalkstein und in magmatischen Gesteinen durch kohlenstoffhaltige Einschlüsse. Daneben tritt er in durch Regionalmetamorphose entstandenen Gesteinen wie Schiefer oder Phyllit auf. Wollastonit ist oft mit anderen calciumhaltigen Silikaten wie Diopsid, Tremolit, der Granatvarietät Grossular und Epidot vergesellschaftet. Lagerstätten sind aus Italien, Rumänien, Mexiko, Kanada, Nordirland, Japan, Australien und den USA bekannt.

EIGENSCHAFTEN	
GRUPPE	Silikate – Kettensilikate
KRISTALLSYSTEM	Triklin
ZUSAMMENSETZUNG	$CaSiO_3$
FARBE	Weiß, grau, grün
FORM/HABITUS	Tafelig, derb
HÄRTE	4½–5
SPALTBARKEIT	Vollkommen
BRUCH	Uneben bis splittrig
GLANZ	Glasglanz bis Seidenglanz
STRICH	Weiß
SPEZIFISCHES GEWICHT	2,9
TRANSPARENZ	In dünnen Schichten durchscheinend

INDUSTRIEROHSTOFF

Wollastonit wird in Keramikprodukten wie Fliesen oder elektrischen Isolatoren verwendet. Auch als Beschichtung von Schweißelektroden, in Farben und als Asbestersatz kommt Wollastonit zum Einsatz.

Wollastonit schmilzt bereits bei relativ niedrigen Temperaturen und eignet sich dadurch sehr gut als Flussmittel. Es ist nicht elektrisch leitfähig und enthält praktisch keine flüchtigen Bestandteile, die in den verschiedenen Anwendungen störend wirken könnten. Deshalb werden die meisten Zündkerzen in Kraftfahrzeugen und Flugzeugen aus Wollastonit hergestellt.

ELEKTRISCHER ISOLATOR
Wegen seiner geringen Leitfähigkeit wird Wollastonit für keramische Isolatoren verwendet.

KERAMIKFLIESEN
Wollastonit ist ein Rohstoff für viele Fliesen.

W.H. WOLLASTON
Wollastonit wurde 1818 nach dem britischen Mineralogen Wollaston benannt, der die chemischen Elemente Palladium und Rhodium entdeckte.

SEIDENGLANZ
Diese Masse aus grobkörnigen, parallel angeordneten Wollastonitkristallen weisen einen splittrigen Bruch und Seidenglanz auf.

URAL
Hier im Ural (Russland) wurde Rhodonit gefunden.

RHODONIT

DER NAME DES MANGANSILIKATS RHODONIT ist nach seiner typischen Farbe vom griechischen *rhodon* (»Rose«) abgeleitet. Es tritt als abgerundete Kristalle, Aggregate oder Körner auf und ist oft von schwarzen Manganoxiden überzogen oder geädert. Rhodonit ist oft zusammen mit Rhodochrosit in verschiedenen Manganerzen zu finden oder entsteht durch Metamorphose aus Rhodochrosit. In Indien wurde es als Manganerz abgebaut, häufiger aber ist seine Verwendung als Schmuckstein. Rhodonit kommt aus Brasilien, Kanada, Schweden, Russland, Großbritannien und den USA. Kristalle wurden in Peru, den USA und Australien gefunden.

RHODONIT IN GRUNDMASSE
Diese Aggregate aus tafeligen Rhodonitkristallen sind auf einer Grundmasse aus Manganoxiden aufgewachsen.

SCHMUCKSTEIN

Rhodonit wird überwiegend als Cabochon oder Perle geschliffen oder für Schnitzereien verwendet. Derber Rhodonit eignet sich wegen seiner Zähigkeit besonders gut zum Schnitzen oder Gravieren. Gelegentlich ist Rhodonit von schwarzen Adern durchzogen. Dieses Material ist besonders beliebt. Sehr selten ist durchsichtiger Rhodonit, der dann für Sammler geschliffen wird. Da er sehr leicht zerbricht, ist bei der Bearbeitung größte Sorgfalt erforderlich.

OHRRINGE UND KÄSTCHEN AUS RHODONIT
Bei dem Kästchen wurden die schwarzen Streifen als Muster genutzt. In den Ohrringen wurden Cabochonperlen gefasst.

EIGENSCHAFTEN

- **GRUPPE SILIKATE** Silikate – Kettensilikate
- **KRISTALLSYSTEM** Triklin
- **ZUSAMMENSETZUNG** $(Mn,Ca)_5(Si_5O_{15})$
- **FARBE** Rosa
- **FORM/HABITUS** Tafelig
- **HÄRTE** 6
- **SPALTBARKEIT** Vollkommen
- **BRUCH** Muschelig bis uneben
- **GLANZ** Glasglanz
- **STRICH** Weiß
- **SPEZ. GEWICHT** 3,5–3,7
- **TRANSPARENZ** Durchscheinend
- **BRECHUNGSINDEX** 1,71–1,73

DERBER RHODONIT
Dieser Rhodonit zeichnet sich durch seine intensive Färbung und feine Textur als beste Edelsteinqualität aus.

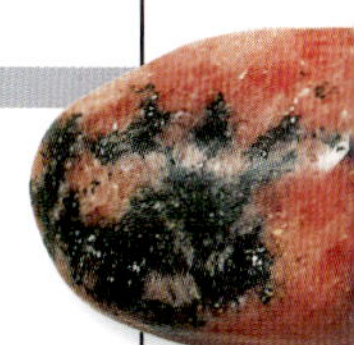

POLIERTER KIESEL
Rhodonit in mittlerer Qualität wird gern in der Trommel poliert und als Kiesel verkauft.

MONT-SAINT-HILAIRE
An diesem Berg in Kanada wurde Pektolith gefunden.

PEKTOLITH

DER NAME PEKTOLITH spielt auf die kompakte Struktur an und kommt vom griechischen *pektos* (»gut zusammengefügt«). Er bildet längliche, abgeflachte Kristalle, tritt aber meist als nadelige oder faserige Masse auf. Einige Exemplare des weißen, hautfarbenen oder blassblauen Minerals zeigen Tribolumineszenz, d.h., sie strahlen bei Reibung Licht ab. Faserige Varietäten bilden gefährlich scharfe Splitter. Pektolith entsteht durch hydrothermale Einflüsse in Hohlräumen in basaltischen und andesitischen Gesteinen, in Basalthohlräumen in Verbindung mit Zeolithen und in Glimmerperidotiten. Weit verbreitet ist er in Kanada, Großbritannien und den USA. Weitere Fundorte liegen in Italien, der Dominikanischen Republik, Grönland, Russland und Japan.

NADELFÖRMIGE KRISTALLE
Diese Masse aus strahlig angeordneten Gruppen nadelförmiger Pektolithkristalle ist ein gutes Beispiel für die Bildung scharfer Splitter.

EIGENSCHAFTEN

- **GRUPPE** Silikate – Kettensilikate
- **KRISTALLSYSTEM** Triklin
- **ZUSAMMENSETZUNG** $NaCa_2(Si_3O_8)(OH)$
- **FARBE** Weiß, hautfarben, blau
- **FORM/HABITUS** Nadelig
- **HÄRTE** 4½–5
- **SPALTBARKEIT** Vollkommen
- **BRUCH** Uneben, spröde
- **GLANZ** Glasglanz bis Seidenglanz
- **STRICH** Weiß
- **SPEZ. GEWICHT** 2,8–2,9
- **TRANSPARENZ** Durchscheinend

LARIMAR
Eine himmelblaue Pektolithvarität von der Dominikanischen Republik und den Bahamas wird als Larimar bezeichnet.

ZWEIKETTIGE KETTENSILIKATE

ZWEIKETTIGER TREMOLIT

ZU DIESER SILIKATGRUPPE zählen zwei der häufigsten Silikatminerale: die Amphibole und die Pyroxene. Die elementare Struktureinheit der zweikettigen Kettensilikate sind zwei miteinander verbundene Ketten von Siliciumoxid-Tetraedern. Die Amphibole unterscheiden sich von den ähnlich aussehenden Pyroxenen dadurch, dass ihre beiden Spaltebenen einen Winkel von etwa 124 und 56 Grad bilden, während sie bei den Pyroxenen in einem Winkel von etwa 87 und 93 Grad zueinander stehen. In der Regel sind Amphibolminerale lang und schlank, die Pyroxene hingegen kurz und gedrungen.

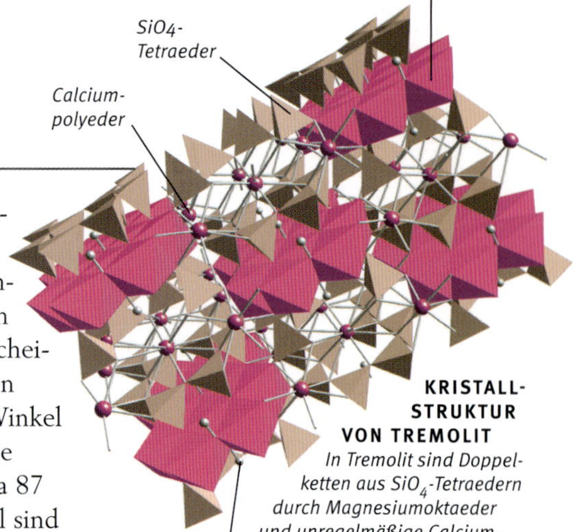

KRISTALLSTRUKTUR VON TREMOLIT
In Tremolit sind Doppelketten aus SiO_4-Tetraedern durch Magnesiumoktaeder und unregelmäßige Calciumpolyeder miteinander verknüpft.

HORNBLENDE

FJORD IN NORWEGEN
Schön ausgebildete Hornblendekristalle gibt es in Norwegen.

DER NAME HORNBLENDE bezeichnet eine ganze Gruppe von Mineralen, die nur durch eine detaillierte chemische Analyse zu unterscheiden sind. Die beiden Endglieder, die eisenhaltige Ferrohornblende und die magnesiumhaltige Magnesiohornblende, in der das Eisen durch Magnesium ersetzt ist, sind calciumreich und kristallisieren im monoklinen System. Für Sammler oder Geologen vor Ort handelt es sich in beiden Fällen einfach um Hornblende. In der Kristallstruktur der ganzen Gruppe können auch andere Elemente erscheinen, vor allem Chrom, Titan und Nickel, deren Konzentrationen Hinweise auf den Metamorphosegrad geben. Hornblendekristalle sind meist blättrig ohne besondere Endformen und weisen einen pseudohexagonalen Querschnitt auf. Gut ausgeformte Kristalle sind kurz- bis langsäulig. Daneben tritt das Mineral auch in spaltbaren Massen und strahlenförmigen Gruppen auf. Das Farbspektrum reicht von Grün über Dunkel- und Braungrün bis Schwarz. Hornblende ist ein häufiges Mineral in metamorphen Gesteinen, insbesondere in Amphiboliten, Hornblendeschiefern, Gneis und dunklen magmatischen Gesteinen. Besonders gut ausgebildete Kristalle wurden in Oslo in Norwegen, in der kanadischen Provinz Ontario und in den US-Bundesstaaten Pennsylvania und Delaware gefunden. Zusammen mit Rubin ist Hornblende in Harts Range im Northern Territory (Australien) anzutreffen.

EINZELKRISTALL
Dieser kurzsäulige Kristall mit zwei Endstücken stammt aus Lukov, Nordböhmen (Tschechische Republik).

HORNBLENDEKRISTALLE
Bei diesem Exemplar ist eine besonders schöne Gruppe prismatischer Hornblendekristalle in eine Gesteinsgrundmasse eingewachsen.

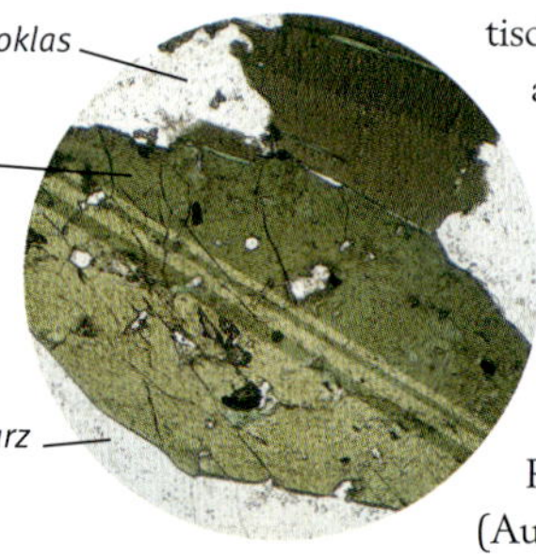

DÜNNSCHLIFF
Hier ist ein rautenförmiger Hornblendekristall mit Zwillingsbildung in Granodiorit zu sehen.

EIGENSCHAFTEN

GRUPPE Silikate – Kettensilikate
KRISTALLSYSTEM Monoklin
ZUS. Z.B. $Ca_2(Fe^{2+},Mg)_4(Al,Fe^{3+})(Si_7Al)O_{22}(OH,F)_2$
FARBE Grün, schwarz
FORM/HABITUS Prismatisch
HÄRTE 5–6
SPALTBARKEIT Vollkommen
BRUCH Uneben, spröde
GLANZ Glasglanz
STRICH Weiß bis grau
SPEZ. GEWICHT 3,1–3,3
TRANSPARENZ Durchscheinend bis undurchsichtig

ALPEN
In einigen Gesteinen der Alpen wurde Tremolit gefunden.

TREMOLIT

TREMOLIT ist ein verbreitetes Amphibolmineral, das eine Mischreihe (siehe S. 91) mit Ferro-Aktinolith bildet, in der Magnesium zunehmend durch Eisen ersetzt ist. Als Aktinolith werden mittlere Zusammensetzungen bezeichnet. Beide Minerale haben die gleiche Struktur. Die Farbe wird mit zunehmendem Eisengehalt dunkler: von Farblos bis Weiß über Grau, Graugrün (Tremolit), Grün und Dunkelgrün bis fast Schwarz. Gut ausgeformte Kristalle sind kurz- bis langsäulig. Häufiger sind jedoch blättrige Kristalle ohne ausgeprägte Endstücke in parallel angeordneten Aggregaten oder strahligen Gruppen. Tremolit und Aktinolith bilden dünne, parallel ausgerichtete, biegsame, bis 25 cm lange Fasern, die man früher als Asbest nutzte. Diese Amphibole entstehen durch thermische und Regionalmetamorphose. Prächtige Kristalle kommen aus Kantiwa (Afghanistan) und Edwards, New York (USA). Aktinolith findet man am Monte Redondo (Portugal) und in Washington (USA).

DÜNNSCHLIFF
Dieser nadelige Tremolit in Quarz kommt aus einem siliciumhaltigen Dolomitkalkstein.

AKTINOLITH
Dieses Exemplar besteht aus einer Gruppe dünner, prismatischer Aktinolithkristalle. Durch seinen hohen Eisengehalt ist es dunkel gefärbt.

EIGENSCHAFTEN	
GRUPPE	Silikate – Kettensilikate
KRISTALLSYSTEM	Monoklin
ZUSAMMENSETZUNG	$Ca_2(Mg,Fe^{2+})_5Si_8O_{22}(OH)_2$
FARBE	Farblos, weiß, grau, grün bis grünschwarz
FORM/HABITUS	Blättrig
HÄRTE	5–6
SPALTBARKEIT	Vollkommen
BRUCH	Splittrig, spröde
GLANZ	Glas- bis Seidenglanz
STRICH	Weiß
SPEZ. GEWICHT	2,9–3,4
TRANSPARENZ	Durchsichtig bis durchscheinend

TREMOLITKRISTALLE
An diesem Exemplar sind fedrige Aggregate aus weißen Tremolitkristallen zu sehen.

QUÉBEC
In dieser Provinz Kanadas wurden lange Anthophyllitkristalle gefunden.

ANTHOPHYLLIT

DAS AMPHIBOLMINERAL ANTHOPHYLLIT wurde nach seiner Farbe benannt: das lateinische Wort *anthophyllum* bedeutet »Nelke«. Der Eisen- und Magnesiumgehalt ist variabel. Anthophyllit mit hohem Eisenanteil wird als Ferro-Anthophyllit bezeichnet, natriumhaltiger Anthophyllit als Natriumanthophyllit. Er ist gelb- bis dunkelbraun, blassgrün, grau oder weiß. Anthophyllitminerale sind meist als säulige oder faserige Massen anzutreffen. Die seltenen Kristalle sind prismatisch und weisen meist keine besonderen Endstücke auf. Anthophyllit entsteht durch Regionalmetamorphose aus ultramafischen Gesteinen. Er ist ein bedeutender Bestandteil einiger kristalliner Schiefer und Gneise. Erwähnenswerte Fundstätten sind u. a. Glen Urquhart in Schottland, Miass in Russland und Orte in den USA. Anthophyllit ist ein weniger bedeutendes Asbestmineral.

STRAHLIGE KRISTALLE
Dieser Anthophyllit besteht aus faserigen, strahlig angeordneten Kristallen.

DÜNNSCHLIFF
Hier sind große, prismatische Anthophyllitkristalle in Gneis zu erkennen.

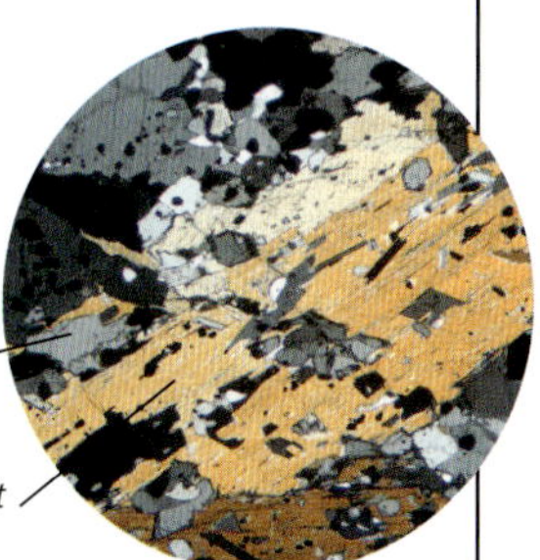

EIGENSCHAFTEN	
GRUPPE	Silikate – Kettensilikate
KRISTALLSYSTEM	Orthorhombisch
ZUSAMMENSETZUNG	$(Mg,Fe)_7Si_8O_{22}(OH)_2$
FARBE	Gelb- bis dunkelbraun, blassgrün, grau, weiß
FORM/HABITUS	Derb, faserig
HÄRTE	$5^1/_2$–6
SPALTBARKEIT	Vollkommen, unvollkommen
BRUCH	Uneben
GLANZ	Glasglanz
STRICH	Farblos bis grau
SPEZ. GEWICHT	2,8–3,6
TRANSPARENZ	Durchsichtig bis fast undurchsichtig

KOBUK RIVER (ALASKA)
Am Kobuk River befindet sich eine bedeutende Lagerstätte von hochwertigem Nephrit.

NEPHRIT

NEPHRIT ist eines von zwei völlig verschiedenen Mineralen, die üblicherweise als Jade bezeichnet werden. Das andere Jade-Mineral ist Jadeit (siehe S. 274–275), der zu den Pyroxenen zählt. Nephrit ist das häufigere und weiter verbreitete Mineral. Eigentlich bezeichnet »Nephrit« kein eigenes Mineral, sondern die zähe, kompakte Form des Amphibolminerals Tremolit (siehe S. 279) oder Aktinolith. Beide sind Calcium-Magnesium-Silikatminerale mit identischer Struktur, die sich nur dadurch unterscheiden, dass in Aktinolith das Magnesium zum Teil durch Eisen ersetzt ist. Nephrit besteht aus fest ineinander greifenden Fasern und ist dadurch zäher als Stahl. Wegen dieser Zähigkeit wurde der vor allem in China und Neuseeland häufig vorkommende Nephrit bereits sehr früh in der Geschichte für Werkzeuge und Waffen verwendet. Seine Farbe ist von der Zusammensetzung abhängig: Bei hohem Eisenanteil ist er dunkelgrün, bei hohem Magnesiumanteil cremefarben. Weißer Nephrit ist im Prinzip reiner Tremolit.

Der Geologe A. G. Werner benannte Nephrit 1780 nach dem lateinischen Wort *nephrus* (»Niere«), eine Anspielung auf die damals in Europa übliche Verwendung von Jade zur Behandlung von Erkrankungen der Nieren. Nephrit bildet sich in metamorphen Gesteinen, vor allem in ultramafischen Gesteinen, wo er mit Talk und Serpentin zusammen vorkommt, und in regionalmetamorphen Bereichen, wo mafisches Gestein in Dolomit eingedrungen ist.

Große Nephritlagerstätten gibt es am Kobuk River in Alaska (USA), British Columbia (Kanada), der Region Sinkiang (China; möglicherweise der erste Fundort im alten China) und in der Nähe des Wakatipu-Sees, Otago (Neuseeland; von dem die Maori ihr Material beziehen). Auch in den USA bei Lander, Wyoming, im Mariposa- und Siskiyou-Gebiet, in Monterey und Morro Bay, Kalifornien, sowie am Baikalsee (Russland) und in

JADE-TIKI
Hei-Tikis werden von den Maori in Neuseeland getragen und über Generationen vererbt.

GRÜNER TROPFEN
Dieser mittelgrüne Nephrit weist eine gleichmäßige Färbung auf. Er wurde zu einem tropfenförmigen Cabochon geschliffen.

SCHWARZER TROPFEN
Dieser polierte tropfenförmige Cabochon besteht aus eisenreichem schwarzem Nephrit aus Wyoming (USA).

MESSERGRIFF
Dieser kunstvoll gravierte Messergriff besteht aus hochwertigem, hellem Nephrit.

»Es ist besser, zertrümmerter Jade zu sein als unbeschädigte Töpferware.«

CHINESISCHES SPRICHWORT

JADESCHNITZEREIEN IM ALTEN CHINA

PRISMA
Dieses rituelle Prisma aus China entstand im 3. Jahrtausend v. Chr.

Im Alten China wurde Jade als *yu* bezeichnet und als Verkörperung von *yang*, der kosmischen Energie, betrachtet. Man schrieb ihm deshalb Leben spendende Fähigkeiten zu. In der sozialen Hierarchie wurde Jade zum höchsten Symbol von Souveränität und Macht. Nach dem taoistischen Glauben war er der Garant der Unsterblichkeit, und auch für Konfuzius hatte er eine große rituelle Bedeutung. Dem König stand der als *zhen* bezeichnete *gui*-Jade zu, den fünf Klassen des Adels waren die Steine *huan, xin, gong, gu* und *pu* zugeteilt. In den ersten Jahrhunderten unserer Zeitrechnung beherrschte das Tragen von Jade praktisch das Hofzeremoniell. Auch bei Begräbnissen, vor allem von Angehörigen des Adels, wurde Jade verwendet. Gold und Jade wurden in alle neun Körperöffnungen gelegt, und häufig wurden dem Verstorbenen noch weitere Gegenstände aus Jade ins Grab mitgegeben. Die exklusivste Verwendung von Jade war die Herstellung eines Totenkostüms aus Gold und Jade (siehe S. 282–283), in der Hoffnung, den Körper vor der Verwesung zu bewahren. Die Lebenden nahmen Jade ein, weil sie glaubten, er regeneriere den Körper.

BI-SCHEIBE
Die dekorative Scheibe in Drachengestalt wurde zwischen 25 und 220 n. Chr. hergestellt. Bi-Scheiben wurden bei Begräbnissen verwendet.

DRACHE
Dieser kunstvoll geschnitzte Jadeanhänger in Form eines Drachen stammt aus der Zeit um 500 v. Chr.

Ch'ungch'on (Südkorea) ist Nephrit zu finden. Weitere Fundorte liegen in Australien, Mexiko, Brasilien, Taiwan, Simbabwe, Italien, Polen, Deutschland und der Schweiz.

NILPFERD AUS NEPHRIT
Dieses aus Nephrit geschnitzte Nilpferd besitzt goldene Hufe. Es wurde zwischen 1908 und 1917 in der Fabergé-Werkstatt in Sankt Petersburg hergestellt.

SCHNITZARBEIT
Hochwertige Schnitzereien aus Nephrit und ähnlichen Steinen bieten vielen hoch qualifizierten Kunsthandwerkern in China ein Auskommen.

JADESCHNITZEREIEN

Auf Grund seiner Zähigkeit eignet sich Nephrit besonders gut für Schnitzarbeiten. Bis vor kurzem wurde nicht zwischen den beiden als Jade bezeichneten Mineralen Nephrit und Jadeit unterschieden. Nephrit wird in China schon seit mehr als 3000 Jahren geschnitzt. Erst seit etwa 100 Jahren wird Jadeit aus Myanmar höher geschätzt. Andere Steine, die eine äußerliche Ähnlichkeit mit Jade aufweisen, aber in der Regel weicher sind, werden gelegentlich mit Fantasienamen bezeichnet, die das Wort »Jade« enthalten. Dabei handelt es sich aber weder um Nephrit noch um Jadeit. Heute wird in China auch Serpentin häufig für Schnitzereien verwendet und oft für Jade gehalten (und auch als solcher verkauft).

EIGENSCHAFTEN	
GRUPPE	Silikate – Kettensilikate
KRISTALLSYSTEM	Monoklin
ZUSAMMENSETZUNG	$Ca_2(Mg,Fe)_5(Si_8O_{22})(OH)_2$
FARBE	Cremefarben, hell- bis dunkelgrün
FORM/HABITUS	Derb
HÄRTE	6½
SPALTBARKEIT	Vollkommen
BRUCH	Splittrig, spröde
GLANZ	Matt bis Wachsglanz
STRICH	Weiß
SPEZ. GEWICHT	2,9–3,4
TRANSPARENZ	Durchscheinend bis fast undurchsichtig
BRECHUNGSINDEX	1,61–1,63

AXT AUS NEPHRIT
Bei dieser Axt aus Neuseeland wird die Zähigkeit von Nephrit optimal ausgenutzt. Solche Werkzeuge zählen zu den ältesten Einsatzgebieten des Minerals. In manchen Kulturen wird Nephrit sogar als »Axtstein« bezeichnet.

GERÄTSCHAFTEN ZUM WEBEN
Diese Werkzeuge zum Weben aus Neuseeland machen sich die Haltbarkeit von Nephrit zu Nutze. Die beiden größeren Stücke wurden möglicherweise zur Herstellung von Fischernetzen verwendet.

NEPHRIT-KNOLLE
Diese kleine Nephritknolle wurde durchgesägt und poliert, um ihre Qualität zu demonstrieren.

TOTENGEWÄNDER IN CHINA

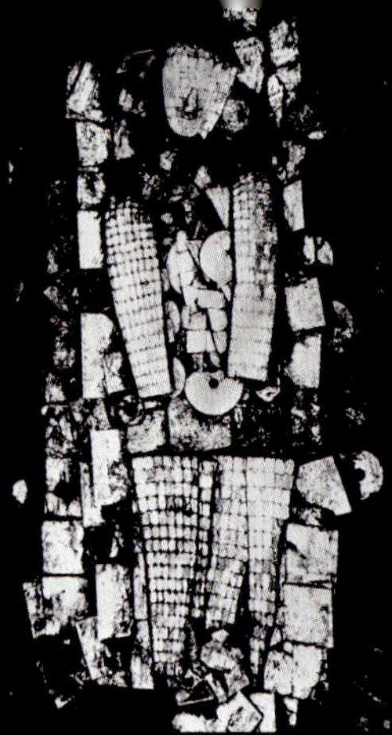

FEHLENDE PRINZESSIN
Das Kostüm von Prinzessin Tou Wan war völlig auseinander gefallen, als es gefunden wurde. Vom Leichnam war nur ein winziges Häufchen Staub übrig geblieben.

IM ALTEN CHINA GLAUBTE MAN, JADE BEWAHRE DEN KÖRPER DER VERSTORBENEN VOR DER VERWESUNG. SO ENTSTAND EINES DER UNGEWÖHNLICHSTEN STEINOBJEKTE DER MENSCHHEIT: TOTENGEWÄNDER AUS JADE.

Totengewänder aus Jade wurden zur Zeit der Han- Dynastie (206 v. Chr. – 220 n. Chr.) hergestellt. Sie bestanden aus mehreren Tausend Jadeplättchen, die mit Metallfäden zusammengenäht waren. Welches Metall dabei verwendet wurde, hing von der sozialen Stellung des Verstorbenen ab. Nur Mitglieder der königlichen Familie durften Kostüme mit Goldfäden tragen, Angehörigen des Adels waren Bronzefäden erlaubt. Das aufwändigste Gewand wurde für Prinz Nanyue (†122 v. Chr.) hergestellt. Es bestand aus 4000 mit Goldfäden zusammengenähten Jadeplättchen. 1955 wurden zwei Höhlengräber in den Felsen von Mancheng in der Provinz Hebei, 145 km südwestlich von Peking entdeckt. Neben 10 000 Kunstgegenständen enthielten sie die Särge von Prinz Liu Shen und seiner Ehefrau, Prinzessin Tou Wan. Die vor fast 2000 Jahren beigesetzten Körper waren in Kostüme aus Jade geklei-

AUFWÄNDIGE ARBEIT
Das restaurierte Gewand der Prinzessin Tou Wan besteht aus 2156 Jadeplättchen, die mit etwa 700 g Goldfaden zusammengenäht sind. Bei den damaligen technischen Möglichkeiten dürfte diese Arbeit 10 Arbeitsjahre in Anspruch genommen haben.

det. Diesem Stein wurden Fähigkeiten zugeschrieben, die weit über die äußerliche Konservierung des Körpers hinausgingen. Der Prinz und die Prinzessin wurden in Jadegewändern beigesetzt, um ihnen die Unsterblichkeit zu sichern, und um ihre Körper vor Dämonen zu schützen.

Die Herstellung von Jadegewändern hat sich möglicherweise aus dem Brauch entwickelt, Jade auf Stoffen zu befestigen, die über die Toten gelegt wurden. In jede der neun Körperöffnungen wurden Stöpsel aus Jade gesteckt. Dabei handelte es sich immer um Nephrit aus den Regionen Khotan und Yarkand in Zentralasien. Jedes Plättchen wurde einzeln aus einer Nephritknolle gesägt, wahrscheinlich mit einer Schlammsäge. Dieses Werkzeug besteht aus einem dünnen Bronze- oder Eisenstreifen mit glatter Schneide. Die Schneide wird vor- und zurückbewegt, während Schlamm oder feiner Sand in den Schnitt rieselt. So arbeitet sich die Säge langsam durch den Stein. Da Jade sehr zäh ist, dürfte jeder Schnitt mehrere Tage in Anspruch genommen haben. Die einzelnen Scheiben wurden dann zu Plättchen geformt, flach geschliffen und poliert. In die Ecken wurden Löcher zur Befestigung gebohrt. Mit dem dafür verwendeten Sandbohrer war dieser Arbeitsschritt ebenfalls äußerst zeitaufwendig. Schließlich wurden die Plättchen zusammengenäht, so dass sie den ganzen Körper bedeckten.

RESTAURIERUNG
Chinesische Restauratoren verbrachten viele Stunden mit der akribischen Zusammensetzung der Jadeplättchen des Totengewands.

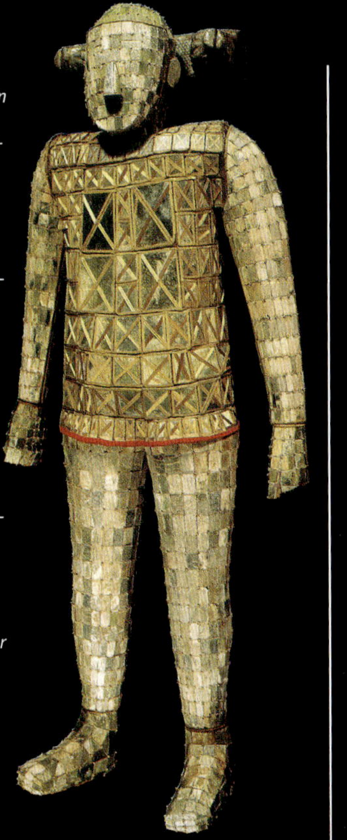

RESTAURIERTES GEWAND
Nach der Restauration sieht man, wie das Gewand (unten und rechts) den ganzen Körper der Prinzessin Tou Wan bedeckte. Ihr Kopf lag auf einer vergoldeten, mit Jade verzierten Kopfstütze.

RICHTERIT

MONT ST.-HILAIRE
In diesem Gebiet in Kanada wurden durchsichtige grüne Kristalle gefunden.

DAS NACH DEM DEUTSCHEN MINERALOGEN Theodor Richter benannte Amphibolmineral Richterit ist ein Natrium-Calcium-Magnesium-Silikat. Wenn Magnesium durch Eisen ersetzt ist, nennt man das Mineral Ferrorichterit, wenn die OH-Gruppe durch Fluor ersetzt ist, heißt es Fluororichterit. Richterit bildet lange, prismatische Kristalle, prismatische bis faserige Aggregate oder in Gestein eingestreute Kristalle. Das Mineral ist braun, graubraun, gelb, braun- bis rosarot oder blass- bis dunkelgrün. Richterit kommt in metamorphem Kalkstein und Kontaktmetamorphosezonen vor. Außerdem entsteht er durch hydrothermale Einwirkung in mafischen Magmatiten und in manganreichen Erzlagerstätten. Lagerstätten befinden sich u. a. in Québec und Ontario (Kanada), in Långban und Pajsberg (Schweden), in West Kimberley (Westaustralien), in Sanka (Myanmar) und in Iron Hill, Colorado, Leucite Hills, Wyoming und Libby, Montana (USA).

EIGENSCHAFTEN	
GRUPPE	Silikate – Kettensilikate
KRISTALLSYSTEM	Monoklin
ZUSAMMENSETZUNG	$Na(Ca,Na)Mg_5Si_8O_{22}(OH)_2$
FARBE	Braun, gelb, rot, grün
FORM/HABITUS	Prismatisch
HÄRTE	5–6
SPALTBARKEIT	Vollkommen
BRUCH	Uneben, spröde
GLANZ	Glasglanz
STRICH	Blassgelb
SPEZ. GEWICHT	3,0–3,5
TRANSPARENZ	Durchsichtig bis durchscheinend

PRISMATISCHER RICHTERIT
Hier sind prismatische Richteritkristalle in eine Grundmasse aus Quarz eingestreut.

GLAUKOPHAN

ZERMATT
Glaukophan kommt u. a. aus Zermatt in der Schweiz.

GLAUKOPHAN und die mit ihm verwandten Minerale werden als Glaukophan-Fazies bezeichnet. Ihr Vorhandensein deutet darauf hin, dass eine Metamorphose bei bestimmten Temperatur- und Druckbedingungen stattgefunden hat. Glaukophan ist ein häufiges Amphibolmineral, ein Natrium-Magnesium-Aluminiumsilikat, das unter den Oberbegriff Asbest fällt. Wenn das Magnessium durch Eisen ersetzt ist, spricht man von Ferroglaukophan. Glaukophan bildet schlanke, prismatische Kristalle und derbe, faserige oder körnige Aggregate. Er ist grau, lavendelblau oder blauschwarz und schmilzt leicht zu einer glasartigen grünen Masse. Der Name ist vom griechischen *glaukos* (»blaugrün«) und *phainestai* (»erscheinen«) abgeleitet. Glaukophan findet sich in metamorphen Schiefern, die bei niedriger Temperatur und hohem Druck aus natriumreichen Sedimenten oder durch Zufuhr von Natrium während der Metamorphose entstanden sind. Er ist oft mit Epidot, Almandin, Chlorit und Jadeit vergesellschaftet. Er ist weit verbreitet, u. a. in der Schweiz, Wales, Schottland, Griechenland, Italien, Japan und den USA.

EIGENSCHAFTEN	
GRUPPE	Silikate – Kettensilikate
KRISTALLSYSTEM	Monoklin
ZUSAMMENSETZUNG	$Na_2(Mg_3Al_2)Si_8O_{22}(OH)_2$
FARBE	Blaugrau bis schwarz
FORM/HABITUS	Prismatisch
HÄRTE	6
SPALTBARKEIT	Deutlich
BRUCH	Uneben bis muschelig
GLANZ	Glasglanz bis Perlmuttglanz
STRICH	Graublau
SPEZ. GEWICHT	3,2
TRANSPARENZ	Durchsichtig bis durchscheinend

ANGLESEY
Auf der Insel Anglesey vor der Nordwestküste von Wales gibt es schönen Glaukophan.

ITALIENISCHER GLAUKOPHAN
Dieses Exemplar aus dem Piemont (Italien) besteht aus Glaukophan mit Fuchsit, Rutil und Pyrit.

WEST-AUSTRALIEN
Diese Asbesthalden zeugen von dem früheren Abbau von Krokydolith.

RIEBECKIT

RIEBECKIT ist ein Natrium-Eisen-Silikat aus der Familie der Amphibole. Er bildet von Rillen durchzogene, prismatische Kristalle, deren Farbe vom Eisenanteil abhängt. Eine faserige Varietät mit dem Namen Krokydolith ist auch als Blauasbest bekannt. Riebeckit ist in Felsen wie Granit und Syenit und in vulkanischen Gesteinen, vor allem in natriumreichen Rhyolithen, zu finden. Krokydolith entsteht durch Metamorphose bei mäßiger Temperatur und mäßigem Druck aus Eisenstein. Fundstätten befinden sich in Robertstown (Südaustralien), der Provinz Henan in China, Cochabamba in Bolivien und Südafrika. Verkieselter Krokydolith kommt in verschiedenen Farbvarietäten vor, u. a. dem goldbraunen Edelstein Tigerauge und dem blauen Falkenauge. Er kommt größtenteils aus den südafrikanischen Asbestlagerstätten.

ASBEST

Asbest nennt man die dünnen, biegsamen Fasern einiger Minerale wie Riebeckit und Tremolit (siehe S. 279) . Die Fasern verarbeitete man zu Geweben, Wandverkleidungen, Dachplatten und Fassadenverkleidungen. Das früher wegen seiner brandhemmenden Eigenschaften und Widerstandsfähigkeit gegen Elektrizität und Säuren geschätzte Material wird heute nicht mehr eingesetzt, da das Einatmen der feinen Fasern Krebs auslösen kann. Blauasbest wird weltweit nicht mehr abgebaut. (Siehe auch S. 258.)

FEUERSCHUTZ-AUSRÜSTUNG
Feuerfeste Kleidung für die Feuerwehr wurde früher aus Asbest hergestellt.

EIGENSCHAFTEN

GRUPPE Silikate – Kettensilikate
KRISTALLSYSTEM Monoklin
ZUSAMMENSETZUNG $Na_2(Fe^{2+}{}_3 Fe^{3+}{}_2)Si_8O_{22}(OH)_2$
FARBE Dunkelblau, schwarz
FORM/HABITUS Prismatisch
HÄRTE 6
SPALTBARKEIT Vollkommen
BRUCH Uneben
GLANZ Glasglanz, Seidenglanz
STRICH Blaugrau
SPEZ. GEWICHT 3,3–3,4
TRANSPARENZ Durchsichtig bis durchscheinend
BRECHUNGSINDEX 1,54–1,55

BLAU-ASBEST

TIGERAUGE
Verkieselter Krokydolith bildet den Edelstein Tigerauge.

FALKENAUGE
Verkieselter blauer Krokydolith wird zum Edelstein Falkenauge.

RIEBECKIT-KRISTALLE
Die für Riebeckit typischen langen, gerillten Kristalle sind in diesem Exemplar gut zu erkennen.

COLORADO
In diesem mineralreichen Bundesstaat der USA gibt es u. a. auch Arfvedsonit.

ARFVEDSONIT

ARFVEDSONIT ist ein Mineral aus der Gruppe der Amphibole. Wenn Eisen durch Lithium und Magnesium ersetzt sind, wird das Mineral als Eckermannit bezeichnet. Meist ist Arfvedsonit als derbes Aggregat anzutreffen. Wenn sich Kristalle bilden, sind diese kurz- bis langsäulig prismatisch oder tafelig, oft mit Zwillingsbildungen. Arfvedsonit schmilzt leicht zu einem magnetischen Glasklumpen. Er ist in Felsen und den zugehörigen Pegmatiten oft mit anderen Amphibolen und Pyroxenen wie Ägirin und Augit zu finden. Daneben ist es auch in regionalmetamorphen Gesteinen anzutreffen. Arfvedsonit ist relativ weit verbreitet. Kristalle kommen aus Colorado und New Hampshire in den USA, von der Halbinsel Kola in Russland, aus der Gegend um Oslo in Norwegen und Mont-Saint-Hilaire in Kanada.

EIGENSCHAFTEN

GRUPPE Silikate – Kettensilikate
KRISTALLSYSTEM Monoklin
ZUSAMMENSETZUNG $Na_3(Fe^{2+}{}_4 Fe^{3+})Si_8O_{22}(OH)_2$
FARBE Blauschwarz bis schwarz
FORM/HABITUS Derbe Aggregate
HÄRTE 5½–6
SPALTBARKEIT Vollkommen
BRUCH Uneben
GLANZ Matt bis Glasglanz
STRICH Grün
SPEZIFISCHES GEWICHT 3,4
TRANSPARENZ Durchscheinend

KRISTALLFRAGMENTE
In diesem Exemplar sind Bruchstücke von Arfvedsonitkristallen in einer Gesteinsgrundmasse zu erkennen.

ENTDECKUNG

Arfvedsonit wurde 1923 in der Nähe von Ilimaussaq auf Grönland entdeckt und als neues Mineral identifiziert. Er wurde nach dem schwedischen Chemiker Johan Arfvedson (1792–1841) benannt, der 1817 das chemische Element Lithium entdeckt hatte.

GRÖNLAND

RINGSILIKATE

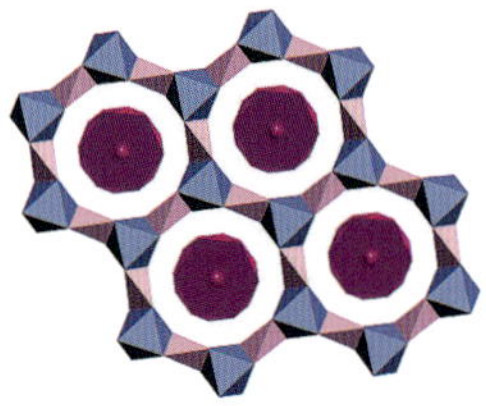

BERYLL

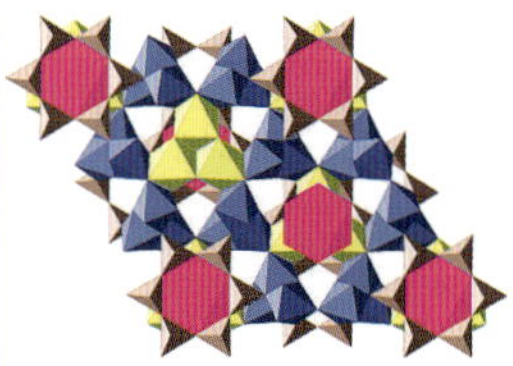

TURMALIN

RINGSILIKATE ODER CYCLOSILIKATE bilden Kristalle, die aus geschlossenen Ringen aus Tetraedern mit gemeinsamen Ecken bestehen. Jeder Teteraeder teilt zwei seiner Sauerstoffatome mit anderen Tetraedern. Die so gebildeten Ringe können aus drei Elementen (wie bei Benitoit), vier Elementen (wie bei Axinit) oder sechs Elementen (wie bei Beryll) bestehen. Die chemische Formel der Ringsilikate enthält jeweils ein Vielfaches von $SinO_3n$, wobei n für die Anzahl der Ringe steht.

KRISTALLSTRUKTUR VON BERYLL
In Beryll sind die Sechserringe aus SiO_4-Tetraedern so gestapelt, dass sie Kanäle bilden. Sie sind durch BeO_4-Tetraeder und AlO_6-Oktaeder verknüpft.

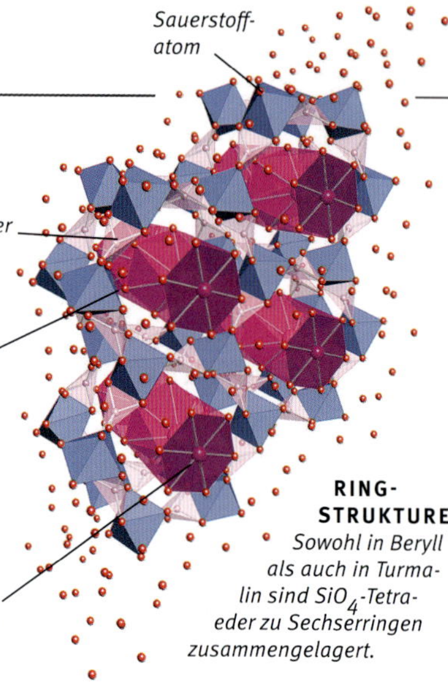

RING-STRUKTUREN
Sowohl in Beryll als auch in Turmalin sind SiO_4-Tetraeder zu Sechserringen zusammengelagert.

DIOPTAS

KASACHSTAN
Aus Kasachstan kommt Dioptas in bester Qualität.

DIOPTAS kann eine oberflächlich Smaragd ähneln. Die 1797 an Zar Paul übergebenen Kristalle aus Kasachstan wurden deshalb falsch klassifiziert. Die Reaktion des Zaren ist nicht überliefert. Dioptas könnte ein wundervoller Edelstein sein, dessen Farbe es mit der von Smaragd aufnehmen kann, aber er ist zu weich und zu leicht spaltbar. Die prismatischen Kristalle, oft mit rhomboedrischen Enden, können hochtransparent sein, daher auch der Name, der vom griechischen *dia* (»durch«) und *optazein* (»sehen«) abgeleitet ist. Transparenter Dioptas kann einen schwachen Pleochroismus aufweisen, kräftig gefärbte Steine können durchscheinend sein. Dioptas tritt auch als kristallines und derbes Aggregat auf. Er entsteht durch Oxidationsprozesse in Kupfererzgängen. Sehr schöne Steine kommen aus Kasachstan, dem Iran, Namibia, der Republik Kongo, Argentinien, Chile und den USA.

EIGENSCHAFTEN

GRUPPE	Silikate – Ringsilikate
KRISTALLSYSTEM	Hexagonal/trigonal
ZUSAMMENSETZUNG	$CuSiO_2(OH_2)$
FARBE	Smaragdgrün bis blaugrün
FORM/HABITUS	Prismatisch
HÄRTE	5
SPALTBARKEIT	Vollkommen
BRUCH	Uneben bis muschelig
GLANZ	Glasglanz bis Fettglanz
STRICH	Blasses Grünblau
SPEZIFISCHES GEWICHT	3,3
TRANSPARENZ	Durchsichtig bis durchscheinend

DIOPTASKRISTALLE
In diesem Exemplar aus Kaokoveld (Namibia) sind prächtige prismatische Dioptaskristalle auf Quarz und Chrysokoll aufgewachsen.

SUGILITH

INDIEN
Sugilithlagerstätten wurden im indischen Bundesstaat Madhya Pradesh gefunden.

DER 1944 ENTDECKTE SUGILITH wurde erst 1976 als eigenständiges Mineral identifiziert. Er ist nach dem japanischen Petrologen Kenichi Sugi, benannt. Das Natrium-Kalium-Lithium-Silikat enthält variable Anteile an Eisen, Mangan und Aluminium. Es tritt vorwiegend in derben und körnigen Aggregaten auf. Die selten anzutreffenden Kristalle sind unter 2 cm groß. Das Mineral ist tiefrosa, braungelb oder rotviolett. Die rosa bis violette Färbung wird durch Mangan hervorgerufen, wobei rosa Sugilith aluminiumreich und violetter Sugilith eisenreich ist. Sugilith bildet sich in metamorphen Manganlagerstätten und als Xenolith in Marmor. Er ist am Mont Saint-Hilaire (Kanada), auf der Insel Iwagi (Japan), in Südafrika und in Italien zu finden.

DERBER SUGILITH
Rotvioletter Sugilith wie dieses Exemplar aus Kuruman in der Provinz Northern Cape in Südafrika wird als Schmuckstein verwendet.

EIGENSCHAFTEN

GRUPPE	Silikate – Ringsilikate
KRISTALLSYSTEM	Hexagonal
ZUSAMMENSETZUNG	$KNa_2(Fe,Mn,Al)_2Li_3Si_{12}O_{30}\cdot H_2O$
FARBE	Rosa, braungelb, rotviolett
FORM/HABITUS	Derb
HÄRTE	$5^1/_2$–$6^1/_2$
SPALTBARKEIT	Schwach ausgeprägt
BRUCH	Schwach muschelig
GLANZ	Glasglanz
STRICH	Weiß
SPEZ. GEWICHT	2,7–2,8
TRANSPARENZ	Durchscheinend bis undurchsichtig
BRECHUNGSINDEX	1,60–1,61

CABOCHON
Für Sugilith als aktuellen Schmuckstein wird immer der Cabochonschliff verwendet.

KIESEL
Die wegen ihrer lebhaften Farbe beliebten Sugilithkiesel werden in der Trommel poliert.

CORDIERIT

MYANMAR
In den edelsteinhaltigen Kiesen Myanmars und Sri Lankas ist auch Iolith zu finden.

CORDIERIT wurde nach dem französischen Geologen Pierre L. A. Cordier benannt, der dieses Mineral 1813 erstmals beschrieb. Er kommt in blauen, blauvioletten, grauen oder blaugrünen Färbungen vor. Cordierit in Edelsteinqualität nennt man auch Iolith oder »Wassersaphir«. Cordierit zeigt einen bemerkenswerten Pleochroismus in drei Farben. Er bildet prismatische Kristalle, wobei die schönste blaue Färbung in Längsrichtung zu sehen ist. In Querrichtung kann er sogar farblos erscheinen. Cordierit bildet sich vor allem in hochgradig metamorphem Gestein, auch in Schiefer und Gneis, seltener in Pegmatiten und Quarzgängen. Neben Sri Lanka und Myanmar ist Madras in Indien ein wichtiger Lieferant. Makellose Kristalle kommen von der Insel Garnet in Kanada. Cordierit in Edelsteinqualität gibt es auch in Madagaskar, Tansania und Südafrika.

EIGENSCHAFTEN	
GRUPPE	Silikate – Ringsilikate
KRISTALLSYSTEM	Orthorhombisch
ZUSAMMENSETZUNG	$(Mg,Fe)_2Al_4Si_5O_{18}$
FARBE	Blau, blaugrün, grauviolett
FORM/HABITUS	Kurzsäulig, körnig
HÄRTE	7–7½
SPALTBARKEIT	Mittel bis schwach ausgeprägt
BRUCH	Muschelig bis uneben
GLANZ	Glasglanz bis Fettglanz
STRICH	Weiß
SPEZIFISCHES GEWICHT	2,6
TRANSPARENZ	Durchsichtig bis durchscheinend
BRECHUNGSINDEX	1,53–1,55

CORDIERITKRISTALLE
Diese Gruppe kurzsäuliger Cordieritkristalle ist in eine Gesteinsgrundmasse eingewachsen. Gewöhnlicher Cordierit wird als hitzebeständiges Material verwendet.

KRISTALL IN GRUNDMASSE

EDELSTEINSUCHE
In den edelsteinhaltigen Kiesen im Norden von Myanmar werden Edelsteine wie Iolith traditionell durch Waschen gewonnen.

IOLITH
Iolith wird in Würfelform geschliffen, um den Pleochroismus zu zeigen.

TREPPENSCHLIFF
Bei dunklen Steinen hebt dieser Schliff die Farbe am besten hervor.

GEMISCHT
Bei einem Schliff mit kleinen Facetten zeigt Iolith eine schöne, brillante Farbe.

BENITOIT

SAN BENITO COUNTY (USA)
Hier wurde Benitoit entdeckt.

DAS BARIUM-TITAN-SILIKAT BENITOIT wurde 1907 von einem Mineralsucher entdeckt, der ihn für Saphir hielt. Benitoit ist meist blau bis dunkelblau, kann aber auch farblos, weiß oder in seltenen Fällen rosa sein. Er weist einen starken Dichroismus auf: Geschliffene Steine erscheinen in einer Richtung blau, in der anderen farblos. Durch seine starke Farbdispersion erreicht er fast die Brillanz von Diamant. Benitoit ist in durch hydrothermale Einflüsse verändertem Serpentin und als Ader in Schiefer anzutreffen. Kristalle in Edelsteinqualität sind in der Regel klein. Der wichtigste Lieferant ist die San Benito-Mine in Kalifornien. In einer nahe gelegenen Mine wurden rosa Kristalle gefunden. Weitere Fundstätten liegen in Belgien, Japan und dem US-Bundesstaat Arkansas.

KRISTALLE IN GRUNDMASSE

KRISTALL

BENITOIT-KRISTALLE
Dieser Benitoit aus der San Benito-Mine weist gut ausgeformte Kristalle und eine kräftige Farbe auf.

SAN BENITO-MINE
Diese Mine in San Benito (Kalifornien) ist der Entdeckungsort und der wichtigste Lieferant von Benitoit in Edelsteinqualität.

BENITOIT IN GRUNDMASSE
Diese Gruppe kräftig blau gefärbter dipyramidaler Benitoitkristalle sitzt zusammen mit Natrolith auf einer Gesteinsgrundmasse.

EIGENSCHAFTEN	
GRUPPE	Silikate – Ringsilikate
KRISTALLSYSTEM	Hexagonal
ZUSAMMENSETZUNG	$BaTiSi_3O_9$
FARBE	Blau, farblos, rosa
FORM/HABITUS	Schuppig
HÄRTE	6½
SPALTBARKEIT	Unvollkommen
BRUCH	Muschelig bis uneben
GLANZ	Glasglanz
STRICH	Weiß
SPEZIFISCHES GEWICHT	3,7
TRANSPARENZ	Durchsichtig bis durchscheinend
BRECHUNGSINDEX	1,76–1,80

BRILLANT
Dieser Benitoit im Brillantschliff zeigt bei direkter Draufsicht eine schöne blaue Färbung.

GEMISCHT
Seitlich betrachtet ist die blaue Farbe kaum noch zu sehen, ein schönes Beispiel für den Dichroismus.

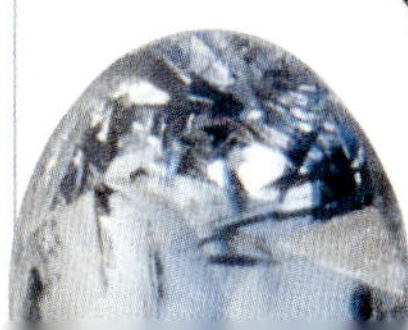

PALA, KALIFORNIEN
Einige der schönsten Turmaline kommen aus dem Pala-Gebiet bei San Diego, Kalifornien (USA).

TURMALIN

BUDDHA-ANHÄNGER
Turmalin ist ein beliebtes Material für Edelsteinschnitzereien, wie dieser Anhänger aus Rubellit.

TURMALIN ist der Oberbegriff für eine ganze Reihe von Borsilikatmineralen mit komplexer und variabler Zusammensetzung, aber gleicher Kristallstruktur. Zu den 11 Mineralen dieser Gruppe zählen auch Elbait, Dravit, Schörl und Liddicoatit. Darüber hinaus werden mineralübergreifend zahlreiche Farbvarietäten, darunter Indigolith (blau), Achroit (farblos), Rubellit (rosa oder rot) und Verdelith (grün), unterschieden. Hier wird nur auf die wichtigsten eingegangen. Elbait bildet eine Mischreihe mit Dravit und dieser wiederum mit Elbait und Schörl.

HÄUFIG VORKOMMENDER EDELSTEIN

Turmalinkristalle sind in der Regel prismatisch. Farbige Kristalle weisen einen starken Dichroismus und häufig auch eine Farbbänderung auf. Turmalin ist häufig anzutreffen, wobei die schönsten Kristalle in Pegmatiten und metamorphem Kalkstein in der Kontaktzone mit granitischem Magma zu finden sind. Da Turmalin verwitterungsbeständig ist, sammelt er sich in Kies an – daher auch der Name: Das singhalesische Wort *tourmali* bedeutet »Edelsteinkiesel«. Aus dem gleichen Grund ist Turmalin ein häufiges Begleitmineral in einigen Sedimentgesteinen. Turmalin in Edelsteinqualität kommt an vielen Orten vor. Wegen seines piezoelektrischen Effekts ist er auch für die Industrie von Bedeutung, z.B. in Manometern und zur Tiefenmessung. In optischen Geräten wird er zur Polarisierung von Licht eingesetzt.

Durchsichtige Varietäten werden als Edelsteine geschätzt, die meisten Vertreter der Turmalingruppe sind aber dunkel und undurchsichtig. Abgesehen von schönen Kristallformen sind sie nicht besonders attraktiv. Das wohl häufigste Turmalinmineral ist der schwarze, undurchsichtige, eisenreiche Schörl. Seine prismatischen Kristalle können mehrere Meter lang werden. Dravit ist ein sehr dunkler (meist brauner) Turmalin mit hohem Magnesiumgehalt. Er wird gelegentlich als Edelstein geschliffen. Durch eine Wärmebehandlung kann er aufgehellt werden. Dravit ist in den edelsteinhaltigen Kiesen Sri Lankas und in den USA, Kanada, Mexiko, Brasilien und Australien anzutreffen. Liddicoatit, vor

ALEXANDER DER GROSSE, STEMPEL UND GIPSABDRUCK
Diese aus dem 3. oder 2. Jahrhundert v. Chr. stammende Einlegearbeit in polychromem Turmalin zeigt den Kopf Alexanders des Großen.

MOUNT MICA

Obwohl Turmalin ein recht häufiges Mineral ist, kommt edelsteinfähiges Material fast nur in Pegmatiten (siehe S. 36) vor. Im Jahr 1820 wurde am Mount Mica im US-Bundesstaat Maine besonders klarer Elbait gefunden. Die Fördermenge dieser Mine reichte nie an die von Pala, Kalifornien, heran (dort wurden von 1902 bis 1911 120 Tonnen abgebaut), das Material aus Maine war aber bei Edelsteinschleifern und Schnitzern sehr begehrt. Die Minen am Mount Mica wurden 1972 wieder in Betrieb genommen, als eine neue ergiebige Turmalinlagerstätte gefunden wurde. Diese ist heute ebenfalls erschöpft, aber es wird weiter gearbeitet, und Turmalin ist immer noch ein Wahrzeichen von Maine.

BERGWERKSBETREIBER
Auf diesem Foto aus dem 19. Jahrhundert posiert Loren Merrill, ein Bergbauunternehmer, vor einer der größten Turmalinlagerstätten am Mount Mica.

SCHWARZ, GRÜN UND ROSA

WASSERMELONE

INDIGOLITH

WASSERMELONE IM QUERSCHNITT

FARBEN VON TURMALIN
Diese Exemplare geben einen Überblick über die Farbvielfalt in der Turmalinfamilie. Turmalinkristalle können Farbverläufe aufweisen, entweder in Längsrichtung wie der schwarzgrüne Kristall, der an einem Ende rosa gefärbt ist, oder im Querschnitt wie bei den Wassermelonenkristallen. Sie können aber auch einheitlich gefärbt sein wie der blaue Indigolith.

allem aus der Tschechischen Republik, Russland und Madagaskar, ist zum Teil als Edelstein geeignet. Auch früher schon wurde Turmalin als Edelstein verwendet: Ein skandinavischer Goldring aus der Zeit um 1000 n. Chr. ist mit einem rosa Turmalin verziert.

FARBVIELFALT

Die häufigste Edelsteinvarietät ist Elbait. Er ist meist grün, kann aber auch viele andere Farben aufweisen oder sogar farblos sein. Die häufigste Farbe aller Turmalinedelsteine ist Gelbgrün. Das wesentlich seltenere und wertvollere Smaragdgrün wurde bis ins 18. Jahrhundert hinein oft mit Smaragd verwechselt. Die meisten smaragdgrünen Steine kommen aus Brasilien, Tansania und Namibia.

Die spektakulärste Form ist der polychrome »Wassermelonen«-Turmalin, der im Querschnitt in der Mitte rot oder rosa und am Rand grün gefärbt ist. Manche Kristalle sind an einem Ende rosa und am anderen grün.

Die prächtigen roten und grünen Kristalle aus dem Pala-Gebiet bei San Diego (USA) die polychromen Wassermelonenkristalle aus Brasilien und die prismatischen roten Kristalle aus Madagaskar und Mosambik zählen zu den spektakulärsten Edelsteinen. Bedeutende Lagerstätten gibt es außerdem im US-Bundesstaat Maine, Russland, Afghanistan, Pakistan, Nigeria und Namibia.

EIGENSCHAFTEN

GRUPPE	Silikate – Ringsilikate
KRISTALLSYSTEM	Hexagonal/trigonal
ZUS.	$Na(Mg,Fe,Li,Mn,Al)_3Al_6(BO_3)_3Si_6 \cdot O_{18}(OH,F)_4$
FARBE	Schwarz, grün, braun, rot, blau, gelb, rosa
FORM/HABITUS	Prismatisch, nadelförmig
HÄRTE	$7–7^1/_2$
SPALTBARKEIT	Undeutlich
BRUCH	Uneben bis muschelig
GLANZ	Glasglanz
STRICH	Farblos
SPEZ. GEWICHT	3,0–3,2
TRANSPARENZ	Durchsichtig bis durchscheinend
BRECHUNGSINDEX	1,61–1,64

INDIGOLITH IM TREPPENSCHLIFF
Dieser grünblaue Turmalin im Smaragdschliff ist ein Indigolith. Er kommt aus Paraiba, Brasilien.

RUBELLIT IM TREPPENSCHLIFF
Dieser durchsichtige Stein ist ein schönes Beispiel für die satte rote Farbe einiger Rubellitsteine.

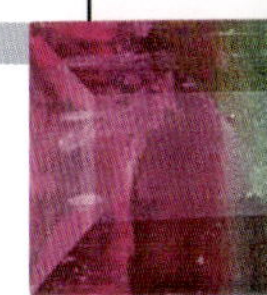

WASSERMELONE MIT SCHLIFF
Dieser Stein ist so geschliffen, dass beide Farben dieser Edelsteinvarietät zu sehen sind.

GEMISCHTER SCHLIFF
Eine orange Färbung ist bei Turmalin selten. Der orange-braune Stein im gemischten Schliff ist ein Dravit.

RUNDER BRILLANT
Dieser farblose Turmalin im Brillantschliff ist eine seltene Elbaitvarietät, die als Achroit bezeichnet wird.

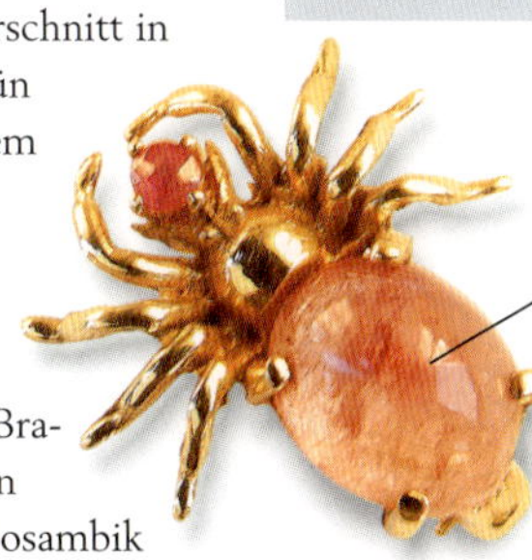

SPINNENBROSCHE
Diese attraktive Spinne zieren zwei in Gold gefasste Turmalincabochons.

ELBAITKRISTALLE
In diesem Exemplar von der Insel Elba, dem namengebenden Entdeckungsort des Minerals, sitzen Elbaitkristalle auf Quarz und Albit.

SCHÖRL
Hier sitzen kurzsäulige Schörlkristalle auf einer Gesteinsgrundmasse mit schiefwinkligen Calcitkristallen.

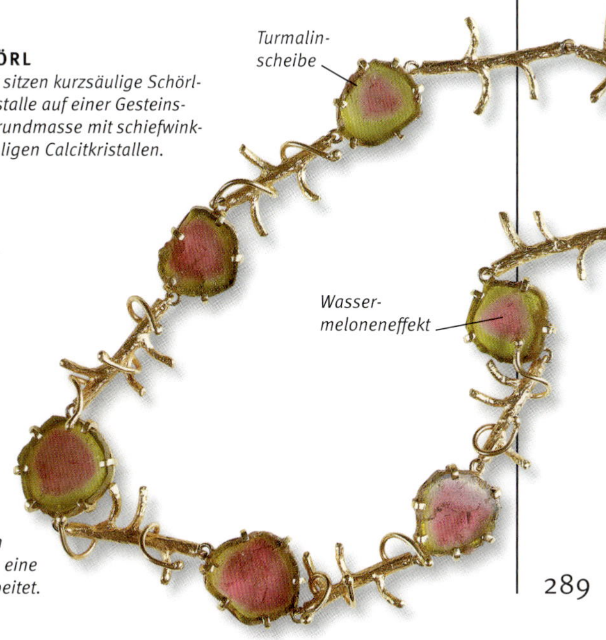

HALSKETTE
Bei dieser modernen Halskette sind Turmalinscheiben mit Wassermeloneneffekt in eine filigrane Goldkette eingearbeitet.

BERYLL: AQUAMARIN

NUR WENIGE MENSCHEN kennen den Mineralnamen Beryll, aber fast jedem sind die bedeutendsten Edelsteinvarietäten bekannt: Smaragd (siehe S. 292–293) und der wesentlich häufigere Aquamarin. Inzwischen ist gewöhnlicher Beryll – ein Beryllium-Aluminium-Silikat – ein begehrtes Erz des seltenen Elements Beryllium. Weitere Edelsteinvarietäten von Beryll (siehe gegenüberliegende Seite) sind der goldgelbe Heliodor, der rosafarbene Morganit und der farblose Goshenit. Gewöhnlicher Beryll ist hautfarben bis blassgrün, blass- oder himmelblau oder gelblich. Beryll ist ein in eher geringen Mengen vorhandener Bestandteil von granitischen Gesteinen und ihren Pegmatitgängen sowie von Glimmerschiefer und Gneis. Der Name »Beryll« ist vom griechischen *beryllos* abgeleitet, mit dem früher mehrere grüne Steine bezeichnet wurden.

Beryll fällt als Nebenprodukt beim Abbau von Feldspat und Glimmer an. Gelegentlich werden Beryllkristalle, die meist säulige Prismen mit hexagonalem Querschnitt bilden, gefunden: In Brasilien wurde ein 200 Tonnen schwerer Kristall gefunden, und in South Dakota, USA, ein 5,8 m langer und 1,5 m dicker Kristall.

Aquamarin dessen Name »Meerwasser« bedeutet, kommt fast überall in Hohlräumen von Pegmatiten oder in Schwemmsandablagerungen vor. Er bildet größere und klarere Kristalle als Smaragd. In Brasilien wurde ein 110 kg schwerer durchsichtiger Kristall gefunden. Im 19. Jahrhundert war meergrüner Aquamarin hoch geschätzt. Heute werden himmelblaue Kristalle mit Spuren von Eisen bevorzugt. In der Antike sollten Aquamarine mit einem Abbild des Meeresgottes Poseidon Seeleuten Schutz bieten.

URAL
Aus dem Ural in Russland kommen viele Edelsteine, darunter auch Aquamarin.

AQUAMARIN-KRISTALLE
Dieser Kristall weist das häufig zu beobachtende komplexe Endstück auf.

EIGENSCHAFTEN

GRUPPE Silikate – Ringsilikate
KRISTALLSYSTEM Hexagonal
ZUSAMMENSETZUNG $Be_3Al_2Si_6O_{18}$
FARBE Grün, blau, gelblich
FORM/HABITUS Prismatisch
HÄRTE 7½–8
SPALTBARKEIT Undeutlich
BRUCH Uneben bis muschelig
GLANZ Glasglanz
STRICH Weiß
SPEZ. GEWICHT 2,6–2,8
TRANSPARENZ Durchsichtig bis durchscheinend
BRECHUNGSINDEX 1,57–1,58

MOUNT ANTERO (USA)

Am Mount Antero in den Rocky Mountains (USA) befindet sich in einer Höhe von 4200 Metern der höchstgelegene Edelsteinfundort in Nordamerika. Er ist für seine Aquamarinvorkommen berühmt. Daneben sind aber auch Phenakit und andere Pegmatitminerale zu finden. Wegen der Höhenlage ist er nur zwei bis drei Monate im Jahr für Sammler zugänglich.

ANTERO-KRISTALL
Dieser Kristall wurde am Mount Antero gefunden.

GRÜNLICHER AQUAMARIN

BERYLLKRISTALLE
Diese Kristalle haben eine prismatische Form. Grünlicher Aquamarin wird durch Erhitzen blau.

BERYLLKRISTALL

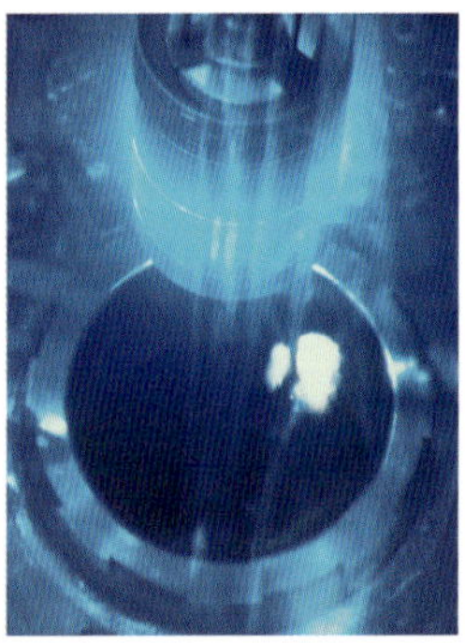

BRENNELEMENT
Beryllium wird in manchen Kernreaktoren zur Steuerung des Neutronenflusses eingesetzt.

CABOCHON
Als Cabochon geschliffene Aquamarine weisen manchmal einen Katzenaugeneffekt auf.

RECHTECKIGER SCHLIFF
Für Aquamarine wird oft ein Treppenschliff gewählt, damit die tiefblaue Farbe gut zur Geltung kommt.

QUADRATISCHER SCHLIFF
Prismatische Kristalle werden oft in quadratische oder rechteckige Formen geschliffen, um das Material bestmöglich auszunutzen.

OVALER SCHLIFF
Dieser Aquamarin weist einen ovalen Facettenschliff auf. Dadurch wird – wie bei allen Edelsteinen – die Farbe verstärkt.

AQUAMARINKRISTALLE
Diese Masse prismatischer Aquamarinkristalle stammt aus Dusso im Karakorum (Nordpakistan).

MORGANIT

MINAS GERAIS (BRASILIEN)
Hier findet man reichlich Morganit.

MORGANIT ist Beryll in Edelsteinqualität, der durch Cäsium oder Mangan rosa, fliederfarben, pfirsichfarben, orange oder gelborange gefärbt ist. Morganitkristalle weisen oft einen Farbverlauf mit Blau an der Basis, fast Farblos in der Mitte und Rosa an der Spitze auf. Außerdem ist ein Dichroismus zu beobachten. Die Kristallform ist gedrungen und tafelig. Morganit kommt oft mit Lepidolith und Turmalin in lithiumreichen Pegmatiten vor. Er wird im brasilianischen Bundesstaat Minas Gerais abgebaut. Dort wurden auch Kristalle mit bis zu 25 kg Gewicht gefunden. Weitere bedeutende Lagerstätten sind Pala in Kalifornien (USA), Muiane in Mosambik, die italienische Insel Elba und Madagaskar. Morganit wird fast immer als Edelstein geschliffen. Steine mit Gelb- oder Orangestich werden manchmal mit Wärme behandelt, um die gewünschte rosa Färbung zu erzielen.

J. PIERPONT MORGAN
Morganit ist nach dem amerikanischen Bankier J. Pierpont Morgan benannt.

EIGENSCHAFTEN

- **GRUPPE** Silikate – Ringsilikate
- **KRISTALLSYSTEM** Hexagonal
- **ZUSAMMENS.** $Be_3Al_2Si_6O_{18}$
- **FARBE** Rosa, fliederfarben, pfirsichfarben, orange, gelborange
- **FORM/HABITUS** Tafelig
- **HÄRTE** $7^{1}/_{2}$–8
- **SPALTBARKEIT** Undeutlich
- **BRUCH** Uneben bis muschelig
- **GLANZ** Glasglanz
- **STRICH** Weiß
- **SPEZ. GEW.** 2,6–2,8
- **TRANSPARENZ** Durchsichtig bis durchscheinend
- **BRECHUNGSIN.** 1,57–1,58

UNGESCHLIFFENER MORGANIT
Dieser Morganit in Edelsteinqualität ist von einem größeren Kristall abgebrochen. Für die rosa Färbung ist Mangan verantwortlich.

KRISTALL MIT BÄNDERUNG

TAFELIGER KRISTALL

MORGANITKRISTALLE
Morganit bildet meist gedrungene, tafelige Kristalle, die oft eine Bänderung aufweisen.

RUNDER BRILLANT
Dieser schön gefärbte Morganit weist einen Brillantschliff auf. Rosa Morganit kommt u. a. aus Brasilien.

OVALER SCHLIFF
Durch einen ovalen gemischten Schliff kommt hellerer Morganit gut zur Geltung. Heller Morganit kommt u. a. aus Kalifornien.

TROPFENFORM
Hier wurde ein Morganit in einer Tropfenform mit vielen Facetten geschliffen.

GOSHENIT

PAKISTAN
In Nordpakistan gibt es Goshenitlagerstätten.

DIE FARBLOSE BERYLLVARIETÄT GOSHENIT ist nach ihrem Entdeckungsort Goshen im US-Bundesstaat Massachusetts benannt. Goshenit ist die seltenste Edelsteinvarietät des Berylls und tritt überwiegend in Pegmatiten auf. Der heute auf dem Markt befindliche Goshenit kommt aus dem Ural in Russland, Minas Gerais in Brasilien, Dassu in Pakistan und Ampangabe auf Madagaskar. Das Wort »Brille« geht möglicherweise auf »Beryll« zurück, aus dem im Mittelalter Augengläser hergestellt wurden.

EIGENSCHAFTEN

- **GRUPPE** Silikate – Ringsilikate
- **KRISTALLSYSTEM** Hexagonal
- **ZUSAMMENS.** $Be_3Al_2Si_6O_{18}$
- **FARBE** Farblos
- **FORM/HABITUS** Prismatisch
- **HÄRTE** $7^{1}/_{2}$–8
- **SPALTBARKEIT** Undeutlich
- **BRUCH** Uneben bis muschelig
- **GLANZ** Glasglanz
- **STRICH** Weiß
- **SPEZ. GEWICHT** 2,6–2,8
- **TRANSPARENZ** Durchsichtig bis durchscheinend
- **BRECHUNGSINDEX** 1,57–1,58

KRISTALL
Dieser Goshenitkristall weist einen hexagonalen Querschnitt und flache Enden auf.

UNGEWÖHNLICH
Durch einen Schliff mit vielen Facetten glitzert der farblose Goshenit besonders schön.

HELIODOR

NORTH CAROLINA
Hier gibt es ergiebige Lagerstätten.

HELIODOR bildet in der Regel säulige Kristalle mit hexagonalem Querschnitt. Sein Name ist in Anspielung auf die goldgelbe Farbe vom griechischen *helios* (»Sonne«) abgeleitet. Er ist in granitischen Pegmatiten anzutreffen. Besonders hochwertiges Material kommt aus dem Ural. Weitere Fundorte befinden sich in Nigeria, Namibia, Brasilien, der Ukraine und mehreren Bundesstaaten der USA.

RECHTECKIGER SCHLIFF
Dieser Heliodor im Treppenschliff ist durch Eisen strahlend goldgelb gefärbt.

EIGENSCHAFTEN

- **GRUPPE** Silikate – Ringsilikate
- **KRISTALLSYSTEM** Hexagonal
- **ZUSAMMENSETZUNG** $Be_3Al_2Si_6O_{18}$
- **FARBE** Gelb oder goldgelb
- **FORM/HABITUS** Prismatisch
- **HÄRTE** $7^{1}/_{2}$–8
- **SPALTBARKEIT** Undeutlich
- **BRUCH** Uneben bis muschelig
- **GLANZ** Glasglanz
- **STRICH** Weiß
- **SPEZ. GEWICHT** 2,6–2,8
- **TRANSPARENZ** Durchsichtig bis durchscheinend
- **BRECHUNGSINDEX** 1,57–1,58

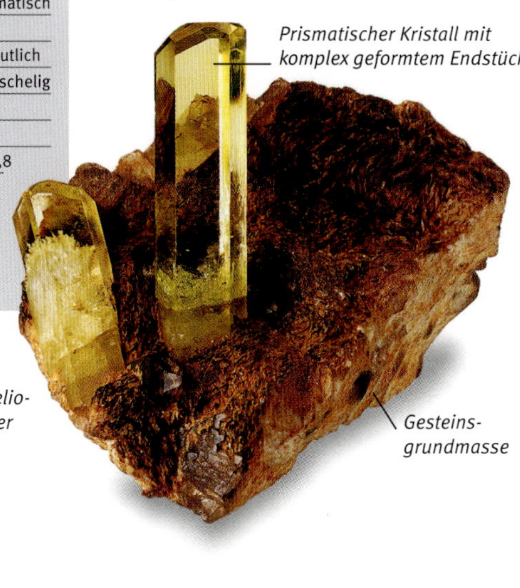

PRISMATISCHER KRISTALL
Dieser prismatische Heliodorkristall sitzt auf einer Gesteinsgrundmasse.

BERYLL: SMARAGD

URAL (RUSSLAND)
Dieses mineralreiche Gebirge in Russland liefert seit fast 200 Jahren Smaragde.

SMARAGD ist die grasgrüne Varietät des Minerals Beryll. Andere Farbvarietäten sind Aquamarin, Morganit, Goshenit und Heliodor (siehe S. 290–291). Der Name Smaragd kommt vom griechischen Wort *smaragdos*, mit dem verschiedene grüne Steine bezeichnet wurden. Bei dem biblischen »Smaragd« könnte es sich um einen Granat handeln, und der von Plinius erwähnte *smaragdus* bezeichnete höchstwahrscheinlich verschiedene Minerale. Historische Nennungen können also nicht mit dem heutigen Smaragd gleichgesetzt werden.

VORKOMMEN

Nachdem die Spanier Südamerika erobert hatten, fanden sie in Kolumbien ergiebige Smaragdlagerstätten. Die Minen in Muzo und Coscuez sind heute noch in Betrieb. Smaragde finden sich in dünnen Adern aus weißem Calcit oder Quarz, in dunklem Schieferton und in einem schwarzen, bituminösen Kalkstein. Nach der Entdeckung der kolumbianischen Vorkommen brachte man große Mengen Smaragd nach Europa. Der Smaragdüberfluss in Europa führte dazu, dass man die Steine in den Nahen Osten und nach Indien exportierte, wo sie vor allem den Mogulherrschern gefielen. Um 1830 fand man im Ural Smaragde in Glimmer- oder Chloritschiefer. Auch aus Glimmerschiefer in Österreich, Granit in Norwegen und einem Pegmatitgang in New South Wales (Australien) wurden Smaragdfunde bekannt. Weitere Abbaugebiete liegen in Brasilien, Südafrika, Simbabwe, Pakistan, Sambia und North Carolina, USA.

Die grüne Färbung von Smaragd entsteht durch Spuren von Chrom.

TOTENMASKE AUS DER CHIMÚ-KULTUR
In dieser südamerikanischen Goldmaske bilden Smaragde die Augen.

SMARAGDMINE BEI MUZO
Die Smaragdmine bei Muzo (Kolumbien) liegt in einem zerklüfteten Bergland.

KRISTALL IN QUARZ

KRISTALL IN GLIMMERSCHIEFER

KRISTALLE IN PEGMATIT

PRISMATISCHER KRISTALL

SMARAGDKRISTALLE
Die oben abgebildeten Exemplare zeigen Smaragd mit verschiedenen Begleitmineralen und einen außergewöhnlich langen, prismatischen Smaragdkristall.

SMARAGDKRISTALL
Dieser walnussgroße Kristall der Universität von Oxford, Großbritannien, fällt durch seine außergewöhnliche Größe auf. Er stammt aus Kolumbien.

EIGENSCHAFTEN

GRUPPE	Silikate – Ringsilikate
KRISTALLSYSTEM	Hexagonal
ZUSAMMENSETZUNG	$Be_3Al_2Si_6O_{18}$
FARBE	Grün
FORM/HABITUS	Prismatisch
HÄRTE	7½–8
SPALTBARKEIT	Unvollkommen
BRUCH	Uneben bis muschelig
GLANZ	Glasglanz
STRICH	Weiß
SPEZ. GEWICHT	2,6–3,0
TRANSPARENZ	Durchsichtig bis durchscheinend
BRECHUNGSINDEX	1,57–1,60

STERNEFFEKT
Das sternförmige Muster in diesem Smaragdcabochon wird durch kohlenstoffhaltige Einschlüsse hervorgerufen.

Auch Vanadium kann in Spuren vorhanden sein. Berylle, deren Färbung ausschließlich durch Vanadium hervorgerufen wird, können ebenfalls smaragdgrün sein. Es ist jedoch umstritten, ob sie zu den Smaragden gezählt werden sollen.

Makellose Smaragde sind rar. Deshalb verbirgt man kleinere Fehler auf verschiedene Weise. Kameen, Intarsien und Perlen sind sehr gut geeignet, einen Stein mit Fehlern bestmöglich zu nutzen. Gelegentlich behandelt man minderwertige Steine mit Öl, um Risse auszufüllen und die Farbkraft zu steigern. Der »Smaragdschliff« mit seinen vielen Facetten wurde entwickelt, um möglichst wenig wertvolles Material zu verlieren. So schleift man die rechteckige Grundform, die zur normalerweise prismatischen Form der Smaragdkristalle passt, zu parallelen Stufen mit abgekanteten Ecken.

Synthetischer Smaragd wird seit 1937 in den USA hergestellt und ist kaum von natürlichen Kristallen zu unterscheiden. Die weltweit größte Sammlung natürlicher Smaragde befindet sich in der Banco de la República in Bogotá. Der größte Kristall dieser Sammlung hat ein Gewicht von 1795 Karat (360 g).

HALSKETTE AUS SPANIEN
Die kräftige, samtige Farbe und die außergewöhnliche Klarheit machen den tonnenförmig geschliffenen Smaragd (mit einem Gewicht von 45 Karat) zu einem der schönsten Steine.

ALTE SMARAGDMINEN

Schon 1300 v. Chr. wurden Smaragde in Unterägypten bei Jabal Sikait und Jabal Zabarah östlich von Assuan abgebaut. Die meisten Smaragde in antiken Schmuckstücken stammen vermutlich aus diesen Minen, die nach der Eroberung Ägyptens durch Alexander den Großen als »Minen Kleopatras« bekannt wurden. Die Minen wurden um 1817 wiederentdeckt, liefern heute aber nur noch minderwertige Smaragde. Die smaragdführenden Gesteine sind Glimmerschiefer und Talkschiefer (siehe S. 83). In der Antike war nur eine weitere Lagerstätte bekannt: Habachtal bei Salzburg in Österreich.

KLEOPATRAS MINEN
Als dieses Foto im 19. Jahrhundert aufgenommen wurde, waren die Minen Kleopatras noch in Betrieb.

HYLLE-JUWEL
Diese lombardische Initiale, ein mit einem Verkündigungsmotiv verziertes M, ist mit Cabochons aus Smaragden, Rubinen, Perlen und Diamanten besetzt.

HISTORISCHE BEDEUTUNG

Bei den Ägyptern symbolisierte Smaragd Fruchtbarkeit und Lebenskraft. Die Azteken nannten Smaragd *quetzalitzli* und brachten ihn mit dem Quetzal, einem Vogel mit langen grünen Schwanzfedern, der den Kreislauf der Jahreszeiten symbolisierte, in Verbindung. In Europa sahen die Alchemisten in Smaragd den Stein des Götterboten Merkur (Hermes).

Ein in den Mund gelegter Smaragd sollte gegen Durchfall helfen und vor Epilepsie schützen. Man glaubte auch, dass er Frauen bei der Entbindung hilft, böse Geister vertreibt und die Keuschheit seines Trägers hütet. Als Medizin eingenommen sollte er vor allem die Sehkraft stärken. Im 17. Jahrhundert empfahl Anselmus de Boot als Leibarzt von Kaiser Rudolf II. von Habsburg ein Smaragdamulett, um den Mut zu stärken und Blutungen zu stoppen. Leider galt Smaragd auch als Feind der sexuellen Leidenschaft. Albertus Magnus bemerkte im 13. Jahrhundert, dass der edle Smaragd des ungarischen Königs Bela in drei Teile zerbrach, als dieser seine Frau umarmte.

SMARAGDRING
In diesem eleganten Ring wird der in Platin gefasste Smaragd im klassischen Smaragdschliff von zwei Diamanten im Brillantschliff flankiert.

ANHÄNGER AUS DEM MOGULREICH
In diesem indischen Anhänger aus dem 17. Jahrhundert ist ein sechseckiger, verzierter Smaragd in Gold gefasst.

ARMBAND IM ART DÉCO-STIL
In diesem Armband aus Frankreich wurden 25-karätige Smaragde zusammen mit 20-karätigen Diamanten in Platin gefasst.

SYNTHETISCH
Dieser tropfenförmige synthetische Smaragd weist eine schöne grüne Färbung mit schleierartigen Einschlüssen auf.

SMARAGDSCHLIFF
Der Smaragdschliff wurde entwickelt, um den Materialverlust beim Schleifen zu minimieren.

GEMISCHTER SCHLIFF
Dieser Smaragd im gemischten Schliff besteht aus wolkigerem Material.

CABOCHON
Dieser Smaragd weist einen Cabochonschliff in der oberen Hälfte und einen Facettenschliff in der unteren Hälfte auf.

POLIERTER KIESEL
Ist ein Smaragd zu wolkig für den Facettenschliff oder zu hell für den Cabochonschliff, wird er trommelpoliert.

GRUPPENSILIKATE

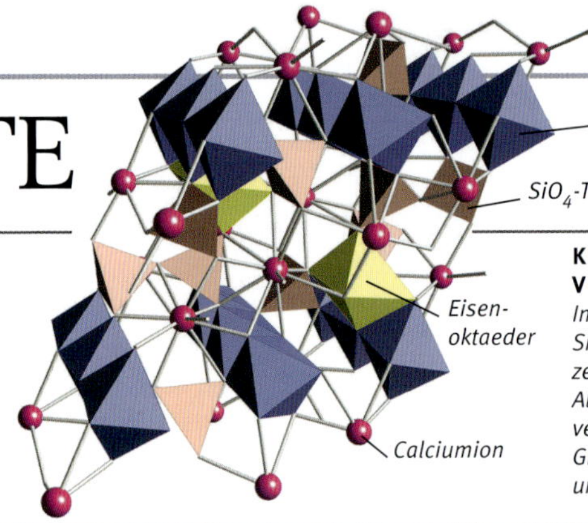

KRISTALLSTRUKTUR VON EPIDOT
In Epidot sind Paare von SiO4-Tetraedern und einzelne SiO4-Tetraeder durch AlO6-Tetraeder zu Ketten verknüpft. Hohlräume im Gitter werden durch Calcium und Eisen ausgefüllt.

ZU DEN GRUPPEN- ODER SOROSILIKATEN zählen mehr als 70 Minerale, von denen nur die kristallinen Minerale der Epidotgruppe und Vesuvian verbreitet vorkommen. Gruppensilikate bestehen aus Doppeltetraedergruppen, in denen sich zwei Tetraeder ein Sauerstoffatom teilen. Der Name Sorosilikate ist vom lateinischen *soror* (»Schwester«) abgeleitet.

HEMIMORPHIT

DERBYSHIRE
Die englische Grafschaft Derbyshire ist ein klassischer Hemimorphitlieferant.

DER NAME HEMIMORPHIT ist in Anspielung auf die Kristallform vom griechischen *hemi* (»halb«) und *morphe* (»Form«) abgeleitet. Hemimorphitkristalle sind doppelendige Prismen mit etwas unterschiedlich geformten Endstücken, eine Besonderheit, die nur wenige andere Minerale aufweisen. Neben Kristallen kommen auch traubige, derbe, körnige oder faserige Aggregate und Krusten vor. Das üblicherweise farblose bis weiße Mineral kann auch blassgelb, blassgrün oder himmelblau sein. Hemimorphit tritt als Sekundärmineral in der Oxidationszone von Zinklagerstätten auf. Gut ausgeformte Kristalle kommen aus Algerien, Namibia, Deutschland, Mexiko, Spanien und den USA.

EIGENSCHAFTEN

GRUPPE Silikate – Gruppensilikate
KRISTALLSYSTEM Orthorhombisch
ZUS. $Zn_4Si_2O_7(OH)_2{\cdot}H_2O$
FARBE Farblos, weiß, gelb, blau, grün
FORM/HABITUS Asymmetrisch, prismatisch, tafelig, traubig
HÄRTE 4½–5
SPALTBARKEIT Vollkommen bis schwach ausgeprägt
BRUCH Uneben, spröde
GLANZ Glasglanz
STRICH Weiß
SPEZ. GEWICHT 3,4–3,5
TRANSPARENZ Durchsichtig bis durchscheinend

WEISSER HEMIMORPHIT
In diesem Exemplar bilden Gruppen von strahlig angeordneten, tafeligen Hemimorphitkristallen eine Kruste auf einer Gesteinsgrundmasse.

GRÜNER HEMIMORPHIT
Diese Gruppe grüner Hemimorphitkristalle bilden traubige Aggregate auf einer Gesteinsgrundmasse.

DANBURIT

DANBURY (USA)
Danburit wurde 1839 in Danbury im US-Bundesstaat Connecticut entdeckt.

DANBURIT ist ein Calcium-Bor-Silikat. Seine Kristalle sind glasig und prismatisch und sehen aus wie Topas, von dem sie sich aber durch die schwach ausgeprägte Spaltbarkeit leicht unterscheiden. Neben Kristallen kommen auch körnige Aggregate vor. Danburit kann farblos, bernsteinfarben, gelb, grau, rosa oder gelbbraun sein. Einige Exemplare zeigen eine blaue bis blaugrüne Fluoreszenz. Dieses Mineral entsteht meist durch Kontaktmetamorphose bei niedriger Temperatur, kommt aber auch in Erzlagerstätten, die sich bei relativ hohen Temperaturen gebildet haben, vor und gelegentlich in Pegmatiten und Evaporiten. Häufig ist er mit Kassiterit (Zinnstein), Chalkopyrit (Kupferkies), Rauchquarz, Anhydrit, Axinit, Fluorit und Korund vergesellschaftet. Lagerstätten befinden sich u.a. in der Schweiz, in der Slowakei und in den USA. Steine in Edelsteinqualität kommen aus Dalnegorsk (Russland) und aus Myanmar, Mexiko und Madagaskar. Im geologischen Museum von London befindet sich ein 108-karätiger geschliffener Danburit.

EIGENSCHAFTEN

GRUPPE Gruppensilikate
KRISTALLSYSTEM Orthorhombisch
ZUS. $CaB_2Si_2O_8$
FARBE Farblos, gelb
FORM/HABITUS Prismatisch
HÄRTE 7–7½
SPALTBARKEIT Undeutlich
BRUCH Schwach muschelig bis uneben
GLANZ Glas- bis Fettglanz
STRICH Weiß
SPEZ. GEWICHT 3,0
TRANSPARENZ Durchsichtig bis durchscheinend
BRECHUNGSI. 1,63–1,64

BRILLANTSCHLIFF
Durchsichtiger Danburit wird für Sammler geschliffen. Dieser Stein stammt aus Myanmar.

DANBURITKRISTALL
Dieses Exemplar ist ein transparenter Einzelkristall. Danburitkristalle weisen eine oberflächliche Ähnlichkeit mit Topas auf, besitzen aber nicht dessen Brillanz.

CORNWALL
Hier im Südwesten von England ist hochwertiger Axinit anzutreffen.

AXINIT

DIESE MINERALGRUPPE hat ihren Namen von der axtähnlichen Form ihrer Kristalle. Sie besteht aus vier verwandten Mineralen: dem häufigsten Vertreter Ferro-Axinit (dessen chemische Formel im Kasten angegeben ist), Magnesio-Axinit, der statt Eisen Magnesium enthält, Manganaxinit, bei dem das Eisen durch Mangan ersetzt ist, und Tinzenit, der eine Zwischenstellung zwischen Ferro-Axinit und Manganaxinit einnimmt. Neben den charakteristischen axtförmigen Kristallen bildet Axinit auch Rosetten sowie derbe und körnige Aggregate. Die bekannteste Farbvarietät ist nelkenbraun. Andere Varietäten sind grau bis blaugrau, honig-, grau- oder goldbraun, rosa, blauviolett, gelb, orange oder rot. Die Farbe ist kein zuverlässiges Bestimmungsmerkmal, so dass die vier Vertreter der Gruppe nicht ohne genaue Analyse unterscheidbar sind. Axinit tritt meist in metamorphen Gesteinen und in mafischen Magmatiten auf. Er ist weltweit anzutreffen. In Edelsteinqualität kommt er aus den USA, Russland und Australien.

EIGENSCHAFTEN

GRUPPE	Silikate – Gruppensilikate
KRISTALLSYSTEM	Triklin
ZUS.	$Ca_2FeAl_2(BSi_4O_{15})(OH)$
FARBE	Nelkenbraun, grau bis blaugrau, rosa, violett, gelb, orange, rot
FORM/HABITUS	Axtförmige Kristalle
HÄRTE	$6\frac{1}{2}$–7
SPALTBARKEIT	Gut, schwach ausgeprägt
BRUCH	Uneben bis muschelig, spröde
GLANZ	Glasglanz
STRICH	Farblos bis hellbraun
SPEZ. GEWICHT	3,2–3,3
TRANSPARENZ	Durchsichtig bis durchscheinend
BRECHUNGSINDEX	1,67–1,70

KRISTALLE
In diesem ungewöhnlichen Exemplar ist ein kleinerer keilförmiger Axinitkristall auf einen größeren aufgewachsen.

TREPPENSCHLIFF
Axinit wird zu Schmucksteinen geschliffen, die allerdings selten mehr als 5 Karat erreichen.

BRILLANTSCHLIFF
Dieser prächtige Axinit weist einen ungewöhnlichen violetten Farbton auf.

AXINITKRISTALLE
Dieses Aggregat aus gut geformten, durchsichtigen Axinitkristallen ist auf einer Gesteinsgrundmasse aufgewachsen.

SÜDTIROL
Ilvait kommt u. a. aus Südtirol in Italien.

ILVAIT

ILVAIT ist nach seinem Entdeckungsort, der italienischen Insel Elba – lateinisch *Ilva* – benannt. Er tritt häufig als kurz- bis langsäulige Kristalle mit vertikalen Rillen auf, gelegentlich aber auch als grobkristalline, derbe oder körnige Masse. Ilvait verschmilzt zu magnetischen Perlen und löst sich in Salzsäure auf. Er ist überwiegend mit Zink-, Kupfer- und Eisenerzen in Kontaktmetamorphosezonen anzutreffen. Gelegentlich kommt er auch in Syeniten vor. Große Kristalle kommen von der Insel Elba und aus Dalnegorsk in Russland. Weitere Fundstätten liegen im Harz (Deutschland), in Japan und an mehreren Orten der USA.

EIGENSCHAFTEN

GRUPPE	Gruppensilikate
KRISTALLSYSTEM	Monoklin, orthorhombisch
ZUS.	$CaFe_3OSi_2O_7(OH)$
FARBE	Schwarz bis grauschwarz
FORM/HABITUS	Säulig
HÄRTE	$5\frac{1}{2}$–6
SPALTBARKEIT	Deutlich, undeutlich
BRUCH	Uneben, spröde
GLANZ	Schwacher Metallglanz bis matt
STRICH	Grün- bis braunschwarz
SPEZ. GEWICHT	4,0
TRANSP.	Undurchsichtig

ILVAITKRISTALLE
Dieses Exemplar besteht aus parallel ausgerichteten prismatischen Ilvaitkristallen.

VESUV
Vesuvian wurde nach seinem Entdeckungsort, dem Vesuv in Italien, benannt.

VESUVIAN

VESUVIAN, der früher als Idokras bezeichnet wurde, bildet prismatische, glasige Kristalle, die meist grün, gelegentlich aber auch gelb bis braun, gelbgrün, rot, schwarz, blau oder violett gefärbt sind. In der Struktur kommen zahlreiche Ersetzungen vor, unter anderem durch Zinn, Blei, Mangan, Chrom, Zink und Schwefel. Vesuvian bildet sich durch Kontaktmetamorphose aus unreinem Kalkstein und ist in Marmor und Granulit anzutreffen, oft zusammen mit Grossular, Wollastonit, Diopsid und Calcit. Fundorte von Vesuvian in Edelsteinqualität sind u. a. Sacha in Sibirien sowie Sanford, Auburn, Olmsteadville, Franklin und San Benito County in den USA.

EIGENSCHAFTEN

GRUPPE	Gruppensilikate
KRISTALLSYSTEM	Tetragonal oder monoklin
ZUS.	$Ca_{10}(Mg,Fe)_2Al_4(Sio_4)_5(Si_2O_7)_2(OH,F)_4$
FARBE	Grün, gelb
FORM/HABITUS	Prismatisch
HÄRTE	$6\frac{1}{2}$
SPALTBARKEIT	Schwach ausgeprägt
BRUCH	Schwach muschelig bis uneben, spröde
GLANZ	Glasglanz bis Harzglanz
STRICH	Weiß bis hell grünbraun
SPEZIFISCHES GEWICHT	3,4
TRANSPARENZ	Durchsichtig bis durchscheinend
BRECHUNGSINDEX	1,70–1,75

VESUVIANKRISTALLE
Dieses prächtige Exemplar besteht aus prismatischen Vesuviankristallen.

CABOCHON
Vesuvian wird für Sammler als Facettenschliff oder Cabochon angeboten.

KISSENFÖRMIG
Durchsichtiger, aber wenig harter Vesuvian wird nur für Sammler geschliffen.

SALIDA (USA)
In diesem Gebiet in den USA sind sehr schöne Epidotkristalle zu finden.

EPIDOT

EPIDOT bildet säulige Prismen oder dicktafelige Kristalle mit feinen Rillen in Längsrichtung. Sein Name ist vom griechischen *epidosis* (»Zunahme«) abgeleitet, eine Anspielung darauf, dass immer eine Seite länger ist als die anderen. Das Calcium-Aluminium-Eisen-Silikathydroxid kann auch nadelige, derbe oder körnige Formen bilden. Das beste Bestimmungsmerkmal ist die Farbe – ein helles bis dunkles Pistaziengrün. Das Mineral weist einen starken Pleochroismus auf, d.h., es erscheint aus verschiedenen Blickwinkeln in unterschiedlichen Farben. Eine hellgrüne, chromreiche Varietät wird als Tawmawlit bezeichnet. Epidot tritt weit verbreitet in regionalmetamorphen Gesteinen und als Verwitterungsprodukt von Plagioklas-Feldspaten auf. Schöne Kristalle sind in Kanada, Frankreich, Myanmar, Norwegen, Peru und den USA zu finden. Kristalle in Edelsteinqualität kommen aus Österreich und Pakistan.

EPIDOTKRISTALLE
Diese herrliche Gruppe von Epidotkristallen, die z. T. bis zu 2,5 cm lang sind, weist die typische prismatische Kristallform auf.

EIGENSCHAFTEN	
GRUPPE	Gruppensilikate
KRISTALLSYSTEM	Monoklin
ZUSAMMENSETZUNG	$Ca_2Al_2(Fe,Al)(SiO_4)(Si_2O_7)O(OH)$
FARBE	Pistaziengrün
FORM/HABITUS	Kurz- bis langsäulig
HÄRTE	6–7
SPALTBARKEIT	Gut
BRUCH	Uneben bis splittrig
GLANZ	Glasglanz
STRICH	Farblos oder grau
SPEZIFISCHES GEWICHT	3,4
TRANSP.	Durchscheinend
BRECHUNGSINDEX	1,74–1,78

GEMISCHT
Transparenter Epidot wird gelegentlich für Sammler geschliffen.

TAFELSCHLIFF
Dieser dunkelbraune Epidot weist einen rechteckigen Tafelschliff auf.

HALSKETTE AUS UNAKIT
Gestein, das überwiegend aus Epidot besteht, kann poliert und als Unakit verkauft werden.

SCHWEIZER ALPEN
Auch aus den Schweizer Alpen kommt Zoisit.

ZOISIT

ZOISITKRISTALLE sind prismatisch und weisen vertikale Rillen auf. Sie können gelbgrün, grün, weiß, grünbraun oder grau sein. Eine derbe lachsfarbene Varietät wird als Thulit bezeichnet. Zoisit ist ein Calcium-Aluminium-Silikathydroxid aus der Epidotgruppe. Er ist ein typisches Mineral regionalmetamorpher Gesteine und durch hydrothermale Einwirkung verwitterter magmatischer Gesteine. Er kommt auch in Quarzgängen und Pegmatiten vor. Fundorte gibt es u.a. in Spanien, Deutschland, Schottland und Japan. Thulit kommt in Norwegen, Italien und den USA vor.

EIGENSCHAFTEN	
GRUPPE	Gruppensilikate
KRISTALLSYSTEM	Orthorhombisch
ZUS.	$Ca_2Al_3(SiO_4)_3(OH)$
FARBE	Gelbgrün, weiß
FORM/HABITUS	Prismatisch
HÄRTE	6–7
SPALTBARKEIT	Vollkommen
BRUCH	Muschelig bis uneben, spröde
GLANZ	Glasglanz
STRICH	Weiß
SPEZ. GEWICHT	3,2–3,4
TRANSPARENZ	Durchsichtig bis durchscheinend
BRECHUNGSINDEX	1,69–1,70

ZOISITKRISTALLE
Dieser gewöhnliche Zoisit weist eine typische prismatische Form und vertikale Rillen auf.

TANSANIT

Tansanit, die durch Vanadium dunkelblau gefärbte Varietät von Zoisit, wird manchmal für Saphir gehalten. Er wird häufig einer Wärmebehandlung unterzogen, um braune Flecken zu entfernen und die Farbe zu verstärken. Tansanitkristalle weisen einen deutlichen Pleochroismus auf und erscheinen je nach Blickwinkel grau, violett oder blau. Beim Schleifen ist das Farbergebnis von der Orientierung des Steins abhängig. Geschliffener Tansanit erscheint im Licht einer Glühlampe eher violett. Förderländer sind Tansania und Pakistan.

KRISTALL
Tansanit bildet manchmal prächtige blauviolette Kristalle.

TREPPENSCHLIFF
Der Treppenschliff ist für dunkle Steine wie Tansanit beliebt.

GEMISCHTER SCHLIFF
Dieser in Facetten geschliffene blaue Tansanit ist etwa 1 Karat schwer.

CABOCHON
Diese durch Mangan rosarot gefärbte Varietät wird als Thulit bezeichnet.

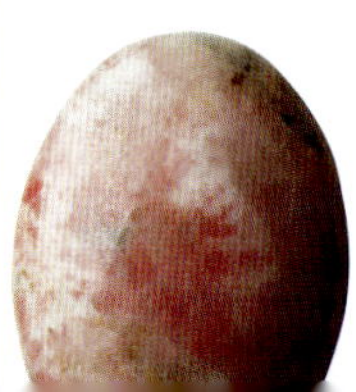

POLIERT
Dieser polierte Thulit ist rosa gesprenkelt. Er wird als Zierstein verwendet.

KLINOZOISIT

ONTARIO
In diesem Teil Kanadas ist schöner Klinozoisit zu finden.

DAS CALCIUM-ALUMINIUM-SILIKATHYDROXID Klinozoisit zählt zur Epidotgruppe und ist die im monoklinen System kristallisierende polymorphe Form von Zoisit. Er bildet prismatische, längliche Kristalle und körnige, derbe oder faserige Aggregate. Klinozoisit kann farblos, gelbgrün, gelbgrau oder auch rosa bis rot gefärbt sein. Er ist häufig in regionalmetamorphen Gesteinen und verwittertem Plagioklas. Fundstätten befinden sich in Kanada, Mexiko, Österreich, der Schweiz, Italien und den USA.

EIGENSCHAFTEN	
GRUPPE	Silikate – Gruppensilikate
KRISTALLSYSTEM	Monoklin
ZUSAMMENSETZUNG	$Ca_2Al_3(SiO_4)_3(OH)$
FARBE	Grau, gelb, rosa
FORM/HABITUS	Prismatisch
HÄRTE	6½
SPALTBARKEIT	Vollkommen
BRUCH	Uneben, spröde
GLANZ	Glasglanz
STRICH	Weiß
SPEZ. GEWICHT	3,2–3,4
TRANSPARENZ	Durchsichtig bis durchscheinend

ROSA KLINOZOISIT
Klinozoisit mit Thulit aus Prägraten, Österreich.

PIEMONTIT

PIEMONT
In dieser Region in Norditalien wurde Piemontit entdeckt.

PIEMONTIT ist nach seinem Entdeckungsort im italienischen Piemont benannt. Das Calcium-Mangan-Aluminium-Silikathydrat bildet längliche prismatische Kristalle. Die rotbraune Färbung entsteht durch Mangan. Piemontit kommt in schwach regionalmetamorphem Gestein, oxidiertem vulkanischem Gestein und als Verwitterungsprodukt in Manganerzlagerstätten vor. Fundorte liegen in Schottland, Pakistan, Italien, Japan, Ägypten, Neuseeland und den US-Staaten New Mexiko und Kalifornien.

EIGENSCHAFTEN	
GRUPPE	Silikate – Gruppensilikate
KRISTALLSYSTEM	Monoklin
ZUSAMMENSETZUNG	$Ca_2(Al,MnFe)_3(SiO_4)_3OH)$
FARBE	Rötlich braun, schwarz, rot
FORM/HABITUS	Prismatisch
HÄRTE	6
SPALTBARKEIT	Vollkommen
BRUCH	–
GLANZ	Glasglanz
STRICH	Kirschrot
SPEZ. GEWICHT	3,5
TRANSPARENZ	Durchscheinend bis undurchsichtig

PRISMATISCHE KRISTALLE
Dieser Piemontit kommt aus Saint Marcel im Aostatal (Italien).

ALLANIT

URAL
Bedeutende Allanitvorkommen gibt es im Ural (Russland).

VON DIESEM MINERAL der Epidotgruppe gibt es zwei Formen: Allanit-(Ce), der Cer und andere Seltenerdelemente enthält, und den selteneren yttriumreichen Allanit-(Y). Beide bilden tafelige bis langsäulige Kristalle. Zudem bildet Allanit auch körnige Massen oder im Gestein eingebettete Körner. Der radioaktive Allanit ist ein häufiges Begleitmineral in vielen magmatischen Gesteinen und meist mit anderen seltenerdhaltigen Mineralen vergesellschaftet. Fundstätten liegen in Grönland, Frankreich, Norwegen, Madagaskar, Russland, Finnland, Kanada und den USA. Nahe von Los Angeles in Kalifornien fand man bis 45 cm lange Kristalle.

EIGENSCHAFTEN	
GRUPPE	Gruppensilikate
KRISTALLSYSTEM	Orthorhombisch
ZUSAMMENS.	$(Ce,Ca,Y)_2(Al,Fe,Fe)_3(SiO_4)_4(OH)$
FARBE	Braun, schwarz, gelb, grün
FORM/HABITUS	Tafelig bis langsäulig
HÄRTE	5½–6
SPALTBARKEIT	Unvollkommen
BRUCH	Muschelig bis uneben
GLANZ	Harzglanz, Fettglanz oder schwacher Metallglanz
STRICH	Hellbraun
SPEZ. GEWICHT	3,4–4,2
TRANSPARENZ	Durchsichtig bis durchscheinend

PRISMATISCHE KRISTALLE
Diese langsäuligen, parallelen Allanit-(Y)-Kristalle kommen aus Ytterby bei Stockholm (Schweden).

KORNERUPIN

SRI LANKA
Der edelsteinhaltige Kies auf Sri Lanka enthält unter anderem auch Kornerupin.

DER NACH DEM dänischen Geologen A. D. Kornerup benannte Kornerupin ist ein Magnesium-Eisen-Aluminium-Bor-Silikat. Er bildet von Rillen durchzogene Kristalle, die über 5 cm groß werden können und meist dunkel- bis meergrün sind, aber auch weiß, farblos, blau, rosa, gründgelb oder schwarz sein können. Kornerupin wird manchmal mit Turmalin verwechselt. Er kommt in kieselsäurearmen, aluminiumreichen metamorphen Gesteinen vor, oft mit Cordierit, Sillimanit und Korund. Von dem seltenen Mineral sind nur knapp 60 Fundorte bekannt. Aus dem Fiskanaesset-Gebiet in Grönland kommen bis zu 23 cm lange Kristalle, einige davon in Edelsteinqualität. Auch aus Itrongay und Betroka auf Madagaskar und aus den edelsteinhaltigen Kiesen von Sri Lanka kommt hervorragendes Material. Es wird in erster Linie für Sammler geschliffen.

RECHTECKIGER SCHLIFF
An einigen Orten ist Kornerupin in Edelsteinqualität zu finden. Er wird für Sammler geschliffen.

EIGENSCHAFTEN	
GRUPPE	Gruppensilikate
KRISTALLS.	Orthorhombisch
ZUSAMMENS.	$(Mg,Fe,Al)_{10}(Si,Al,B)_5(O,OH,F)_{22}$
FARBE	Grün, weiß, blau
FORM/HABITUS	Langsäulig
HÄRTE	6½–7
SPALTBARKEIT	Deutlich, prismatisch
BRUCH	–
GLANZ	Glasglanz
STRICH	Weiß
SPEZ. GEWICHT	3,3–3,5
TRANSPARENZ	Durchsichtig, durchscheinend, undurchsichtig
BRECHUNGSINDEX	1,66–1,68

KRISTALLE IN GRUNDMASSE
Dieses Exemplar stammt aus Harts Range in Nordaustralien.

INSELSILIKATE

INSELSILIKATE ODER NESOSILIKATE (nach dem griechischen *nesos*, »Insel«) bestehen aus isolierten Gruppen von Siliciumtetraedern. Die Seitenflächen der Kristalle sind typischerweise gleich lang und weisen eine relativ geringe Spaltbarkeit auf. Die Moleküle in der Struktur sind meist dicht gepackt, so dass die Minerale dieser Klasse ein hohes spezifisches Gewicht und eine große Härte besitzen. In der chemischen Formel der Inselsilikate ist eine SiO_4-Einheit enthalten. Olivin und alle Minerale der Granatgruppe zählen zu dieser Klasse.

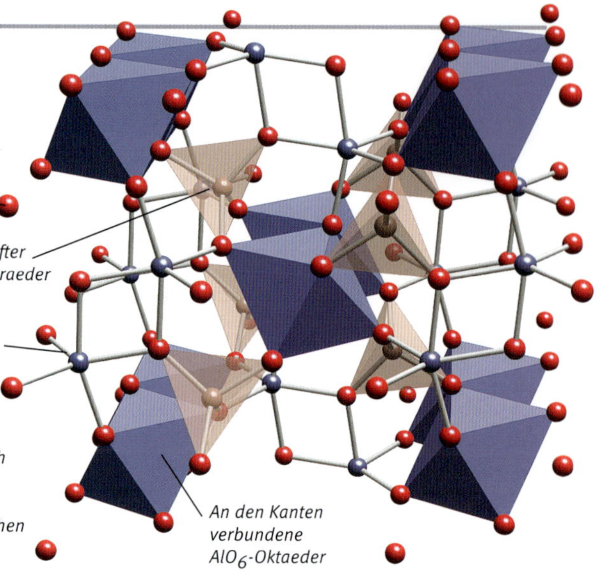

KRISTALLSTRUKTUR VON ANDALUSIT
Andalusit besteht aus Ketten von AlO_6-Oktaedern, die durch SiO_4-Tetraeder verknüpft sind. Aluminiumatome tauchen in fünffachen Formationen zwischen oktaedrischen Ketten auf.

ZEBIRGET (ROTES MEER)
Im Mittelalter brachten die Kreuzritter Olivin von dieser Insel im Roten Meer nach Europa.

OLIVIN

BESONDERS BEKANNT ist die Edelsteinvarietät Peridotit, die seit über 3500 Jahren auf der Insel Zebirget im Roten Meer abgebaut wird. Unter dem Oberbegriff Olivin werden alle Minerale der Forsterit-Fayalit-Mischreihe zusammengefasst, in der Eisen und Magnesium beliebig austauschbar sind. Fayalit (Fe_2SiO_4) ist das Endglied, das nur Eisen, aber kein Magnesium enthält, während Forsterit (Mg_2SiO_4) am anderen Ende der Reihe nur Magnesium enthält. Die meisten Olivine sind ihrer Zusammensetzung nach eher auf der Forsterit-Seite anzusiedeln. Peridot besteht zu etwa 90 % aus Forsterit. Zur Olivingruppe zählen auch das seltene Mineral Liebenbergit mit der Formel $(Ni,Mg)_2SiO_4$ und der weniger seltene Tephroit ($Mn^{2+}{}_2SiO_4$).

PERIDOTKRISTALL
Dieser prächtige Peridotkristall stammt aus Sapat bei Naran (Pakistan). Pakistan ist der wichtigste Lieferant von Olivin in Edelsteinqualität. Peridot ist in der Regel in Gebieten mit geringem Verwitterungseinfluss anzutreffen, so zum Beispiel in trockenen Klimazonen oder in erst vor kurzer Zeit entstandenen Lavagesteinen.

EIGENSCHAFTEN VON OLIVIN

Olivin bildet tafelige Kristalle, die oft keilförmige Endstücke aufweisen. Gut ausgeformte Kristalle sind allerdings selten anzutreffen. Daneben kann Olivin auch als derbe oder körnige Masse auftreten. Forsterit-Fayalit-Olivine sind in der Regel gelbgrün, können aber auch eine gelbe, braune oder graue Färbung aufweisen. Neben der üblichen grünen Farbe, die durch das fast immer vorhandene Eisen verursacht wird, kommen auch weiße (reiner Forsterit) bis schwarze (Fayalit) Farbtöne vor, allerdings sehr selten.

OLIVIN IN DER ERDKRUSTE

Als Bestandteil des oberen Erdmantels ist Olivin wahrscheinlich eines der häufigsten Minerale der Erde. Er wurde auch in einigen Mondgesteinen und Meteoriten gefunden. Er kristallisiert in der Regel als erstes Mineral aus Gesteinsschmelzen mit relativ niedrigem Kieselsäuregehalt aus. Seine Zusammensetzung entspricht daher weitgehend der des ursprünglichen Mag-

VULKANISCHE BOMBE
Vulkane mit explosivem Lavaausstoß schleudern manchmal peridotreiche »Bomben« aus.

VESUV
Monticellit wurde u. a. am Vesuv gefunden.

MONTICELLIT

MONTICELLIT WURDE 1831 nach dem italienischen Mineralogen Teodoro Monticelli benannt. Er ist meist in körniger Form, selten in Form von kurzsäuligen Kristallen anzutreffen. Monticellit bildet sich in Kontaktmetamorphosezonen in Kalkstein. Gelegentlich ist er auch in dunklen magmatischen Gesteinen anzutreffen. Er ist mit Forsterit, Magnetit, Apatit, Biotit, Vesuvian und Wollastonit vergesellschaftet. Fundstätten befinden sich in Bancroft, Ontario (Kanada), Nassau (Deutschland), Sibirien (Russland), Hokkaido (Japan), Tasmanien (Australien) und verschiedenen Orten in den USA.

BRAUNER MONTICELLIT
Dieses Exemplar aus Arkansas (USA) besteht aus braunem Monticellit mit Quarz und Calcit.

EIGENSCHAFTEN

GRUPPE	Silikate – Inselsilikate
KRISTALLSYSTEM	Orthorhombisch
ZUSAMMENSETZUNG	$CaMgSiO_4$
FORM/HABITUS	Körnig
HÄRTE	5½
SPALTBARKEIT	Schwach ausgeprägt
BRUCH	Muschelig
FARBE	Farblos, weiß, braun
STRICH	Weiß
GLANZ	Glasglanz bis Ölglanz
SPEZIFISCHES GEWICHT	3,0
TRANSPARENZ	Durchsichtig bis durchscheinend

HALSKETTE UND BROSCHE
Für diese Halskette und Brosche wurden Steine aus orangefarbenem Citrin und blassgelbem Peridot in Facetten geschliffen.

TIFFANY-BROSCHE
In dieser eleganten Brosche ist ein ovaler grüner Peridot von einem Band aus Topas und einem grünen Emailrand umgeben.

PERIDOT IN FRÜHEREN ZEITEN

Peridotperlen wurden schon um 1580–1350 v. Chr. von den Ägyptern hergestellt. Das Mineral galt von der Antike bis ins Mittelalter als Symbol für die Sonne. Als Schutz gegen böse Geister sollte Peridot durchbohrt, auf ein Eselshaar aufgefädelt und um den linken Arm gebunden werden – so wollte es zumindest der französische Bischof Marbodius im 11. Jahrhundert. Sonst sind nur wenige esoterische Vorstellungen mit diesem Stein verknüpft. Wahrscheinlich ist dies darauf zurückzuführen, dass er oft zusammen mit anderen grünen Steinen als smaragdus klassifiziert wurde (siehe S. 292).

TOPKAPI-THRON
Dieser goldene Thron im Topkapi-Palast in Istanbul ist mit 955 Peridot-Cabochons verziert.

mas. Wenn Olivinkristalle sich aus einem noch teilweise magnetischen Magmakörper abscheiden, können mächtige Ansammlungen entstehen. Olivin ist meist in dunklen magmatischen Gesteinen wie Basalt und Peridotit anzutreffen. In der Regel bilden sich die am magnesiumreichen Ende (Forsterit) der Mischreihe angesiedelten Olivine in einer Umgebung mit niedrigem Kieselsäuregehalt auch in metamorphem Kalkstein und Dolomit, während die eisenreichen Olivine (Fayalit) bei höherem Kieselsäuregehalt entstehen. Peridot kommt aus China, Myanmar, Brasilien, Australien, Südafrika, Norwegen und den USA.

In Gegenwart von relativ kühlem Wasser verwittert Olivin leicht zu Serpentin, Talk, Chlorit oder Magnetit. Gewöhnlicher Olivin besitzt einen hohen Schmelzpunkt und wird zur Herstellung hitzebeständiger Ziegel verwendet.

MISCHREIHEN
Die Olivingruppe bildet eine Mischkristallreihe mit dem eisenreichen Fayalit und dem magnesiumreichen Forsterit als Endgliedern.

FORSTERIT

FAYALIT

EIGENSCHAFTEN

GRUPPE	Silikate – Inselsilikate
KRISTALLSYSTEM	Orthorhombisch
ZUSAMMENS.	$(Mg,Fe)_2SiO_4$
FARBE	Grün, gelb, braun, weiß, schwarz
FORM/HABITUS	Tafelig, derb, körnig
HÄRTE	6½–7
SPALTBARKEIT	Unvollkommen
BRUCH	Muschelig
GLANZ	Glasglanz
STRICH	Weiß
SPEZ. GEWICHT	3,3–4,3
TRANSPARENZ	Durchsichtig bis durchscheinend
BRECHUNGSINDEX	1,64–1,69

POLIERTER KIESEL
Kleine Peridotstücke werden in der Trommel poliert und als Schmucksteine verwendet.

TREPPENSCHLIFF
Dunkelgrüner Peridot zeigt seine schöne Färbung am besten im Treppenschliff.

GEMISCHT
Hellerer Peridot erhält durch einen Schliff mit vielen Facetten eine höhere Farbtiefe.

DIE GRANATGRUPPE

GRANATE SIND IN DER NATUR SEHR VERBREITET, vor allem in metamorphen Gesteinen. Trotz ihrer unterschiedlichen Farben sind sie leicht zu erkennen, da sie in der Regel als gut ausgeformte kubische Kristalle anzutreffen sind. Zur Granatgruppe zählen 15 Minerale, die alle nach der allgemeinen Formel $A_3B_2(SiO_4)_3$ aufgebaut sind, wobei A für Calcium, zweiwertiges Eisen, Magnesium oder Mangan, B für Aluminium, dreiwertiges Eisen, Chrom, Mangan, Silicium, Titan, Zirkonium oder Vanadium steht. Eine vollständige Mischreihe besteht zwischen Almandin und Pyrop sowie Spessartin und zwischen Grossular und Andradit sowie Uwarowit. Der Name eines Granatminerals ist der Name des Endglieds, das den größten Anteil an der Zusammensetzung hat.

EDELSTEINHALSKETTE
Die Perlen in dieser Kette bestehen aus rotem Spinell und aus der Granatvarietät Pyrop. An einem Rondell aus Diamant und Bergkristall hängt eine Quaste in ähnlichem Design.

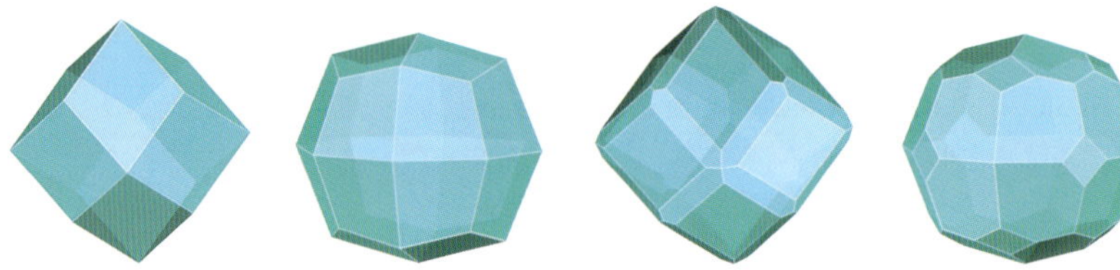

FORMEN VON GRANATKRISTALLEN
Alle Granatkristalle zählen zum kubischen System und haben meist die Form von Dodekaedern oder Trapezoedern.

PYROP

BÖHMEN
Dieses Gebiet in der Tschechischen Republik ist für seine Pyropkristalle berühmt.

DER 1803 NACH den griechischen Wörtern für »Feuer« und »erscheinen« benannte Pyrop wird gelegentlich auch als Böhmischer Granat oder Kaprubin bezeichnet. Sein Farbspektrum reicht je nach Zusammensetzung von Dunkelrot über Rotviolett und Rosa bis Orangerot. Eisen, Chrom, Titan und Mangan sind austauschbar und beeinflussen die Farbe. Pyrop mit hohem Chromgehalt kann einen Chamäleoneffekt (Farbwechsel) aufweisen (siehe S. 159). Kristalle dieses Minerals sind dodekaedrisch und trapezoedrisch, meist aber als abgerundete Körner oder Kiesel anzutreffen. Pyrop entsteht bei hohem bis sehr hohem Druck in metamorphen und magmatischen Gesteinen wie Peridotit und Kimberlit. Obwohl er relativ häufig zu finden ist, sind große Schmucksteine (mehr als 10 Karat) ungewöhnlich.

OHRRING AUS BÖHMISCHEM GRANAT
Herrlicher Granatschmuck kommt aus Böhmen, wo hühnereigroße Pyropkristalle gefunden wurden.

EIGENSCHAFTEN	
GRUPPE	Silikate – Inselsilikate
KRISTALLSYSTEM	Kubisch
ZUSAMMENSETZUNG	$Mg_3Al_2(SiO_4)_3$
FARBE	Rot
FORM/HABITUS	Dodekaedrisch, trapezoedrisch
HÄRTE	7–7½
SPALTBARKEIT	Keine
BRUCH	Muschelig, spröde
GLANZ	Glasglanz
STRICH	Weiß
SPEZIFISCHES GEWICHT	3,6
TRANSPARENZ	Durchsichtig bis durchscheinend
BRECHUNGSINDEX	1,73–1,76

PYROP IN GRUNDMASSE
Dieses Exemplar aus Mexiko enthält mehrere Pyropkristalle in einer Grundmasse. Pyrop ist meist zusammen mit anderen Edelsteinen als Kiesel in Seifenlagerstätten zu finden.

PYROPKRISTALLE
Pyrop in Edelsteinqualität stammt meist aus Seifenlagerstätten.

TAPLOW-SCHNALLE
Angelsächsische Goldschmiede kombinierten Gold und Granat zu atemberaubend schönen Objekten wie diese mit Granat besetzte Schnalle aus dem 6. Jahrhundert.

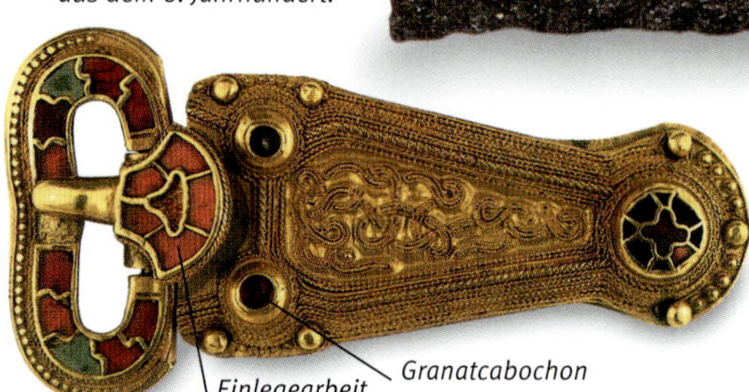

TREPPENSCHLIFF
Wegen der kräftigen Farbe wird für Pyrop der Treppenschliff bevorzugt.

SMARAGDSCHLIFF
Da Pyrop sehr spröde ist, wird der Smaragdschliff gegenüber rechteckigen Schliffarten bevorzugt.

GEMISCHT
Ein gemischter Schliff kann dem dunkel gefärbten Stein Feuer verleihen.

BRILLANTSCHLIFF
Dieser Brillantschliff zeigt, wie Pyrop nachdunkeln kann.

ELDORADO BAR (USA)
Hier in Montana gibt es Spessartin in Edelsteinqualität.

SPESSARTIN

DER NACH SEINEM FUNDORT, dem Spessart in Deutschland, benannte Spessartin ist ein Mangan-Aluminium-Silikat aus der Granatgruppe. Er bildet dodekaedrische oder trapezoedrische Kristalle, die in fast reinem Material blassgelb, sonst orange bis tiefrot sind. Reiner Spessartin ist relativ selten – meist ist er mit Almandin vermischt, wodurch die orange bis rote Färbung entsteht. Reiner Spessartin ist gewöhnlich in manganreichen metamorphen Gesteinen und in Granit- und Pegmatitgängen anzutreffen. Spessartin in Edelsteinqualität ist selten und wird eher für Sammler als für Schmuck geschliffen. Besonders große Exemplare kommen aus der Rutherford-Mine in Virginia (USA). Einer der schwersten brachte es auf 6720 Karat (1,34 kg). In Brasilien soll es einen 709-karätigen geschliffenen Spessartin geben. Eine Varietät, die in der Mitte der Spessartin-Pyrop-Mischreihe angesiedelt ist, wird auch als Malaya-Granat bezeichnet.

EIGENSCHAFTEN	
GRUPPE	Silikate – Inselsilikate
KRISTALLSYSTEM	Kubisch
ZUSAMMENSETZUNG	$Mn_3Al_2(SiO_4)_3$
FARBE	Gelb, orange, rot
FORM/HABITUS	Dodekaedrisch, trapezoedrisch
HÄRTE	7–7½
SPALTBARKEIT	Keine
BRUCH	Muschelig, uneben
GLANZ	Glasglanz
STRICH	Weiß
SPEZIFISCHES GEWICHT	4,2
TRANSPARENZ	Durchsichtig bis durchscheinend
BRECHUNGSINDEX	1,79–1,81

HALSKETTE
Diese außergewöhnliche Halskette enthält seltene hellgelbe Spessartinsteine.

OHRRINGE
In diesen tropfenförmigen Ohrringen ziehen orangefarbene Spessartincabochons die Blicke auf sich.

SPESSARTIN
In diesem Exemplar aus Norwegen bilden gut geformte dodekaedrische Kristalle eine Kruste auf einer Grundmasse.

TREPPENSCHLIFF
Dieser achteckig geschliffene Spessartin weist Flüssigkeitseinschlüsse unter den Eckkanten auf.

BRILLANTSCHLIFF
Spessartin für einen Facettenschliff kommt aus Madagaskar, Sri Lanka, Brasilien, Australien und den USA.

CABOCHON
Weniger transparenter Spessartin sieht als Cabochon attraktiv aus.

BROKEN HILL
In diesem Gebiet Australiens wurden riesige Almandinkristalle gefunden.

ALMANDIN

DAS EISEN-ALUMINIUM-SILIKAT ALMANDIN ist das häufigste Mineral der Granatgruppe. Sein Name ist von Alabanda (heute Araphisar) in der Türkei hergeleitet, wo er seit der Antike zu Schmuck verarbeitet wird. Almandin bildet stark rosa getönte dodekaedrische und trapezoedrische Kristalle. Gelegentlich bewirken eingeschlossene Rutilnadeln einen vierstrahligen Sterneffekt in Cabochons. Almandin kommt weltweit vor. Gut ausgeformte Kristalle mit über 4 kg Gewicht sind nicht selten. In metamorphen Gesteinen geben sie einen Hinweis auf den Metamorphosegrad. Almandin ist in magmatischen Gesteinen häufig. Gelegentlich tritt er auch als Einschluss in Diamant auf. Wegen seiner Härte wird er als Schleifmittel verwendet und als Schmuckstein geschliffen. Da er etwas spröde ist, splittern geschliffene Steine oft an den Kanten ab.

FILIGRANE BROSCHE
In dieser antiken Goldbrosche (links) sind drei geschliffene Almandine und eine Zuchtperle zu einem Blütenmotiv verarbeitet worden.

ALMANDIN-DUBLETTE
Für diese klassische Dublette (rechts) wurde dunkelroter Almandin auf Glas aufgeklebt.

CABOCHON
Dieser Almandincabochon ist auf der Rückseite hohl, um die tiefrote Farbe aufzuhellen. Er enthält schwarze Einschlüsse.

BRILLANTSCHLIFF
Almandin ist manchmal zu dunkel für einen Facettenschliff. Die feuerrote Farbe dieses helleren Steins wird durch einen runden Brillantschliff zur Geltung gebracht.

EIGENSCHAFTEN	
GRUPPE	Silikate – Inselsilikate
KRISTALLSYSTEM	Kubisch
ZUSAMMENS.	$Fe_3Al_2(SiO_4)_3$
FARBE	Rot, rosa
FORM/HABITUS	Dodekaedrisch, trapezoedrisch
HÄRTE	7–7½
SPALTBARKEIT	Keine
BRUCH	Schwach muschelig, spröde
GLANZ	Glasglanz
STRICH	Weiß
SPEZIFISCHES GEWICHT	4,3
TRANSPARENZ	Durchsichtig bis durchscheinend
BRECHUNGSINDEX	1,76–1,83

ALMANDINKRISTALL
Dieser Almandin in Schiefer aus der Nähe von Wrangell, Alaska (USA) weist eine modifizierte Dodekaederform auf.

DEUTSCHLAND
In der Eifel in Deutschland ist Andradit zu finden.

ANDRADIT

DER ZUR GRANATGRUPPE ZÄHLENDE ANDRADIT ist ein Calcium-Eisen-Silikat, das je nach Farbe unter verschiedenen Bezeichnungen bekannt ist. Die gelbliche Varietät wird wegen ihrer Ähnlichkeit mit Topas als Topazolith bezeichnet, gelbgrüne oder smaragdgrüne Varietäten als Demantoid und schwarzer Andradid als Melanit. Weitere Farbvarietäten sind braunrot, braungelb und graugrün. Die grüne Färbung von Demantoid wird durch Chrom verursacht. Titan ist für gelbe bis schwarze Farbtöne verantwortlich. Andradit ergibt spektakuläre Edelsteine, die das Licht stärker in einzelne Spektralfarben aufspalten als Diamant. Andradit ist oft mit Grossular in kontaktmetamorphem Kalkstein und dunklen magmatischen Gesteinen anzutreffen. Demantoid in Edelsteinqualität kommt aus dem Ural (Russland) und Kasachstan sowie aus Valmalenco in Italien. Topazolith wird in Sachsen (Deutschland) und Kalifornien (USA) abgebaut.

MELANITBRILLANT
Dieser geschliffene Melanit ist ein typischer schwarzer, undurchsichtiger Stein. Melanit ist nur selten durchsichtig.

GEMISCHTER SCHLIFF
Seine hohe Farbdispersion macht Andradit zu einem brillanten Edelstein.

MELANIT
Diese Andraditvarietät wird als Melanit bezeichnet. Das abgebildete Exemplar stammt aus Norwegen.

DEMANTOIDRING
Dieser in zahlreiche dreieckige Facetten geschliffene Andradit funkelt auffällig.

EIGENSCHAFTEN	
GRUPPE	Silikate – Inselsilikate
KRISTALLSYSTEM	Kubisch
ZUSAMMENSETZUNG	$Ca_3Fe_2(SiO_4)_3$
FARBE	Siehe Text
FORM/HABITUS	Dodekaedrisch, trapezoedrischl
HÄRTE	6½–7
SPALTBARKEIT	Keine
BRUCH	Muschelig, spröde
GLANZ	Glasglanz
STRICH	Weiß
SPEZIFISCHES GEWICHT	3,8
TRANSPARENZ	Durchsichtig bis durchscheinend
BRECHUNGSINDEX	1,85–1,89

TANSANIA
Grüner Grossular in Edelsteinqualität kommt aus Tansania.

GROSSULAR

DAS CALCIUM-ALUMINIUM-SILIKAT GROSSULAR wurde in Anspielung auf seine stachelbeergrüne Farbe nach dem lateinischen *grossularia* (»Stachelbeere«) benannt. Es bildet überwiegend dodekaedrische Kristalle, die weiß, farblos, rosa, cremefarben, orange, honigfarben, braun oder schwarz sein können. Mit bis zu 13cm Länge können sie recht groß werden. Eine rötlich braune Varietät wird als Hessonit bezeichnet (siehe gegenüberliegende Seite). Grossular ist üblicherweise in calciumreichen metamorphen Gesteinen und gelegentlich auch in Meteoriten anzutreffen. Derber grüner Grossular ist zum Teil auch als Südafrikanischer Jade oder Transvaal-Jade auf dem Markt. Durchsichtige, blass- bis smaragdgrüne Steine (die in Europa auch als Tsavorit gehandelt werden) kommen aus Kenia und Tansania.

FROSCH-BROSCHE
Bei dieser fein gearbeiteten, glitzernden Brosche ist der Froschrücken mit Diamanten und einer Mittellinie aus grünen Grossularen verziert

EIGENSCHAFTEN	
GRUPPE	Silikate – Inselsilikate
KRISTALLSYSTEM	Kubisch
ZUSAMMENS.	$Ca_3Al_2(SiO_4)_3$
FARBE	Siehe Text
FORM/HABITUS	Dodekaedrisch, trapezoedrisch
HÄRTE	6½–7
SPALTBARKEIT	Keine
BRUCH	Muschelig
GLANZ	Glasglanz
STRICH	Weiß
SPEZIFISCHES GEWICHT	3,6
TRANSPARENZ	Durchsichtig bis durchscheinend
BRECH.	1,69–1,73

GROSSULAR AUF DIOPSID
Diese Grossularkristalle aus dem Piemont (Italien) sind auf einer Grundmasse aus Diopsid aufgewachsen.

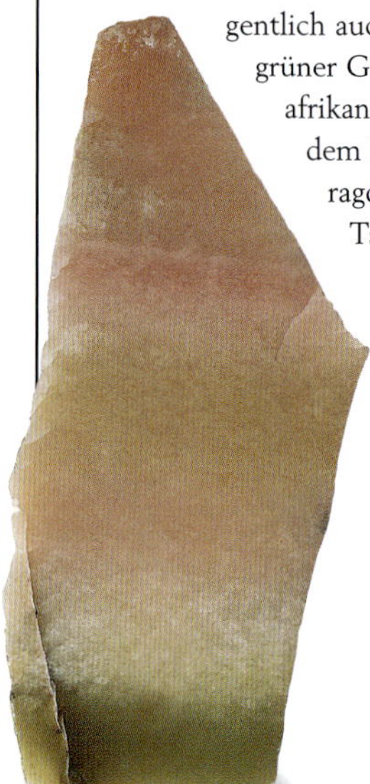

POLIERTER ROSA GROSSULAR
Dieser durchgeschnittene und polierte Grossularkristall zeigt verschiedene Farbzonen.

PFERDEFIGUR
Dieses stilisierte Pferd mit fein gearbeitetem Sattel und Kopf ist aus geflecktem Grossular geschnitten.

FARBSPEKTRUM
Diese Steine zeigen das breite Farbspektrum von Grossular.

HESSONIT

SRI LANKA
Aus den Edelsteinkiesen Sri Lankas kommt bester Hessonit.

HESSONIT IST DIE rotbraune Varietät des Calcium-Aluminium-Silikats Grossular (siehe gegenüberliegende Seite). Er ist meist in Form dodekaedrischer Kristalle anzutreffen. Die rotbraune Farbe wird durch Mangan- und Eiseneinschlüsse hervorgerufen. Hessonit wird im Volksmund auch als »Zimtstein« bezeichnet. Er ist hauptsächlich in kalkigen metamorphen Gesteinen anzutreffen. Der bedeutendste Lieferant von Hessonit in Edelsteinqualität sind die Edelsteinkiese in Sri Lanka. Hervorragendes Material kommt auch aus Lowell, Vermont (USA), der Jeffrey-Mine, Québec (Kanada), Coahuila und Zacatecas (Mexiko), der Insel Mull (Schottland) und dem Ala-Tal, Piemont (Italien). In der Antike stellten Römer und Griechen Kameen, Intarsien und Cabochons aus Hessonit her.

HESSONITKRISTALLE
In diesem prächtigen Exemplar lagern sich dodekaedrische Hessonit- oder Zimtsteinkristalle zu Gruppen zusammen.

ART DÉCO-BROSCHE
In dieser wie ein Mikrofon gestalteten Brosche ist ein kissenförmiger Hessonit von Diamanten umrahmt. Der »Stiel« ist mit Diamanten besetzt.

EIGENSCHAFTEN

GRUPPE	Silikate – Inselsilikate
KRISTALLSYSTEM	Kubisch
ZUSAMMENS.	$Ca_3Al_2(SiO_4)_3$
FARBE	Rotbraun
FORM/HABITUS	Dodekaedrisch, trapezoedrisch
HÄRTE	7
SPALTBARKEIT	Keine
BRUCH	Muschelig
GLANZ	Glasglanz
STRICH	Weiß
SPEZIFISCHES GEWICHT	3,7
TRANSPARENZ	Durchsichtig bis durchscheinend
BRECHUNGSINDEX	1,73–1,75

OBJEKT VON LALIQUE
In diesem 1905 entstandenen Objekt betonen rund geschliffene Steine aus Hessonit, Peridot und Granat das Hauptmotiv, einen Mädchenkopf im Profil mit wallendem Haar.

RUNDSCHLIFF
Eine Vielzahl kleiner Facetten hebt die Farbe von hellem Hessonit vor.

GEMISCHT
Dunkler Hessonit wirkt durch größere Facetten effektvoller.

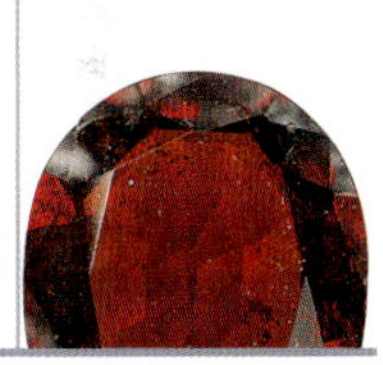

UWAROWIT

URAL
Die Chromlagerstätten im russischen Ural enthalten auch Uwarowit.

UWAROWIT ist der seltenste Edelstein aus der Granatgruppe. Er ist ein Calcium-Chrom-Silikat. Uwarowit wurde 1832 nach dem russischen Grafen Uwarow benannt. Er bildet überwiegend dodekaedrische Kristalle, die aber meist zu klein sind, um als Edelsteine geschliffen zu werden. Für die leuchtend grüne Farbe ist – wie bei Rubin und Smaragd – Chrom verantwortlich, das bekanntermaßen das Kristallwachstum hemmt. Uwarowit ist in chromhaltigen magmatischen und metamorphen Gesteinen anzutreffen. Große Kristalle kommen aus Outokumpu in Finnland. Weitere Fundorte gibt es im Ural (Russland), im Bushveld Complex (Südafrika), in Kalifornien (USA) und in Schlesien (Polen).

UWAROWITKRISTALL
Dieser dodekaedrische Uwarowitkristall ist in eine Grundmasse aus Skarn eingebettet.

EIGENSCHAFTEN

GRUPPE	Silikate – Inselsilikate
KRISTALLSYSTEM	Kubisch
ZUSAMMENS.	$Ca_3Cr_2(SiO_4)_3$
FARBE	Leuchtend grün
FORM/HABITUS	Dodekaedrisch, trapezoedrisch
HÄRTE	6½–7
SPALTBARKEIT	Keine
BRUCH	Uneben bis muschelig, spröde
GLANZ	Glasglanz
STRICH	Weiß
SPEZIFISCHES GEWICHT	3,8
TRANSPARENZ	Durchsichtig bis durchscheinend
BRECHUNGSINDEX	1,86–1,87

WINZIGE KRISTALLE
Bei diesem Exemplar aus Mexiko ist eine Grundmasse von einer Kruste aus winzigen dodekaedrischen Uwarowitkristallen bedeckt.

MYANMAR
Ein großer Teil des auf dem Markt gehandelten Zirkons stammt aus Myanmar, dem früheren Birma.

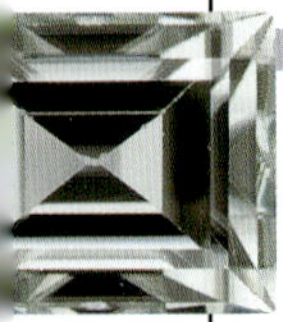

RECHTECKIGER SCHLIFF
Für diesen rechteckig geschliffenen farblosen Zirkon wurde rotbraunes Material einer Hitzebehandlung unterzogen.

OVALER BRILLANT
Grüne Zirkone wie dieser ovale Brillant erhalten ihre Farbe oft durch den teilweisen Zerfall von Spurenelementen.

KISSENFÖRMIGER BRILLANT
Goldgelbe Zirkone wie dieser kissenförmig geschliffene Stein entstehen, wenn blauer Zirkon unter Sauerstoffeinfluss erhitzt wird.

RUNDER BRILLANT
Blauen Zirkon stellt man durch Hitzebehandlung aus braunem her. Fast alle verkauften blauen Zirkone sind wärmebehandelt.

ZIRKON

MIT SEINEM HOHEN BRECHUNGSINDEX und seiner Farbdispersion ist Zirkon einer der wenigen Edelsteine, deren Feuer und Brillanz denen von Diamant nahe kommen. Farblose Steine weisen eine große Ähnlichkeit mit Diamanten auf und wurden absichtlich und versehentlich als solche verwendet. Zirkon zeigt eine Doppelbrechung, Facetten an der Unterseite eines geschliffenen Steins erscheinen von oben gesehen doppelt. Diese Eigenschaft unterscheidet ihn von Diamant. Außerdem ist Zirkon nicht so hart wie Diamant und zeigt deshalb an den Facettenkanten mit der Zeit Verschleißerscheinungen.

Zirkon ist schon seit der Antike bekannt. Sein Name ist vom arabischen *zargun*, das wiederum auf die persischen Wörter *zar* (»Gold«) und *gun* (»Farbe«) zurückgeht, abgeleitet. Zirkon wird seit über 2000 Jahren aus den Edelsteinkiesen von Sri Lanka gewonnen und wurde schon im 6. Jahrhundert in Griechenland und Italien

ZIRKONARMBAND
In diesem vergoldeten Armband wechseln sich farblose und orangefarbene Zirkonsteine ab.

ZIRKONRINGE
Im oben abgebildeten Ring ist der gelbe Zirkon in der Mitte von blassblauen Zirkonen umrahmt. Der Ring links enthält einen glitzernden tiefblauen Zirkon.

EIGENSCHAFTEN

GRUPPE	Silikate – Inselsilikate
KRISTALLSYSTEM	Tetragonal
ZUSAMMENSETZUNG	$ZrSiO_4$
FARBE	Farblos, braun, rot, gelb, orange, blau, grün
FORM/HABITUS	Prismatisch bis dipyramidal
HÄRTE	7½
SPALTBARKEIT	Unvollkommen
BRUCH	Uneben bis muschelig
GLANZ	Diamantglanz bis Ölglanz
STRICH	Weiß
SPEZ. GEWICHT	4,6–4,7
TRANSPARENZ	Durchsichtig bis undurchsichtig
BRECHUNGSINDEX	1,93–1,98

ZIRKON AUS AFGHANISTAN
Dieses Exemplar mit bis zu 3 cm langen Zirkonkristallen in einer Grundmasse aus Feldspat und Biotit stammt aus Afghanistan.

ALTERSBESTIMMUNG DURCH ZIRKON

Zirkonkristalle sind extrem hart und überdauern deshalb in vielen Gesteinen. Auch gegenüber chemischen und physikalische Einflüssen sind sie sehr widerstandsfähig. Dadurch eignen sie sich zur radiometrischen Datierung sehr alter Gesteine. Radioaktive Isotope zerfallen mit einer bekannten Rate zu Tochterisotopen. Wenn man den Anteil der Tochterisotope in einem im Gestein eingeschlossenen Zirkonkristall misst und ihn mit dem Anteil des Ursprungsisotops vergleicht, kann man feststellen, wie viel zerfallen ist, und daraus auf das Alter des Kristalls und des Gesteins schließen.

DATIERUNG
Hier bestimmt ein Wissenschaftler das Alter von Zirkonkristallen.

als Edelstein geschätzt. Er bildet bipyramidale Kristalle, die farblos, gelb, grau, grün, braun, blau oder rot sein können.

Einzelkristalle können eine beträchtliche Größe erreichen: In Australien und Russland wurden Kristalle mit einem Gewicht von 2 kg bzw. 4 kg gefunden. Farbige Zirkonvarietäten wurden in der Vergangenheit mit eigenen Namen bezeichnet: die durchsichtige rote Varietät als Hyazinth, eine klare, farblose Varietät aus Sri Lanka als Matura-Diamant und andere Farben als Jargon.

INDUSTRIELLE VERWENDUNG

Zirkon, oder chemisch ausgedrückt Zirkoniumsilikat, ist ein Silikatmineral, aus dem das seltene Metall Zirkonium gewonnen wird. Mit diesem besonders korrosionsbeständigen Metall wird der Innenraum von Kernreaktoren ausgekleidet. Zirkonkristalle enthalten immer auch Spuren der radioaktiven Elemente Hafnium, Uran und Thorium. Diese zerstören letztlich die Kristallstruktur. Oft kann sie aber durch eine Wärmebehandlung (siehe Kasten rechts oben) wiederhergestellt werden.

Wegen seines hohen Schmelzpunkts wird Zirkon auch als Gießereisand, für hitzebeständige Werkstoffe und Keramiken verwendet. Da er außerdem sehr hart ist, wird er in der Industrie als Schleifmittel eingesetzt.

HITZEBEHANDLUNG

WÄRMEBEHANDELTER STEIN

Schon lange werden Minerale erhitzt, um ihre Farbe zu verändern oder ihre Transparenz zu verstärken. Vielleicht war Zirkon eines der ersten Minerale, das so behandelt wurde. Braune Steine aus Thailand und Sri Lanka werden beim Erhitzen blau oder farblos. In blauen Steinen, die verblasst sind, lässt sich die Farbe durch Hitze wiederherstellen. Man füllt die Zirkone zusammen mit feinem Sand in einen Tontopf, der dann in der Kohle eines Feuers erhitzt wird. Die Dauer wird durch langjährige Erfahrung bestimmt. Nach langsamer Abkühlung werden die Steine aus dem Sand herausgesiebt und geschliffen. Wird blauer Zirkon in sauerstoffhaltiger Atmosphäre erhitzt, erhält er eine goldgelbe Färbung, von der sich der Name *zargun* ableitet. Da der Ursprung dieses Wortes sehr alt ist, muss auch das Verfahren ebenso alt sein.

UNBEHANDELTE KRISTALLE — WÄRMEBEHANDELTE KRISTALLE

Zirkon ist weit verbreitet als Nebengemengteil in kieselsäurereichen magmatischen Gesteinen anzutreffen und kommt auch in metamorphen Gesteinen vor. Er widersteht der Verwitterung und reichert sich auf Grund seines relativ hohen spezifischen Gewichts in Flussgeröll und an Stränden an. Edelsteinvarietäten werden meist aus Flusskies aus Sri Lanka, Thailand, Myanmar, Australien und Neuseeland ausgewaschen. Zirkon für die Industrie stammt u. a. von Sandstränden in Indien, Australien, Brasilien und Florida, USA. Weitere Fundstätten befinden sich in Kanada, Mexiko, Norwegen, Frankreich und Pakistan.

BLUMENBROSCHE *Diese blumenförmige Brosche in einer Silberfassung im indischen Stil ist mit farblosen, blauen, gelben und braunen Zirkonen besetzt.*

ZIRKON IN SYENIT

EINZELKRISTALL

PRISMATISCHE KRISTALLE

ZIRKONKRISTALLE *Zirkonkristalle sind überwiegend in magmatischen Gesteinen, vor allem Syenit, und zusammen mit Feldspat, Granat oder Monazit anzutreffen. Sie gehören ins tetragonale System und weisen meist eine prismatische Form auf.*

WASCHEN *Diese Frau wäscht Zirkone aus Flusskies im kambodschanischen Pailin, dem ehemaligen Stammland der Roten Khmer.*

TOPAS

URAL
Die schönsten Ausstellungsexemplare kommen aus dem Ural in Russland, wo himmelblaue Kristalle mit einer Länge von über 30 cm gefunden wurden

DER NAME TOPAS geht vermutlich auf die sagenhafte Insel Topazios zurück, die vor der Küste Ägyptens im Roten Meer liegt und heute den Namen Zebirget trägt. Nach einer anderen Erklärung ist der Name vom Sanskrit-Wort *lapaz* (»Feuer«) abgeleitet. Viele Experten sind der Ansicht, dass der heutige Topas in der Antike unbekannt war und der Name *topazos* eigentlich Olivin (Peridot, siehe S. 298–299) bezeichnete, für dessen Herkunft die Insel Topazios bekannt war. Der Edelstein wurde in der Antike in Ägypten, Griechenland und dem Römischen Reich verwendet, wobei die Römer die Steine aus dem fernen Sri Lanka bezogen.

HALSKETTE
In dieser Halskette aus den 1950er-Jahren sind rechteckige, sherry-gelbe Topase mit rund geschliffenem Bernstein kombiniert.

EIGENSCHAFTEN

GRUPPE	Silikate – Inselsilikate
KRISTALLSYSTEM	Orthorhombisch
ZUSAMMENSETZUNG	$Al_2SiO_4(F,OH)_2$
FARBE	Farblos, blau, gelb, rosa, braun, grün
FORM/HABITUS	Prismatisch
HÄRTE	8
SPALTBARKEIT	Vollkommen in basaler Richtung
BRUCH	Schwach muschelig bis uneben
GLANZ	Glasglanz
STRICH	Farblos
SPEZ. GEWICHT	3,4–3,6
TRANSPARENZ	Durchsichtig bis durchscheinend
BRECHUNGSINDEX	1,62–1,63

BREITE FARBPALETTE

Topas ist chemisch gesehen Aluminiumfluorosilikat. Gut ausgeformte Kristalle weisen einen charakteristischen rautenförmigen Querschnitt und Längsrillen auf. Sie kommen in vielen verschiedenen Farben vor, wobei sherry-gelbe Steine aus Brasilien besonders geschätzt werden. Noch wertvoller ist der seltene rosa Topas. Im Jahr 1750 entdeckte ein Pariser Juwelier, dass gelber Topas aus Brasilien bei mäßiger Erhitzung eine rosa Färbung annimmt. Heute wird rosa Topas fast immer auf diese Weise gewonnen. Blauer Topas ist oft kaum von Aquamarin zu unterscheiden. Der auf dem Markt gehandelte tiefblaue Topas ist aber fast immer durch Bestrahlung und Erwärmung farbloser Steine entstanden. Die natürliche Färbung ist oft nicht beständig. So verblasst brauner Topas aus Sibirien und Utah, USA, wenn er dem Sonnenlicht ausgesetzt ist.

Farbloser Topas im Brillantschliff kann auf Grund seines hohen Brechungsindexes mit Diamant verwechselt werden. Der »Braganza-Diamant« (1640 Karat), der im 17. Jahrhundert die portugiesische Krone zierte, galt als größter je gefundener Diamant. Heute nimmt man an, dass es sich um einen farblosen Topas handelte.

FARBSPEKTRUM VON TOPAS
Neben der bekannten sherry-gelben Varietät ist Topas auch in gelben, orangefarbenen, rosa, braunen, blauen und grünen Farbvarietäten anzutreffen.

GELBER TOPAS

BRAUNER TOPAS

NATÜRLICHER BLAUER KRISTALL

BLAUER TOPAS

ZEBIRGET
Die Insel Zebirget (oder Zabargad) im Roten Meer ist das antike Topazios, das angeblich der erste Topaslieferant war.

ACHTECKIG
Dieser Stein im achteckigen Treppenschliff ist ein natürlicher blauer Topas.

OVAL
Die blaue Farbe dieses Topas wurde vermutlich künstlich intensiviert.

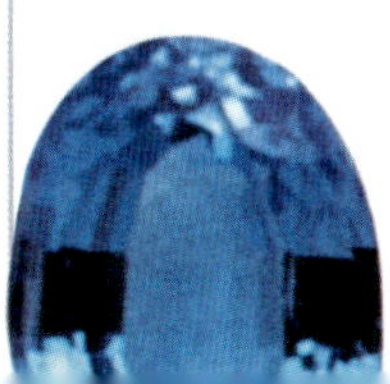

OVAL
Gelegentlich kann Topas rosa gefärbt sein wie dieser oval geschliffene Stein.

TROPFENFORM
Dieser in Tropfenform geschliffene Topas zeigt die typische goldgelbe Färbung.

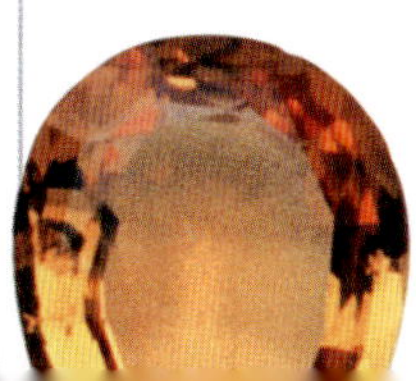

BRILLANTSCHLIFF
Die Brillanz dieses fast farblosen Topas wird durch zusätzliche Facetten verstärkt.

Topas bildet sich durch fluorhaltige Dämpfe, die in den letzten Phasen der Auskristallisierung verschiedener magmatischer Gesteine freigesetzt werden. Er ist deshalb in Hohlräumen von Rhyolith, Granit, Pegmatitgängen und hydrothermalen Gängen anzutreffen. Daneben ist Topas als Kiesel in Schwemmsandablagerungen zu finden. Aufgrund der vollkommenen Spaltbarkeit zerbrechen Kristalle sehr leicht, wobei oft Bruchstücke in der Grundmasse zurück bleiben.

Zu den wichtigsten Förderländern zählen neben Russland noch Brasilien und Nigeria. Prächtige Kristalle kommen aus Japan. Gelbe Kristalle aus Sachsen wurden 1737 als erste in der Neuzeit als »Topas« bezeichnet. Edelsteinmaterial kommt auch aus Colorado, Texas und Kalifornien in den USA, den Cairngorm-Bergen in Schottland, Sri Lanka, Myanmar, Australien, Tasmanien, Pakistan und Mexiko. Die gelbe Granatvarietät Andradit wird wegen ihrer Ähnlichkeit mit Topas auch als Topazolith bezeichnet. Manchmal wird der Name »Topas« auch für andere Steine verwendet. Citrin, ein gelber Quarz, ist auch unter den Bezeichnungen »falscher Topas«, »Quarztopas« und »Madeira-Topas« im Handel. Gelber Saphir wird auch als »orientalischer Topas« verkauft, und Rauchquarz manchmal als »Rauchtopas« oder »Rauchtopasquarz« vermarktet.

BRASILIANISCHER TOPAS

Brasilien ist für Topas und andere Edelsteine berühmt. Der brasilianische Bundesstaat Minas Gerais ist der größte Topaslieferant der Welt. Auch der größte erhaltene Kristall (271 kg) stammt von dort. Die bekannten sherrygelben Kristalle kommen aus Ouro Preto, Minas Gerais, wo sie in einer Kaolinmatrix anzutreffen sind. Aus der 1735 entdeckten Lagerstätte von Ouro Preto wurde buchstäblich tonnenweise Topas abgebaut. Angeblich wurde 1944 in Mugui, Espirito Santo, ebenfalls in Brasilien, ein 350 Tonnen schwerer Topaskristall gefunden.

SHERRYFARBENER TOPAS
Die Lagerstätte von Ouro Preto ist der weltweit größte Lieferant von sherryfarbenem Topas.

PRINZESSIN VON BRASILIEN
Der geschliffene Stein hat einen Durchmesser von 14,5 cm und ein Gewicht von 21 005 Karat.

TOPAS IM ROHZUSTAND
Aus diesem 34 kg schweren Kristall wurde die »Prinzessin von Brasilien« geschliffen.

BROSCHE
In dieser Brosche, die dem berühmten schottischen Emblem nachempfunden ist, bilden zwei sherrygelbe Topase die Disteln.

TOPASKRISTALL
Dieser prächtige braunrosa gefärbte, prismatische Topas aus Afghanistan ist mehr als 8 cm lang und wiegt fast 0,5 kg. Er sitzt zusammen mit Albit auf einem Mikroklinkristall.

TOPASKIESEL
Wie andere Edelsteine mit hohem spezifischem Gewicht sammeln sich Topaskiesel in Seifenlagerstätten an.

TITANIT

ÖSTERREICH
Besonders schöner Titanit kommt aus Tirol in Österreich.

DER FRÜHER ALS SPHEN BEZEICHNETE TITANIT ist einer der wenigen Steine, die eine höhere Farbdispersion als Diamant aufweisen. Die aus durchsichtigen Titanitkristallen geschliffenen Steine zeichnen sich daher durch besonderes Feuer und höchste Brillanz aus. Leider werden sie wegen ihrer Sprödigkeit und geringen Härte fast ausschließlich für Sammler geschliffen.

Titanit ist ein Calcium-Titan-Silikatmineral, das auch erhebliche Mengen an Eisen und geringere Mengen an Thorium oder Uran enthalten kann. Der Name Sphen ist in Anspielung auf die typische Keilform der Kristalle vom griechischen *sphen* (»Keil«) abgeleitet. Titanit kann aber auch prismatische Kristalle sowie derbe, lamellenartige oder kompakte Massen bilden. Kristalle in Edelsteinqualität sind meist gelb, grün oder braun, gelegentlich auch schwarz, rosa, rot, blau oder farblos. Diese breite Farbpalette entsteht dadurch, dass neben Eisen, Thorium und Uran noch einige andere Fremdatome in der Kristallstruktur vorhanden sein können.

TITANITRING
Geschliffener Titanit wie der Stein in diesem goldenen Fingerring zeichnet sich durch außergewöhnliches Feuer und intensive Farben aus.

KREUZ
Dieses Kreuz ist mit herzförmigen Titanitsteinen und Diamanten besetzt.

Zinn und Aluminium etwa können bis zu 10% Anteil an der Zusammensetzung erreichen. Titanit weist einen starken Pleochroismus und eine Doppelbrechung auf. Facetten an der Unterseite sind daher doppelt zu sehen, was die Brillanz noch steigert. Titanit ist als Nebengemengteil von kieselsäurereichen magmatischen Gesteine und ihren Pegmatiten, Gneis und Schiefer weit verbreitet. Vorkommen gibt es in Österreich, Italien, Norwegen, der Schweiz, Madagaskar, Kanada, Mexiko, Brasilien, Schweden, Deutschland, Russland, Pakistan und den USA.

RECHTECKIGER SCHLIFF
Dieser gelbgrüne Titanit wurde in Rechteckform geschliffen. Trotz seines Feuers wird Titanit vor allem für Sammler geschliffen.

OVALE TREPPE
Für diesen braungelben Titanit wurde ein ovaler Treppenschliff gewählt. Leider ist Titanit relativ weich und daher kaum für Schmuck geeignet.

GEMISCHTER SCHLIFF
Die Oberseite ist in dreieckige Facetten geschliffen, die Unterseite weist einen rechteckigen Treppenschliff auf.

DREIECKFORM
Dieser dreieckige gelbe Titanit weist die besondere Brillanz auf, für die das Mineral bekannt ist.

EIGENSCHAFTEN

GRUPPE Silikate – Inselsilikate
KRISTALLSYSTEM Monoklin
ZUSAMMENSETZUNG $CaTiSiO_5$
FARBE Gelb, grün, braun, schwarz, rosa, rot, blau
FORM/HABITUS Keilförmig oder prismatisch
HÄRTE 5–5½
SPALTBARKEIT Unvollkommen
BRUCH Muschelig
GLANZ Glasglanz bis Fettglanz
STRICH Weiß
SPEZ. GEWICHT 3,5–3,6
TRANSPARENZ Durchsichtig bis durchscheinend
BRECHUNGSINDEX 1,84–2,03

TITANITKRISTALLE
Diese einander durchdringenden, keilförmigen Titanitkristalle (Länge 3,5 cm) stammen aus Russland.

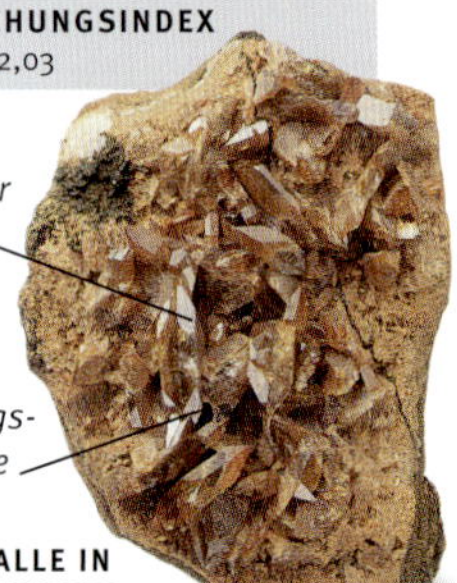

KRISTALLE IN GRUNDMASSE

DURCHSICHTIGE KRISTALLE

KRISTALLGRUPPEN
Ganz links ist eine Masse aus keilförmigen Titanitkristallen in einer Grundmasse zu sehen. Das Exemplar links besteht aus einer Gruppe großer, durchsichtiger Kristalle, ebenfalls in Keilform.

ANDALUSIEN
Andalusit ist nach der spanischen Provinz Andalusien benannt, wo er entdeckt wurde.

ANDALUSIT

ANDALUSITKRISTALLE sind in der Regel prismatisch mit quadratischem Querschnitt. Das Mineral kann auch derbe Aggregate und längliche oder spitz zulaufende Kristalle bilden. Es ist rosa bis rotbraun, weiß, grau, violett, gelb, grün oder blau. Andalusit in Edelsteinqualität weist einen starken Pleochroismus auf: Eine gelbgraue Varietät mit dem Namen Chiastolith tritt in Form lang gestreckter Prismen mit Einschlüssen symmetrischer Keile aus kohlenstoffhaltigem Material auf. Diese sehen im Querschnitt kreuzförmig aus. Der Name Chiastolith ist vom griechischen *chiastos* (»Kreuz«) abgeleitet. Andalusit ist stellenweise in schwach metamorphen Gesteinen und in regionalmetamorphen Gesteinen mit Korund, Kyanit, Cordierit und Sillimanit anzutreffen. Selten kommt er auch in Granit und granitischen Pegmatiten vor. Kristalle kommen u.a. aus Belgien, Südaustralien, Russland, Deutschland und den USA. Andalusit in Edelsteinqualität kommt aus Minas Gerais (Brasilien) und den Edelsteinkiesen Sri Lankas.

BRAUNE KRISTALLE
Diese Gruppe prismatischer Andalusitkristalle auf einer Gesteinsgrundmasse weist einen Glasglanz auf.

RECHTECKIGER SCHLIFF
Durchsichtiger Andalusit ist relativ selten. Er wird für Sammler geschliffen.

ANDALUSITKRISTALLE
Diese Gruppe prismatischer Andalusitkristalle aus Tirol in Österreich ist in eine Grundmasse aus Quarz eingelagert.

CHIASTOLITH IM QUERSCHNITT
Als Chiastolith bezeichnete Zwillingskristalle des Minerals Andalusit werden manchmal als Amulett getragen.

EIGENSCHAFTEN

GRUPPE	Inselsilikate
KRISTALLSYSTEM	Orthorhombisch
ZUSAMMENS.	Al_2OSiO_5
FARBE	Rosa, braun, weiß, grau, violett, gelb, grün, blau
FORM/HABITUS	Prismatisch
HÄRTE	$6^1/_2$–$7^1/_2$
SPALTB.	Gut bis vollkommen, schwach ausgeprägt
BRUCH	Muschelig
GLANZ	Glasglanz
STRICH	Weiß
SPEZIFISCHES GEWICHT	3,2
TRANSPARENZ	Durchsichtig bis fast undurchsichtig
BRECHUNGSINDEX	1,63–1,64

MULL
Sillimanitkristalle kommen von der vor der Westküste Schottlands gelegenen Insel Mull.

SILLIMANIT

SILLIMANIT ist ein Aluminiumsilikat, das in langen, schlanken, glasartigen Kristallen oder in blockigen Prismen mit schwach entwickelten Enden anzutreffen ist. Das üblicherweise farblose bis weiße Mineral kann auch blassgelb bis braun, blassblau, grün oder violett sein. Es weist einen deutlichen Pleochroismus auf. Sillimanit ist ein typisches Mineral in tonreichen Gesteinen, die durch Regionalmetamorphose bei hoher Temperatur entstehen, und eine polymorphe Modifikation von Al_2SiO_5 (siehe Kyanit, S. 310). Er ist oft mit Korund, Kyanit und Cordierit vergesellschaftet. Kristalle kommen aus Mull (Schottland), Vlatava (Tschechische Republik), Assam (Indien), La Romaine, Québec (Kanada) sowie Macon County (North Carolina) und Chester (Connecticut) in den USA. Gewöhnlicher Sillimanit wird in hitzebeständigen Keramiken und Zündkerzen verwendet.

EIGENSCHAFTEN

GRUPPE	Silikate – Inselsilikate
KRISTALLSYSTEM	Orthorhombisch
ZUSAMMENSETZUNG	Al_2OSiO_5
FARBE	Farblos, weiß, blassgelb, blau, grün, violett
FORM/HABITUS	Prismatisch bis nadelförmig
HÄRTE	7
SPALTBARKEIT	Vollkommen
BRUCH	Uneben
GLANZ	Seidenglanz
STRICH	Weiß
SPEZ. GEW.	3,2–3,3
TRANSPARENZ	Durchsichtig bis durchscheinend
BR.-INDEX	1,66–1,68

SILLIMAN
Sillimanit wurde nach dem Geologen und Chemiker Benjamin Silliman benannt, der auch der Gründer des American Journal of Science war.

FASERIGER SILLIMANIT
Diese Masse parallel ausgerichteter, faseriger Sillimanitkristalle kommt aus West Chester, Pennsylvania (USA).

FIBROLITH
Fibrolith, die säulige, faserige Form von Sillimanit wird gelegentlich als Cabochon geschliffen.

GEMISCHT
Zum Schleifen geeigneter Sillimant ist vor allem in Edelsteinkiesen zu finden.

BAHIA
Kyanitkristalle in Edelsteinqualität sind in diesem Gebiet in Brasilien zu finden.

KYANIT

KYANIT, dessen Name vom griechischen *kyanos* (»dunkelblau«) abgeleitet ist, bildet meist längliche, flache Kristallplättchen, seltener strahlige, säulige Aggregate. Er ist gewöhnlich blau oder blaugrau, kann aber auch grün oder farblos sein. Sein früherer Name Disthen (mit der Bedeutung »zwei Stärken«) bezieht sich auf die variable Härte: 4 1/2 in Richtung der Längsachse (C-Achse), 6 in Querrichtung. Kyanit entsteht bei der Regionalmetamorphose tonreicher Sedimente. Er ist eine von drei polymorphen Formen von Al_2SiO_5. Die beiden anderen Formen sind Sillimanit und Andalusit. Jede dieser polymorphen Modifikationen deutet auf einen bestimmten Temperatur- und Druckbereich bei der Metamorphose hin. Kyanit in Edelsteinqualität kommt u.a. aus Bahia in Brasilien, dem Sankt-Gotthard-Gebiet in der Schweiz und Yancy County in North Carolina (USA).

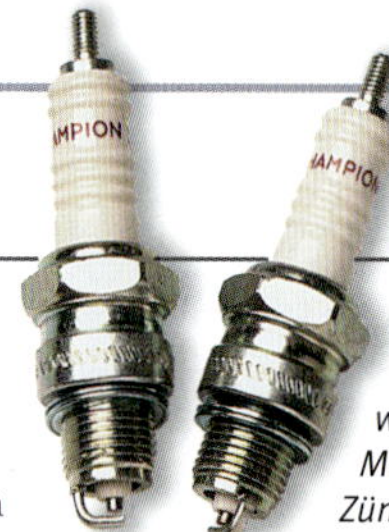

ZÜNDKERZEN
Aus dem Rohstoff Kyanit wird das Aluminiumsilikat Mullit hergestellt. Es wird in Zündkerzen und hitzebeständigem Porzellan verwendet.

EIGENSCHAFTEN	
GRUPPE	Silkate – Inselsilikate
KRISTALLSYSTEM	Triklin
ZUSAMMENSETZUNG	Al_2SiO_5
FARBE	Blau, grün
FORM/HABITUS	Blättrig
HÄRTE	4 1/2; 6 (siehe Text)
SPALTBARKEIT	Vollkommen
BRUCH	Splittrig
GLANZ	Glasglanz
STRICH	Farblos
SPEZIFISCHES GEWICHT	3,6
TRANSPARENZ	Durchsichtig bis durchscheinend
BRECHUNGSINDEX	1,71–1,73

KYANITKRISTALLE
Diese Einzelkristalle zeigen eine prismatische Entwicklung.

BLÄTTRIGE KYANITKRISTALLE
Dieser Kyanit mit Quarz aus dem Norden Brasiliens weist die typischen länglichen, blättrigen Kyanitkristalle auf.

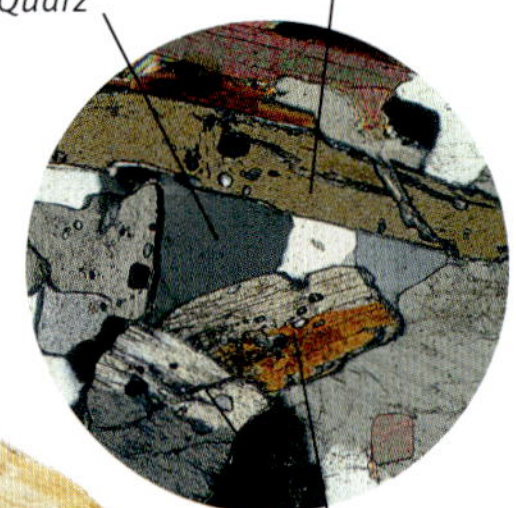

DÜNNSCHLIFF
In diesem Dünnschliff sind Kyanitkristalle in verschiedenen Ausrichtungen mit unterschiedlichen Spaltmustern zu sehen.

STERLING HILL
Hier in New Jersey (USA) wird auch Willemit abgebaut.

WILLEMIT

DER NACH DEM NIEDERLÄNDISCHEN KÖNIG Willem I. benannte Willemit ist ein Zinksilikat. Er bildet meist derbe Massen, manchmal aber auch kurzsäulige Kristalle oder faserige Aggregate. Das Mineral, das hellgrün bis gelbgrün, gelbbraun, rotbraun oder farblos sein kann, zeigt unter UV-Licht eine leuchtend grüne Fluoreszenz. Willemit ist in der Oxidationszone von Zinkerzlagerstätten und in metamorphen Kalken anzutreffen, oft mit Hemimorphit, Smithsonit, Franklinit und Zinkit. Fundorte sind Mont-Saint-Hilaire (Kanada), Långban (Schweden), Attika (Griechenland), Mumbwa (Sambia), Tsumeb (Namibia), Flinders Ranges (Südaustralien) und Pima, Arizona, sowie die Franklin-Mine in New Jersey (beide USA) (siehe S. 158). Willemit ist stellenweise als Zinkerz von Bedeutung.

EIGENSCHAFTEN	
GRUPPE	Silikate – Inselsilikate
KRISTALLSYSTEM	Hexagonal/trigonal
ZUSAMMENSETZUNG	Zn_2SiO_4
FARBE	Grün, rotbraun
FORM/HABITUS	Derb
HÄRTE	5–5 1/2
SPALTBARKEIT	Gut
BRUCH	Muschelig bis uneben
GLANZ	Glasglanz bis Harzglanz
STRICH	Farblos
SPEZIFISCHES GEWICHT	4,0
TRANSPARENZ	Durchsichtig bis durchscheinend

TROOSTIT
Die als Troostit bezeichnete Varietät von Willemit kommt aus der Franklin-Mine in New Jersey (USA). Dieses Material zeichnet sich durch eine besonders starke Fluoreszenz aus.

FRÜHE FERNSEH-BILDRÖHREN
Wegen seiner grünen Fluoreszenz wurde Willemit früher in Bildröhren von Farbfernsehgeräten eingesetzt.

STAUROLITH

TAOS (USA)
Kreuzförmige Staurolithzwillinge sind in diesem Ort in New Mexico zu finden.

DER WEIT VERBREITETE STAUROLITH wurde aufgrund seiner typischen kreuzförmigen Zwillinge nach dem griechischen *stauros* (»Kreuz«) benannt. Er kommt mit Granat, Turmalin und Kyanit oder Sillimanit in Glimmerschiefer, Gneis und anderen aluminiumreichen Metamorphiten vor. Staurolith bildet sich nur in einem begrenzten Temperatur- und Druckbereich und ermöglicht Rückschlüsse auf die Bedingungen bei der Metamorphose. Die kreuzförmigen Zwillinge werden zu Ornamenten und Amuletten verarbeitet. Sie sind in Fannin, Georgia, und Taos, New Mexico (beide USA) sowie in der Bretagne (Frankreich) und Rubelita (Brasilien) zu finden.

STAUROLITH IN GLIMMERSCHIEFER

KYANIT-STAUROLITH-SCHIEFER
Dieses Exemplar enthält Staurolith mit Kyanit in durch Regionalmetamorphose entstandenem Schiefer.

STAUROLITH-KRISTALLE
Diese Staurolithkristalle aus Taos in New Mexico weisen verschiedene Formen von Zwillingsbildungen auf.

EIGENSCHAFTEN

GRUPPE	Silikate – Inselsilikate
KRISTALLSYSTEM	Monoklin
ZUSAMMENSETZUNG	$(Fe,Mg)_4Al_{17}(Si,Al)_8O_{45}(OH)_3$
FARBE	Braun
FORM/HABITUS	Pseudo-orthrhombisch prismatisch
HÄRTE	7–7½
SPALTBARKEIT	Deutlich
BRUCH	Muschelig
GLANZ	Glasglanz bis Harzglanz
STRICH	Farblos bis grau
SPEZIFISCHES GEWICHT	3,7
TRANSPARENZ	Durchsichtig bis undurchsichtig
BRECHUNGSINDEX	1,74–1,75

TRAPEZFORM
Staurolith ist manchmal transparent genug für einen Facettenschliff.

PHENAKIT

PIKE'S PEAK
Dieses Gebiet in Colorado (USA) ist eine der bedeutendsten Phenakitfundstätten.

PHENAKIT ist ein seltenes Berylliummineral. Da man es mit Quarz verwechseln kann, wurde es nach dem griechischen Wort für »Täuschung« benannt. Die Kristalle sind meist rhomboedrisch, teils auch kurzsäulig. Phenakit kommt in Pegmatit, Granit und Glimmerschiefer vor. Große Kristalle fand man bei Jekaterinburg im Ural und im US-Staat Colorado. Durchsichtige Kristalle werden für Sammler geschliffen. Phenakit hat einen höheren Brechungsindex als Topas und erreicht die Brillanz von Diamant. Ein 1470 Karat schwerer Flusskiesel aus Phenakit wurde in Sri Lanka gefunden und zu einem 569-karätigen ovalen Stein geschliffen.

EIGENSCHAFTEN

GRUPPE	Silikate – Inselsilikate
KRISTALLSYSTEM	Hexagonal/trigonal
ZUSAMMENSETZUNG	Be_2SiO_4
FARBE	Farblos, weiß
FORM/HABITUS	Rhomboedrisch
HÄRTE	7½–8
SPALTBARKEIT	Undeutlich
BRUCH	Muschelig
GLANZ	Glasglanz
STRICH	Farblos
SPEZIFISCHES GEWICHT	3
TRANSPARENZ	Durchsichtig bis durchscheinend
BRECHUNGSINDEX	1,65–1,67

RHOMBOEDRISCHER PHENAKITKRISTALL
Dieser Phenakitkristall aus dem Ural in Russland weist mehrfache Zwillingsbildungen auf.

EUKLAS

URAL
Im südlichen Ural ist Euklas in Edelsteinqualität anzutreffen.

EUKLAS ist in Anspielung auf seine vollkommene Spaltbarkeit nach den griechischen Wörtern *eu* (»gut«) und *klasis* (»Bruch«) benannt. Er bildet von Rillen durchzogene Prismen, die oft komplexe Enden aufweisen. Das üblicherweise weiße bis farblose Mineral kann auch blassgrün oder blass- bis tiefblau sein. Euklas kommt in hydrothermalen Gängen, granitischen Pegmatiten und einigen metamorphen Schiefern und Phylliten vor. Durchsichtige Kristalle werden für Sammler geschliffen. Euklas in Edelsteinqualität kommt aus Brasilien und aus Colorado (USA).

EIGENSCHAFTEN

GRUPPE	Silikate – Inselsilikate
KRISTALLSYSTEM	Monoklin
ZUSAMMENSETZUNG	$BeAlSiO_4(OH)$
FARBE	Farblos, weiß, blau, grün
FORM/HABITUS	Prismatisch
HÄRTE	7½
SPALTBARKEIT	Vollkommen
BRUCH	Muschelig, spröde
GLANZ	Glasglanz
STRICH	Weiß
SPEZIFISCHES GEWICHT	3,0
TRANSPARENZ	Durchsichtig bis durchscheinend
BRECHUNGSINDEX	1,65–1,67

PRISMATISCHER KRISTALL
Dieser prismatische Euklaskristall weist an seiner Unterseite einen muscheligen Bruch auf.

BLAUE MASSE
Hier sitzt eine Masse schöner, blauer, prismatischer Kristalle auf einer Gesteinsgrundmasse.

STERLING HILL (USA)
Diese berühmte Mine in New Jersey ist ein bedeutender Fundort von Humit.

HUMIT

HUMIT ist ein Magnesium-Eisen-Silikat. Er wurde 1813 nach dem englischen Mineral- und Kunstsammler Sir Abraham Hume (1749–1838) benannt. Gut ausgeformte Kristalle sind selten, meist ist das Mineral als körnige Masse anzutreffen. Der Farbbereich reicht von Dunkelorange bis Rotorange. Humit bildet eine Mischkristallreihe mit Manganhumit, bei dem das Eisen durch Mangan ersetzt ist.

Er tritt in kontakt- und regionalmetamorphem Kalkstein und Dolomit auf, oft vergesellschaftet mit Kassiterit, Hämatit, Glimmer, Turmalin, Quarz und Pyrit. Humit ist weltweit zu finden. Erwähnenswerte Fundorte sind Persberg in Schweden, die Insel Skye in Schottland, der Vesuv in Italien und der Schweizer Kanton Wallis. Fundstätten in den USA sind Brewster im Bundesstaat New York sowie Franklin und Sterling Hill (Manganhumit) in New Jersey.

HUMITKRUSTE
Hier ist eine Gesteinsgrundmasse mit einer Kruste aus gelbbraunen Humitkristallen und mit Glimmer bedeckt.

EIGENSCHAFTEN

GRUPPE Silikate – Inselsilikate
KRISTALLSYSTEM Orthorhombisch
ZUSAMMENSETZUNG $(Mg,Fe)_7(SiO_4)_3(F,OH)_2$
FARBE Gelb bis dunkelorange
FORM/HABITUS Körnig
HÄRTE 6–6½
SPALTBARKEIT Schwach ausgeprägt
BRUCH Muschelig
GLANZ Glasglanz
STRICH Gelb bis orange
SPEZ. GEWICHT 3,2–3,3
TRANSPARENZ Durchsichtig bis durchscheinend

VESUV
An diesem bekannten Vulkan ist Norbergit zu finden.

NORBERGIT

DAS WASSERHALTIGE MAGNESIUMSILIKAT NORBERGIT wurde nach seinem Entdeckungsort Norberg in Schweden benannt. Er zählt zur Humitgruppe. Norbergit bildet nur selten Kristalle aus, meist ist er körnig. Das gelbbraune, weiße oder rosa Mineral fluoresziert gelb unter kurzwelligem UV-Licht. Norbergit kommt in kontakt- und regionalmetamorphen Gesteinen vor, wenn magnesiumreiche Sedimentgesteine neben Graniten liegen. Er tritt oft mit Forsterit, Diopsid, Phlogopit und Brucit zusammen auf. Wichtige Fundorte sind Franklin, New Jersey, und Edenville, New York (beide USA), Bihar (Indien), Pitkyaranta (Russland), Vesuv (Italien) und Lyangar (Tadschikistan).

KRUSTE AUS NORBERGIT
Dieses Exemplar aus Kanada ist von einer Kruste aus gelbem Norbergit bedeckt.

EIGENSCHAFTEN

GRUPPE Silikate – Inselsilikate
KRISTALLSYSTEM Orthorhombisch
ZUSAMMENSETZUNG $Mg_3SiO_4\,(F,OH)_2$
FARBE Hell gelbbraun, weiß, rosa
FORM/HABITUS Körnig
HÄRTE 6–6½
SPALTBARKEIT Deutlich
BRUCH Uneben bis schwach muschelig, spröde
GLANZ Glasglanz
STRICH Gelblich
SPEZIFISCHES GEWICHT 3,1–3,2
TRANSPARENZ Durchsichtig bis durchscheinend

INSEL SKYE
Von dieser schottischen Insel kommt schöner Chondrodit.

CHONDRODIT

DER ZUR HUMITGRUPPE ZÄHLENDE CHONDRODIT ist nach dem griechischen Wort für »Körnchen« benannt, da er meist in Form einzelner Körner auftritt. Kristalle des gelb, orange, braunrot oder grünbraun gefärbten Minerals sind blockig und teils über 2,5 cm lang. Chondrodit bildet sich in kontaktmetamorphem Kalkstein und Dolomit, in Kimberlit sowie in ultramafischen Gesteinen und Marmor. Er ist weltweit zu finden, wobei die Insel Skye in Schottland, Cardiff in Kanada, Passau in Deutschland, Kamioka in Japan, Nordmark in Schweden, Slyudanka in Russland und verschiedene Orte in den USA bedeutende Fundstätten sind.

CHONDRODITKRISTALLE
Hier sitzen rötliche Chondroditkristalle mit grauem Magnetit zusammen auf einer Grundmasse.

EIGENSCHAFTEN

GRUPPE Silikate – Inselsilikate
KRISTALLSYSTEM Monoklin
ZUSAMMENSETZUNG $(Mg,Fe,Ti)_5(SiO_4)_2(F,OH,O)_4$
FARBE Gelb, orange, braunrot, grünbraun
FORM/HABITUS Körnig
HÄRTE 6–6½
SPALTBARKEIT Undeutlich
BRUCH Muschelig bis uneben, spröde
GLANZ Glasglanz bis Fettglanz
STRICH Gelb
SPEZ. GEWICHT 3,1–3,2
TRANSPARENZ Durchscheinend bis durchsichtig

TASMANIEN
Hier wurden schöne Datolithkristalle gefunden.

DATOLITH

DAS SELTENE MINERAL DATOLITH wird gelegentlich für Sammler geschliffen. Sein Name ist vom griechischen Wort für »teilen« abgeleitet, eine Anspielung auf das körnige Erscheinungsbild einiger Varietäten. Datolithkristalle sind schuppig bis kurzsäulig, gelegentlich auch blockig oder zu kugeligen Aggregaten zusammengelagert. Daneben kommen derbe, kompakte und kryptokristalline Formen vor. Datolith kann farblos, weiß, grau, gelblich, blassrosa, grünweiß oder grün sein. Er tritt als Ader und Hohlraumauskleidung in mafischen Magmatiten und Erzgängen auf, aber auch in Gneis und Dolerit. Fundstätten liegen in Charcas (Mexiko), der Präfektur Miyazaki (Japan), Dalnegorsk (Russland), Sankt Andreasberg (Deutschland), Mähren (Tschechische Republik) und in den USA.

EIGENSCHAFTEN

GRUPPE Silikate – Inselsilikate
KRISTALLSYSTEM Orthorhombisch
ZUSAMMENS. $CaBSiO_4(OH)$
FARBE Farblos, weiß, gelblich, blassrosa, grün
FORM/HABITUS Schuppig bis kurzsäulig
HÄRTE 5–5½
SPALTBARKEIT Unvollkommen
BRUCH Uneben bis schwach muschelig, spröde
GLANZ Glasglanz bis Fettglanz
STRICH Weiß
SPEZ. GEWICHT 2,9–3,0
TRANSP. Durchsichtig bis durchscheinend

DATOLITHKRISTALL
An diesem halbtransparenten, farblosen Einzelkristall sind Prismen- und Pyramidenflächen zu sehen.

BAHIA (BRASILIEN)
Hier ist Dumortierit in Edelsteinqualität zu finden.

DUMORTIERIT

DUMORTIERIT IST IN der Regel als faseriges Aggregat aus strahlig angeordneten Kristallen oder als derbe Masse anzutreffen. Einzelkristalle sind nadelförmig. Das Mineral ist rosarot oder violett bis blau, kann aber auch braun oder grünlich gefärbt sein. Dumortierit ist in Pegmatiten, in aluminiumreichen metamorphen Gesteinen und in Gesteinen, die durch borhaltigen Dampf aus heißen Granitintrusionen verändert werden, anzutreffen. Fundorte sind Kutná Hora (Tschechische Republik), Tvedestrand (Norwegen), die Kounrad-Mine in Kasachstan und verschiedene Orte in den USA.

EIGENSCHAFTEN

GRUPPE Silikate – Inselsilikate
KRISTALLSYSTEM Orthorhombisch
ZUS. $(Al,Fe)_7(BO_3)(SiO_4)_3O_3$
FARBE Rosarot, blauviolett, braun, grünlich
FORM/HABITUS Faserige Aggregate
HÄRTE 7–8
SPALTBARKEIT Deutlich, unvollkommen
BRUCH Uneben, spröde
GLANZ Glasglanz
STRICH Weiß oder blauweiß
SPEZ. GEWICHT 3,2–3,4
TRANSPARENZ Durchsichtig bis durchscheinend
BRECHUNGSINDEX 1,66–1,72

CABOCHON
Dumortierit wird häufig als Cabochon geschliffen oder als Dekorationsstein poliert.

BLAUER DUMORTIERIT
Blaue Farbtöne entstehen, wenn Eisen durch Titan ersetzt ist.

SHETLAND-INSELN
Auf dieser schottischen Inselgruppe ist Chloritoid zu finden.

CHLORITOID

NAMENGEBEND FÜR CHLORITOID war seine Ähnlichkeit mit Chlorit. Er tritt als derbe Masse oder aus gekrümmten Plättchen zusammengesetztes Aggregat auf. Kristalle sind pseudohexagonal oder tafelig. Chloritoid kommt in schwach bis mittelgradig metamorphen, feinkörnigen Sedimenten vor und bietet dort einen guten Anhaltspunkt für die Interpretation seiner Umgebung. Daneben kommt er auch in Lava, Tuff und Rhyolith vor. Chloritoid ist ein weit verbreitetes Mineral.

EIGENSCHAFTEN

GRUPPE Silikate – Inselsilikate
KRISTALLSYSTEM Monoklin oder triklin
ZUSAMMENSETZUNG $(Fe,Mg,Mn)_2Al_4Si_2O_{10}(OH)_4$
FARBE Dunkelgrün bis graugrün
FORM/HABITUS Blättrig, derb
HÄRTE 6½
SPALTBARKEIT Vollkommen
BRUCH Uneben
GLANZ Glasglanz bis schwacher Diamantglanz
STRICH Weiß
SPEZ. GEWICHT 3,5–3,8
TRANSPARENZ Durchscheinend

CHLORITOIDKRISTALLE
Dieses Exemplar stammt von der Île-de-Groix, Morbihan (Frankreich).

RUSSLAND
Auf der Halbinsel Kola in Russland gibt es Gadolinitlagerstätten.

GADOLINIT

GADOLINIT tritt als Gadolinit-(Y) (Yttriumgadolinit) und, seltener, als Gadolinit-(Ce) (Cergadolinit) auf. Auch die Elemente Lanthan, Scandium und Dysprosium können vorhanden sein und werden aus Gadolinit gewonnen. Er tritt meist als kompakte Masse auf, gelegentlich sind auch prismatische Kristalle anzutreffen. Das Mineral ist in frischem Zustand grün, in verwittertem Zustand braun oder schwarz. Gadolinit kommt in Granit und granitischen Pegmatiten verbreitet vor. Große Kristalle fand man bei Ytterby in Schweden und Iveland in Norwegen.

EIGENSCHAFTEN

GRUPPE Silikate – Inselsilikate
KRISTALLSYSTEM Monoklin
ZUSAMMENSETZUNG $Y_2FeBe_2Si_2O_{10}$
FARBE Grün, blaugrün
FORM/HABITUS Kompakte Massen
HÄRTE 6½–7
SPALTBARKEIT Keine
BRUCH Muschelig, uneben
GLANZ Glasglanz bis Fettglanz
STRICH Grüngrau
SPEZ. GEWICHT 4,4–4,8
TRANSPARENZ Undurchsichtig bis fast durchsichtig

GADOLINITKRISTALL
Dieser prismatische Einzelkristall stammt aus Texas, USA.

ORGANISCHE EDELSTEINE

ORGANISCHE EDELSTEINE werden durch organische (biologische) Prozesse gebildet. Sie können, müssen aber nicht kristallin sein. Einige enthalten Minerale, die auch anorganisch entstehen, z.B. Calcit oder Aragonit. In früheren Zeiten erfreuten sie sich großer Popularität, da sie weicher sind als mineralische Edelsteine und leichter bearbeitet werden konnten.

Schnitzereien aus Knochen und Elfenbein sind schon aus der jüngeren Altsteinzeit (vor 40000–10000 Jahren) durch Funde belegt. Sie dienten vermutlich nicht zur Dekoration, bezeugen jedoch, dass man zu dieser Zeit die Kenntnisse besaß, die zur Bearbeitung solcher organischer Materialien erforderlich waren. Die ersten Schmuckstücke kamen im Mesolithikum (8000–2700 v.Chr.) auf und bestanden aus Muschelschalen, Knochen und Elfenbein. Organische Edelsteine waren beliebte Handelsgüter: Bernsteingegenstände und Salzwassermuscheln aus dem Ostseeraum wurde Tausende von Kilometern von ihrem Ursprungsort entfernt gefunden. Auch Süßwasserperlen wurden über große Entfernungen gehandelt.

ANHÄNGER
Muschelschalen sind schon seit langem beliebte Schmuckobjekte.

MUSCHELSTRAND
Riesige Mengen von Muschelschalen bedecken einen Strand auf der karibischen Insel Grand Bahama.

OSTSEEKÜSTE
Bernstein von der Ostseeküste wird seit mindestens dreitausend Jahren gehandelt. Auch heute noch kommen 90 Prozent der Weltproduktion von hier.

IM HARZ EINGESCHLOSSEN
Als vor 40–60 Millionen Jahren Baumharz an der Luft austrocknete, blieben manchmal Insekten und Spinnen in der klebrigen Substanz stecken.

BERNSTEIN

BERNSTEIN IST FOSSILES HARZ vornehmlich von heute ausgestorbenen Nadelbäumen. Es sind auch bernsteinähnliche Substanzen von noch älteren Baumarten bekannt. Bernstein ist meist zusammen mit Braunkohle anzutreffen, die ihrerseits aus fossilen Überresten von Bäumen und anderen Pflanzen besteht. Bernstein und teilweise versteinertes Harz werden je nach Fundort, Versteinerungsgrad oder Vorhandensein anderer chemischer Bestandteile mit mineralähnlichen Namen bezeichnet. So wird beispielsweise Harz aus Londoner Tongesteinen, das Ähnlichkeiten mit Kopalharz aufweist, als Kopalit bezeichnet. Daneben existieren noch rund zwölf andere Namen für weniger bedeutende Varianten. Das Wort »Elektrizität« ist vom griechischen Wort für Bernstein, *electrum*, abgeleitet. Dass Bernstein durch Reibung elektrostatisch aufgeladen werden kann, beschrieb schon Thales um 600 v.Chr. Diese Eigenschaft ist auch heute noch ein gutes Identifikationsmerkmal. Mehrere Tausend

EIGENSCHAFTEN

GRUPPE	Organische Substanzen – Kohlenwasserstoffe
KRISTALLSYSTEM	Keines
ZUSAMMENSETZUNG	Kohlenwasserstoffe (C,H,O)
FORM/HABITUS	Amorph
HÄRTE	2–2½
SPALTBARKEIT	Keine
BRUCH	Muschelig
FARBE	Gelb, gelegentlich bräunlich oder rötlich
STRICH	Weiß
GLANZ	Harzglanz
SPEZIFISCHES GEWICHT	1,1
TRANSPARENZ	Durchsichtig bis durchscheinend
BRECHUNGSINDEX	1,54–1,55

FLIEGE IN FRISCHEM HARZ
Auch heute noch ist austretendes Baumharz immer wieder eine Falle für Insekten oder andere kleine Gliederfüßer. Im Lauf der Zeit können daraus Fossilien entstehen.

Polierter Bernstein

GEORGIANISCHE HALSKETTE
Bernstein wird schon lange als Schmuck geschätzt, weil er leicht ist und sich warm anfühlt.

Jahre lang war die Ostseeküste zwischen Danzig und Dänemark oder Schweden der größte Bernsteinlieferant.

Bernstein wird dort bergmännisch abgebaut und nach Stürmen am Strand gesammelt. Er wird seit der Antike über weite Entfernungen gehandelt. In einem britischen Grab aus der Bronzezeit wurde ein Trinkgefäß aus Bernstein gefunden. Vielleicht das größte Kunstwerk aus Bernstein ist das »Bernsteinzimmer« im Palast von Katharina der Großen von Russland, ein riesiger Raum der vollständig mit Bernstein ausgekleidet ist. Das Bernsteinzimmer wurde im Zweiten Weltkrieg von den Nazis geplündert und wurde wahrscheinlich bei einem Brand zerstört. Vor kurzem wurde es jedoch aus neuem Bernstein komplett restauriert (siehe S. 316–317).

ÜBERLIEFERUNGEN

Bernstein soll angeblich die Grenze zwischen der individuellen und der kosmischen Energie, der Seele des Einzelnen und der universellen Seele, darstellen. Er wurde als Symbol für das Göttliche angesehen und ist daher oft auf Heiligen- und Heldendarstellungen zu sehen. Als der griechische Gott Apollo vom Olymp verbannt wurde, vergoss er Tränen aus Bernstein. Die elektrostatischen Eigenschaften von Bernstein führten zu der Vorstellung, dass Rosenkränze und Amulette aus Bernstein überschüssige Energien ihrer Träger entladen können. Außerdem wird behauptet, dass ein Mann, der einen Bernstein trägt, niemals impotent werden kann.

CHINESISCHER OHRSCHMUCK
Dieser chinesische Ohrschmuck in Form eines Pandabären weist an seiner Oberfläche Trocknungsrisse auf.

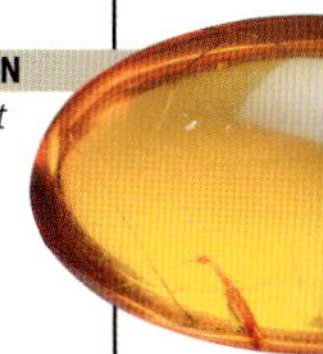

POLIERTER BERNSTEIN
Diese Bernsteinperle weist die typische transparente Honigfarbe und einen attraktiven Harzglanz auf.

GLITZERNDE PERLE
Diese polierte Perle weist Risse auf, die möglicherweise durch eingeschlossene, flache Wassertropfen oder durch Hitze entstanden sind.

BROSCHE
Diese getriebene Silberbrosche in einer der Natur nachempfundenen Form ist mit einem gelbem Bernsteincabochon und Bernsteintropfen besetzt.

BERNSTEINKNOLLE
Bernstein ist meist durchsichtig bis durchscheinend und gold- bis orangegelb und tritt in Knollen oder kleinen, unregelmäßig geformten Massen auf. Im Fundzustand weist er manchmal eine matte Oberfläche auf.

HALSKETTE UND OHRRINGE
In der Trommel polierte kleine Bernsteinstücke ergeben attraktive, unregelmäßig geformte Steine für Halsketten und Ohrringe.

TRÄNEN DER HELIADEN

Nach der griechischen Mythologie verlor der Gott Phaeton die Kontrolle über den Sonnenwagen seines Vaters Zeus. Dabei fuhr er so dicht an die Erde heran, dass diese Feuer fing. Voller Zorn erschlug Zeus Phaeton mit einem Blitz. Sein Leichnam fiel in den Fluss Eridanus und wurde von den Flussnymphen am Ufer begraben. Später fanden die drei Schwestern Phaetons, die Heliaden, sein Grab und weinten Tag und Nacht. Sie schlugen Wurzeln und ihre Tränen härteten zu Bernsteintropfen aus.

DIE TRAUERNDEN HELIADEN
Das dramatische Ölgemälde Die Schwestern Phaetons *von Santi di Tito entstand 1572.*

DAS BERNSTEINZIMMER

DAS ALS ACHTES WELTWUNDER BEZEICHNETE BERNSTEINZIMMER IM PALAST VON KATHARINA DER GROSSEN ÜBERSTAND DIE RUSSISCHE REVOLUTION VON 1917, DOCH SEIT DEM ZWEITEN WELTKRIEG SIND DIE KUNSTVOLL GESCHNITZTEN BERNSTEINTAFELN VERSCHOLLEN.

KÖNIG FRIEDRICH I.
Das ursprüngliche Bernsteinzimmer war eine Idee von König Friedrich I. von Preußen, der zwei Jahre nach dessen Errichtung im Berliner Schloss 1711 starb.

Die ungewöhnliche Geschichte des Bernsteinzimmers beginnt in Preußen. König Friedrich I. beauftragte den Dänen Gottfried Wolffram, für sein Schloss in Charlottenburg ein Bernsteinzimmer zu gestalten. Wolffram wurde von den Danzigern Ernst Schacht und Gottfried Turow abgelöst, die die Bernsteintafeln für die Wandverkleidung 1711 fertigstellten. Diese wurden dann aber im Königspalast in Berlin angebracht.

1716 schloss Zar Peter I. in Berlin ein Bündnis mit Friedrichs Sohn und Nachfolger Friedrich Wilhelm I. gegen den schwedischen König Karl XIII. Zur Besiegelung des Paktes schenkte der preußische König dem Zaren das Bernsteinzimmer. In 18 Kisten verpackt wurden die Bernsteintafeln im April 1717 mit Pferdewagen nach Sankt Petersburg geschafft. Dort blieben sie, bis Zarin Elisabeth I. sie 1755 in den Katharinenpalast von Zarskoje Selo bringen ließ.

Der für die Bernsteinvertäfelung vorgesehene Raum war größer als das ursprüngliche Zimmer in Berlin, deshalb mussten zehn weitere Tafeln im gleichen Stil in Auftrag gegeben werden. 1763 war das Bernsteinzimmer fertiggestellt. Die verzierten Tafeln wurden von 24 rechteckigen venezianischen Spiegeln auf Bernsteinsockeln unterbrochen. Auch ein in Bernstein gerahmter Spiegel, ein Geschenk von König Friedrich II. an Kaiserin Elisabeth, war in das Werk integriert. Die Verbindung zwischen Barock und Rokoko wurde durch Fußböden mit Einlegearbeiten aus Perlmutt geschaffen. Vergoldete Rocailles schmückten weißen Türen und an den Bernsteinwänden hingen vier florentinische Mosaike.

Das Bernsteinzimmer wurde 1941 von der heranrückenden deutschen Wehrmacht geplündert. Die Tafeln wurden nach Königsberg in Ostpreußen geschafft. Im Frühjahr 1945 fielen die Kisten wohl einem Feuer zum Opfer, das große Teile des Königsberger Schlosses zerstörte. Viele glauben aber, dass sich der Schatz schon nicht mehr im Schloss befunden hatte, sondern von den Nazis anderswo versteckt worden war. Nach vergeblicher Suche gab die russische Regierung 1979 eine Nachbildung des Bernsteinzimmers im Katharinenpalast in Auftrag. Es wurde 2003 fertiggestellt.

PREUSSISCHER ADLER
Auf einer Wandtafel des Bernsteinzimmers erinnert das Emblem des preußischen Königs, der Adler, daran, dass das Zimmer ursprünglich für ein preußisches Schloss in Auftrag gegeben wurde.

ORIGINALGETREUE NACHBILDUNG
Die Nachbildung des Bernsteinzimmers wurde 1982 von einem Expertenteam begonnen. Mitte der 1990er-Jahre war die Arbeit wegen Geldmangels gefährdet. Das Projekt konnte durch eine großzügige Spende eines deutschen Sponsors gerettet werden.

GAGAT

NEW MEXICO
Um Raton im US-Bundesstaat New Mexico wird Gagat abgebaut, den indigene Völker zu Schmuck verarbeiten.

EIGENSCHAFTEN	
GRUPPE	Organische Substanzen – Kohlenwasserstoffe
KRISTALLSYSTEM	Keines
ZUSAMMENS.	Verschiedene
FORM/HABITUS	Amorph
HÄRTE	$2^1/_2$
SPALTBARKEIT	Keine
BRUCH	Muschelig
FARBE	Schwarz, braun
STRICH	Schwarz, dunkelbraun
GLANZ	Samt- bis Wachsglanz
SPEZ. GEWICHT	Um 1,3
TRANSP.	Undurchsichtig
BRECHUNGSINDEX	1,64–1,68

DER ALLGEMEIN ALS BRAUNKOHLE KLASSIFIZIERTE GAGAT oder Jett weist einen hohen Kohlenstoffgehalt und eine Schichtstruktur auf. Er ist schwarz bis dunkelbraun und enthält manchmal winzige, metallisch glänzende Pyriteinschlüsse. Gagat kommt überwiegend in Gesteinen mariner Herkunft vor und ist möglicherweise aus Treibholz oder anderem pflanzlichem Material entstanden. Dies unterscheidet Gagat von gewöhnlicher Braunkohle, die in der Regel durch Inkohlung (siehe gegenüberliegende Seite) von Torf an Land entsteht. Gagat kann wie bei Whitby (England) regelrechte Flöze bilden. Auch in Spanien, Frankreich, Deutschland, Polen, Indien, der Türkei, Russland und den USA ist Gagat zu finden.

Schnitzereien aus Gagat wurden schon in prähistorischen Höhlen gefunden. Die Römer stellten aus dem leichten Material Armreife und Perlen her. Dabei verwendeten sie schon im 1. Jahrhundert n. Chr. Gagat aus Whitby. Im Mittelalter schrieb man in Wasser oder Wein verrührtem Gagatpulver Heilkräfte zu. In Indien und im Mittelmeerraum galten geschnitzte Amulette aus Gagat als Schutz gegen den bösen Blick, und irische Frauen verbrannten traditionell Gagat, um die Sicherheit ihrer abwesenden Ehemänner zu gewährleisten. Die indigenen Bewohner Amerikas stellen heute noch Schmuck aus Gagat her.

ANHÄNGER
Diese in Facetten geschliffene Kugel aus Gagat mit ihrem Glanz lässt erkennen, warum Gagat seit mindestens 2000 Jahren populär ist.

ADLER
In diesem Schmuckanhänger wurde eine Adlerfigur aus Gagat geschnitzt und mit Türkis eingelegt.

TÜRKISCHE PERLEN
Diese Halskette aus durchbohrten länglichen Gagatperlen stammt aus der Osttürkei. Die polierten Perlen weisen einen attraktiven Glanz auf.

GAGATBROSCHE
Diese um 1860 hergestellte Brosche lässt erkennen, wie fein Gagat geschnitzt werden kann.

FEINKÖRNIGER GAGAT
An diesem Handstück ist der Samtglanz und der muschelige Bruch von hochwertigem Gagat schön zu sehen. Solche Stücke eignen sich zum Schnitzen.

FOSSILIEN IN GAGAT
Die Ammoniten- und Muschelfossilien in diesem Gagat zeugen von der marinen Herkunft.

WHITBY BEACH
Der Strand von Whitby, Yorkshire (England), ist für seine Gagatvorkommen berühmt.

POLIERT
Polierter Gagat hat eine undurchsichtige, samtig glänzende Oberfläche.

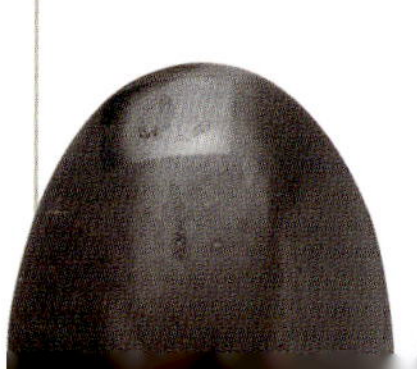

ROSENSCHLIFF
Die Oberseite dieses Steins wurde so geschliffen, um die matte Oberfläche zu beleben.

TRAUERSCHMUCK

Wegen seiner düsteren Farbe wird Gagat schon seit Jahrhunderten für Trauerschmuck verwendet. Er hat auch eine lange religiöse Tradtion. Im Mittelalter wurden den Pilgern an heiligen Stätten in Spanien Gagatschnitzereien verkauft, und für Mönche wurden Rosenkränze aus Gagat hergestellt. Königin Viktoria von England verweilte nach dem Tod ihres Gemahls Prinz Albert im Jahr 1861 40 Jahre lang in Trauer. Sie begründete den Trend, als Zeichen der Trauer für lange Zeit dunkle Kleidung und dunklen Schmuck zu tragen. Gagat aus Whitby in Nordengland wurde dabei sehr beliebt, aber auch andere schwarze Steine wie Hämatit wurden für Trauerschmuck verwendet.

GAGATTAUBE ALS ANHÄNGER

KÖNIGIN VIKTORIA IN TRAUER
Königin Viktoria trug während ihrer Trauerzeit Schmuck aus Gagat.

WAIPOUA FOREST
Hier auf der Nordinsel Neuseelands ist Kopal zu finden.

KOPAL

ALS KOPAL werden Harze verschiedener tropischer Bäume bezeichnet. Es kann von Bäumen gewonnen oder vom Boden aufgelesen werden. Unter der Oberfläche gelegene Vorkommen können bergmännisch abgebaut werden. Kopal besitzt etwa die gleiche Härte wie Bernstein, unterscheidet sich von diesem aber dadurch, dass er noch ganz oder teilweise in organischen Lösungsmittel löslich ist. Kopal aus tieferen Lagerstätten ist von Bernstein oft nicht zu unterscheiden. Fossiler Kopal aus dem blauen Ton Londons wird auch als Kopalit oder Highgate-Harz bezeichnet. Der Name Kopal ist vermutlich vom Nahuatl-Wort *copalli* (»Harz«) abgeleitet. Die Insel Sansibar (Tansania) birgt große Mengen an Kopal. Weitere Erzeugerländer sind China, Brasilien und andere Länder Südamerikas. Kopal wird bei der Herstellung von Lacken, Tinten und Linoleum verwendet.

EIGENSCHAFTEN	
GRUPPE	Organische Substanzen – Kohlenwasserstoffe
KRISTALLSYSTEM	Keines
ZUSAMMENSETZUNG	Verschiedene
FORM/HABITUS	Amorph
HÄRTE	2–2½
SPALTBARKEIT	Keine
BRUCH	Muschelig
FARBE	Farblos, gelb
STRICH	Weiß
GLANZ	Harzglanz
SPEZ. GEWICHT	Um 1,1
TRANSPARENZ	Durchsichtig bis durchscheinend

PERLEN
Die zäheren und kompakteren Formen von Kopal können fein geschnitzt und für Bernstein gehalten werden.

KAURIKAUTSCHUK
Kaurikautschuk stammt von der Kaurifichte, einem Araukariengewächs, und wird in Neuseeland auf vormals bewaldeten Flächen ausgegraben.

KOPALKLUMPEN
Dieser Kopal sieht Bernstein zum Verwechseln ähnlich. Kopal wird zum Teil als Bernsteinersatz verwendet.

KOHLEFLÖZE
In dieser Klippe sieht man horizontale Kohleflöze.

ANTHRAZIT

ANTHRAZIT ist die Kohleart mit dem höchsten Metamorphosegrad. Sie weist den höchsten Anteil an freiem Kohlenstoff (etwa 90–98 Prozent) und den niedrigsten Anteil an flüchtigen Substanzen auf. Anthrazit ist schwarz, hart und spröde mit einem fast metallischen Glanz und scharfkantigem muscheligem Bruch. Kohle besteht aus verschiedenen chemischen Verbindungen, den Maceralen, die den Mineralen in anorganischen Gesteinen entsprechen. Anders als Minerale haben sie keine festgelegte chemische Zusammensetzung und keine bestimmte Kristallstruktur. Bei der Verbrennung hat Anthrazit den höchsten Heizwert und die niedrigsten Emissionswerte und hält den Brennvorgang leicht aufrecht. Leider ist Anthrazit auch die seltenste und daher teuerste Form der Kohle.

EIGENSCHAFTEN	
GRUPPE	Organische Substanzen – Kohlenwasserstoffe
KRISTALLSYSTEM	Keines
ZUSAMMENSETZUNG	Verschiedene
FORM/HABITUS	Amorph
HÄRTE	2–2½
SPALTBARKEIT	Keine
BRUCH	Muschelig
FARBE	Schwarz
STRICH	Schwarz
GLANZ	Fast Metallglanz
SPEZ. GEWICHT	Um 1,1
TRANSPARENZ	Undurchsichtig

INKOHLUNG

Wenn sich pflanzliches Material unter Sauerstoffabschluss zersetzt, nimmt der Kohlenstoffgehalt zu und es entsteht Torf. Dieser wird mit der Zeit durch den Druck überlagernder Sedimente in Braunkohle umgewandelt. Bei noch höherem Druck und hoher Temperatur entsteht aus Braunkohle Steinkohle. Diese wird bei höchstem Metamorphosegrad zu Anthrazit.

TORF

BRAUNKOHLE

STEINKOHLE

TORFMOORE
Aus großen Torfmooren entstanden die heutigen Kohlelagerstätten.

GLÄNZENDE KOHLE
Anthrazit fühlt sich hart und sauber an und glänzt von Natur aus. Auf Hochglanz poliert wird er auch für Ziergegenstände verwendet.

KORALLENRIFF
Korallenriffe werden von Kolonien von Korallenpolypen gebildet, deren äußere Skelette verzweigte Strukturen bilden.

KORALLEN

KORALLEN sind das Skelett im Meer lebender Polypen, die ebenfalls als Korallen bezeichnet werden. Sie bestehen meist aus Calciumcarbonat, bei schwarzen und goldenen Korallen aus der hornähnlichen Substanz Conchiolin. Die matten Korallen können glänzend poliert werden. Sie sind säureempfindlich und können bei häufigem Tragen matt werden. Rote und rosa Edelkorallen sind in den warmen Meeren um Japan und Malaysia, im Mittelmeer und in den Küstengewässern Afrikas zu Hause. Schwarze Korallen kommen von den Westindischen Inseln, Australien und den pazifischen Inseln.

Aus Korallen werden Schnitzereien und Perlen sowie Cabochons für Schmuck hergestellt. Rote Korallen schmückten in der Eisenzeit westeuropäische Schilde und Helme. Später wurde für diesen Zweck roter Lack verwendet. Nach der griechischen Legende entstanden Korallen aus den Blutstropfen, die zur Erde fielen, als Perseus den Kopf der Medusa abschlug. In der klassischen Antike glaubte man, dass Korallen vor dem bösen Blick schützen, und trug sie als Amulett. In der Heilkunst schrieb man ihnen eine blutstillende Wirkung zu. Im 18. Jahrhundert fanden Edelkorallen verbreitet als Intarsien in japanischen Netsukes Verwendung.

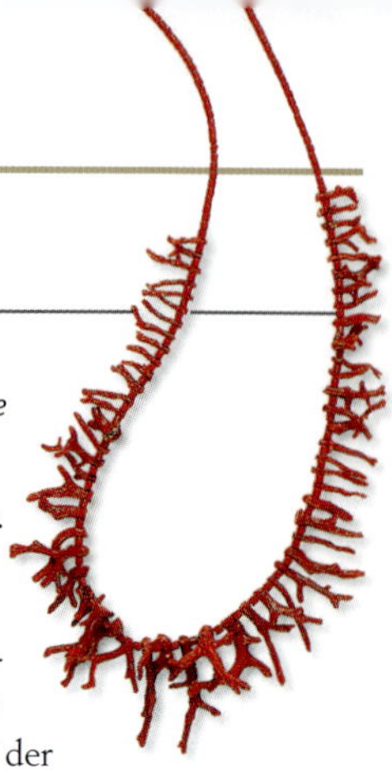

KORALLENHALSKETTE
Diese indigen-amerikanische Halskette besteht aus polierten Korallenästen und winzigen Korallenperlen. Die Rote Koralle bildet verzweigte Riffstrukturen.

EIGENSCHAFTEN

GRUPPE	Organische Substanzen – Carbonate
KRISTALLSYSTEM	Trigonal, orthorhombisch, amorph
ZUSAMMENSETZUNG	$CaCO_3$ / Conchiolin
FORM/HABITUS	Korallenförmig
HÄRTE	3½
SPALTBARKEIT	Keine
BRUCH	Hakig
FARBE	Rot, rosa, schwarz, gold
STRICH	Weiß
GLANZ	Matt bis Glasglanz
SPEZ. GEWICHT	2,6–2,7
TRANSPARENZ	Undurchsichtig
BRECHUNGSINDEX	1,49–1,66

FOSSILE KORALLE
Fossile Korallen sind ein ungewöhnliches und interessantes Material für Cabochons.

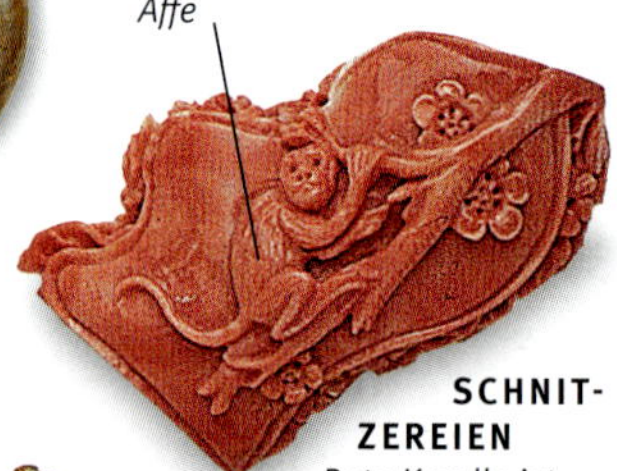

SCHNITZEREIEN
Rote Koralle ist zäh und kompakt und eignet sich deshalb auch für komplizierte Schnitzereien.

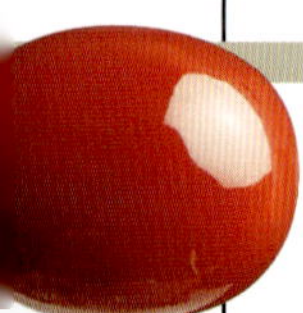

ROTER CABOCHON
Auf Hochglanz poliert und als Cabochon geschliffen findet die rote Koralle eine vielseitige Verwendung als Schmuck.

SCHWARZER CABOCHON
Einige schwarze Korallen sind genauso zäh und kompakt wie rote und ergeben poliert sehr attraktive Schmucksteine.

ROTE KORALLE
Die Arme dieser roten Koralle aus dem Mittelmeer weisen ein holzähnliches Muster auf.

KORALLENRIFFE

Korallenriffe bilden lang gestreckte oder runde Erhebungen in flachen Meeren. Die wichtigsten riffbildenden Lebewesen sind die Korallen, deren harte Außenskelette die Riffstruktur bilden. Die Korallenpolypen vermehren sich und bilden große Kolonien, denen nur Stürme etwas anhaben können. Mollusken, Seeigel, Kalkalgen und winzige Protozoen tragen ebenfalls zum Riffwachstum bei und füllen Zwischenräume zwischen den Korallen aus. Blattartige Algen und Protozoen bilden den Kitt, der das Riff zusammenhält. Durch langsame Auflösung, erneute Ablagerung, Rekristallisation und chemische Umwandlungen verwandelt sich das Riff schließlich in Kalkstein.

WEICHKORALLE
Lebende Riffkorallen leiden unter dem Anstieg des Meeresspiegels und der Wassertemperaturen. Wenn sie absterben, zerfällt das Riff.

SCHWARZE KORALLE

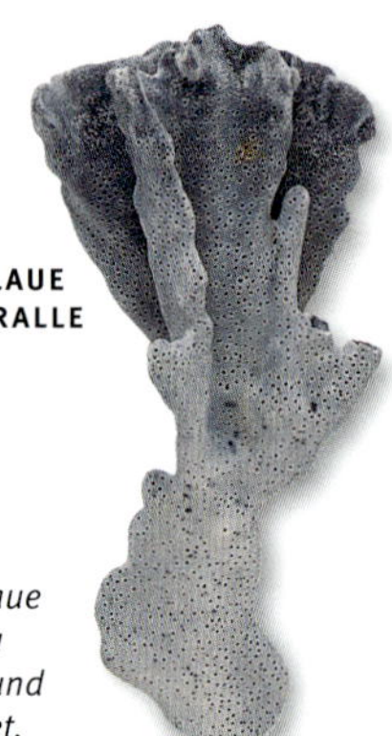

BLAUE KORALLE

FARBEN
Schwarze und blaue Korallen werden zu Ziergegenständen und Schmuck verarbeitet.

SCHALEN

MONTERREY BAY
In dieser Bucht in Kalifornien werden seit Jahrhunderten die Gehäuse von Meeresschnecken gesammelt.

ROHMATERIAL
Manche Schalen wie Spinnenschneckengehäuse werden oft verwendet. Die Nutzung von Schildkrötenpanzern ist in den meisten Ländern verboten.

WIE KORALLEN werden auch Muschelschalen, Schneckenhäuser und Schildkrötenpanzer durch biologische Vorgänge gebildet. Die Mineralkomponente solcher Schalen ist entweder Calcit oder Aragonit, beides eine Form von Calciumcarbonat. Schalen bilden das Außenskelett vieler Weichtiere. Sie entstehen durch Absonderungen von Zellen des Mantels, eines hautähnlichen Körpergewebes der Weichtiere. Verschiedene Gruppen von Weichtieren unterscheiden sich durch die Anzahl der Kalkschichten sowie deren Zusammensetzung (Aragonit oder Aragonit und Calcit) und Anordnung. Auf diese Weise entstehen Mikrostrukturen mit unterschiedlichen mechanischen Eigenschaften und manchmal unterschiedlichen Farben. Schalen zum Schnitzen oder für andere Dekorationszwecke können aus dem Meer oder aus Süßwasser stammen. Im ausgehenden 18. Jahrhundert und im gesamten 19. Jahrhundert wurden immer mehr Knöpfe aus Perlmutt hergestellt. Zuerst wurden ausschließlich Schalen von Meerestieren verwendet, aber ab etwa 1890 wurden auch die am Mississippi und seinen Nebenflüssen gefundenen Schalen von Süßwassermuscheln verarbeitet. Die Nachfrage stieg so stark, dass Perlmutt (siehe S. 322) begehrter war als die Perlen selber. Aus Muschelschalen mit verschiedenfarbigen Schichten werden seit der Antike Kameen hergestellt.

ABALONE-ANHÄNGER
Polierte Gehäuse der Abalone-Meeresschnecken werden als hübscher Schmuck verkauft.

SPINNENSCHNECKE

PANZER DER KARETTSCHILDKRÖTE

EIGENSCHAFTEN

GRUPPE	Organische Substanzen – Carbonate
KRISTALLSYSTEM	Trigonal, orthorhombisch, amorph
ZUSAMMENSETZUNG	$CaCO_3$
FORM/HABITUS	Muschelförmig
HÄRTE	2½
SPALTBARKEIT	Keine
BRUCH	Muschelig
FARBE	Rot, rosa, braun, blau, goldfarben
STRICH	Weiß
GLANZ	Matt bis Glasglanz
SPEZ. GEWICHT	Um 1,3
TRANSPARENZ	Durchscheinend bis undurchsichtig

KLAPPMUSCHEL-ANHÄNGER
Dieser Anhänger aus einer Klappmuschelschale ist mit Intarsien aus Türkis, Perlmutt und Gagat verziert.

ABALONE-GEHÄUSE
Abalone-Meeresschnecken wie diese aus Neuseeland kommen in allen warmen Meeren vor. Sie sind für ihre bunt schillernde Perlmuttschicht bekannt. Abalonen und andere in Regenbogenfarben schillernde Schneckenhäuser und Muschelschalen werden aufgeschnitten und poliert.

SCHILDPATT

Schildpatt enthält kein Calciumcarbonat, sondern besteht nur aus Keratin. Aus dem Panzer der in Indonesien und auf den Westindischen Inseln lebenden Karettschildkröte wurden früher vielerlei Objekte vom Kamm bis zum Teewagen gefertigt. Durch Erhitzen wurde der Panzer weich und ließ sich wie Kunststoff formen. Um die stark dezimierten Bestände der Karettschildkröte zu schützen, ist in vielen Ländern der Import von Gegenständen aus Schildpatt verboten.

MASKE AUS OZEANIEN
Diese Maske aus dem Gebiet der Torres-Straße ist aus einem Schildkrötenpanzer geschnitzt.

TEEWAGEN
Die klare Linienführung dieses Teewagens lenkt den Blick auf das bestechende Muster des Schildpatts.

KAMEE AUS EINER KAURISCHNECKE
Die farbigen Schichten dieser Kaurischnecke ergeben eine ungewöhnliche Kamee.

DIE GEBURT DER VENUS
In dem berühmtem Gemälde von Botticelli (um 1485) ist dargestellt, wie die Göttin Venus aus einer Muschel aufsteigt.

MUSCHELN MIT PERLEN
Perlen kommen in verschiedenen Muschelarten und an vielen Stellen im Meer und im Süßwasser vor.

PERLEN

EINE PERLE IST eine Konkretion, die von einem Weichtier gebildet wird und wie dessen Schale im Wesentlichen aus Aragonit (siehe S. 180) besteht. Daneben können die Schalen von Weichtieren die hornähnliche organische Substanz Conchiolin enthalten. Aragonit und Conchiolin zusammen werden als Perlmutt bezeichnet. Die schönsten Perlen stammen von Mollusken, deren Schalen mit Perlmutt ausgekleidet sind. Dabei handelt es sich um bestimmte Arten von Meerwasseraustern und Süßwassermuscheln. Die Zellen, die die Schalensubstanz absondern, liegen in einem als Mantel bezeichneten Körpergewebe der Muscheln. Wenn ein Fremdkörper eindringt, schützt sich der Körper, indem er ihn mit konzentrischen Schichten aus Perlmutt umhüllt. Barockperlen sind unregelmäßig geformte Perlen, die im Muskelgewebe herangewachsen sind. Schalenperlen wachsen direkt an der Schale und sind auf einer Seite abgeflacht.

Am wertvollsten sind kugel- oder tropfenförmige Perlen mit tiefem Glanz und schönem Farbenspiel. In der Schmuckindustrie werden Salzwasserperlen meist als orientalische Perlen und Perlen von Süßwassermuscheln als Süßwasserperlen bezeichnet. Zuchtperlen stammen aus Muschelfarmen. Dort werden den Muscheln winzige Kügelchen aus Perlmutt implantiert. Dann werden die Muscheln in den Gewässern der Farm ausgesetzt. Die Auster reagiert auf den Fremdkörper durch Bildung einer Perle und wird bis zu zwei Jahre später »geerntet« (siehe S. 324–325).

Die Farbe der Perlen hängt von der Muschelart und der Umgebung ab. Das Farbspektrum reicht von Schwarz bis Weiß, Cremefarben, Grau, Blau, Gelb, Grün, Lavendel und Malve. Rosa Perlen aus Indien sind besonders wertvoll. Die Größe der Perlen variiert von sehr kleinen bis zur größten bekannten Barockperle mit einem Gewicht von 90 g. Die wohl schönsten Perlen kommen vom Persischen Golf, den Gewässern zwischen

RÖMISCHER OHRRING
Dieser römische Ohrring besteht aus Gold mit Einlagen aus Granat im Cabochonschliff und fünf natürlichen Perlen.

BOMBAY-BÜNDEL
Bombay (Mumbai) in Indien ist schon seit Jahrhunderten ein bedeutendes Zentrum des Perlenhandels. Die Perlen werden nach ihrer Größe sortiert und zusammengebunden.

PERLENBUDDHAS
Aus Metall gegossene kleine Buddhas wurden in eine lebende Muschel implantiert und von ihr mit einer Perlmuttschicht überzogen.

ZUCHTPERLEN
Mit Zuchtperlen lassen sich einheitliche Größen und Formen erzeugen, die von der chemischen Zusammensetzung des Wassers abhängen.

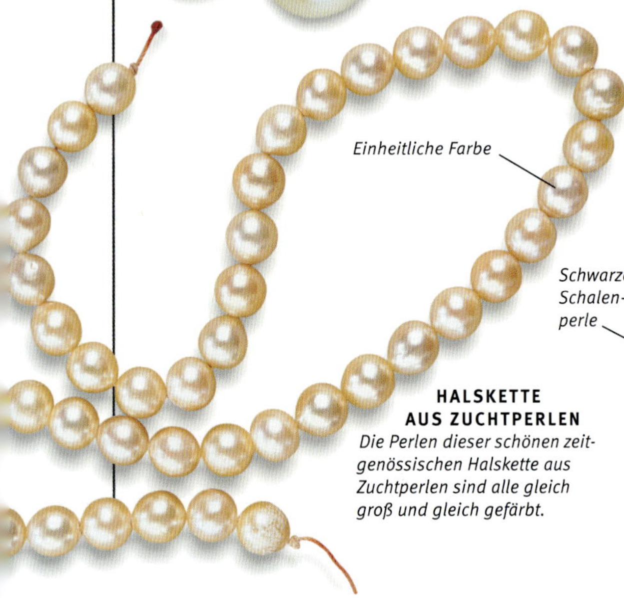

HALSKETTE AUS ZUCHTPERLEN
Die Perlen dieser schönen zeitgenössischen Halskette aus Zuchtperlen sind alle gleich groß und gleich gefärbt.

SCHWARZLIPPIGE PERLENAUSTER UND SCHWARZE PERLE
Die schwarzlippige Perlenauster produziert schwarzes Perlmutt und liefert schwarze Zuchtperlen.

Indien und Sri Lanka und den Inseln im Südpazifik. Der Golf von Kalifornien, der Golf von Mexiko und die Pazifikküste Mexikos liefern dunkle Perlen mit metallischem Glanz und hochwertige weiße Perlen. Süßwasserperlen waren in China schon vor 1000 v. Chr. bekannt. Eine Süßwasserperlenindustrie hat sich im Norden und Osten Bayerns entwickelt. Süßwasserperlen wurden auch aus dem Mississippi in den USA und einigen Flüssen in England und Irland gewonnen.

EIGENSCHAFTEN

GRUPPE	Organische Edelsteine
KRISTALLSYSTEM	Orthorhombisch
ZUSAMMENSETZUNG	Im Wesentlichen $CaCO_3$
FARBE	Weiß, creme, schwarz, blau, gelb, grün, rosa
FORM/HABITUS	Nierenförmig
HÄRTE	3
SPALTBARKEIT	Keine
BRUCH	Uneben, spröde
GLANZ	Perlmuttglanz
STRICH	Weiß
SPEZIFISCHES GEWICHT	2,7
TRANSPARENZ	Undurchsichtig
BRECHUNGSINDEX	1,55–1,68

ZUCHTPERLEN
Fast alle Austernperlen, die heute auf dem Markt sind, kommen von Austernfarmen in Süß- oder Meerwasser.

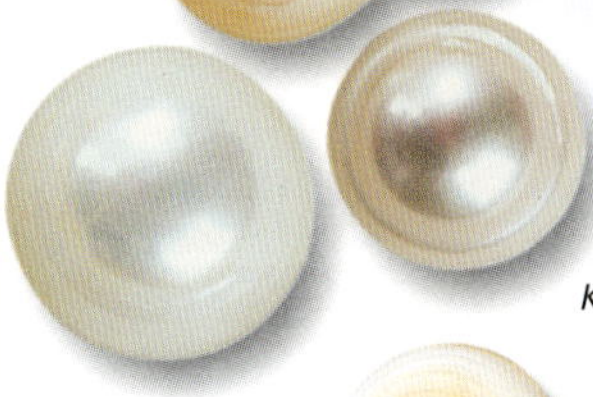

SÜSSWASSERPERLEN
Süßwasserperlen haben den gleichen lebhaften Glanz wie Perlen aus dem Meer. Sie waren für frühe Kulturen leichter zugänglich.

HALSKETTE AUS SÜSSWASSERPERLEN
Diese Halskette aus unregelmäßig geformten Süßwasserperlen (Barockperlen) kann es an Schönheit mit Perlen aus dem Meer aufnehmen.

PERLEN IM QUERSCHNITT
Diese Querschnitte durch drei Perlen weisen konzentrische Ringe aus Aragonit auf, mit dem die Muschel den implantierten Fremdkörper in der Mitte überzogen hat.

SÜSSWASSERMUSCHEL MIT SCHALENPERLE
Diese Muschel enthält mehrere Schalenperlen. Diese sind an der Schale festgewachsen und deshalb an einer Seite abgeflacht.

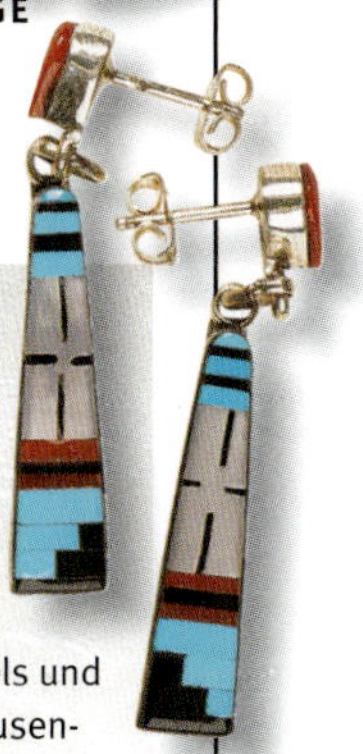

INDIGENE OHRRINGE
Diese Ohrringe aus Amerika enthalten Perlmutt, Gagat und Klappmuschelschalen.

PERLMUTT

Die Perlenindustrie erntete anfangs nicht Perlen, sondern Perlmutt. Diese harte Schicht, die überwiegend aus Calciumcarbonat besteht, wird von einigen Weichtieren wie Austern gebildet und überzieht die Innenseite der Schalen. Auf Grund seines schillernden Farbspiels und seiner Haltbarkeit wird Perlmutt seit Jahrtausenden für Gebrauchs- und Ziergegenstände wie Knöpfe oder Intarsien verwendet. Zur Gewinnung von Perlmutt werden die Austern gereinigt, geöffnet und getrocknet. Das Fleisch wird zum Verzehr angeboten. Etwa eine von 10 000 Austern, die wegen des Perlmutts gesammelt werden, enthält eine natürliche Perle. Insgesamt ist Perlmutt wertvoller als Perlen.

KOJOTE
Dieses indigene amerikanische Kojoten-Totem ist aus über Hundert geschnitzten Perlmuttstücken zusammengesetzt.

PERLENZUCHT

NATÜRLICHE PERLEN SIND SEHR UNTERSCHIEDLICH UND SELTEN. SIE WERDEN TRADITIONELL VON PERLENTAUCHERN AUS DEM MEER GEHOLT. HEUTE SIND ÜBERWIEGEND PERFEKTER GEFORMTE UND GRÖSSERE ZUCHTPERLEN AUF DEM MARKT.

Die Perlenzucht in Süßwassermuscheln dürfte im 13. Jahrhundert in China ihren Anfang genommen haben. Diese Perlen waren »Schalenperlen« – halbkreisförmige Perlen, die sich zwischen dem weichen Gewebe und der Schale gebildet haben. Die Herstellung runder Zuchtperlen, aus der sich eine regelrechte Industrie entwickelte, wurde in den 1890er-Jahren von dem Japaner Mikimoto Kokochi begründet. Nach langem Experimentieren erkannte er, dass eine sehr kleine Perle, die in das Gewebe einer Perlmutt produzierenden Muschel implantiert wurde, diese zur Bildung einer perfekten runden Perle veranlasste.

Heute gibt es Zuchtperlenfarmen sowohl im Meerwasser als auch im Süßwasser. In solchen Farmen werden junge Perlenaustern zwei bis drei Jahre in Behältern gezüchtet. Dann wird ihnen ein winziges Perlmuttkügelchen eingepflanzt. Die so behandelten Austern werden dann in Küstengewässern oder in tieferem Süßwasser in Drahtkäfigen aufgehängt, damit sie unter natürlichen Bedingungen wachsen können. Taucher kümmern sich um die wachsenden Austern und sorgen dafür, dass sie ausreichend Plankton als Futter bekommen und nicht zu dicht beieinander sitzen. Nach 13 Monaten bis 2 Jahren werden sie geerntet und die Perlen entnommen. Die wichtigsten Zuchtperlenlieferanten sind Japan, Nordaustralien und, in geringerem Maße, die Fidschi-Inseln. Der Mississippi in den USA ist ein Zentrum der Süßwasserperlenzucht.

Die Farbe und damit der Wert einer Perle hängt von der Zusammensetzung des Wassers ab. Perlen aus Japan sind cremefarben oder weiß mit einem leichten Grünton, Perlen vom Persischen Golf sind meist cremefarben, aus Mexiko kommen schwarze oder rotbraune Perlen, rosa Perlen kommen aus Sri Lanka, australische Perlen sind weiß mit leichtem Grün- oder Blauton, und Perlen vom Golf von Panama sind goldbraun. Zuchtperlen aus japanischen und australischen Gewässern sind am begehrtesten.

FRÜHE PERLENFISCHER
In dieser Miniatur des flämischen Künstlers Jehan de Grise ist die Perlenfischerei im Golf von Malabar, Indien, dargestellt. Sie stammt aus der Handschrift Die Reisen des Marco Polo (um 1400).

AUSTERNKÖRBE
In modernen Perlenfarmen werden geimpfte Austern oder andere Perlenmuscheln in Körben aufgehängt und von bestens ausgestatteten Tauchern versorgt.

EINE HAND VOLL PERLEN
Perlen mit perfekt runder Form können von einer Perlenauster aus einem ebenfalls perfekt runden Implantat hergestellt werden. Die Größe hängt von der Größe des Implantats und der Zeit, die man der Auster zum Wachsen lässt, ab.

FOSSILIEN

PFLANZEN | WIRBELLOSE | WIRBELTIERE

BURGESS-SCHIEFER
In den kanadischen Rocky Mountains blieben Körperteile von kambrischen Tieren erhalten.

WIE FOSSILIEN ENTSTEHEN

EIN FOSSIL IST EIN ÜBERREST, ein Abdruck oder eine Spur von einem Lebewesen aus einer vergangenen geologischen Epoche. Einige dieser Lebewesen sind in feinkörnigen Sedimentgesteinen wie Kalkstein oder Schieferton erhalten geblieben und waren Meeres- oder Seenbewohner. In den meisten Fällen haben sich die Weichteile der Pflanze oder des Tierkörpers zersetzt, und nur harte Körperteile wie Schalen, Zähne oder Holz blieben übrig. Unter dicken Sedimentschichten begraben versteinerten sie mit der Zeit.

DER PROZESS DER FOSSILISATION

Normalerweise zersetzt sich der Körper eines Lebewesens nach seinem Tod vollständig. Nur unter bestimmten Voraussetzungen können Spuren seiner Existenz erhalten bleiben. Am Meeresboden, wo das Tier oder die Pflanze rasch von Sedimenten bedeckt werden, stehen die Chancen gut. An anderen Stellen, wo kaum Sediment abgelagert wird, zerfällt der Körper vollständig, und die Chancen für eine Erhaltung sind äußerst gering. Deshalb sind Meereslebewesen mit harten Schalen in den Fossilfunden überrepräsentiert. Wenn eine Fossilisation stattfindet, läuft der Prozess im Wesentlichen immer gleich ab; nur die Zeitdauer kann sehr stark variieren.

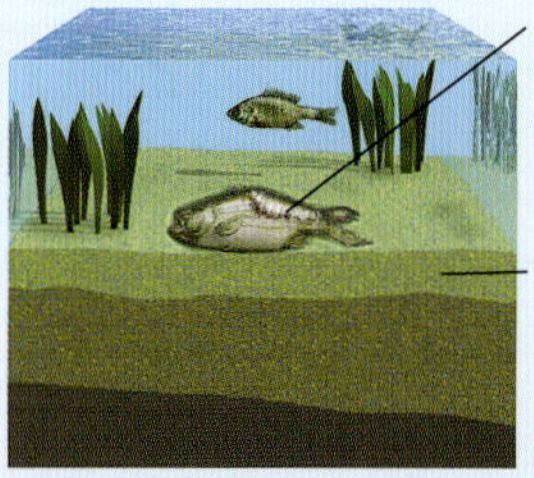

1 ANHÄUFUNG VON SCHLUFF
Der Leichnam eines Tieres muss schnell von Schluff bedeckt werden, andernfalls zersetzt er sich bald vollständig.

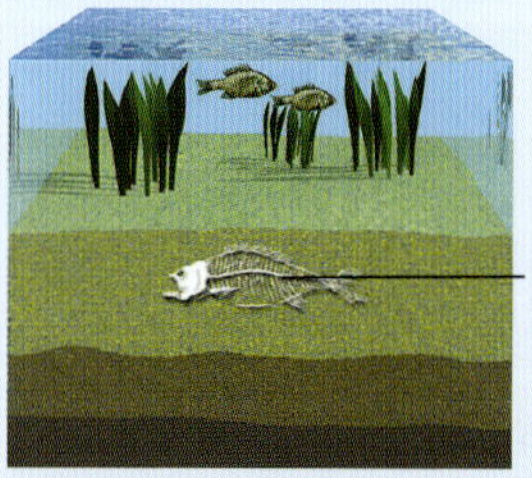

2 MINERALISATION
Unter Sedimenten zersetzt sich das Körpergewebe zwar, doch durch die Poren des Skeletts dringen Minerale ein.

3 VERFESTIGUNG
Durch den Druck der abgelagerten Schluffschichten verfestigen sich das fossile Skelett und Schluff zu Sedimentgestein.

4 FREILEGUNG
Durch Hebung kommt die Schicht an die Oberfläche. Erosion legt das Fossil frei.

UNVERÄNDERTE ERHALTUNG

Unter ganz besonderen Bedingungen können die Körper von Lebewesen unverändert erhalten bleiben. Diatomeen, winzige Kieselalgen aus dem Reich der eukaryontischen Einzeller, besitzen ein Skelett aus Siliciumdioxid, das oft unverändert erhalten bleibt. Im Wasser lebende Wirbellose wie Korallen, Mollusken und Moostierchen haben Kalkskelette oder Schalen, die selbst in sehr altem Gestein kaum verändert zu finden sind. Noch seltener kommt es vor, dass Körpergewebe sehr schnell von der Luftzufuhr abgeschnitten und den Angriffen anderer Lebewesen entzogen wird und so über Millionen von Jahren unverändert erhalten bleibt. Ein Beispiel hierfür ist der Einschluss von Insekten, kleinen Tieren und Pflanzen in Bernstein. Es wird sogar spekuliert, dass aus solchen Fossilien DNA extrahiert werden könnte.

FOSSILE DIATOMEEN
Diatomeen sind winzige Einzeller. Ihre Siliciumdioxidskelette überstehen die Fossilisation weitgehend unverändert.

CABOCHON AUS FOSSILER KORALLE
Einige Korallenskelette werden fast unverändert fossilisiert.

FOSSILE UND HEUTIGE SCHNECKEN UND MUSCHELN
Einige der heutigen Molluskenarten existieren schon so lange, dass auch fossile Formen zu finden sind. Diese Fossilien sehen unterschiedlich aus, je nachdem, in welchen Sedimenten sie begraben wurden. Die Farbe ist nur sehr selten erhalten geblieben (siehe Muschelfossil rechts).

FOSSILES UND HEUTIGES TRITONSHORN

FOSSILER UND HEUTIGER ARMFÜSSER

FOSSILE UND HEUTIGE MUSCHEL

ERSETZUNG DURCH MINERALE

Die meisten Fossilien entstehen durch einen Stoffaustausch. Dabei dringt mineralhaltiges Sickerwasser in die Poren von Schalen oder Knochen ein und hinterlässt dort Calciumcarbonat oder andere Mineralsalze. Gelegentlich wird dabei die zerfallende organische Substanz vollständig durch Minerale ersetzt. Durch eine solche Verkieselung entsteht auch versteinertes Holz. Wirbeltierknochen und einige Außenskelette, die aus Calciumphosphat bestehen, können den gleichen Prozess durchlaufen. In anderen Fällen lösen zirkulierende Säuren das ursprüngliche Knochen- oder Schalenmaterial auf, und es bleibt ein entsprechend geformter Hohlraum zurück. Durch zirkulierende kalk- oder kieselsäurehaltige Lösungen können sich in diesem Hohlraum Minerale ablagern und eine Art Abguss bilden. Der ursprüngliche Abdruck bildet die »Negativform«.

FOSSILES HOLZ
In fossilem Holz kann die Ersetzung durch eindringende Minerale buchstäblich Zelle für Zelle erfolgen, so dass sogar die ursprüngliche Zellstruktur originalgetreu erhalten bleibt.

PYRITFOSSIL EINES AMMONITEN
Eisen- und schwefelhaltige Sedimente bilden bei der Versteinerung manchmal Pyrit. Eventuell vorhandene Überreste von Tieren können dabei durch Pyrit ersetzt werden.

SPURENFOSSILIEN

Lebewesen hinterlassen manchmal Spuren wie Fraßgänge oder Fußabdrücke. Fossile Fährten von Dinosauriern, die bei Glen Rose im US-Bundesstaat Texas und Lark Quarry, Winton, im australischen Bundesstaat Queensland gefunden wurden, verraten eine ganze Menge über das Gewicht und die Laufgeschwindigkeit der Saurier. Informationen über die Lebensweise von Würmern sind an fossilen Fraß- und Bohrgängen abzulesen.

FOSSILE SPUREN VON WÜRMERN
Weichtiere wie Würmer sind oft nicht selber erhalten geblieben, haben aber Spuren hinterlassen, die ihre Existenz bezeugen.

SAURIERFÄHRTEN
Fußabdrücke liefern Informationen über Gewicht, Beweglichkeit und Schrittlänge von Dinosaurierarten, aber auch darüber, ob sie allein oder in einer Herde lebten.

FOSSILE ABDRÜCKE

Viele Fossilien bestehen nur aus einem Abdruck eines Lebewesens im Gestein. Solche Abdrücke können entstehen, wenn ein Objekt, z. B. ein Blatt, in weichen Ablagerungen begraben wird. Bei oder nach der Verfestigung zersetzt es sich und nur ein Abdruck bleibt zurück. Manchmal findet man den Abdruck von Weichteilgewebe, z. B. von der Haut eines Dinosauriers. Sehr selten blieben sogar Abdrücke innerer Organe erhalten.

FOSSILE BLÄTTER
Detailreiche versteinerte Abdrücke von Blättern sind für Paläobiologen eine wahre Fundgrube: Sie geben Auskunft über den Aufbau ausgestorbener Pflanzenarten.

ERHALTENE WEICHTEILE

Weiches Körpergewebe ist nur selten fossil erhalten. Beispiele sind Insekten, die in Bernstein eingeschlossen wurden, bevor sie sich zersetzen konnten, oder im Eis konservierte Mammutkörper. 1997 wurde im sibirischen Jarkowo ein 23 000 Jahre altes Mammut im Permafrost gefunden – das am besten erhaltene Mammut, das je gefunden wurde. Der ausgegrabene Permafrostblock wurde per Hubschrauber in eine Eishöhle gebracht und dort untersucht.

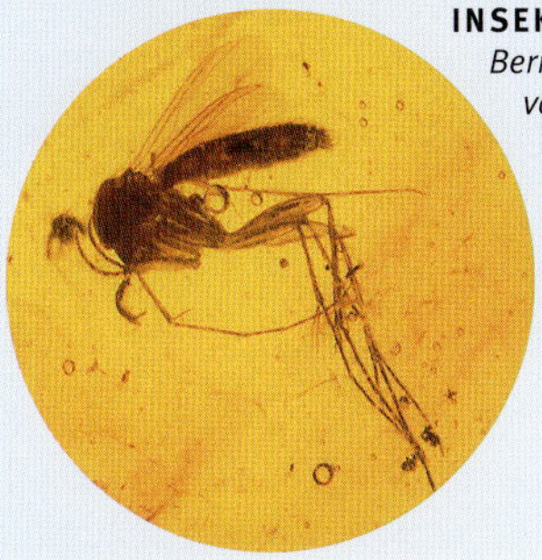

INSEKT IN BERNSTEIN
Bernstein bewahrt Insekten vor der Zersetzung. Stechmücken können noch das Blut ihrer Opfer im Magen haben.

MAMMUTZÄHNE
Die riesigen Stoßzähne des Mammuts von Jarkowo werden für den Transport auf einem Schlitten vorbereitet.

LEITFOSSILIEN
Dieses Ammonitenfossil ermöglicht eine genaue Datierung des Gesteins, in dem es gefunden wurde.

STEINERNE ZEUGEN

FOSSILIEN SIND DOKUMENTE der komplexen Geschichte des Lebens auf unserem Planeten. Aus den Fossilien können Geologen die als Evolution bekannten sukzessiven Veränderungen von Organismengruppen oder Arten ablesen. Geologen konnten das relative Alter der Gesteinsschichten, in denen bestimmte Fossilien vorkommen, bestimmen und so die Erdgeschichte in einzelne Perioden unterteilen, die zusammen die geologische Zeitskala bilden. Fossilfunde lieferten mit die ersten Hinweise auf die Plattentektonik. Sie bestätigten, dass die heutigen Kontinente einst eine zusammenhängende Landmasse bildeten.

GEOLOGISCHE ZEITSKALA

Die geologische Erdgeschichte wird in der geologischen Zeitskala dargestellt. Sie reicht von der Entstehung der ältesten bekannten Gesteine – vor etwa 3,9 Milliarden Jahren – bis zur heutigen Zeit. Die geologische Zeit ist die durch Gesteinsschichten bezeugte Geschichte der Erde. Die geologischen Zeitabschnitte wurden ursprünglich vor allem durch die Analyse von Fossilien sowie die Korrelation und Einteilung der Gesteinsschichten festgelegt. Durch die evolutionären Veränderungen entstanden neue Arten, während andere ausstarben. Bestimmte Organismen sind deshalb für gewisse Zeitabschnitte charakteristisch. Sie ermöglichen eine Unterteilung in verschiedene Perioden. Die geologische Geschichte verschiedener Regionen und der Erde insgesamt wurde durch die Korrelation der Schichten, in denen bestimmte Fossilienarten vorkommen, rekonstruiert. Die radiometrische Altersbestimmung (siehe unten) machte es möglich, der anhand der Fossilien ermittelten relativen Zeitskala absolute Altersangaben zuzuordnen.

Fossilfunde belegen auch, dass die Erdoberfläche aus riesigen Platten besteht, und dass die Kontinente einmal eine zusammenhängende Landmasse gebildet haben. Die Korrelation der Gesteinsschichten und ihrer Fossilien auf verschiedenen Kontinenten legt nahe, dass manche früher eine zusammenhängende Gesteinsschicht bildeten, und gibt einen Hinweis auf den Zeitpunkt der Trennung.

GEOLOGISCHE ZEITSKALA
Die geologische Zeitskala ermöglicht eine zeitliche Einordnung von Ereignissen in den erdgeschichtlichen Zusammenhang. Die Unterteilungen bilden einen Rahmen für Geologen, Klimatologen, Biologen und Paläontologen. Die Skala ist in Äonen, Erdzeitalter, Systeme und Serien unterteilt. Die Zeiteinheiten und das Erscheinen charakteristischer Lebensformen in den Fossilfunden sind in der nachstehenden Skala dargestellt.

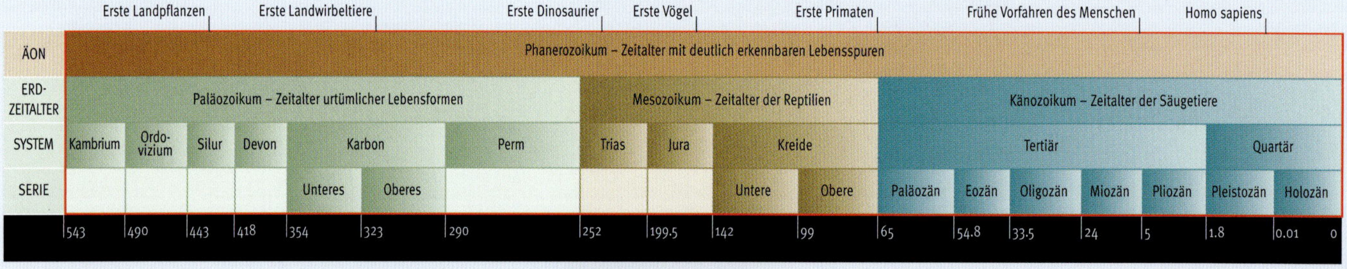

LEITFOSSILIEN

Einige Fossilien kommen nur in bestimmten Zeiträumen vor und sind so weit verbreitet, dass eine geologische Beziehung über weite Gebiete hinweg festgestellt werden kann. Selbst bei unterschiedlichen Gesteinsarten können Geologen ein gleiches Alter zweier Fundstätten anhand bestimmter Fossilienkombinationen erkennen. Solche Fossilien werden als Leitfossilien bezeichnet. Aus der Abfolge der Schichten und der Fossilfunde lässt sich das relative Alter verschiedener Gesteinsschichten erkennen, nicht das absolute Alter.

LEITFOSSIL TRILOBIT
Der Trilobit Paradoxides ist ein gutes Leitfossil zur Datierung von Gesteinen aus dem mittleren Kambrium.

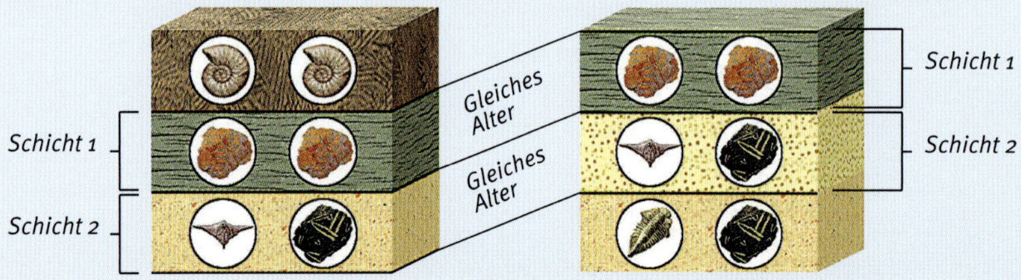

RADIOMETRISCHE ALTERSBESTIMMUNG

Radioisotope bestimmter chemischer Elemente wie Blei, Kohlenstoff und Zirkonium zerfallen mit einer bestimmten Halbwertszeit. Indem man die Menge der Zerfallsprodukte in einem Mineral, Gestein oder Fossil misst und mit der Menge der noch nicht zerfallenen Ausgangsisotope vergleicht, kann das absolute Alter des Materials festgestellt werden.

RADIOKARBON-METHODE
Nach diesem Verfahren wird das Alter der meisten Fossilien bestimmt. Es eignet sich aber nur für relativ junge Lebensformen.

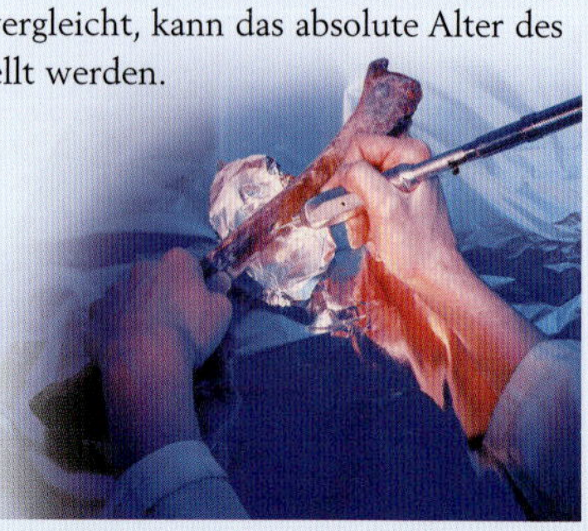

PALÄOÖKOLOGIE

Neben der biologischen Geschichte lässt sich auch die Klimageschichte unseres Planeten aus Fossilien ablesen. Gesteine und die darin erhaltenen Fossilien sind auch Zeugnisse der Klimabedingungen zur Zeit ihrer Entstehung. So können beispielsweise bestimmte Korallenarten nur in warmem, flachem Wasser existieren, während bestimmte Blütenpflanzen nur in kühleren, trockeneren Zonen wachsen. Klimabedingungen lassen sich allerdings nicht aus dem Vorhandensein nur einer Fossilart erschließen. Nur aus der Gesamtheit der vorhandenen Fossilien lässt sich eine solche Schlussfolgerung ziehen.

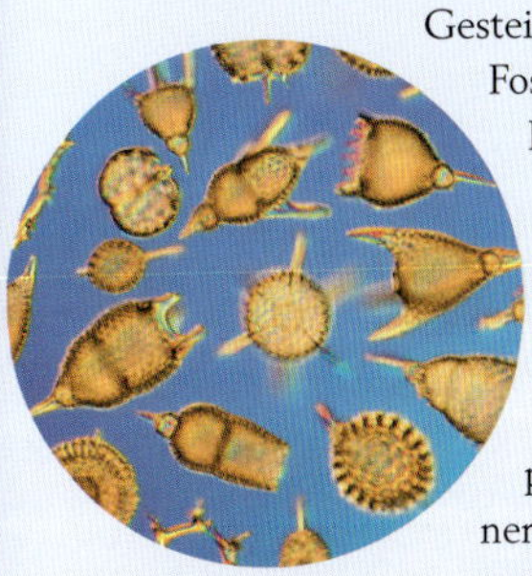

RADIOLARIEN
Winzige Außenskelette von Radiolarien (Strahlentierchen) weisen auf marine Lebensräume hin.

FOSSILE KORALLE
Korallen sind recht empfindliche Lebewesen. Sie eignen sich deshalb als Barometer für Klimaänderungen und Änderungen von marinen Lebensräumen.

FOSSILE BRENNSTOFFE

WILLIAM SMITH
Die von William Smith erstellte geologische Karte von England und Wales (1815) war die erste ihrer Art.

Alle fossilen Brennstoffe (Kohle, Erdöl, Erdgas, Öl aus Ölschiefer, Bitumen) enthalten Kohlenstoff und entstanden durch geologische Prozesse aus organischem Material. Etwa 90 Prozent der in den Industrienationen verbrauchten Energieträger sind fossile Brennstoffe. Unsere Abhängigkeit von diesen Brennstoffen stellt uns vor zwei Probleme: die Erschöpfung der Vorräte und die Luftverschmutzung. Beide haben schwerwiegende Konsequenzen für unsere Zukunft und für die aller anderen Lebewesen auf der Erde.

ERSCHÖPFUNG DER VORRÄTE

Erschöpfung bedeutet nicht einfach, dass die vorhandenen Lagerstätten leer geräumt sind. Der Stand der Technik setzt dem wirtschaftlichen Abbau von Lagerstätten eine Grenze. So ist zum Beispiel der Abbau eines 3 m dicken Kohleflözes nicht rentabel, wenn dieses unter 100 m dicken Sedimenten liegt, die erst abgeräumt werden müssen.

LUFTVERSCHMUTZUNG

Das größte Problem bei der Verbrennung fossiler Energieträger ist die Auswirkung auf das Klima. Bei ihrer Verbrennung wird immer Kohlendioxid freigesetzt. Dieses hat zwar nur einen Anteil von 0,04 Prozent an der Zusammensetzung der Lufthülle, wirkt sich aber durch die Absorption von Infrarotstrahlung sehr stark auf die Wärmebilanz der Atmosphäre aus. Wenn der Kohlendioxidgehalt in der Atmosphäre infolge der Verbrennung fossiler Energieträger steigt, wird ein Teil der Erdwärme, die normalerweise in das Weltall entweicht, zurückgehalten. Dies führt zu gefährlichen Klimaänderungen.

ERDÖLFELD
Bei der Suche nach Erdöl verlässt man sich auf die aus Fossilfunden in Bohrkernen abgeleitete Schichtenfolge.

KOHLEFLÖZE
Kohle besteht aus fossilen Überresten von Pflanzen. Hier durchzieht eine Kohleschicht Klippen in Portugal.

BÄNDERKALK AUS DEM JURA
Diese Klippen in Glamorgan (Wales) bestehen aus anstehendem Kalkstein aus dem Jura. Die Schichtung eignet sich gut für eine Altersbestimmung.

MAGNOLIE
20 Millionen Jahre alte versteinerte Magnolienblätter wurden im US-Bundesstaat Idaho gefunden.

PFLANZEN

DIE ÄLTESTEN FOSSILIEN von Landpflanzen stammen aus dem Ordovizium (vor 490–443 Millionen Jahren). Man nimmt an, dass sich Landpflanzen aus Meeresalgen, die das Land eroberten, entwickelten. Die ersten mit bloßem Auge erkennbaren Pflanzenfossilien waren die Psilophyten (Nacktfarne) aus dem Silur (vor 443–418 Millionen Jahren). Sie bestehen aus nur wenige Zentimeter langen schlanken, gegabelten Röhren und waren kaum mehr als kriechende Wurzelsysteme ohne Blätter. Der entscheidende evolutionäre Schritt im Silur war die Entstehung der Gefäßpflanzen – Pflanzen mit einer inneren Struktur, die die Versorgung aller Pflanzenteile mit Wasser und Nährstoffen ermöglichte. Im frühen Devon (vor 418–354 Millionen Jahren) entwickelten die Pflanzen kleine Ansammlungen Licht einfangender Zellen, aus denen schließlich Blätter hervorgingen. Am Ende des Devons waren baumgroße Bärlappgewächse entstanden.

ALGEN

ALGEN ZÄHLEN zu den ältesten Lebewesen der Erde. Algenfossilien sind schon aus dem Präkambrium bekannt. Die fossil erhaltenen Algen besaßen Strukturen, die ihre Festigkeit durch Siliciumdioxid, Calcit oder Aragonit erhielten oder dickwandige Hohlkörper. Fossile Zeugnisse reichen von vollständigen Individuen bis zu karbonisierten Abdrücken. Die beiden abgebildeten Gattungen zählen zu verschiedenen Stämmen im Reich der einzelligen Eukaryoten.

Abdruck

FOSSILE BYTHOTREPHIS

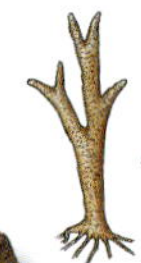

Bythotrephis gracilis

VERZWEIGUNG
Bythotrephis *besaß eine einfache Verzweigungsstruktur und kein Kalkskelett. Der Abdruck dieser Braunalge kann mit Fraßgängen von Würmern verwechselt werden.*

Honigwaben-muster

FOSSILE MASTOPORA

Mastopora favus

KUGELFORM
Mastopora *war eine Grünalge mit kugeligem Bau und einem Außenskelett aus Kalk. Sie besiedelte Riffe und lebte im Ordovizium und im Silur.*

SCHACHTELHALME

VERTRETER DER SCHACHTELHALME (Sphenopsiden) leben auch heute noch. Diese Pflanzengattung besitzt gegliederte Stängel mit quirlartig abstehenden Blättern. Schachtelhalme wachsen auf den meisten nährstoffreichen Böden. Stängel sind in fossilen Böden zu finden. Die ältesten Schachtelhalmfossilien stammen aus dem späten Devon.

FOSSILE ASTEROPHYLLITES

Asterophyllites equisetiformis

RIESEN-SCHACHTELHALM
Asterophyllites *konnte bis zu 10 m hoch werden. Er wuchs vom ausgehenden Karbon bis zum frühen Perm in Feuchtwiesen und Sümpfen. Andere Schachtelhalmarten hatten mit 50 cm Länge etwa die Größe wie die heutigen Vertreter dieser Gattung.*

Gegliederter Stängel

HEUTIGER SCHACHTELHALM

FARNE

FARNE ODER PTERIDOPHYTA kamen im mittleren Devon auf. Ihre Größe schwankt von winzigen moosartigen Pflanzen bis zu mehrere Meter großen Farnbäumen. Fossile Farne ähneln zum Teil Schachtelhalmen, ihre Blätter sind aber flach und gefiedert.

HEUTIGER FARN

BAUMFARN
Pecopteris *war ein großer Baumfarn, der von der frühen Kreide bis zum frühen Perm vorkam. Er erreichte eine Höhe von 3 m. Meist brach er bereits vor der Fossilisation auseinander.*

FOSSILE PECOPTERIS

Abdruck

Pecopteris unita

MAZON CREEK
Im US-Bundesstaat Illinois gibt es viele fossile Farne.

MOOSFARNE

BÄRLAPPGEWÄCHSE oder Moosfarne bilden eine Klasse, die im ausgehenden Silur erstmals auftrat und im späten Karbon ihre größte Verbreitung erreichte. Die heutigen Bärlappgewächse sind kleine, krautige Pflanzen, doch im Karbon hatten sie die Größe von Bäumen mit dichtem Blätterwerk und Zapfen, die ihre Sporen enthielten. Fossile Stämme von Bärlappbäumen sind bis zu 1 m dick.

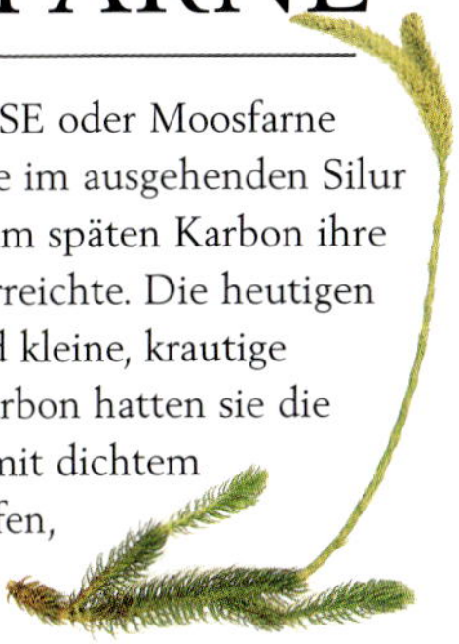

HEUTIGER MOOSFARN

FOSSILER LEPIDODENDRON

MOOSFARN
Lepidodendron ist das am häufigsten anzutreffende Moosfarnfossil. Diese Art wuchs im Karbon weltweit in warmen Sumpfgebieten. Sie erreichte eine Höhe von 30 m.

Lepidodendron aculeatum

SAMENFARNE

DIESE PFLANZEN kamen im späten Devon auf und waren gegen Ende des Paläozoikums weit verbreitet. Die wissenschaftlich als Pteridospermae bezeichneten Samenfarne starben im Mesozoikum aus. Ihre Vertreter waren kleine Bäume mit farnähnlichen Blättern. Sie konnten bis zu 8 m groß werden. Die Blätter sind nur schwer von anderen Farnen aus dieser Zeit zu unterscheiden. Da sie aber nachweislich Samen bildeten, werden sie in eine eigene Gruppe gestellt.

Paripteris gigantea

PARIPTERIS-FOSSIL

FORTPFLANZUNGSORGAN
In diesem Fossil ist das samenähnliche, Pollen tragende Fortpflanzungsorgan (Potoniea) der im Karbon lebenden Art Paripteris erhalten. Es bildete sich am Ansatz der Farnwedel. Der Farn erreichte eine Höhe von 5 m und wuchs in höheren Regionen warmer Sumpfgebiete.

FOSSILER DICROIDIUM

GEGABELTE BLÄTTER
Dieser strauchartige Farn erreichte eine Höhe von 4 m und ist an seinen Y-förmig gegabelten Blättern zu erkennen. Das Fossil aus der Trias ist überwiegend auf der Südhalbkugel anzutreffen.

Dicroidium

Alethopteris serlii

FOSSILE ALETHOPTERIS

FARNWEDEL
Diese fossile Spitze eines Farnwedels gehört zur Art Alethopteris, die bis zu 5 m hoch wurde. Dieser Samenfarm kam vom Unteren Karbon bis zum frühen Perm vor und besitzt dicke Blätter mit starken Adern.

ALFRED WEGENERS THEORIE DER KONTINENTALVERSCHIEBUNG

WEGENER
Erst nach 50 Jahren wurden die Theorien Alfred Wegeners bestätigt. Er starb 1930.

Alfred Wegener wurde 1880 in Berlin geboren. Er lehrte Meteorologie in Hamburg und Geophysik an der Universität Graz. Um 1919 fiel ihm auf, dass die Umrisse von Afrika und Südamerika ziemlich genau zusammenpassen. Er vermutete, dass im späten Paläozoikum (vor etwa 250 Millionen Jahren) alle heutigen Kontinente zu einer einzigen großen Landmasse vereint waren, die später auseinanderbrach. Er entdeckte, dass viele eng verwandte fossile Lebewesen in ähnlichen Gesteinsschichten auf weit auseinander liegenden Kontinenten vorkamen, vor allem in Südamerika und Afrika. Das Auseinanderdriften der Kontinente bezeichnete er als Kontinentalverschiebung. Da er aber die dahinter stehenden Kräfte nicht zufriedenstellend erklären konnte, wurde seine Theorie von den meisten Geologen abgelehnt und geriet in Vergessenheit. Erst in den 1960er-Jahren entdeckte man die Meeresbodenspreizung und griff seine Theorie wieder auf. Heute ist sie Teil der allgemein akzeptierten Theorie der Plattentektonik.

Spezies Glossopteris

EINE EINZIGE LANDMASSE
Nach der Theorie Alfred Wegeners waren in der Vergangenheit alle Kontinente in einer einzigen Landmasse, die er Pangäa nannte, vereint. Diese brach in der Folgezeit auseinander.

VOR 170 MILLIONEN JAHREN

SCHLÜSSELFUNDE
Glossopteris-Fossilien auf verschiedenen Kontinenten spielten eine wichtige Rolle bei der Entwicklung der Theorie.

GLOSSOPTERIS-FOSSIL

VOR 95 MILLIONEN JAHREN

DER PETRIFIED FOREST IN ARIZONA

IM PETRIFIED FOREST (»VERSTEINERTER WALD«) IN ARIZONA IST EIN GANZES ÖKOSYSTEM AUS DER TRIAS KONSERVIERT.

WALD IN ARGENTINIEN
Weltweit gibt es mehrere versteinerte Wälder. Einer davon liegt im südlichen Argentinien, in der Provinz Chubut, und ist heute ein Provinzialpark.

Der Petrified Forest-Nationalpark erstreckt sich über eine Fläche von 378 km² etwa 30 km östlich von Holbrook, Arizona. Das Wüstengebiet umfasst auch einen Teil der Painted Desert (siehe S. 66). Durch Erosion wurden große Flächen mit versteinertem (fossilem) Holz freigelegt, darunter ganze Baumstämme.

Die Bäume stammen aus der Trias (vor 200–250 Millionen Jahren), als dieses Gebiet ein großes Becken am Rand des damaligen Superkontinents Pangäa (siehe S. 333) war. Durch das Eindringen von mineralhaltigen Lösungen in die Zellzwischenräume und die Zellen des Holzes wurde ihre Struktur konserviert. Damals war die Landschaft von üppigen Wäldern mit riesigen Nadelbäumen bedeckt. Wasserläufe waren von Farnen, Palmfarnen (Cycadeen) und Riesenschachtelhalmen gesäumt.

VERKIESELUNG

Einige abgestorbene oder umgestürzte Bäume gerieten direkt in Flussbetten, andere wurden vom Hochwasser mitgerissen. Die meisten zersetzten sich, aber einige wenige wurden von Sedimenten, darunter auch vulkanische Asche, bedeckt. Wasser löste Siliciumdioxid aus der Asche und sickerte ins Grundwasser, das in Zellen eindrang und Zellwände ersetzte. Dort kristallisierte das gelöste Mineral als Chalcedon – kryptokristalliner Quarz – aus. Durch die Verbindung des ebenfalls im Grundwasser gelösten Eisens mit dem Quarz kamen die faszinierenden Regenbogenfarben des fossilien Holzes zustande Schließlich wurde das Waldgebiet unter weiteren Sedimenten begraben.

Viele Millionen Jahre später entstand durch die Hebungsprozesse das heutige Colorado-Plateau. Die oberen Gesteinsschichten wurden durch Erosion abgetragen, so dass schließlich der versteinerte Wald wieder freigelegt wurde.

QUERSCHNITT
Das ursprüngliche pflanzliche Gewebe wurde Zelle für Zelle durch Siliciumdioxid ersetzt. Dabei blieb oft nicht nur die äußere Form der Baumstämme originalgetreu erhalten, sondern auch die innere Struktur – manchmal sogar die Zellstruktur.

LANDSCHAFT IM PETRIFIED FOREST
Heute dominieren im versteinerten Wald die Farben Rot und Gelb. Die meisten der verkieselten Bäume zählen zu drei ausgestorbenen Arten: Araucarioxylon arizonicum, Woodworthia *und* Schilderia.

KONIFEREN

PFLANZEN, DEREN Samenanlagen nicht in einem Fruchtknoten eingeschlossen sind, werden als Nacktsamer oder Gymnospermen bezeichnet. Dazu zählen auch die Koniferen, Bäume oder Sträucher, die holzige Zapfen in verschiedenen Größen und Formen bilden. Ihre Blätter sind oft nadelförmig, gelegentlich aber auch flach und breit. Die holzigen Stämme produzieren manchmal viel Harz. Koniferen erschienen im späten Karbon und waren in den Wäldern der Jurazeit weit verbreitet. Fossil erhalten blieben Nadeln oder Blätter, Zapfen und Holz. Versteinertes Holz stammt überwiegend von Koniferen. Wo fossiles Holz in großen Mengen vorkommt, spricht man von versteinerten Wäldern (siehe S. 334–335).

Konifere

ERKENNUNGSMERKMALE
Fossiles Koniferenholz weist oft eine detailgetreu erhaltene Zellstruktur und Jahresringe auf. In manchen Fällen können sogar einzelne Arten identifiziert werden. Dazu ist allerdings der Blick durch ein Mikroskop und Fachwissen erforderlich.

FOSSILES KONIFERENHOLZ

SEQUOIADENDRON-FOSSIL

Sequoiadendronaffinis

RIESENMAMMUTBAUM
Sequoiadendron *war ein riesiger Mammutbaum, der noch gewaltiger wurde als die heutigen Sequoia-Arten. Er konnte bis zu 80 m hoch werden. Mammutbäume tauchten im Jura auf.*

ARAUKARIA-FOSSIL

WALD IN DER WÜSTE
Der versteinerte Wald im Nationalpark der argentinischen Provinz Santa Cruz erstreckt sich über eine Fläche von 100 km². Der einstige Araukarienwald (siehe ganz rechts) wurde in der frühen Kreide unter vulkanischer Asche begraben.

Araucaria mirabilis

ARAUKARIEN
Araukarienbäume tauchten im Jura auf und sind weltweit anzutreffen – heute lebende Arten sind z. B. die Kaurifichte und die als Zimmerpflanze beliebte Zimmertanne. Im versteinerten Wald von Argentinien (siehe links) sind Fossilien wie der oben abgebildete Araukarienzapfen detailgenau erhalten.

MODERNE ARAUKARIE

BEDECKTSAMER

BLÜTENPFLANZEN, VON denen man heute mehr als 250 000 Arten kennt, sind Bedecktsamer (Angiospermen). Diese traten erstmals in der frühen Kreide auf, wobei die ältesten Fossilien nur aus Pollenkörnern bestehen. Die ersten Bedecktsamerfossilien sind kleine Sträucher oder kleine krautige Pflanzen. In den Oberen Kreide entstanden holzige Blütenpflanzen, darunter auch heute noch lebende Familien wie Magnolien-, Lorbeer-, Rosengewächse und Sykomoren. Holzige Angiospermen besitzen in der Regel breite Blätter, die oft fossil erhalten sind. Ihr Holz ist aber nur schwer von fossilem Koniferenholz zu unterscheiden. Eine Ausnahme bilden Palmen (siehe *Palmoxylon* rechts).

URALTE EICHE
Die Gattung der Eichen (Quercus) trat erstmals im Eozän auf. Das weltweit anzutreffende fossile Holz weist die gleichen Merkmale auf wie das Holz heutiger Eichen.

Quercus-Art

QUERCUS-FOSSIL

Palmoxylon-Art

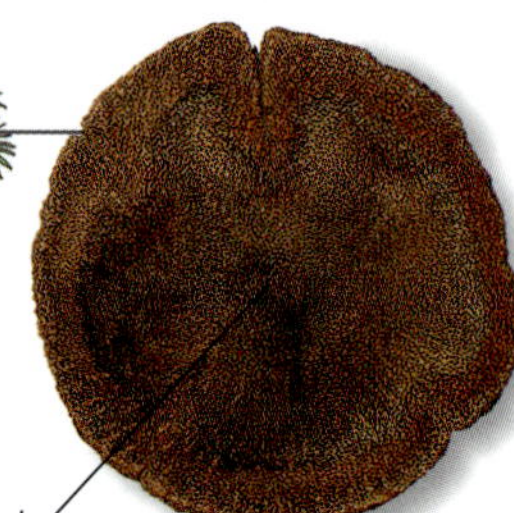

PALMOXYLON-FOSSIL

FRÜHE PALME
Palmoxylon *ist eine Palmenart, deren Holz fossil erhalten ist. Ihr Holz weist keine Jahresringe auf und ist von zahlreichen dunklen Punkten gekennzeichnet – den Leitungsgeweben, durch die Wasser und Nährstoffe verteilt werden. Palmoxylon lebte weltweit vom Paläozän bis ins Pliozän.*

HEUTIGE PALME

WIRBELLOSE

FOSSILIEN von den ersten, bekannten mehrzelligen Tieren, die zu den Wirbellosen (Invertebrata) gehören, wurden in den Ediacara-Hügeln in Südaustralien gefunden. Sie sind etwa 700–670 Millionen Jahre alt und stammen bereits aus dem Präkambrium (das vor 3,8 Milliarden Jahren begann). Zu diesen Fossilien zählen Weichkorallen, Schwämme, Quallen, Würmer und einige noch nicht klassifizierte Formen. Erst zu Beginn des Kambriums vor 543 Millionen Jahren kamen Tiere mit harten Schalen auf. Da diese leichter als Fossilien konserviert werden, können wir uns von der Evolution der Wirbellosen nach diesem Zeitpunkt ein besseres Bild machen. Die rasche Zunahme von Lebensformen im Kambrium wird auch als Kambrische Explosion bezeichnet. Einige Paläologen glauben allerdings, dass nur die Zahl der Fossilien sprunghaft angestiegen ist. An Land lebende Wirbellose sind erstmals im Ordovizium belegt – als Spuren von Gliederfüßern (Arthropoden).

EDIACARA-FOSSIL
Dieses Fossil aus dem späten Präkambrium (Ediacarium) kommt aus Australien und stellt eines der ersten Vertreter einer komplexen tierischen Lebensform dar.

FORAMINIFEREN

FORAMINIFEREN sind winzige Einzeller, die manchmal nur unter dem Mikroskop zu erkennen sind. Einige Arten bilden Außenskelette aus Calcit. Foraminiferen leben seit dem Kambrium im Meer. Auch heute noch existieren viele verschiedene Arten, und in der Vergangenheit waren sie so zahlreich, dass ihre Skelette stellenweise gesteinsbildend waren. Kalkstein, der überwiegend aus solchen Schalen besteht, wird als Foraminiferenkalk bezeichnet. Er sieht manchmal aus, als bestünde er aus Reiskörnern.

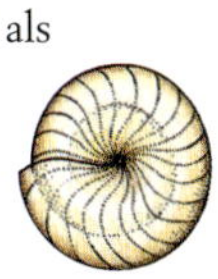

Nummulites ghinensis

BAUMATERIAL DER PYRAMIDEN
Nummulites *ist eine relativ große Foraminiferenart mit vielkammeriger spiraliger Schale, ähnlich wie* Nautilus. *Die ägyptischen Pyramiden wurden aus Nummulitenkalk errichtet, der in Europa, Asien und dem Nahen Osten zu finden ist.*

NUMMULITES-FOSSIL

FOSSILE ALVEOLINA

REISKÖRNER
Alveolina *weist die typische Reiskorngestalt vieler Foraminiferenarten auf. Diese Art ist in Foraminiferenkalk recht häufig. Die verschiedenen Foraminiferenarten sind für Laien kaum zu unterscheiden.*

Alveolina elliptica

ALVEOLINA ELLIPTICA

WÜRMER

UNTER DER BEZEICHNUNG werden viele Wirbellose mit weichem Körper zusammengefasst. Fossile Zeugen ihrer Existenz sind meist Calcitröhren, die von einigen Würmern als Behausung gegraben wurden und stellenweise riffbildend waren. Weichteilfossilien, in denen Details des Körperbaus zu erkennen sind, wurden im Burgess-Schiefer in Kanada und in den noch älteren Ediacara-Gesteinen Australiens gefunden.

Rotularia bognoriensis

Glomerula plexus

FOSSILE ROTULARIA

SPIRALWURM
Rotularia *war ein röhrenförmiges Tier, das zu einer flachen Spirale aufgerollt war. Dieser Spiralwurm lebte frei auf sandigen Flachmeerböden.*

HEUTIGER MARINER SPIRALWURM

FOSSILE GLOMERULA

GEWIRR VON RÖHREN
Die lebenden Röhren von Glomerula *wuchsen unregelmäßig durcheinander.* Glomerula *filterte wahrscheinlich seine Nahrung aus dem Wasser. Massen ineinander verschlungener Würmer lebten frei am Meeresgrund.* Glomerula *ist weltweit anzutreffen und lebte vom frühen Jura bis ins Paläozän.*

SCHWÄMME

SCHWÄMME erschienen vom Kambrium an und erreichten in der Kreide ihre größte Verbreitung. Schwämme sind Tiere, die ihre Nahrung aus dem Wasser filtern. Mehrere Klassen sind inzwischen ausgestorben, doch die heute lebenden Schwämme unterscheiden sich nur wenig von ihren frühesten Vorfahren. Fossile Schwämme können mit Korallen verwechselt werden, weisen aber nur rudimentäre Muster und dickere Wände auf.

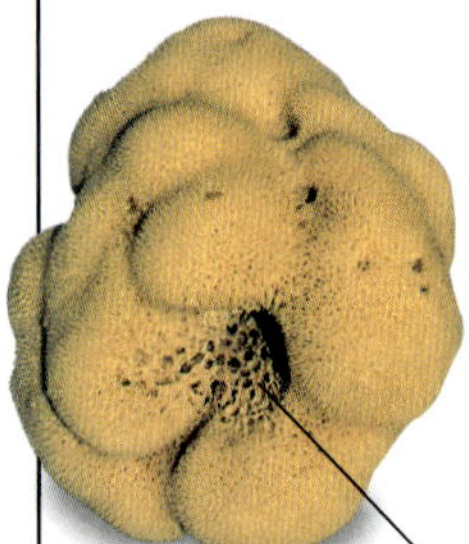

HEUTIGER SCHWAMM

Ausströmöffnung

GLASSCHWAMM
Hydnoceras *ist ein Vertreter der Glasschwämme. Die Skelette dieser Schwämme bestehen aus winzigen Kieselsäurenadeln, die ein maschenartiges Netz bilden. Heutige Glasschwämme kommen nur in tiefen Zonen vor, in der Vergangenheit besiedelten sie aber alle Meeresbereiche.*

Hydnoceras tuberosum

HYDNOCERAS-FOSSIL

ACTINOSTROMA-FOSSIL

Unregelmäßige Gestalt

Konzentrische Wachstumsschichten

RIFFBILDNER
Actinostroma *ist ein Vertreter der Stromatoporen. Sein Skelett war aus Kalksplittern zusammengesetzt. Die Stromatoporen bildeten große Kolonien und bauten Riffe. Im Silur und Devon bildeten sie so große Lebensgemeinschaften, dass ihre Skelette gesteinsbildend waren.*

Actinostroma clothratum

MOOSTIERCHEN

MOOSTIERCHEN (Bryozoen) kamen im Ordovizium auf. Heute zählt diese Tierklasse über 4000 Arten. Moostierchen weisen eine äußerliche Ähnlichkeit mit Korallen auf und bilden ebenfalls Kolonien. Sie sind jedoch näher mit den Armkiemern (Brachiopoden) verwandt. Moostierchen bilden Kalkskelette und schließen sich mit ihren Nachbarn zusammen. Sie wachsen als freistehende Kolonien oder als Rasen auf Steinen und anderen hartschaligen Tieren.

SCHIZORETEPORA-FOSSIL

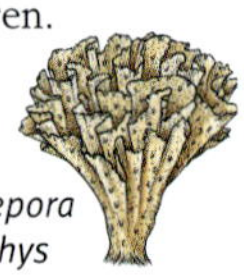

Schizoretepora notopachys

KOMPLEXE WEDEL
Moostierchen der Gattung Schizoretepora *bilden komplex gefaltete Wedel. Die einzelnen Arten sehen einander ähnlich und sind weltweit anzutreffen.*

Fenestella plebeia

FOSSILE FENESTELLA

FEINGLIEDRIGER TRICHTER
Fenestella *ist als freistehende Kolonie oder als flacher Rasen anzutreffen. Sie lebte vom Silur bis ins Pliozän und ist weltweit anzutreffen.*

FREI STEHENDE MOOSTIERCHEN
Constelleria *lebte vom Ordovizium bis zum Silur und ist ein typischer Vertreter frei stehender Bryozoen am Meeresgrund. Sie ist in Nordamerika, Europa und Asien anzutreffen.*

Constellaria antheloidea

FOSSILE CONSTELLARIA

GRAPTOLITHEN

GRAPTOLITHEN sind eine kleine Klasse im Wasser treibender, koloniebildender Tiere, die vom Kambrium bis zum Karbon lebten. Sie besaßen ein nicht mineralisiertes fingernagelähnliches Außenskelett. Graptolithen sind meist als Abdrücke in schwarzem Schiefer, dem Graptolithenschiefer, zu finden, gelegentlich aber auch in Kalkstein. Sie bestanden aus einem einzigen Strang oder mehreren Zweigen und sind leicht mit Pflanzenfossilien zu verwechseln. Sie durchliefen eine deutlich erkennbare Evolution und sind deshalb sehr gute Leitfossilien für die Datierung von Gesteinen.

Orthograptus intermedius

UNVERZWEIGT
Orthograptus *ist ein typischer zweigähnlicher Graptolith, der wie ein Einzelzweig aussieht, tatsächlich aber aus zwei aneinander liegenden Zweigen besteht. Er kommt weltweit in Gesteinen des Unteren und Mittleren Ordoviziums vor.*

AUFGEROLLTE FORM

Dreieckiger Querschnitt

Aufgerollte Form

AUFGEROLLTER ZWEIG
Monograptus *ist ein unverzweigter Graptolith mit gut erkennbaren Theken (Kammern). Diese Graptolithenfamilie kam weltweit vor. Sie ist deshalb ein Leitfossil zur Datierung von Gesteinen aus dem Silur.*

FOSSILER MONOGRAPTUS

Monograptus convolutus

KORALLEN

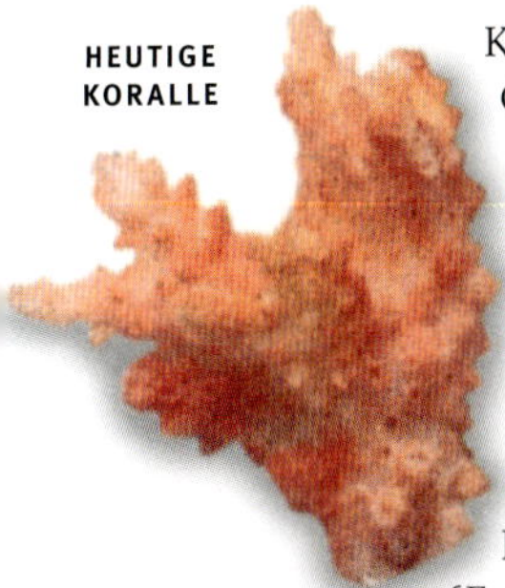

HEUTIGE KORALLE

KORALLEN traten erstmals im Ordovizium auf. Sie kommen meist als baum- oder röhrenartige Fossilien vor. Korallen sind anemonenähnlich aussehende Tiere mit kalkigen Außenskeletten. Jede Einzelkoralle einer Kolonie bildet einen Skelettbecher. Die Becher können rund (*Favosites*), polygonal (*Actinocyathus*) oder länglich (*Trachypyhlla*) sein. Im Laufe der Zeit bildeten Korallen die als Riffe bezeichneten großen Kalkstrukturen. Korallen können mit Moostierchen, Algen oder Schwämmen verwechselt werden. Zwei Korallengruppen sind ausgestorben (*Rugosa* und *Tabulata*).

CAPITAN-RIFF
Im fossilreichen Capitan-Riff im Südwesten des US-Bundesstaats New Mexico liegt auch das riesige Höhlensystem der Carlsbad Caverns.

TABULATA
Halysites *gehört zur ausgestorbenen Familie der Tabulata. Ihre Becher sind kettenförmig angeordnet. Sie bilden Verzweigungen, die sich manchmal wieder vereinigen. Halysites bewohnte im Jura warme, flache Gewässer und Riffe.*

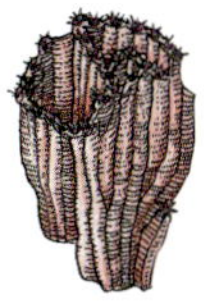

Halysites catenularius

HALYSITES-FOSSIL

Becher

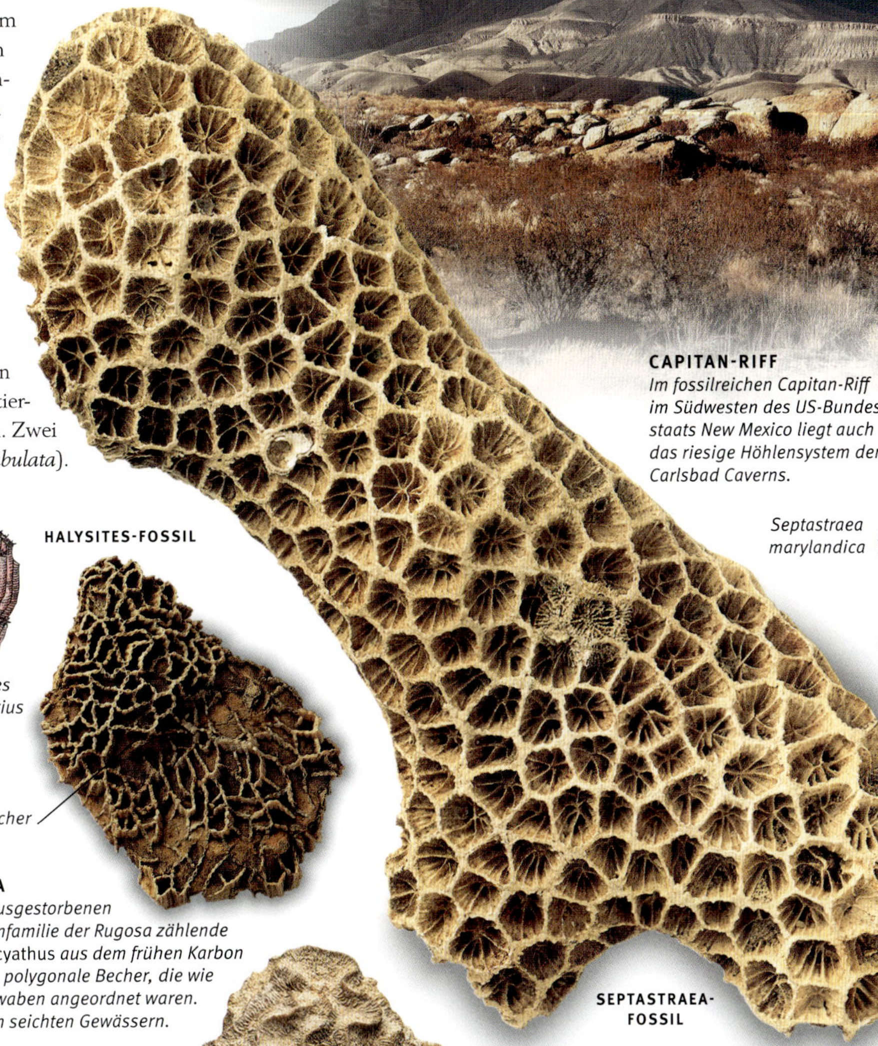

SEPTASTRAEA-FOSSIL

Septastraea marylandica

ACTINOCYTHUS-FOSSIL

RUGOSA
Der zur ausgestorbenen Korallenfamilie der Rugosa zählende Actinocyathus *aus dem frühen Karbon bildete polygonale Becher, die wie Bienenwaben angeordnet waren. Er lebte in seichten Gewässern.*

Actinocyathus crassiconus

FOSSILE COLOPHYLLA

Colpophylla stellata

HORNKORALLE
Septastraea-*Kolonien können unterschiedliche Formen aufweisen: Einige sind verzweigt wie in der obigen Abbildung, andere bilden knollige Massen. Die Koralle lebte vom Miozän bis zum Pliozän in warmem Wasser in flachen Riffen.*

KORALLENRIFFE UND ATOLLE

Die in vielen warmen Flachmeerzonen anzutreffenden Korallenriffe und Atolle zeugen von einer vielfältigen Tier- und Pflanzenwelt. Riffe bestehen zum größten Teil aus verkitteten Skeletten und Schalenfragmenten der einstigen Riffbewohner. Der Solnhofener Plattenkalk in Deutschland – im Jura ein riesiges Korallenriff mit Lagunen – enthält Fossilien von über 450 Tierarten des Jura.

HIRNKORALLE
Colpophyllia *aus der Familie der Scleractinia hat noch lebende Verwandte. Hirnkorallen leben in warmen Flachmeergebieten und in Riffen.*

TRACHYPHYLLIA-FOSSIL

HEUTIGE KORALLE
Wenn die heute lebenden Korallen sterben, bleiben ihre harten Skelette als Teil der wachsenden Riffstruktur zurück.

HEUTIGE KORALLE

SOLITÄRKORALLE
Trachyphyllia *aus der Familie der Scleractinia trat im Miozän erstmals auf und hat noch lebende Verwandte. Sie wächst auf dem Meeresboden auf flachem Sand und um Riffe. Diese Solitärkorallen ähneln der ausgestorbenen Korallengruppe Rugosa.*

Trachyphyllia chipolana

KREBSTIERE

KREBSTIERE (CRUSTACEA) sind fleischfressende Tiere aus dem Stamm der Gliederfüßer (siehe Kasten). Heute lebende Vertreter sind u.a. Krabben, Hummer, Langusten und Asseln. Die meisten leben wie ihre fossilen Vorfahren im Wasser. Von Trilobiten unterscheiden sie sich durch zwei Paar Antennen vor dem Mund und drei Paar Extremitäten im Kopfabschnitt, die zu Mundwerkzeugen umgewandelt sind. Das Extremitätenpaar am Hinterleib kann zu einem Schwanz umgebildet sein.

HEUTIGE KRABBE

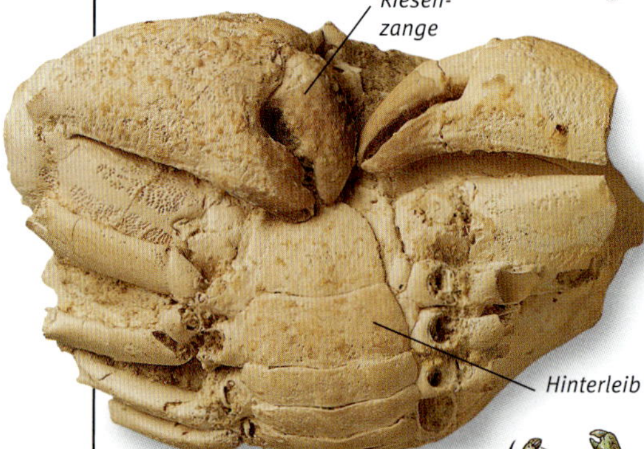

FOSSILER PALEOCARPILIUS

Paleocarpilius aquilinus

KRABBE
Paleocarpilius ist eine von mehreren fossil erhaltenen Krabbenarten. Sie lebte in Europa und Afrika. Andere Krabbenarten kamen weltweit vor. Oft werden Zangen, Extremitäten und Panzer getrennt gefunden.

SEEPOCKE
Die Gattung Balanus trat im Eozän erstmals auf und bewohnt heute noch die Ozeane. Seepockenfossilien sind weltweit zu finden und unterscheiden sich kaum von heutigen Arten.

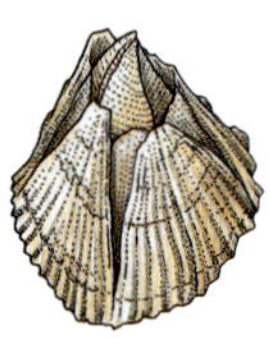

Balanus concavus

FOSSILER BALANUS

TRILOBITEN

TRILOBITEN sind eine heute ausgestorbene, früher aber artenreiche und erfolgreiche Klasse von Gliederfüßern (Arthropoden). Sie erscheinen im frühen Kambrium, und einige Arten konnten sich bis ins Perm halten. Ihr Außenskelett bestand wie das der heutigen Käfer aus Chitin. Die meisten Trilobiten besaßen ein Paar Facettenaugen, einige waren aber auch augenlos. Ihre Größe reicht von einigen Millimetern bis zu über 45 cm bei *Paradoxides harlani*. Trilobiten sind an ihrer dreigeteilten Form aus Kopf, Schwanz und gegliedertem Thorax (Brustbereich) leicht zu erkennen. Sie konnten sich bei Gefahr zusammenrollen wie die heutigen Asseln (die zu den Krebstieren zählen). Phacops ist oft in dieser zusammengerollten Position anzutreffen.

TRILOBITENBROSCHE
Dieser hervorragend erhaltene Trilobit wurde in Gold gefasst.

VERTEIDIGUNGSSTELLUNG
Phacops besaß große Augen und bewohnte flache, warme Meereszonen. Dieses Exemplar wurde in der eingerollten Verteidigungsposition gefunden. Die Art kommt weltweit vor.

HEUTIGE ASSEL

FOSSILER PHACOPS

Phacops africanus

GLIEDERFÜSSER

Alle Gliederfüßer (Arthropoden) besitzen ein schützendes Außenskelett, das zu ihrem Erfolg beigetragen hat. Dieses Außenskelett bietet auch gute Voraussetzungen für eine fossile Erhaltung. Sie sind in vier Unterstämme unterteilt: *Trilobita*, *Uniramia* (zu denen auch die Insekten zählen), *Crustacea* und *Chelicerata*.

BURGESS-SCHIEFER
Diese Formation in den kanadischen Rocky Mountains enthält viele Trilobiten und andere Tierfossilien.

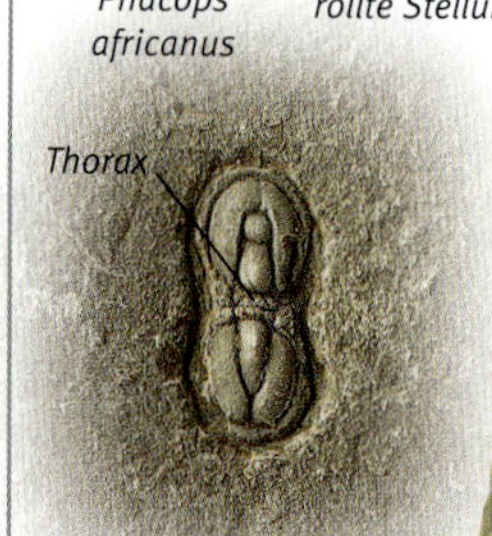

FOSSILER ACADAGNOSTUS

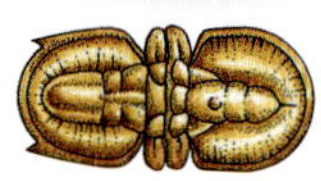

Acadagnostus exaratus

WINZIGER TRILOBIT
Dieser Trilobit war 8 mm lang und blind. Er besaß zwei Thoraxsegmente. Er bewohnte Tiefwasserzonen in Amerika, Europa und Australien.

FOSSILER ENCRINURUS

ERDBEERKOPF
Der Kopfschild dieses Trilobiten brachte dem Tier den Beinamen »Erdbeerkopf«-Trilobit ein. Es lebte im Unteren Ordovizium und im Silur in Flachmeergebieten.

Encrinurus variolaris

CHELICERATEN

WIE ANDERE GLIEDERFÜSSER haben auch die Chelicerata oder Kieferklauenträger ein Außenskelett aus Chitin (eine komplexe Zuckerverbindung) und Protein. Ihr Körper ist in Kopf, Brustschild (Thorax) und Hinterleib gegliedert. An den Segmenten sitzen sechs Paare von gegliederten Körperanhängen – das erste Paar, die Cheliceren, bilden Zangen zum Beutefang, das zweite Paar hat verschiedene Funktionen und die übrigen dienen der Fortbewegung. Die Chelicerata besitzen keine Antennen. Zu ihnen zählen Pfeilschwanzkrebse, Skorpione und Spinnen. Die beiden letzten sind möglicherweise aus im Meer lebenden Vorfahren hervorgegangen. Alle Cheliceraten sind selten fossil zu finden.

FOSSILER MESOLIMULUS

PFEILSCHWANZKREBS
Mesolimulus *lebte vom Jura bis zur Kreide und ist der Vorfahr der heutigen Pfeilschwanzkrebse. Er konnte sich auf unterschiedlichen Salzgehalt des Wassers einstellen und legte seine Eier in flachem Schlamm ab. Die Art* Mesolimulus *ist in Europa und dem Nahen Osten anzutreffen.*

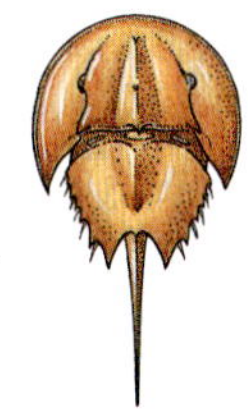

Mesolimulus walchii

SEESKORPION
Paracarcinosoma *zählt zu den Eurypterida, skorpionähnlichen Meerestieren, die zur gleichen Zeit wie die Trilobiten lebten. Einige Forscher nehmen an, dass die Trilobiten durch die Eurypterida ausgerottet wurden. Seeskorpione sind in Europa, Nordamerika und Asien zu finden. Sie lebten auch in Süß- und Brackwasser.*

Paracarcinosoma obesa

PARACARCINOSOMA-FOSSIL

Graeophonus analicus

FRÜHE SPINNE
Graeophonus *ist ein enger Verwandter der heutigen Spinnen. Seine Augen saßen auf Stielen. Diese Art war in Nordamerika und Europa in Flachwasserzonen wie Sümpfen und Lagunen verbreitet.*

FOSSILER GRAEPHONUS

INSEKTEN

INSEKTEN leben an Land und im Süßwasser und unterscheiden sich von anderen Gliederfüßern durch ihre drei Beinpaare. Die ersten Insekten erschienen im Devon. Im Perm entwickelten sie Riesenformen wie die Libellen der Ordnung Protodonata mit einer Flügelspannweite von über 50 cm. Zu dieser Zeit entstanden auch einige heutige Fliegen, z. B. die Eintagsfliege. Die ersten Insekten waren flügellos, doch im Unteren Karbon hatten sich Flügel entwickelt, die den ersten Flug aus eigener Kraft ermöglichten. Bei gutem Erhaltungszustand kann man die meisten fossilen Insekten bestimmen.

PETALURA-FOSSIL

LIBELLE
Petalura *ist eine typische Libelle, die in Europa und Australasien vorkommt. Nymphen und erwachsene Tiere ernähren sich von kleinen, im Wasser und in der Luft lebenden Tieren. Fossile* Petalura *sind ab dem Jura anzutreffen.*

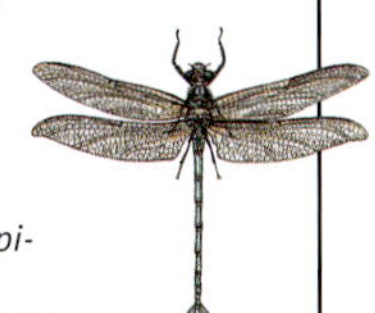

Petalura-Art

HEUTIGE LIBELLE

WASSERKÄFER
Hydrophilius *ist ein heute noch lebendes Insekt, das zu den Wasserkäfern zählt. Er entwickelte sich im Pleistozän. Der Käfer ernährt sich von Pflanzen und Tieren, seine Larven sind Fleischfresser. Das abgebildete Fossil ist in Teersand erhalten.*

FOSSILER HYDROPHILIUS

Hydrophilius-Art

SCHABE
Schaben gibt es schon sehr lange. Dieses Exemplar aus der Unteren Kreide wurde in Großbritannien gefunden.

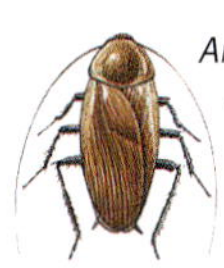

Archimylacris eggintoni

ARCHIMYLACRIS-FOSSIL

ARMFÜSSER

ARMFÜSSER (BRACHIOPODEN) erschienen zu Beginn des Kambriums. Einige Arten existieren noch heute. Bisher sind über 35 000 Arten bekannt, und jedes Jahr werden neue entdeckt. In einigen Gesteinen aus dem Paläozoikum sind sie die häufigsten Tierfossilien. Armfüßer sind am Meeresboden lebende Tiere, die wie Muscheln aus zwei Schalen bestehen. Die meisten fossilen Armfüßer weisen an der Spitze der unteren Schale ein kleines Loch auf. Aus diesem Loch ragte ein fleischiger Fuß heraus, mit dem sich das Tier am Meeresgrund festhielt. Innerhalb des Stamms der Armfüßer werden zwei Klassen unterschieden: die *Articulata*, bei denen die Schalen durch ein Scharnier verbunden sind, und die *Inarticulata*, denen es fehlt.

FOSSILER PENTAMERUS

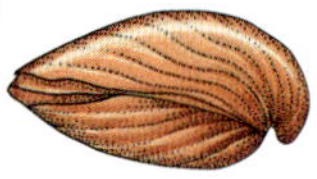

Pentamerus oblongus

GLATTE SCHALEN
Pentamerus *kam in flachen Gewässern oft in großer Zahl vor. Er war im Silur weltweit verbreitet.*

FOSSILE DIGONELLA

TEREBRATELN
Digonella *weist eine einfache ovale Schalenform ohne Rippen auf. Diese Art war im Mittleren Jura weltweit verbreitet. Sie war ein Bewohner von Flachwasserzonen, wo sie sich an weichen Schlamm oder Schalenbruchstücke anderer Tiere anheftete.*

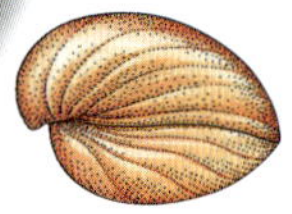

Digonella digona

GERIPPTE SCHALE
Platystrophia *aus dem Ordovizium lebte auf kalkigem Schlamm und sandigem Meeresboden.*

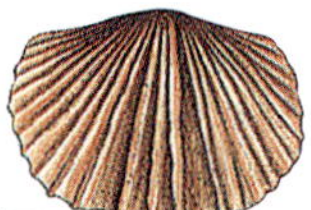

Platystrophia biforata

FOSSILE PLATYSTROPHIA

TEREBRATELN IN KALKSTEIN
Digonella *und andere Armfüßerfossilien sind oft gruppenweise in feinkörnigem Kalkstein erhalten.*

SCHMETTERLINGSFORM
Die schmetterlingsförmigen Spirifera sind wohl die am leichtesten zu erkennenden Armfüßer. Mucrospirifer *lebte im Devon auf weichem Schlamm und ist weltweit zu finden.*

MUCROSPIRIFER-FOSSIL

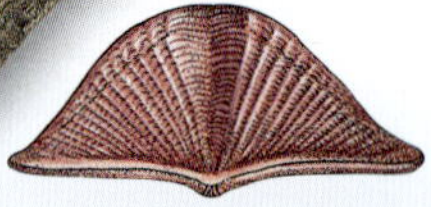

Mucrospirifer mucronata

Chonetes-Art

KLEINER VERWANDTER
Chonetes *ist ein relativ kleiner Armfüßer mit dünner Schale. Er lebte vom Karbon bis zum Perm auf weichem Kalkschlamm und ist weltweit anzutreffen.*

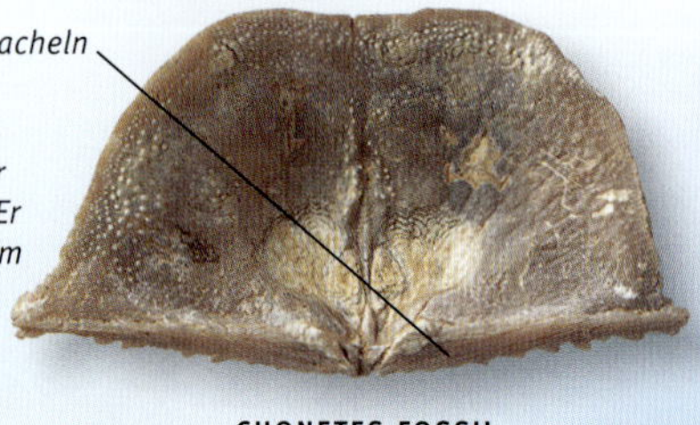

CHONETES-FOSSIL

LEPTAENA-FOSSIL

FALTIGE SCHALE
Leptaena *ist ein Armfüßer aus dem Ordovizium. Er ist meist in feinkörnigem, kalkigem Schiefer zu finden. Seine Falten halfen ihm bei der Verankerung im Sand. Er kommt weltweit vor.*

Leptaena-Art

FARO-STRAND, GOTLAND
Die schwedische Ostseeinsel Gotland ist eine Fundgrube für fossile Armfüßer.

KAHNFÜSSER, KÄFERSCHNECKEN

Helminthochiton turnacianus

KAHNFÜSSER (SCAPHOPODA) UND KÄFERSCHNECKEN bilden zwei Weichtierklassen (siehe Kasten S. 344). Kahnfüßer besitzen spitz zulaufende, röhrenförmige Schalen, die an beiden Enden offen sind. Kopf und Fuß der Tiere saßen am größeren Ende. Käferschnecken hatten eine trilobitenähnliche Schale aus acht überlappenden Segmenten. Darunter sorgte ein kräftiger Fuß für einen guten Halt.

Dentalium sexangulum

DENTALIUM-FOSSIL

HELMINTHOCHITON-FOSSIL

ZAHNFÖRMIGE SCHALE
Dentalium *ist ein typischer Vertreter der Kahnfüßer. Er erschien in der Mittleren Trias und hat heute lebende Verwandte. Er lebte in verschiedenen Umgebungen auf dem Meeresboden.*

PANZERUNG
Die Käferschnecke Helminthochiton *lebte vom Ordovizium bis zum Karbon auf algenbewachsenem Schutt in warmen Meeren. Sie ist in Europa und Nordamerika meist als Segment erhalten.*

MUSCHELN

MUSCHELN (BIVALVIA) sind Weichtiere mit zwei Schalenklappen, die durch ein Ligament scharnierartig miteinander verbunden sind. Die Schalen haben auf der Scharnierseite in der Regel ineinandergreifende Zähne. Muscheln unterscheiden sich von Armfüßern dadurch, dass ihre Schalen nicht symmetrisch sind und kein Fußloch aufweisen. Die meisten Muscheln filtern Nahrung aus dem Wasser. Viele graben sich in Sediment, Gestein oder Holz ein, andere heften sich mit dem Fuß an anderen Unterwasserobjekten fest.

PINNA-FOSSIL

Pinna hartmannii

FEDERFORM
Die wie eine Schreibfeder spitz zulaufende Pinna *erschien im frühen Karbon. Sie lebt in Gruppen. Ihr spitzes Ende gräbt sich in das Meeresbodensediment ein.*

FIMBRIA-FOSSIL

KORBMUSTER
Fimbria *ist heute noch weltweit anzutreffen. Sie lebt seit dem Mittleren Jura in warmen Flachmeerzonen. Die Oberfläche ihrer Schalen ähnelt einem geflochtenen Sisalkorb.*

Fimbria subpectunculus

PIERRE-SCHIEFER
Der kreidezeitliche Pierre-Schiefer im Westen der USA enthält unzählige fossile Muscheln.

PECTEN-FOSSIL

FOSSILE GRYPHEA

Gryphea arcuata

ZEHENNAGEL DES TEUFELS
Gryphea *wird auch als »Zehennagel des Teufels« bezeichnet. Ihre Schalen sind dick und aufgerollt. Diese Muschelart lebte von der Unteren Trias bis zum Unteren Jura auf schlammigen Meeresböden.*

GLYCYMERIS-FOSSIL

Glycymeris brevirostris

HERZMUSCHEL
Glycymeris *entwickelte eine dicke Schale mit schwach ausgeprägten Rippen und Verzierungen. Der Scharnierbereich ist dreieckig. Diese Muschel grub sich in Flachwasserzonen in Sand und Schlamm ein.*

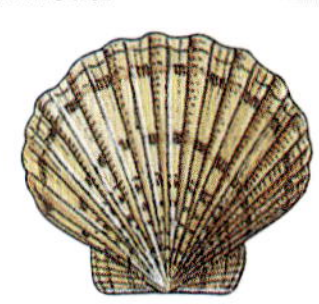

Pecten beudanti

KAMMMUSCHEL
Pecten *trat im Eozän erstmals auf und ist mit den heutigen Kammmuscheln verwandt. Sie besitzt eine große runde Schale mit breiten, fächerförmig angeordneten Rippen. Kammmuscheln bevorzugen mäßige Wassertiefen und sauberen, sandigen Meeresboden.*

FOSSILE OXYTOMA

VORFAHR DER KAMMMUSCHELN
Starke Rippen und Fächerform sind die Kennzeichen von Oxytoma*. Sie lebte von der Unteren Trias bis zur Unteren Kreide in verschiedenen marinen Umgebungen und ist weltweit anzutreffen.*

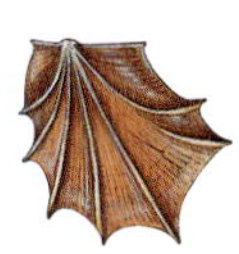

Oxytoma

SCHNECKEN

DIE ERSTEN SCHNECKEN kamen bereits im Kambrium auf. Mit über 60000 heute lebenden Arten, die Meere, Süßwasser und Land bevölkern, entwickelten sie sich zur erfolgreichsten Weichtiergruppe (siehe Kasten). Schnecken besitzen einen Kopf mit Augen und einem Mund sowie einen großen Fuß, mit dem sie sich kriechend fortbewegen. Die Bestimmung erfolgt anhand der Schneckengehäuse. Schnecken haben ein spiralig gewundenes, asymmetrisches Schneckengehäuse, das meist aus Aragonit besteht, bei einigen Arten aber auch von Calcitlagen durchsetzt ist. Einige wenige Arten weisen keine Spiralform auf. Die meisten Schnecken sind anhand ihrer Gehäuse leicht als solche zu erkennen.

MODERNE KEGELSCHNECKE

Conus sauridens

CONUS-FOSSIL

KEGELSCHNECKEN

Kegelförmige Schneckengehäuse wie bei Conus *traten in der Unteren Kreide erstmals auf und kommen heute noch vor. Die darin lebenden Schnecken ernähren sich von Würmern, anderen Weichtieren und sogar von Fisch. Sie leben weltweit in verschiedenen marinen Lebensräumen.*

Platyceras haliotis

MEERESSCHNECKE

Platyceras, *die vom Silur bis zum frühen Karbon weltweit vorkam, lebte in enger Symbiose mit Haarsternen und ist auch fossil mit diesen zusammen anzutreffen. Ihr Schneckengehäuse ist anfangs eng gewunden und wird dann schnell glatt.*

PLATYCERAS-FOSSIL

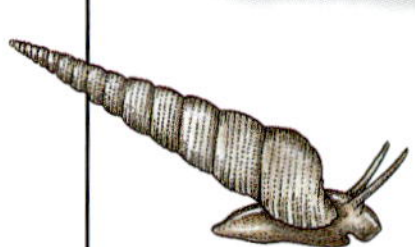

Archimediella pontoni

TURMSCHNECKE

Die Turmschnecken traten im Unteren Eozän erstmals auf und haben noch heute lebende Vertreter. Eine große Ansammlung von Fossilien der Gattung Archimediella *wurde im US-Bundesstaat Wyoming gefunden.*

ARCHIMEDIELLA-FOSSIL

CALLISTOMA-FOSSIL

SPITZES GEHÄUSE

Callistoma, *eine Schnecke mit spitzem Gehäuse erschien in der frühen Kreide. Das Schneckenhaus ist mit Spiralen aus perlenartig aufgereihten Kornstrukturen aufwändig geschmückt.* Callistoma *lebt auch heute noch weltweit an Felsküsten.*

Callistoma nodulosum

EUOMPHALUS-FOSSIL

Euomphalus pentangulus

SCHEIBENFÖRMIGES GEHÄUSE

Euomphalus *lebte vom Silur bis zum Mittleren Perm. die Schnecke hat ein flaches, spiraliges Gehäuse mit einem leichten Grat. Die Windungen sind stufenförmig angeordnet. Diese Meeresschnecke lebte von Wasserpflanzen und ist weltweit anzutreffen.*

RUNDE WINDUNGEN

Bourguetia *lebte von der Mittleren Trias bis zum Unteren Jura. Trotz ihrer äußerlichen Ähnlichkeit mit Landschnecken lebte sie in Korallenriffen warmer Flachmeerzonen. Fossilien dieser Meeresschnecke sind vor allem in Europa und Neuseeland zu finden.*

Bourguetia semanni

BOURGUETIA-FOSSIL

WEICHTIERE

Der Stamm der Weichtiere (*Mollusca*) ist eine artenreiche Tiergruppe, deren Vertreter überwiegend im Meer leben. Einige passten sich an das Süßwasser an, und nur ganz wenige – einige Schnecken – besiedelten auch das Land. Die meisten Weichtiere besitzen eine Schale aus Calciumcarbonat. Der Stamm wird in sechs Klassen untergliedert: Einschaler (*Monoplacophora*), Käferschnecken (*Polyplacophora*), Kahnfüßer (*Scaphopoda*), Muscheln (*Bivalvia*), Schnecken (*Gastropoda*) und Kopffüßer (*Cephalopoda*). Alle Weichtiergruppen mit Ausnahme der Kahnfüßer, die erst im Ordovizium aufkamen, entstanden bereits im Kambrium. Heute zählt der Stamm etwa 75000 Arten, die in allen möglichen Meer- und Süßwasserlebensräumen zu finden sind.

MIESMUSCHELN

Schon seit Jahrhunderten werden Miesmuscheln von Menschen gesammelt und verzehrt.

NAUTILOIDEN UND AMMONITEN

DIESE BEIDEN UNTERKLASSEN DER KOPFFÜSSER (*Cephalopoda*) zählen zu den am höchsten entwickelten Weichtieren (siehe Kasten auf der gegenüberliegenden Seite). Ammoniten entwickelten sich aus Nautiloiden, die im Ordovizium erschienen. Der einzige heutige Vertreter der Nautiloiden ist das Perlboot oder Nautilus. Typisch sind die Gehäusekammern, mit denen das Tier den Auftrieb regulierte. Alle Kammern waren durch ein Rohr (Sipho) verbunden. Die meisten Vertreter waren gute Schwimmer und ernährten sich von Aas oder Beutetieren. Nautiloiden unterscheiden sich von Ammoniten meist durch Nähte zwischen Kammerwänden und Gehäuse, den Lobenlinien. Bei den Nautiloiden sind diese Nähte gerade oder leicht gekrümmt. Bei Ammoniten sind sie sehr komplex, oft farnartig. Die Ammoniten kamen im Devon auf und starben am Ende der Kreide aus. Sie durchliefen eine rasche Evolution und sind daher gute Leitfossilien zur Datierung von Gesteinen aus dem Paläozoikum und dem Mesozoikum.

MODERNER NAUTILUS

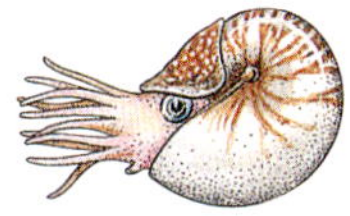

Cenoceras-Art

CENOCERAS-FOSSIL

Runde Schale

EINFACHER KÖRPERBAU BEI NAUTILOIDEN
Der Nautiloid Cenoceras *weist gerade oder leicht gekrümmte Kammernähte auf. Er lebte von der Unteren Trias bis zum Mittleren Jura auf dem Meeresgrund.*

LOBENLINIEN
Der Ammonit Phylloceras *ist ein Beispiel für die komplexen Muster der Verbindungsnähte bei Ammoniten. Das äußere Muster war einfach, aber die polierte Innenseite der Schale (rechts) zeigt den komplizierten Verlauf der Kammern. Das Tier lebte vom frühen Jura bis zur Unteren Kreide. Seine Stromlinienform lässt darauf schließen, dass es ein guter Schwimmer war.*

Phylloceras-Art

PHYLLOCERAS-FOSSIL

Mantelliceras-Art

MANTELLICERAS-FOSSIL

KRÄFTIGE RIPPEN
Mantelliceras *weist wie viele andere Ammoniten eine ausgeprägte Rippenstruktur auf. Die abgebildete Art stammt aus Europa, aber ähnliche Formen, zum Teil mit stärkeren oder komplexeren Rippen, entwickelten sich in der Kreidezeit in allen Teilen der Welt.*

BELIEBTER ORT BEI SAMMLERN
Der Strand bei Lyme Regis (Südengland) ist mit Steinen übersät, die Tausende von Ammonitenfossilien enthalten.

Goniatites crenistria

KOMPLEXE NAHTSTRUKTUR
Goniatites *ist ein Beispiel für die zunehmende Komplexität der Kammernähte bei Übergangsformen zwischen Nautiloiden und Ammoniten. Diese Gattung lebte im frühen Karbon und ist weltweit anzutreffen. Sie bewohnte flache Schelfgebiete und Riffe.*

GONIATITES-FOSSIL

BACCULITES-FOSSIL

Bacculites -Art

LANGGESTRECKTER AMMONIT
Bacculites *war ein ungewöhnlicher Ammonit mit einer nur im allerersten Abschnitt aufgerollten Schale. Er kam an manchen Orten massenhaft vor, gelegentlich sogar so zahlreich, dass er alle anderen Ammonitenarten verdrängte. Einige Exemplare wurden über 1 m lang.* Bacculites *lebte in der Unteren Kreide.*

BELEMNITEN UND TINTENFISCHE

BELEMNITEN UND TINTENFISCHE bilden eine Gruppe der zu den Weichtieren (siehe Kasten S. 344) zählenden Kopffüßer. Heutige Vertreter sind Kalmare, Sepien, Kraken und Oktopusse. Belemnitenfossile findet man sehr häufig, denn die Tiere enthielten im Innern ihres Weichteilsacks ein hartes Gehäuse aus Calcit, das sogenannte Rostrum. Weichteile sind nur selten fossil erhalten. Belemniten traten zu Beginn des Karbons erstmals auf und starben im Eozän aus.

Pachyteuthis abbreviata

PACHYTEUTHIS-FOSSIL

GUT GESCHÜTZTER BEUTEJÄGER
Pachyteuthis *ist ein typischer Belemnit, dessen Rostrum weltweit als Fossil zu finden ist. Er lebte vom mittleren bis zum späten Jura und ernährte sich von Aas oder Beutetieren. Die u-förmige Öffnung im unteren Teil des Rostrums enthielt eine Kammer zur Regulierung des Auftriebs.*

SCHLANKER AASFRESSER
Belemnitella *ist ein im Flachwasser lebender Belemnit aus der späten Kreide. Sein lang gestrecktes Rostrum läuft spitz zu. Er ist oft in großen Gruppen anzutreffen.*

MODERNER TINTENFISCH
Dieser Tintenfisch ist ein heutiger Verwandter der Belemniten. In seinem Körperinnern sorgt der Schulp, ein hornartiger Schalenrest, für Stabilität.

Belemnitella mucronata

BELEMNITELLA-FOSSIL

SEEIGEL

SEEIGEL sind eine Klasse von Stachelhäutern (*Echinodermata*, siehe Kasten) mit einem starren, kugeligen Skelett aus dünnen Calcitplättchen. Die meisten Seeigel besitzen Stacheln, die ebenfalls aus Calcit bestehen und beweglich am Körper befestigt sind. Die Stacheln werden zur Verteidigung und teilweise auch zur Fortbewegung eingesetzt. Einige Seeigel raspeln ihre Nahrung vom Meeresgrund ab, andere graben sich in weiche Schluffschichten ein. Die Stacheln sind oft einzeln als Fossil zu finden.

STACHELHÄUTER

Der Stamm der Stachelhäuter (*Echinodermata*) trat im Unteren Kambrium auf. Charakteristisch ist die fünfstrahlige Symmetrie und die harte, stachelige Körperoberfläche. Die Stachelhäuter entwickelten sich rasch zu zahlreichen Arten in acht verschiedenen Klassen. Dazu zählen Seeigel, Seesterne, Seelilien, Schlangensterne, Knospenstrahler und Beutelstrahler. Sie sind mit 13 000 beschriebenen fossilen Arten gut dokumentiert.

SEESTERN
Heutige Seesterne bilden eine Klasse der Stachelhäuter.

HEUTIGER SEEIGEL
Dieser Seeigel ist ein lebender Verwandter einer nur von Fossilfunden bekannten Art.

Temnocidaris sceptrifera

TEMNOCIDARIS-FOSSIL

STACHELIGER SEEIGEL
Temnocidaris *ist ein stacheliger Seeigel aus der Unteren Kreide, der vor allem in Europa anzutreffen ist. Er besitzt fünf radial angeordnete Platten mit großen Tuberkeln (Ansatzstellen für die Stacheln).*

LAKE TEXOMA
An diesem See an der Grenze zwischen Texas und Oklahoma (USA) findet man viele Seeigel aus der Unteren Kreide.

SEEIGELFOSSIL IN KREIDE
Diese bestens erhaltenen Exemplare des kreidezeitlichen Seeigels Tylocidaris *besitzen noch viele der keulenförmigen Stacheln.*

Encope micropora

ENCOPE-FOSSIL

SANDDOLLAR
Der unter der Bezeichnung Sanddollar bekannte Encope existiert seit dem Miozän. Er lebt heute noch in tropischen Gewässern und gräbt sich gern im Schlamm oder Sand ein.

HEMIASTER-FOSSIL

Hemiaster batnensis

HERZFÖRMIGER SEEIGEL
Hemiaster *ist ein typischer Vertreter einer Gruppe herzförmiger Seeigel. Er erschien in der Kreide, ist weltweit anzutreffen, und besitzt heute lebende Verwandte. Er grub sich in den Schlamm ein, aus dem er organisches Material herausfilterte.*

SEESTERNE

SEESTERNE (*Asteroidea*) sind eine Klasse von Stachelhäutern (siehe Kasten auf der gegenüberliegenden Seite), die bis ins Ordovizium zurückreicht. Sie besitzen meist fünf Arme, manche auch mehr. Ihr Körper besteht nur zu einem relativ geringen Teil aus hartem Material und ist deshalb nur selten vollständig als Fossil erhalten.

Pentasteria cotteswoldiae

PENTASTERIA-FOSSIL

IM SAND
Pentasteria *ist ein Seestern, der vom Jura bis zur Mittleren Kreide vor allem in Europa lebte. Er grub sich vermutlich in flachen Sand ein.*

SEELILIEN

SEELILIEN ODER HAARSTERNE (*Crinoidea*) sind eine Klasse von Stachelhäutern mit kelchförmigem Körper und fünf oder mehr gefiederten Armen. Sie halten sich mit einem biegsamen Stiel aus scheibenförmigen Segmenten am Meeresgrund fest. Der Kelch besteht aus locker verbundenen Platten. Kelch und Stiel fallen nach dem Tod des Tieres meist auseinander. Fossilien bestehen deshalb in der Regel aus einem Durcheinander von Stielsegmenten, Armen und Kelchplatten. Da die Skelettbausteine der Seelilien aus Calcit bestehen, sind sie häufig fossil erhalten. Vollständige Exemplare sind seltene Fossilien. Seelilien entwickelten sich zu einer großen Anzahl heute ausgestorbener Arten und sind daher gute Leitfossilien zur Datierung von Gesteinen vor allem aus dem Paläozoikum.

HEUTIGE SEELILIE AUF EINEM SCHWAMM

SAGENOCRINITES-FOSSIL

SEELILIE
Sagencrinites *findet man in Europa und Nordamerika. Diese Seelilie aus dem mittleren Silur weist alle typischen Skelettkomponenten auf: einen kelchförmigen Körper, Arme und einen Stiel.*

Sagenocrinites expansus

SCHLANGENSTERNE

SCHLANGENSTERNE ähneln den Seesternen, sind aber näher mit den Seeigeln verwandt. Sie besitzen einen flachen, scheibenförmigen Körper mit fünf beweglichen Armen. Heutige Schlangensterne sind in großen Gruppen am Meeresgrund anzutreffen, und Fossilfunde legen nahe, dass dies auch auf ihre Vorfahren zutrifft. Bei starker Strömung halten sie einander mit einigen Armen fest und benutzen die freien Arme zum Nahrungserwerb. Da die Arme leicht zerbrechen, gibt es kaum Fossilien mit vollständig erhaltenen Tieren.

ZERBRECHLICHER STERN
Geocoma *ist ein weltweit anzutreffender Schlangenstern aus dem Jura. Er lebte in kalkigem Schlamm. Seine Arme waren außergewöhnlich lang und von feinen Stacheln bedeckt.*

Geocoma carinata

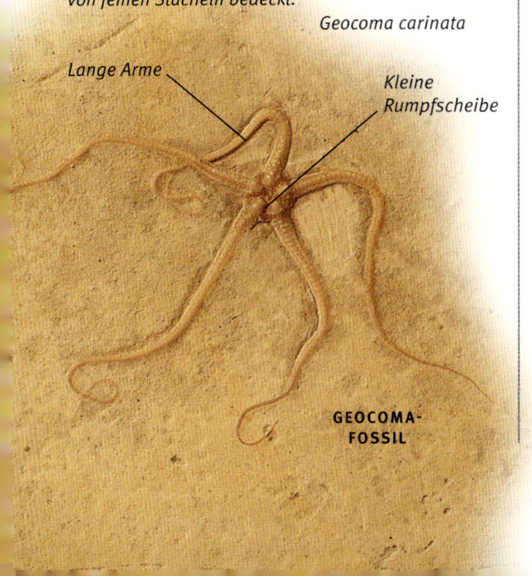

GEOCOMA-FOSSIL

KNOSPENSTRAHLER

DIE AUSGESTORBENE STACHELHÄUTERKLASSE DER KNOSPENSTRAHLER (*Blastoidea*) lebte vom mittleren Ordovizium bis zum späten Perm. Sie waren sesshafte Tiere, die sich mit einem Stiel aus miteinander verbundenen runden Plättchen am Meeresboden verankerten. Sie hatten einen ausgesprochen symmetrischen Körperbau. Ihr Rumpf bestand aus drei Kreisen von jeweils fünf Platten aus Calciumcarbonat und hatte die Form einer Rosenknospe. Viele Arten sind gute Leitfossilien. Knospenstrahler ähneln Seelilien, besitzen aber keine Ansatzstellen für Arme. Ihr Rumpf blieb oft intakt erhalten.

SESSHAFTES TIER
Pentremites *ist einer der häufigsten und am leichtesten zu erkennenden Knospenstrahler. Er kommt in den USA in Meeresbodensedimenten aus dem Karbon vor. Er hielt sich an harten Schichten auf dem Meeresgrund fest.*

PENTREMITES-FOSSIL

Pentremites pyriformis

BEUTELSTRAHLER

DIE VOM ORDOVIZIUM bis zum Devon vorkommenden Beutelstrahler (*Cystoidea*) sind eine ausgestorbene Klasse von Stachelhäutern. Sie filterten ihre Nahrung mit kurzen Gliedmaßen, die als Brachiolen bezeichnet werden, aus dem Wasser. Auf dem Boden verankerten sie sich, indem sie ihren kurzen, spitz zulaufenden Stiel um ein geeignetes Objekt schlangen. Obwohl sie relativ selten sind, eignen sie sich als Leitfossilien für das Ordovizium.

Pleurocystes rugeri

PLEUROCYSTES-FOSSIL

TYPISCHER BEUTELSTRAHLER
Dieser Pleurocystes *weist alle typischen Merkmale der Beutelstrahler auf: einen kurzen, spitz zulaufenden Stiel, zwei Brachiolen (Filterröhren) und die großen Platten, aus denen die Theke (der Rumpf) zusammengesetzt ist.*

GEORGES CUVIER
Der Franzose Georges Cuvier (1769–1832) stellte als Erster Wirbeltiere in eine eigene Gruppe.

WIRBELTIERE

DIE ÄLTESTEN FOSSILIEN von Wirbeltieren (einem Unterstamm der *Chordata*) sind winzige Schuppen kieferloser Fische (*Agnatha*), die im Silur und im Devon ihre größte Verbreitung fanden. Knochen, Knorpel und Zahnschmelz traten erstmals bei Fischen auf. Diese Körpersubstanzen ermöglichten schließlich die Entstehung der ersten Amphibien, die das Land eroberten. Amphibien kamen im Devon auf. Ihnen folgten zu Beginn der Kreide die ersten reinen Landbewohner, die Reptilien. In der Trias gingen aus einem Hauptzweig der Reptilien die Säugetiere hervor, während aus einem anderen Riesensaurier, fliegende und im Wasser lebende Saurier, Eidechsen und Schlangen entstanden. Säugetiere lebten schon gleichzeitig mit den Dinosauriern in der Kreide, ihre große Zeit begann aber erst nach dem Aussterben der Saurier an der Grenze zwischen Kreide und Tertiär. Landtiere sind seltener als im Meer lebende Wirbeltiere fossil erhalten, da die Fossilisationsbedingungen auf dem Land nicht so günstig sind.

FISCHE

DIE ÄLTESTEN SKELETTRESTE von Fischen stammen aus dem Devon. Fischfossilien können aus ganzen Skeletten oder aus einzelnen Schuppen oder Zähnen bestehen. Stellenweise wurden wie an den riesigen Seen, von denen Nordamerika im Eozän bedeckt war, buchstäblich Millionen von Fischen durch vulkanischen Ascheregen getötet. In einigen früheren Seesedimenten können in einem einzigen Quadratmeter Schiefer über ein Dutzend vollständige Skelette von sardinengroßen Fischen geborgen werden. Zähne verschiedener Fischarten sind häufig fossil erhalten, so auch die unten abgebildeten Zahnreihen von *Ceratodus*. Wie bei anderen Tiergruppen sind hier die Fossilfunde lückenhaft.

GALEOCERDO-FOSSIL

GALEOCERDO
Galeocerdo *hat seit dem Eozän überlebt und ist als Tigerhai bekannt. Er lebt weltweit in Küstengewässern.*

Galeocerdo cuvier

Schmelzähnlicher Überzug

LEPIDOTUS-FOSSIL

SCHUPPEN
Lepidotus *lebte von der Trias bis zur Kreide. Dieses Fragment besteht aus Schuppen von der Seite seines Körpers. Schuppen sind oft die einzigen fossil erhaltenen Teile von Fischen.*

Lepidotus-Art

Nicht ausgereifte Zähne

Ausgereifte Zähne

HELICOPRION-FOSSIL

ZAHNSPIRALE
Bei Helicoprion, *einem Vertreter der Haie, waren die Vorderzähne in Spiralen mit bis zu 180 Zähnen angeordnet. Diese Art aus dem frühen Perm ist weltweit fossil zu finden und war vermutlich ein Raubfisch der mittleren Tiefenzone.*

Helicoprion bessonowi

GREEN RIVER, WYOMING (USA)
Diese Formation am Green River im US-Bundesstaat Wyoming war im Eozän der Grund eines riesigen Sees. Er enthält besonders viele Fossilien.

LUNGENFISCH
Ceratodus *war ein Lungenfisch, der von der frühen Trias bis zum Paläozän lebte. Der Süßwasserfisch weidete den Boden ab. Seine Zähne, oder vielmehr Zahnplatten, sind häufig fossil erhalten.*

Ceratodus tiguidensis

CERATODUS-FOSSIL

Scharfkantige Rippe

UNTER ASCHE KONSERVIERT
Dieses vollständige Skelett von Priscacara *wurde im Sediment eines Sees aus dem Eozän gefunden, der weite Teile im westlichen Wyoming (USA) bedeckte. Feine Vulkanasche erstickte und bedeckte den Fisch und konservierte sein Skelett.*

Rückenflosse

Rückgrat

PRISCACARA-FOSSIL

Priscacara liops

AMPHIBIEN UND REPTILIEN

HEUTIGER FROSCH
Frösche kamen im Mesozoikum auf. Die heutigen Arten entwickelten sich im Eozän.

IM OBEREN DEVON waren die Amphibien die ersten Wirbeltiere, die auch an das Leben auf dem Festland angepasst waren. Die ersten Amphibien ähnelten heutigen Salamandern und waren für die Fortpflanzung noch auf das Wasser angewiesen. Der nächste Evolutionsschritt kam mit den Reptilien im Karbon. Durch die Entwicklung hartschaliger Eier und einer schuppigen Haut vor dem Austrocknen geschützt, waren viele Reptilien nun nicht mehr auf eine feuchte Umgebung angewiesen. Amphibien und Reptilien sind meist nur bruchstückhaft in Form einzelner Knochen oder Zähne als Fossilien erhalten. Man hat aber auch fast vollständige Skelette oder Eier gefunden.

URTÜMLICHER FROSCH
Dieses Rana*-Fossil ist ein seltenes Beispiel für ein vollständiges Amphibienskelett. Die heute noch existierende Gattung trat im Eozän erstmals auf.*

RANA-FOSSIL

Rana pueyoi

TRICERATOPS-FOSSIL

TRICERATOPS
Einer der bekanntesten Dinosaurier, der dreihörnige Triceratops *aus der Unteren Kreide, war der am weitesten entwickelte Hörner tragende Saurier.*

Triceratops prorosus

SCHILDKRÖTENPANZER
Schildkrötenpanzer sind oft gut erhalten. Die Meeresschildkröte Cimochelys *lebte in der Unteren Kreide und ist vor allem in Europa als Fossil zu finden.*

Cimochelys benstedi

CIMOCHELYS-FOSSIL

SÄUGETIERE

DIE ERSTEN SÄUGETIERE entwickelten sich in der Kreidezeit aus der Reptilienfamilie der Therapsiden. Doch erst nach dem Aussterben der Dinosaurier am Ende der Kreide begann ihr großes Zeitalter. Fossile Säugetierknochen sind hohl und meist dickwandig. Zähne von Säugetieren weisen mehrere Höcker auf, sind von Zahnschmelz überzogen und haben knöcherne Wurzeln. Viele Säugetierfossilien können allein anhand der Zähne identifiziert werden.

Höhlenbär

FOSSILER URSUS

BÄRENKNOCHEN
Der Name Ursus *bezeichnet eine Familie, zu der Höhlenbären, Braunbären und Grizzlybären zählen. Sie entstand im Pliozän. Vor allem in Europa wurden zahlreiche fossile Bärenknochen in Höhlen gefunden.*

SCHÄDEL VON HOMO HABILIS

Homo habilis

URMENSCHEN
Homo habilis *steht in der Entwicklungslinie zwischen den frühen Hominiden und dem modernen* Homo sapiens. *Er trat im Unteren Pliozän erstmals auf und lebte bis zum Unteren Pleistozän. Knochen dieser Hominidenart wurden in Afrika gefunden.*

OLDUVAI-SCHLUCHT (TANSANIA)
In den Gesteinen der Olduvai-Schlucht im nördlichen Tansania fanden Paläontologen die fossilen Überreste von über 50 Hominiden.

VÖGEL

VÖGEL haben sich aus einer Familie Fleisch fressender Dinosaurier entwickelt hat. Die ersten eindeutigen den Vögeln zuzurechnenden Fossilien stammen aus dem späten Jura. Die explosionsartige Aufspaltung in verschiedene Vogelarten vollzog sich aber erst nach dem Aussterben vieler Reptilien in der Kreide. Heute kennt man etwa 10 000 Vogelarten. Da Vogelknochen hohl, dünnwandig und zerbrechlich sind, haben sie sich nur selten fossil erhalten.

WASSERVOGEL
Hesperornis, *ein flugunfähiger Schwimmvogel, lebte in der Oberen Kreide. Er fraß Fische und bewohnte warme Meere.*

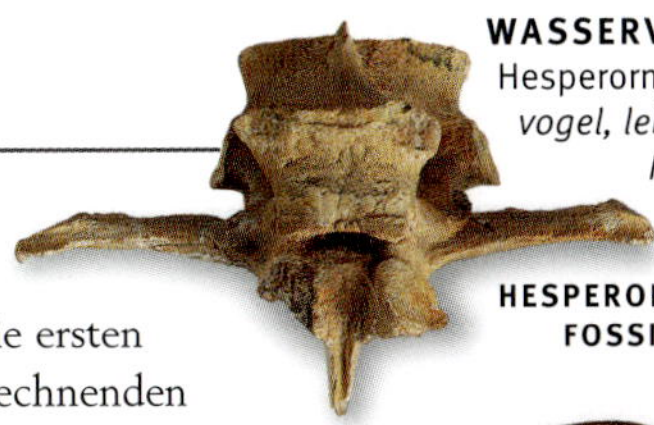

HESPERORNIS-FOSSIL

Hesperornis regalis

RAPHUS-SCHÄDEL

DODO
Raphus, *der gemeinhin als Dodo bezeichnet wird, wurde im 17. Jahrhundert ausgerottet.*

Raphus cucullatus

LUFTAUFNAHME DES DINOSAURIER-STEINBRUCHS
Der Dinosauriersteinbruch liegt in dem Wüstengebiet, das sich von der Nordostgrenze des Bundesstaates Utah bis zur Nordwestgrenze von Colorado erstreckt. Hier floss einst ein Fluss, in dessen Bett die Knochen toter Dinosaurier unter Sediment begraben wurden.

DINOSAURIER-STEINBRUCH

DER DINOSAURIERSTEINBRUCH IM WESTEN DER USA WURDE 1909 ENTDECKT UND 1915 ZUM NATIONALDENKMAL ERKLÄRT. MIT KNOCHEN VON 11 VERSCHIEDENEN SAURIERARTEN IST ER DIE ERGIEBIGSTE FUNDSTÄTTE VON SAURIERFOSSILIEN.

Am 17. August 1909 wanderte Earl Douglass, ein Paläontologe, der für das Carnegie-Museum in Pittsburgh, Pennsylvania, arbeitete, an einem kleinen Entwässerungskanal des Uinta-Beckens entlang, um nach Dinosaurierskeletten zu suchen. Seine Suche wurde belohnt. An diesem Tag fand er acht noch zusammenhängende Schwanzwirbel des Pflanzen fressenden Dinosauriers *Apatosaurus*, die aus dem Gestein herausgewittert waren. Bei der Ausgrabung stellte sich dieser Fund als eines der vollständigsten *Apatosaurus*-Skelette heraus, das jemals gefunden wurde. Durch weitere Ausgrabungen in den folgenden 75 Jahren konnten im gleichen Gebiet 1600 Knochen von 11 verschiedenen Saurierarten geborgen werden. Diese Gesteinsformation wurde später als Dinosauriersteinbruch bezeichnet und ist das Herzstück des Nationaldenkmals.

Der Steinbruch ist eine geneigte Sandsteinschicht aus der Morrison-Formation. In dieser Formation wurden an verschiedenen Stellen im Westen der USA Dinosaurierknochen gefunden. Die Gesteine der Morrison-Formation wurden vor 150 Millionen Jahren im Jura, dem Zeitalter der Dinosaurier, als Sedimente abgelagert. Das Sediment bestand aus Sand und Kies eines schnell strömenden Flusses. Tote Dinosaurier wurden vom Fluss mitgerissen und im Flussbett abgelagert. Dort wurden sie rasch unter den sich anhäufenden Sedimenten begraben. Einige der Dinosaurierkörper waren noch intakt, andere bestanden nur noch aus verstreuten Knochen.

In den folgenden 150 Millionen Jahren verschwand der Fluss, und das ganze Gebiet der heutigen US-Bundesstaaten Colorado und Utah mitsamt dem Dinosaurierfriedhof wurde unter tiefen Sedimentschichten begraben. Das Flusssediment verfestigte sich zu Sandstein, und das ursprüngliche Knochenmaterial wurde durch mineralische Stoffe ersetzt. Dann wurden die fossilhaltigen Sedimentgesteine durch großräumige Hebungsvorgänge geneigt. Schließlich wurde die obere Schicht durch Erosion abgetragen und die Knochen teilweise freigelegt. So konnte Douglass die Wirbel finden.

FREILEGUNG VON DINOSAURIERKNOCHEN IN DER FELSWAND
Die Gesteinsschicht, in der Earl Douglass die Dinosaurierknochen entdeckte, bildet heute eine Wand des Besucherzentrums. Paläontologen meißeln immer noch Knochen aus dem Gestein heraus.

DINOSAUR NATIONAL MONUMENT
Etwa drei Viertel aller Saurierknochen aus dem Steinbruch stammen von Sauropoden, Pflanzen fressenden vierbeinigen Dinosauriern mit langem Hals und langem Schwanz. Zu dieser Familie gehört auch Apatosaurus. *Er war 21–23 m lang und etwa 34 Tonnen schwer.*

DANK

Dank des Autors

Viele Beteiligte haben hart gearbeitet, um dieses Buchprojekt zu realisieren. Jane Laing hat über viele Monate endlose Stunden mit der Planung, dem Lektorat und der Koordinierung aller Aspekte verbracht. Margaret Carruthers vom Smithsonian Institute hat eine sehr gewissenhafte Aufsicht geführt, und Liz Wheeler vom DK Verlag hat das ganze Projekt in die Wege geleitet. Christine Lacey, Miranda Harvey und Alison Gardner haben eine sehr gelungene Gestaltung durchgeführt, Jane Simmonds eine ebensolche Redaktion. Gary Ombler und Linda Burgess steuerten exzellente neue Fotografien bei. Die stellvertretende Kuratorin Monica Price und das Oxford University Natural History Museum haben ausgezeichnet kooperiert und Zugang zu ihrer Sammlung gestattet, ebenso die Gemmological Society of Great Britain. Die Diamond Trading Company stellte Abbildungen von Diamanten zur Verfügung. Gaea Crystals in Wendover, Buckinghamshire, und Mineral Imports in Teddington, Middlesex, erlaubten großzügig die Nutzung ihres Warenbestands für fotografische Zwecke.

Ich möchte auch Lilian Verner-Bonds sowie Guy und Meriel Ballard für ihre Geduld während der 18 Monate danken, in denen ich das Buch schrieb. Schließlich gebührt mein Dank auch den Professoren Malcolm McCallum, Joseph Weitz, Ernest Wolff, David Harris und John Campbell des (ehemaligen) Fachbereichs Geologie der Colorado State University. Ihr Unterricht schuf das Fundament dieses Buches.

Dank des Verlags

DK und Grant Laing Partnership möchten folgenden Personen für ihre Hilfe beim Entwickeln dieses Buchprojekts danken: Monica Price und dem Oxford Univerity Museum of Natural History für den Zugang zu über 250 der im Museum fotografierten Minerale und Rat bei einigen Aspekten des Textes; Doug Garrod, Lorne Stather und der Gemmological Society of Great Brtain für Zugang zu und Rat betreffend 50 der bei ihnen fotografierten Edelsteine; Mineral Imports, Teddington, für die Leihgabe von über 40 Mineralen zum Fotografieren und Gaea Crystals, Wendover, für die Erlaubnis, 5 Minerale auf ihrem Firmengelände zu fotografieren; R. Holt und Co. Ltd., London, die die auf den Seiten 222–223 und 314–315 fotografierten Edelsteine zur Verfügung stellten; Greg Ohanian und Wilde One's, London, für den Zugang zu indigenen amerikanischen Schmuckstücken und zu einigen der auf dem Gelände fotografierten Mineralen; Ronald Bonewitz für die Leihgabe von Mineralen und Edelsteinen, die für dieses Buch fotografiert wurden; Anne-Marie Bulat, Jasmine Burgess, Linda Burgess, Linda Dare, Nicola Dawtry, Miranda Harvey, Christine Lacey, Betty Laing, Jane Laing, Frances Pearl, Monica Price, Liz Statham, Jean Taylor, Ulrica Terje, Lilian Vernon-Bonds und Liz Wheeler, die Schmuck und Kunstgegenstände für Fotos zur Verfügung stellten; Chip Clark vom American National Museum of Natural History, Smithsonian Institution, für die Fotografien der National Gem Collection in diesem Buch; Margaret Carruthers und Richard Efthim für inhaltliche Ratschläge zum Text; Katie Mann und Ellen Nanney vom Smithsonian Institute für die Koordination; Chris Alderman von der Diamond Trading Company für die Hilfe bei der Bildrecherche von Diamanten und dem Schürfen von Diamanten; David Waters vom Oxford Univerity Museum of Natural History für das Beisteuern von 34 Bildern von Dünnschliffen für die Verwendung in diesem Buch, zusammen mit Hinweisen zur Identifizierung; Neil Fletcher für 40 Fotografien von Fundorten; Helen Stallion und Mariana Sonnenberg für die zusätzliche Bildrecherche; Miezan von Zyl für die Lektoratsassistenz; Anne Thompson und Marilou Prokopiou für die Designassistenz und Harish Aggarwal und Priyanka Sharma Saddi für die Assistenz bei der Umschlaggestaltung.

Bildnachweis

Der Verlag dankt den folgenden Personen und Organisationen für die freundliche Genehmigung zum Abdruck ihrer Fotos:

(Abkürzungen: o = oben, u = unten, m = Mitte, l = links, r = rechts, g = ganz)

2 Corbis: © Jim Zuckerman u; © Jonathan Blair: go. 6–7 Corbis: Digital image © 1996 CORBIS; Originalbild mit freundlicher Genehmigung der NASA: go. 8 Corbis: © Bettmann: mr. Science Photo Library: NASA: gor, Patrice Loiez/CERN: l. 9 Corbis: ur, NASA: ml, gor, ul, um. 10 Science Photo Library: Chris Butler: gor, European Space Agency: l. 11 Mit freundlicher Genehmigung von Geo-Expeditions, www.geotoursafrica.com: ul, Science Photo Library: NASA: gor. 12 Corbis: gor, Digital image © 1996 CORBIS; Originalbild mit freundlicher Genehmigung der NASA: ul. 13 Corbis: © Nathan Benn: um, © NASA/Roger Ressmeyer: gol, © Roger Ressmeyer: mro, © Jeff Vanuga: gor; Science Photo Library: David Parker: ul. 14 California Institute of Technology Archives: ur, Corbis: © Raymond Gehman: ul; Mit freundlicher Genehmigung von Dr Sally Gibson, Dept of Earth Sciences, University of Cambridge: ml. 15 Corbis: © Jonathan Blair: ur, NASA: mr. 16 AIP Emilio Segrè Visual Archives, Gallery of Member Society Presidents: ur; Geophotos: ul; Science Photo Library: Dr Ken MacDonald: m. 17 Corbis: © Tiziana und Gianni Baldizzone: m; © L. Clarke: um; © Galen Rowell: ur, gor. 18 Corbis: © Charles O'Rear: mr; Geophotos: ul. 19 Corbis: © Lloyd Cluff: mr, © Roger Ressmeyer: u; Geophotos: ml. 20 DK Images: James Stevenson: gol; Corbis: ul, © Philippe Eranian: c, © Marc Garanger: ur, © Sally A. Morgan; Ecoscene: mru. 21 Corbis: William Whitehurst: ur; Geophotos: go. 22 Corbis: © David Butow/CORBIS SABA ml, © Philippe Eranian: mr; Geophotos: gol; Dave Waters: ur. 23 Corbis: © Roger Ressmeyer: ml, © Vo Trung Dung/CORBIS SYGMA: ul, © Galen Rowell: ur. 24 Corbis: © Philippe Eranian: ul, © Layne Kennedy: mlo, © Vo Trung Dung/CORBIS SYGMA: gor, © Jim Sugar: mlu. 25 Natural History Museum, UK: ur. 26 Corbis: © Ron Watts: go. 28 Corbis: um, © Francesc Muntada: l. 29 Ron Bonewitz: um; Corbis: © Galen Rowell: gol; Geophotos: ul, mr, ur. 30 Corbis: © David Muench: mo, ml; Geophotos: ur. 31 Corbis: © Tom Bean: gor, © Raymond Gehman: ur. 32 Corbis: © Galen Rowell: u, © Jim Sugar: gol; Geophotos: m. 33 Corbis: gol, © Galen Rowell: mru, © Julia Waterlow; Eye Ubiquitous: mr. 34 Corbis: © David Muench: ml, © Michael T. Sedam: gor, © Paul A. Souders: ul, © Roger Wood: mu; Roy Starkey: gol; Dave Waters: ur. 35 Ron Bonewitz: ml, umo; Corbis: © Bettmann: mru, © Kevin Fleming: go, © David Muench: mro, © Galen Rowell: gol; Geophotos: mr, mr, ul, ur. 36 Corbis: © Hubert Stadler: mr, Mit freundlicher Genehmigung von www.Palagems.com: ml; Dave Waters: gol. 37 Corbis: © North Carolina Museum of Art: mu, © Roger Wood: mru; Geophotos: mr, mlu; Dave Waters: gol. 38 © 2004 Smithsonian Institution: ml; Dave Waters: mlu, gol, gor, ul. 39 Corbis: ml, © Hulton-Deutsch Collection: mu, Geophotos: mr; Dave Waters: mlu. 40 Corbis: © Brenda Tharp: mro, © Raymond Gehman: ml; Geophotos: mr; Dave Waters: gol. 41 Corbis: © Hulton-Deutsch Collection: mr; Dave Waters: um, gol. 42 Corbis: © Roger Ressmeyer: gor, DK Images: The British Museum, London, UK: ul, ulo; Geophotos: gomr, © 2004 Smithsonian Institution: ur. 43 www.bridgeman.co.uk: Kremlin Museums, Moscow: gor; Museo del Templo Mayor, Mexico City, Mexico: mo; DK Images: Peter Hayman © The British Museum: ul, INAH: mml. 44 Corbis: © Michael St. Maur Sheil: gol; DK Images: Alan Williams, Mit freundlicher Genehmigung des National Trust: ul. 45 Lonely Planet Images: Gareth McCormack. 46 Geophotos: mlu; Science Photo Library: William Ervin: mro, Masao Hayushi/DUNO: mru; Dave Waters: mlo, gol. 47 Corbis: © Lowell Georgia: gol, © Barry Lewis: mr; Dave Waters: ur. 48 National Geographic Image Collection: Richard Olsenius. 49 Alamy Images: r, Corbis: © Galen Rowell: l. 50 www.bridgeman.co.uk: Musee de la Presse, Paris, France/Lauros/Giraudon: ur; Corbis: © Gary Braasch: gor, © Wolfgang Kaehler: ul; DK Images: James Stevenson, Mit freundlicher Genehmigung des Museo Archeologico Nazionale di Napoli: mr, Dave Waters: mr, gol. 51 Corbis: ml, © Jay Dickman: gol. 52 Corbis: © Jeff Vanuga: gol, © Ron Watts: u. 53 Corbis: mu, © Bob Krist: ur, © Joseph Sohm; ChromoSohm Inc.: mru; Science Photo Library: Simon Fraser: gor. 54 Chris Gibson: gol, Science Photo Library: Martin Bond: gor; Rosenfeld Images Ltd: ur; Dave Waters mlu, mro. 55 Corbis: © Ric Ergenbright: gol; National Geographic Image Collection: Phil Schermeister: u; Ron Bonewitz: mlu. 56 Corbis: © Craig Lovell: gol; DK Images: Colin Keates, Mit freundlicher Genehmigung des Natural History Museum: ul; Science Photo Library: Bernhard Edmaier: mlo. 57 Travel Ink: Julian Parton. 58 Corbis: © James L. Amos: gol, © Bettmann: mlo, © Hulton-Deutsch Collection: mr, © Kevin Schafer: gor, © Nik Wheeler: ur; Dave Waters: mlo. 59 Corbis: © Richard Cummins: gol, © Massimo Listri: ur; The National Trust: Andreas von Einsiedel: uro; US Gypsum: ul. 60 Science Photo Library: Adam Jones: gol; Dave Waters: mlu. 61 Corbis: © Jonathan Blair: gom, gor, mr, Stephen Kline: mlu; Dave Waters: mru, gol. 62 Corbis: © Keren Su. 63 Robert Harding Picture Library: r. 64 www.bridgeman.co.uk: Victoria & Albert Museum, London, UK: mlo; Corbis: © Tom Bean: gor, © Tibor Bognár: ul, Geophotos: ml, Chris Gibson: gol. 65 Corbis: © Jose Fuste Raga: go, © Otto Lang: mr. 66 Corbis: © Martin B. Withers; Frank Lane Picture Agency: u; © Buddy Mays gol. 67 Corbis: © Tom Bean. 68 © Christie's Images Ltd: mlu; Corbis: © Martin B. Withers; Frank Lane Picture Agency: mr, © Enzo & Paolo Ragazzini: mru; Science Photo Library: Sinclair Stammers: gol; Dave Waters: gor, ml. 69 Margaret Carruthers: mlo; Corbis: © Robert Garvey: gom, © David Muench: mlu; Dave Waters: gol, mru. 70 Corbis: © Francis G Mayer: ur; DK Images: Peter Hayman © The British Museum: ul, © Judith Miller/Lyon and Turnbull Ltd: mro, Colin Keates, Mit freundlicher Genehmigung des Natural History Museum, London: ml, gor; Geophotos: gol. 71 Corbis: © Roger Wilmshurst; Frank Lane Picture Agency: mro; Science Photo Library: David Nunuk: mru. 72 Corbis: © Archivo Iconografico, S.A.: go; Getty Images: u. 73 Corbis: © Yann Arthus-Bertrand gor. 74 Corbis: © Jonathan Blair: ul, © Denis Scott: gor. 74 NASA: gor; © 2004 Smithsonian Institution: mro, ur. 75 © 2004 Smithsonian Institution: ur. 76 Geophotos: gol, ul. 77 Alamy Images: John C Doornkamp: gol; Corbis: © Galen Rowell: u; Geophotos: mo. 78 Corbis: © Paul Almasy: ul, © Gary Braasch: mmr, © WildCountry: gor; www.dinodia.com: ml; Dave Waters: gol. 79 Corbis: © Ric Ergenbright: mmr, © Robert van der Hilst: mr; Dave Waters: mru. 80 akg-images: Jean-Louis Nou gol, ul; www.bridgeman.co.uk: Private Collection ml. 81 Corbis: © Eric und David Hosking. 82 Corbis: © Tiziana und Gianni Baldizzone: ml, © Richard Klune: gol; Geophotos: mlu; Dave Waters: gor, mru. 83 Science Photo Library: mu; Dave Waters: mru. 84 ConstructionPhotography.com: mo; Geophotos: mlu; Dave Waters: gol, mro. 85 Corbis: ml; Geophotos: gor, um; Roy Starkey: gol; Dave Waters: mu, gol. 86 Corbis: © Gunter Marx Photography: go. 88 Corbis: © Ludovic Maisant: ul, © Roger Wood: ml; Science Photo Library: Martin Land: gol. 89 Corbis: © Andrew Brown; Ecoscene: mr, © Ralph A. Clevenger: ul, © Kevin Schafer: go; Still Pictures: S. Compoint/UNEP: ur. 91 Geophotos: go; Alamy Stock Photo: Richard Becker: ul. 92 Corbis: © William Whitehurst: r; Science Photo Library: WG: ul. 94 Corbis: © Ted Spiegel: ur; Science Photo Library: Max-Planck-Institute for Metallurgy: ml. 95 The Natural History Museum, London: mr. 96 Corbis: © Jim Richardson: ur. 97 Geophotos: gor, um. 98 Science Photo Library: Graham J Hills: gor. 104 www.bridgeman.co.uk: Bonhams, London, UK: gol; Corbis: © Bob Krist: ml; © 2004 Smithsonian Institution: ul. 105 Alamy Stock Photo: Maxim Stukonozhenko: gom; www.bridgeman.co.uk: Ashmolean Museum, University of Oxford, UK: ml; © The British Museum: m; Corbis: © Jeremy Horner: mr; © 2004 Smithsonian Institution: ul. 106 Corbis: © Bisson Bernard/Corbis Sygma: ul; The Diamond Trading Company: ur; Mount Mica Rarities: gor. 107 www.bridgeman.co.uk: Egyptian National Museum, Cairo, Egypt/Giraudon: umr; Corbis: © Anthony Bannister; Gallo Images: gor, © Michael S. Yamashita: gom, © Reza; Webistan: m; The Diamond Trading Company: mlu, ul; The Picture Desk: Art Archive: Dagli Orti: ur. 108 Corbis: © Dean Conger: ul, © Charles O'Rear: gor; DK Images: © Judith Miller/N. Bloom & Son Ltd: mr. 109 www.bridgeman.co.uk: Ca' Rezzonico, Museo del Settecento, Venice: mr. 110 - 111 © 2004 Smithsonian Institution. 112 Corbis: © Burstein Collection: mr, © Joseph Sohm; ChromoSohm Inc.: ml; Werner Forman Archive: Statens Historiska Museum, Stockholm: m. 113 Corbis: © James L Amos: gor, © Kim Sayer: mlu; DK Images: Judith Miller/HY Duke and Son: mro; Mit freundlicher Genehmigung von Geo-Expeditions, www.geotoursafrica.com: gol. 114 www.bridgeman.co.uk: Ashmolean Museum, University of Oxford, UK: mlu, Egyptian National Museum, Cairo, Egypt/Giraudon: gor, Valley of the Nobles, Thebes, Egypt/Giraudon: mro; Corbis: © H. Armstrong Roberts: mo, © Bettmann: um, © Mimmo Jodice: ul; Werner Forman Archive: National Museum of Anthropology, Mexico City: mlo. 115 Corbis: © Lester Lefkowitz: go, © Denis Scott: mo; © 2004 Smithsonian Institution: ur. 116 www.bridgeman.co.uk: Egyptian National Museum, Cairo, Egypt/Giraudon: ml; Corbis: © Bettmann ul; © Tibor Bognár gol. 117 Corbis: © Sandro Vannini. 118 www.bridgeman.co.uk: Bibliotheque Nationale, Paris, France: ml, The British Museum, London, UK: ml, © Brooklyn Museum of Art, New York, USA, Charles Edwin Wilbour Fund: gor, Museo de las Culturas de Oaxaca, Mexico/Banco Mexicano de Imagenes/INAH: gomr, Museum of Antiquities, Newcastle upon Tyne, UK: mr; Corbis: © Michael Freeman: mlu; DK IMagesL Alan Hills und Barbara Winter © The British Museum: ml. 119 www.bridgeman.co.uk: The Fine Art Society, London, UK: m; Corbis: ur; Science Photo Library: David Leah: gor. 120 Corbis: © Archivo Iconografico, S.A.: ul, © Gunter Marx Photography: gom; FLPA: Silvestris: gol. 121 Alamy Images: Christa Knijff: gol; Corbis: © Ludovic Maisant: ml, © Don Mason: gor. 122 Corbis: © Anthony Bannister; Gallo Images: gol, © Lowell Georgia: cb, © Ricki Rosen/CORBIS SABA; The Diamond Trading Company: ur; © 2004 Smithsonian Institution: gor, mr. 123 The Diamond Trading Company: mr; Corbis: © Charles O'Rear: ur; Alamy Stock Photo: PA Images: ca; © 2004 Smithsonian Institution: gor. 124 Harold & Erica Van Pelt: American Museum of Natural History. 125 www.bridgeman.co.uk: Musee Antoine Lecuyer, Saint-Quentin, France: gor; © 2004 Smithsonian Institution: mru, ur. 126 Alamy Images: Ethel Davies/ImageState: mol; Corbis: mr, © AINACO: mlu, © George H. H. Huey: uml. 127 Reg Grant: gol; Royal Cornwall Museum: umr; Science Photo Library: Novosti: mr, Sam Ogden: mo, Charles D. Winters: gor. 128 Alamy Images: Rachael Bowes: gol; Science Photo Library: Steve Allen: gor, Mark Thomas: mro. 129 Corbis: © Craig Aurness: gol; Science Photo Library: Ben Johnson: um. 130 AISA - Archivo Iconográfico S. A., Barcelona: gor; www.bridgeman.co.uk: Private Collection/Giraudon: mro; Corbis: Charles E Rotkin gol, © Alain Nogues/Corbis Sygma: mmr, Jacqui Hurst: mr. 131 Corbis: mro, © Matthieu Colin/Corbis Sygma: mr, © Roger Ressmeyer: ur, © Paul A Souders: gor; Geophotos: ml; Novosti (London): gol. 132 Corbis: © Richard T. Nowitz: ml; Geophotos: gol; Science Photo Library: Simon Fraser/Northumbria Circuits: gor; © 2004 Smithsonian Institution: r. 133 Alamy Images: Panorama Stock Photos: gol; www.bridgeman.co.uk: Musee du Louvre, Paris, France/Giraudon: mro; DK Images: © Judith Miller/Sloan's: mml; © 2004 Smithsonian Institution: gor. 134 Alamy Images: Christa Knijff: gol. 134 © Christie's Images Ltd: mo; Corbis: © Bettmann: gor, © Eric und David Hosking: mru; © 2004 Natural Pigments LLC www.naturalpigments.com: mlo; Reg Grant: mlu. 135 Alamy Images: Rachael Bowes: gol, Bowmann/F1 online: gom; Corbis: © Charles Krebs: mlu; DK Images: National Bank of America: ul; © 2004 Smithsonian Institution: ur. 136 Alamy Images: Robert Harding Picture Library: mlu, Panorama Stock Photos: gol; www.bridgeman.co.uk: National Gallery of Scotland, Edinburgh, Scotland: uro; Corbis: gom, © Robert Maass: gor; © 2004 Smith-

sonian Institution: mr. 137 Corbis: © Eric und David Hosking: gol; Geoff Dann © Dorling Kindersley, Mit freundlicher Genehmigung der Wallace Collection, London: ca. 138 Alamy Images: Pavel Filatov: ml; Corbis: gor, © Ludovic Maisant: gol; DK Images: © Judith Miller/Colin Baddiel: mr; Geophotos: mru. 139 Alamy Images: Leslie Garland/LGPL: gol. 140 Corbis: © Nick Rains; Cordaiy Photo Library Ltd: gol, © Brownie Harris: mo; Science Photo Library: ur, Chris Knapton: mru. 141 Alamy Images: Natalie Tepper/Arcaid: mlu, Andre Jenny: gol. 141 Corbis: © Lowell Georgia: mlu. 142 Alamy Images: Leslie Garland/LGPL: ml; Corbis: © Charles O'Rear: mr. 143 akg-images: mu, ul; Alamy Images: Ethel Davies/ImageState: gor, Mediacolors : gol; Geophotos: mlu. 144 Alamy Images: WilmarPhotography.com: ur; Geophotos: ml. 145 Alamy Images: Bowmann/F1 online: gol, Van Hilversum: gom, J Schwanke: mu; Corbis: © Gerald French: mlu, © Hulton Deutsch Collection: umo. 146 Jens C Andersen, Camborne School of Mines, School of Geography, Archaeology and Earth Resources, University of Exeter: mr; Corbis: ml. 147 Corbis: © Archivo Iconografico, S.A: gor, © Robert Holmes: gol. 148 Ron Bonewitz: gol; DK Images: Colin Keates, Mit freundlicher Genehmigung des Natural History Museum, London: ul; © 2004 Smithsonian Institution: mlo. 149 Corbis: © Nathan Benn: ur. 150 Ron Bonewitz: gol; Corbis: © Sheldan Collins: mro, © John Garrett: gor, © Araldo de Luca: mlu; Michael Freeman: ml. 151 DK Images: Colin Keates © Natural History Museum, London, UK: ml; © 2004 Smithsonian Institution: mr, go; Harold & Erica Van Pelt: The American Museum of Natural History, gift of Mrs. George Bowen DeLong: ur. 152 www.bridgeman.co.uk: Christie's Images, London, UK: ur. 153 Alamy Stock Photo: Derek Anderson: gom; © 2004 Smithsonian Institution: gor, mou, mor, mul, mur; Harold & Erica Van Pelt: American Museum of Natural History: gol. 154 Ron Bonewitz: gol; Corbis: ul, © Frank Lane Picture Agency: mlu; Science Photo Library: Mehau Kulyk: gor, David Nunuk: ur. 155 Alamy Images: Bryan und Cherry Alexander Photography: ur; Corbis: © Michael Freeman: mru, © Richard Hamilton Smith: gol, © Roger Ressmeyer: gor; Science Photo Library: British Antarctic Survey: mro. 156 Corbis: © Richard Klune: mlo; Reg Grant: gol; Sterling Hill Mining Museum: Maureen Verbeek gor. 157 Ron Bonewitz: gol; Alamy Stock Photo: The Print Collector: m. 158 Geophotos: ml; Science Photo Library: Photo Reseachers: gor; Sterling Hill Mining Museum: mor, Maureen Verbeek: gol; Dave Waters: mu. 159 Corbis: © Hulton Deutsch Collection: mro; DK Images: © Judith Miller/H Bonnar: gor; Geophotos: gol; © 2004 Smithsonian Institution: mol, mor; akg-images: Les Arts Décoratifs, Paris / Laurent-Sully Jaulmes: mlo. 162 Alamy Images: Walter Bibikow/Jon Arnold Images: mlu; Corbis: © Bettmann: ur, © Jason Burke; Eye Ubiquitous: mor; DK Images: Colin Keates, Mit freundlicher Genehmigung des Natural History Museum, London; Geophotos: gol, mru; Science Photo Library: Arnold Fisher: mr. 163 Corbis: © George Hall: mru, © David Muench: mlu; Geophotos: gol, gor. 164 Alamy Images: Pavel Filatov: mu, Christa Knijff: gol; Corbis: mlu, © Bettmann: mr, © Roger Ressmeyer: gor. 165 Corbis: © Gallo Images: mlu. 165 Geophotos: gol, gom, mro; Ron Bonewitz: mu. 166 Alamy Images: Pavel Filatov: mlo; Sterling Hill Mining Museum: Maureen Verbeek: mlu. 167 Corbis: © James L. Amos: ul, gor, © Bill Ross: ur, © Paul A Souders: mmr, © Vince Streano: gol. 168 Alamy Images: Pavel Filatov: gol; Corbis: © Michael S. Yamashita: gor; Geophotos: mlu. 169 Corbis: © Gianni Dagli Orti: m, © David Muench: gol. 170 Corbis: © Chris Lisle: mru, © Alinari Archives: ul; Geophotos: ml. 171 Alamy Images: Kevin Taylor: ul; Corbis: © Nick Rains; Cordaiy Photo Library: ml, © Fremont Stevens/Corbis Sygma gom; Geophotos: gol. 172 © Christie's Images Ltd: mlu, um; Corbis: © Sandro Vannini: gol. 173 © The British Museum: mro; Geophotos: mr. 174 Corbis: © James L. Amos: ur, © Bettmann: mr, mo; Geophotos: gol. 175 Corbis: © Dave G. Houser: mlu, © Dewitt Jones: mr, © Alan Schein Photography: mru; Geophotos: gol. 176 Geophotos: ml, mr. 177 Alamy/Pictor International/ImageState: gol; Corbis: gor; Kevin Downey Photography, MA, USA: ur. 178 Alamy Images: Tom Till: gol; Corbis: © Bettmann: mro; DK Images: Dave King, Mit freundlicher Genehmigung des University Museum of Archaeology and Anthropology, Cambridge; © 2004 Smithsonian Institution: mru, ul. 179 Alamy Images: Pictor International/ImageState: ml; © Christie's Images Ltd: m; Corbis: © Kevin Schafer: gol, © Michael S. Yamashita: mr; © 2004 Smithsonian Institution: ul. 180 Alamy Images: Markus Bassler/Bildarchiv Monheim GmbH: gol; DK Images: © Judith Miller/Barie Macey: gor, © The Wallace Collection, London: ul; © Smithsonian Instiution: uml. 181 Alamy Images: Mediacolors: mlu, Noel Yates: goml; Corbis: © Alinari Archives: cb, © Sally A. Morgan/Ecoscene: gol; Steve Sleight: mru. 182 Ron Bonewitz: mlu; www.bridgeman.co.uk: Bibliotheque Nationale, Paris, France: mr; Geophotos: gol; DK Images: Colin Keates © Natural History Museum, London, UK: mmr. 183 Corbis: © O. Alamany & E. Vicens: gol, © Nick Rains; Cordaiy Photo Library: mru, © Sally A. Morgan/Ecoscene: gor, © Macduff Everton: mlu. 184 akg-images: Erich Lessing: ul; DK Images: © Judith Miller/Freeman's: gor; Shutterstock.com: inEthos Design: gol. 185 www.bridgeman.co.uk: Private Collection: ur; © The British Museum: ml, m; © 2004 Smithsonian Institution: gol. 186 akg-images: ml; Corbis: © Antoine Gyori: gol. 187 Corbis: © Steve Raymer. 188 Alamy Images: Witry Pascal: ml. 189 Alamy Images: Jacques Jangoux: gol; Corbis: © David Muench: ml; © Alan Towse: mro; Science Photo Library: Hank Morgan/University of Massachusetts, AT, Amherst: gor, US Navy: mr. 190 akg-images: Erich Lessing: ul; Geophotos: gol; Science Photo Library: mro. 191 Corbis: © Paul A Souders: gor; Geophotos: gol, mlu; Courtesy Joe Marty. Photograph: Henry Barwood: ul; Jan McClellan www.designjewel.com: mru; © 2004 Smithsonian Institution: mru. 192 Alamy Images: Pavel Filatov: mlu, mru; Corbis: © Danny Lehman: gol; Geophotos: gor. 193 Geophotos: gol, mlu; © 2004 Smithsonian Institution: mr. 194 Corbis: © Nick Rains; Cordaiy Photo Library: gor; Reg Grant: gol; Geophotos: mlu. 195 Art Directors/TRIP: N Rudakov: gol; The Natural History Museum, London: mlo. 196 Corbis: © John Van Hasselt/Corbis Sygma: gomr, © Danny Lehman: gol; Heritage Image Partnership: The British Museum: gor; The Picture Desk: Art Archive: Dagli Orti: ul. 197 Corbis: © Dave G. Houser: mr, © Joseph Sohm/ChromoSohm Inc.: ur. 198 Corbis: © Randy Faris. 199 Corbis: © Randy Faris: gor; Ancient Art and Architecture: mr. 200 Corbis: © Nick Rains; Cordaiy Photo Library: gol, © Hulton Deutsch Collection: ml; Geophotos: mlu; © 2004 Smithsonian Institution: mlo. 201 Corbis: © Danny Lehman: gol; Geophotos: mlu; © 2004 Smithsonian Institution: mu, mru. 202 akg-images: Erich Lessing ur; Geophotos: gol. 203 Alamy Images: Leslie Garland Picture Library: mru; www.bridgeman.co.uk: Iraq Museum, Baghdad, Iraq: mor, Musee du Louvre, Paris, France: mro; © The British Museum: gor; Geophotos: gol, mlu. 204 Geophotos: ml. 205 Corbis: © Danny Lehman: ml, © David Turnley: ur; Geophotos: gol. 206 Corbis: © Tom Bean: mlu, © Viviane Moos: mru; Geophotos: gol. 207 Alamy Images: Christa Knijff: gol; Corbis: © Peter Russell; The Military Picture Library: ul; Geophotos: ml. 208 Alamy Images: Terry Whitakker/Travel Ink: ml; Science Photo Library: John Howard: um, uro. 209 Alamy Images: Tom Till: ml; Corbis: © Massimo Listri: gor; Geophotos: gol, mru. 210 Geophotos: gol; Science Photo Library: BSIP Dr Pichard T.: mr; © 2004 Smithsonian Institution: u. 211 Corbis: © Gallo Images: gol, © Ron Watts: gor. 212 Mit freundlicher Genehmigung von Merlin L. Cohen: ur, mr; Corbis: Digital Image © 1996 CORBIS; Original image Mit freundlicher Genehmigung der NASA: mlu, © Joseph Sohm/ChromoSohm Inc.: ul; Science Photo Library: NASA: gol. 213 Corbis: gom; Kevin Downey Photography, MA, USA: gor, mr. 214 Alamy Images: Stephen Saks Photography: gol; Corbis: © Kevin R. Morris: mlu, © Charles O'Rear: ur; Science Photo Library: Jerry Mason: gor, Maximilian Stock Ltd: um. 215 Geophotos: gol, mlu, cb; The Wellcome Institute Library, London: gor. 216 Alamy Images: Iain Farley: mu; Geophotos: mlu; © 2004 Smithsonian Institution: mo; Dave Waters: gom, gol. 217 Alamy Images: Leslie Garland Picture Library: gol; Geophotos: ml; Science Photo Library: NASA: mr, Peter Ryan: gor; © 2004 Smithsonian Institution: mru, ul. 218 Corbis: © David Muench: gor. 219 akg-images: Erich Lessing: mlo; Ancient Art & Architecture Collection: gor; DK Images: Colin Keates © Natural History Museum, London, UK: ur; Geophotos: gol; Science Photo Library: Sheila Terry: mmr; © 2004 Smithsonian Institution: m, mr. 220 Ron Bonewitz: gol; Corbis: © Charles O'Rear: mru; Geophotos: mlu. 221 Corbis: © Dave G. Houser: mlu, © Ludovic Maisant: gol; DK Images: Judith Miller/Dorling Kindersley/Joseph H Bonnar: mlo; © 2004 Smithsonian Institution: ul, mr. 222 Ron Bonewitz: gol; © 2004 Smithsonian Institution: mlu. 223 www.bridgeman.co.uk: Bonhams, London, UK: gol; © Christie's Images Ltd: mru; Corbis: © Elio Ciol: mr. 224 Alamy Images: Robert Harding Picture Library: mlu; Corbis: © Sheldan Collins: ul; Geophotos: gol. 225 Alamy: Gondwana Photo Art: gol, Jacques Jangoux: mlu. 226 Ron Bonewitz: ml; Corbis: © Francis G. Mayer: ur; Geophotos: gol; © 2004 Smithsonian Institution: m, mr. 227 Alamy Images: Mr Yogesh More/Ephotocorp ml; www.bridgeman.co.uk: Heini Schneebeli: m; DK Images: Dave King: gol © Judith Miller/Dreweatt Neate: mru; The Natural History Museum, London: gor. 228 Alamy Images: Tibor Bognar: mlu, Mr Yogesh More/Ephotocorp: gol; www.bridgeman.co.uk: Musee du Louvre, Paris, France/Giraudon: mu; Museo Acheologico Nazionale, Naples, Italy: mol. 229 Alamy Images: Frantisek Staud: gol; www.bridgeman.co.uk: The Barber Institution of Fine Arts, University of Birmingham gom, Bonhams, London, UK: gor; Hermitage, St Petersburg, Russia: mlo; Museum of Antiquities, Newcastle upon Tyne: um; Ron Bonewitz: mlu. 230 Ron Bonewitz: gol; © 2004 Smithsonian Institution: r. 231 akg-images: ur; Tourist-Information Idar-Oberstein: ul. 232 Corbis: © Dave G. Houser: gol, © Paul A Souders: gor; © 2004 Smithsonian Institution: mro, mr. 233 © 2004 Smithsonian Institution: mr, ur, uml. 234 Alamy Images: Paul Shawcross: mr. 235 Ron Bonewitz: gol; © 2004 Smithsonian Institution: gor, u. 236 Alamy Images: Witry Pascal: ml; Corbis: gol. 237 akg-images: ml; Ron Bonewitz: gol; Shutterstock.com: Mor65_Mauro Piccardi: mlu. 238 Alamy Images: Pavel Filatov: gol; © Christie's Images Ltd: mr; Corbis: © The Cover Story: mru; Ron Bonewitz: mlu; akg-images: van Ham / Saa Fuis, Kln: ur. 239 Corbis: gol, © Ralph White: mlu; DK Images: The British Museum: mro. Colin Keates, Mit freundlicher Genehmigung des Natural History Museum, London: ur. 240 Alamy Images: Robert Harding Picture Library: ul, Tom Till: gor; Corbis: © Gavriel Jecan: gol. 241 Corbis: © The Cover Story: mro, © Wolfgang Kaehler: gol, © Hubert Stadler: mr; © 2004 Smithsonian Institution: gor. 242 Alamy Images: Christa Knijff: ml; Dave Waters: mu. 243 Alamy Images: Ronald Naar/ImageShop/Zefa: gol; Art Directors/TRIP: ml; © Christie's Images Ltd: m; Corbis: © Charles O'Rear: gor. 244 www.bridgeman.co.uk: Egyptian National Museum, Cairo, Egypt/Giraudon: ml; Corbis: © Reza; Webistan: gol; DK Images: © Judith Miller/Sloan's: ur. 245 akg-images: Erich Lessing: gol; www.bridgeman.co.uk: Bargello, Florence, Italy: ur, Private Collection: gor. 246 © The British Museum: gol, ml, u. 247 DK Images: The British Museum. 248 Alamy Images: Christa Knijff: ml, gol; DK Images: Alan Keohane: mu; Science Photo Library: gor. 249 Alamy Images: Ian Wallace: ml; Corbis: © Bettmann: ur. 250 Alamy Images: Mr Yogesh More/Ephotocorp: mlu, gol, WilmarPhotography.com: gom; Derwent Water Systems, Matlock, UK: ul; DK Images: Alan Williams, Mit freundlicher Genehmigung des National Trust: gol. 251 Alamy Images: Martin J Dignard: mlu; Geophotos: gol; Alamy Stock Photo: GC Stock: mu; Science Photo Library: Jeremy Walker: mr. 252 Corbis: © Jacques Langevin/CORBIS SYGMA: gor, © Tim Thompson: mlu; Science Photo Library: mor. Jon Wilson: mru; © 2004 Smithsonian Instiution: ml. 253 Alamy Images: Bowmann/F1 online: gol, Andre Jenny: mlu; Corbis: © George D Lepp: mlo; Science Photo Library: Astrid & Hanns-Frieder Michler: ur. 254 DK Images: Alan Keohane: gol. 255 www.bridgeman.co.uk: Chapel of the Planets, Tempio Malatestiano, Rimini, Italy: gom; Corbis: © Ric Ergenbright: gol; Science Photo Library: John Beatty: mru, Alexander Tsiaras: ml. 256 © The British Museum: mr; Reg Grant: ml. 257 Corbis: © Raymond Gehman: mu; www.gemstonesgifts.com: mr. 258 Alamy Images: Pavel Filatov: gol; Corbis: © Roger Garwood & Trish Ainslie: ur, © Michael S. Yamashita: ul; Science Photo Library: Dr Jeremy Burgess: ml. 259 akg-images: CDA/Guillemot: m; www.bridgeman.co.uk: © Museum of Fine Arts, Houston, Texas, USA, Museum purchase with funds provided by the Museum Collectors: gor; Corbis: © Robert Estall: ml, © H. David Seawell: mu; Frank de Wit: gol. 260 Alamy Images: Pavel Filatov: gol, Jack Sullivan: mru; Corbis: © Danny Lehman: mlu; DK Images: The British Museum: mo, © Judith Miller/Cooper Owen: ml. 261 Corbis: © Richard A. Cooke: ml, © Lowell Georgia: mlo; DK Images: Alan Williams: mlu; Ron Bonewitz: gol; Sterling Hill Mining Museum: Maureen Verbeek: mu. 262 Corbis: © Stefano Bianchetti: mlo, © Bob Krist: mu, © David Muench: gol; Ron Bonewitz: mlu. 263 Alamy Images: Leslie Garland Picture Library: gol, Pavel Filatov: mlu; Nigel Lacey: m; Getty Images / iStock: Pixel-Productions: mro. 264 Corbis: © Bowers Museum of Cultural Art, photo Don Wiechec: gom, © Pat O'Hara: gol, © Enzo und Paolo Ragazzini: gor; The Natural History Museum, London: mu. 265 Corbis: © Gianni Dagli Orti: gol, © Wolfgang Kaehler: ml, © Sandro Vannini: ur, © David H. Wells: mr; Geophotos: gor. 266 Alamy Images: Mr Yogesh More/Ephotocorp: gol, Andy Christodolo/Cephas Picture Library: gol; DK Images: Kim Sayer: mlu. 267 Alamy Images: Jacques Jangoux: gol; Corbis: © Sheldan Collins: ur, © Jon Sparks: ml. 268 Alamy Images: Leslie Garland Picture Library: mru, The PhotoLibrary Wales: mlu; Geophotos: gol. 269 Alamy Images: J Schwanke: gol; Corbis: © Paul A Souders: mlu. 270 Corbis: © Roger Ressmeyer: ul; 270 Jenny Reakes: ml; Dave Waters: m. 271 Alamy Images: Bowmann/F1 online: gol; Art Directors/TRIP: ml. 272 Corbis: © Richard Klune: mru; Geophotos: gol, mlu; Ron Bonewitz: gol; Science Photo Library: Michael Dunning: gom, Detlev van Ravenswaay: gor. 273 Science Photo Library: Alexis Rosenfeld: uml; © 2004 Smithsonian Institution: mlo, ml. 274 Alamy Images: Robert Harding Picture Library: gol; www.bridgeman.co.uk: The British Museum, London, UK: uml, Peabody Museum, Harvard University, Cambridge, MA, USA: ul; DK Images: Harry Taylor: uml; Werner Forman Archive: Dallas Museum of Fine Art: m. 275 www.bridgeman.co.uk: Museo de America, Madrid, Spain: gor; DK Images: © Judith Miller/Sloan's: gol; © 2004 Smithsonian Institution: mr, goml. 276 Science Photo Library: Chris Knapton: mr, Sheila Terry: ul. 277 Alamy Images: Pavel Filatov: gol; Ron Bonewitz: mlu; © 2004 Smithsonian Institution: gor. 278 Corbis: © Jan Butchofsky-Houser: ml; Dave Waters: mru. 279 Corbis: © Nathan Benn: gol; Dave Waters: gom, mru. 280 Corbis: © Asian Art & Archaeology, Inc.: ul, © Royal Ontario Museum: mlu, um, © Tim Thompson: gol. 281 Kremlin Museums, Moscow, Russia/www.bridgeman.co.uk: gol; Corbis/ © Lowell Georgia: gor. 282 The Picture Desk: Art Archive/Genius of China Exhibition: gol, u. 283 National Geographic Image Collection: The Xuzhou Museum, China/O. Louis Mazzatenta: gom. 284 Alamy Images: Martin J Dignard: gol; Corbis: © Richard Cummins: mru, Dreamstime.com: Pathara Buranadilok: ml. 285 Corbis: © Hulton Deutsch Collection: gor, © Roger Garwood & Trish Ainslie: gol, © David Muench: mlu, © Hubert Stadler: ur. 286 Alamy Images: P. S. Lahiri/Indiapicture: mr. 286 Geophotos: ml. 287 Alamy Images: Thaler Shmuel/Index Stock: ml; Geophotos: gol, ml; Division of Mines and Geology, California: mr. 288 www.bridgeman.co.uk: Ashmolean Museum, University of Oxford, UK: ml; Corbis: © Tom Bean: gol; Mount Mica Rarities: ul. 289 DK Images: mro, ur, um; © 2004 Smithsonian Institution: r. 290 Alamy Images: Pavel Filatov: gol; Courtesy Steven Hoffmeyer, Hoffmeyer.com Photography: mr; Science Photo Library: US Dept of Energy: ml; © 2004 Smithsonian Institution: gor. 291 Corbis: © William A. Bake: m, © Bettmann: gor; Geophotos: gol, ml. 292 Alamy Images: Pavel Filatov: gol; Corbis: © Gianni Dagli Orti: gor, © Ann Johansson: mro; © 2004 Smithsonian Institution: ul. 293 www.bridgeman.co.uk: Bonhams, London, UK: mru, Mit freundlicher Genehmigung der Warden and Scholars of New College, Oxford, UK: m; DK Images: © Judith Miller/N. Bloom & Son Ltd: u; Royal Geographical Society, London: gor; © 2004 Smithsonian Institution: gol; Dreamstime.com: Byjeng: mru. 294 Corbis: © Bob Krist: mlu; Geophotos: gol. 295 Corbis: © Paul Almasy: mlu; © Mimmo Jodice: mu. 296 © Christie's Images Ltd: mr; Geophotos: mlu; Ron Bonewitz: gol. 297 Alamy Images: Pavel Filatov: mlu, Helder Silva: mru; Corbis: © Paul Almasy: gor, © Charles Krebs: gol. 298 Mit freundlicher Genehmigung von Dr Peter Bancroft: ml. 299 Ancient Art & Architecture Collection: mr; www.bridgeman.co.uk: Bonhams, London, UK: ml; DK Images: © Judith Miller/HY Duke and Son: ml. 300 Alamy Images: Leslie Garland Picture Library: ml; www.bridgeman.co.uk: The British Museum, London, UK: ul; © Christie's Images Ltd: mlo; © 2004 Smithsonian Institution: ur. 301 © Christie's Images Ltd: gor, mro, mur; Corbis: © Nick Rains; Cordaiy Photo Library: mlu; DK Images: © Judith Miller/Joseph H Bonnar: mu; Ron Bonewitz: gol; © 2004 Smithsonian Institution: ml. 302 Alamy Images: Robert Harding Picture Library: mlu, Witry Pascal: gol; © Christie's Images Ltd: gor, mu, mul; © 2004 Smithsonian Institution: u. 303 Alamy Images: Robert Harding Picture Library: mlu, Witry Pascal: gol; © Christie's Images Ltd: mlo, ml. 304 Alamy Images: Malie Rich-Griffith: gol; Corbis: © Jim Sugar: ul. 305 Alamy Images: Dan White: ur. 306 Alamy Images: Pavel Filatov: gol; © 2004 Smithsonian Institution: mr, mru; Mit freundlicher Genehmigung von Dr Peter Bancroft: mu. 307 Corbis: © Bettmann: gor; DK Images: © Judith Miller /Goodwins Antiques Ltd: mr. 308 © Christie's Images Ltd: gor; Corbis: © O. Alamany & E. Vicens: gol; DK Images: Harry Taylor: gomr. 309 Corbis: © Bettmann: mru, © John und Lisa Merrill: gol; Jenny Reakes: mlu. 310 Alamy Images: Jacques Jangoux: gol; Corbis: © Bettmann: um; Sterling Hill Mining Museum: Maureen Verbeek: mlu. 311 Alamy Images: Pavel Filatov: mu; Ron Bonewitz: gol. 312 Geophotos: mlu, mu; Sterling Hill Mining Museum: Maureen Verbeek: gol. 313 Alamy Images: Jacques Jangoux: goml, Profimedia CZ s.r.o.: gol, Jon Sparks: mlu; Novosti (London): mu. 314 Alamy Images: Mediacolors: gom; Science Photo Library: David Nunuk: ul. 315 www.bridgeman.co.uk: Palazzo Vecchio (Palazzo della Signoria) Florence, Italy: ur; © Judith Miller/Dorling Kindersley/Woolley and Wallis: mr. 316 akg-images: ml; Corbis: © Antoine Gyori: ul. 317 akg-images. 318 Ron Bonewitz: gol; Mary Evans Picture Library: ur; Getty Images: bla. 319 Ron Bonewitz: gol; Science Photo Library: Sinclair Stammers: mlu. 320 Science Photo Library: Andrew J Martinez: mru. 321 Ron Bonewitz: gol; www.bridgeman.co.uk: Galleria degli Uffizi, Florence, Italy, Giraudon: ur, Heini Schneebeli: ul; DK Images: gor, ml, mlo, mro, m, uro © Judith Miller / Dorling Kindersley / Lyon and Turnbull: um. 322 Corbis: © Anthony Redpath: gol; Colin Keates © Dorling Kindersley, Mit freundlicher Genehmigung des Natural History Museum, London: gor; Bridgeman Images: Christie's Images: gom; Mit freundlicher Genehmigung von IDNR: ur. 323 DK Images: Michel Zabe © CONACULTA-INAH-MEX. Authorisierte Reproduktion des Instituto Nacional de Antropologia e Historia: ur; SPL: Alexis Rosenfeld: gor. 324 Getty Images. 325 David Doubilet: ur; The Picture Desk: Art Archive/The Bodleian Library Oxford: gor. 326 Alamy Images: Frank Chmura: go. 328 National Geographic Image Collection: Michael Melford: gol; Science Photo Library: WG: mu. 329 Corbis: © Tom Bean: ml, © Layne Kennedy: ul, © Reuters: ur; Science Photo Library: Sinclair Stammers: mo. 330 Corbis: © Derek Hall; Frank Lane Picture Agency: gol; Science Photo Library: James King-Holmes: ur. 331 Corbis: © Chinch Gryniewicz; Ecoscene: u; Science Photo Library: gor, Martin Bond: mr, Astrid und Hanns-Frieder Michler: gol, Sinclair Stammers: mu. 332 DK Images: The Natural History Museum: ml, mr, mru, ul. 333 DK Images: The Natural History Museum mo, ml, m, gor, um; Science Photo Library: ul. 334 Corbis: © Hubert Stadle:r gol; DK Images: Photo Alan Keohane; Rainbow Forest Museum, Arizona: ul. 335 Corbis: © George H H Huey. 336 Corbis: © Hubert Stadler: ml; DK Images: The Natural History Museum: gom, mru. 337 Mit freundlicher Genehmigung von Dr Peter Crimes: gor. 339 Corbis: © William A Bake: gor; Science Photo Library: Geogrette Douwma: ul. 340 Corbis: © Jonathan Blair: um; Colin Keates © Dorling Kindersley, Mit freundlicher Genehmigung des Natural History Museum, London gor. 342 Alamy Images: Frank Chmura: u. 343 Alamy Images: Robert Harding Picture Library: ml. 344 DK Images: The Natural History Museum: ml. 345 Corbis: © Derek Hall; Frank Lane Picture Agency: bl; DK Images: The Natural History Museum: gom. 346 Corbis: ul. 347 Science Photo Library: Matthew Oldfield, Scubazoo: gom. 348 Corbis: © Bettmann: gor, © James L. Amos: ml; DK Images: The Natural History Museum: mo, mro, m, ul, ur. 349 Corbis: © Anthony Bannister; Gallo Images: ur; DK Images: The Natural History Museum: gor, m, ul, ul.

Cover: *Vorn:* Division of Work and Industry / National Museum of American History: mo, gor; Dorling Kindersley: Natural History Museum, London mgl/ (Benitoit), ol/ (Cerussit), gul, mgru, gur, ur/ (Serpentin); Getty Images / iStock: Vera Shestak mlo/ (Rubin); *Hinten:* Division of Work and Industry / National Museum of American History: ul; Dorling Kindersley: Natural History Museum, London ol/ (Grossular), gol, mo

Alle anderen Abbildungen © Dorling Kindersley.